KB144259

The Math Book

수학의 파노라마

THE MATH BOOK:
From Pythagoras to the 57th Dimension,
250 Milestones in the History of Mathematics
by Clifford A. Pickover

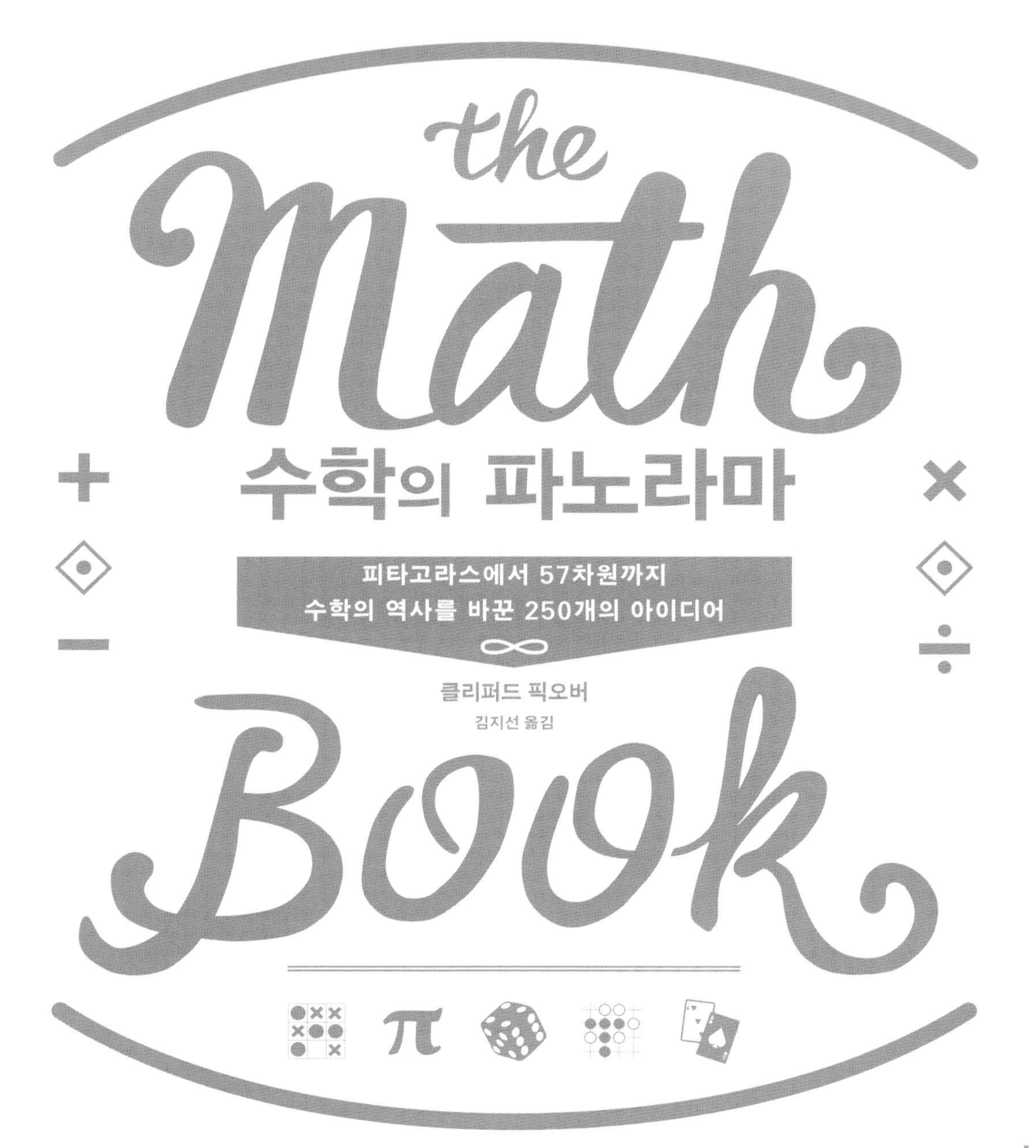

사이언스
SCIENCE BOOKS 북스

마틴 가드너에게 이 책을 바친다.

수학은 제대로 보면 진리만이 아니라 최상의 아름다움까지 가지고 있다.

바로 조각상이 지닌 차갑고 엄숙한 아름다움을.

—버트런드 러셀(수학자, 철학자, 노벨상 수상자)

수학은 물리 세계의 성가시고 자잘한 사실들이 아니라,

오로지 우리 내면의 빛의 밝기에만 구속받는,

상상력과 환상, 그리고 창의력으로 가득한 경이롭고 미친 학문이다.

—그레고리 체이튼(수학자, 컴퓨터 과학자)

어쩌면 신의 천사들 중 하나가 카오스의 망망대해를 들여다보다

그것을 손가락으로 살짝 휘저었으리라.

이 지극히 작고 일시적인 방정식의 소용돌이로부터 우리 우주가 형태를 갖추었다.

—마틴 가드너(수학 저술가)

현대 물리학의 위대한 방정식들은 과학 지식의 영원한 일부로,

심지어 구시대의 아름다운 성당들보다도 더 오래도록 남을 것이다.

—스티븐 와인버그(물리학자, 노벨상 수상자)

책을 시작하며

수학은 아름다운 동시에 유용한 학문이다

> 명석한 관찰자라면 수학자란 특별한 분야에 헌신하며 우주의 심오한 열쇠를 찾는 사람이라는 결론을 내리게 될 것이다.
>
> — 필립 데이비스(Philip J. Davis, 1923년~)와 루벤 허시(Reuben Hersh, 1927년~), 『수학적 경험(*The Mathematical Experience*)』

수학은 모든 과학 분야에 배어들어 있으며 생물학, 물리학, 화학, 경제학, 사회학, 공학에서 수학이 하는 역할은 이루 다 가늠할 수 없을 정도이다. 수학은 석양의 색깔이나 우리 뇌의 구조를 설명하는 것을 도와준다. 초음속 항공기와 롤러코스터를 만들고, 지구의 자연 자원들의 흐름에 대한 모의 실험을 실시하고, 원자보다 작은 양자의 세계를 탐험하고, 머나먼 은하계를 상상하게 해 준다. 또한 수학은 우주를 바라보는 방법을 바꾸어 놓았다.

나는 이 책에서 독자 여러분이 상상력을 펼치고 단련시키면서 수학의 풍미를 만끽할 수 있도록 공식은 되도록 아껴서 사용했다. 그렇지만 이 책에서 다루는 주제들이 실용성 없는 단순한 호기심거리로 그치는 것은 아니다. 사실 미국 교육부 보고서에 따르면, 고등학교 수학 과정을 성공적으로 마치고 대학에 간 학생들은 '전공에 상관없이' 학업 성취도가 더 높았다.

수학은 유용하다! 수학의 도움으로 우리는 우주선을 만들고 우리 우주의 기하학적 구조를 탐사할 수 있게 되었다. 어쩌면 우리가 외계 지적 생명체와 교신하게 된다면 최초의 의사 소통 수단은 숫자일지도 모른다. 심지어 일부 물리학자들은 언젠가 우리 우주가 극도로 뜨거워지거나 차가워져 멸망할 경우, 고차원과 도형들의 상호 관계를 연구하는 위상 수학이 탈출로를 가르쳐 줄지도 모른다고 생각한다. 그렇게 되면 인류는 시공간 전체를 거주지로 삼을 수 있으리라.

수학사를 살펴보면 동시적 발견들이 자주 일어났다. 내 책인 『뫼비우스의 띠(*The Möbius Strip*)』에서도 말했듯이, 1858년에 독일 수학자인 아우구스트 뫼비우스(August Möbius, 1790~1868년)는 뫼비우스의 띠(면이 하나밖에 없는 신기하게 꼬인 물체)를 독일 수학자 요한 베네딕트 리스팅(Johann Benedict Listing, 1808~1882년)과 동시에, 그리고 따로 발견했다. 뫼비우스와 리스팅이 뫼비우스의 띠를 동시에 발견한 사건이나, 영국의 박식가(polymath) 아이작 뉴턴(Isaac Newton, 1643~1727년)

과 독일 수학자인 고트프리트 빌헬름 폰 라이프니츠(Gottfried Wilhelm von Leibniz, 1646~1716년)가 미적분을 동시에 발견한 사건을 보면 각자 연구하던 과학자들이 그처럼 동시에 그리고 따로 동일한 발견을 해내는 일이 어쩌면 그리 잦은가 하는 궁금증이 들지 않을 수 없다. 또 다른 예로, 영국 박물학자인 찰스 로버트 다윈(Charles Robert Dawin, 1809~1882년)과 앨프리드 러셀 월리스(Alfred Russel Wallace, 1823~1913년)는 둘 다 진화 이론을 동시에 따로 발전시켰다. 헝가리 수학자인 야노시 보여이(János Bolyai, 1802~1860년)와 러시아 수학자인 니콜라이 로바체프스키(Nikolai Lobachevskii, 1793~1856년) 역시 쌍곡 기하학을 동시에 따로 발전시킨 듯하다.

가장 그럴싸한 설명은, 동시적인 발견이 일어난 것은 그런 발견이 이루어지기에 때가 무르익었기 때문이라는 것이다. 발견이 이루어진 시기가 인류의 지식 축적 수준과 맞아떨어진 셈이다. 더러 두 과학자가 동시대 과학자의 기초 연구 결과를 읽고 똑같이 자극을 받는 수도 있다. 이런 우연들 이면에 더 깊은 의미가 있다고 생각하는 신비주의자들도 있다. 오스트리아 생물학자인 파울 카머러(Paul Kammerer, 1880~1926년)는 이렇게 말했다. "우리 우주는 끊임없이 뒤섞고 자리를 바꾸어 놓아도 역시 닮은 것들끼리 점점 더 가까워지게 만드는 모자이크나 만화경 같은 세계일지도 모른다." 카머러는 우리 우주의 사건들을 대양에 이는 파도들의 고점(高點)에 비유했다. 그 파도들은 서로 분리되어 있고 관련 없어 보인다. 그러나 카머러는 우리가 비록 파도의 고저밖에 인지하지 못한다 해도, 그 표면 밑에는 이 세계에서 일어나는 사건들을 신비로운 방식으로 서로 잇고 엮는 일종의 동일화 메커니즘이 존재할지도 모른다고 주장한다. 논란의 여지가 있는 생각이지만 그만큼 설득력도 강하다.

수학사가인 조르주 이프라(Georges Ifrah)는 『수의 보편 역사(*The Universal History of Numbers*)』에서 마야 수학을 이야기하면서 이 '동시에 따로' 문제를 거론한다.

> 따라서 우리는 시간적으로나 공간적으로나 멀찍이 떨어져 있었던 사람들이 어떻게 똑같거나 적어도 대단히 비슷한 결론을 마주하게 되었는지를 아직 알지 못한다. 일부 경우에는 서로 다른 무리의 사람들이 서로 접촉하면서 영향을 미쳤다는 식으로 그것을 설명할 방법을 찾을 수 있을지도 모른다. …… 진정한 해명은 우리가 이전에 심오한 문화적 통합이라고 일컬었던 무엇에 놓여 있다. 호모사피엔스의 지능은 보편적이며, 그 잠재력은 세계 어느 곳에서나 놀라울 정도로 일치한다.

고대 그리스 인들은 수에 깊이 매료되었다. 어쩌면 전란의 시대에 끝없이 변화하는 세계에서 수만이 유일하게 항구적인 요소처럼 보였기 때문일 수 있다. 고대 그리스의 피타고라스 학파에게 수는 손으로 만질 수 있고 불변하며 편안하고 영원한 무엇이었다. 친구보다도 더 믿음직했고 아폴로와 제우스처럼 위협적이지 않았다.

이 책도 여러 항목들에서 정수 같은 수들을 다룬다. 탁월한 수학자로 정수를 연구하는 정수론에 매료되었던 에르되시 팔(Erdős Pál, 1913~1996년)은 말로 설명하기는 쉽지만 풀기는 무척이나 어려운, 수론 문제들을 뚝딱 만들어 내고는 했다. 에르되시는 만약 수학에서 한 세기 이상 풀리지 않는 문제가 나온다면 그 문제는 정수론에서 나올 거라고 믿었다.

우주의 수많은 양상은 정수로 나타낼 수 있다. 데이지 꽃잎의 배열, 토끼의 번식, 행성 궤도, 음악의 화음, 주기율표 원소들 사이의 관계는 모두 정수와 관련된 패턴들을 이용해 설명할 수 있다. 독일 대수학자이자 정수론 연구자였던 레오폴트 크로네커(Leopold Kronecker, 1823~1891년)는 이렇게 말하기도 했다. "정수는 신이 만들었고 나머지는 모두 인간이 만들었다." 수학의 근본 원천은 모두 정수라는 뜻이다.

음계에서 정수비의 역할은 피타고라스 시대부터 이미 널리 알려져 있었다. 하지만 더욱 중요한 것은 정수가 인간의 과학적 이해를 증진시키는 데 핵심적 역할을 했다는 것이다. 예를 들어 프랑스 화학자인 앙투안 라부아지에(Antoine Lavoisier, 1743~1794년)는 화합물이 작은 정수비에 들어맞는 일정한 비율로 결합한 원소들로 이루어져 있다는 사실을 발견했다. 이것은 원자가 존재한다는 무척 강력한 증거였다. 1925년 들뜬 원자들이 방출한 스펙트럼선의 파장에서 발견한 정수비는 원자의 구조를 밝히는 데 초기 실마리 역할을 했다. 원자의 질량이 원소에 따라 정수에 가까운 비례를 보인다는 것은 원자핵이 정수개의 비슷한 핵자들(양자와 중성자)로 이루어져 있다는 증거였다. 정수비에서 벗어난 것들은 동위 원소(화학적 성질은 거의 동일하지만 중성자의 수가 다른 변종)를 발견하는 데 큰 역할을 했다.

자연 동위 원소들의 원자량은 정확한 정수가 아니다. 그 작은 차이는 아인슈타인의 유명한 방정식인 $E=mc^2$와 원자 폭탄을 엮는 출발점이 되었다. 원자 물리학에서는 어디서나 정수를 볼 수 있다. 정수는 수학이라는 직물에서 기본이 되는 실 역할을 한다. 독일 수학자 카를 프리드리히 가우스(Karl Friedrich Gauss, 1777~1855년)는 "과학의 여왕은 수학이고, 수학의 여왕은 정수론이다."라고 말했다.

우리는 우주를 설명할 때 수학에 의지한다. 그리고 그 정도는 갈수록 더 심해질 것이다. 그러나 우리의 뇌와 언어를 바꾸기란 쉽지 않다. 새로운 종류의 수학이 계속 발견되거나 창조되지만 그것을 생각하고 이해하는 새로운 방법은 그것을 따라잡지 못한다. 예를 들어 지난 몇 년간 수학사의 유명한 문제들에 대한 수학적 증명들이 제시되었지만 관련 논쟁은 너무나 길고 복잡해서 전문가들조차 자기가 맞는지 확신하기 어려운 형편이었다. 저명한 수학 학술지 《수학 연보(*Annals of Mathematics*)》에 기하학 논문을 제출한 수학자 토머스 헤일스(Thomas Hales)는 전문 검토자들에게서 아무런 오류가 없으므로 지면에 발표해 주겠다는 결정을 듣기까지 '5년'이나 기다려야 했고, 게다가 그 학술지 편집자는 논문이 옳다고 확신하지 않는다는 단서까지 달았다! 게다가 키스 데블린(Keith Devlin)은 《뉴욕 타임스》에 "수학자들의 이야기는 극히 추상적인 단계에 도달해서, 그 최전선에 있는 문제들 다수는 심지어 전문가들도 이해할 수 없다."라고 썼다. 수학자들조차 인정할 정도인 것이다. 전문가들이 그렇게 어려움을 겪을진대 일반 청중에게 전달하는 것이 얼마나 어려울지는 쉽게 이해가 될 것이다. 우리는 최선을 다한다. 수학자들은 이론을 구축하고 계산을 할 수는 있지만, 수학적 개념과 원리를 과학적으로 완전히 이해하고 설명하거나 전달하기는 역부족일지도 모른다.

물리학에서도 비슷한 이야기를 할 수 있다. 베르너 카를 하이젠베르크(Werner Karl Heisenberg, 1901~1976년)가 인류는 끝끝내 원자를 제대로 이해하지 못할 수도 있다는 우려를 표했을 때, 닐스 헨리크 다비드 보어(Niels Henrik David Bohr, 1885~1962년)는 약간 더 낙관적인 견해를 보였다. 보어는 1920년대 초반 이렇게 대답했다. "나는 아직 우리가 이해할 수 있는 가능성이 있을지도 모른다고 생각하지만, 그 과정에서 '이해'라는 말이 진실로 무슨 뜻인지를 배워야 할지도 모릅니다." 오늘날 우리는 직관의 한계를 넘어서 사고하기 위해 컴퓨터의 도움을 받는다. 컴퓨터 같은 기계들을 쉽게 사용할 수 있게 되기 전에는 꿈도 꾸지 못했던 발견과 통찰을 컴퓨터를 이용한 실험들이 가져다주고 있다. 컴퓨터와 컴퓨터 그래픽은 연필과 종이로 증명하려면 한참 기다려야 하는 결과들을 일찍 발견하게 해 주었고, 완전히 새로운 수학 분야를 마련해 주었다. 심지어 스프레드시트 같은 단순한 도구조차 가우스나 레온하르트 오일러(Leonhard Euler, 1707~1783년)나 뉴턴 같은 이들이 갈망했을 만한 능력을 발휘한다. 간단한 예로 1990년대 후반, 데이비드 베일리(David Bailey)와 헬러먼 퍼거슨(Helaman Ferguson)이 설계한 컴퓨터 프로그램은 원주율과 log5와 다른 두 상수의 관계를 밝히는 새로운 공식을 내놓는 데 일익을 담당했다. 에리카 클라리히(Erica Klarreich)가 《사이언스 뉴스》에서 보도했듯이, 컴퓨터가 그 공식을 내놓은 다음에는 그것이 옳은지 그른지 증명하기가 지극히 쉬워졌다. 어떤 증명을 제시할 때 극복해야 하는 가장 큰 장애물이 단순히 답을 '아는' 것일 경우가 적지 않다.

수학 이론들은 여러 해를 기다려야 하는 현상을 예측하는 데 이용되기도 한다. 예를 들어 물리학자 제임스 클러크 맥스웰(James Clerk Maxwell, 1831~1879년)의 이름을 딴 맥스웰 방정식은 전파를 예측했다. 아인슈타인의 장 방정식(field equation)의 예측에 따르면 중력은 빛을 휘게 만들며 우주는 팽창한다. 물리학자 폴 디랙(Paul Dirac, 1902~1984년)은 언젠가 우리가 지금 연구하는 이론 수학에서 미래의 물리학을 슬쩍 엿볼 수 있다고 말하기도 했다. 사실 디랙의 방정식에서 예견된 반물질의 존재는 그 후에 실제로 증명되었다. 러시아 수학자인 니콜라이 로바체프스키가 "아무리 추상적이어도, 언젠가 실제 세계의 현상에 적용되지 않을 수학 분야는 하나도 없다."라고 말한 것도 비슷한 맥락이다.

이 책에서 독자 여러분은 우주를 이해하는 열쇠를 쥐고 있다고 생각되어 온 다양하고 흥미로운 기하들을 만나 보게 될 것이다. 갈릴레오 갈릴레이(Galileo Galilei, 1564~1642년)는 "자연이라는 위대한 책은 수학 기호로 씌어져 있다."라고 이야기했다. 요하네스 케플러(Johannes Kepler, 1571~1630년)는 십이면체 같은 플라톤의 입체들을 가지고 태양계의 모형을 만들었다. 1960년대에는 물리학자인 유진 위그너(Eugene Wigner, 1902~1995년)가 "자연 과학에서 수학은 말도 안 될 정도로 엄청난 능력을 발휘한다."라며 감탄을 표하기도 했다. E_8 같은 대형 리 군은 언젠가 우리가 물리학의 통일 이론을 세우는 데 한몫할지도 모른다. 2007년에 스웨덴계 미국인인 우주론 연구자 맥스 테그마크(Max Tegmark)는 과학자와 대중 양쪽을 대상으로 수학적 우주론을 설명하는 논문을 발표했는데, 그 논문에 따르면 우리가 사는 물리적 현실의 구조를 이루는 것은 다름 아닌 수학이다. 다시 말해 우리 우주는 그저 수학의 '설명 대상'이 아니라 수학 '그 자체'이다.

이 책에 대하여

> 물리학에서는 매번 중요한 발걸음을 내디딜 때마다 새로운 수학적 도구와 개념을 도입해야 했고, 또 거기서 자극받아 그런 도구와 개념이 발전하기도 했다. 현재 우리는 수학적 용어를 사용하지 않고서는 극도의 엄밀함과 보편성을 지닌 물리 법칙을 이해할 수 없다.
>
> —마이클 아티야(Michael Atiyah)

수학자들의 공통적인 특성을 한 가지 꼽으라면 완벽을 향한 열정, 즉 가장 근본적인 원리에서부터 시작해서 자기가 하는 일을 모두 설명하려는 충동을 꼽을 수 있을 것이다. 그러다 보니 수학 관련 글을 읽는 독자들은 꼭 읽어야 할 내용에 도달하기 전에 여러 쪽에 걸쳐 그 배경을 헤집고 가야 하는 경우가 많다. 이 책은 그런 문제를 피하고자 각 항목을 길어야 몇 문단밖에 되지 않도록 만들었다. 이런 형식을 취한 것은 독자 여러분이 장황한 설명을 거칠 필요 없이 생각해 보고 싶은 주제로 바로 진입할 수 있게 하기 위해서이다. 무한에 대해 알고 싶다면 「칸토어의 초한수(1874년)」 항목이나 「힐베르트의 그랜드 호텔(1925년)」 항목을 펼쳐 보면 단시간 두뇌 운동을 할 수 있다. 나치 수용소의 수감자가 개발한, 상업적으로 성공한 세계 최초의 휴대용 공학 계산기에 관심이 간다면 「쿠르타 계산기(1948년)」 항목에서 개략적인 설명을 살펴볼 수 있다.

어떤 재미있는 이름을 가진 수학 정리가 언젠가 과학자들이 전자 부품에 쓸 나노 스케일의 전선을 만드는 일을 도와주게 될 거라는 이야기에 관심이 간다면 책장을 넘겨서 「털북숭이 공 정리(1912년)」 항목을 읽어 보시라. 나치는 왜 폴란드 수학 학회장의 혈액을 억지로 머릿니에게 먹였을까? 사상 최초의 여성 수학자는 왜 살해당했을까? 구의 안팎을 뒤집는 것이 실제로 가능할까? '숫자 교황'이란 도대체 누굴까? 인류가 사상 최초의 매듭을 묶은 것은 언제였을까? 우리는 왜 이제 로마 숫자를 쓰지 않을까? 수학사에 최초로 이름을 남긴 사람은 누구였을까? 단면으로만 된 표면이 존재할 수 있을까? 이 문제들뿐만 아니라 우리의 '수학 뇌'를 자극하는 문제들을 이 책에서 만날 수 있을 것이다.

물론 이 책에서 취한 접근법에는 단점도 없지 않다. 몇 문단 안에서 한 주제를 깊이 있게 다루기란 무리였다. 하지만 「참고 문헌」에서 더 읽어 볼 만한 문헌들을 제시해 두었다. 더러 원전도 언급해 두기는 했지만, 아무래도 현대 독자들은 오래된 원전보다는 뛰어난 2차 문헌들을 접하기 쉬울 것이라 생각해 더 많이 적어 놓았다. 어떤 주제든 더 깊이 들여다보고 싶은 독자들은 이 참고 문헌들을 출발점으로 삼으면 유용할 것이다.

이 책을 쓴 목적은, 몇 분이면 소화할 수 있는 짧은 설명으로 더 많은 독자들에게 중요한 수학적 아이디어들과 그 사상가들에 대해 알려 주는 것이다. 대다수 항목들은 내가 개인적으로 흥미롭다고 생각하는 주제들을 다루고 있다. 안타까운 일이지만 책의 두께상 한계 때문에 위대한 수학적 아이디어들이나 기념비적인 원리들을 모조리 싣기란 불가능했다. 따라서 한정된 분량으로 놀라운 수학적 업적들을 찬양하려다 보니 중요한 수학적 업적들이 누락되기도 했다. 그렇기는 해도 역사적으로 중요하고 수학과 사회, 혹은 인간의 사고에 강력한 영향을 미친 것들은 거의 빠뜨리지 않았으리라고 믿는다. 몇몇 항목에서는 계산자를 비롯한 계산 기기에서 지오데식 돔과 영(0)의 발명까지 실용적인 주제들을 다룬다. 루빅스 큐브나 침대보 문제 풀기 같은 가벼운 주제들도 드문드문 다루었는데, 가볍다고 해서 중요하지 않은 것은 아니다. 이따금씩은 각 항목을 그 자체로 읽어 낼 수 있도록 사소한 정보들을 중복해서 신기도 했다. 각 항목 아래에는 조그만「관련 항목」코너를 마련해 두었는데, 이 코너를 통해 여러 항목을 거미줄처럼 서로 연결할 수 있을 것이다. 이 책을 읽는 과정이 독자들에게 재미있는 탐험이 되도록 궁리한 결과이다.

가능한 한 많은 과학과 수학 분야를 연구하려고 애쓰기는 하지만, 모든 분야에 능통하기란 어려운 일이라, 이 책은 저자의 지적인 부족함을 반영할뿐더러 확실히 저자 자신의 개인적 관심사와 강점 및 약점을 뚜렷이 보여 준다. 이 책에 포함된 중요한 항목들은 저자가 직접 책임지고 고른 것이니, 당연히 어떤 오류나 부족한 점이 있다면 역시 모두 저자의 책임이다. 이 책은 포괄적이거나 학술적인 논문이 아니라 과학과 수학을 배우는 학생들이나 이 분야에 관심이 있는 일반인이 기분 전환 삼아 읽을 수 있는 수학 교양서이다. 저자에게 이 책은 끝나지 않는 프로젝트이고, 저자가 하고 싶어서 하는 일인 만큼 독자들이 내용과 형식 개선을 위한 의견과 제안을 보내 준다면 언제든지 환영한다.

이 책은 연대기적으로 구성되어 있다. 기념비적인 사건이나 발견이 있던 해를 기준으로 삼았다. 일부 연도는 다른 문헌에서 그 기념비적 발견이 있었던 해라고 하는 시점과 다를 수 있다. 그것은 어떤 문헌은 그 발견이 발표된 날짜를 기준으로 삼고 다른 문헌들은 그 수학적 원리가 발견된 실제 날짜를 기준으로 삼기 때문이다. 실제 발견이 이루어진 확실한 날짜를 알 수 없을 경우, 이 책에서는 주로 발표 날짜를 기준으로 삼았다.

어떤 발견에 기여를 한 인물이 한 사람 이상일 때에는 항목들의 연도를 결정하기가 어려웠다. 문제가 없는 경우에 주로 가장 이른 날짜를 사용했지만, 더러 그 개념이 특별한 명성을 얻은 날짜를 기준으로 삼은 경우도 있다. 이런 결정을 내릴 때도 주위 동료들의 조언을 구했다. 예를 들어 텔레비전 신호 전송 같은 디지털 통신에서 오류를 수정하고 잡음을 제거하는 데 쓰이는 그레이 부호를 생각해 보자. 이 부호는 벨 전화 연구소의 물리학자였던 프랭크 그레이(Frank Gray)의 이름을 딴 것이다. 그레이는 이 부호의 특허 신청을 1943년에 했다. 게다가 그 개념의 뿌리는 프랑스에서 전보를 개척한 에밀 보도(Emile Baudot, 1845~1903년)까지 거슬러 올라가기 때문에 이 항목의 연도는 훨씬 전으로 매겨야 할지도 모른다. 그러나 나는 이런 모든 위험을 감수하고 1947년으로 매겼다. 왜냐하면 그레이의 1947년 특허 출원과 1950~1960년대의 현대적 통신 산업의 발전이 없었다면 이렇게 유명해질 수는 없었을 것이기 때문이다. 어떤 경우든 각 항목이나 「참고 문헌」을 참고하면 대안적인 연도 표시의 가능 범위를 짐작할 수 있을 것이다.

학자들은 전통적으로 어떤 발견의 공로자가 누구인지를 두고 늘 논쟁을 벌여 왔다. 예를 들어 아르키메데스의 소 떼 문제라고 하는 유형의 문제가 있는데, 작가인 하인리히 되리(Heinrich Dörrie)는 아르키메데스가 그 문제를 처음 제기했다고 믿지 않는 학자들 네 명과 더불어 아르키메데스가 그 문제를 제기했다고 믿는 학자들 네 명도 거론한다. 학자들은 또한 아리스토텔레스의 바퀴 역설을 처음 만든 이가 누구냐를 두고도 논쟁을 벌인다. 그런 논쟁은 가능한 한 본문이나 「참고 문헌」 중 어느 한쪽에서 다루려고 했다.

독자 여러분은 이 책을 읽다가 최근 수십 년 동안 의미심장할 정도로 많은 수의 이정표들이 수학사의 길에 세워졌음을 깨닫게 될지도 모른다. 예를 들어 2007년에 연구자들은 체커 게임이 본질적으로 체커 기사들이 각자 완벽하게 수를 놓기만 한다면 무승부로 끝날 수밖에 없다는 사실을 증명했다. 마침내 그 게임을 '푼' 것이다. 앞에서 말했듯이 최근 수학에서 급속한 진보가 이루어진 것은 컴퓨터를 수학 실험의 도구로 사용한 덕분이다. 체커 문제는 실제로 1989년부터 분석이 시작되었고 완벽한 풀이를 얻어 내는 데에는 컴퓨터 수십 대가 동원되었다. 그 게임의 가능한 경우의 수는 대략 5해(5×10^{20}) 가지나 된다.

더러 본문 각 항목에서 과학 저술가들이나 유명한 연구자들을 인용하되, 순전히 분량을 줄일 목적으로 그 인용의 출처나 그 말이나 글을 남긴 이를 상세하게 설명하지 않은 경우가 있다. 드문드문 이렇게 간략한 방식을 사용한 데 대해서는 미리 양해를 구하겠다. 그렇지만 책의 뒷부분에 있는 참고 문헌을 보면 출처와 그 저자들을 확실히 알 수 있을 것이다.

이따금은 어떤 정리의 이름을 짓는 것조차 쉽지 않을 때가 있다. 수학자 키스 데블린은 2005년에 미국 수학 협회를 위해 쓴 칼럼에서 이렇게 말한다.

> 대다수 수학자들은 평생 수많은 정리를 증명하는데, 학자의 이름이 그런 정리에 붙게 되는 과정은 뒤죽박죽이다. 예를 들어 오일러, 가우스, 페르마는 각각 수백 가지 정리를 증명했고 그중에는 중요한 정리들도 많았지만 정작 그들의 이름이 붙은 것은 얼마 되지 않는다. 가끔은 정리들의 이름이 잘못 붙는 경우도 있다. 가장 유명한 사례로는 '페르마의 마지막 정리'를 들 수 있다. 그가 그 정리를 증명하지 않았음이 거의 확실하다. 페르마가 자신의 수학 책 여백에 자신의 추정을 흘려 쓴 것을, 그가 죽은 뒤

누군가가 이름을 붙인 것이다. 그리고 피타고라스의 정리는 피타고라스가 등장하기 한참 전부터 알려져 있었다.

마지막으로, 우리가 발견한 수학적 사실들이 실제의 자연 세계를 탐구하는 기틀을 제공하며, 수학적인 도구들은 과학자들이 우주에 관한 예측들을 할 수 있게 해 준다는 사실을 유념하자. 따라서 이 책에 실린 발견들은 인류가 이룬 가장 위대한 업적들이라 할 만하다.

얼핏 보면 이 책은 서로 연결 고리가 거의 없는 독립된 개념들과 사람들을 그저 줄줄이 늘어놓은 것처럼 보일지도 모른다. 하지만 나는 여러분이 이 책을 읽어 나가면서 수많은 연결 고리들을 발견하게 되리라고 믿는다. 분명히 말해 두지만 과학자들과 수학자들의 최종 목표는 단순히 사실을 축적하고 공식들의 목록을 만드는 것이 아니라 새로운 정리들과 인간 사고의 완전히 새로운 영역들을 개척하기 위해 이런 사실들 사이의 유형과 조직 원리, 그리고 관계 들을 이해하는 것이다. 이것은 우리가 가진 '수학 뇌'의 회로 구조를 완전히 뜯어 고칠 것이다. 내가 아는 한, 수학은 마음의 본질, 사고의 한계, 그리고 이 방대한 우주에서 우리의 위치와 관련해 어떤 영원한 경이를 느끼게 해 주는 무엇이다.

우리의 뇌는 아프리카 사바나의 사자들로부터 도망칠 수 있도록 진화되었지 무한한 실재의 베일을 꿰뚫어 보라고 만들어지지는 않았을지도 모른다. 그 베일을 찢어 내려면 어쩌면 수학, 과학, 컴퓨터, 뇌 개조에다 심지어 문학과 예술, 그리고 시까지 필요할지도 모른다. 이제 독자 여러분은 이 책 『수학의 파노라마』가 펼쳐 보일 수학적 탐험을 앞두고 있다. 부디 그 여행에서 수학 뇌의 진화 과정을 생생하게 체험할 수 있기를 바란다. 끝없는 상상력의 바다로 떠나는 항해가 행복하기를 기원한다.

감사의 말

조언과 제안을 아끼지 않은 테자 크라섹(Teja Krasek), 데니스 고든(Dennis Gordon), 닉 홉슨(Nick Hobson), 피트 반스(Pete Barnes), 마크 낸더(Mark Nandor)에게 감사드린다. 또한 수학적 영감이 넘치는 그림들을 이 책에 싣도록 허락해 준 조스 레이스(Jos Leys), 테자 크라섹, 폴 닐랜더(Paul Nylander)에게, 그리고 이 책의 편집을 담당한 매러디스 헤일(Meredith Hale)에게도 특별히 감사드린다.

이 책에 제시된 수학사의 이정표들과 핵심적인 순간들을 조사하기 위해 경이로운 참고 자료들과 웹 사이트들을 폭넓게 연구해야 했는데, 대부분 「참고 문헌」에 실어 놓았다. 그 참고 문헌에는 맥튜터 수학사 도서관(www-history.mcs.st-and.ac.uk), 위키피디아(en.wikipedia.org), 매스월드(mathworld.wolfram.com), 얀 굴베르크(Jan Gullberg)의 『수학: 수의 탄생으로부터(*Mathematics: From the Birth of Numbers*)』, 데이비드 달링(David Darling)의 『수학의 모든 것(*The Universal Book of Mathematics*)』, 이바스 피터슨(Ivars Peterson)의 매스 트렉 도서관(www.maa.org/mathland/mathland_archives.html), 마틴 가드너의 『수학 놀이(*Mathematical Games*)』(CD-ROM은 미국 수학 협회 제공), 그리고 『수학에 대한 열정(*A Passion for Mathematics*)』 같은 내 책도 포함되어 있다.

차례

개미의 보행계

개미는 약 1억 5000만 년 전인 백악기 중기에 살던 말벌에서 진화한 사회적 곤충이다. 개미가 수많은 종으로 분화된 것은 현화식물(생식 기관인 꽃이 있고 열매를 맺으며, 씨로 번식하는 고등 식물)이 나타난 이후로, 지금으로부터 1억 년 전이다.

사하라사막개미(*Cataglyphis fortis*)는 아무런 지표도 없기 쉬운 모래투성이 땅을 먹이를 찾아서 분주하게 돌아다닌다. 하지만 이 개미는 신기하게도 온 길을 되밟아가는 것이 아니라 직선 경로를 찾아 집으로 돌아갈 수 있다. 이 개미는 하늘의 빛을 방향계 삼아 방향을 판단할 뿐만 아니라 자기의 발걸음을 세고 거리를 정확하게 측정하는 보행계 역할을 하는 일종의 '컴퓨터'까지 내장하고 있는 것 같다. 이 개미는 거의 50미터나 떨어진 곳에 있는 죽은 곤충을 찾아 가서는 먹이의 한 귀퉁이를 떼어내어 곧장 집으로 가져오는데, 지름이 채 1밀리미터도 안 되는 개미집의 입구를 놓치지 않고 찾아 들어간다.

독일과 스위스의 과학자들로 이루어진 연구진은 개미의 다리 길이를 조절해 보폭을 더 길거나 짧게 만들어 실험한 결과, 개미가 거리를 판단할 때 걸음 수를 '센다'는 사실을 발견했다. 실험은 목적지(먹이가 있는 곳)에 도달한 개미의 다리에 부목을 덧대어 길게 만들거나 부분적으로 다리를 절제해 짧게 만드는 식으로 진행되었다. 그다음에는 개미들을 놓아주어 집으로 돌아가게 했다. 부목을 덧댄 개미는 너무 멀리 가서 집 입구를 지나쳐 버렸고, 다리를 절제한 개미는 집까지 가지 못했다. 하지만 애초에 다리 길이가 조정된 후 개미집에서 출발한 경우에는 집으로 정확히 돌아왔다. 이 사실은 보폭이 핵심 요소임을 보여 준다. 게다가 개미 뇌에 있는 고도로 정밀한 컴퓨터 덕분에 개미는 집과 자신을 잇는 경로의 수평 투사(horizontal projection) 값을 계산할 수 있어서, 왔다 갔다 하는 사이에 모래 사막에서 언덕과 계곡이 새로 생겨나더라도 길을 잃지 않는다.

관련 항목 수를 세는 영장류(22쪽), 매미와 소수(24쪽)

사하라사막개미는 발걸음을 셈으로써 정확한 거리를 재는 '보행계'를 내장하고 있는지도 모른다. 다리에 부목(사진의 개미 다리에 붙은 붉은색 부분)을 댄 개미는 너무 멀리 이동하는 바람에 개미집 입구를 지나쳐 버렸는데, 이것은 개미가 거리를 측정할 때 보폭을 중요한 변수로 계산한다는 것을 가르쳐 준다.

수를 세는 영장류

약 6000만 년 전에는 여우원숭이를 닮은 영장류가 세계 여러 지역에서 나타났고, 약 3000만 년 전에는 원숭이 같은 특성을 지닌 영장류가 나타났다. 이 생명체들은 과연 수를 셀 수 있었을까? 수를 센다는 말을 동물에게 사용하는 것은 동물 행동 전문가들 사이에서 대단한 논쟁거리이다. 그렇지만 동물이 수 개념을 약간은 가지고 있다고 생각하는 학자들이 적지 않다. H. 칼무스(H. Kalmus)는《네이처》에 「수를 세는 동물들(Animals as Mathematicians)」이라는 기사를 썼다.

> 지금은 다람쥐나 앵무새 같은 일부 동물들이 훈련을 받으면 수를 셀 수 있다는 점에 대해서는 거의 의심할 여지가 없다. …… 다람쥐, 쥐, 그리고 가루받이를 하는 곤충들에게 수를 세는 능력이 있다는 사실이 알려졌다. 이런 동물들을 비롯한 일부 동물들은 비슷한 시각적 패턴에 따라 수를 구분할 수 있다. 또 다른 동물들은 훈련을 받으면 연속적인 청각적 신호를 인식하거나 심지어 따라하기까지 한다. 심지어 극히 일부 동물은 시각적 패턴을 가진 요소들(점들)의 수만큼 두드리는 동작을 하도록 훈련시킬 수도 있다. …… 아직 많은 사람들이 동물들이 수를 셀 수 있다는 사실을 인정하지 않는 이유는 동물들이 수를 입으로 말하거나 기호를 직접 쓸 수 없기 때문이다.

쥐도 수를 셀 수 있는 것 같다. 예를 들어 어떤 행동을 몇 번 했을 때에만 먹이 같은 보상이 주어지도록 해 놓으면 쥐는 그 횟수에 맞춰 그 행동을 한다. 자신이 하는 행동의 횟수를 셀 수 있는 것이다. 침팬지들은 상자 안에 든 바나나의 수에 맞는 숫자를 컴퓨터에서 누를 수 있다. 일본 교토 대학교 영장류 연구소의 마쓰자와 데쓰로(松澤哲郎)는 한 침팬지에게 컴퓨터 화면에 보이는 물체의 수를 보여 주고 숫자에 해당하는 컴퓨터의 자판을 1부터 6까지 누르도록 가르쳤다.

미국 조지아 주립 대학교의 연구자인 마이클 베란(Michael Beran)은 침팬지들에게 컴퓨터 화면과 조이스틱 사용 훈련을 시켰다. 화면에서 숫자 하나가 깜빡이고 점들이 연달아 나오면 침팬지들은 그 둘의 관계를 인식해야 했다. 한 침팬지는 1부터 7까지의 숫자들을 익혔고, 다른 침팬지는 6까지 셈하는 법을 배웠다. 3년 후 다시 침팬지들을 테스트했을 때, 두 침팬지 모두 수를 맞히긴 했지만 오답률은 2배로 늘었다.

관련 항목 개미의 보행계(20쪽), 이상고 뼈(28쪽)

영장류는 약간이나마 수 개념을 가진 듯하다. 훈련을 받은 고등 영장류는 여러 가지 물체를 보여 주면 그 개수에 해당하는 컴퓨터 자판을 누르는 식으로 1부터 6까지의 수를 식별할 수 있었다.

기원전 100만 년경

매미와 소수

매미는 날개 달린 곤충으로 지금으로부터 180만 년 전, 빙하기가 지나간 홍적세(신생대 제4기의 첫 시기)에 북아메리카 지역에서 진화했다. 주기매미(*Magicicada*) 속 매미는 거의 일평생을 땅 밑에서 식물 뿌리 진액을 먹고살다가 잠깐 지상으로 나와 짝짓기를 하고는 이내 죽는다. 그런데 경이로운 점은, 이 곤충들이 보통 땅 위로 올라오는 해가 태어난 지 13년이나 17년째 되는 해인데, 두 수 모두 소수(素數, prime number)라는 것이다. (소수란 11, 13, 17처럼 자기 자신과 1로만 나눌 수 있는 정수이다.) 이 규칙적인 곤충들은 태어난 지 13년째나 17년째가 되는 해 봄에 지상으로 나가는 통로를 판다. 이따금은 1에이커(약 4,047제곱미터)당 150만 마리가 넘는 큰 무리가 한꺼번에 나타나기도 한다. 이렇게 엄청난 무리가 한꺼번에 나타나면 아무래도 새와 같은 포식자들이 몽땅 먹어 치우기 쉽지 않을 테니, 어쩌면 이것은 매미의 생존 전략인지도 모른다.

일부 연구자들은 이들의 생활사 주기가 소수가 되도록 진화한 것은 그만큼 자기들보다 수명이 더 짧은 포식자들과 기생충들을 피할 가능성이 높아지기 때문일 것이라고 추정한다. 예를 들어 매미의 생명 주기가 12년이라면 생명 주기가 2, 3, 4, 6년인 포식자들을 만날 확률이 그만큼 더 높아지지 않겠는가. 독일 도르트문트에 있는 막스 플랑크 연구소 분자 생리학 연구단 소속 마리오 마르쿠스(Mario Markus)와 동료들은 포식자와 피식자 간 상호 작용을 다루는 수학적 진화 모형에서 주기매미처럼 소수의 값을 가지는 생활사 주기가 자연적으로 나타난다는 사실을 발견했다. 연구자들은 컴퓨터로 매미의 가상 개체군을 구성하고 생활사 주기를 무작위로 배정했다. 그리고 어느 정도 시간이 지나면 잇따른 돌연변이들을 겪은 가상의 매미들은 예외 없이 소수로 된 생활사 주기에 정착했다.

물론 이 매미의 소수년 대량 발생 문제에 대한 연구는 아직 걸음마 단계라서 의문점이 많이 남아 있다. 왜 하필이면 13과 17일까? 실제로 존재했던 어떤 포식자들이나 기생충들 때문에 매미가 이런 주기를 갖게 된 것은 아닐까? 또한 전 세계에는 1,500종의 매미 종이 있는데 왜 유독 주기매미만이 이런 주기를 나타내는가 하는 의문도 아직 풀리지 않고 있다.

관련 항목 개미의 보행계(20쪽), 이상고 뼈(28쪽), 에라토스테네스의 체(64쪽), 골드바흐의 추측(180쪽), 정십칠각형 만들기(204쪽), 가우스의 『산술 논고』(208쪽), 소수 정리 증명(294쪽), 브룬 상수(338쪽), 길브레스의 추측(412쪽), 시에르핀스키 수(422쪽), 울람 나선(426쪽), 에르되시와 극한적 협력(446쪽), 안드리카의 추측(484쪽)

매미는 깜짝 놀랄 만한 행동을 보여 준다. 태어난 지 13년이나 17년째 되는 해에 지상으로 올라온다는 것이다. 이따금은 1에이커당 150만 마리가 넘는 매미가 대량 발생할 때도 있다.

매듭

매듭이 처음 사용된 것은 현생 인류인 호모 사피엔스(*Homo sapiens*)가 나타나기도 전이었다. 그 증거로 모로코의 동굴에서 발견된 8만 2000년 전의 조개껍데기들을 들 수 있다. 이 조개껍데기들은 황토로 칠해져 있었고 구멍이 뚫려 있었다. 그 밖에도 여러 고고학적 증거들이 아주 먼 옛날부터 인류가 구멍 뚫린 구슬을 사용했다는 사실을 보여 준다. 구멍을 뚫었다는 것은 끈을 사용했다는 뜻이고, 그 끈을 목걸이처럼 고리 모양으로 묶으려면 매듭을 사용할 수밖에 없었다는 뜻이다.

전형적인 장식용 매듭의 예는 기원후 800년경에 켈트 수도사들이 만든, 화려하게 장식된 복음서인 『켈스의 서(*The Book of Kells*)』에서 볼 수 있다. 세 번 꼰 삼엽형 매듭을 비롯한 매듭들에 대한 연구는 수학에서 닫힌 꼬인 고리(closed twisted loop)를 다루는 거대한 분야를 형성하고 있다. 1914년에 독일 수학자인 막스 덴(Max Dehn, 1878~1952년)은 삼엽형 매듭의 거울상이 대칭이 아님을 증명했다.

수학자들은 수 세기 동안 매듭처럼 보이는 비(非)매듭을 진짜 매듭과 구분하고 진짜 매듭들을 서로 분간할 수 있는 방법을 개발하려고 애써 왔다. 그리고 오랜 세월에 걸쳐 확실한 매듭들을 서로 분간하기 위한 구분표를 끝도 없이 내놓고 있다. 현재까지 교차점이 16개 이하인 매듭 170만 개가 구분되어 있고, 그 각각을 설명하는 표준적인 그림들이 정립되어 있다.

오늘날에는 오로지 매듭만 전문으로 다루는 학회들도 있다. 분자 유전학(DNA의 고리를 푸는 방법을 밝히는 데 매듭 이론이 일조할 수 있다.)에서 입자 물리학(기본 입자의 성질을 매듭 이론으로 설명할 수 있다고 믿는 이들이 꽤 된다.)까지 다양한 분야의 과학자들이 우주의 본질을 매듭으로 설명하겠다는 포부를 가지고 매듭을 연구한다.

매듭은 문명 발전에서 핵심적인 역할을 했다. 옷을 여미는 데, 무기를 몸에 매다는 데, 보금자리를 만드는 데 쓰였으며, 선박을 이용한 대양 항해와 세계 탐험을 가능하게 한 것이 바로 매듭이었다. 오늘날 수학의 매듭 이론은 대단한 진보를 이루어, 짧은 인생을 사는 인간으로서는 그 심오한 적용처들을 다 알 수 없을 지경이다. 수천 년에 걸쳐 인류는 매듭을 단순한 목걸이의 묶음에서 이 세상의 짜임새 그 자체에 대한 모형으로 진화시켜 왔다.

관련 항목 키푸(30쪽), 보로메오 고리(88쪽), 존스 다항식(480쪽), 머피의 법칙과 매듭(492쪽)

화려하게 장식된 복음서인 『켈스의 서』는 전형적인 장식용 매듭의 예를 보여 준다. 이 책은 켈트 수도사들이 800년경에 제작했다. 다양한 형태의 매듭을 볼 수 있다.

이상고 뼈

1960년 벨기에의 지질학자 겸 탐험가인 장 드 하인젤린 드 브로쿠르(Jean de Heinzelin de Braucourt, 1920~1998년)는 오늘날의 콩고 민주 공화국 지역에서 표식이 새겨진 원숭이 뼈 하나를 발견했다. 줄 표시가 여러 개 그어진 이상고(Ishango) 뼈는 처음에는 석기 시대 아프리카 인들이 쓰던 단순한 기록 막대로만 여겨졌다. 그렇지만 일부 과학자들의 주장에 따르면 그 표식들은 단순히 물건을 세는 것을 넘어서는 수학적 능력을 증명하는 증거라고 한다.

그 뼈는 나일 강 상류 근방 이상고 지역에서 발견되었는데, 그곳은 화산 분출로 매몰되기 전에는 구석기 전기 인류가 거대한 인구를 이루어 살던 서식지였다. 그 뼈들 중 하나에는 처음에는 눈금 3개, 그다음에는 그 2배인 눈금 6개가 새겨져 있었다. 눈금 4개 다음에는 2배인 눈금 8개가 새겨져 있고, 눈금 10개 다음에는 절반인 눈금 5개가 새겨져 있다. 그러니 당시 사람들은 어쩌면 단순하나마 곱셈이나 나눗셈 개념을 가지고 있었을지도 모른다. 그런데 한층 더 놀라운 것은 오로지 홀수(9, 11, 13, 17, 19, 21)만 적힌 것도 있다는 사실이다. 또 10과 20 사이의 소수들이 적힌 것도 있는데, 각 열의 수들을 합치면 12의 배수인 60이나 48이 된다.

이상고 뼈 이전의 기록 막대들도 드물지 않게 발견되고 있다. 예를 들어 스위스의 레봄보(Lebombo) 뼈는 3만 7000년 된 원숭이 종아리뼈로 29개의 표식이 새겨져 있다. 체코슬로바키아에서는 57개의 표식이 새겨진 3만 2000년 된 늑대 정강이뼈가 발견되기도 했다. 어쩌면 좀 지나친 추측 같기도 하지만, 일각에서는 석기 시대 여성이 자신의 월경 주기를 이상고 뼈에 기록해 일종의 음력 달력을 만든 것이라고 생각해 "월경이 수학을 만들었다."라는 주장을 펼치기도 했다. 만약 이상고 뼈가 그처럼 단순히 기록을 남기기 위한 도구였다고 하더라도, 그런 기록들은 다른 동물과는 달리 상징 수학(Symbolic Mathematics)을 향해 내디딘 인류의 첫 걸음을 표상하는 것이 아닐까 싶다. 아무튼 이상고 뼈는 아직까지 풀리지 않은 수수께끼로 남아 있고, 비슷한 뼈들이 더 발견되기까지 그 수수께끼는 풀리지 않을 것이다.

관련 항목 수를 세는 영장류(22쪽), 매미와 소수(24쪽), 에라토스테네스의 체(64쪽)

일련의 표식이 새겨진 이상고 뼈는 처음에는 석기 시대 아프리카 인들이 쓰던 단순한 기록 막대로만 여겨졌다. 하지만 일부 과학자들은 그 뼈가 당시 인류의 수학적 역량을 보여 준다고 믿는다. 그들은 단순히 물체를 셈하는 수준을 넘어섰고, 그 증거를 이 뼈들에 남긴 것이다.

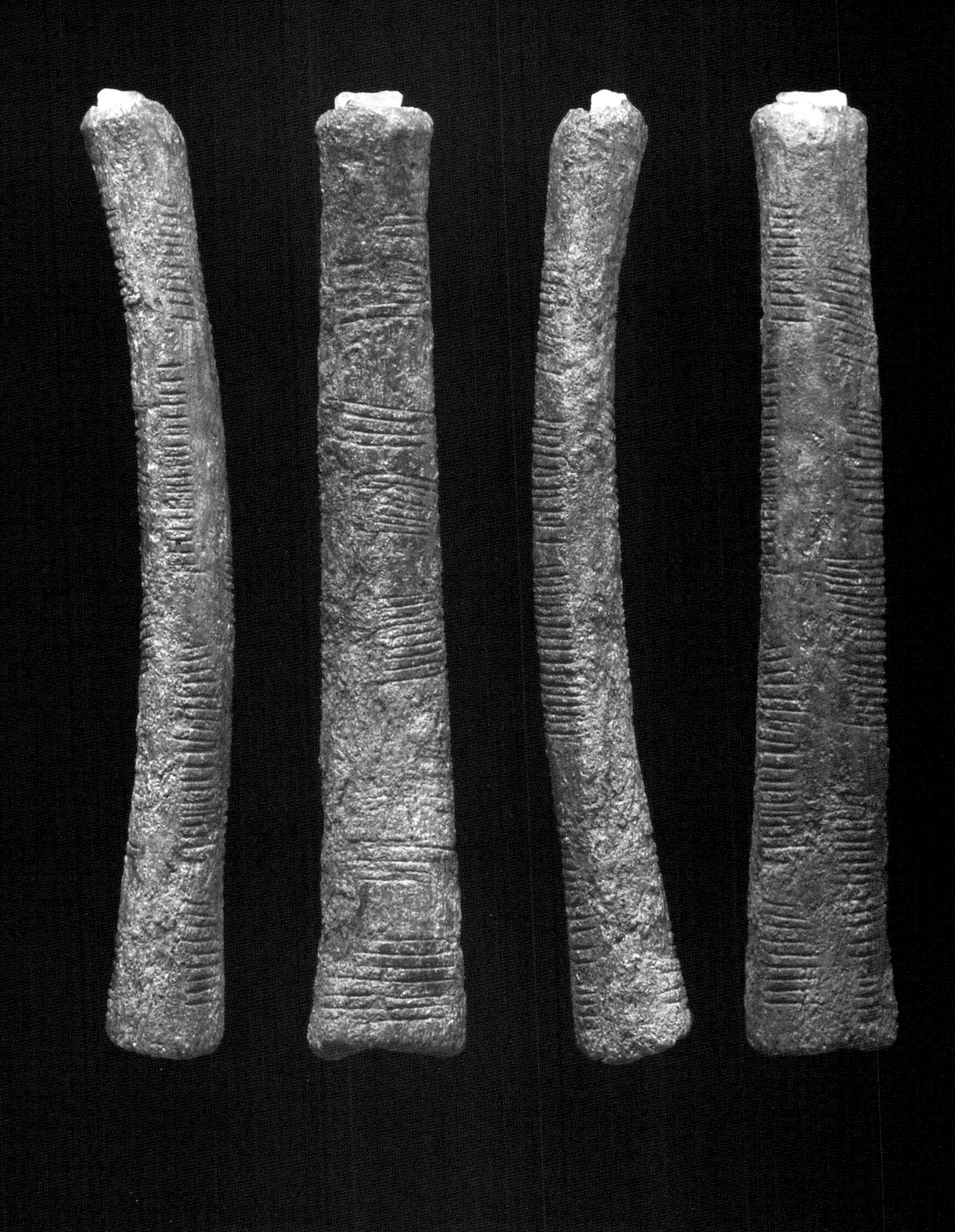

키푸

고대 잉카 인들은 숫자로 된 정보를 기록하려고 끈과 매듭으로 된 기록용 도구인 키푸(Quipu, 결승 문자)를 썼다. 얼마 전까지만 해도 가장 오래된 것으로 인정받던 키푸는 기원후 650년경의 것이었다. 하지만 2005년에 페루의 해안 도시 카랄에서 약 5,000년 전의 것으로 추정되는 키푸가 발견되었다.

남아메리카의 잉카 족은 국가 종교와 공용 언어가 있었으며 복잡한 문명을 구축했다. 비록 문자는 없었지만 키푸를 사용해 논리적이고 수적인 체계에 따라 암호화된 방대한 기록을 남겼는데, 3개짜리 부호에서 1,000개짜리 부호까지 그 복잡성이 다양했다. 하지만 안타깝게도 남아메리카로 건너온 스페인 인들은 이상하게 생긴 키푸를 보고 악마의 작품이라고 생각했다. 그리하여 수천 개의 키푸를 자신들이 믿는 신의 이름으로 파괴하는 바람에, 오늘날 남아 있는 키푸는 고작 600개 정도밖에 없다.

매듭 유형과 위치, 끈의 방향, 끈의 위치, 색과 빈틈은 각기 실제 존재하는 물체에 해당하는 수를 나타낸다. 10의 제곱은 각기 다른 매듭들을 겹쳐서 나타냈다. 이런 매듭들은 아마도 인적·물적 자원이나 달력 정보 등을 기록하는 데 사용된 듯하다. 어쩌면 건축 도면, 춤의 패턴, 심지어는 잉카 역사의 면면 같은 더 많은 정보도 담겼을지 모른다. 키푸가 중요한 한 가지 이유는, 문명이 시작된 이후 문자가 발전한 다음에야 수학이 꽃을 피웠다는 인식을 깨뜨리기 때문이다. 문자 기록이 발달하지 않은 사회라도 얼마든지 진보된 상태에 도달할 수 있다는 것이다. 흥미롭게도 오늘날 키푸라는 컴퓨터 시스템이 있는데, 관리자들이 고대 도구의 탁월한 유용성을 기념해 이름을 그렇게 붙였다고 한다.

키푸는 죽음의 계산기로 사용되기도 했다. 잉카에서는 매년 몇 명의 성인과 아이가 희생 제물로 바쳐졌는데, 이 행사를 계획하는 데 키푸가 사용된 것이다. 잉카 제국 자체를 나타내는 키푸도 있다. 그 키푸에서 끈은 도로를, 매듭은 제물로 바쳐질 희생자를 나타낸다고 한다.

관련 항목 매듭(26쪽), 주판(100쪽)

고대 잉카 인들은 수를 기록하기 위해 매듭 진 끈으로 만든 키푸를 사용했다. 매듭 유형과 위치, 끈의 방향과 위치와 색을 통해 날짜나 사람과 물체의 수를 나타냈다.

주사위

과연 이 세상에 난수(亂數, Random Number)가 없었다면 어찌 되었을까? 1940년대에 열핵 폭발 모의 실험을 하던 물리학자들에게는 통계적 난수를 확보하는 일이 대단히 중요했다. 오늘날에는 수많은 컴퓨터 네트워크들이 인터넷에서 발생하는 정체를 피하는 경로를 짜는 데 난수를 이용하고 있다. 또 정치 여론 조사원들은 편향되지 않은 유권자들의 표본을 수집하고자 할 때 난수를 이용한다.

원래 발굽 달린 동물의 복사뼈로 만들기 시작한 주사위는 난수를 생성하는 도구 중 가장 오래된 축에 속한다. 고대인들은 주사위를 던질 때 나오는 눈을 신이 통제한다고 믿었다. 따라서 주사위는 통치자를 선출하거나 유산을 나누는 등 중요한 결정을 내릴 때 쓰는 믿음직한 도구가 되었다. 심지어 오늘날에도 신이 주사위 놀이를 한다는 은유적인 표현을 흔히 쓰고는 하는데, 물리학자 스티븐 호킹(Stephen Hawking) 역시 이런 말을 했다. "신은 주사위를 굴리기만 하는 게 아니라, 가끔은 안 보이는 데로 던져서 우리를 당황하게 만들기도 한다."

지금껏 알려진 가장 오래된 주사위는 이란 남동부의 전설적인 도시인 부른트(Burnt) 시에서 5,000년 된 백개먼(Backgammon, 주사위 놀이의 일종) 세트와 함께 발굴되었다. 그 도시는 문명 발전상의 네 단계를 모두 거쳤지만 여러 차례 큰 화재를 겪으면서 소실되었고 기원전 2100년에는 버려진 도시가 되었다. 고고학자들은 이 유적지에서 가장 오래된 것으로 알려진 의안도 발견했다. 고대 여사제들이나 점쟁이들은 이런 의안을 눈에 끼고 마치 최면을 걸듯 사람들을 뚫어지게 응시했을 것이다.

주사위 굴리기는 여러 세기에 걸쳐 확률을 가르치는 데 이용되어 왔다. 면이 총 n개이고 각 면에 서로 다른 수가 새겨진 주사위를 한 번 굴렸을 때 특정한 수가 나올 확률은 $1/n$이 된다. i개의 수가 연속으로 나올 확률은 $1/n^i$이다. 예를 들어 일반적인 주사위를 굴렸을 때 1 다음에 4가 나올 확률은 $1/6^2=1/36$이다. 일반적인 주사위 2개를 사용했을 때, 어떤 주어진 합이 나올 확률은 그 합이 나올 수 있는 던지는 방법의 수를 전체 조합의 수로 나눈 것과 같다. 따라서 총합 7이 나올 확률이 총합 2가 나올 확률보다 높다.

관련 항목 큰 수의 법칙(166쪽), 뷔퐁의 바늘(196쪽), 최소 제곱법(202쪽), 라플라스의 「확률 분석 이론」(214쪽), 카이제곱(302쪽), 초공간의 미아(346쪽), 난수 생성기(380쪽), 피그 게임 전략(388쪽), 중앙 제곱 난수 생성기(392쪽)

원래 유제류 동물의 복사뼈로 만든 주사위는 난수를 생성하는 데 쓰인 가장 오래된 도구 중 하나이다. 고대인들은 신이 주사위를 통제한다고 믿고 미래를 예측하기 위해 주사위를 던졌다.

마방진

베르나르 프레니클 드 베시(Bernard Frénicle de Bessy, 1602~1675년)

전설에 따르면 마방진은 중국에서 유래했다. 기원전 2200년경 요(堯) 임금 시대를 다룬 문헌에 마방진 이야기가 나온다고 한다. 마방진은 각기 다른 정수들이 하나씩 쓰인 N^2개의 상자(방)로 이루어진다. 수직선·수평선·대각선 상에 있는 각 수들의 합은 모두 동일하다.

어떤 마방진이 1에서 N^2까지의 연속된 숫자로 채워져 있으면 N차 마방진이라고 하는데, 이때 각 줄의 합(마법의 수)은 $N(N^2+1)/2$과 같다. 르네상스 시대의 미술가 알브레히트 뒤러(Albrecht Dürer, 1471~1528년)는 1514년에 다음과 같은 신기한 4×4 마방진을 만들어 냈다.

16	3	2	13
5	10	11	8
9	6	7	12
4	15	14	1

맨 밑줄 가운데 두 방의 숫자들이 이 마방진이 만들어진 연도와 동일한 '1514'임을 놓치지 말자. 수직선·수평선·대각선 상에 있는 각 수들의 합은 34로 동일하다. 게다가 각 변의 사각형 4개(16+13+4+1)의 합과 중앙의 2×2 사각형(10+11+6+7)의 합 역시 34이다.

1693년만 해도 이미 880가지 4차 마방진이 세상에 알려져 있었다. 거기에 한몫한 것이 프랑스의 저명한 아마추어 수학자이자 마방진 연구에서 역사상 그 누구보다도 앞서 있었던 베르나르 프레니클 드 베시의 저서인 『쿠아제 혹은 마법의 표(*Des Quassez ou Tables Magiques*)』였는데, 이 책은 저자 사후에 발간되었다.

마야 원주민에서 아프리카의 하수아 족까지 거의 모든 시대와 대륙의 문명에서 숭배받던 단순한 3×3 마방진에서 출발해 여기까지 상당히 먼 길을 걸어 온 셈이다. 오늘날 수학자들은 고차원을 배경으로 이런 마술적인 대상들을 연구한다. 모든 방향으로 놓인 수들의 합이 마법의 수가 되는 4차원 초입방체(Hypercube)가 그 예이다.

관련 항목 프랭클린의 마방진(192쪽), 완전 4차원 마방진(500쪽)

스페인에 있는 사그라나다 파밀리아 성당에는 마법의 수가 33인 4×4 마방진이 있는데, 33은 많은 성서 해석자들이 예수의 사망 당시 나이로 제시하는 수이다. 이 마방진은 중복된 숫자가 있어서 정통적인 마방진은 아니다.

1 14 14 4
11 7 6 9
8 10 10 5
13 2 3 15

플림턴 322

조지 아서 플림턴(George Arthur Plimpton, 1855~1936년)

플림턴 322는 세로 4줄, 가로 15줄짜리 표(4행 15열 표)에 숫자가 쐐기 문자로 씌어져 있는 수수께끼로 가득한 바빌론 점토판이다. 과학사가인 엘리너 롭슨(Eleanor Robson)은 이 점토판을 "세계에서 가장 유명한 수학적 공예품의 하나"라고 했다. 기원전 1800년경에 만들어진 이 판은 피타고라스의 삼각형, 즉 $a^2+b^2=c^2$이라는 피타고라스 공식의 해에 상응하는 실제 직각삼각형들의 변의 길이를 나타내는 정수들을 담고 있다. 예를 들어 3, 4, 5는 피타고라스의 세 수이다. 표의 4행에 있는 수들은 단순히 줄 번호를 나타낸다. 이 표에 담긴 숫자들의 의미에 대해서는 해석이 분분한데, 일부 학자들은 그 수들이 대수학이나 삼각법 등을 배우던 학생들이 쓴 답이었을 것이라고 추측한다.

'플림턴 322'이라는 점토판의 이름은 뉴욕의 출판업자인 조지 아서 플림턴의 이름을 딴 것이다. 플림턴은 1922년에 한 유물 거래상으로부터 이 점토판을 10달러에 사들여 컬럼비아 대학교에 기증했다. 이 판의 유래는 오늘날 이라크에 있는 티그리스와 유프라테스 강변의 비옥한 계곡인 메소포타미아에서 꽃을 피운 고대 바빌론 문명으로 거슬러 올라간다. 그러니 플림턴 322를 만든 그 이름 모를 필경사는 "눈에는 눈, 이에는 이."라는 구절이 들어 있는 법률로 유명한 함무라비의 시대에 살았던 셈이다. 자기 민족을 유프라테스 강의 강둑 도시 우르에서 가나안으로 이끈 성경 속 인물인 아브라함은 어쩌면 그 필경사와 동시대인이었을지도 모른다.

바빌론 인들은 젖은 흙판에 바늘이나 쐐기를 꾹꾹 누르는 방식으로 글자를 썼다. 바빌론 수체계에서는 선 하나를 그으면 1이고, 2에서 9까지는 그 수만큼 선을 그어서 나타냈다.

관련 항목 피타고라스 정리와 삼각형(42쪽)

플림턴 322는 쐐기 문자로 숫자가 적힌 바빌론의 점토판을 말한다. 여기 새겨진 숫자들은 피타고라스 정리 $a^2+b^2=c^2$의 해에 상응하는 직각삼각형의 각 변 길이들이다.

린드 파피루스

아흐메스(Ahmes, 기원전 1680?~1620?년), **알렉산더 헨리 린드**(Alexander Henry Rhind, 1833~1863년)

린드 파피루스는 고대 이집트의 수학 관련 문헌 중 가장 중요한 것으로 손꼽힌다. 높이 약 30센티미터에 길이 약 3.5미터인 이 두루마리는 나일 강 동쪽 둑에 있던 테베의 한 무덤에서 발굴되었다. 필경사인 아흐메스는 신관(神官) 문자로 글을 적었는데, 신관 문자는 일종의 상형 문자였다. 이 문헌이 만들어진 시기를 기원전 1650년경으로 잡으면 아흐메스는 수학과 관련해서 이름이 알려진 인물로서는 역사상 가장 오래된 인물이 되는 셈이다! 이 두루마리는 지금까지 알려진 것들 가운데 가장 오래된 수학 계산 기호들도 보여 주는데, '덧셈 기호'는 더해질 수를 향해 걸어가는 다리 2개로 표시되어 있다.

1858년에 스코틀랜드 법률가 겸 이집트학 학자인 알렉산더 헨리 린드는 우연히 들른 이집트 룩소르의 한 시장에서 이 두루마리를 샀다. 그리고 런던의 대영 박물관은 1864년에 이 두루마리를 입수했다.

아흐메스는 그 두루마리가 "온갖 것에 대한 정확한 계산, 모든 것, 수수께끼, …… 모든 비밀에 대한 지식"을 제공한다고 썼다. 두루마리의 내용은 통계, 건축, 회계에 유용한 실용 수학뿐만 아니라 분수, 수열의 연산, 대수학, 피라미드 기하학 같은 수학적 문제들까지 두루 담고 있다. 내가 가장 관심 있게 본 것은 '79 문제'인데, 이 문제는 해석해 놓아도 무슨 소리인지 이해하기가 쉽지 않다.

지금은 많은 사람이 그 문제를 일종의 수수께끼로 생각한다. 내용은 이렇다. "7채의 집에 고양이 7마리가 있다. 각 고양이는 쥐 7마리를 죽인다. 각 쥐는 밀알 7개를 먹었다. 각 밀알은 밀 7헤카트(단위)를 내놓았다. 이것을 전부 합치면?"이다. 재미있는 것은 7이라는 수와 동물이 등장하는 풀 수 없는 고대의 수수께끼가 수천 년이나 그 명맥을 이어 왔다는 사실이다! 1202년에 발표된 피보나치의 『주판서(*Liber Abaci*)』에서, 그리고 더 나중에는 7마리 고양이가 나오는 영국의 오래된 전래 동화인 『성 이브스의 수수께끼』에서도 매우 비슷한 내용을 볼 수 있다.

관련 항목 『가니타 사라 삼그라하』(90쪽), 피보나치의 『주판서』(102쪽), 『트레비소 아리트메트릭』(110쪽)

린드 파피루스는 고대 이집트 수학 문헌 중 가장 중요한 것으로 손꼽힌다. 사진에는 그 일부를 실었다. 이 두루마리는 분수, 수열의 연산, 대수학, 기하학, 회계학 관련 수학 문제들을 다룬다.

틱택토

틱택토(Tic-Tac-Toe, TTT) 게임은 인류 역사상 가장 널리 알려지고 가장 오래된 게임이다. 이 게임이 현대와 같은 규칙을 갖게 된 시기는 비교적 최근이지만, 고고학자들은 기원전 1300년경의 고대 이집트로 거슬러 올라가 '3개로 1줄 만들기 게임' 비슷한 것을 그 기원으로 제시한다. 내 생각에는 비슷한 종류의 게임들이 이미 인류 문명 여명기부터 존재하지 않았나 싶다. 틱택토 게임은 3×3의 모눈종이 위에 두 명이 교대로 각자 O표와 X표를 해 나가는 것으로 시작된다. 세로나 가로나 대각선으로 먼저 자기 표시 3개를 이어서 1줄을 만드는 사람이 이긴다. 3×3판에서 하는 틱택토 게임은 언제든지 무승부로 끝날 가능성이 있다.

위대한 파라오들이 통치하던 고대 이집트 전성기에 보드 게임은 일상 생활에서 중요한 역할을 했으며, 틱택토 같은 놀이는 이 시대에서 유래했다. 말하자면 틱택토는 보드 게임의 '원자'라고 볼 수 있다. 그 후 수 세기 동안 이 원자들이 결합되어 한층 발전된 게임의 '분자'들을 구축했다고 할 수 있지 않을까. 가장 덜 변형되고 덜 확장된 단순한 틱택토 게임은 통달하는 데 상당한 시간을 요하는 완벽한 소일거리이다.

수학자들과 퍼즐 애호가들은 더 넓고 차원이 더 높고 특이한 표면을 가진 게임판 위로 틱택토 게임을 옮겨다 놓았는데, 끝선이 서로 만나서 토러스(Torus, 도넛 모양의 표면으로 원환체라고 하기도 한다.)나 클라인 병(Klein Bottle, 안과 밖이 구분되지 않는 병)을 형성하는 직사각형이나 정사각형 게임판 같은 것들이 그 예이다.

틱택토의 몇 가지 궁금한 점들을 생각해 보자. 선수들이 틱택토 판 위에 O표와 X표를 늘어놓을 수 있는 총 가짓수는 9!=362,880이다. 5, 6, 7, 8, 9로만 끝나는 모든 게임의 가능한 배치를 생각해 보면, 틱택토에서 가능한 게임의 가짓수가 255,168이나 된다는 뜻이다. 1980년대 초반에, 컴퓨터 천재인 대니 힐리스(Danny Hillis)와 브라이언 실버먼(Brian Silverman)은 친구들과 힘을 합쳐, 집짓기 장남감의 일종인 팅커토이(Tinkertoy) 블록 1만 개를 사용해 틱택토를 할 수 있는 컴퓨터인 '팅커토이'를 만들었다. 그리고 1998년에는 토론토 대학교의 연구자들과 학생들이 인간을 상대로 3차원(4×4×4) 틱택토 게임을 할 수 있는 로봇을 만들었다.

관련 항목 바둑(44쪽), 아이코시안 게임(246쪽), 아와리 게임(508쪽), 체커(514쪽)

철학자 패트릭 그림(Patrick Grim)과 폴 생 드니(Paul St. Denis)가 가능한 모든 틱택토 게임을 분석해서 표기했다. 틱택토 판의 각 칸에는 더 작은 틱택토 판들이 들어 있는데 이는 어떤 조합이 가능한지를 다양하게 보여 준다.

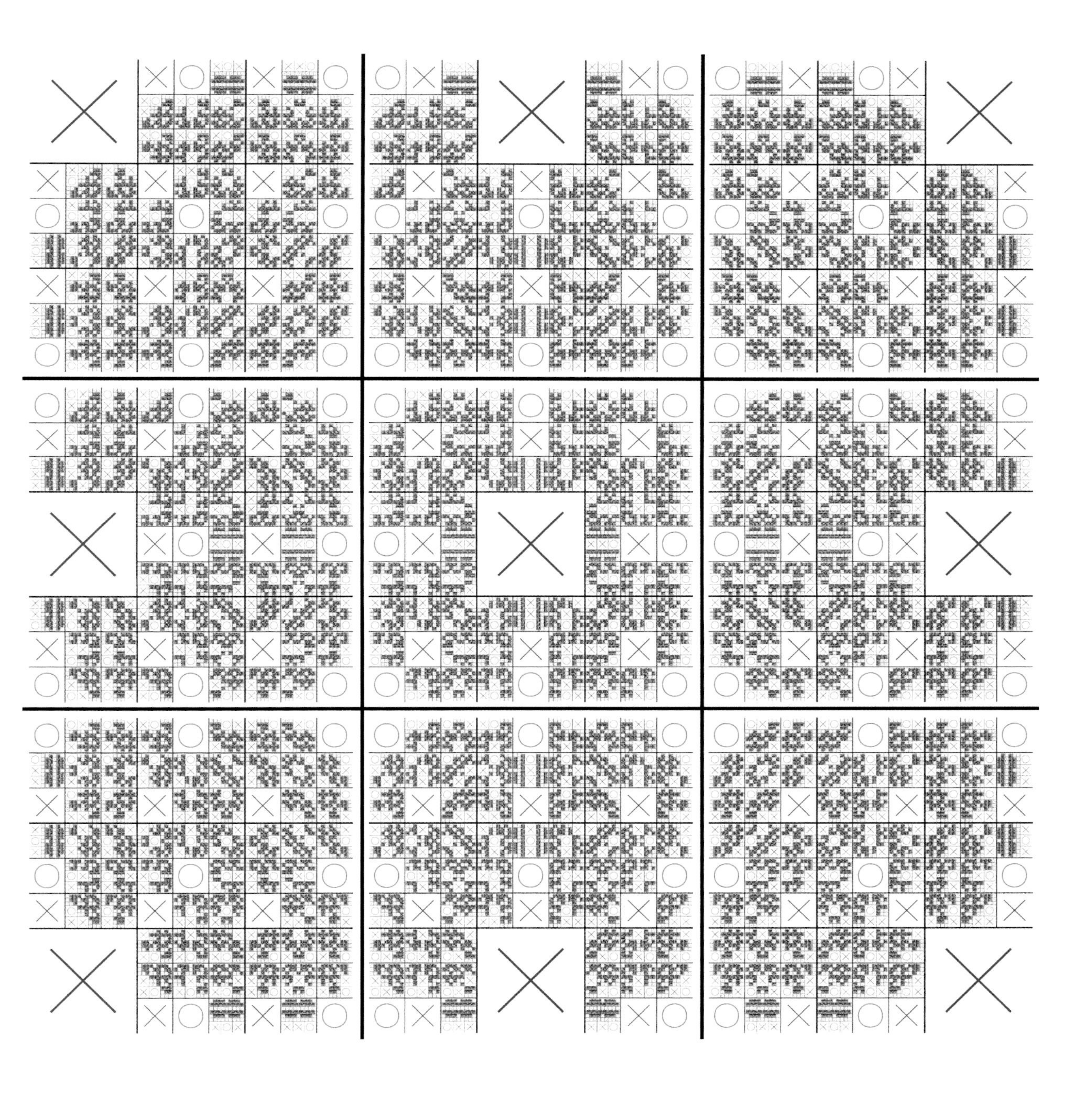

기원전 600년경

피타고라스 정리와 삼각형

보다야나(Baudhayana, 기원전 800?년), **사모스의 피타고라스**(Pythagoras of Samos, 기원전 580?~500?년)

오늘날에는 허수아비의 입을 통해서 저 유명한 피타고라스 정리를 처음 듣게 되는 어린이들이 많다. MGM 사의 1939년 영화 「오즈의 마법사」의 끝부분에서 뇌를 얻은 허수아비가 바로 그 공식을 말하기 때문이다. 안타깝게도 그 허수아비가 읊은 정리는 완전히 엉터리였지만 말이다!

피타고라스 정리(Pythagorean Theorem)에 따르면 모든 직각삼각형에서 빗변의 길이인 c는 제곱하면 다른 두 변(짧은 변들)의 길이인 a와 b를 각각 제곱해 합친 것과 같다. 공식으로 쓰면 $a^2+b^2=c^2$이 된다. 이 정리는 다른 어떤 공식보다도 더 많은 증명들을 만들어 냈고, 엘리샤 스콧 루미스(Elisha Scott Loomis)의 책인 『피타고라스의 명제(*Pythagorean Proposition*)』에는 367가지 증명이 담겨 있다.

피타고라스 삼각형(Pythagorean Triangle)은 정수로 된 변을 가진 직각삼각형을 말한다. 빗변이 5이고 나머지 두 변이 3과 4인 '3-4-5 피타고라스 삼각형'은 세 변이 연속된 수로 이루어진 유일한 피타고라스 삼각형이며, 변의 길이가 정수인 삼각형 중에서는 유일하게 변의 길이의 합(12)이 넓이(6)의 2배인 피타고라스 삼각형이기도 하다. 3-4-5 다음으로 두 변의 길이가 연속적인 피타고라스 삼각형은 20-21-29 피타고라스 삼각형이다. 11번째로 나타나는 피티고라스 삼각형은 27,304,197-27,304,196-38,613,965로 변의 길이가 엄청나다.

1643년 프랑스 수학자인 피에르 드 페르마(Pierre de Fermat, 1601~1665년)는 빗변 c, 그리고 나머지 두 변의 합 $a+b$가 모두 제곱수인 피타고라스 삼각형을 찾으려 했다. 놀랍게도 이런 조건을 만족시키는 가장 작은 세 수는 4,565,486,027,761과 1,061,652,293,520과 4,687,298,610,289였다. 그다음으로 그 조건을 만족시키는 삼각형은 어찌나 '큰지', 만약 세 변의 길이에 피트 단위를 붙인다면 그 삼각형의 변은 지구와 태양 사이에 걸쳐질 것이다!

비록 피타고라스 정리를 공식화한 공로는 주로 피타고라스에게 돌아가지만, 역사적 증거에 따르면 그 정리는 기원전 800년경에 인도 수학자인 보다야나가 자기 책 『보다야나 술바 수트라(*Baudhayana Sulba Sutra*)』에서 발전시킨 듯하다. 그리고 아마도 더 오래전에 고대 바빌론 인들도 피타고라스 삼각형을 알았을 것이다.

관련 항목 플림턴 322(36쪽), 피타고라스 학파(46쪽), 활꼴의 구적법(50쪽), 코사인 법칙(108쪽), 비비아니의 정리(152쪽)

오른쪽 그림은 페르시아 수학자인 나스르 알딘 알투시(Nasr al-Din al-Tusi, 1201~1274년)가 피타고라스 정리에 대한 에우클레이데스의 증명을 정리한 것이다. 알투시는 수학자 겸 천문학자, 생물학자, 화학자, 철학자, 내과 의사, 신학자로 왕성한 활동을 펼쳤다.

ب ح ر آ آط كح فنصل ر آ ح خطاً ولعدم الكون زاويتي
ب آ ر و ب آ ح قائمتين وكذلك ب آ ط وبخرج من آ آ ك موازياً
لـ ب د فيقع داخل المثلث لان زاوية د ب آ اكبر من قايمه فتكون
زاويه آ ل اصل من زاويه ب آ ح القائمه ويقطع لامحاله ب ح
على م وينقسم به مربع ب ه الى سطحي ب ل ك ح ونصل
ح آ آ د فلان في مثلثي ح ب ح ب آ د ضلعي ح ب ب ح
وزاويه ح ب ح مساويه لضلعي آ ب ب د وزاويه آ ب د
يكون المثلثان متساويين ومثلث ح ب ح يساوي نصف مربع
ب ح لكونهما على قاعدة
ح ب من متوازيي ح ب
ب ح وكذلك مثلث ب آ د
يساوي نصف سطح ب ل
لكونهما على قاعده ب د
من متوازيي ب د آ ك
فمربع ب ح يساوي
سطح ب ك المساوي نصفيهما ومثل ذلك تبين ان مربع ط ح يساوي
سطح ح ك فاذن مربع ب ح يساوي مجموعي مربعي آ ب آ ح وذلك ما اردناه

바둑

바둑은 두 사람이 하는 보드 게임으로 기원전 2000년경 중국에서 유래했다. 바둑과 관련된 최고(最古)의 문헌 기록은 중국 역사서 『좌씨춘추(左氏春秋)』에서 찾아볼 수 있는데, 여기에는 기원전 548년에 어떤 남자가 바둑을 두었다는 이야기가 나온다. 바둑은 이어 한국과 일본으로 전파되었고 13세기에는 두루두루 인기를 얻었다. 19×19 놀이판 위의 교차점들에 두 사람이 번갈아 가며 검은 돌과 흰 돌을 놓는다. 같은 색의 돌 1개 또는 한 무리가 다른 색의 돌들에 완전히 포위되면 바둑판에서 치운다. 목표는 상대방보다 더 넓은 영역을 확보하는 것이다.

바둑은 여러 가지로 복잡한 게임인데, 게임판이 크고 전략이 다양하며 가능한 게임의 가짓수가 막대하기 때문이다. 단순히 지금 바둑판 위에 내 돌이 상대방 돌보다 많다고 해서 반드시 이긴다는 보장도 없다. 대칭성을 감안하면, 첫 수를 두는 방법에는 32,940가지가 있는데, 그중 992가지는 강력한 수로 간주된다. 판 배치의 가능한 가짓수는 보통 10^{172}으로 추정되는데, 대국은 대략 10^{768}가지가 가능하다. 고수끼리 붙을 경우 전형적으로 150수 정도면 게임이 끝나며, 한 수당 선택지는 평균 250가지 정도 된다. 체스에서는 강력한 소프트웨어 프로그램이 최고의 고수들을 무찌르는 일이 드물지 않지만, 바둑에서는 아직 어린 고수들이 최고의 프로그램을 이기고는 한다.

바둑을 두는 컴퓨터들은 '앞을 내다보고' 결과를 판단하는 작업에 어려움을 겪는다. 왜냐하면 바둑은 체스에 비해 합리적이라고 간주해야 하는 수가 훨씬 더 많기 때문이다. 어떤 한 수가 최선인가 아닌가를 판단하는 과정 또한 무척 어려운데, 바둑판 그리드의 어떤 한 점을 차지하는 것이 커다란 무리의 돌들에게 영향을 미칠 수 있기 때문이다.

2006년에는 헝가리 출신 연구자 두 명이, UCT(Upper Confidence bounds applied to Trees)라는 알고리듬이 프로 기사들과 대등하게 겨룰 수 있다는 연구 결과를 보고하기도 했지만 그것은 9×9 바둑판이 한계였다. UCT는 컴퓨터가 가장 유망한 수를 찾도록 도와준다.

관련 항목 틱택토(40쪽), 아와리 게임(508쪽), 체커(514쪽)

바둑이 복잡한 게임인 이유는 바둑판이 크고 전략이 복잡하며 가능한 게임의 가짓수가 막대하기 때문이다. 체스에서는 강력한 체스 프로그램이 최고의 고수들을 무찌르는 일이 드물지 않지만, 바둑에서는 아직 어린 고수들이 최고의 프로그램을 이기곤 한다.

기원전 530년경

피타고라스 학파

사모스의 피타고라스(Pythagoras of Samos, 기원전 580?~500?년)

고대 그리스의 수학자였던 피타고라스는 기원전 530년경에 이탈리아의 크로톤으로 건너가 수학과 음악과 환생을 설파했다. 그리고 하나의 학파, 일종의 수학 형제회를 만들었다. 피타고라스의 업적들 중 다수는 알고 보면 그의 사도들의 공이기도 하다. 하지만 피타고라스 학파에서 개발된 개념들은 수 세기 동안 숫자점(수를 이용한 점술)과 수학에 영향을 미쳤다. 피타고라스는 보통 수학과 음악적 화음의 관계를 밝힌 인물로 인정받고 있다. 예를 들어 피타고라스는 길이가 정수 비를 이루는 현들을 진동시키면 조화로운 소리가 난다는 사실을 처음 알아냈다. 또한 삼각수(triangular number, 점들을 삼각형 모양으로 늘어놓았을 때 나오는 수)와 완전수(perpect number, 자신을 제외한 약수의 총합이 자신과 같은 수)를 연구하기도 했다. 사실 인도인들과 바빌로니아 인들은 변 a, b와 빗변 c를 가진 직각삼각형에서 $a^2+b^2=c^2$의 관계가 성립한다는, 피타고라스의 이름이 붙은 그 유명한 정리를 피타고라스가 알기 훨씬 전부터 알고 있었다. 그러나 일부 학자들은 피타고라스나 그 제자들이 그리스 인 중에서는 그 정리를 최초로 증명했다는 사실을 중시한다.

피타고라스와 그 추종자들에게 수는 마치 신과 같은, 순수하며 물질적인 변화를 겪지 않는 무엇이었다. 피타고라스 학파는 1부터 10까지의 수를 마치 다신교의 신들처럼 숭배했다. 이들은 수가 살아 있는 존재이며 인간의 의식과 감응하는 어떤 것이라고 믿었다. 인간은 다양한 형태의 명상을 통해 3차원적 삶을 벗어나 이런 수들과 감응을 할 수 있게 된다고 주장했다.

아무래도 좀 이상하게 들리는 이런 개념들 중 일부는 사실 현대 수학자에게는 그리 낯선 것이 아니다. 수학자들은 수학이 인간 정신의 산물인가 아니면 인간 사고와 별개로 존재하는 우주의 일부인가를 놓고 자주 논쟁을 벌이기도 한다. 피타고라스 학파에게 수학은 열락을 주는 일종의 계시였다. 수학과 신학은 피타고라스 학파 덕분에 서로 만나 꽃을 피웠고, 이후에 그리스의 수많은 종교적 철학자들에게 영향을 주어 중세 종교 문화에서 중요한 역할을 했다. 근대에는 철학자인 이마누엘 칸트(Immauel Kant)에게까지 영향을 미쳤다. 버트런드 러셀은 피타고라스가 아니었다면 신학자들이 그토록 자주 신과 불멸성에 대한 논리적인 증거들을 찾으려 하지 않았을 것이라고 고찰했다.

관련 항목 플림턴 322(36쪽), 피타고라스 정리와 삼각형(42쪽)

이탈리아의 유명한 르네상스 화가이자 건축가였던 라파엘로의 작품인 「아테네 학당」이다. 화면 왼쪽 아래에서 턱수염을 기르고 책을 든 남자가 한 젊은이에게 음악을 가르치고 있는데 이 사람이 바로 피타고라스이다.

기원전 445년경

제논의 역설

엘레아의 제논(Zeno of Elea, 기원전 490?~430?년)

지금으로부터 1,000년도 더 전부터 철학자들과 수학자들은, '운동'이란 불가능하거나 환상일 뿐이라고 주장한, 제논의 수수께끼 같은 역설을 이해하려고 애써 왔다. 제논은 소크라테스 이전의 그리스 철학자로 이탈리아 남부 출신이다. 제논의 역설 가운데 가장 유명한 것은, 만약 그리스 신화의 영웅인 아킬레우스와 느린 거북이 경주를 할 때 거북이 먼저 출발한다면 아킬레우스는 절대로 거북을 따라잡을 수 없다는 것이다. 사실 그 역설은 내가 어떤 방에 들어가 있는 한 그 방을 절대로 나갈 수 없다는 말이나 다르지 않게 들린다. 문에 도달하려면 일단 내가 있는 곳과 문 사이의 거리의 절반을 가야 할 것이다. 그다음에는 그 남은 거리의 절반을, 그리고 다시 절반을, 그런 식으로 계속해서 가야 할 것이다. 그러니 유한한 수만큼 도약해서는 절대로 문에 도달하지 못한다! 수학적으로는 이 무한한 일련의 행동들의 극한을 수열의 합으로 제시할 수 있다. (1/2+1/4+1/8+…) 제논의 역설을 설명하려는 현대적 해법 중에는 이 무한 급수 1/2+1/4+1/8+…이 1과 같다고 침으로써 해결되었다고 하는 경우가 있다. 만약 각 단계가 그 절반만큼의 시간 안에 완료된다면, 무한 급수가 완료되는 데 드는 실제 시간은 방을 나서는 데 필요한 실제 시간과 전혀 다르지 않다는 것이다.

그렇지만 이런 접근법이 꼭 만족스러운 해결책인 것은 아니다. 왜냐하면 이런 접근법은 어떻게 한 사람이 '무한한' 수의 점들을 차례차례 모조리 '통과'할 수 있느냐를 설명해 주지 못하기 때문이다. 오늘날 수학자들은 무한소(Infinitesimal, 상상할 수 없을 만큼 작은 수로 0에 가깝지만 0은 아니다.) 개념을 사용해 그 역설을 미세 분석하려 한다. 비표준 해석학이라는 수학의 한 지류, 특히, 내적 집합(internal set) 이론과 짝을 지은 그 역설은 어쩌면 풀렸다고 할 수 있을지도 모른다. 그러나 논란은 끝나지 않고 계속되고 있다. 일각에서는 만약 공간과 시간이 '불연속적'이라면 한 점에서 다른 점으로 건너뛰는 행위의 총 횟수는 '유한'해야만 한다고 주장하기도 한다.

관련 항목 아리스토텔레스의 바퀴 역설(56쪽), 조화 급수의 발산(106쪽), π 공식의 발견(112쪽), 미적분의 발견(154쪽), 상트페테르부르크 역설(178쪽), 이발사 역설(306쪽), 바나흐-타르스키 역설(352쪽), 힐베르트의 그랜드 호텔(356쪽), 생일 역설(382쪽), 해안선 역설(404쪽), 뉴컴의 역설(420쪽), 파론도의 역설(502쪽)

제논의 유명한 역설에 따르면 경주에서 거북이 먼저 출발하면 토끼는 절대로 거북을 따라잡을 수 없다. 애초에 그 역설에 따르면 어느 쪽도 아예 결승선에 도달할 수 없을 것이다.

기원전 440년경

활꼴의 구적법

키오스의 히포크라테스(Hippocrates of Chios, 기원전 470?~400?년)

고대 그리스 수학자들은 기하학의 아름다움과 대칭성과 질서정연함에 매료되었다. 그리스 수학자로서 역시 여기에 매혹된 키오스의 히포크라테스는 특정한 활꼴과 넓이가 동일한 정사각형을 그리는 방법을 보여 주었다. 활꼴이란 테두리가 오목한 원형의 호 2개로 이루어진 초승달 모양의 도형을 가리키는데, 이 활꼴의 구적법은 수학에서 가장 일찍 알려진 증명에 속한다. 히포크라테스는 이런 활꼴의 넓이를 정확히 직선으로 이루어진 사각형의 넓이로 나타내는 방법을, 다시 말해 '구적법(求積法, Quandrature)'을 제시했다. 오른쪽 그림을 보자. 이 그림에서 직각삼각형의 두 변과 잇닿아 있는 노란 활꼴 2개의 면적을 합치면 삼각형의 넓이와 일치한다.

고대 그리스에서 구적법을 찾아낸다 함은 직선 자와 컴퍼스를 이용해서 주어진 도형과 넓이가 동일한 정사각형을 작도하는 것이었다. 그런 정사각형을 작도하는 것이 가능할 경우, 그 주어진 도형은 '구적 가능'이라고 할 수 있다. 고대 그리스 인들은 다각형과 넓이가 동일한 정사각형을 만드는 것은 할 수 있었지만 곡선 도형은 그보다 어려웠다. 어려운 것은 둘째 치고 처음에는 과연 그런 곡선 도형들과 넓이가 동일한 정사각형을 만들 수 있는지조차 확신하지 못했으리라.

히포크라테스는 에우클레이데스보다 거의 한 세기나 더 앞서 최초의 기하학 관련 저술을 체계적으로 집대성한 것으로도 유명하다. 어쩌면 에우클레이데스는 저서인 『원론(*Elements*)』에 히포크라테스의 개념들을 일부 적용했는지도 모른다. 히포크라테스의 저술들이 의미가 큰 것은 다른 수학자들이 그것을 공통 틀로 삼아 그 위에 자신들의 개념을 구축했기 때문이다.

히포크라테스의 활꼴 탐색은 실제로 '원의 구적법'을 밝히려는 연구와 노력의 일환이었는데, '원의 구적법'이란 한 원과 동일한 넓이를 가진 정사각형을 작도하려는 것이었다. 1882년에 페르디난트 폰 린데만(Ferdinand von Lindemann, 1852~1939년)이 그 과업이 불가능하다는 사실을 증명하기 전까지, 2,000년도 넘는 세월 동안 수학자들은 원의 구적 문제를 붙들고 골치를 썩여왔다. 오늘날 우리는 존재하는 모든 활꼴 유형 중에서 구적이 가능한 것은 겨우 다섯 가지뿐임을 알고 있다. 그중 세 가지는 히포크라테스가 발견했고, 나머지 두 가지는 1770년대 중반에 발견되었다.

관련 항목 피타고라스 정리와 삼각형(42쪽), 에우클레이데스의 『원론』(58쪽), 데카르트의 『기하학』(138쪽), 초월수(236쪽)

직각삼각형과 잇닿아 있는 활꼴(노란색 초승달 모양) 2개의 넓이를 합치면 직각삼각형의 넓이와 같다. 고대 그리스 수학자들은 이처럼 딱 떨어지는 기하학적 발견에 매료되었다.

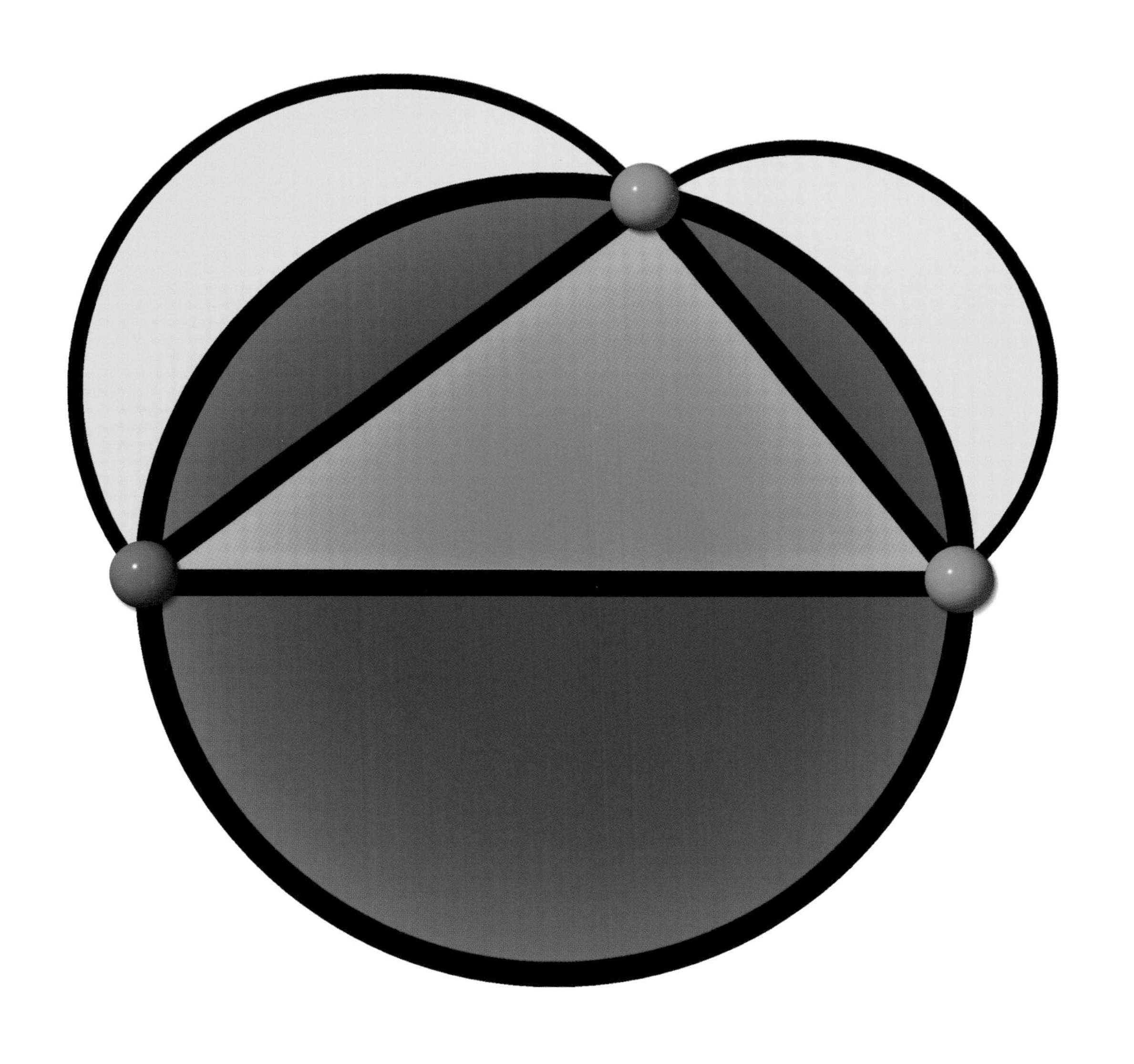

기원전 350년경

플라톤의 입체

플라톤(Platon, 기원전 428?~348?년)

플라톤의 입체(Platonic Solid)란 여러 면을 가진 3차원 입체로, 모든 면이 동일한 다각형으로 되어 있으며, 그 변들의 길이도 모두 같고 각도도 동일하다. 또한 모든 꼭짓점에서 동일한 수의 면들이 만나게 되어 있다. 가장 유명한 예가 바로 정육면체이다. 이 입체의 면은 동일한 정사각형 6개로 되어 있다.

고대 그리스 인들은 플라톤의 입체 중에서 실제로 만들 수 있는 것은 오로지 5개뿐임을 알고 그 사실을 증명했다. 5개의 정다면체는 정사면체, 정육면체, 정팔면체, 정십이면체, 정이십면체이다. 정이십면체는 면이 20개이고 모든 면이 등변삼각형이다.

플라톤은 기원전 350년경에 『티마이오스(*Timaeus*)』를 통해 플라톤의 입체 다섯 가지를 설명했다. 플라톤은 그저 그 입체들의 아름다움과 대칭성에 감탄만 한 것이 아니라 그 형태들이 우주를 구성하는 네 가지 기본 원소의 구조를 나타낸다고 믿기도 했다. 특히 정사면체는 불을 표상한다고 했는데, 아마도 끝이 뾰족해서 그렇게 생각하지 않았나 싶다. 정팔면체는 공기를, 다른 플라톤의 입체들보다 더 부드러운 정이십면체는 물을 표상한다고 했다. 흙을 구성하는 것은 튼튼하고 단단해 보이는 정육면체라고 했다. 그리고 플라톤은 신이 하늘의 별자리들을 배치하는 데 정십이면체를 사용했다고 단언했다.

기원전 550년경, 부처와 공자와 같은 시대에 살았으며 유명한 수학자이자 신비주의자였던 사모스의 피타고라스는 어쩌면 플라톤의 입체 다섯 가지 중 세 가지(정육면체, 정사면체, 정십이면체)를 알았을지도 모른다. 플라톤의 입체를 약간 둥글린 듯한 석조 모형이 적어도 플라톤의 시대보다 1,000년 전에 신석기 시대 사람들이 살았던 스코틀랜드 한 지역에서 발견되었다. 독일 천문학자인 요하네스 케플러는 행성들이 태양 주위를 도는 궤도를 설명하려고 플라톤의 입체를 차곡차곡 포갠 모형을 작도했다. 비록 그 이론은 오류였지만, 케플러는 천체의 현상들을 기하학으로 설명하려고 한 최초의 과학자였다.

관련 항목 피타고라스 학파(46쪽), 아르키메데스의 준정다면체(66쪽), 오일러의 다면체 공식(184쪽), 아이코시안 게임(246쪽), 픽의 정리(296쪽), 지오데식 돔(348쪽), 차사르 다면체(400쪽), 스칠라시 다면체(468쪽), 스피드론(472쪽), 구멍 다면체 풀기(504쪽)

정십이면체는 정오각형 면 12개로 이루어진 다면체이다. 사진은 폴 닐랜더가 구의 일부를 각 면으로 사용하는 초정십이면체(Hyperbolic Dodecahedron)를 컴퓨터 그래픽으로 비슷하게 만들어 본 것이다.

기원전 350년경

아리스토텔레스의 『오르가논』

아리스토텔레스(Aristoteles, 기원전 384~322년)

아리스토텔레스는 고대 그리스의 철학자이자 과학자로 플라톤의 제자였고 알렉산드로스의 스승이었다. 『오르가논(*Organon*)』('도구'라는 뜻이다.)은 『범주론』, 『분석론 전서』, 『해석론』, 『분석론 후서』, 『궤변론』, 『변증론』으로 된 아리스토텔레스의 논리학 6부작을 통틀어 일컫는 말이다. 로도스의 안드로니쿠스(Andronicus)는 이 6부작이 정리된 시기를 기원전 40년경으로 가늠한다. 플라톤과 소크라테스(Socrates, 기원전 470?~399년) 역시 논리학 관련 주제들에 천착하기는 했지만, 실제로 논리학은 아리스토텔레스를 통해 체계화되어 2,000년간 서구 사상을 지배했다.

『오르가논』의 목표는 독자들에게 무엇이 참인가를 말하는 것이 아니라, 그보다는 진실을 어떻게 탐구하고 세계를 어떻게 이해할 것인가 하는 방법론을 제공하는 것이었다. 아리스토텔레스의 도구 중 으뜸 가는 도구는 삼단 논법이다. 예를 들면 "모든 여자는 죽는다. 클레오파트라는 여자이다. 따라서 클레오파트라는 죽는다." 하는 식이다. 만약 앞의 두 가정이 참이라면 결론도 참이어야만 한다는 것을 우리는 안다. 아리스토텔레스는 또한 특수와 보편(일반 범주) 사이에 구분을 짓기도 했다. '클레오파트라'는 특수 명사이다. '여성'과 '죽음'은 보편적인 범주에 속하는 일반 명사이다. 보편 앞에는 '모든'이나 '일부'나 '전혀'가 붙는다. 아리스토텔레스는 가능한 한 많은 종류의 삼단 논법을 분석하고 그것들 중 어떤 것들이 유효한가를 보여 주었다.

아리스토텔레스는 또한 그러한 분석을 양상 논리, 다시 말해 '아마도'나 '반드시' 같은 단어들이 들어 있는 명제들과 관련된 삼단 논법으로 확장했다. 현대의 수리 논리학은 아리스토텔레스의 방법론과 결별했든가, 아니면 아리스토텔레스의 작업들을 다른 종류의 명제 구조로 확장했든가 둘 중 하나라고 할 수 있는데, 거기에는 한층 복잡한 관계를 나타내거나 하나 이상의 수량사와 관련되는 것들도 포함된다. 예를 들면 "그 어떤 여성도 일부 여성을 좋아하지 않는 모든 여성을 좋아하지 않는다." 같은 것이 있다. 그렇다고 해도 논리학을 발전시키는 데 공헌한 아리스토텔레스의 체계적인 노력은 인류 역사상 가장 위대한 업적으로 꼽을 수 있다. 논리학과 밀접한 동반자 관계인 수학 분야의 발전을 자극했고, 심지어 우리 세계의 실제를 이해하려고 한 신학자들에게도 영향을 미쳤다.

관련 항목 에우클레이데스의 『원론』(58쪽), 불 대수학(244쪽), 벤 다이어그램(274쪽), 『수학 원리』(326쪽), 괴델의 정리(364쪽), 퍼지 논리(432쪽)

이탈리아의 르네상스 화가인 라파엘로의 그림에서 아리스토텔레스(오른쪽)가 저서인 『윤리학』을 손에 들고 플라톤 옆에 서 있다. 이 프레스코화 「아테네 학당」은 1510~1511년에 그려졌다.

ETIC

아리스토텔레스의 바퀴 역설

아리스토텔레스(Aristoteles, 기원전 384~322년)

아리스토텔레스의 바퀴 역설(Aristole's Wheel Paradox)은 고대 그리스 문헌인 『역학(*Mechanica*)』에 수록되어 있다. 이 문제로 수학자들은 수 세기 동안이나 골머리를 앓았다. 작은 바퀴가 큰 바퀴 위에 올려져 있고 두 바퀴가 서로 동심원이라고 생각해 보자. 더 큰 원의 각 점과 더 작은 원의 각 점은 모두 일대일로 대응한다. 다시 말해 더 큰 원의 각 점에 작은 원의 각 점이 정확히 대응하고, 역도 마찬가지이다. 따라서 이 겹쳐진 바퀴들은 더 작은 바퀴를 받치고 있는 막대 위를 구르든 아니면 길에 올려진 바닥 바퀴를 따라 구르든 상관없이 수평으로 동일한 거리를 이동해야 한다. 하지만 이게 말이 되는가? 우리는 작은 바퀴와 큰 바퀴의 원둘레가 다르다는 사실을 알고 있는데 말이다.

오늘날 수학자들은 두 곡선의 모든 점들이 일대일 대응한다고 해서 꼭 두 곡선의 길이가 동일해야 하는 것은 아니라는 사실을 안다. 게오르크 칸토어는 길이에 상관없이 모든 선분을 이루는 모든 점들의 수, 혹은 카디널리티(cardinality)라고도 하는 집합의 농도 또는 집합의 크기가 동일하다는 사실을 증명했다. 칸토어는 이러한 점들의 초한수(Transfinite Number)를 "연속체(continuum)"라고 부른다. 예를 들어 0에서 1을 잇는 한 선분의 모든 점을, 한 무한한 선의 모든 점과 일대일 대응시키는 것도 가능하다. 물론 칸토어 이전에도 수학자들은 이 문제로 꽤나 난감해했다. 또한 물리학적 관점으로 볼 때 큰 바퀴가 실제로 길을 따라 구른다면, 작은 바퀴는 헛돌면서 표면의 접선을 따라 끌려갈 것임을 염두에 두자.

정확히 누가 언제 『역학』을 썼는가 하는 수수께끼는 영영 풀리지 않을지도 모른다. 이 책이 아리스토텔레스의 저작이라고 믿는 사람들도 꽤 있지만, 이 가장 오래된 공학 교과서를 쓴 사람이 과연 아리스토텔레스였을지 의문을 제기하는 학자들도 적지 않다. 저자 후보로 꼽히는 사람 중에는 아리스토텔레스의 제자였던 람사쿠스의 스트라톤(Straton of Lampsacus, 스트라토 피지쿠스(Strato Physicus)라고도 한다.)이 있는데, 기원전 270년경에 사망했다.

관련 항목 제논의 역설(48쪽), 상트페테르부르크 역설(178쪽), 칸토어의 초한수(266쪽), 이발사 역설(306쪽), 바나흐-타르스키 역설(352쪽), 힐베르트의 그랜드 호텔(356쪽), 생일 역설(382쪽), 해안선 역설(404쪽), 뉴컴의 역설(420쪽), 연속체 가설 불확정성(428쪽), 파론도의 역설(502쪽)

조그만 바퀴 하나를 큰 바퀴 위에 붙여 놓았다고 생각해 보자. 겹쳐진 두 바퀴가 오른쪽에서 왼쪽으로, 조그만 바퀴에 달아 있는 장대를 따라, 그리고 바깥쪽 바퀴에 달아 있는 길을 따라 움직인다고 생각해 보자.

기원전 300년

에우클레이데스의 『원론』

알렉산드리아의 에우클레이데스(Eukleides of Alexandria, 기원전 325?~270?년)

알렉산드리아의 기하학자였던 에우클레이데스는 헬레니즘 시대에 이집트에 살면서 수학 역사상 가장 널리 읽힌 교과서 중 하나로 꼽히는 『원론(*Elements*)』을 저술했다. 에우클레이데스의 평면 기하학은 모두 다섯 가지 단순한 공리(혹은 공준)에서 끌어낼 수 있는 정리들을 기반으로 삼는데, 두 점을 잇는 직선은 하나밖에 그을 수 없다는 것도 그중에 속한다. 또 한 가지 유명한 공리는 한 점과 한 선을 주었을 때, 그 점을 통과하면서 원래 선에 평행한 선은 단 하나뿐이라는 것이다. 1800년대에 수학자들은 마침내 비유클리드 기하학을 연구하기 시작했는데, 거기서는 더 이상 평행선 공리가 반드시 필수가 아니었다. 논리적 추론을 사용한 수학 정리들을 제공하는 에우클레이데스의 방법론은 단순히 기하학의 기틀을 확립하는 것을 넘어 논리학과 수학적 증명과 관련된 셀 수 없이 많은 분야에도 깊은 영향을 끼쳤다. ('유클리드(Euclid)'는 영어식 이름이다. 이 책에서 인명은 '에우클레이데스'로, 수학 용어는 '유클리드'로 표기한다.—옮긴이)

『원론』은 13권으로 구성되어 있으며 2차원 기하학과 3차원 기하학, 비례, 정수론을 다룬다. 이 책은 인쇄술이 발명되고 나서 제일 먼저 인쇄된 책들 중 하나였고, 수 세기 동안 대학 교육 과정에서 사용되었다. 최초로 1482년에 초판본이 나온 이후로 출간된 판본이 1,000가지도 넘는다. 에우클레이데스가 아마도 『원론』에 실린 다양한 연구 결과들을 최초로 증명한 인물은 아니었을지 몰라도, 그 책이 그토록 오랫동안 영향력을 발휘하게 된 데는 저자의 명쾌한 구성과 서술 양식이 한몫을 했다. 수학사가인 토머스 히스(Thomas Heath)는 『원론』을 "사상 최고의 위대한 수학 교과서"라고 일컬었다. 책은 갈릴레오 갈릴레이나 아이작 뉴턴 같은 과학자들에게도 큰 영향을 주었다. 철학자이자 수리 논리학자인 버트런드 러셀은 이렇게 썼다. "내 나이 열한 살에, 형과 선생님으로부터 처음 에우클레이데스를 알게 되었다. 마치 첫사랑처럼 두근거렸던 그 일은 내 삶에서 일어난 가장 큰 사건 가운데 하나였다. 세상에 그처럼 달콤한 것이 있으리라고는 상상도 하지 못했다." 극작가 에드나 세인트 빈센트 밀레이(Edna St. Vincent Millay)는 이렇게 썼다. "오직 에우클레이데스만이 벌거벗은 아름다움 그 자체를 보았다."

관련 항목 피타고라스 정리와 삼각형(42쪽), 활꼴의 구적법(50쪽), 아리스토텔레스의 『오르가논』(54쪽), 데카르트의 『기하학』(138쪽), 비유클리드 기하학(226쪽), 윅스 다양체(482쪽)

바스의 애덜라드(Adelard of Bath)가 번역한 『원론』의 권두 삽화. 아라비아 어에서 라틴 어로 옮긴 이 번역본은 이 책의 첫 라틴어 판본이다.

아르키메데스: 모래, 소 떼, 스토마키온

시라쿠사의 아르키메데스(Archimedes of Syracuse, 기원전 287?~212?년)

1941년에 G. H. 하디(G.H. Hardy, 1877~1947년)라는 수학자는 이렇게 썼다. "(극작가인) 아이스킬로스(Aeschylus)가 잊혀진 후에도 아르키메데스는 잊혀지지 않으리니, 언어는 죽어도 수학적 개념은 죽지 않기 때문이다. '불멸성'이라는 말은 허세처럼 들릴 수도 있지만 어쩌면 수학자들이야말로 그 말이 의미하는 바에 가까이 다가갈 확률이 가장 높은 이들일 것이다." 사실 고대 그리스의 기하학자인 아르키메데스는 고대의 가장 위대한 수학자이자 과학자로, 아이작 뉴턴과 카를 프리드리히 가우스와 레온하르트 오일러와 더불어 지구상에 존재했던 가장 위대한 수학자 4인방으로 자주 손꼽힌다. 재미있는 이야기가 있는데, 아르키메데스는 가끔씩 동료들이 자신의 개념을 도용하지 못하도록 동료들에게 가짜 정리들을 보내고는 했다고 한다.

아르키메데스는 엄청나게 큰 수들을 사색한 것으로도 유명하다. 그의 저작 『모래알을 세는 사람(*The Sand Reckoner*)』에서 아르키메데스는 8×10^{63}개의 모래알이면 우주를 가득 채울 수 있을 것이라고 추산했다.

더욱 놀라운 것은 아르키메데스가 냈다고 하는 저 유명한 '소 떼 문제(Problema bovinum)', 즉 몸색에 따라 네 무리로 나눠 놓은 소들이 모두 몇 마리인지를 계산하는 수수께끼의 답이 무려 $7.760271406486818269530232833213 \cdots \times 10^{202544}$가지라는 것이다. 아르키메데스는 이 문제를 푸는 자는 누구든 "이런 종류의 지식에 대한 종결자로 인정받아" "영광의 월계관"을 쓰게 될 것이라고 했다. 1880년까지는 어떤 수학자도 정확한 답을 내놓지 못했다. 1965년에야 비로소 한층 정확한 답을 최초로 계산할 수 있었다. 이때 캐나다 수학자인 휴 윌리엄스(Hugh C. Williams), R. A. 저먼(R. A. German), 로버트 잔케(C. Robert Zarnke)가 IBM 7040 컴퓨터를 사용해서 그 답을 얻어 냈다.

2003년 들어 수학사가들은 오랫동안 묻혀 있던 『아르키메데스의 스토마키온(*Stomachion of Archimedes*)』에 대한 정보를 접하게 되었다. 조합론과 관련된 이 수수께끼가 적힌 고대의 양피지는 1,000년 전 수도사들의 낙서로 뒤덮여 있었다. 조합론은 주어진 문제를 풀 수 있는 방법들의 가짓수를 다루는 수학 분야이다. 스토마키온의 목표는 여기 보이는 14개의 조각이 정사각형 하나를 이루도록 배열하는 방법이 몇 가지인가를 밝혀내는 것이다. 2003년에 수학자 4명이 그 가짓수가 17,152라는 결론을 내렸다.

관련 항목 π(62쪽), 오일러의 다각형 자르기(186쪽), 구골(340쪽), 램지 이론(362쪽)

아르키메데스의 스토마키온 수수께끼 중 하나는 그림의 조각 14개를 정사각형 하나를 이루도록 배열하는 방법이 몇 가지인가를 밝혀내는 것이다. 2003년에 수학자 4명이 그 가짓수가 17,152이라는 결론을 내렸다. 테자 크라섹이 제공한 이미지이다.

π

시라쿠사의 아르키메데스(Archimedes of Syracuse, 기원전 287?~212?년)

그리스 문자 π로 표현되는 원주율은 한 원의 둘레와 지름의 비율로 3.14159 정도이다. 아마도 고대인들은 수레바퀴가 한 바퀴 구를 때마다 수레가 바퀴 지름의 대략 3배만큼 앞으로 나아간다는 사실을 눈치 챘으리라. 원둘레가 지름의 약 3배라는 사실이 발견된 것은 이때가 처음이었다. 고대 바빌로니아의 한 점토판에 원둘레 대 내접한 육각형의 둘레의 비율이 1대 0.96이라고 기록되어 있는데, 이것은 원주율이 3.125에 해당한다는 의미이다. 기원전 250년경 고대 그리스 수학자 아르키메데스는 최초로 π의 정확한 범위를 수학적으로 엄밀하게 제시했다. (그는 π가 223/71과 22/7 사이의 값이라고 계산했다.) π라는 기호는 웨일스 수학자인 윌리엄 존스(William Jones, 1675~1749년)가 1706년에 처음 도입했는데, 아마도 π라는 글자로 시작하는 그리스 어의 '둘레(periphery)'라는 말을 따서 만든 듯하다.

지구상에서, 가장 유명한 수학적 비율이 바로 π이다. 아마 이것은 우주 어딘가에 있을 문명에서도 마찬가지일 것이다. π의 자릿수는 아무리 가도 끝나지 않으며, 그 누구도 그 속에서 그 어떤 패턴도 발견하지 못했다. 컴퓨터의 π 계산 속도는 그 컴퓨터의 계산 능력을 알려 주는 흥미로운 척도로 쓰이는데, 오늘날 알려진 π의 자릿수는 1조 개도 넘는다.

우리는 보통 π를 원과 관련짓는데, 17세기 이전 사람들도 그랬다. 그렇지만 π는 17세기에 원에서 풀려났다. 수많은 곡선들(다양한 호, 하이포사이클로이드(hypocycloid), '위치스(witches)'라고 불리는 곡선 등)이 발견되고 연구되면서, 그 넓이를 π로 나타낼 수 있다는 사실이 밝혀졌기 때문이다.

마침내 기하학을 완전히 벗어난 듯, π는 오늘날 정수론, 확률 이론, 복소수 이론, 그리고 $\pi/4 = 1 - 1/3 + 1/5 - 1/7 + \cdots$ 같은 수열 등을 다루는 셀 수 없이 많은 분야들과 관련을 맺고 있다. 2006년에는 하라구치 아키라(原口證)라는 일본의 전직 기술자가 π를 10만 자리까지 암송해서 세계 기록을 세웠다.

관련 항목 아르키메데스: 모래, 소 떼, 스토마키온(60쪽), π 공식의 발견(112쪽), 지구를 밧줄로 감싸기(164쪽), 오일러의 수, *e*(168쪽), 오일러-마스케로니 상수(174쪽), 뷔퐁의 바늘(196쪽), 초월수(236쪽), 홀디치의 정리(252쪽), 정규수(322쪽)

원주율은 원의 둘레와 지름의 비율로 대략 3.14이다. 고대인들은 수레바퀴가 한 바퀴 구를 때마다 수레가 바퀴 지름의 대략 3배만큼 앞으로 나아간다는 사실을 통해 π 개념을 알게 되었을지도 모른다.

기원전 240년경

에라토스테네스의 체

에라토스테네스(Eratosthenes, 기원전 276?~194?년)

소수는 5나 13처럼 1보다 크고 자기 자신과 1로만 나눌 수 있는 수를 말한다. 예를 들어 14=7×2이므로 14는 소수가 아니다. 소수는 2,000년도 넘는 세월 동안 수학자들을 매료시켜 왔다. 에우클레이데스는 기원전 300년경에 무한히 많은 소수가 존재하며 따라서 '가장 큰 소수'는 없다는 사실을 보여 주었다. 그렇지만 어떤 수가 소수인지 아닌지를 어떻게 판정할 수 있을까? 그리스 수학자인 에라토스테네스는 기원전 240년경에 소수 여부를 판별하는 방법을 최초로 개발했는데, 오늘날 우리는 그 방법을 '에라토스테네스의 체(Sieve of Eratosthenes)'라고 부른다. 특히 그 체는 특정한 정수까지의 모든 소수들을 찾아내는 데 이용될 수 있다. (궁극의 만능지식인이었던 에라토스테네스는 알렉산드리아 도서관의 관장을 지냈을뿐더러 지구의 지름을 최초로 합리적으로 측정하기도 했다.)

프랑스 신학자이자 수학자였던 마랭 메르센(Marin Mersenne, 1588~1648년) 역시 소수에 매혹되어, 소수들을 빠짐없이 찾아내는 데 사용할 수 있는 공식을 만들어 내려고 애썼다. 결국 그런 공식을 찾아내지는 못했지만, 정수 p에 대해 2^p-1 형태를 취하는 메르센 수(Mp라고 쓰기도 한다.)에 대한 연구는 메르센이 시작한 이래 오늘날까지도 변함없이 우리의 관심을 끈다. p가 소수인 메르센 수들은 소수 여부를 증명하기 가장 쉬운 유형의 수이다. 보통 인류가 알고 있는 가장 큰 소수들 중에는 메르센 소수가 많다. 45번째의 메르센 소수($2^{43112609}-1$)가 발견된 해는 2008년인데, 이 수는 자릿수가 무려 12,978,189에 이른다! (2014년 12월 현재 이 수는 47번째 메르센 소수로 추정되고 있다. 2008년 9월과 2009년 4월에 각각 45번째와 46번째 메르센 소수로 추정되는 수가 발견되었기 때문이다. — 옮긴이)

오늘날 소수는 공개 키 암호 알고리듬에서 중요한 역할을 한다. 하지만 순수 수학자들이 그보다 더욱 중시하는 사실은, 소수들의 배열에 대해 언급하는 리만 가설과, 2보다 더 큰 모든 정수는 두 소수의 합으로 나타낼 수 있다는 강력한 골드바흐의 추측을 비롯해 수학사상 아직 풀리지 않은 수많은 수수께끼들의 핵심에 바로 이 소수가 놓여 있다는 점이다.

관련 항목 매미와 소수(24쪽), 이상고 뼈(28쪽), 골드바흐의 추측(180쪽), 정십칠각형 만들기(204쪽), 가우스의 『산술 논고』(208쪽), 리만 가설(254쪽), 소수 정리 증명(294쪽), 브룬 상수(338쪽), 길브레스의 추측(412쪽), 시에르핀스키 수(422쪽), 울람 나선(426쪽), 에르되시와 극한적 협력(446쪽), 공개 키 암호(466쪽), 안드리카의 추측(484쪽)

폴란드 예술가인 안드레아스 구스코스(Andreas Guskos)는 소수들 수천 개를 서로 잇고, 다양한 표면 위에 그 소수들을 텍스처로 배치하는 작품 활동을 하고 있다. 이 작품의 이름은 소수 판별 방식을 최초로 개발했다고 알려진 그리스 수학자의 이름을 따서 「에라토스테네스」라고 한다.

아르키메데스의 준정다면체

시라쿠사의 아르키메데스(Archimedes of Syracuse, 기원전 287?~212?년)

아르키메데스 준정다면체(Archimedean Semi-Regular Polyhedra, ASRP)는 여러 면으로 이루어진 볼록한 3차원 물체로, 플라톤 입체와 마찬가지로 모든 면이 변의 길이와 각도가 동일한 다각형이다. 그렇지만 ASRP는 각 면이 종류가 다른 정다각형으로 되어 있다. 예를 들어 아르키메데스는 현대의 축구공과 닮은 오각형 12개와 육각형 20개로 이루어진 다면체를 다른 다면체 12개와 더불어 설명했다. 이런 종류의 다면체는 대략 모든 꼭짓점마다 동일한 다각형들이 동일한 순서로 모이는데, 예를 들어 육각형-육각형-삼각형 하는 식이다.

13개의 ASRP를 설명한 아르키메데스의 원래 저술은 소실되어 다른 문헌들을 통해서만 접할 수 있다. 르네상스 시기의 화가들은 이런 ASRP를 하나만 빼고 모조리 찾아냈다. 1619년에 케플러는 저서인 『세계의 조화(*Harmonices Mundi*)』에서 그 전부를 제시했다. ASRP는 한 꼭짓점에 모이는 모양들을 숫자로 표기하는 방법으로 나타낸다. 예를 들어 3, 5, 3, 5는 삼각형, 오각형, 삼각형, 오각형이 그 순서대로 나타난다는 뜻이다. 이 표기법을 사용하면 ASRP를 다음과 같이 나타낼 수 있다. 3, 4, 3, 4(육팔면체), 3, 5, 3, 5(십이이십면체), 3, 6, 6(깎은 정사면체), 4, 6, 6(깎은 정팔면체), 3, 8, 8(깎은 정육면체), 5, 6, 6(깎은 정이십면체, 혹은 축구공), 3, 10, 10(깎은 정십이면체), 3, 4, 4, 4(부풀린 육팔면체), 4, 6, 8(깎은 육팔면체), 3, 4, 5, 4(부풀린 십이이십면체), 4, 6, 10(깎은 십이이십면체), 3, 3, 3, 3, 4(다듬은 정육면체, 혹은 다듬은 육팔면체), 3, 3, 3, 3, 5(다듬은 정이십면체, 혹은 다듬은 십이이십면체).

32면으로 된 깎은 정이십면체는 특히 매혹적인데, 현대의 축구공은 바로 이 아르키메데스의 입체를 기반으로 만들어졌다. 제2차 세계 대전 당시 일본 나가사키에 떨어진 원자 폭탄 '팻맨(Fat Man)'의 기폭 장치에서 충격파를 집중시키도록 폭탄들을 배치할 때 이 배열을 활용했다. 1980년대 화학자들은 원자 60개를 꼭짓점으로 해서 깎은 정이십면체를 이루는 탄소 분자, 달리 말하면 세계에서 가장 작은 축구공을 만드는 데 성공했다. '버키볼(Buckyball)'이라는 별칭을 가진 버크민스터풀러렌(Buckminsterfullerene) 분자는 화학적·물리적으로 매력적인 특성을 가지고 있어서, 화장품과 전자 재료에서 에이즈 치료약까지 그 응용법이 다양하게 연구되고 있다.

관련 항목 플라톤의 입체(52쪽), 아르키메데스: 모래, 소 떼, 스토마키온(60쪽), 오일러의 다면체 공식(184쪽), 아이코시안 게임(246쪽), 픽의 정리(296쪽), 지오데식 돔(348쪽), 차사르 다면체(400쪽), 스칠라시 다면체(468쪽), 스피드론(472쪽), 구멍 다면체 풀기(504쪽)

슬로베니아 화가인 테자 크라섹은 「세계의 조화 2」라는 작품을 제작하고 여기서 13개의 아르키메데스의 준정다면체를 탐구했다. 같은 종류의 입체들을 다룬 요하네스 케플러의 1619년 저서 『세계의 조화』를 기리고자 작품명을 똑같이 붙였다.

기원전 225년

아르키메데스의 나선

시라쿠사의 아르키메데스(Archimedes of Syracuse, 기원전 287?~212?년)

나선(Spiral)이라는 용어는 일반적으로 어떤 중심이나 축을 향해 굽이지는 동시에 그로부터 멀어지는, 부드러운 기하학적 곡선을 가리킨다. 나선에는 단순한 것도 있고 복잡하고 특이한 것도 있다. 양치식물의 덩굴손, 문어의 돌돌 말린 다리, 죽은 척하는 지네의 자세, 기린의 나선형 창자, 나비의 혀 모양, 그리고 양피지 두루마리의 둘둘 말린 단면……. 자연은 수많은 생명체의 구조를 창조하는 데 나선의 단순한 아름다움을 이용했고 인간은 그 모양을 그대로 복제해 예술과 도구를 창조했다.

가장 단순한 나선에 대한 수학은 기원전 225년에 아르키메데스의 저작인 『나선에 관하여(*On Spirals*)』에서 최초로 논의되었다. 우리는 이 저작에서 다뤄진 나선을 '아르키메데스의 나선'이라고 하는데, 이 나선은 $r=a+b\theta$라는 방정식으로 나타낼 수 있다. a라는 매개 변수는 전체 나선을 회전시키고, b는 매 굽이 사이의 거리를 결정한다. 단단하게 말린 스프링, 둘둘 말린 양탄자의 변, 그리고 보석에 새겨진 나선들처럼, 가장 흔히 볼 수 있는 나선들은 아르키메데스의 나선으로 설명할 수 있다. 아르키메데스의 나선에는 실제로 재봉틀에서 회전 운동을 선형 운동으로 바꾸는 것처럼 실용적인 용도로 쓰이는 것도 있다. 아르키메데스의 나선 형태를 가진 스프링은 회전력과 병진력 양측에 반응하는 능력 때문에 특히 흥미롭다.

고대에서 볼 수 있는 아르키메데스의 나선의 예로는 선사 시대의 나선 미궁, 기원전 6세기 테라코타 항아리의 나선 디자인, 고대 알타이 지역의 공예품(기원전 1000년대 중반)에 새겨진 장식, 아일랜드의 청동기 시대 통과 의례 의식용 방의 돌문턱에 새겨진 무늬, 아일랜드 성경 필사본의 소용돌이 무늬 장식이나 티베트의 탕카 미술 작품 등을 꼽을 수 있는데, 그중 후자의 것은 불교적인 내용을 담은 그림이나 수공예품으로 가끔 사원에 걸려 있는 것을 볼 수 있다. 사실 나선은 고대 세계 어디에서나 공통적으로 나타나는 상징이다. 매장터에서도 그 상징을 자주 볼 수 있는데, 나선이 태양의 지속적인 뜨고 짐, 삶과 죽음, 윤회를 나타내는 것으로 여겨졌기 때문일 것이다.

관련 항목 황금률(114쪽), 항정선(118쪽), 페르마의 나선(134쪽), 로그 나선(142쪽), 보더버그 타일 덮기(374쪽), 울람 나선(426쪽), 스피드론(472쪽)

고비(고사리목의 양치 식물)의 나선. 기원전 225년 아르키메데스가 『나선에 관하여』에서 논의한 아르키메데스의 나선을 볼 수 있다.

디오클레스의 질주선

디오클레스(Diocles, 기원전 240?~180?년)

기원전 180년경에 고대 그리스 수학자인 디오클레스는 2배 정육면체 작도를 하려다가 디오클레스의 질주선(疾走線, Cissoid)과 그 놀라운 성질들을 발견했다. '2배 정육면체 작도'란 고대 지식인들 사이에서 유명했던 문제로, 부피가 주어진 정육면체의 2배인 정육면체를 작도하는 문제를 말한다. 그러려면 더 큰 정육면체의 변이 원래 정육면체보다 $\sqrt[3]{2}$ 배 더 커야 한다. 디오클레스가 여기에 질주선을, 그리고 질주선과 직선의 교차를 이용한 것은 이론적으로 옳았지만 컴퍼스와 직선 자만 쓰도록 한 엄격한 에우클레이데스의 규칙은 어긴 셈이다.

'질주선'이라는 이름은 '아이비 모양'을 뜻하는 그리스 어에서 나왔다. 그래프에서 이 곡선은 y축의 위아래 방향으로 무한히 뻗어 나가며 서로 만나는 끝점이 하나밖에 없다. 그 끝점에서 뻗어 나가는 곡선의 양 줄기는 동일한 수직 점근선에 접근한다. 우리가 O를 지나고 그 질주선의 점근선에 접하는 원을 그린다고 할 때, 그 끝과 질주선의 점 M을 잇는 선은 계속 뻗어 나가면 점 B에서 점근선과 교차하게 된다. C와 B 사이의 직선 길이는 늘 O와 M 사이의 길이와 동일하다. 곡선은 극좌표 방정식 $r=2a(\sec\theta-\cos\theta)$나 직교 좌표 방정식 $y^2=x^3/(2a-x)$로 나타낼 수 있다. 질주선을 만드는 방법이 재미있는데, 포물선이 동일한 크기의 둘째 포물선 위에서 말릴 때 그 꼭짓점을 놓치지 않고 따라가면 된다.

디오클레스는 원뿔(원추) 곡선이라는 곡선에 매료되어, 자신의 저작인 『거울 태우기(*On Burning Mirrors*)』에서 포물선의 초점을 논했다. 디오클레스는 태양 아래 놓았을 때 가장 많은 열을 집중시키는 거울 표면을 찾아내고자 했다.

관련 항목 심장형(140쪽), 닐의 반3차 포물선(150쪽), 성망형(160쪽)

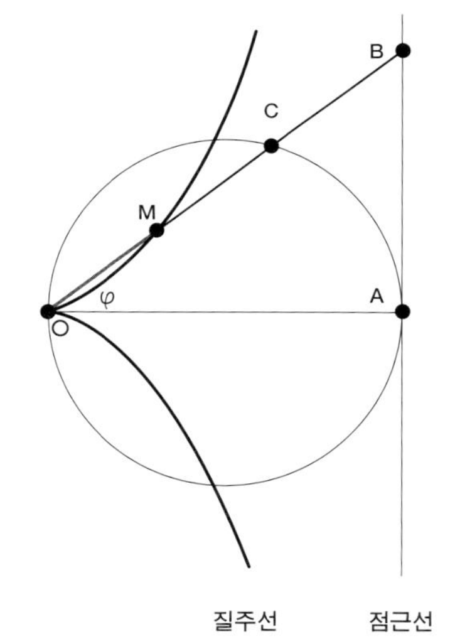

파라볼라 통신 안테나와 같은 곡선들에 매료된 그리스 수학자 디오클레스는 『거울 태우기』라는 책에서 포물선의 초점을 논했다. 디오클레스는 빛을 비췄을 때 가장 많은 열을 집중시키는 거울 표면을 찾아내고자 했다.

150년경

프톨레마이오스의 『알마게스트』

클라우디우스 프톨레마이오스(Claudius Ptolemaeus, 90?~168?년)

알렉산드리아의 수학자이자 천문학자였으며 점성술사였던 클라우디우스 프톨레마이오스는 전13권의 대작 『알마게스트(*Almagest*)』를 썼는데, 이 책은 사실상 당대에 알려진 천문학의 모든 것을 집대성하고 있다. 프톨레마이오스는 이 책에서 행성들과 별들의 겉보기 운동을 기술하고 있다. 이 책에서 제시된 우주 모형, 다시 말해 지구가 우주의 중심이고 태양과 행성들이 지구 주위를 공전한다는 지구 중심 모형은 유럽과 아라비아 세계에서 1,000년도 넘는 세월 동안 옳은 것으로 받아들여졌다.

『알마게스트』는 '위대한 책'이라는 뜻의 아라비아 어 al-kitabu-l-mijisti를 라틴 어로 표기한 것이다. 이 책의 내용 중 특히 수학자들의 흥미를 끄는 것은 삼각법을 다룬 부분으로 그중에는 0도에서 90도까지 15분 간격으로 사인값을 표기한 표와 구면 삼각법에 대한 설명도 있다. 『알마게스트』는 또한 우리가 아는 현대의 '사인 법칙'과 배각과 반각의 성질들과 일치하는 정리들도 다루고 있다. 얀 굴베르크는 이렇게 썼다. "초기 그리스의 천문학 연구들의 그토록 많은 부분이 지금은 사라져 버린 것은 프톨레마이오스의 『알마게스트』의 탁월한 완결성과 매끈함 때문에 이전의 모든 작품들이 불필요해졌기 때문일지도 모른다." 거드 그래스호프(Gerd Grasshoff)는 이렇게 썼다. "프톨레마이오스의 『알마게스트』는 에우클레이데스의 『원론』과 나란히, 가장 오랫동안 사용된 과학 교과서라는 영예를 차지한다. 이 작품은 처음 배태된 2세기부터 르네상스 후기까지 천문학을 확실한 과학의 자리에 올려놓았다."

『알마게스트』는 827년경에 아라비아 어로 옮겨졌고 나중에 12세기에 아라비아 어에서 라틴 어로 번역되었다. 페르시아의 수학자이자 천문학자인 아부 알와파(Abu al-Wafa, 940~998년)는 『알마게스트』를 기반으로 삼각법의 정리와 증명을 체계화했다.

재미있는 점은 프톨레마이오스가 '주전원'이라는 조그만 원과 이 원이 매달려 도는 '이심원'이라는 커다란 원으로 이루어진 행성 운동 모형을 만들었고, 그것을 기반으로 우주의 크기를 추산하려고 했다는 것이다. 그 추산에 따르면 멀리 있는 '붙박이 별들'이 포함되어 있는 구의 지름은 지구 반지름의 2만 배였다.

관련 항목 에우클레이데스의 『원론』(58쪽), 코사인 법칙(108쪽)

프톨레마이오스의 『알마게스트』는 지구 중심 우주 모형을 내세운다. 그 모형에 따르면 우주의 중심은 지구이고 태양과 행성들은 지구 주위를 돈다. 이 모형은 1,000년 넘게 유럽과 아라비아 세계에서 옳은 것으로 받아들여졌다.

250년

디오판토스의 『산수론』

알렉산드리아의 디오판토스(Diophantus of Alexandria, 200?~284?년)

'대수학의 아버지'라고도 불리는 알렉산드리아의 디오판토스는 『산수론(*Arithmetica*)』(250년경)을 저술했다. 이 책은 여러 세기 동안 수학에 깊은 영향을 미친 수학 교과서이다. 대수학 분야에서는 가장 유명한 책으로 손꼽히는 『산수론』은 방정식의 해법들과 더불어 수많은 문제들을 담고 있다. 디오판토스는 또한 수학적 표기법을 발전시켰다는 것과, 분수를 수로 취급했다는 사실 때문에도 중요하다. 『산수론』의 헌사에서, 디오판토스는 디오니수스(Dionysus, 알렉산드리아의 주교였을 것이다.)에게 이 책을 바치며 비록 이 책의 내용이 어려울수는 있지만 "귀하의 열정에 제 가르침이 더해지면 쉽게 이해할 수 있을 것"이라고 말하고 있다. 디오판토스의 다양한 저작들은 아라비아 인들을 통해 명맥을 이어 가다가 16세기에 라틴 어로 번역되었다.

그의 업적을 기려서 명명된 '디오판토스 방정식'들은 정수해를 가진다. 피에르 드 페르마가 $a^n+b^n=c^n$의 정수해를 구하는 문제와 관련해 그 유명한 페르마의 마지막 정리를 휘갈겨 쓴 것이 바로 1681년에 출간된 프랑스 어판 『산수론』의 책장 여백이었다.

『산수론』 곳곳을 보면 디오판토스는 $ax^2+bx=c$ 같은 방정식들의 정수해들을 찾아내는 데 흥미가 있었던 듯하다. 디오판토스를 매료시킨 1차 방정식과 2차 방정식 들의 해법 몇 가지는 일찍이 바빌론 인들도 알고 있었지만, 디오판토스가 특별한 이유를 J. D. 스위프트(J. D. Swift)는 이렇게 설명한다. "그 선조들(그리고 수많은 후예들)의 말로 푸는 양식을 현저하게 개선한, 폭넓고 일관적인 대수적 표기법을 디오판토스가 최초로 도입했기 때문이다. …… 비잔틴 학자들이 『산수론』을 재발견한 것은 서유럽에서 수학이 부흥하는 데 큰 힘을 보탰으며 많은 수학자를 자극했는데, 페르마가 그중 가장 위대한 예이다."

1차 방정식과 2차 방정식에 대한 체계적인 해법을 담고 있는 『대수학(*Algebra*)』을 저술한 페르시아의 수학자인 알콰리즈미 역시 디오판토스와 함께 '대수학의 아버지'라는 영예를 나눠가진다는 사실을 잊지 말자. 알콰리즈미를 통해 인도-아라비아 숫자와 대수 개념들이 유럽 수학에 처음 들어왔고, 알고리듬(algorithm)과 대수학(algebra)이라는 용어 자체가 각각 그의 이름에서 나왔다.

관련 항목 히파티아의 죽음(80쪽), 알콰리즈미의 『대수학』(86쪽), 『수마리오 콤펜디오소』(122쪽), 페르마의 마지막 정리(136쪽)

디오판토스가 쓰고 프랑스 수학자인 클로드 가스파르 바셰 드 메지리아(Claude Gaspard Bachet de Méziriac)가 번역한 라틴 어판 『산수론』(1621년)의 표지. 이 책의 재발견이 서유럽 수학의 부흥을 촉발했다.

DIOPHANTI ALEXANDRINI ARITHMETICORVM LIBRI SEX,

ET DE NVMERIS MVLTANGVLIS LIBER VNVS.

Nunc primùm Græcè & Latinè editi, atque absolutissimis Commentariis illustrati.

AVCTORE CLAVDIO GASPARE BACHETO MEZIRIACO SEBVSIANO, V. C.

LVTETIAE PARISIORVM,

Sumptibus SEBASTIANI CRAMOISY, via Iacobæa, sub Ciconiis.

M. DC. XXI.

CVM PRIVILEGIO REGIS.

340년경

파푸스의 육각형 정리

알렉산드리아의 파푸스(Pappus of Alexandria, 290?~350?년)

단풍나무 9그루를 가지고, 각 줄에 3그루씩 있는 직선을 10줄 만들고 싶은 농부가 있다고 하자. 이 재미있는 목표를 달성하는 방법 중 하나는 파푸스의 육각형 정리(Pappus's Hexagon Theorem)를 이용하는 것이다. A, B, C라는 세 점을 한 직선상의 아무 곳에나 놓고 D, E, F라는 세 점은 다른 직선상의 '아무 점'에나 놓을 경우, 파푸스의 정리에 따르면 서로 엇갈린 육각형을 이루는 A, F, B, D, C, E에서 서로 마주한 변들 사이의 교차점인 X, Y, Z는 반드시 한 직선 위에 놓인다. 따라서 B와 Y와 E가 일렬로 서도록 나무 B를 옮겨 10번째 줄을 만들면 농부의 문제는 해결된다.

파푸스는 헬레니즘 시기에 이름을 떨친 수학자 중 하나인데, 340년경에 저술한 『수학 집성(*Synagoge*)』으로 유명하다. 이 책은 다각형과 다면체, 원과 나선, 그리고 벌들의 벌집 구축을 비롯한 기하학적 주제들에 초점을 맞추고 있다. 『수학 집성』이 가치가 있는 또 다른 이유는 이 책 출간 이후에 사라진 고대 저작들을 바탕으로 한 연구 결과들을 싣고 있기 때문이다. 토머스 히스(Thomas Heath)는 『수학 집성』에 대해서 "고대 그리스 기하학을 되살린다는 명확한 의도하에 저술된 책으로, 실제로 전 범위를 다루고 있다."라고 했다.

막스 덴은 파푸스의 유명한 정리에 대해서 "그것은 기하학에서는 역사적으로 중요한 사건이다. 기하학은 시초부터 선의 길이와 평면 도형들의 넓이, 그리고 입체의 부피 같은 것을 측정하는 데 관심을 두었다. 여기서 우리는 최초로, 일상적인 측정을 바탕으로 작도되었으면서도 모든 측정의 요소들에서 풀려난 도형을 보게 된다."라고 말했다. 다시 말해 그 정리는 오로지 선과 점으로만 정의되는 도형이 존재함을 보여 준다. 덴은 또한 그 도형을 통해 "사영 기하학이 최초로 성립되었다."라고 말하기도 했다.

『수학 집성』은 1588년에 페데리코 코만디노(Federico Commandino)의 라틴 어 번역본이 출간된 이후에 유럽 전역에 알려졌다. 아이작 뉴턴과 르네 데카르트 역시 파푸스의 도형에 관심을 가졌다. 파푸스가 『수학 집성』을 쓴 지 1,300년쯤 후에, 프랑스 수학자인 블레즈 파스칼(Blaise Pascal, 1623~1662년)은 파푸스의 정리를 일반화한 흥미로운 이론을 내놓았다.

관련 항목 데카르트의 『기하학』(138쪽), 사영 기하학(144쪽), 실베스터의 선 문제(292쪽)

A, B, C라는 세 점을 한 직선 위에 놓고 D, E, F라는 세 점을 다른 직선 위에 놓았을 때, 파푸스의 정리에 따르면 그 교차점인 X, Y, Z는 일직선상에 놓인다.

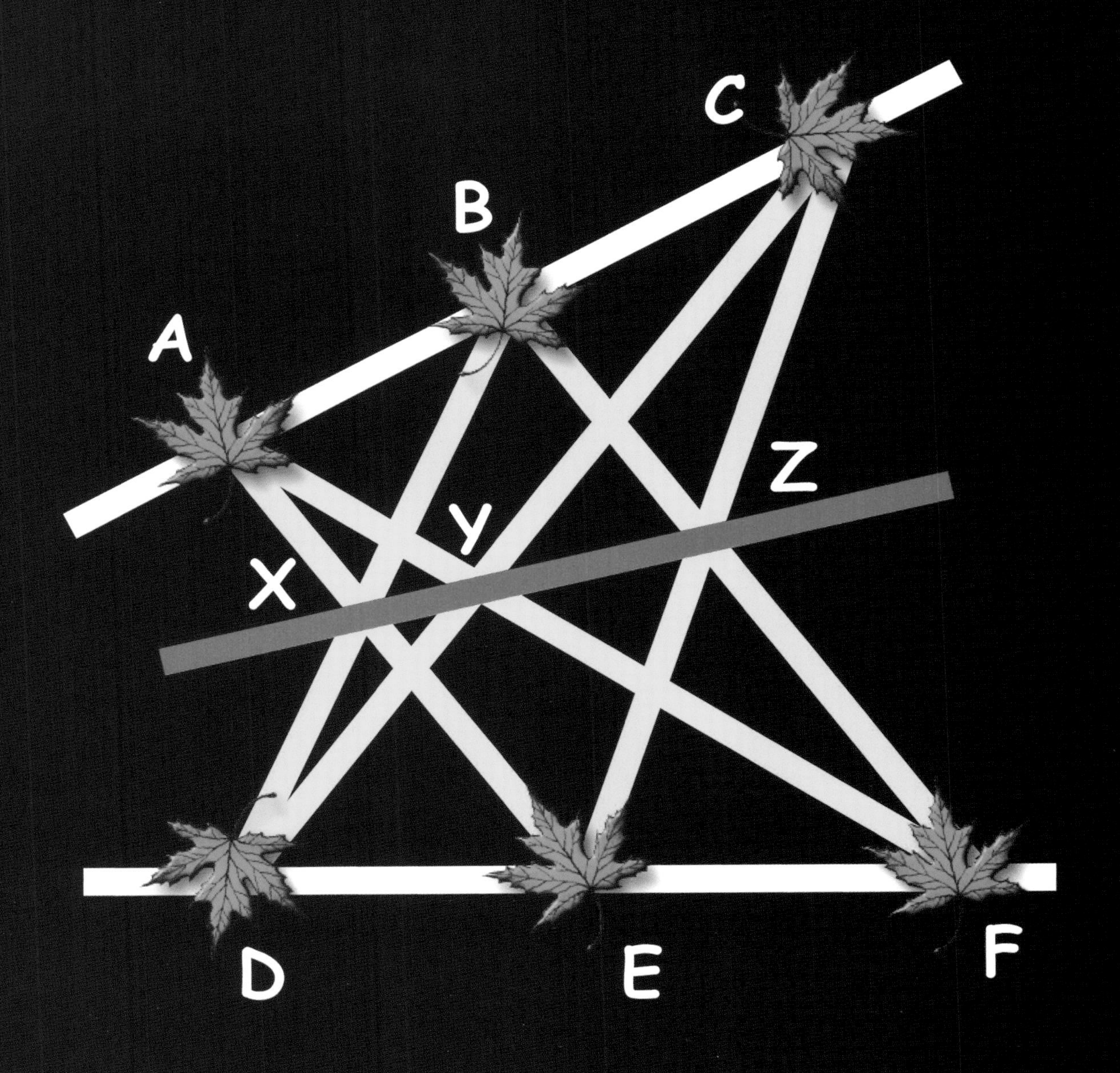
C
B
A
Z
Y
X
D
E
F

350년경

바크샬리 필사본

유명한 수학 문헌 모음인 이 바크샬리 필사본(Bakhshali Manuscript)은 1881년에 인도 북서부 한 마을의 돌담 안에서 발견되었는데, 3세기에 작성된 오래된 문헌이다. 발견되었을 때 자작나무 껍질로 된 필사본의 대부분은 세월에 훼손되어 대략 70장만이 남아 있었다. 이 필사본은 산수와 대수학과 기하학 문제들을 푸는 해법과 법칙을 제공하며 제곱근 계산 공식을 제시한다.

다음은 이 필사본에 나오는 문제이다. "여러분 앞에 남자, 여자, 아이 합쳐서 20명으로 된 일행이 있다. 일행이 벌어들이는 동전은 총 20닢이다. 한 사람당 남자는 동전 3닢을 벌고 여자는 1.5닢을, 아이는 0.5닢을 번다. 남자와 여자와 아이는 각각 몇 명씩 있는가?" 독자 여러분은 이것을 풀 수 있겠는가? 답은 남자 2명, 여자 5명, 아이 13명이다. 남자와 여자와 아이의 수를 각각 m, w, c로 놓아 보자. 이것을 공식으로 정리하면 $m+w+c=20$, $3m+(3/2)w+(1/2)c=20$이 된다. 여기서 나올 수 있는 해는 $m=2$, $w=5$, $c=13$뿐이다.

이 필사본이 발견된 곳은 (지금은 파키스탄에 있는) 페샤와르의 유수프자이(Yusufzai) 구역에 있는 바크샬리라는 마을이었다. 필사본이 씌어진 시점에 대해서는 의견이 분분하지만, 200년경과 400년경 사이에 존재했던 더 오래된 작품에 대한 주석일 거라고 믿는 학자들이 꽤 있다. 이 필사본에서는 한 가지 특이한 표기법을 쓰고 있는데, 숫자 뒤에 '+' 기호를 붙여서 음수를 나타낸 것이다. 주어진 방정식에서 찾아야 하는 미지수인 해는 커다란 점으로 표시되어 있다. 또 0을 표시하는 데도 그것과 비슷한 기호가 쓰였다. 딕 테레시(Dick Teresi)는 이렇게 말했다. "이 필사본이 중요한 이유는 무엇보다도 종교와 관련이 없는 인도 수학의 양상을 보여 주는 최초의 문서이기 때문이다."

관련 항목 디오판토스의 『산수론』(74쪽), 0(82쪽), 『가니타 사라 삼그라하』(90쪽)

1881년에 인도 북서부에서 발견된 바크샬리 필사본의 일부이다.

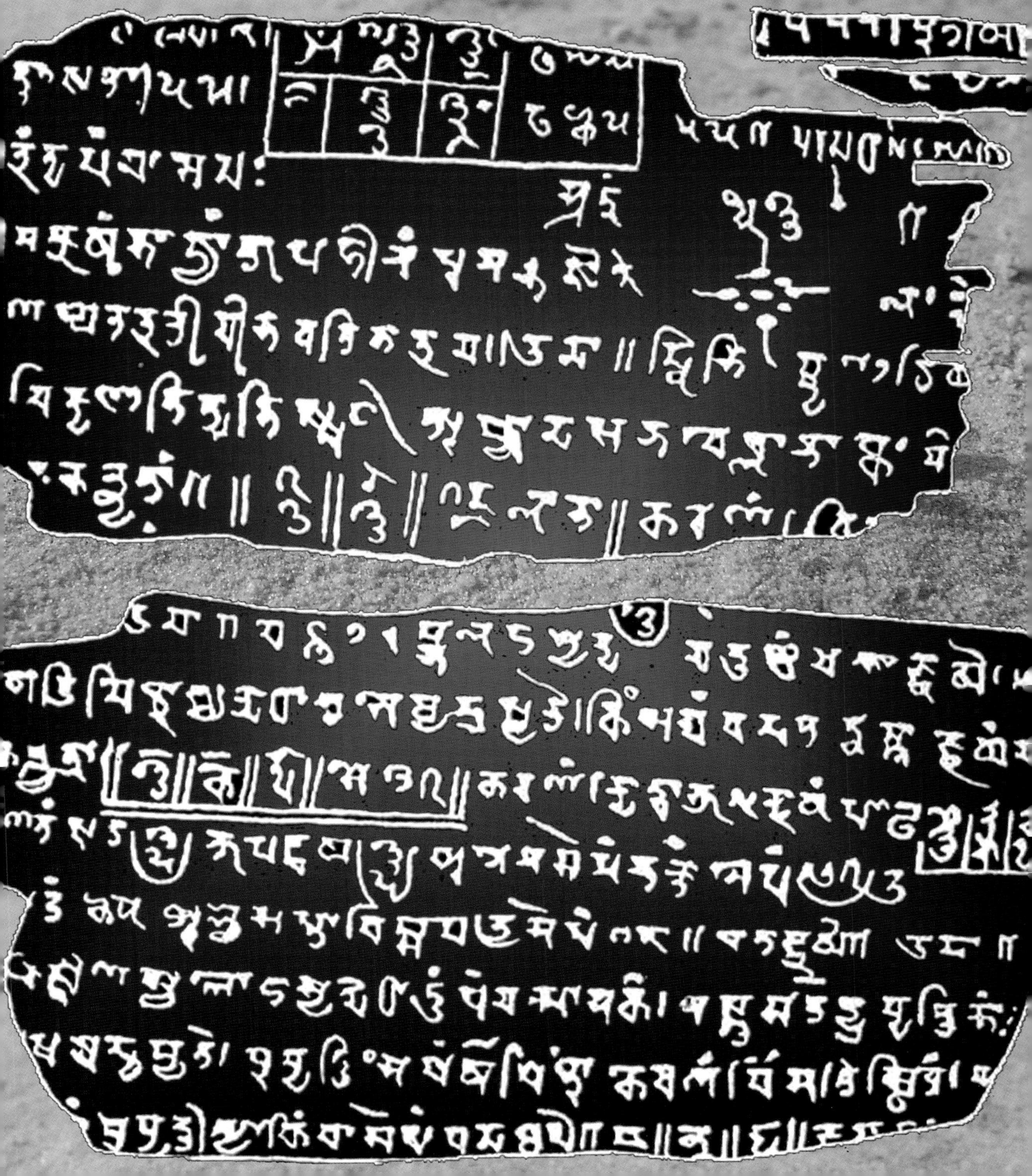

415년

히파티아의 죽음

알렉산드리아의 히파티아(Hypatia of Alexandria, 370?~415?년)

알렉산드리아의 히파티아는 기독교 군중에게 갈가리 찢겨서 죽었는데, 엄격한 기독교 교리를 고수하지 않았다는 것이 그 이유 중 하나였다. 히파티아는 후기 플라톤주의자, 이교도, 피타고라스 사상의 추종자를 자처했다. 흥미롭게도 히파티아는 분명하고 상세히 알려져 있기로는 인류 역사상 최초의 여성 수학자이다. 또한 육체적으로 매력적인 여성이었지만 확고한 순결주의자였다. 왜 그토록 수학에만 집착하고 결혼은 하지 않느냐는 물음에, 자신은 진리와 결혼했다고 대답했다 한다.

히파티아의 저작 중에는 디오판토스의 『산수론』에 대한 논평이 있다. 학생 교육용으로 만든 한 수학 문제에서 히파티아는 학생들에게 $x-y=a$와 $x^2-y^2=(x-y)+b$라는 연립 방정식에서 a와 b의 값을 알 때 그 해를 물었다. 여러분은 두 방정식을 모두 만족시키는 x와 y, a와 b의 정수해를 찾을 수 있겠는가?

기독교인들은 히파티아의 철학을 목청 높여 반대하면서, 신과 내세의 본질에 대한 플라톤주의적 주장들을 꺾으려 했다. 415년의 따뜻한 3월의 어느 날, 광신도들이 단체로 몰려와 히파티아를 잡아다 옷을 강제로 벗기고는 날카로운 조개껍데기로 뼈에서 살을 발라내고 산 채로 불태웠다. 오늘날 종교적 테러리즘에 희생당하는 일부 사람들과 마찬가지로, 히파티아는 그저 종교 분쟁의 반대편에 서 있는 사람들 중 유명인이라는 이유로 희생양이 되었는지도 모른다. 히파티아 다음으로 유명한 여성 수학자인 마리아 아녜시는 르네상스 시대에 등장한다.

히파티아의 죽음은 수많은 학자들이 알렉산드리아를 떠나는 계기가 되었고, 여러 가지 의미로 수 세기 동안 지속되었던 그리스 수학 발전에 종지부를 찍었다. 그리하여 유럽의 중세기에는 수학의 발전의 명맥을 잇는 역할이 아라비아 인과 인도인에게 넘어가게 된다.

관련 항목 피타고라스 학파(46쪽), 디오판토스의 『산수론』(74쪽), 아녜시의 『이탈리아 청년들을 위한 해석학』(182쪽), 코발레프스카야의 박사 학위(262쪽)

1885년에 영국 화가인 찰스 윌리엄 미첼(Charles William Mitchell)이 그린 그림이다. 기독교 폭도들에게 발가벗겨져 교회에서 참살당하기 직전 히파티아의 모습이 그려져 있다. 히파티아는 날카로운 조개껍데기로 가죽이 벗겨지고 산 채로 태워졌다고 한다.

650년경

0

브라마굽타(Brahmagupta, 598?~668?년), **바스카라**(Bhaskara, 600?~680?년), **마하비라**(Mahavira, 800?~870?년)

오늘날 0이 없다면 12와 102와 1,002를 구분하기가 어려울 것이다. 마찬가지로 고대 바빌론 인들은 0을 표시하는 기호가 없어서 기수법을 완성하지 못했다. 바빌론의 필경사는 0이 있어야 할 곳에 그저 빈 칸 하나만 남겨 놓았는데, 그런 까닭에 수의 중간이나 끝에 있는 칸이 몇 칸인지 식별하기가 쉽지 않다. 바빌론 인들은 끝내 이어진 자릿수 사이의 빈칸을 표시하는 기호를 만들어 내지 못했는데, 아마 0을 실제 수로는 생각하지 않았기 때문이 아닐까 싶다.

650년경 인도 수학에서는 0이 널리 사용되었던 것으로 보인다. 인도 델리 남쪽 괄리오르(Gwalior)에서 발견된 한 석판에는 270과 50이라는 수가 적혀 있는데, 876년의 것으로 추정되는 이 석판 위의 숫자들은, 0이 더 작고 기울어져 있다는 것만 빼면 현대의 숫자와 매우 비슷해 보인다. 브라마굽타, 바스카라, 마하비라 같은 인도 수학자들은 수학 계산에서 0을 사용했다. 예를 들어 브라마굽타는 어떤 수에서 그 자신을 빼면 0이 된다고 설명했고, 어떤 수든 0으로 곱하면 0이 된다고 적었다. 바크샬리 필사본은 아마도 수학에서 0이 사용되었음을 증명하는 문헌으로는 최초의 것일 텐데, 그 문헌이 만들어진 시기는 명확하지 않다.

665년경 중앙아메리카의 마야 문명에서도 0이라는 숫자가 개발되었지만 그러한 성과가 다른 민족들에게 어떤 영향을 준 것 같지는 않다. 반면 인도의 0 개념은 아라비아와 유럽과 중국으로 퍼졌고 세계를 바꾸었다.

호세인 아르샴(Hossein Arsham)이라는 수학자는 이렇게 썼다. "13세기에 십진법에 0이 도입된 것은 수 체계의 발전에 일어난 가장 의미 깊은 업적이었고, 그 덕분에 큰 수를 계산할 수 있게 되었다. 0이라는 개념이 없었다면 …… 상업, 천문학, 물리학, 화학과 산업 분야에서 모형화 과정은 상상도 할 수 없었을 것이다. 그런 기호가 없다는 것이 바로 로마 숫자 체계의 심각한 허점이었다."

관련 항목 바크샬리 필사본(78쪽), 『가니타 사라 삼그라하』(90쪽), 『인도 수학서』(94쪽), 알사마왈의 『눈부신 대수학』(98쪽), 피보나치의 『주판서』(102쪽)

0이라는 개념은 큰 수를 더 쉽게 다루게 해 주었고, 상업에서 물리학까지 다양한 분야에서 계산을 효율화하는 데 크게 기여했다.

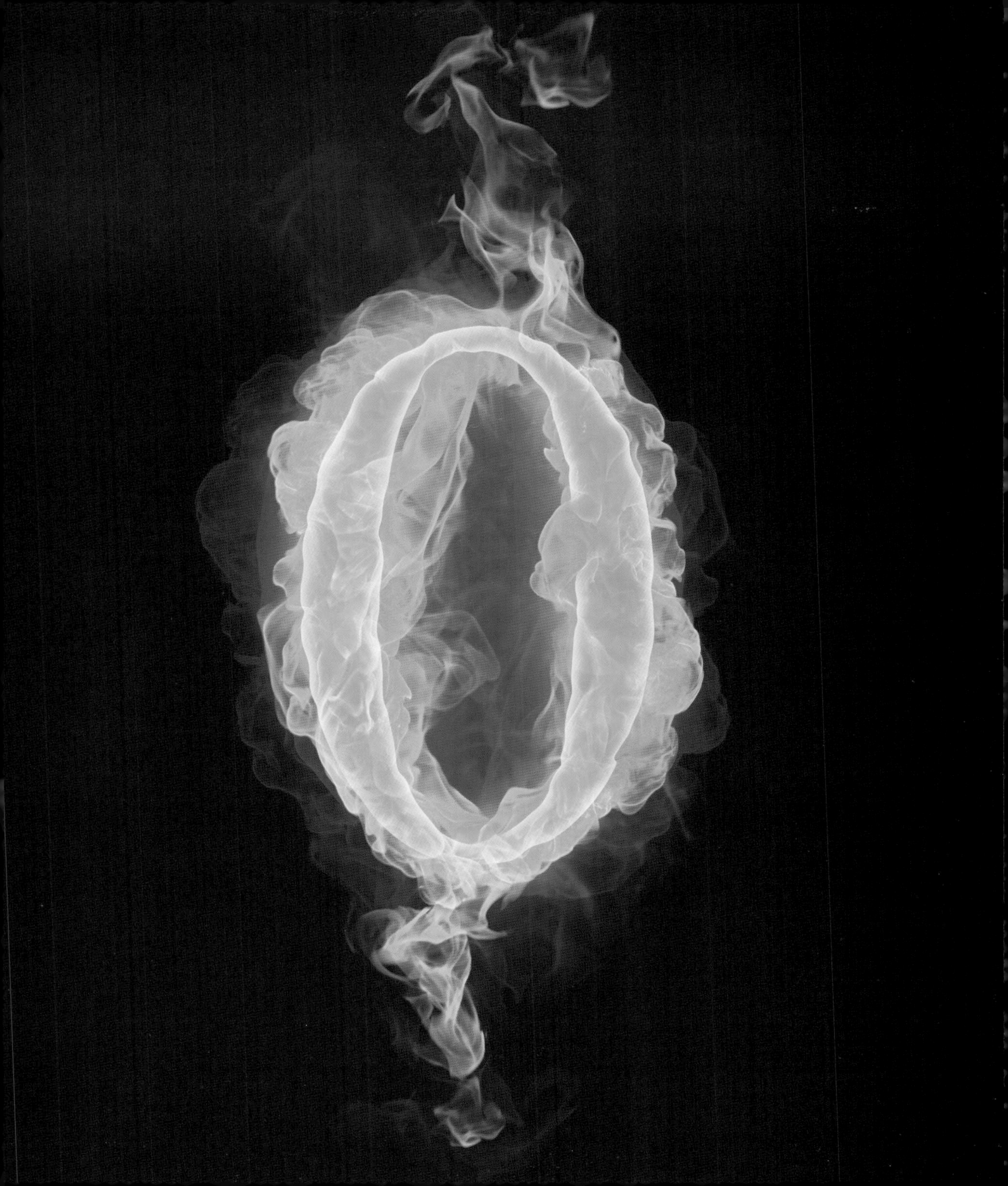

앨퀸의 『영재를 위한 문제집』

요크의 앨퀸(Alcuin of York, 735?~804?년), **오리야크의 제르베르**(Gerbert of Aurillac, 946?~1003?년)

요크의 앨퀸이라고도 하는 플라쿠스 알비누스 알퀴누스(Flaccus Albinus Alcuinus)는 영국 요크 출신 학자였다. 샤를마뉴 왕의 초청을 받고 카롤링거 궁정으로 가 왕실 교사를 하면서 그곳에서 신학 논문과 시를 썼다. 796년에는 투르에 있는 생마르탱 수도원의 주교를 지내기도 했으며, '카롤링거 르네상스'라고 하는 학문 부흥기에 가장 중요한 역할을 한 학자였다.

학자들은 앨퀸이 저술한 수학 책 『영재를 위한 문제집(*Propositiones ad Acuendos Juvenes*)』이 마지막 교황 수학자인 오리야크의 제르베르(Gerbert of Aurillac)를 교육하는 데 기여했으리라고 짐작한다. 999년에 교황 실베스테르 2세(Sylvester II)로 선출된 이 인물은 수학에 깊이 매료되었다. 일부 정적들은 수학 지식이 뛰어나다는 이유로 교황을 사악한 마법사가 아닐까 하고 의심하기도 했다.

이 '숫자 교황(Number Pope)'은 프랑스의 랭스 시의 성당 바닥을 거대한 주판으로 바꿔 놓았다. 또한 로마 숫자 대신 아라비아 숫자(1, 2, 3, 4, 5, 6, 7, 8, 9)를 도입했다. 괘종시계 발명에도 기여했고 행성의 궤도를 추적하는 기계를 발명했으며 기하학에 대한 저술을 남기기도 했다. 교황은 자신이 형식 논리학에 대한 지식이 부족함을 깨닫고 독일 논리학자들에게 배웠다. 숫자 교황은 이렇게 말했다. "바른 남자는 믿음에 따라 살되, 과학이 그런 믿음과 결합하면 이는 더욱 좋은 일이다."

앨퀸의 『영재를 위한 문제집』은 대략 50개의 서술형 문제와 풀이를 담고 있는데, 그중 유명한 것은 강을 건너는 문제, 사다리 위의 비둘기를 세는 문제, 죽어 가는 아버지가 아들들에게 포도주 통을 남기는 문제, 질투심 강한 세 남편이 각자 자기 아내가 다른 남자와 단 둘이서만 있지 않게 하는 문제가 있다. 지금도 많이 쓰이는 수학 문제들 몇 가지가 이 책에서 처음 등장했다. 수학 저술가인 이바스 피터슨은 이렇게 말했다. "『영재를 위한 문제집』의 문제들(과 풀이들)을 훑어보면 중세 시대 삶의 다양한 면면을 보여 주는 매혹적인 풍경을 접할 수 있다. 또한 이 책은 수학 교육에서 수수께끼가 얼마나 지속적으로 이용되어 왔는가를 증명하기도 한다."

관련 항목 린드 파피루스(38쪽), 알콰리즈미의 『대수학』(86쪽), 주판(100쪽)

나중에 교황이 된 수학자 오리야크의 제르베르는 앨퀸의 수학 책으로 수학 공부를 했을 가능성이 높다. 999년에 교황 실베스테르 2세로 선출된 제르베르는 수학에 조예가 깊었다. 사진은 프랑스 오베르뉴의 오리야크에 있는 숫자 교황의 동상이다.

A GERBERT SYLVESTRE II
PREMIER PAPE FRANÇAIS
MORT A ROME EN 1003
L'AUVERGNE SA PATRIE
ET LA MUNICIPALITÉ D'AURILLAC
GENESTE

알콰리즈미의 『대수학』

아부 자파르 무함마드 이븐 무사 알콰리즈미(Abu Ja'far Muhammad ibn Musa al-Khwarizmi, 780?~850?년)

알콰리즈미는 페르시아의 수학자 겸 천문학자로 바그다드에서 거의 일평생을 보냈다. 대수학에 관한 책인 『복원과 대비의 계산(*Kitab al-mukhtasar fi hisab al-jabr wa'l-muqabala*)』을 저술했는데, 1차 방정식과 2차 방정식의 체계적인 해법을 최초로 다루고 있는 이 책은 더러 줄여서 『대수학(*Algebra*)』이라고 불리기도 한다. 알콰리즈미는 디오판토스와 더불어 '대수학의 아버지'로 불린다. 이 책의 라틴 어 번역판은 유럽에 십진법 체계를 소개했다. 재미있는 사실은 대수학(algebra)이라는 단어가 알자브르(al-jabr), 즉 이 책에서 2차 방정식을 푸는 데 사용된 두 가지 풀이법 중 하나에서 나왔다는 것이다.

알콰리즈미가 말하는 알자브르란 양변에 같은 수를 더함으로써 방정식에서 음수를 제거하는 방법이다. 예를 들어 $x^2=50x-5x^2$은 양변에 $5x^2$을 더하면 $6x^2=50x$로 바꿀 수 있다. 알무카발라(al-muqabala)는 방정식의 한 변으로 같은 유형을 모으는 방법이다. 예를 들어 $x^2+15=x+5$는 간단히 $x^2+10=x$로 바꿀 수 있다. 현대적 용어로 하면 '이항'과 '소거'의 규칙이라 할 수 있다. 이 책은 $x^2+10x+39$, $x^2+21=10x$, $3x+4=x^2$과 같은 형태의 방정식을 푸는 방법도 알려 준다.

그런데 알콰리즈미는 아무리 어려운 수학 문제라고 하더라도 더 작은 단계들로 연속적으로 분해해 나가면 풀 수 있다고 믿었다. 알콰리즈미는 자신이 쓴 책이 실용적이어서, 사람들이 돈 계산, 유산 상속, 소송, 무역, 운하 착공 등의 문제들을 다루는 계산을 하는 데 도움이 되기를 바랐다. 이 책에는 예제와 풀이도 담겨 있다.

알콰리즈미는 거의 평생을 '바그다드 지혜의 집'이라는 도서관 겸 번역 연구소 겸 배움의 터전에서 일하면서 보냈는데, 그곳은 이슬람 황금 시대의 지적 중심지였다. 안타깝게도 1258년에 몽골 인들이 그곳을 유린하면서 책들을 티그리스 강에 던져 버렸는데, 전설에 따르면 책들에서 새어나온 잉크 때문에 강물이 온통 시커멓게 물들었다고 한다.

관련 항목 디오판토스의 『산수론』(74쪽), 알사마왈의 『눈부신 대수학』(98쪽)

다양한 방정식에 대한 체계적 해법을 제시하는 『대수학』을 저술한 페르시아의 수학자 겸 천문학자 알콰리즈미를 기념하기 위해 1983년에 발행된 (구)소련 우표.

ПОЧТА СССР
1983
4
1200 ЛЕТ
Мухаммед
аль-Хорезми

보로메오 고리

피터 거스리 타이트(Peter Guthrie Tait, 1831~1901년)

단순하지만 흥미로워서 수학자들과 과학자들에게 관심을 받고 있는 서로 뒤엉킨 물체가 있다. 고리 3개가 서로 엉켜 있는 모양의 이 물체는 르네상스 시대 그 모양을 가문의 문장으로 사용한 이탈리아 가문의 이름을 따서 보로메오 고리(Borromean Rings)라고 불린다.

주목할 것은, 보로메오 고리에는 2개씩 연결된 고리가 없어서, 고리 3개 중에 1개만 잘라도 3개 모두 흩어져 버린다는 점이다. 일부 역사가들은 이 오래된 고리의 결합된 형태가 한때 상호 혼인으로 지극히 가냘픈 연대를 형성했던 비스콘티(Visconti)와 스포르차(Sforza)와 보로메오(Brorrmeo)라는 세 가문을 표상했던 것이 아닐까 짐작한다. 이런 고리 형태는 1467년에 피렌체의 산 판크라치오(San Pancrazio)의 교회에서도 이용되었다. 더 이전에는 바이킹이 삼각형 모양의 이 고리 형태를 이용했는데, 그중 유명한 예는 834년에 죽은 한 권세가 여인의 침대 기둥에서 발견된 것이었다.

스코틀랜드 수학자 겸 물리학자인 피터 거스리 타이트는 1876년에 매듭을 다룬 논문을 발표하면서 이 고리들을 수학적 맥락에서 검토했다. 각 고리의 교차에 대해서는 두 가지 선택지(위로 또는 아래로)가 가능하기 때문에, $2^6=64$가지 가능한 교차 패턴이 존재한다. 대칭성을 고려한다면, 이 패턴들 중에서 기하학적으로 서로 다른 것은 10개뿐이다.

현대 수학자들은 실제로 평평한 원들로는 진짜 보로메오 고리를 만들 수 없음을 알고 있는데, 독자 여러분도 철사를 가지고 서로 교차하는 고리를 직접 만들어 보면 철사를 약간 변형하거나 꼬아야 한다는 사실을 확인할 수 있을 것이다. 1987년에 마이클 프리드먼(Michael Freedman)과 리처드 스코라(Richard Skora)가 평평한 원으로는 보로메오 고리를 만들 수 없다는 정리를 증명했다.

2004년에 UCLA의 화학자들은 폭이 2.5나노미터에 금속 이온 6개로 이루어진 보로메오 고리 합성물을 만들어 냈다. 연구자들은 현재 스핀 전자 소자(spintronics, 전자의 회전과 전하를 이용하는 전기 소자)와 의료 영상 같은 다양한 기술 분야에서 보로메오 분자 고리를 이용할 방법들을 궁리하고 있다.

관련 항목 매듭(26쪽), 존슨의 정리(334쪽), 머피의 법칙과 매듭(492쪽)

그림의 보로메오 고리 모티프는 13세기 프랑스 필사본에서 발견된 것으로, 기독교의 삼위일체를 상징한다. 원본에는 세 원 안에 trinitas('삼위일체' 또는 '하나 안의 셋'을 나타내는 라틴 어)라는 단어의 세 음절인 tri, ni, tas가 각각 들어 있었다.

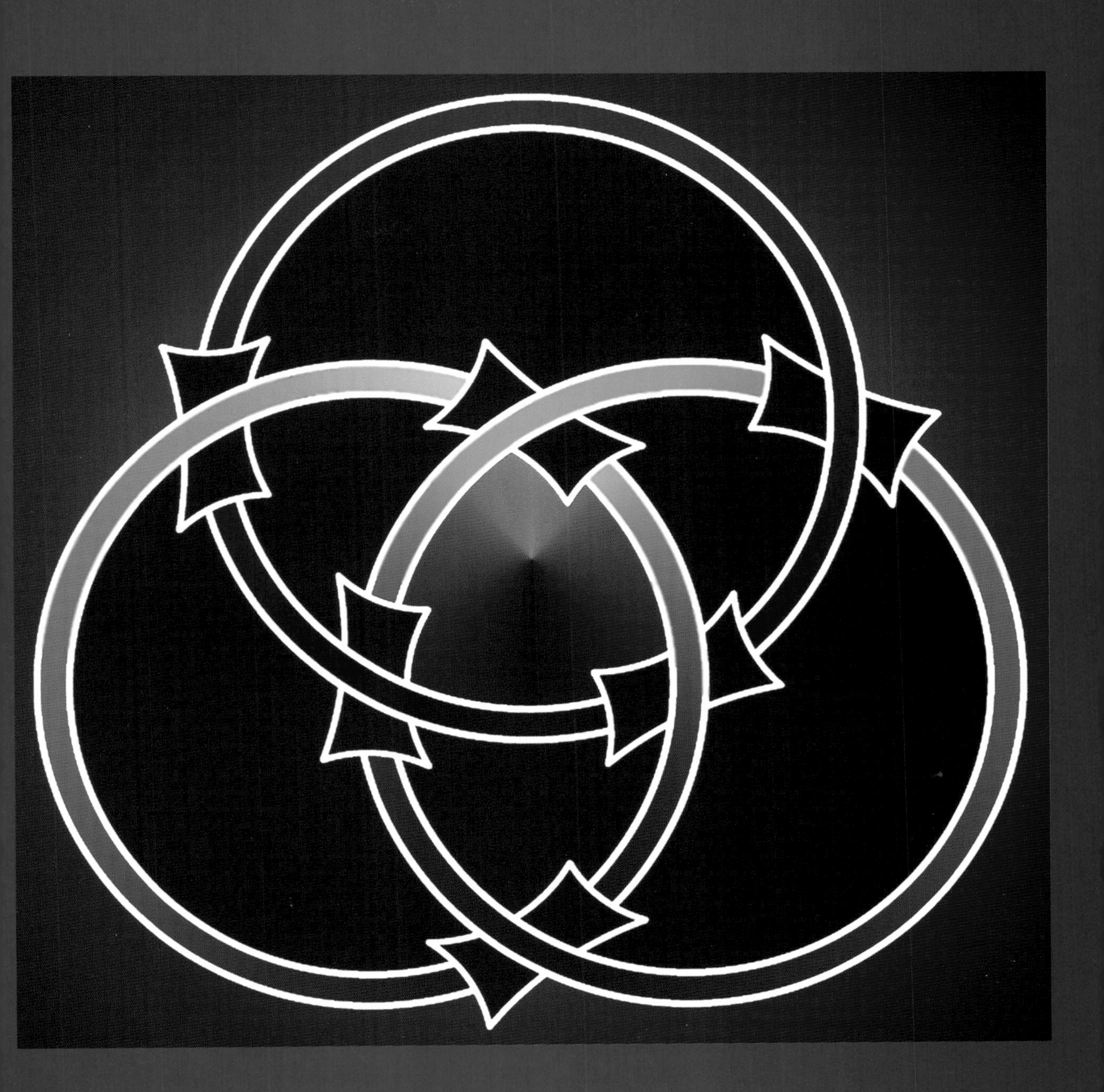

850년

『가니타 사라 삼그라하』

마하비라(Mahavira, 800?~870?년)

850년에 나온 『가니타 사라 삼그라하(*Ganita Sara Samgraha*)』(번역하자면 '수학의 본질 개요'라는 뜻이다.)는 여러 가지 이유로 특별하다. 첫째로 이 문헌은 자이나교도 학자가 저술한 산술에 대한 문헌으로는 유일하게 남아 있는 자료이다. 둘째로 이 책은 본질적으로 9세기 중반 인도의 모든 수학적 지식을 아우른다. 현재까지 남아 있는 인도의 수학 문헌 중에 온전히 수학에만 바쳐진 것으로는 이것이 최초이다.

『가니타 사라 삼그라하』의 저자는 인도 남부에 살았던 마하비라라는 인물이다. (마하비라카리야(Mahaviacharya)라고 하기도 하는데 이것은 , '스승 마하비라'라는 뜻 이다.) 이 책에 실린 문제 중 하나는 수 세기 동안 학자들의 흥미를 끌었는데, 설명하자면 다음과 같다. 젊은 귀부인이 있었는데, 남편과 싸우다 그만 목걸이가 망가졌다. 목걸이의 진주알 중 3분의 1은 부인 쪽으로 흩어졌다. 6분의 1은 침대 위에 떨어졌다. 남은 진주의 절반은 (그리고 그 나머지의 절반, 다시 그 나머지의 절반 하는 식으로 6번 거듭해서) 다른 곳에 떨어졌다. 흩어지지 않고 남은 진주는 총 1,161알이다. 원래 그 귀부인이 가지고 있던 진주는 총 몇 알이었을까?

해답은 놀랍게도 원래 그 귀부인의 목걸이에 달려 있던 진주가 148,608알이었다는 것이다! 문제를 살펴보자. 6분의 1은 침대 위에 흩어졌다. 3분의 1은 부인 쪽으로 흩어졌다. 이것은 침대 위에도 없고 부인 근처에도 없는 남은 진주가 전체 진주의 절반이라는 뜻이다. 남은 진주알은 6번 반으로 나눈 것이므로 전체 진주알의 수를 x라고 할 때 $((1/2)^7)x=1,161$이 된다. 따라서 x는 148,608이다. 이 인도 귀부인이 걸고 있던 거대한 목걸이는 싸울 만한 가치가 있었던 셈이다!

『가니타 사라 삼그라하』가 음수 제곱근이 존재하지 않는다고 명시하고 있다는 점 역시 주목할 만하다. 또한 마하비라는 이 책에서 '0'이라는 수의 성질을 논하고 10에서 10^{24}까지를 읽는 방법, 각 항이 어떤 등차 수열의 제곱인 급수의 합을 얻는 방법, 타원의 넓이와 둘레를 결정하는 방법, 그리고 1차 방정식과 2차 방정식을 푸는 방법을 제시했다.

관련 항목 바크샬리 필사본(78쪽), 0(82쪽), 『트레비소 아리트메트릭』(110쪽)

『가니타 사라 삼그라하』에는 남편과 싸우다가 목걸이가 망가진 여자와 관련된 수학 문제가 나온다. 진주는 일련의 법칙들에 따라 흩어지는데, 원래 목걸이에 진주가 몇 알 있었는지를 풀어야 하는 문제이다.

850년경

타비트의 친화수 공식

타비트 이븐 쿠라(Thabit ibn Qurra, 826~901년)

고대 그리스의 피타고라스 학파는 친화수(親和數, Amicable Number)에 매료되었는데, 친화수란 서로 상대편 수의 약수의 합과 동일한 수들을 말한다. (약수에서 자신은 제외된다.) 친화수 쌍 중에 가장 작은 것은 220과 284이다. 220의 약수인 1, 2, 4, 5, 10, 11, 20, 22, 44, 55, 110을 합치면 284가 되고, 284의 약수인 1, 2, 4, 71, 142를 합치면 220이 된다. (친화수를 일본에서는 우애수(友愛數)라고 번역한다. — 옮긴이)

850년에 아라비아의 천문학자 겸 수학자인 타비트 이븐 쿠라는 친화수를 찾아내는 데 쓸 수 있는 공식을 제시했다. 정수 $n>1$일 때 $p=3\times2^{n-1}-1$, $q=3\times2^{n}-1$, $r=9\times2^{2n-1}$을 생각해 보자. 만약 p, q, r가 소수라면 2^npq와 2^nr는 한 쌍의 친화수가 된다. $n=2$일 때는 각각 220과 284가 나오지만, 이 공식을 따른다고 존재하는 친화수를 모두 찾을 수 있는 것은 아니다. 지금까지 알려진 한, 친화수 한 쌍은 둘 다 짝수거나 둘 다 홀수이다. 언젠가는 짝수와 홀수로 된 친화수 쌍을 찾아낼 수 있을까? 친화수는 찾아내기가 무척 어렵다. 예를 들어 1747년에 스위스 수학자이자 물리학자인 레온하르트 오일러가 30쌍을 간신히 찾아냈다. 오늘날에는 1100만 쌍이 넘는 친화수가 밝혀졌지만, 그중에서 양쪽 다 3.06×10^{11}보다 작은 것은 5,001쌍밖에 없다.

「창세기」 32장 14절에서 야곱은 형 에사우('에서'라고도 한다.)에게 염소 220마리를 선물로 준다. 신비주의자들의 해석에 따르면 여기에는 '신비로운 안배'가 숨어 있다. 야곱은 에사우와 사이좋게 지내고 싶었고, 220은 친화수에 속하는 수이기 때문이다. 유명한 수학자이자 과학 저술가인 마틴 가드너는 이렇게 말했다. "11세기에 한 가난한 아라비아 인이 220과 284이라는 딱지가 붙은 무언가를 다른 사람과 하나씩 나눠서 동시에 '먹으면서' 에로틱한 효과를 얻을 수 있는지 어떤지를 알아보려고 했다는 기록을 남긴 적이 있다. 하지만 그 실험이 구체적으로 어떤 결과를 냈는지에 대한 부가 설명은 남기지 않았다."

관련 항목 피타고라스 학파(46쪽)

「창세기」에서 야곱은 형 에사우에게 염소 220마리를 선물로 준다. 신비주의자들의 해석에 따르면 여기에는 '신비로운 안배'가 숨어 있다. 왜냐하면 야곱은 에사우와 사이좋게 지내고 싶었고 220은 친화수에 속하는 수이기 때문이다.

953년경

『인도 수학서』

아불 하산 아흐마드 이븐 이브라힘 알우클리디시(Abu'l Hasan Ahmad ibn Ibrahim al-Uqlidisi, 920?~980?년)

알우클리디시는 아라비아 인 수학자이다. al-Uqlidisi는 에우클레이데스의 길을 따르는 자라는 뜻이기도 하다. 지금까지 알려진 아라비아 수학 문헌으로서는 처음으로 인도-아라비아 숫자들을 사용한 십진법 기수법, 즉 각 자리를 표현하기 위해 0부터 9까지의 수를 오른쪽에서부터 써 나가는 자릿수 표기법(예를 들어 1, 10, 100, 1000, 10,000, …)을 논하는 『인도 수학서(*Kitab al-fusul fi al-hisab al-Hindi*)』를 썼다. 알우클리디시의 책은 또한 현재까지 남아 있는 아라비아의 산술 관련 서적으로는 가장 오래된 것이기도 하다. 비록 그는 다마스쿠스에서 태어나고 죽었지만 두루두루 여행을 많이 했고, 인도에서 인도 수학을 배웠을 가능성도 있다. 이 책의 필사본은 오늘날 단 한 부만이 남아 있다.

알우클리디시는 또한 새로운 숫자 체계와 관련해서 이전 수학자들의 문제점을 논하기도 했다. 과학 저술가 딕 테레시는 이렇게 썼다. "이름만 보아도 알우클리디시가 그리스 인들을 얼마나 숭배했는지 알 수 있다. 알우클리디시라는 이름은 그가 추종한 에우클레이데스의 저작을 가리킨다. 알우클리디시가 남긴 유산은 종이와 펜을 사용하는 수학이다." 당대에 인도나 이슬람 세계에서는 수학 계산을 주로 모래나 흙 위에다 했고, 다음 단계로 넘어갈 때는 이전 단계들을 손으로 지웠다. 알우클리디시는 그 대신 종이와 펜을 쓰면 된다는 발상을 수학에 도입했다. 계산 과정을 종이에 쓰면 보존이 가능했고, 비록 잉크로 쓴 숫자를 지운다는 데까지는 그의 생각이 미치지 못했지만 덕분에 계산은 훨씬 더 유연해질 수 있었다. 어떤 의미에서 종이는 수학에서 곱셈과 장제법(긴 나눗셈)을 사용하는 현대적 방식으로의 전환을 유도했다고도 할 수 있다.

『아라비아 과학사 백과사전(*Encyclopedia of the History of Arabic Science*)』을 편집한 레기스 모렐론(Régis Morelon)은 이렇게 썼다. "알우클리디시의 산수에서 가장 주목할 만한 개념을 한 가지 꼽자면 소수(小數, decimal)를 사용했다는 점이다." 더불어 소수점 기호를 사용했다는 것도 주목할 만하다. 예를 들어 19를 계속 절반으로 나누는 것을 그는 이렇게 표기했다. 19, 9.5, 4.75, 2.375, 1.1875, 0.59375. 결국 이 소수 표기 체계는 한발 더 나아간 고급 계산들을 가능하게 했고, 그리하여 그 지역뿐만 아니라 세계적으로 공통적으로 쓰이게 되었다.

관련 항목 0(82쪽)

알우클리디시의 시대에 인도와 이슬람 세계에서는 수학 계산을 주로 모래나 흙 위에다 했고, 다음 단계로 넘어갈 때는 이전 단계들을 손으로 지웠다. 종이와 펜을 이용한 알우클리디시의 방식은 계산 과정을 보존해 주어 계산을 더 유연하게 만들었다.

오마르 카이얌의 논문

오마르 카이얌(Omar Khayyam, 1048~1131년)

페르시아의 수학자이자 천문학자이고 철학자인 오마르 카이얌은 『루바이야트(*Rubaiyat*)』라는 시집으로 유명하다. 하지만 널리 영향을 미친 『대수학 문제들에 관한 시연 논문(*Treatise on Demonstration of Problems of Algebra*)』(1070년)으로도 엄청난 명성을 얻었다. 여기서 카이얌은 3차 방정식과 그 이상의 고차 방정식들을 푸는 해법들을 도출했다. 그렇게 푼 3차 방정식 중에는 예를 들면 $x^3+200x=20x^2+2000$이 있다. 비록 카이얌의 접근법은 완전히 참신한 것은 아니었지만 모든 3차 방정식을 푸는 데 이용할 수 있는 일반화된 해법을 제시했다는 점에서 주목할 만하다. 이 논문에는 3차 방정식의 포괄적인 분류와, 원뿔(원추) 곡선의 교차를 통해 찾아낸 기하학적 해법도 담겨 있다.

카이얌은 또한 n이 임의의 정수일 때 이항식인 $(a+b)$를 제곱해서 n번째 차순을 얻는 방법도 제시했다. $(a+b)^n$, 즉 $(a+b)\times(a+b)\times(a+b)\cdots(a+b)$ 하는 식으로 $(a+b)$를 n번 반복해서 곱했다고 생각해 보자. 예를 들어 $(a+b)^5=a^5+5a^4b+10a^3b^2+10a^2b^3+5ab^4+b^5$이다. 여기서 계수(1, 5, 10, 10, 5, 1)는 '이항식의 계수'라고 하는데, 이 수들은 파스칼의 삼각형의 한 줄의 값이다. 카이얌은 이 문제와 관련된 연구 성과를 다른 책에도 기술했다고 전해지는데, 그 책은 지금 망실되었다.

카이얌이 1077년에 쓴 기하학 서적인 『에우클레이데스 책의 공준의 문제들에 관하여(*Sharh ma ashkala min musadarat kitab Uqlidis*)』에서는 에우클레이데스의 유명한 평행선 공리에 관한 흥미로운 관점을 볼 수 있다. 이 책에서 카이얌은 비유클리드 기하학의 성질들을 논하고, 따라서 1800년대에 들어서야 본격적으로 꽃을 피울 수학 분야에 누구보다도 빨리 발을 들여놓는다.

카이얌의 이름을 글자 그대로 번역하면 '천막 만드는 사람'이 되는데, 어쩌면 그것은 카이얌의 아버지의 직업이었을지도 모른다. 카이얌은 한번은 자신을 일러 "과학의 천막을 꿰매는 사람"이라고 하기도 했다.

관련 항목 에우클레이데스의 『원론』(58쪽), 카르다노의 『아르스 마그나』(120쪽), 파스칼의 삼각형(148쪽), 정규 분포 곡선(172쪽) 비유클리드 기하학(226쪽)

이란의 네이샤푸르(Neishapur)에 있는 오마르 카이얌의 무덤. 개방형 구조의 벽면에 이 시인 겸 수학자의 시구가 새겨져 있다.

1150년

알사마왈의 『눈부신 대수학』

이븐 야히아 알 마그리비 알사마왈(Ibn Yahya al-Maghribi al-Samawal, 1130?~1180?년), **아부 바크르 이븐 무함마드 이븐 알 후사인 알카라지**(Abu Bakr ibn Muhammad ibn al Husayn al-Karaji, 953?~1029?년)

알사마왈(사마우알 알 마그리비(Samau'al al-Mayhribi)라고도 한다.)은 바그다드의 유대 인 집안에서 태어났다. 13세 되던 해에 인도식 계산 공부를 시작하면서 수학에 대한 열정을 키웠다. 18세가 되었을 무렵에는 이미 당대에 존재하는 수학 문헌들 중 손에 넣을 수 있는 것은 거의 모조리 구해 읽었다. 그리하여 겨우 19세에 유명한 『눈부신 대수학(*al-Babir fi'l-jabr*)』을 저술했다. 『눈부신 대수학』은 지금은 사라진 10세기의 페르시아 수학자인 알카라지의 저서들에 관한 정보를 담고 있을뿐더러 책 자체의 독창성 때문에도 중요하다.

『눈부신 대수학』은 대수학의 계산 원칙들을 강조하면서, 산술 풀이를 할 때 알 수 없는 수량들이나 변수들을 일반적인 수처럼 취급하는 방법들을 설명했다. 나아가 제곱, 다항식, 다항식의 제곱근을 구하는 방법들도 규정했다. 많은 학자들이 이 책을 $x^0=1$(현대적 표기법으로 쓴 것이다.)을 주장한 최초의 문헌으로 인정한다. 알사마왈은 어떤 수든 0제곱을 하면 1이 된다는 개념을 인식하고 널리 알렸다. 또한 음수와 0도 거부감 없이 사용하면서 $0-a=-a$ 같은 개념들을 고찰했다. (이것은 역시 현대적 표기법에 따른 것이다.) 알사마왈은 음수의 곱셈을 어떻게 다뤄야 하는가도 이해했고, 그보다 앞선 저술들에서는 볼 수 없는 $1^2+2^2+3^2+\cdots+n^2=n(n+1)(2n+1)/6$이라는 수식을 자기가 처음 발견한 것을 자랑 삼기도 했다.

알사마왈은 1163년에 엄청난 연구와 숙고 끝에 유대교에서 이슬람교로 개종했다. 사실 실제 생활에서는 이미 그 전에 개종한 것이나 다름없었지만 그때까지 미룬 것은 아버지의 마음을 상하게 하고 싶지 않아서였다. 그의 종교 관련 저술인 『기독교인과 유대 인에 대한 최종 논박(*Decisive Refutation of the Christians and Jews*)』은 오늘날까지 남아 있다.

관련 항목 디오판토스의 『산수론』(74쪽), 0(82쪽), 알콰리즈미의 『대수학』(86쪽), 대수학의 기본 정리(206쪽)

알사마왈의 『눈부신 대수학』은 아마도 $x^0=1$을 최초로 주장한 문헌인 듯하다. 알사마왈은 어떤 수든 0제곱을 하면 1이 된다는 개념을 인식하고 널리 알렸다.

$$x^0 = 1$$

주판

2005년에 '포브스닷컴(Forbes.com)'의 독자, 편집자, 전문 패널 들이 뽑은, 인류 문명에 가장 중요한 영향을 미친 사상 최고의 도구 2위에 주판(籌板, Abacus)이 뽑혔다. (1위는 칼, 3위는 컴퍼스가 차지했다.)

주판알과 철사로 된 현대식 주판은 살라미스 타블렛(Salamis tablet) 같은 고대 도구들에서 유래했다. 살라미스 타블렛은 기원전 300년경에 바빌론 인들이 쓰던, 가장 오래된 계산대이다. 이런 계산대들은 보통 나무나 금속, 돌로 된 판에 구슬이나 돌을 미끄러뜨릴 수 있는 금이나 홈이 파여 있다. 1000년경에 아스텍 사람들은 네포후알치친(nepohualtzitzin, 애호가들은 '아스텍 컴퓨터'라고 부른다.)을 발명했다. 나무 틀에 옥수수 알맹이를 꿴 것을 가지고 계산을 하는, 주판 비슷한 도구였다. 우리가 오늘날 알고 있는, 철사를 따라 움직이는 구슬이 달린 주판은 중국에서 1200년경부터 사용되었는데, 중국에서는 그것을 '산반(算盤)'이라고 불렀다. 일본에서는 '소로반(そろばん)'이라고 불린다.

주판은 어떻게 보면 컴퓨터의 조상이라고 할 수 있으며, 마치 컴퓨터처럼 상업과 공학에서 빠른 계산을 할 수 있도록 도와주는 도구 역할을 했다. 주판은 아직도 중국, 한국, 일본, (구)소련의 일부 지역과 아프리카에서 사용되며 가끔은 디자인을 약간 달리한 물건을 시각 장애인들이 사용하기도 한다. 비록 주판의 일상적인 용도는 신속한 덧셈과 뺄셈이지만, 숙련된 사용자들은 곱셈과 나눗셈뿐만 아니라 제곱근도 순식간에 계산할 수 있다. 1946년 도쿄에서는 일본인 주판 사용자와 당시의 전자 계산기 사용자 사이에 계산 속도를 겨루는 대회가 열렸다. 이런 대회에서는 주판 사용자가 전자 계산기 사용자를 이기는 일이 드물지 않았다.

관련 항목 키푸(30쪽), 앨퀸의 『영재를 위한 문제집』(84쪽), 계산자(132쪽), 배비지 기계식 컴퓨터(220쪽), 쿠르타 계산기(398쪽)

주판은 인류 문명에 막대한 영향을 미친 가장 중요한 도구 중 하나로 손꼽힌다. 여러 세기 동안 상업과 공학에서 빠른 계산을 하도록 도와주는 도구 역할을 했다.

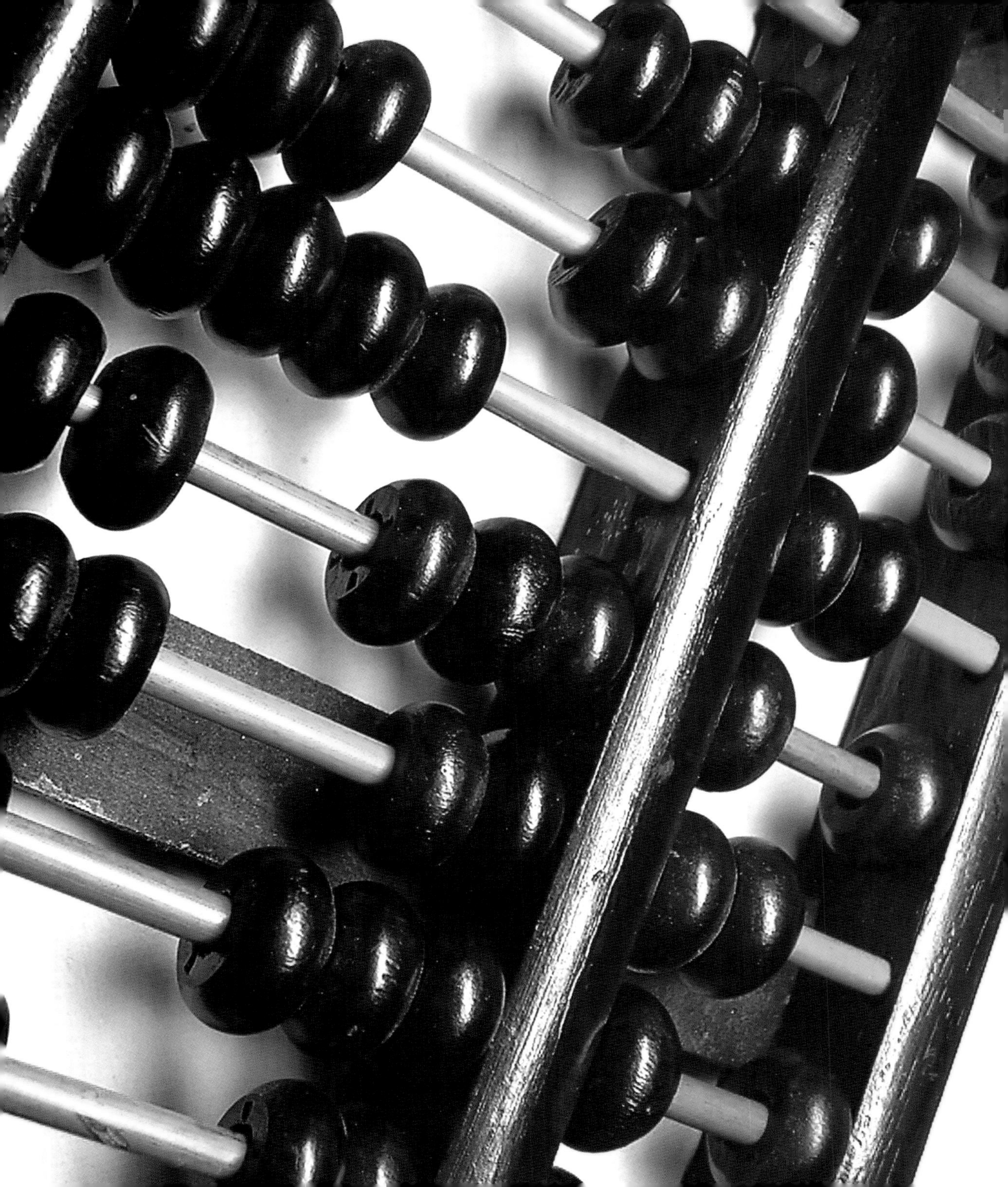

1202년

피보나치의 『주판서』

피사의 레오나르도(Leonardo of Pisa, 1175?~1250?년)

카를 보이어(Carl Boyer)는 '피보나치(Fibonacci)'라고도 하는 피사의 레오나르도를 일컬어 "의심할 바 없이 중세 기독교 세계에서 가장 독창적이고 가장 탁월한 수학자"라고 했다. 부유한 이탈리아 상인이었던 피보나치는 이집트와 시리아와 바르바리(Barbary, 알제리)를 두루 여행했으며 1202년에는 『주판서(*Liber Abaci*)』를 출간했는데, 이 책은 서유럽에 인도-아라비아 숫자와 십진법을 전파했다. 이 기수법 체계는 피보나치의 시대에 흔히 쓰이던, 지긋지긋하게 골치 아픈 로마 숫자들을 밀어내고, 현대까지 전 세계적으로 사용된다. 『주판서』에서 피보나치는 이렇게 말했다. "이것이 인도인들의 아홉 숫자이다. 9 8 7 6 5 4 3 2 1. 앞으로 보여 드리겠지만, 이 아홉 숫자에 아라비아 어로 제피룸(zephirum)이라고 하는 0이라는 기호만 있으면 그 어떤 수라도 표현할 수 있다."

비록 『주판서』가 유럽에서 최초로 인도-아라비아 숫자를 설명한 책은 아니지만 — 그리고 그 책 덕분에 십진법이 유럽 곧바로 널리 쓰이게 된 것도 아니지만 — 그렇다고 해도 이 책이 유럽 인들에게 강력한 영향을 미쳤다고 할 수 있는 이유는, 이 책이 학자들과 사업가들 양쪽을 대상 독자로 삼았기 때문이다.

『주판서』는 또한 서유럽에 1, 1, 2, 3, 5, 8, 13, … 하고 이어지는 유명한 수열을 소개하기도 있다. 오늘날 이 수열을 '피보나치 수열(Fibonacci sequence)'이라고 한다. 처음 두 수를 제외하면 이 수열의 모든 수들이 이전 두 수의 합과 같다는 게 눈에 들어올 것이다. 이 수들은 수학적인 원리들과 자연 현상들에서 놀라울 정도로 흔히 볼 수 있다.

신은 수학자일까? 확실히 우주는 수학을 통해서만 이해할 수 있는 것처럼 보인다. 자연은 확실히 수학적이다. 해바라기 씨앗의 배열은 피보나치 수를 통해 이해할 수 있다. 다른 꽃들과 마찬가지로 해바라기의 씨앗들도 무리 지어 나선을 이루며 뒤섞여 있다. 한 나선은 시계 방향으로, 다른 나선은 시계 반대 방향으로 도는 식이다. 나선의 수 역시 꽃잎의 수와 마찬가지로 피보나치 수일 때가 아주 많다.

관련 항목 0(82쪽), 『트레비소 아리트메트릭』(110쪽), 페르마의 나선(134쪽), 벤퍼드의 법칙(276쪽)

해바라기의 씨앗이 무리 지어 나선을 이루며 뒤섞여 있다. 한 나선은 시계 방향으로, 다른 나선은 시계 반대 방향으로 도는 식이다. 나선의 수 역시 피보나치 수일 때가 아주 많다.

1256

체스판에 밀알 올리기

아불 아바스 아흐마드 이븐 칼리칸(Abu-l 'Abbas Ahmad ibn Khallikan, 1211~1282년), **단테 알리기에리**(Dante Alighieri, 1265~1321년)

시사의 체스판 문제(Problem of Sissa's Chessboard)는 수 세기 동안 기하 급수적 증가나 등비 수열의 성질을 보여 주는 데 이용되어 왔다. 그리고 체스가 등장하는 수수께끼로는 최초라는 점에서 수학사에서 주목할 만하다. 이 문제를 처음 논한 것은 아라비아 학자인 이븐 칼리칸이 최초인 듯하다. 전설에 따르면 1256년에 인도의 왕인 시람(Shirham)이 체스 게임을 개발한 수상 시사 벤 다히르(Sissa ben Dahir)에게 그 대가로 어떤 상을 원하냐고 물었다고 한다.

시사는 왕에게 이렇게 말했다고 한다. "폐하, 신은 폐하께옵서 체스판의 첫째 칸에는 밀알 1개를, 둘째 칸에는 밀알 2개를, 셋째 칸에는 4개를, 넷째 칸에는 8개를 주시고 이와 같이 하여 64칸을 모두 채워 주셨으면 하옵니다."

이에 놀란 왕은 "겨우 그게 다란 말인가, 시사. 이 어리석은 자여?" 하고 외쳤다.

그때까지만 해도 왕은 시사에게 얼마나 많은 곡식을 주어야 할지 미처 깨닫지 못하고 있었다! 그 해를 구하는 한 가지 방식은 등비 수열의 첫 64항을 더하는 것이다. $1+2+2^2+\cdots+2^{63}=2^{64}-1$으로, 밀알 18,446,744,073,709,551,615개라는 엄청난 수가 된다.

단테 알리기에리 역시 똑같은 형태는 아니더라도 이 이야기를 알고 있었을지도 모른다. 왜냐하면 『신곡: 천국편』에서 천국의 찬란함을 묘사하는 데 이것과 비슷한 생각을 이용했기 때문이다. "그 빛은 너무나 풍요로워서 체스판에서 수가 늘어나는 것보다 더 순식간에 쌓인다." 얀 굴베르크는 이렇게 말했다. "1세제곱센티미터당 밀알 100개가 들어간다고 했을 때, 시사의 밀알의 전체 부피는 거의 200세제곱킬로미터나 되어, 전부 실으려면 화차 20억 대가 필요할 텐데, 화차 20억 대면 지구를 1,000바퀴 두를 수 있다."

관련 항목 조화 급수의 발산(106쪽), 지구를 밧줄로 감싸기(164쪽), 루빅스 큐브(454쪽)

유명한 시사의 체스판 문제는 기하 급수적 성장의 성질을 잘 보여 준다. 이 그림은 시사의 체스판의 축소판이다. 1+2+4+8+16+…의 방식으로 나아간다면 배고픈 무당벌레는 얼마나 많은 사탕을 먹을 수 있을까?

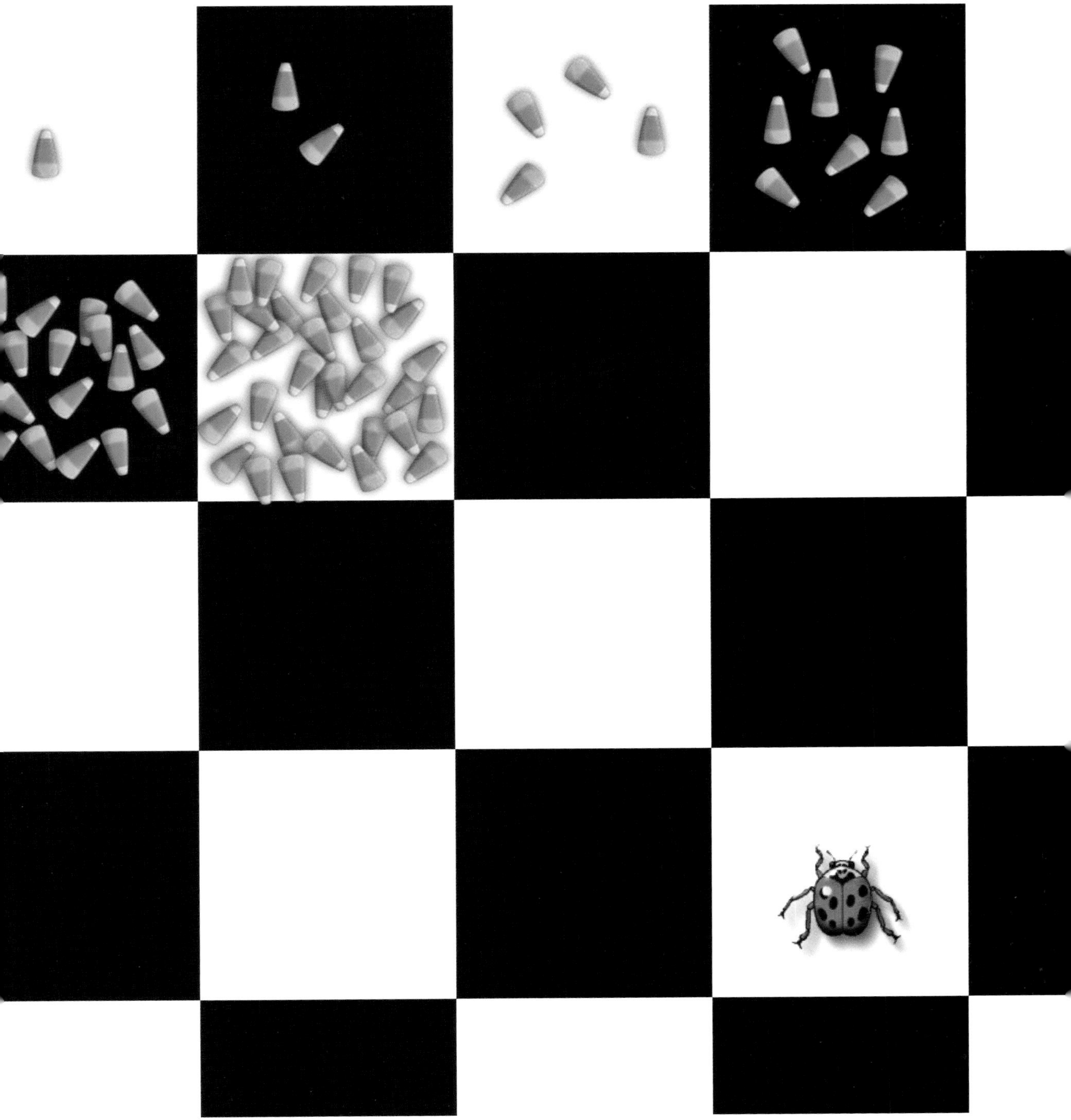

1350년경

조화 급수의 발산

니콜 오레슴(Nicole Oresme, 1323~1382년), **피에트로 멩골리**(Pietro Mengoli, 1626~1686년), **요한 베르누이**(Johann Bernoulli, 1667~1748년), **야코프 베르누이**(Jacob Bernoulli, 1654~1705년)

신을 무한이라고 가정하면, 발산 급수는 천사들이 신을 향해 더 높이 날아오르는 모습으로 생각해 볼 수 있다. 영원한 시간을 주면 천사들은 모두 조물주에게 가까이 다가갈 것이다. 다음과 같은 무한 급수를 생각해 보자. 1+2+3+4+⋯. 만약 우리가 해마다 이 급수에 항을 하나씩 더한다면, 4년이면 그 합이 10이 될 것이다. 결국 무한한 햇수가 지나면 그 총합은 무한에 도달한다. 수학자들은 이런 급수를 '발산(發散, divergent)'한다고 한다. 그 까닭은 항의 수를 무한하게 주기만 하면 그 합이 무한대가 되기 때문이다. 이 항목에서 우리가 관심을 가지고 살펴볼 것은 훨씬 느리게 발산하는 급수이다. 한층 마법적인 급수, 어떻게 보면 더 약한 날개를 가진 천사라고 할까.

0에 수렴하는 수열을 차례로 더한 급수를 생각해 보자. 이것을 조화 급수(Harmonic Series)라고 하는데 다음은 최초로 알려진 조화 급수이다. 1+1/2+1/3+1/4+⋯. 물론 이 급수는 앞서 든 예보다 훨씬 느리게 발산하지만 무한을 향한다는 점에서는 다르지 않다. 사실 이 급수는 도저히 믿기지 않을 만큼 느릿느릿 성장해서, 해마다 한 항을 더한다면 10^{43}년째가 되어도 100에도 도달하지 못한다. 윌리엄 던햄(William Dunham)은 이렇게 말했다. "노련한 수학자들은 초심자인 학생들에게 이 현상이 얼마나 놀라워 보일지 깜박 잊기 쉽다. 아무리 미미할 정도로 작은 수를 더하더라도 결국은 주어진 수보다 큰 합에 도달한다."

중세의 유명한 프랑스 철학자인 니콜 오레슴은 1350년경 조화 급수의 발산을 최초로 증명한 인물이다. 이 연구 결과는 수 세기 동안 빛을 보지 못하고 있다가 1647년에 이탈리아 수학자인 피에트로 멩골리가, 그리고 1687년에 스위스 수학자인 요한 베르누이가 다시금 증명했다. 그와 형제간인 야코프 베르누이는 1689년에 저술한 『무한 급수에 대한 논고(*Tractatus de Seriebus Infinitis*)』에서 그 증명을 발표하면서 이렇게 마무리지었다. "그러니 방대함의 본질은 사소한 것들에 놓여 있다. 그리고 가장 좁은 제한에도 제한은 내재하지 않는다. 무한에서 사소한 것을 파악함은 얼마나 유쾌한가! 미미한 것에서 방대한 것을 발견함은 또 얼마나 신성한가!"

관련 항목 제논의 역설(48쪽), 체스판에 밀알 올리기(104쪽), π 공식의 발견(112쪽), 브룬 상수(338쪽), 다각형에 외접원 그리기(384쪽)

『화폐의 기원과 자연, 법적 상태, 변화에 대하여(*Tractatus de Origine, Natura, Jure et Mutationibus Monetarum*)』를 집필 중인 니콜 오레슴의 모습. 이 책은 1360년경에 출간되었다.

1427년경

코사인 법칙

기야스 알딘 얌시드 마수드 알카시(Ghiyath al-Din Jamshid Mas'ud al-Kashi, 1380?~1429년), **프랑수아 비에트**(François Viète, 1540~1603년)

코사인 법칙은 삼각형의 한 변을 마주보는 각의 각도와 다른 두 변의 길이가 알려져 있을 때 그 한 변의 길이를 계산하는 데 이용할 수 있다. 삼각형의 세 변 길이를 각각 a, b, c로 놓고 a와 b 사이의 각도를 C라고 할 때 그 법칙은 $c^2 = a^2 + b^2 - 2ab\cos(C)$로 나타낼 수 있다. 코사인 법칙은 그 보편성 때문에 토지 조사에서 항공기의 운항 경로를 계산하는 데까지 두루두루 쓰인다.

C가 90도일 때 코사인 값은 0이 되는데, 이때 코사인 법칙은 피타고라스 정리($c^2 = a^2 + b^2$)가 된다는 점을 눈여겨보자. 더불어 만약 삼각형 세 변의 길이를 알고 있으면 코사인 법칙을 이용해서 그 삼각형의 세 내각을 알아낼 수 있다는 사실도 알아 두자.

에우클레이데스의 『원론』(기원전 300년)은 코사인 법칙으로 발전할 수 있는 개념들의 씨앗을 담고 있다. 15세기 페르시아의 천문학자 겸 수학자였던 알카시는 정확한 삼각 함수 표를 내놓았고 그 정리를 현대 수학에서 쓰기에 적절한 형태로 표현했다. 프랑스 수학자인 프랑수아 비에트는 알카시와는 관계없이 독자적으로 그 법칙을 발견했다.

프랑스에서는 코사인 법칙을, 그 법칙을 다룬 기존 저작들을 집대성한 알카시의 이름을 따서 '알카시의 정리'라고 부른다. 알카시의 가장 중요한 저작은 『연산의 열쇠(*The Key to Arithmetic*)』인데, 1427년에 완성된 이 책은 천문학과 토지 조사, 건축과 회계에 이용되는 수학을 논한다. 알카시는 이슬람과 페르시아 건축의 장식 구조물인 무카르나스(muqarnas)에 필요한 총 표면적을 계산하는 데 소수를 사용했다.

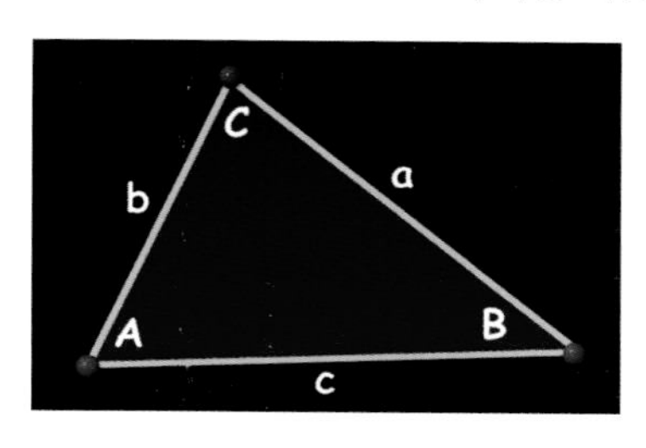

비에트는 매혹적인 삶을 살았다. 한때는 프랑스 앙리 4세(Henry Ⅳ)를 위해 스페인 필리프 2세(Philip Ⅱ)의 암호를 해독하기도 했다. 한낱 인간의 지력으로 엄청나게 복잡한 암호가 깨질 리는 절대로 없다고 믿었던 필리프 2세는 자신의 군사 계획이 프랑스에 폭로된 것을 알고 교황에게 적들이 자기에게 맞서 흑마술을 쓴 것이 틀림없다고 불평하는 서신을 보냈다.

관련 항목 피타고라스 정리와 삼각형(42쪽), 에우클레이데스의 『원론』(58쪽), 프톨레마이오스의 『알마게스트』(72쪽), 『폴리그라피아이』(116쪽)

알카시를 기념해 1979년에 발행된 이란 우표. 프랑스에서는 코사인 법칙을 알카시의 이름을 따서 '알카시의 정리'라고 부른다.

GHYATH-AL-DIN JAMSHID KASHANI
(14–15) A.C.

1478년

『트레비소 아리트메트릭』

15세기와 16세기의 유럽 산수 교과서들은 수학 개념을 가르치기 위해 상업을 주제로 한 서술식 수학 문제들을 제시하는 경우가 많았다. 학생들에게 서술식 문제들을 풀게 한다는 생각의 기원은 아주 오래전으로 거슬러 올라가는데, 가장 오래된 서술식 문제들의 몇 가지 예는 고대 이집트나 중국, 인도의 문헌에서 볼 수 있다.

『트레비소 아리트메트릭(*Treviso Arithmetic*)』은 서술식 문제들을 잔뜩 담고 있는데, 그중에는 돈을 투자하려고 하는 상인이나 속임수를 방지하고자 하는 상인들이 나오는 문제가 많다. 이 책은 베네치아 방언으로 씌어졌고 이탈리아의 트레비소라는 도시에서 1478년에 출간되었다. 이름 미상의 저자는 이렇게 썼다. "내가 아끼는 몇몇 젊은이가 상업의 길을 걷고자 한다면서 산술의 기본 원리들을 저술해 달라는 요청을 여러 차례 해 왔다. 그런 까닭에 그 젊은이들에 대한 애정과 그 주제의 가치에 부추김을 받아, 보잘것없는 능력이나마 한껏 발휘해 아주 조금이라도 그들의 아쉬움을 해소하는 일을 떠맡고자 한다." 저자는 이어서 글로 된 문제들을 다량 제공하는데, 예를 들어 세바스티아노와 자코모라는 상인이 동업자 관계로 이윤을 얻기 위해 돈을 투자한다 하는 식의 문제들이다. 또한 이 책은 곱셈을 하는 방식 몇 가지를 보여 주며 피보나치가 저술한 『주판서』에서 제시한 정보들도 다루고 있다.

『트레비소 아리트메트릭』이 특히 중요한 의미를 갖는 까닭은 이 책이 유럽에서 최초로 인쇄된 수학 책이라고 알려져 있기 때문이다. 더불어 이 책은 인도-아라비아 숫자 체계와 계산 알고리듬 사용을 장려한다. 당시 상업에 폭넓은 국제적 요소들이 개입하기 시작한 까닭에, 유망한 사업가들은 시급히 수학에 능숙해져야 했다. 오늘날 학자들이 이 책에 매료되는 이유는 이 책이 15세기 유럽에서 수학을 가르치던 방법들을 들여다볼 수 있는 창 역할을 하기 때문이다. 또한 그 문제들이 재화 교환의 비용, 직물 재단, 샤프론 교역, 주화의 합금 비율, 통화 교환, 그리고 동반자 관계에서 나온 이윤 배분 등을 계산하는 것들을 다루기 때문에, 독자들은 사기, 고리 대금업, 그리고 이자액 결정 같은 당대의 관심사들을 살펴볼 수 있다.

관련 항목 린드 파피루스(38쪽), 『가니타 사라 삼그라하』(90쪽), 피보나치의 『주판서』(102쪽), 『수마리오 콤펜디오소』(122쪽)

상인들이 시장에서 물건의 무게를 달고 있는 그림. 프랑스 샤르트르 대성당의 스테인드글라스 창문에 그려진 것을 본떠 1400년에 그려졌다. 유럽에서 최초로 인쇄된 수학 책으로 알려진 『트레비소 아리트메트릭』은 상업과 투자 교역에 관련된 문제들을 소개하고 있다.

π 공식의 발견

고트프리트 빌헬름 폰 라이프니츠(Gottfried Wilhelm von Leibniz, 1646~1716년), **제임스 그레고리**(James Gregory, 1638~1675년), **닐라칸타 소마야지**(Nilakantha Somayaji, 1444~1544년)

무한 급수는 무한개의 수의 합으로, 수학에서 중요한 역할을 한다. 1+2+3+⋯처럼 합이 무한대인 급수는 발산한다고 한다. 한편 '교대 급수(alternating series)'는 하나 건너 한 수가 음수인 수열이다. 이런 교대 급수 하나가 수 세기 동안 수학자들의 관심을 끌어 왔다.

그리스 글자 π로 표기되는 원주율은 원의 둘레와 지름의 비율인데, 놀라울 만큼 단순한 공식으로 나타낼 수 있다. $\pi/4=1-1/3+1/5-1/7+\cdots$. 또 삼각법에서 역탄젠트의 값을 함수를 사용해 $\arctan(x)=x-x^3/3+x^5/5-x^7/7+\cdots$로 나타낼 수 있다. 이 공식을 눈여겨보자. 역탄젠트 함수에서 x를 1로 놓으면 π/4의 수열이 된다.

란얀 로이(Ranjan Roy)는 π의 무한 급수를 두고 "서로 다른 환경과 문화권의 사람들이 그것을 각자 따로 발견했다는 사실을 보면 수학이 보편 원리로서의 성질을 가졌음을 깨닫을 수 있다."라고 말한다. 이 급수를 발견한 인물들로는 독일 수학자인 고트프리트 빌헬름 폰 라이프니츠, 스코틀랜드 수학자 겸 천문학자인 제임스 그레고리, 그리고 닐라칸타 소마야지라고는 하지만 확실한 이름은 알 수 없는 14~15세기의 인도 수학자가 있다. 또 라이프니츠는 1673년에, 그레고리는 1671년에 그 공식을 발견했다. 로이는 이렇게 썼다. "π의 무한 급수를 발견한 것은 라이프니츠가 처음 이룩한 가장 위대한 업적이었다." 네덜란드 수학자인 크리스티안 하위헌스는 라이프니츠에게 이 놀라운 발견이 수학자들 사이에서 영원히 칭송을 받게 될 거라고 말했다. 심지어 평생 경쟁자였던 뉴턴마저도 그 공식이 라이프니츠의 천재성을 보여 준다고 했다.

그레고리는 π/4라는 역탄젠트 공식의 특정한 사례를 인식하지는 못했지만 라이프니츠보다 앞서 역탄젠트 공식을 발견했다. 이 역탄젠트 무한 급수는 소마야지의 1500년 저작인 『탄트라산그라하(*Tantrasangraha*)』에도 실려 있다. 소마야지는 유리수의 '유한' 급수로는 결코 π를 모두 나타낼 수 없음을 알고 있었다.

관련 항목 제논의 역설(48쪽), π(62쪽), 조화 급수의 발산(106쪽), 오일러-마스케로니 상수(174쪽)

오른쪽 그림은 π를 대략적으로 나타낸 것인데, 이것을 공식으로 나타내면 다음과 같이 너무 간단해서 오히려 놀라울 정도이다. $\pi/4=1-1/3+1/5-1/7+\cdots$.

1509

황금률

프라 루카 바르톨로메오 데 파촐리(Fra Luca Bartolomeo de Pacioli, 1445~1517년)

레오나르도 다 빈치의 절친한 친구였던 이탈리아의 수학자 루카 파촐리는 1509년에 '신의 비율(Divina Proportione)', 지금은 '황금률(Golden Ratio)'로 널리 알려진 수에 관한 논문을 썼다. 이 비율은 ϕ라는 기호로 나타내는데, 수학과 자연에서 놀라울 만큼 자주 볼 수 있다. 이 비율을 가장 쉽게 설명하자면 한 선을 두 선분으로 나누되, 전체 선 길이 대 긴 선분의 비율이 긴 선분 대 짧은 선분의 비율과 같게 만들면 된다. 즉 $(a+b)/b=b/a=1.61803\cdots$이다.

한 직사각형의 변들이 황금률로 되어 있으면 그 직사각형은 '황금 직사각형'이다. 황금 직사각형은 정사각형과 황금 직사각형으로 나눌 수 있다. 그리고 다시, 정사각형보다 작은 황금 직사각형을 더 작은 정사각형과 황금 직사각형으로 나눌 수 있다. 점점 더 작은 황금 직사각형을 만드는 이 과정은 무한히 계속할 수 있다.

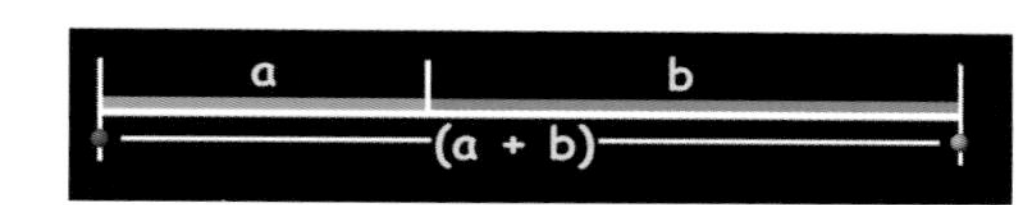

원래 직사각형의 오른쪽 위에서 왼쪽 아래로, 그리고 작은 황금 직사각형의 오른쪽 아래에서 왼쪽 위로 대각선을 그으면 그 교차점은 바로 모든 작은 황금 직사각형들이 만나는 점이 된다. 게다가 대각선의 길이는 서로 황금률의 관계이다. 모든 황금 직사각형이 만나는 점은 더러 '신의 눈(Eye of God)'이라고 불리기도 한다.

황금 직사각형은 그것을 잘라 정사각형을 만들고 남은 직사각형이 언제나 원래 직사각형과 닮은꼴이 되는 유일한 직사각형이다. 그림에서 꼭짓점들을 이으면 신의 눈을 '감아도는' 로그 나선 같은 것을 만들어 낼 수 있다. 로그 나선은 조개껍데기, 동물의 뿔, 귀의 달팽이관 등 자연이 공간을 경제적이고 규칙적으로 채우려고 하는 곳이라면 어디에서나 볼 수 있다. 나선은 강력하며 재료를 최소한으로 사용한다. 나선은 확장하면서 크기를 바꾸지만 모양은 절대로 바꾸지 않는다.

관련 항목 아르키메데스의 나선(68쪽), 페르마의 나선(134쪽), 로그 나선(142쪽), 직사각형의 정사각형 해부(354쪽)

황금률을 그림으로 나타낸 것이다. 두 대각선이 교차하는 점으로 모든 황금 직사각형이 집중되고 있음을 알 수 있다.

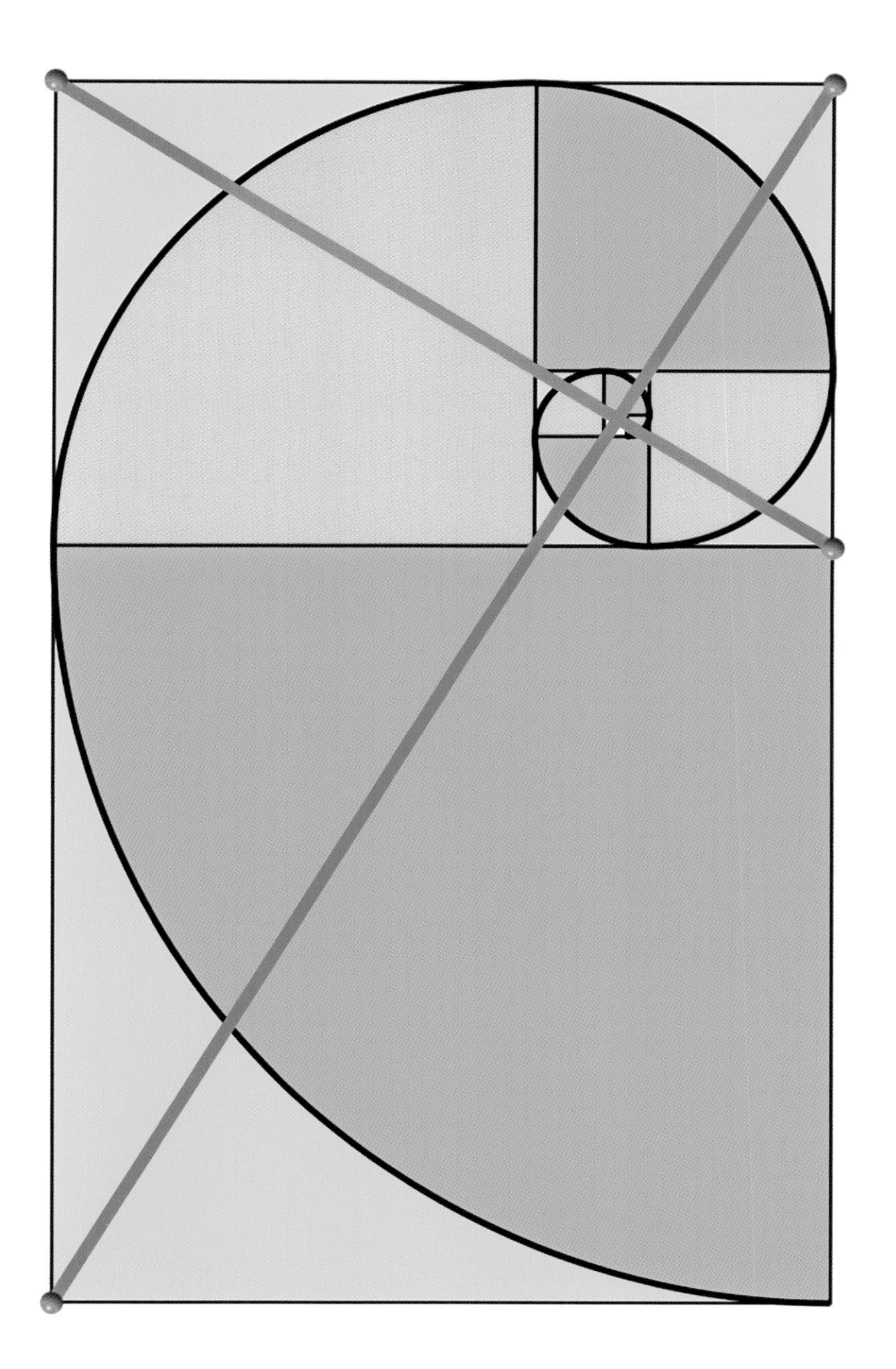

『폴리그라피아이』

요하네스 트리테미우스(Johannes Trithemius, 1462~1516년), **아부 유수프 야쿠브 이븐 이사크 알사바 알킨디**(Abu Yusuf Yaqub ibn Ishaq al-Sabbah Al-Kindi, 801?~873?년)

오늘날 수학 이론은 암호 기술에서 핵심적인 역할을 맡고 있다. 그렇지만 고대에는 전언을 보낼 때 원래 글자 대신 다른 글자를 쓰는 단순한 치환 암호들이 자주 이용되었다. 예를 들어 CAT라고 쓰는 대신 알파벳에서 그 세 글자 각각의 다음에 오는 DBU를 쓰는 식이었다. 물론 이런 간단한 암호는 깨기 쉬웠고, 9세기의 아라비아 학자인 알킨디가 빈도 분석(Frequency Analysis)이라는 해독 방법을 발견한 뒤로는 한층 더 쉬워졌다. 빈도 분석은 치환 암호를 풀기 위해, 예를 들어 영어의 ETAOIN SHRDLU처럼, 한 언어에서 글자가 사용되는 빈도를 분석한 정보를 이용한다. 더욱 복잡한 통계학을 활용하기도 하는데, 무리지어 나타나는 글자들의 빈도를 분석하는 것이다. 예를 들어 영어에서 Q는 거의 언제나 U와 붙어 다닌다.

암호학을 다룬 최초의 인쇄본은 『폴리그라피아이(*Polygraphiae*)』('다중 암호법'이라는 뜻이다.)이다. 이 책은 독일의 수도원장인 요하네스 트리테미우스의 저술로, 책은 저자 사후인 1518년에 출간되었다. 『폴리그라피아이』은 라틴 어로 된 문자표 수백 편을 싣고 있는데, 한 쪽당 2개의 문자표가 배치되어 있다. 각 단어들은 알파벳의 한 글자를 나타낸다. 예를 들어 이 책의 첫 장은 이렇게 시작한다.

a: Deus	a: clemens
b: Creator	b: clementissimus
c: Conditor	c: pius

메시지를 암호로 만들려면 글자 하나 대신에 그 글자를 나타내는 단어 하나를 쓰면 된다. 놀랍게도 트리테미우스는 암호화된 문장이 실제 기도문으로 읽어도 뜻이 통하도록 해석표를 만들었다. 예를 들어 한 메시지의 첫 두 글자가 CA라면 그 기도문은 Conditor clemens(자비로우신 조물주)로 시작하게 된다. 이 책은 이것 말고도 정보를 숨길 수 있는 독창적이고 한층 복잡한 암호법들을 해석표와 함께 제시하고 있다. 트리테미우스의 또 다른 유명한 저서인 『스테가노그라피아(*Steganographia*)』(1499년에 저술했고, 1606년에 출간되었다. '비밀 기록법'이라는 뜻이다.)은 흑마술에 관한 책처럼 보이는 바람에 가톨릭 교회의 '금서 목록'에 올랐지만 역시 암호학 책일 뿐이었다!

관련 항목 코사인 법칙(108쪽), 공개 키 암호(466쪽)

요하네스 트리테미우스를 그린 판화. 앙드레 데 테베(André de Thevet, 1502~1590년)가 그렸다.

1578년

항정선

페드로 누네스(Pedro Nunes, 1502~1578년)

지문 항해학(Terrestrial Navigation)에 이용되는 항정선(航程鮮) 나선(구형 나선, 정각선이라고도 한다.)은 일정한 각도로 지구의 남북 자오선을 가로지른다. 항정선은 마치 지구를 휘감은 거대한 뱀처럼 똬리를 틀고, 극점을 향해 나선으로 접근하되 닿지는 않는다.

지구를 항해하는 한 가지 방식은 지구 대권(지구 표면에 그린 대원)의 호를 따라, 각 지점들 사이의 가장 짧은 경로를 따라가는 것이다. 그렇지만 이것이 가장 짧은 경로이긴 해도 항해사는 끊임없이 나침반을 읽어 가며 경로를 수정해야 하는데, 초기 항해사들에게는 거의 불가능한 과업이었다. 다른 한편, 항정선 경로는 비록 목적지로 가는 길이 더 멀어지긴 해도 항해사가 나침반의 일정한 지점으로 선박을 지속적으로 몰아 갈 수 있게 해 준다. 예를 들어 뉴욕에서 런던으로 갈 때 이 방식을 사용하면 항해사는 북동쪽으로 73도를 벗어나지 않고 안정적으로 항해할 수 있다. 메르카토르 투영법에서는 항정선을 직선으로 나타낸다.

항정선은 포르투갈 수학자이자 지리학자인 페드로 누네스가 발견했다. 누네스는 유럽의 심장부에서 종교 재판의 공포가 휘몰아치던 시대에 살았다. 스페인에 살던 유대 인들은 다수가 강제로 로마 가톨릭으로 개종을 해야 했고, 누네스 역시 어릴 때 개종을 했다. 이후 스페인 종교 재판의 화살은 주로 이 개종자들의 후손을 향했는데, 1600년대 초, 누네스의 손자 역시 그 대상이 되었다. 플랑드르의 지도 제작자였던 헤르하르뒤스 메르카토르는 개신교를 믿었지만, 널리 여행을 했다는 사실 때문에 종교 재판을 받고 투옥되었고 간신히 처형을 면했다.

북아메리카의 일부 이슬람교 집단은 메카(이슬람교 최고의 성지, 남동쪽)를 향해 기도하는 방향을 정할 때 전통적인 최단 직선 경로를 이용하는 대신 항정선을 이용한다. 2006년에 말레이시아 항공 우주국(MYNASA)은 위성 궤도에 있는 이슬람교도들이 이용할 정확한 기도 방향을 정하기 위한 국제 회담을 후원했다.

관련 항목 아르키메데스의 나선(68쪽), 메르카토르 투영법(124쪽), 페르마의 나선(134쪽), 로그 나선(142쪽), 보더버그 타일 덮기(374쪽)

컴퓨터 그래픽 아티스트인 폴 닐랜더는 항정선 곡선에 평사 도법을 적용해 이 매혹적인 이중 나선을 만들었다. 평사 도법이란 평면에 구의 지도를 그리는 방법이다.

카르다노의 『아르스 마그나』

제롤라모 카르다노(Gerolamo Cardano, 1501~1576년), **니콜로 타르탈리아**(Niccolo Tartaglia, 1500~1557년), **로도비코 페라리**(Lodovico Ferrari, 1522~1565년)

이탈리아 르네상스 시대의 수학자, 내과 의사, 점성술사 겸 도박사인 제롤라모 카르다노는 『위대한 기술 혹은 대수학의 법칙(*Artis magnae, sive de regulis algebraicis*)』이라는 대수학 책의 저자로 유명하다. 이 책은 줄여서 흔히 『아르스 마그나(*Ars Magna*)』라고 불린다. 이 책은 잘 팔리기는 했지만 얀 굴베르크는 이렇게 말했다. "대수학을 다룬 책으로 카르다노의 『아르스 마그나』보다 더 많은 흥미를 끈 책은 없었지만, 그 책은 해답에 장황한 수사학을 끊임없이 덧붙이느라 여러 쪽을 할애하는 바람에 현대의 독자들에게는 지루하기 그지없다. …… 카르다노는 마치 거리의 풍각쟁이처럼 지칠 줄 모르는 근성을 발휘해 그저 하나면 될 걸 가지고 굳이 12개도 넘는 똑같은 문제들과 똑같은 해법을 지루하게 반복한다."

카르다노의 이 중요한 저작은 다양한 종류의 3차 방정식과 4차 방정식, 즉 변수들이 각각 3제곱과 4제곱까지 올라가는 방정식의 해법을 제시한다. 이탈리아 수학자인 니콜로 타르탈리아는 이전에 카르다노와 $x^3+ax=b$라는 3차 방정식의 해법에 관해 서신으로 논의했는데, 카르다노에게 절대로 그 해법을 공개하지 말라고 신 앞에서 맹세까지 시켰다. 하지만 카르다노는 결국 그 해법을 발표했는데, 아마도 근호(루트)를 사용해 그 3차 방정식을 푼 것이 타르탈리아가 최초가 아니라는 사실을 알았기 때문인 듯하다. 4차 방정식의 일반적인 해법은 카르다노의 제자인 로도비코 페라리가 알아냈다.

카르다노는 『아르스 마그나』에서 지금으로 말하자면 '허수'에 해당하는 것, 즉 -1의 제곱근을 탐구하는데, 그 성질을 완전히 인지하지는 못했다. 사실 카르다노가 남긴 다음과 같은 설명은 복소수를 사용한 최초의 계산이다. "정신적인 고문을 떨쳐 버리고, $5+\sqrt{-15}$와 $5-\sqrt{-15}$를 곱하면 25-(-15)를 얻는다. 따라서 답은 40이다."

1570년에 카르다노는 예수 그리스도의 별자리를 누설했다는 이유로 종교 재판을 받고 이단 혐의로 몇 달간 투옥당했다. 전설에 따르면 카르다노는 자신이 죽는 날짜를 정확히 예견하고, 그 예언을 실현하기 위해 자기가 말한 날짜에 맞춰 자살을 했다고 한다.

관련 항목 오마르 카이얌의 논문(96쪽), 허수(126쪽), 군론(230쪽)

이탈리아의 수학자인 제롤라모 카르다노는 대수학 책인 『위대한 기술 혹은 대수학의 법칙』으로 유명한데, 그 책은 『아르스 마그나』라고도 한다.

HIERONYMI CAR DANI, PRÆSTANTISSIMI MATHE MATICI, PHILOSOPHI, AC MEDICI,

ARTIS MAGNÆ,

SIVE DE REGVLIS ALGEBRAICIS,

Lib. unus. Qui & totius operis de Arithmetica, quod

OPVS PERFECTVM

inscripsit, est in ordine Decimus.

HAbes in hoc libro, studiose Lector, Regulas Algebraicas (Itali, de la Cossa uocant) nouis adinuentionibus, ac demonstrationibus ab Authore ita locupletatas, ut pro pauculis antea uulgò tritis, iam septuaginta euaserint. Neq; solum, ubi unus numerus alteri, aut duo uni, uerum etiam, ubi duo duobus, aut tres uni ęquales fuerint, nodum explicant. Hunc aũt librum ideo seorsim edere placuit, ut hoc abstrusissimo, & planè inexhausto totius Arithmeticæ thesauro in lucem eruto, & quasi in theatro quodam omnibus ad spectandum exposito, Lectores incitarẽtur, ut reliquos Operis Perfecti libros, qui per Tomos edentur, tanto auidius amplectantur, ac minore fastidio perdiscant.

1556년

『수마리오 콤펜디오소』

후안 디에스(Juan Diez, 1480~1549년)

멕시코시티에서 1556년에 출간된 『수마리오 콤펜디오소(*Sumario Compendioso*)』는 아메리카 대륙에서 출간된 최초의 수학 책이다. 신세계에서 이 책이 출간된 것은 청교도들이 북아메리카로, 그리고 버지니아 주 제임스타운의 정착지로 이주하기 시작한 지 수십 년이 지났을 무렵이었다. 저자인 후안 디에스 수사는 스페인 정복자인 에르난도 코르테스(Hernándo Cortes)가 아스텍 제국을 정복할 때 같이 갔던 동료였다.

디에스가 그 책의 주된 독자층으로 생각한 대상은 페루와 멕시코의 광산에서 채굴된 금과 은을 사는 상인들이었다. 디에스는 상인들이 계산을 많이 하지 않고 쉽게 수학적인 값을 얻을 수 있는 표를 제공하면서 더불어 책의 일부를 2차 방정식과 관련된 대수학에 할애했다. 2차 방정식이란 $a \neq 0$일 때 $ax^2+bx+c=0$와 같은 형태를 취하는 방정식이다. 그런 문제들 중 하나를 예를 들어 번역해 보면 다음과 같다. "어떤 수의 제곱에서 $15^3/_4$을 제한 나머지가 원래 수가 되는 정사각형을 구하라." 이것은 $x^2-15^3/_4=x$의 답을 구하는 것과 같다.

디에스 책의 전체 제목은 『페루 왕국에서 상인들과 모든 종류의 무역업자들에게 필요한 금과 은을 셈하는 법에 대한 총괄적 개론(*Sumario compendioso de las quentas de plata y oro que in los reynos del Piru son necessarias a los mercadere y todo genero de tratantes los algunas reglas tocantes al Arithmetica*)』이다. 이 책을 인쇄하는 데 쓰인 인쇄기와 종이는 스페인에서 멕시코시티로 이송되었다. 알려진 바로 『수마리오 콤펜디오소』는 오늘날 단 4권밖에 전하지 않는다.

셜리 그레이(Shirley Gray)와 C. 에드워드 샌디퍼(C. Edward Sandifer)에 따르면 "영어로 씌어진 신세계의 첫 수학 책은 1703년이 되어서야 비로소 출간되었다. …… 식민지에서 나온 수학 책을 전부 놓고 보아도 스페인 어로 씌어진 책들이 가장 흥미롭다. 왜냐하면 그 책들은 아메리카에 사는 사람들을 주요 대상 독자로 해 주로 아메리카 현지에서 씌어졌기 때문이다."

관련 항목 디오판토스의 『산수론』(74쪽), 알콰리즈미의 『대수학』(86쪽), 『트레비소 아리트메트릭』(110쪽)

『수마리오 콤펜디오소』는 아메리카 대륙에서 인쇄된 최초의 수학 책이다.

¶ Sumario cōpēdioso delas quētas de plata y oro q̃ en los reynos del Piru son necessarias a los mercaderes: y todo genero de tratantes. Cō algunas reglas tocantes al Arithmetica.

Fecho por Juan Diez freyle.

1569년

메르카토르 투영법

헤르하르뒤스 메르카토르(Gerardus Mercator, 1512~1594년), **에드워드 라이트**(Edward Wright, 1558?~1615년)

구로 된 지구를 평면인 지도 위에 투영하려던 고대 그리스 인들의 발상은 중세를 지나면서 대부분 잊혀졌다. 존 쇼트(John Short)의 설명에 따르면, 15세기에 "해도(海圖)는 해적 선장들에게 금과 맞먹을 정도로 중요한 가치를 지닌 전리품이었다. 이후 안정적인 항해가 가능해지면서 교역로가 번창한 덕분에 막대한 부를 구축한 부자 상인들 사이에서 지도는 곧 부와 지위의 상징이 되었다."

역사상 가장 유명한 지도 투영법 중 하나로 만들어진 지도가 바로 메르카토르 지도(1569년)인데, 해상 항해에 공통적으로 이용되는 수단이었던 이 지도의 이름은 플랑드르의 지도 제작자인 헤르하르뒤스 메르카토르에게서 온 것이다. 노먼 스로어(Norman Thrower)는 이렇게 썼다. "몇몇 다른 투영법들과 마찬가지로 메르카토르 투영법 역시 정각 도법(경선과 위선의 각도 관계가 정확하게 지도에 표시되는 도법)이었지만, 한편으로는 독특한 성질이 있었다. 직선들이 **항정선**(일정한 방향을 가리키는 선)이었다는 것이다." 지리학적 방향을 정하고 배를 조종하기 위해 나침반을 비롯한 기구들을 사용해 경로를 택해야 하는 항해사들에게, 그 두 가지 성질 중 특히 후자는 그 가치를 따질 수 없는 것이다. 메르카토르 지도는 1700년대에 천문 항법을 이용해 경도를 정하는 정밀한 해상 크로노미터가 발명되면서 사용 빈도가 크게 높아졌다.

메르카토르는 지도 위에 놓인 나침반이 가리키는 방향으로 그은 직선이 일정한 각도로 자오선들과 교차하는 지도 투영법을 만들어 낸 최초의 지도 제작자였지만, 아마도 그림을 그려 가며 이 방법을 고안해 냈을 테고 수학은 거의 이용하지 않았을 것이다. 영국 수학자인 에드워드 라이트는 저서 『항해의 오류들(*Certaine Errors in Navigation*)』(1599년)에서 지도의 매혹적인 성질들을 분석했다. 독자 여러분 중 수학에 관심이 있는 분들을 위해 알려 드리자면, 메르카토르 지도에서 x와 y 좌표는 위도를 φ로 놓고 경도를 λ로 놓으면 $x=\lambda-\lambda_0$와 $y=\sinh^{-1}(\tan\varphi)$ 식을 이용해 구할 수 있다. 여기서 λ_0는 지도 중심부의 경도이다. 메르카토르 지도도 단점이 있는데, 예를 들어 오른쪽 지도를 보면 알 수 있듯이, 적도에서 먼 지역들의 면적은 실제보다 크게 과장되어 보인다.

관련 항목 항정선(118쪽), 사영 기하학(144쪽), 삼각 각도기(210쪽)

메르카토르 지도는 항해에 널리 이용된다. 그렇지만 이 지도에서는 왜곡이 생긴다. 예를 들어 아프리카 대륙의 면적이 그린란드의 14배인데도 두 지역의 면적이 똑같은 것으로 그려지기 때문이다.

허수

라파엘 봄벨리(Rafael Bombelli, 1526~1572년)

허수(虛數, Imaginary Number)는 제곱이 음수인 수이다. 위대한 수학자인 고트프리트 라이프니츠는 허수를 "신의 영혼의 경이로운 비행이다. 이 수들은 마치 양서류처럼, 존재와 비존재 사이에 양다리를 걸치고 있다."라고 말했다. 모든 실수의 제곱은 양수이고, 수 세기 동안 많은 수학자들이 음수가 제곱근을 가진다는 것은 불가능하다고 주장했다. 비록 여러 수학자들이 어렴풋하게나마 허수 개념을 가지고 있었지만, 허수의 역사가 꽃을 피우기 시작한 것은 16세기 유럽에서였다.

당시 늪의 물을 빼는 기술로 이름을 떨쳤던 이탈리아 공학자인 라파엘 봄벨리는 오늘날 『대수학(*Algebra*)』이라는 책의 저자로 잘 알려져 있는데, 1572년에 발간된 그 책은 $x^2+1=0$이라는 방정식의 해가 되는, $\sqrt{-1}$ 이라는 개념을 소개하고 있다. 봄벨리는 이렇게 썼다. "많은 사람들이 그 개념을 말도 안 된다고 생각했다." 수많은 수학자들이 허수를 '믿으려' 하지 않았는데, 실제로 허수를 가리키는 데 쓰이는 'imaginary'라는 용어를 일종의 비하하는 말로 소개했던 데카르트도 그중 한 사람이다.

18세기에 레온하르트 오일러가 $\sqrt{-1}$ 를 나타내기 위해 i라는 기호(라틴 어 imaginarius의 첫 글자를 딴 것이다.)를 도입한 이래, 이 기호는 오늘날까지 쓰이고 있다. 허수가 없었더라면 현대 물리학의 핵심적인 진보들은 이루어질 수 없었을 것이다. 허수 덕분에 물리학자들은 조류 변화, 상대성 이론, 신호 처리, 유체 역학, 양자 역학 같은 방대한 분야의 온갖 다양한 계산을 효율적으로 처리할 수 있게 되었다. 허수는 멋진 프랙털 예술 작품의 생산에도 한몫하고 있다.

끈 이론에서 양자 이론까지, 물리학은 깊이 연구하면 할수록 순수 수학에 더 가까워진다. 일각에서는 심지어 마이크로소프트 사의 운영 체계가 컴퓨터를 구동하듯이, 수학이 현실 세계를 '구동'한다고 말할 수 있을 정도이다. 우리 모두가 쉬이 사라질 실체 위에 서 있다고 말하며 그 상태를 설명하는 슈뢰딩거의 파동 방정식(Schrödinger's Wave Equation, 기본적인 현실과 사건을 파동 함수와 확률로 설명한다.) 역시 허수에 의존한다.

관련 항목 카르다노의 『아르스 마그나』(120쪽), 오일러의 수, e(168쪽), 사원수(234쪽), 리만 가설(254쪽), 불의 『철학과 재미있는 대수학』(324쪽), 프랙털(462쪽)

허수는 조스 레이스가 만든 이 멋진 프랙털 예술 작품에서도 중요한 역할을 맡고 있다. 같은 구조가 반복되며 풍요로운 세부 구조를 끝없이 생산하는 이 작품은 허수가 없었다면 만들어질 수 없었을 것이다. 허수의 유용성을 도무지 믿을 수 없었던 당시의 수학자들은 허수의 존재를 제안한 이들을 조롱했다.

1611년

케플러 추측

요하네스 케플러(Johannes Kepler, 1571~1630년), **토머스 캘리스터 헤일스**(Thomas Callister Hales, 1985년~)

커다란 상자에 가능한 한 많은 골프공을 채우는 것이 여러분의 목표라고 생각해 보자. 다 채웠으면 뚜껑을 단단히 닫는다. 공으로 채워진 이 상자의 밀도는 공들 하나하나가 차지하는 부피와 상자의 부피에 대한 비율을 바탕으로 결정된다. 공을 가능한 한 많이 상자에 채워 넣으려면 밀도를 가장 높일 수 있는 배치를 찾아내야 한다. 만약 공들을 상자에 쏟아붓기만 한다면 대략 65퍼센트의 밀도밖에 채우지 못할 것이다. 만약 좀 더 세심하게 맨 밑바닥의 한 층을 육각형 배치로 채운 다음 그 위층을 바닥층 공들 사이에 생긴 홈에 놓는다면, 그리고 이런 식으로 계속한다면, $\pi/\sqrt{18}$, 즉 대략 74퍼센트의 밀도를 달성할 수 있을 것이다.

1611년, 독일 수학자이자 천문학자인 요하네스 케플러는 그것이 가장 높은 평균 밀도를 낼 수 있는 배치라고 주장했다. 구체적으로 말하자면 케플러는 「육모 눈송이(The Six-Cornered Snowflake)」라는 논문에서, 3차원 공간에서 '면심 입방 격자 구조'보다 더 빽빽하게 여러 개의 구를 배열하는 방법은 없으리라 추측했다. 19세기에 카를 프리드리히 가우스는 '표준적인' 3차원 격자 구조에서 전통적인 육각 배치가 가장 효율적임을 증명했다. 그럼에도 케플러 추측은 해결되지 않았고, '비표준적인' 배치가 있어 밀도를 더 높이는 것이 가능한지 어떤지는 그 누구도 확신하지 못했다.

마침내 1998년에 미국 수학자인 토머스 캘리스터 헤일스가 케플러가 옳았다는 증거를 내놓아 세상을 놀라게 했다. 헤일스는 150개의 변수를 가진 방정식을 통해 구 50개를 가지고 생각할 수 있는 모든 배치를 나타냈다. 컴퓨터는 변수들을 어떻게 조합해도 배치 효율성을 74퍼센트 이상으로 끌어올리지 못한다는 사실을 확인해 주었다.

권위 있는 학술지 《수학 연보》는 12명의 심사 위원들이 그 증거를 수용한다면 그 증명을 발표하는 데 동의하겠다고 했다. 2003년에 심사 위원단은 그 증거가 옳다는 것을 "99퍼센트 확신한다."라고 알려왔다. 헤일스의 추정에 따르면 100퍼센트 확실한, 완벽한 증거를 내놓는 데는 20년의 노고가 필요할 것이라고 한다.

관련 항목 산가쿠 기하학(200쪽), 4색 정리(242쪽), 힐베르트의 23가지 문제(300쪽)

프린스턴 대학교의 과학자인 폴 카이킨(Paul Chaikin), 샐버토어 토르콰토(Salvatore Torquato), 그리고 동료들은 케플러의 유명한 추측을 바탕으로 엠엔엠스 초코볼을 포장하는 방법을 연구했다. 그 결과 초코볼의 포장 밀도는 대략 68퍼센트로 판명되었는데, 이것은 임의로 포장된 구의 경우보다 4퍼센트 높은 수치였다.

1614년

로그

존 네이피어(John Napier, 1550~1617년)

스코틀랜드 수학자인 존 네이피어는 1614년에 발표한 저서 『놀라운 로그 법칙 설명(*A Description of the Marvelous Rule of Logarithms*)』에서 로그(Log)를 발명해서 소개하고 널리 알려 이름을 남겼다. 로그법은 복잡한 계산들을 할 수 있게 해 주어 과학과 공학의 수많은 진보에 공헌했다. 전자 계산기를 쉽게 이용할 수 있게 되기 전에는 조사와 항해에 로그와 로그표들이 흔히 이용되었다. 네이피어는 또한 이른바 '네이피어의 뼈(Napier's Bones)'도 발명했는데, 이것은 계산을 보조하는 곱셈표들이 새겨진 막대이다.

x라는 수의 밑이 b인 로그는 $\log_b(x)$로 나타내는데, 이것은 $x=b^y$를 만족시키는 지수 y에 상응한다. 예를 들어 3^5은 $3\times3\times3\times3\times3=243$이므로 "243의 밑이 3인 로그는 5이다." 또는 "$\log_3(243)=5$이다."라고 할 수 있다. 다른 예로 $\log_{10}(100)=2$이 있다. $8\times16=128$ 같은 곱셈을 $2^3\times2^4=2^7$으로 다시 씀으로써 그 계산을 단순히 제곱수끼리 더하는($3+4=7$) 식으로 편하게 바꿀 수 있다고 생각해 보자. 계산기가 나오기 전에, 공학자나 기술자 들은 두 수를 곱할 때 흔히 두 수의 로그값을 표에서 찾아서 더한 다음 표에서 그 합을 찾는 식으로 답을 구했다. 이렇게 하는 편이 손으로 계산하는 것보다 빠른 경우가 많았고, 계산자도 바로 이런 원리를 기반으로 만들어진 도구였다.

오늘날 과학에서는 다양한 양들과 스케일들이 여러 가지 로그값으로 표시된다. 예를 들어 화학에서 사용한 산성 농도 단위인 pH, 음향에서 소리의 세기를 나타내는 벨(1벨은 10데시벨에 해당한다. — 옮긴이) 단위를 측정할 때, 지진의 규모를 측정하는 리히터 규모 같은 것들은 모두 밑을 10으로 하는 로그를 사용한다. 흥미롭게도 아이작 뉴턴의 시대 바로 직전에 발견된 로그 개념은 컴퓨터의 발명이 20세기에 미친 것에 비견할 만한 영향을 과학에 미쳤다.

관련 항목 계산자(132쪽), 로그 나선(142쪽), 스털링의 공식(170쪽)

로그를 발명한 존 네이피어는 '네이피어의 뼈' 또는 '네이피어의 막대'라는 계산 도구를 발명했다. 회전이 가능한 이 네이피어의 막대는 곱셈을 덧셈으로 단순화시켜 주었다.

0	1	2	3	4	5	6	7	8	9	10	11
1	2	3	4	5	6	7	8	9	10	11	12
2	3	4	5	6	7	8	9	10	11	12	13
3	4	5	6	7	8	9	10	11	12	13	14
4	5	6	7	8	9	10	11	12	13	14	15
5	6	7	8	9	10	11	12	13	14	15	16
6	7	8	9	10	11	12	13	14	15	16	17
7	8	9	10	11	12	13	14	15	16	17	18
8	9	10	11	12	13	14	15	16	17	18	19
9	10	11	12	13	14	15	16	17	18	19	20
10	11	12	13	14	15	16	17	18	19	20	21
11	12	13	14	15	16	17	18	19	20	21	22

1621년

계산자

윌리엄 오트레드(William Oughtred, 1574~1660년)

1970년대 이전에 고등학교를 다닌 독자들은 타이프라이터처럼 한 시대를 풍미했던 계산자를 기억할 것이다. 공학자들은 계산자를 사용해 겨우 몇 초 만에 곱셈과 나눗셈을 완료하고 제곱근을 찾아내는 것을 비롯해 아주 많은 일들을 할 수 있었다. 1621년에 최초 형태의 계산자를 발명한 인물은 영국 수학자이자 성공회 목사인 윌리엄 오트레드였는데, 그 기반이 된 것은 스코틀랜드 수학자인 존 네이피어의 **로그**였다. 오트레드가 자기 업적을 서둘러 발표하지 않은 것을 보면 어쩌면 처음에는 그것의 가치를 제대로 깨닫지 못했을지도 모른다. 일설에 따르면 오트레드의 제자 한 사람이 그 발상을 도용해서 계산자를 설명하는 소책자를 출간했다고 하는데, 그 제품의 휴대성을 강조하면서 "단순히 그 자리에 선 채로만 쓸 수 있는 게 아니라 말에 탄 채로도 사용할 수 있다."라고 호언장담을 했다 한다. 오트레드는 제자에게 자신의 아이디어가 도용당한 것을 알고 노발대발했다고 한다.

1850년에 19세의 프랑스 포병 중위가 계산자의 원래 디자인을 개량했고, 프랑스 군은 프러시아와 전쟁 중에 발사 관련 계산을 하는 데 그 도구를 사용했다. 제2차 세계 대전 때 미국 폭격기들은 특화된 계산자를 널리 사용했다. 계산자와 관련해 중요한 인물인 클리프 스톨(Cliff Stoll)은 이렇게 말했다. "그저 막대기 2개를 서로 비비는 게 다인 그 도구가 얼마나 대단한 기술 공학적 성과들을 낳았는가를 한번 떠올려 보라. 엠파이어 스테이트 빌딩, 후버 댐, 골든게이트 다리, 자동차 변속기, 트랜지스터 라디오, 보잉 707 항공기까지." 독일의 V-2 로켓을 설계한 베르너 폰 브라운(Werner von Braun)은 알베르트 아인슈타인(Albert Einstein, 1879~1955년)과 마찬가지로 독일 회사인 네슬틀러(Nestler) 사가 제작한 계산자에 의존했다. 심지어 아폴로 우주선에 컴퓨터가 고장날 때를 대비해 계산자가 탑재되었다면 말 다 한 것 아닌가!

20세기에는 전 세계적으로 계산자가 4000만 개나 생산되었다. 현대에 이르기까지 이 도구가 산업 혁명에서 해 온 혁혁한 공헌을 생각하면 이 책에서 한 자리를 차지할 자격이 충분하다 할 수 있다. 오트레드 협회의 문헌에 따르면, "3세기 반이라는 세월 동안 계산자는 실제로 지구상에 지어진 모든 주요 구조물의 설계 계산을 수행하는 데 이용되었다."

관련 항목 주판(100쪽), 로그(130쪽), 쿠르타 계산기(398쪽), HP-35(448쪽), 매스매티카(490쪽)

계산자는 산업 혁명 시대에서 현대에 이르기까지 핵심적인 역할을 했다. 20세기에는 4000만 개의 계산자가 생산되었고 공학자와 기술자 들은 이 자를 수없이 많은 용도로 사용했다.

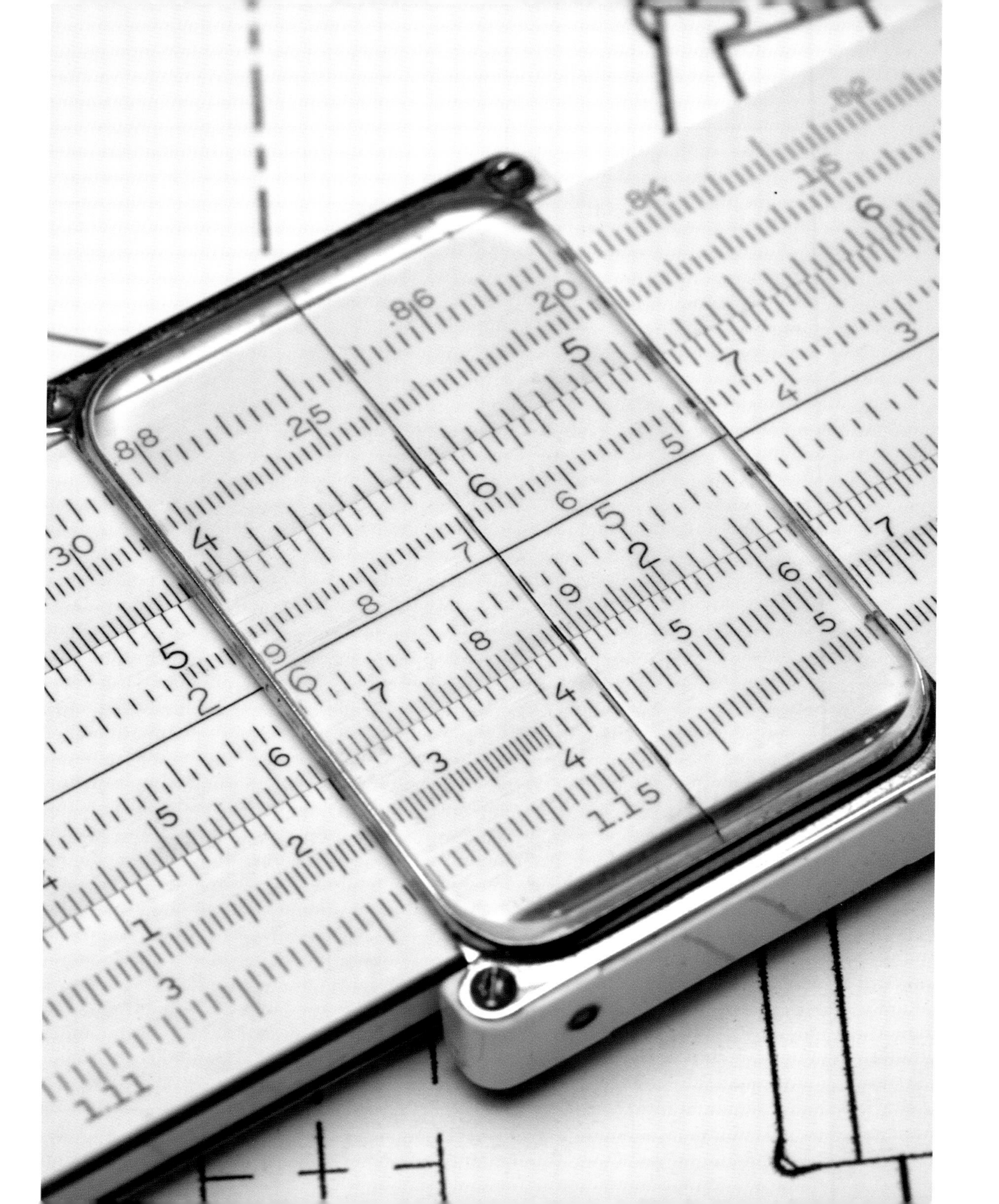

1636년

페르마의 나선

피에르 드 페르마(Pierre de Fermat, 1601~1665년), **르네 데카르트**(René Descartes, 1596~1650년)

1600년대 초반 프랑스의 법률가 겸 수학자인 피에르 드 페르마는 정수론을 비롯한 수학 분야에서 눈부신 발견들을 해냈다. 1636년에 발표한 「평면과 고체 궤적의 입문(Ad locos planos et solidos lisagoge)」은 해석 기하학 분야에서 르네 데카르트의 작업을 뛰어넘는 업적을 낸 논문으로 평가된다. 페르마는 이 논문에서 사이클로이드(cycloid, 굴렁쇠선)과 페르마의 나선(Feramat's Spiral)을 비롯해 수많은 중요한 곡선들을 정의하고 연구했다.

페르마의 나선, 다른 말로 포물 나선(Parabolic Spiral)은 극방정식인 $r^2=a^2\theta$를 써서 만들 수 있다. 여기서 r는 원점과 곡선의 거리를 말하고, a는 그 나선이 얼마나 단단하게 말려 있는가를 결정하는 상수이며, θ는 편각이다. θ의 어떤 주어진 양숫값에 대해서 r는 음숫값과 양숫값이 존재하며, 따라서 원점을 중심으로 대칭적인 곡선이 만들어진다. 페르마는 나선의 한 팔에 둘러싸이는 면적과 그 나선이 굽을 때 x축과의 관계를 연구했다.

오늘날 컴퓨터 그래픽 전문가들은 꽃의 씨앗 배치를 복제하는 데 이 곡선을 사용할 때가 더러 있다. 예를 들어 우리는 원점 위치가 극좌표 $r(i)=k(i)^{1/2}$으로 결정되는 점들과 $\theta(i)=2(i)\pi/\tau$로 정의되는 각도 θ를 그릴 수 있다. 여기서 τ는 황금률 $(1+\sqrt{5})/2$이고 i는 단순히 1, 2, 3, 4, … 하고 나아가는 단계의 수를 나타낼 뿐이다.

이처럼 그림을 이용한 방법에서는 한 방향이나 다른 방향으로 꼬이는 나선팔들이 다수로 생겨난다. 여기서는 패턴의 중심에서 방사상으로 뻗어 나가는 대칭 나선들의 다양한 집합들, 예를 들어 8이나 13이나 21의 나선팔로 된 한 집합의 궤적을 추적할 수 있는데, 이 숫자들은 모두 피보나치 수에 속한다.

마이클 마호니(Michael Mahoney)는 이렇게 썼다. "페르마는 갈릴레오의 『대화(*Dialogue*)』에서 나선 하나를 우연히 발견하기 얼마 전부터 나선을 연구하고 있었다. 1636년 6월 3일에 쓴 편지에서 그는 메르센에게 나선 $r^2=a^2\theta$를 설명했다."

관련 항목 아르키메데스의 나선(68쪽), 피보나치의 『주판서』(102쪽), 황금률(114쪽), 항정선(118쪽), 페르마의 마지막 정리(136쪽), 로그 나선(142쪽), 보더버그 타일 덮기(374쪽), 울람 나선(426쪽), 스피드론(472쪽)

페르마의 나선, 다른 말로 포물 나선은 극방정식인 $r^2=a^2\theta$로 만들 수 있다. θ의 값으로 어떤 양수가 주어지면 그에 대해서 r는 두 값이 존재하며, 그것은 원점을 축으로 대칭인 곡선을 그리는데, 이 그림에서 원점은 가운데에 놓여 있다.

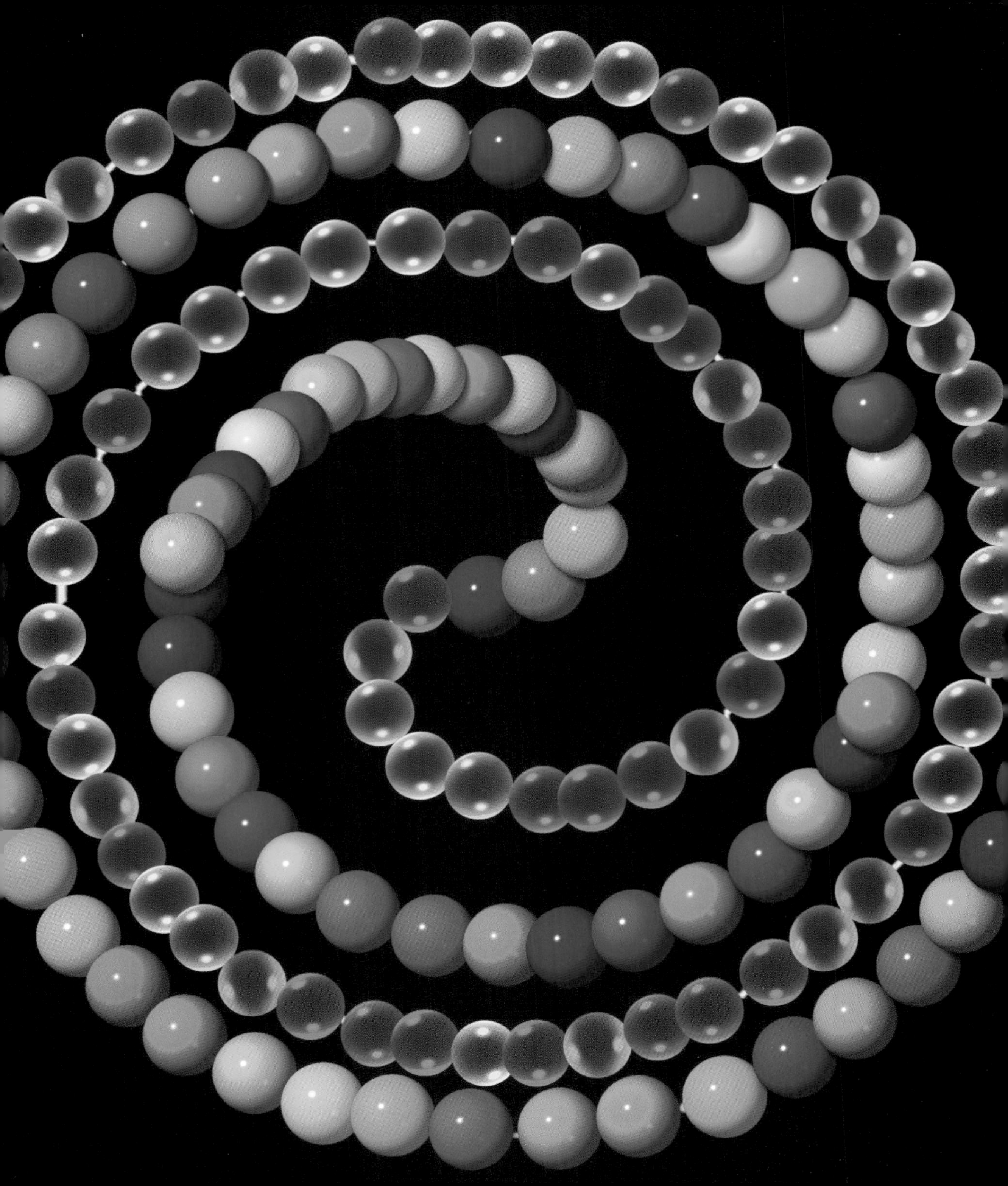

1637년

페르마의 마지막 정리

피에르 드 페르마(Pierre de Fermat, 1601~1665년), **앤드루 존 와일스**(Andrew John Wiles, 1953년~), **요한 디리클레**(Johann Dirichlet, 1805~1859년), **가브리엘 라메**(Gabriel Lamé, 1795~1870년)

1600년대 초반 프랑스 법률가인 피에르 드 페르마는 정수론에서 눈부신 발견을 해냈다. 페르마는 수학자로서는 '아마추어'였으면서도 페르마의 마지막 정리(Fermat's Last Theorem) 같은 도전적인 수학 과제들을 세상에 내놓았는데, 그 정리는 1994년에 가서야 영국계 미국인 수학자 앤드루 존 와일스가 풀었다. 앤드루는 그 유명한 정리를 증명하려고 7년이라는 세월을 보냈는데, 아마 페르마의 정리는 그것을 증명하려는 도전자들을 가장 많이 만들어 낸 정리일 것이다.

페르마의 마지막 정리에 따르면, $x^n + y^n = z^n$에서 $n > 2$일 때 x, y, z에 대해서 0이 아닌 정수해는 없다. 페르마는 1637년에 자기가 갖고 있던 디오판토스의 『산수론』 책장에 "나는 이 문제에 대해서 실로 놀라운 증명을 제시할 수 있지만 여기 여백은 너무 좁아서 그것을 적을 수가 없다."라고 썼다. 오늘날 우리는 페르마가 그 증명을 하지 않았다고 믿는다.

사실 페르마는 평범한 법률가가 아니었다. 그는 블레즈 파스칼(Blaise Pascal, 1623~1662년)과 더불어 확률론의 기틀을 놓은 인물로 여겨진다. 또한 르네 데카르트와 더불어 해석 기하학을 발명해 최초의 근대 수학자 중 한 사람으로 꼽히기도 한다. 페르마는 한때 빗변과 다른 변들의 합이 제곱수인 직각삼각형을 찾아내는 것이 가능한지를 궁리하기도 했다. 오늘날 우리는 이 조건을 만족시키는 '가장 작은' 세 숫자가 대단히 크다는 것을 알고 있다. 4,565,486,027,761과 1,061,652,293,520과 4,687,298,610,289이다.

페르마의 시대 이래, 페르마의 마지막 정리 덕분에 중요한 수학적 연구들과 완벽하게 새로운 방법들이 세상에 소개되었다. 1832년에 요한 디리클레는 $n = 14$일 때 페르마의 마지막 정리를 증명했다. 가브리엘 라메는 $n = 7$인 경우를 1839년에 증명했다. 수학 저술가 아미르 악젤(Amir Aczel)은 페르마의 마지막 정리가 "세계에서 가장 난감한 수학 이론이 될 것이다. 단순하고 우아하지만 증명하기는 (적어도 보기에는) 철저히 불가능한 페르마의 마지막 정리는 3세기 동안이나 전문·비전문 수학자들을 사로잡아 왔다. 어떤 이들은 거기에 놀라운 열정을 불살랐고, 다른 이들은 지나치게 관심을 갖고 집착해 남을 속이거나 음모론을 꾸미거나 정신 이상을 일으키기도 했다."라고 했다.

관련 항목 피타고라스 정리와 삼각형(42쪽), 디오판토스의 『산수론』(74쪽), 페르마의 나선(134쪽), 데카르트의 『기하학』(138쪽), 파스칼의 삼각형(148쪽), 카탈랑 추측(238쪽)

프랑스 화가인 로베르 르페브르(Robert Lefevre, 1756~1831년)가 그린 피에르 드 페르마의 초상화.

1637년

데카르트의 『기하학』

르네 데카르트(René Descartes, 1596~1650년)

프랑스 철학자이자 수학자인 르네 데카르트는 1637년에 『기하학(*La Géométrie*)』을 출간했는데, 이 책은 대수학을 통해 어떻게 기하학적 모양들과 도형들을 분석할 수 있는가를 보여 주었다. 데카르트의 저서는 한 좌표계에서 좌표를 표기하는 것과, 그런 좌표로 표현된 수학적 대상들을 대수학적으로 분석하는 방법을 다루는 해석 기하학의 진화에 영향을 미쳤다. 『기하학』은 또한 여러 가지 수학 문제들을 푸는 법을 보여 주고 실수를 사용해 평면의 점들을 표시하는 법, 그리고 방정식을 사용해 곡선들을 나타내고 분류하는 법 등을 논한다.

흥미롭게도 『기하학』은 사실 '데카르트 좌표계'나 그 어떤 다른 좌표계도 사용하지 않는다. 이 책은 대수학을 기하학적 형태로 표현하는 것, 그리고 역으로 기하학적 형태를 대수학적으로 표현하는 것을 설명하는 데 심혈을 기울인다. 데카르트는 하나의 증명에서 사용되는 대수학적인 단계들이 보통 기하학적 표상에 조응한다고 믿었다.

얀 굴베르크는 이렇게 썼다. "『기하학』은 근대적인 표기법으로 된 수학 교과서로는 가장 오래된 것이다. …… 뉴턴의 『프린키피아』와 더불어, 이 책은 17세기의 가장 영향력 있는 과학 교과서 중 하나로 꼽힌다." 칼 보이어에 따르면, 데카르트는 대수학적인 과정을 통해 그림에 매여 있던 기하학을 '자유롭게' 해석해 대수학의 연산 작용에 의미를 부여하고자 했다고 한다.

더 일반적으로 말하자면, 데카르트는 대수학과 기하학을 하나의 학문으로 결합하려고 했다는 점에서 혁신적이었다. 유디스 그레이비너(Judith Grabiner)는 이렇게 말했다. "서구 철학의 역사를 두고 플라톤에 달린 일련의 주석들이라고 하듯이, 지난 350년간의 수학은 데카르트의 『기하학』에 달린 일련의 주석이었다. 그리고 이것은 데카르트식 문제 풀이 방법의 승리로 볼 수 있다."

보이어는 이렇게 결론을 내렸다. "수학적인 능력으로 말하자면, 데카르트는 아마도 자기 시대에 가장 뛰어난 사상가였을지는 몰라도 마음속 깊숙이부터 진정한 수학자는 아니었다." 데카르트의 기하학은 과학과 철학과 종교 주위를 공전했던 그의 충만한 삶의 한 측면일 뿐이었다.

관련 항목 피타고라스의 정리와 삼각형(42쪽), 활꼴의 구적법(50쪽), 에우클레이데스의 『원론』(58쪽), 파푸스의 육각형 정리(76쪽), 사영 기하학(144쪽), 프랙털(462쪽)

「태고의 나날(The Ancient of Days)」(1794년), 윌리엄 블레이크(William Blake)의 수채 동판화. 중세 유럽의 학자들은 기하학과 자연 법칙을 자주 신과 연관지었다. 컴퍼스와 직선 자를 통한 구상적인 도형들에 집중했던 기하학은 중세 이후 수 세기의 시간이 흐르면서 한층 추상적이고 해석학적인 것으로 변했다.

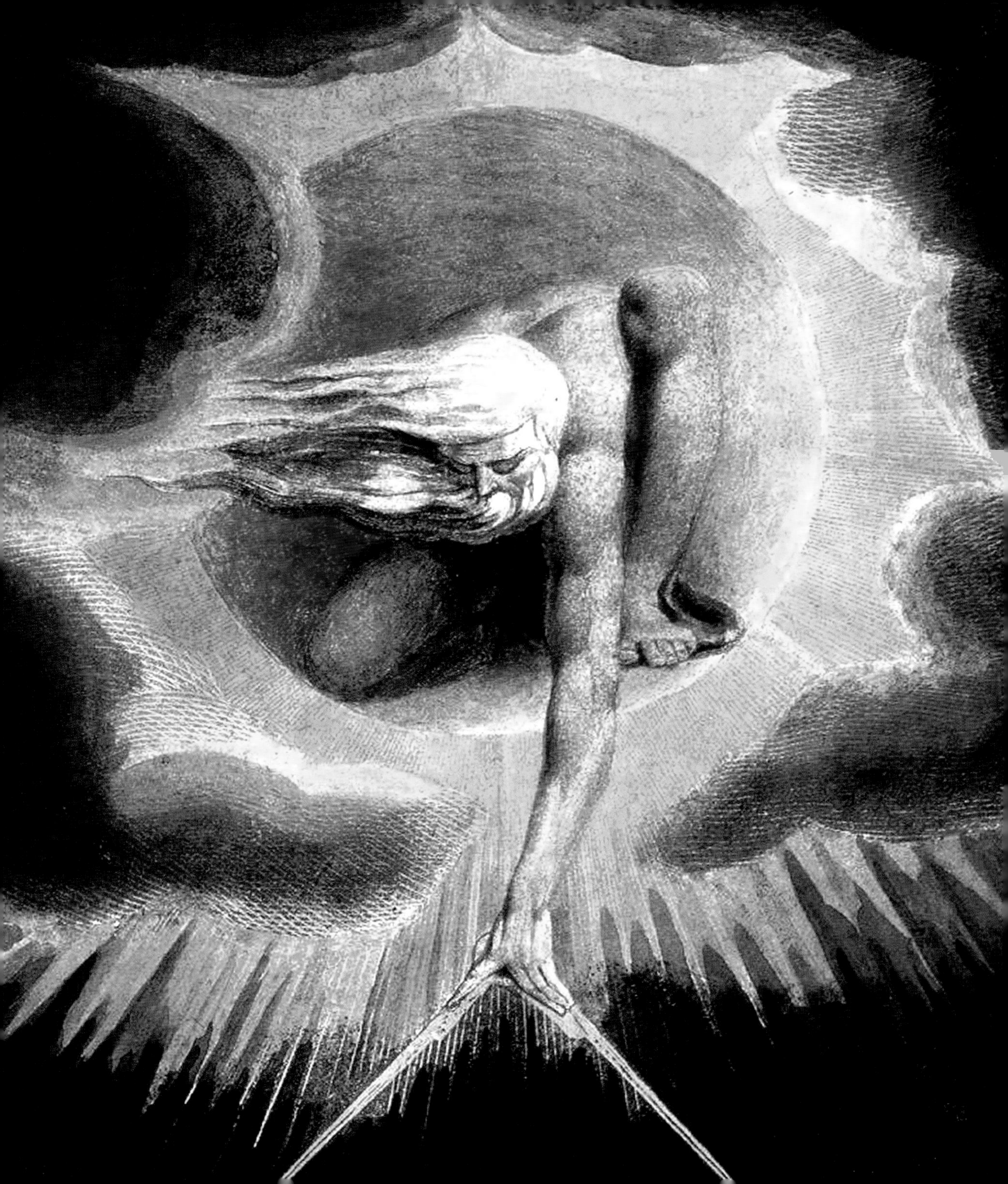

1637년

심장형

알브레히트 뒤러(Albrecht Dürer, 1471~1528년), **에티엔 파스칼**(Étienne Pascal, 1588~1640년), **올레 크리스텐센 뢰머**(Ole Christensen Rømer, 1644~1710년), **필리프 드 라 이르**(Philippe de La Hire, 1640~1718년), **요한 카스틸론**(Johann Castillon, 1704~1791년)

하트 모양을 한 심장형(Cardioid, 카디오이드 또는 바깥굴렁쇠선)은 그 수학적인 성질과 아름다운 모양, 그리고 실용적인 쓰임새 때문에 수 세기 동안 수학자들을 매료시켰다. 이 곡선을 만드는 방법은 간단하다. 고정된 원을 따라 도는 반지름이 같은 원의 점이 움직이는 궤적을 추적하는 것이다. 이 곡선의 이름은 '심장'이라는 뜻의 그리스 어에서 유래했다. 그 극좌표 방정식은 $r=a(1-cos\theta)$로 나타낼 수 있다. 심장형의 넓이는 $(3/2)\pi a^2$이고 둘레는 $8a$이다.

심장형은 C라는 원을 그리고 그 위에 P라는 지점을 고정하는 방식으로도 만들 수 있다. C의 원주를 중심으로 하고 P를 지나는 다양한 원들을 그린다. 이 원들은 심장 모양을 따라간다. 심장형은 광학 분야의 초선(caustics) 또는 프랙털 기하학의 망델브로 집합의 중심 모양과 같은, 얼핏 이질적으로 보이는 분야에서 폭넓게 나타난다.

심장형은 다채로운 역사적 내력을 지닌다. 프랑스 법률가 겸 아마추어 수학자였던 에티엔 파스칼은 수학자인 블레즈 파스칼의 아버지였는데, 1637년에 공식적으로 파스칼의 리마송(Limacon, 달팽이꼴)이라고 하는 곡선의 한층 일반적인 사례를 연구했다. 그렇지만 그보다 더 앞서 1525년에 독일 화가이자 수학자인 알브레히트 뒤러는 『측정의 이해(*Underweysung der Messung*)』를 발표해 리마송을 그리는 한 가지 방법을 제시했다. 1674년에 덴마크의 천문학자인 올레 뢰머는 톱니의 모양을 연구하면서 심장형을 고찰하기도 했다. 프랑스 수학자인 필리프 드 라 이르는 1708년에 그 길이를 결정했다. 흥미롭게도, '심장형'이라는 적절한 이름은 1741년이 되어서야 붙여졌다. 요한 카스틸론이 같은 해에 《왕립 학회 철학 회보(*Philosophical Transactions of the Royal Society*)》에 발표한 논문에서 그 이름을 제시했다.

심장형이 "한 점광원에서 동심원적으로 방사되는 파들의 간섭과 합동의 유형들"을 보여 줄 수 있다고 한 글렌 베키오네(Glen Vecchione)의 말은 심장형의 실용적인 측면을 설명한 것이다. "그렇게 하면 마이크나 안테나에서 최고로 민감한 부분들을 찾아낼 수 있다. …… 심장형 마이크는 전면 음향에 민감하고 후면 음향을 최소화한다."

관련 항목 디오클레스의 질주선(70쪽), 닐의 반3차 포물선(150쪽), 성망형(160쪽), 프랙털(462쪽), 망델브로 집합(474쪽)

심장형은 한 원의 한 지점과 다른 원을 잇는 직선을 따라감으로써 만들 수 있는데, 그 선의 앞쪽 끝은 뒤쪽 끝보다 2배 빠른 속도로 한 바퀴를 돈다. 오른쪽 그림은 조스 레이스가 만든 이미지이다.

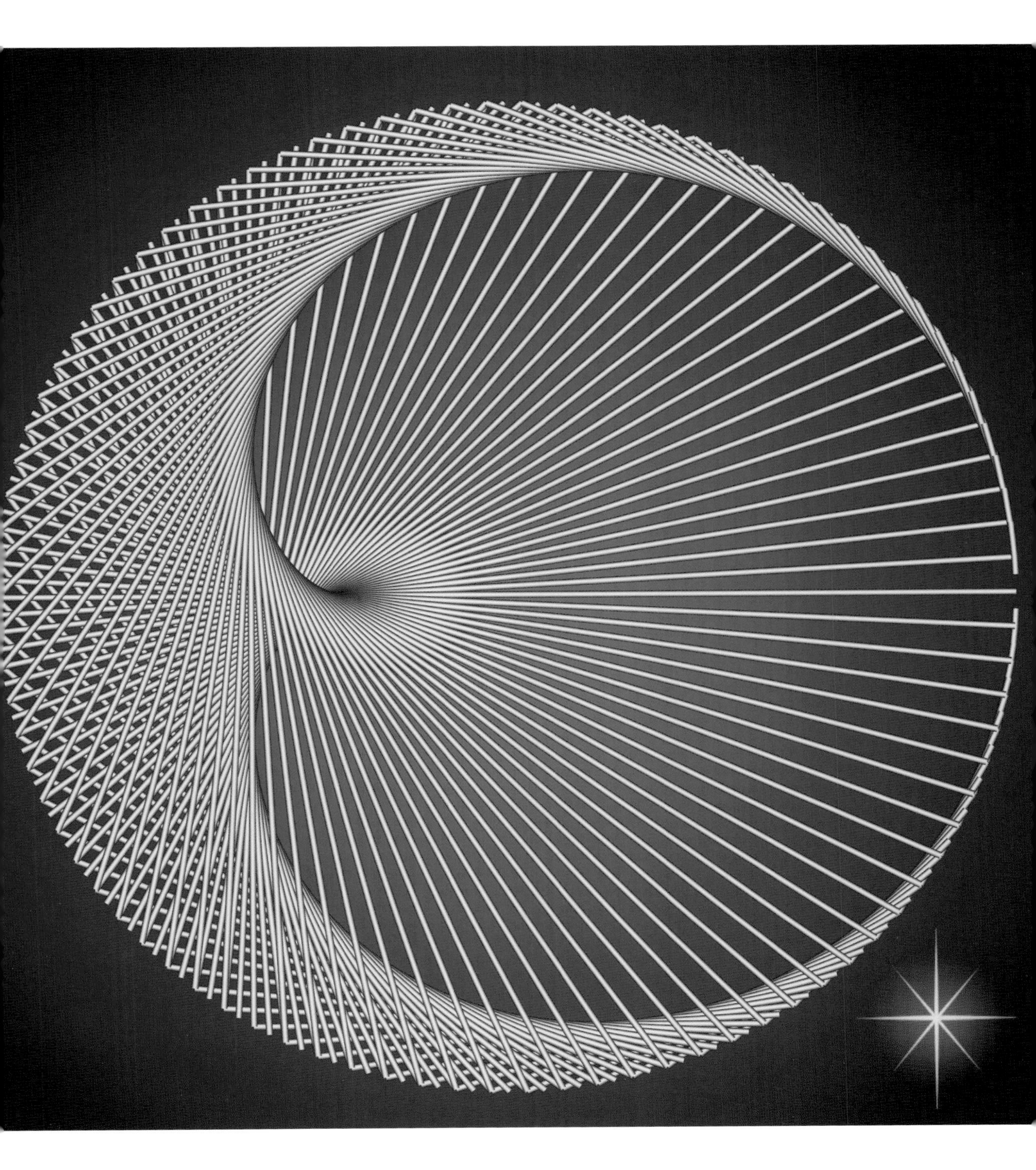

1638년

로그 나선

르네 데카르트(René Descartes, 1596~1650년), **야코프 베르누이**(Jacob Bernoulli, 1654~1705년)

로그 나선(Logarithmic Spiral, 등각 나선 혹은 베르누이 나선이라고도 한다.)은 자연 세계에서 흔하게 볼 수 있다. 어디에나 있으며 식물이나 동물에서 다양하게 볼 수 있다. 가장 흔한 예는 앵무조개를 비롯한 바닷조개들의 껍데기, 다양한 포유동물들의 뿔, 해바라기와 데이지 식물들의 씨앗 배치, 솔방울의 껍질 등이 있다. 마틴 가드너는 흔히 볼 수 있는 에페리아(*Eperia*) 속의 거미가, 한 가닥 거미줄을 가지고 중심을 로그 나선으로 감싸 집을 만든다고도 했다.

로그 나선은 극방정식 $r=ke^{a\theta}$로 나타낼 수 있는데, 여기서 r는 중심으로부터의 거리이고, θ는 극좌표상의 각 성분이다. 이 나선 위의 점은 극좌표 (r, θ)로 나타낼 수 있는데, 이 점에서 나선에 대한 접선과 이 점과 원점을 잇는 직선 사이의 각은 앞의 식의 a로 일정하다. 르네 데카르트는 1638년에 프랑스 신학자이자 수학자였던 마랭 메르센에게 보낸 편지에서 이 나선에 대해 논한 적이 있다. 스위스 수학자인 야코프 베르누이가 한층 폭넓게 연구했다.

로그 나선은 나선 은하의 거대한 은하팔에서도 볼 수 있다. 전통적인 관점에 따르면, 이런 방대한 체계를 만들려면 중력 같은 장거리 상호 작용이 있어야 한다. 나선 은하의 나선팔은 별이 생성되는 곳이기도 하다.

나선 패턴들은 대칭 변화, 즉 크기 변화(성장)와 회전을 통해 형성되는 물체에서 저절로 나타나는 경우가 많다. 형태는 기능을 따르고, 나선형은 상대적으로 긴 길이를 압축시켜 준다. '긴' 관을 압축시키면 물리적 강도를 향상시킬 수 있고 표면적도 증대시킬 수 있다. 이러한 성질은 연체동물과 귀 안에 있는 달팽이관에 유용하다. 어떤 종의 개체가 성장할 때 그 개체의 몸의 각 부위는신체 비율을 어느 정도 일정하게 유지하면서 변화한다. 이것은 자연이 종종 자기 닮음 나선 성장(self-similar spiral growth)의 패턴을 보이는 한 가지 이유일 것이다.

관련 항목 아르키메데스의 나선(68쪽), 황금률(114쪽), 항정선(118쪽), 로그(130쪽), 페르마의 나선(134쪽), 닐의 반3차 포물선(150쪽), 보더버그 타일 덮기(374쪽), 울람 나선(426쪽), 스피드론(472쪽)

앵무조개 껍데기에서 로그 나선을 볼 수 있다. 껍데기 안쪽은 여러 방으로 나뉘어 있고, 성체의 경우 방의 개수가 30개를 넘기도 한다.

1639년

사영 기하학

레온 바티스타 알베르티(Leon Battista Alberti, 1404~1472년), **제라르 데자르그**(Gérard Desargues, 1591~1661년), **장빅토르 폰슬레**(Jean-Victor Poncelet, 1788~1867년)

사영 기하학(Projective Geometry)은 보통 도형과 그 배치, 또는 도형을 어떤 표면에 투영했을 때 생기는 '상(像, Image)' 사이의 관계를 다룬다. 사영이란 기본적으로 물체가 그림자를 드리우는 것이라고 이해하면 된다.

이탈리아 건축가인 레온 바티스타 알베르티는 사영 기하학 실험을 한 최초의 인물들 중 하나이다. 그는 미술의 원근법을 연구하면서 사영 기하학의 기초를 닦았다. 르네상스 시대 화가들과 건축가들은 3차원 물체들을 2차원 그림에 표상하는 방법에 관심이 있었다. 알베르티는 이따금씩 자신과 풍경 사이에 유리막을 놓고, 한쪽 눈을 감은 채로 떠오르는 상들을 점으로 유리 위에 표시하고는 했다. 그 결과로 나온 2차원 그림은 3차원 풍경을 충실히 재현한 인상을 주었다.

프랑스 수학자인 제라르 데자르그는 유클리드 기하학을 확장하는 방법들을 연구하면서 사영 기하학을 공식화한 최초의 전문 수학자였다. 1636년에 데자르그는 『제라르 데자르그 리오네 저, 원근법 실천에 관한 보편적인 방법의 예(*Exemple de l'une des manières universelles du S.G.D.L. touchant la pratique de la perspective*)』를 발표해 원근법에 따라 물체의 상을 작도하는 기하학적 방법들을 제시했다. 데자르그는 또한 원근 사상(perspective mapping) 아래 보존되는 도형의 성질을 관찰하기도 했다. 데자르그의 방법은 화가와 판화가가 이용하게 되었다. 데자르그의 가장 중요한 저서인 『원뿔을 평면과 교차시켜 결과를 얻기 위한 초안(*Brouillon project d'une atteinte aux èvènements des rencontres d'un cône avec un plan*)』은 1639년에 발표되었는데, 사영 기하학을 사용해 원뿔 곡선 이론을 다룬다. 1882년에 프랑스 수학자이자 공학자인 장빅토르 폰슬레가 발표한 논문은 사영 기하학에 대한 관심에 다시 불을 붙였다.

사영 기하학에서 점·선·면 같은 요소들은 사영되었을 때 전반적으로 점·선·면의 형태를 그대로 유지한다. 그렇지만 길이, 길이의 비율, 각도 같은 것들은 사영과 투영 과정에서 변할 수 있다. 예를 들어 유클리드 기하학의 평행선을 사영하면 무한정 멀리 있는 무한 원점에서 교차하는 직선이 된다.

관련 항목 파푸스의 육각형 정리(76쪽), 메르카토르 투영법(124쪽), 데카르트의 『기하학』(138쪽)

회화를 통해 원근법을 실험한 네덜란드의 건축가이자 공학자인 얀 프레더만 더 프리에(Jan Vredeman de Vries, 1527~1607?년)의 그림. 사영 기하학은 르네상스 시대에 미술계에서 구축된 원근법 원리를 토대로 성장했다.

45.

1641년

토리첼리의 트럼펫

에반젤리스타 토리첼리(Evangelista Torricelli, 1608~1647년)

여러분의 친구가 여러분에게 붉은색 페인트 1리터를 주고, 무한한 표면을 이 1리터로 어떻게 완벽하게 칠할 수 있겠냐고 묻는다고 생각해 보자. 여러분은 어떤 표면을 선택하겠는가? 이 물음에는 가능한 답이 많이 있지만, 생각해 볼 만한 후보 중에 가장 유명한 것은 아마도 토리첼리의 트럼펫(Torricelli's Trumpet), 즉 $x \in [1,\infty)$일 때 x를 축으로 $f(x)=1/x$를 회전시켜서 얻은 뿔 같은 모양의 물체일 것이다. 미적분학의 표준 절차들을 이용하면 토리첼리의 트럼펫이 부피는 유한해도 표면적은 무한하다는 사실을 보여 줄 수 있다!

존 드필리스(John dePillis)는 수학적으로 말해서, 페인트 분자의 수가 아무리 유한하다고 해도 토리첼리의 트럼펫에 붉은 페인트를 쏟아부어 그 깔때기를 채우는 것은 가능하고, 그렇게 함으로써 내부의 무한한 표면 전체를 칠할 수 있다고 설명한다. 얼핏 역설처럼 들리는 이 현상을 일부나마 해결하는 방법 중 하나는 토리첼리의 트럼펫이 실제로는 수학적 구조물이라는 것을 상기하는 것인데, 뿔을 '채우는' 유한한 수의 페인트 분자들은 그 뿔의 실제로 유한한 부피의 근삿값이다.

$f(x)=1/x^a$에서 a 값이 무엇이어야 유한한 부피와 무한한 표면적을 가진 뿔을 만들 수 있을까? 수학에 관심이 있는 친구들과 한번 같이 궁리해 봐도 좋을 것이다.

이 물체는 1641년에 이 물체를 발견한 이탈리의 물리학자 겸 수학자인 에반젤리스타 토리첼리의 이름을 따서 토리첼리의 트럼펫이라고 불리지만 더러 가브리엘의 뿔(Gabriel's horn)이라고 불리기도 한다. 토리첼리는 무한한 표면적과 유한한 부피를 가진, 이 무한히 긴 입체처럼 보이는 트럼펫을 발견하고 무척이나 놀랐다. 토리첼리와 그의 동료들은 이것이 심각한 역설이라고 생각했는데, 안타깝게도 이 물체를 완벽히 이해할 수 있는 도구인 미적분을 찾아내지는 못했다. 오늘날 토리첼리는 갈릴레오와 함께한 망원경 천문학으로, 그리고 기압계의 발명자로 기억된다. '가브리엘의 뿔'이라는 이름은 심판의 날을 알리기 위해 뿔피리를 불면서 신의 무한한 힘을 일깨워 주는 대천사 가브리엘의 모습을 떠올리게 한다.

관련 항목 미적분의 발견(154쪽), 극소 곡면(194쪽), 벨트라미의 의구(256쪽), 칸토어의 초한수(266쪽)

토리첼리의 트럼펫은 부피는 유한하지만 표면적은 무한하다. 이 형태는 더러 '가브리엘의 뿔'이라고도 불리는데, 그 이름은 뿔피리를 불어 심판의 날을 알리는 대천사 가브리엘의 모습을 떠올리게 한다. 오른쪽 그림은 조스 레이스의 그림을 180도 회전한 것이다.

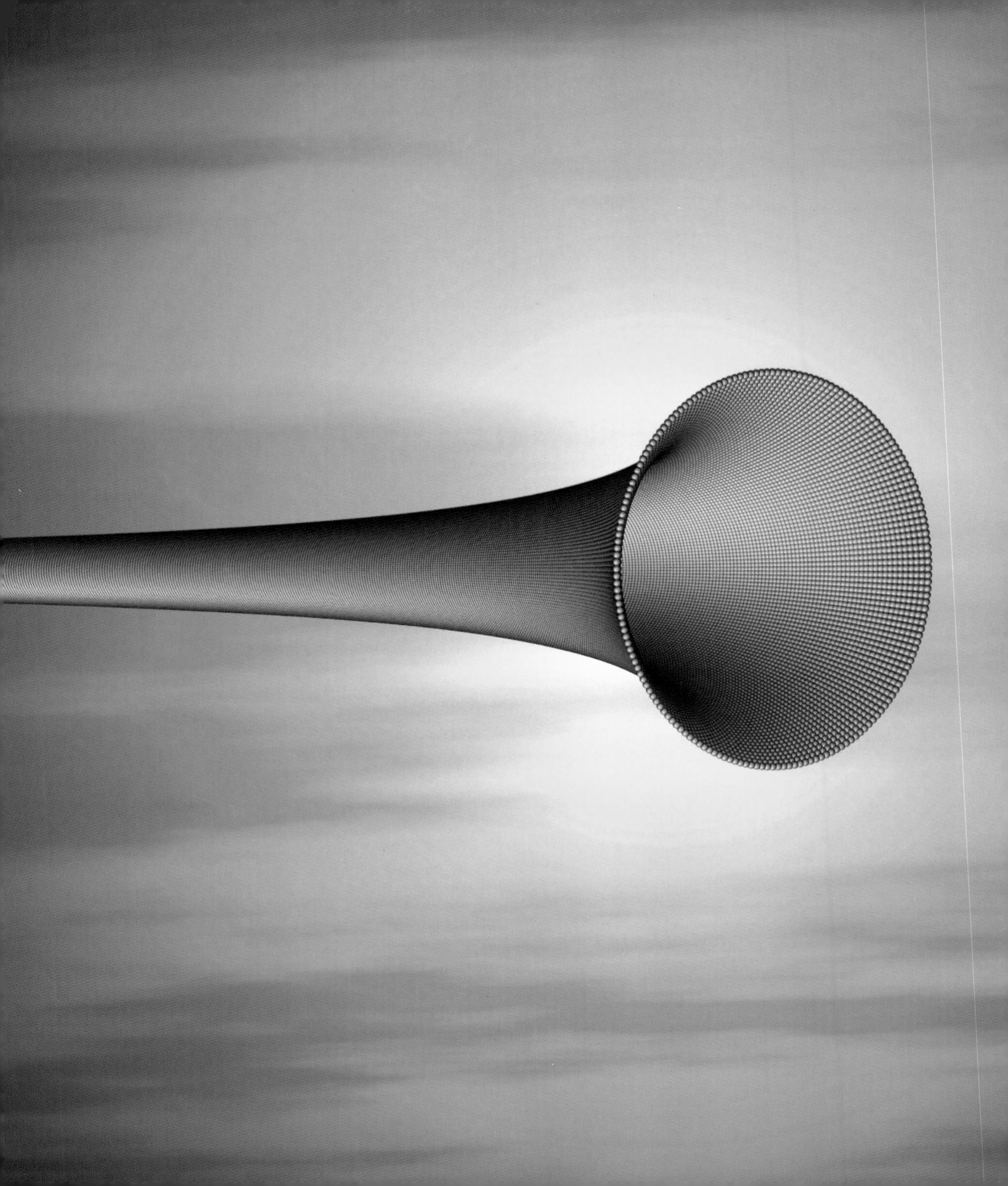

1654년

파스칼의 삼각형

블레즈 파스칼(Blaise Pascal, 1623~1662년), **오마르 카이얌**(Omar Khayyam, 1048~1131년)

수학사상 가장 유명한 정수 패턴 중 하나로 파스칼의 삼각형(Pascal's Triangle)을 꼽을 수 있다. 비록 이 패턴은 페르시아의 시인이자 수학자인 오마르 카이얌이 일찍이 1100년부터 세상에 알렸고, 인도와 고대 중국의 수학자들은 그것을 그 전부터 알고 있었지만, 블레즈 파스칼이 1654년에 발표한 논문은 이것을 다룬 논문으로는 최초였다. 파스칼의 삼각형의 첫 일곱 줄은 오른쪽 위의 그림과 같이 그릴 수 있다.

삼각형의 각 수들은 그 위 두 수의 합과 같다. 수학자들은 파스칼의 삼각형이 확률 이론과 $(x+y)^n$의 이항식을 전개하는 문제, 그리고 정수론 분야에서 어떤 의미를 갖는가를 놓고 오랫동안 논쟁을 벌여 왔다. 수학자인 도널드 커누스는 한때 파스칼의 삼각형에는 너무나 많은 관계와 유형 들이 있어서 누군가가 새로운 성질을 발견한다고 해도 당사자를 빼면 그 발견에 대해서 그리 흥분하는 사람들이 많지 않을 거라고 말했다. 하지만 대각선 방향으로 배열된 숫자들 사이에서 특수한 패턴들이 발견되었고, 다양한 육각형의 성질을 가진 완벽한 정사각형 패턴의 존재가 확인되었다. 그리고 파스칼의 삼각형을 음수로, 그리고 더 높은 차원으로 확장하는 것처럼 매혹적인 연구들이 이루어졌고, 그 결과 놀라운 성질들이 수없이 발견되었다.

파스칼의 삼각형에서 짝수 자리와 홀수 자리에 서로 다른 색을 칠하면 부분이 전체를 닮은 프랙털 패턴이 나타난다. 이 프랙털 모양들은 재료 과학자들이 혁신적인 성질을 가진 새로운 구조물들을 만들어 내는 데 도움이 되는 모형으로 활용될 수 있다. 예를 들어 1986년에 연구자들은 홀수 자리에 구멍을 내어 파스칼의 삼각형과 거의 똑같이 생긴 마이크로미터 크기의 철사 개스킷을 만들어 내기도 했다. 가장 작은 삼각형은 대략 1.38제곱마이크로미터였고 과학자들은 자기장하에서 이 초전도 개스킷이 나타내는 수많은 희귀 성질들을 조사했다.

관련 항목 오마르 카이얌의 논문(96쪽), 정규 분포 곡선(172쪽), 프랙털(462쪽)

왼쪽: 조지. 하트(George W. Hart)가 선택적 레이저 소결이라는 물리 과정을 이용해 나일론으로 파스칼의 삼각형의 모형을 만들었다. 오른쪽: 프랙털 구조를 보여 주는 파스칼의 삼각형. 중앙의 붉은 삼각형에 들어가는 수는 늘 짝수이고 6, 28, 120, 496, 2106, … 같은 완전수(자신을 뺀 약수의 합과 동일한 수)이다.

1
1 1
1 2 1
1 3 3 1
1 4 6 4 1
1 5 10 10 5 1
1 6 15 20 15 6 1

1657년

닐의 반3차 포물선

윌리엄 닐(William Neile, 1637~1670년), **존 월리스**(John Wallis, 1616~1703년)

1657년 영국의 수학자인 윌리엄 닐은 자명하지 않은 대수 곡선의 호의 길이를 찾아낸 최초의 인물이 되었다. 윌리엄 닐이 연구한 이 특수한 곡선을 '반3차 포물선(Semicubical Parabola)'이라고 하는데, 이 곡선을 나타내는 방정식은 $x^3=ay^2$이다. $y=\pm ax^{3/2}$꼴로 고쳐 쓰면 이 곡선이 왜 '반3차(Semicubical)'인지 그리고 '반3차'라는 말이 어디서 나왔는지를 이해하기가 더 쉬워진다. 윌리엄 닐의 연구 결과는 같은 영국의 과학자인 존 월리스가 1659년에 발표한 『사이클로이드(*De Cycloide*)』라는 책에도 등장한다. 흥미롭게도 1659년 이전에는 로그 나선과 사이클로이드 같은 초월 곡선들의 호 길이만이 계산되어 있었다.

타원형과 쌍곡선의 호의 길이를 구하려는 노력은 오랫동안 성공하지 못했기 때문에 르네 데카르트 같은 일부 수학자들은 호의 길이를 구할 수 있는 곡선은 거의 없을 거라고 추정했다. 하지만 이탈리아의 물리학자이자 수학자인 에반젤리스타 토리첼리는 로그 나선의 길이를 찾아냈는데, 길이가 결정된 곡선으로는 이것이 최초였다. (원은 제외한다.) 그다음은 사이클로이드인데, 1658년에 영국의 기하학자이자 건축가인 크리스토퍼 렌(Christopher Wren, 1632~1723년) 경이 발견했다. (사이클로이드는 직선 위로 원을 굴렸을 때 원 위의 점이 그리는 곡선을 말한다. 굴렁쇠선이라고도 한다.)

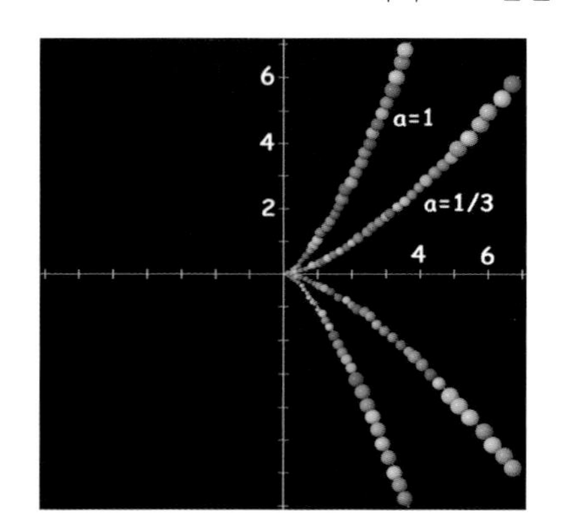

1687년경에는 네덜란드 수학자이자 물리학자인 크리스티안 하위헌스가 지구상에서 중력의 영향을 받아 떨어지는 입자는 반3차 포물선을 그린다는 사실을 증명했다. 곡선에서 입자가 수직 아래로 이동하는 데 걸리는 시간은 동일하다. 이 곡선은 시간 t에 대해 한 쌍의 방정식으로 나타낼 수 있다. $x=t^2$와 $y=at^3$. 이 경우 곡선의 길이는 $(1/27)\times(4+9t^2)^{3/2-8/27}$이다. 다시 말해 그 곡선은 0과 t 사이에서 이 길이를 가진다. 하위헌스의 글에서는 가끔 닐의 포물선을 $y^3=ax^2$이라고 쓰기도 하는데, 이때 첨점(뾰족점)은 왼쪽으로 x축을 가리키는 것이 아니라 아래쪽으로 y축을 가리키도록 놓인다.

관련 항목 디오클레스의 질주선(70쪽), 데카르트의 『기하학』(138쪽), 로그 나선(142쪽), 토리첼리의 트럼펫(146쪽), 등시 곡선 문제(158쪽), 초월수(236쪽)

왼쪽: a의 값에 따라 달라지는 반3차 포물선. $x^3=ay^2$으로 정의된다. 오른쪽: 플랑드르 화가 베르나르 바이얀(Bernard Vaillant, 1632~1698년)이 그린 크리스티안 하위헌스의 초상화. 하위헌스는 중력하에서 반3차 포물선을 따라 내려가는 입자들의 행동을 연구했다.

1659년

비비아니의 정리

빈첸조 비비아니(Vincenzo Viviani, 1622~1703년)

정삼각형 안에 한 점을 놓아 보자. 이 지점에서 각 변으로 선을 그어서 세 선이 각 변에 수직이 되게 하자. 점을 어디에 찍든 상관없이 그 점에서 변으로 내린 수선의 길이의 합은 삼각형의 높이와 같다. 이것은 이탈리아 수학자이자 과학자인 빈첸조 비비아니의 이름을 따서 비비아니의 정리(Viviani's Theorem)라고 한다. 비비아니의 재능에 감탄한 갈릴레오는 비비아니를 이탈리아의 아르체트리에 있던 자기 집으로 초청해 연구를 함께했다.

연구자들은 비비아니의 정리를 확장해서, n개의 변을 가진 정다각형에서도 이 정리가 일반적으로 성립하다는 사실을 알아냈다. 이 경우에 내부의 한 지점에서 n개의 변으로 내린 수선의 길이의 합은 그 정다각형의 변심 거리의 n배이다. (변심 거리란 정다각형의 중심에서 변까지의 거리를 말한다.) 또 이 정리는 더 높은 차원을 배경으로도 연구될 수 있다.

갈릴레오가 죽자 비비아니는 갈릴레오의 전기를 썼으며 갈릴레오의 작업들을 모아 출간하고자 했다. 안타깝게도 로마 가톨릭 교회는 비비아니의 이런 노력을 가로막았는데, 그것은 단순히 비비아니의 명성에만 흠집을 낸 것이 아니라 과학계 전반에 타격을 주었다. 비비아니는 에우클레이데스의 『원론』의 이탈리아 어판을 1690년에 출간했다.

비비아니의 정리는 하나의 정리에 대해 여러 가지 서로 다른 증명들이 존재한다는 것을 보여 주는 사례로서 흥미로울뿐더러 아이들에게 기하학의 다양한 면면을 가르치는 데 유용하기도 하다. 그 정리를 현실로 가져와, 정삼각형 모양의 섬에 조난당한 서퍼에 대한 문제를 낸 교사도 있다. 그 서퍼는 같은 시간 내에 세 해변 모두를 서핑하고 싶어서, 섬의 각 변까지 거리의 합이 최소가 되는 곳에 오두막을 짓고 싶어 한다. 오두막이 어디 있는 상관없다는 답을 알고 나면 학생들은 대개 재미있어 한다.

관련 항목 피타고라스 정리와 삼각형(42쪽), 에우클레이데스의 『원론』(58쪽), 코사인 법칙(108쪽), 몰리의 3등분 정리(298쪽), 공에서 삼각형 꺼내기(478쪽)

정삼각형 안의 아무 곳에나 한 점을 찍자. 그리고 그림에서처럼 삼각형의 각 변으로 수직선을 긋는다. 그 점에서 세 변까지 수직 거리의 합은 늘 삼각형의 높이와 같다.

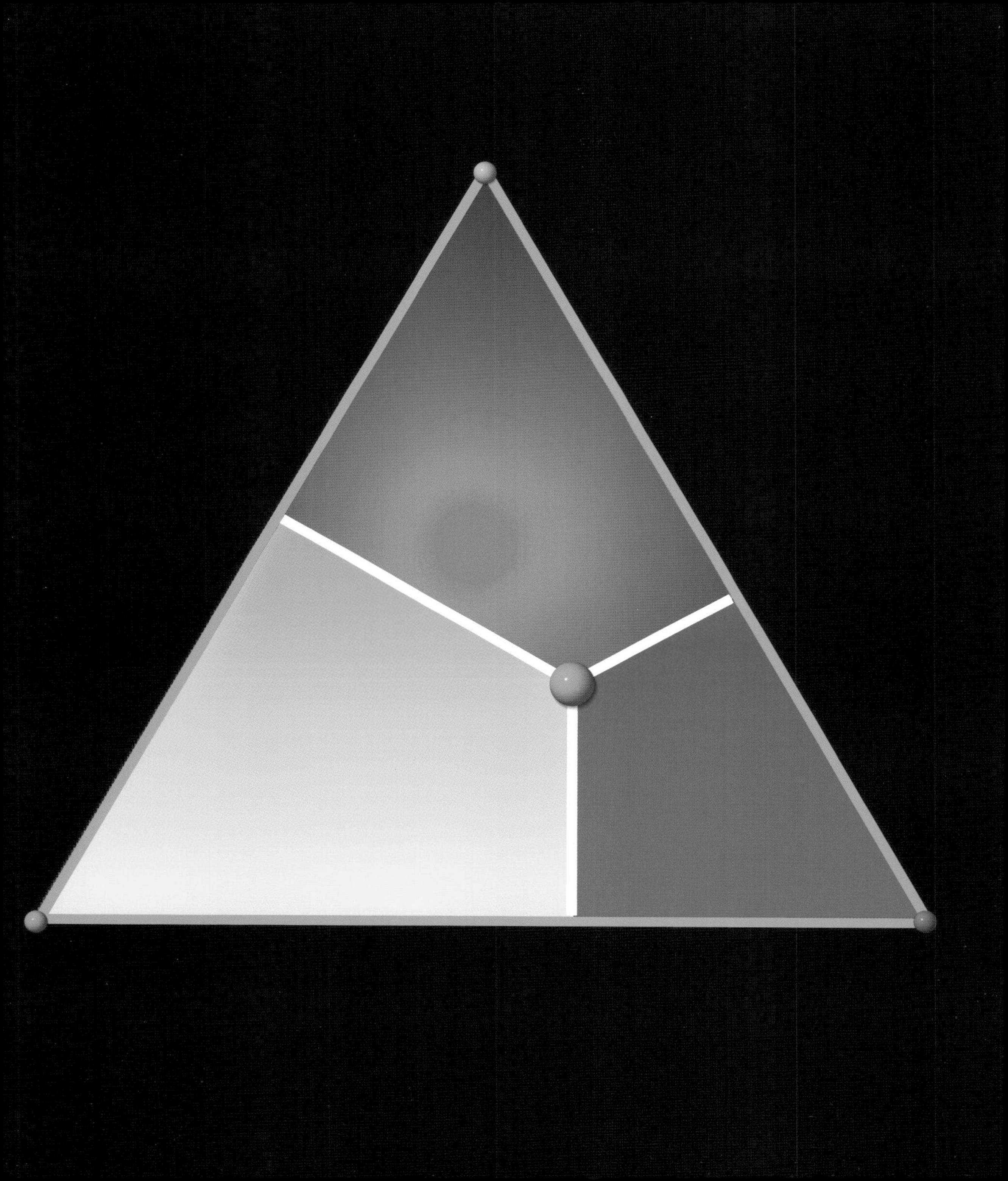

1665년

미적분의 발견

아이작 뉴턴(Isaac Newton, 1642~1727년), **고트프리트 빌헬름 폰 라이프니츠**(Gottfried Wilhelm von Leibniz, 1646~1716년)

영국 수학자인 아이작 뉴턴과 독일 수학자인 고트프리트 빌헬름 라이프니츠는 보통 미적분학을 발명한 공로자로 인정받고 있다. 하지만 피라미드의 부피를 계산하고 원의 면적을 어림하는 법칙을 발전시킨 고대 이집트 인에서 시작해서, 변화율과 극한 개념들을 연구한 수학자들은 이전에도 많았다.

1600년대에 뉴턴과 라이프니츠는 둘 다 접선과 변화율, 극소와 극대, 무한소(0에 가깝지만 0은 아닌, 상상할 수 없을 만큼 작은 수)의 문제로 고민했다. 둘 다 미분(어떤 곡선의 한 지점에서 접선, 즉 한 지점에서 그 곡선을 '그저 건드리기만 하는' 직선을 구하는 것)과 적분(한 곡선 아래의 면적을 구하는 것)이 서로 역과정이라는 사실은 이해했다. 뉴턴은 무한합에 관심을 가지면서 미적분을 발견하게 되었지만(이 발견은 1665~1666년에 이루어졌다.) 자신의 연구 결과를 발표하는 데는 한발 늦었다. 라이프니츠는 1684년에는 미분을 발견했다고 발표했고 1686년에는 적분을 발견했다고 발표했다. 라이프니츠는 이렇게 말했다. "훌륭한 남자들이 노예처럼 계산이라는 노동을 하느라 수많은 시간을 바쳐야 한다는 것은 참 무의미한 일이다. …… 나의 새로운 미적분은 …… 애써 머리를 쓰지 않고도 일종의 분석을 통해 진리를 제공한다." 뉴턴은 노발대발했다. 미적분학을 발견한 공로를 어떻게 나누는가를 놓고 몇 년간 치열한 논쟁이 벌어지다 보니 미적분학의 진보는 그만큼 늦춰졌다. 물리학의 문제들에 미적분학을 적용한 것은 뉴턴이 최초였다면, 라이프니츠는 현대 미적분학 책에서 볼 수 있는 표기법 대부분을 발전시켰다.

오늘날 미적분학은 과학 연구의 모든 분야에 침투했고, 생물학, 물리학, 화학, 경제학, 사회학, 공학에서, 그리고 속도나 기온처럼 어떤 양이 변화하는 모든 분야에서 가늠할 수 없을 만큼 중요한 역할을 한다. 미적분학은 무지개의 구조를 설명하는 데, 우리가 주식 시장에서 어떻게 돈을 더 벌 수 있는가를 알려 주는 데, 우주선을 조종하는 데, 일기 예보를 하는 데, 인구 성장을 예측하는 데, 건물을 설계하는 데, 질병의 확산을 분석하는 데도 이용된다. 미적분학은 혁명을 야기했다. 미적분학은 우리가 세상을 보는 방식을 바꾸었다.

관련 항목 제논의 역설(48쪽), 토리첼리의 트럼펫(146쪽), 로피탈의 『무한소 분석』(162쪽), 아녜시의 『이탈리아 청년들을 위한 해석학』(182쪽), 라플라스의 「확률 분석 이론」(214쪽), 코시의 『미적분학 요강』(222쪽)

시인이자 화가인 윌리엄 블레이크가 그린 『뉴턴』(1795년). 블레이크는 아이작 뉴턴을 땅에 그려진 도형을 응시하는 일종의 기하학자로 묘사했다.

1669년

뉴턴의 방법

아이작 뉴턴(Isaac Newton, 1642~1727년)

한 수열의 각 항이 앞선 항의 함수로 정의되는 재귀 관계(recurrence relationship)에 기반하는 계산 기술이 처음 사용된 시기는 수학의 여명기까지 거슬러 올라간다. 바빌론 인들은 양수의 제곱근을 계산하는 데, 그리고 그리스 인들은 원주율의 근삿값을 찾는 데 그런 기술을 이용했다. 오늘날 수리 물리학에서 중요하게 쓰이는 수많은 특수 함수들은 재귀 공식을 통해 계산할 수 있다. 이러한 수치 해석(Numerical Analysis)은 어려운 문제의 근사적인 답을 얻고자 할 때 많이 쓴다. 그중 하나가 뉴턴의 방법(Newton's Method)이다. 뉴턴의 방법은 $f(x)=0$이라는 형태의 방정식을 푸는 수치 해석 방법들 중에는 가장 유명한 것에 속하는데, 근, 또는 해를 구하고자 할 때 단순한 대수적인 방법을 사용해서는 어려운 경우 유용하다. 이런 식의 방법으로 한 함수의 근을 찾아내는 문제는 과학과 공학에서 자주 볼 수 있다.

뉴턴의 방법을 적용하려면 먼저 그 함수의 근을 추측한 다음, 그 근에서의 접선, 즉 '그저 건드리기만 하는 직선'을 찾아 그 직선의 x 절편을 구한다. 이 x 절편의 값은 처음 추측한 함수의 근의 근삿값보다 실제의 근에 더 가까운 근삿값이기 쉽다. 만약 그렇다고 한다면 여기서 다시 앞의 방법을 반복하면 함수의 실제 근에 다가갈 수 있다. 뉴턴의 방법을 정확한 공식으로 나타내면 $x_{n+1}=x_n-f(x_n)/f'(x_n)$이 되는데, 여기서 f'은 함수 f에 대한 도함수를 뜻한다.

이 방법을 복소 함수에 적용할 경우, 컴퓨터 그래픽을 이용하면 이 방법이 어떤 부분에서 믿을 만하고 어떤 부분에서 이상하게 행동하는지 한눈에 볼 수 있다. 그 결과로 나타나는 그래픽은 더러 카오스적인 행동과 아름다운 프랙털 패턴을 보여 주기도 한다.

뉴턴의 방법의 수학적 배아는 아이작 뉴턴이 저술한 「무한항을 가진 방정식에 의한 분석(De analysi per aequationes numero terminorum infinitas)」에 설명되어 있는데, 이 논문은 1669년에 씌어졌고 윌리엄 존스가 1711년에 출간했다. 1740년에 영국 수학자인 토머스 심프슨(Thomas Simpson)은 접근법을 가다듬어 뉴턴의 방법을 "미적분학을 이용해 1차 방정식을 제외한 방정식 전반을 푸는 반복적인 방법"이라고 설명하기도 했다.

관련 항목 미적분의 발견(154쪽), 카오스와 나비 효과(424쪽), 프랙털(462쪽)

한 방정식의 복소수 제곱근을 찾아내는 데 컴퓨터 그래픽을 이용하면 뉴턴의 방법의 복잡한 양상을 푸는 실마리 역할을 할 수 있다. 폴 닐랜더는 그 방법을 사용해 $z^5-1=0$의 근을 찾아내면서 이 이미지를 만들어 냈다.

1673년

등시 곡선 문제

크리스티안 하위헌스(Christiaan Huygens, 1629~1695년)

1600년대 수학자들과 물리학자들은 특정 유형의 경사로 모양을 규정하는 곡선을 찾으려고 노력했다. 그 경사로 위에 놓인 물체는, 경사로 위의 어느 지점에서 출발했는가에 상관없이 맨 밑바닥까지 미끄러져 내려가는 시간이 똑같아야 했다. 이때 물체들은 중력 가속도를 받고 경사로는 마찰이 없다고 가정한다.

네덜란드 수학자이자 천문학자이고 물리학자였던 크리스티안 하위헌스는 1673년에 그 해법 하나를 찾아내어 『진자시계(*Horologium oscillatoriumi*)』에 발표했다. 기술적으로 말해서 등시 곡선(Tautochrone)은 사이클로이드, 다시 말해 원이 직선을 따라 굴러갈 때 원의 가장자리에 있는 점이 그리는 경로로 정의되는 곡선이다. '최속 강하선(brachistochrone)'이라고도 하는데, 이 이름은 이 곡선이 마찰이 없는 물체가 한 지점에서 다른 지점으로 미끄러져 내려갈 때 가장 빠른 하강 속도를 낸다는 데 초점을 맞춘 것이다.

하위헌스는 한층 정확한 진자시계를 만드는 데 자신의 발견을 이용해 보려고 했다. 그 시계는 추가 어디서 진동을 시작하든 상관없이 최적 곡선을 따라 움직이도록, 진동의 중심 근처에서 추가 등시 곡선을 그리도록 설계했다. (안타까운 것은, 표면의 마찰이 심각한 오류를 발생시켰다는 것이다.)

등시 곡선의 특별한 성질은 소설 『모비 딕(*Moby Dick*)』에서도 언급되는데, 고래의 지방에서 기름을 정제하는 그릇인 트라이폿(try-pot)에 관련해서 다음과 같은 이야기가 나온다. "(트라이폿은) 또한 심오한 수학적 묵상에 어울리는 공간이기도 하지. 기하학에서 사이클로이드 주위를 미끄러지는 모든 물체는, 예를 들어 내 비눗돌(동석)처럼, 어느 지점에서 시작하든 내려오는 데 정확히 똑같은 시간이 걸린다는 그 놀라운 현실을 처음 간접적으로 접하게 된 게 바로 비눗돌이 부지런히 내 주위를 도는 피쿼드 호(『모비 딕』에 등장하는 포경선)의 왼손잡이용 트라이폿을 통해서였거든."

관련 항목 닐의 반3차 포물선(150쪽)

중력의 영향을 받아 등시 곡선을 따라 내려오는 세 공은 서로 다른 지점에서 출발했지만 밑바닥에 동시에 도달하게 된다. (공은 경사로 위에 한 번에 하나씩 놓는다.)

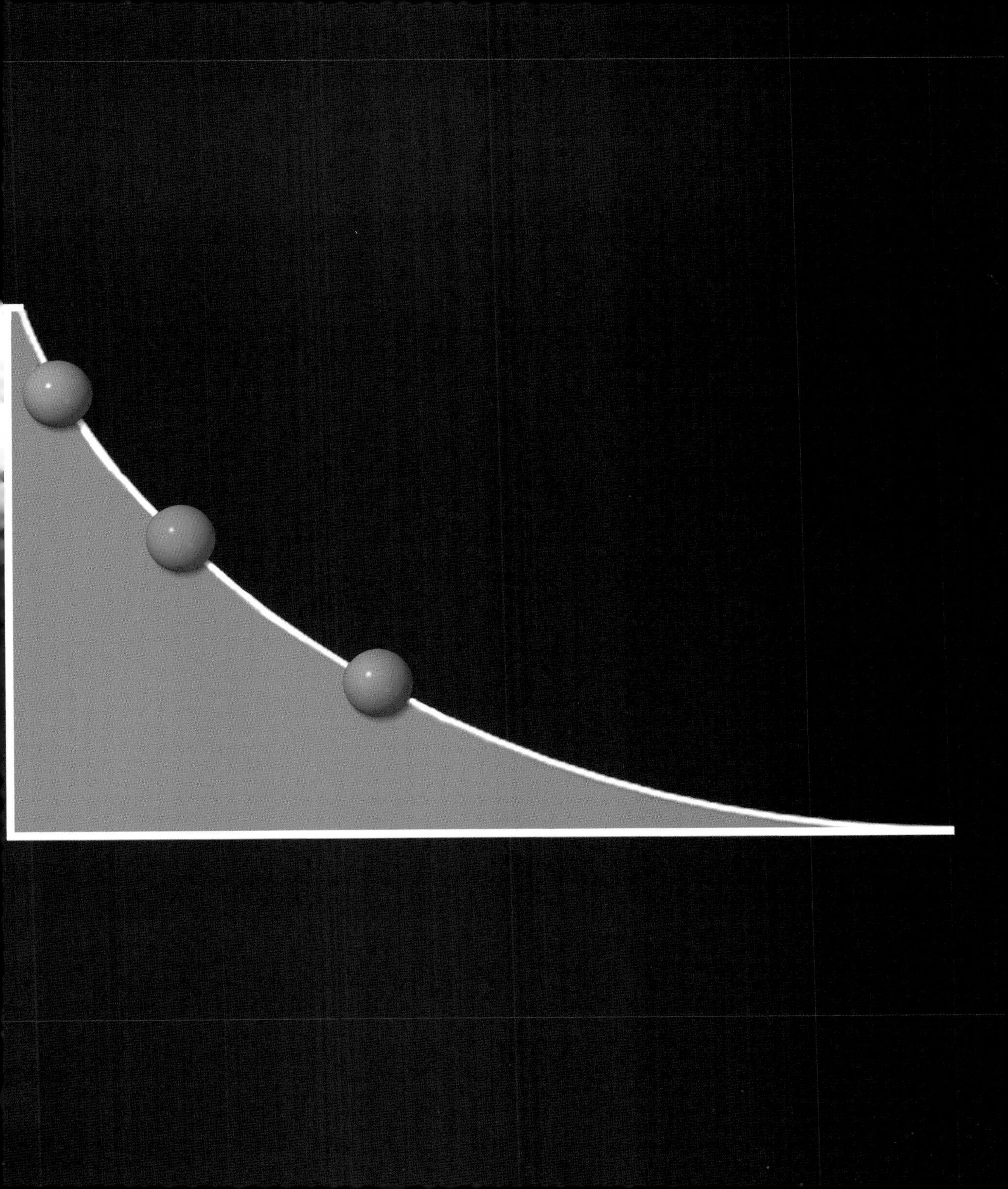

1674년

성망형

올레 크리스텐센 뢰머(Ole Christensen Rømer, 1644~1710년)

성망형(Astroid, 아스트로이드)은 한 원이 그것보다 더 큰 원 내부에서 원둘레를 따라 구를 때, 작은 원의 한 점이 그리는 곡선으로, 4개의 꼭짓점을 가진다. 더 큰 원의 지름은 작은 원의 지름의 4배이다. 성망형은 유명 수학자들이 이 곡선의 흥미로운 성질을 연구하면서 유명해졌다. 1674년에 그 곡선을 처음 연구한 사람은 덴마크 천문학자인 올레 크리스텐센 뢰머였는데, 그는 당시 한층 유용한 모양의 톱니를 찾고 있었다. 스위스 수학자인 요한 베르누이(1691년), 독일 수학자인 고트프리트 라이프니츠(1715년), 프랑스 수학자인 장 달랑베르(Jean d'Alembert, 1748년) 모두가 그 곡선에 매료되었다.

성망형의 방정식은 $x^{2/3}+y^{2/3}=R^{2/3}$이다. 여기서 R는 고정된 바깥 원의 반지름이고, 구르는 안쪽 원의 반지름은 $R/4$이다. 성망형의 둘레 길이는 $6R$이고 넓이는 $3\pi R^2/8$이다. 재미있는 것은, 성망형을 만드는 과정에 원과 관련되어 있는데도 $6R$라는 길이는 π와는 상관이 없다는 것이다.

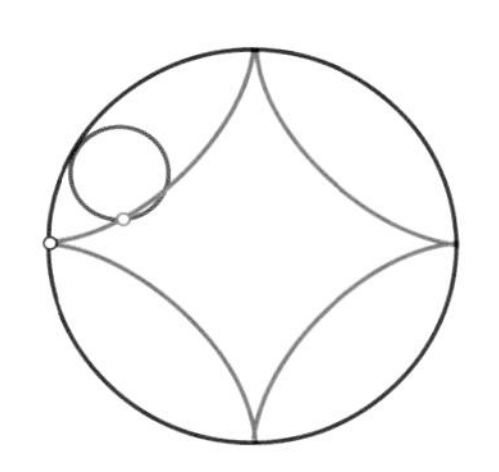

1725년에 수학자인 다니엘 베르누이는 지름이 고정된 원의 3/4인 원을 큰 원 내부에서 굴려도 성망형을 만들 수 있음을 발견했다. 다시 말해 이 성망형은 더 큰 원의 지름의 1/4밖에 되지 않는 안쪽 원과 동일한 곡선을 따라간다.

물리학에서 스토너-볼파르스 성망형 곡선(Stoner-Wohlfarth Astroid)은 에너지와 자성의 다양한 성질을 구분하는 데도 이용된다. 미국 특허 4,987,984호는 기계식 롤러 클러치에서 성망형의 쓰임을 설명하고 있다. "성망형 곡선은 그것에 상응하는 원호에서 기대할 수 있는 것과 맞먹는 탁월한 압력 분산 작용을 하면서도 재료를 절감해 주고 더 강력한 구조를 제공한다."

흥미롭게도 성망형 곡선 위의 접선은 x축과 y축에 닿는 지점까지 확장하면 모두 길이가 같아진다. 이것을 시각적으로 그려 보려면 벽을 등지고 모든 가능한 각도로 굽어지는 사다리를 생각해 보면 된다. 그것은 성망형 곡선의 일부를 따라가게 되어 있다.

관련 항목 디오클레스의 질주선(70쪽), 심장형(140쪽), 닐의 반3차 포물선(150쪽), 뢸로 삼각형(268쪽), 거대 달걀(430쪽)

성망형을 한 타원 족의 '포락면(envelope)'으로 그린 그림. 기하학에서 한 곡선 족의 포락면은 동일한 지점에서 그 곡선 족의 각 곡선에 대해 접선이 되는 곡선이다.

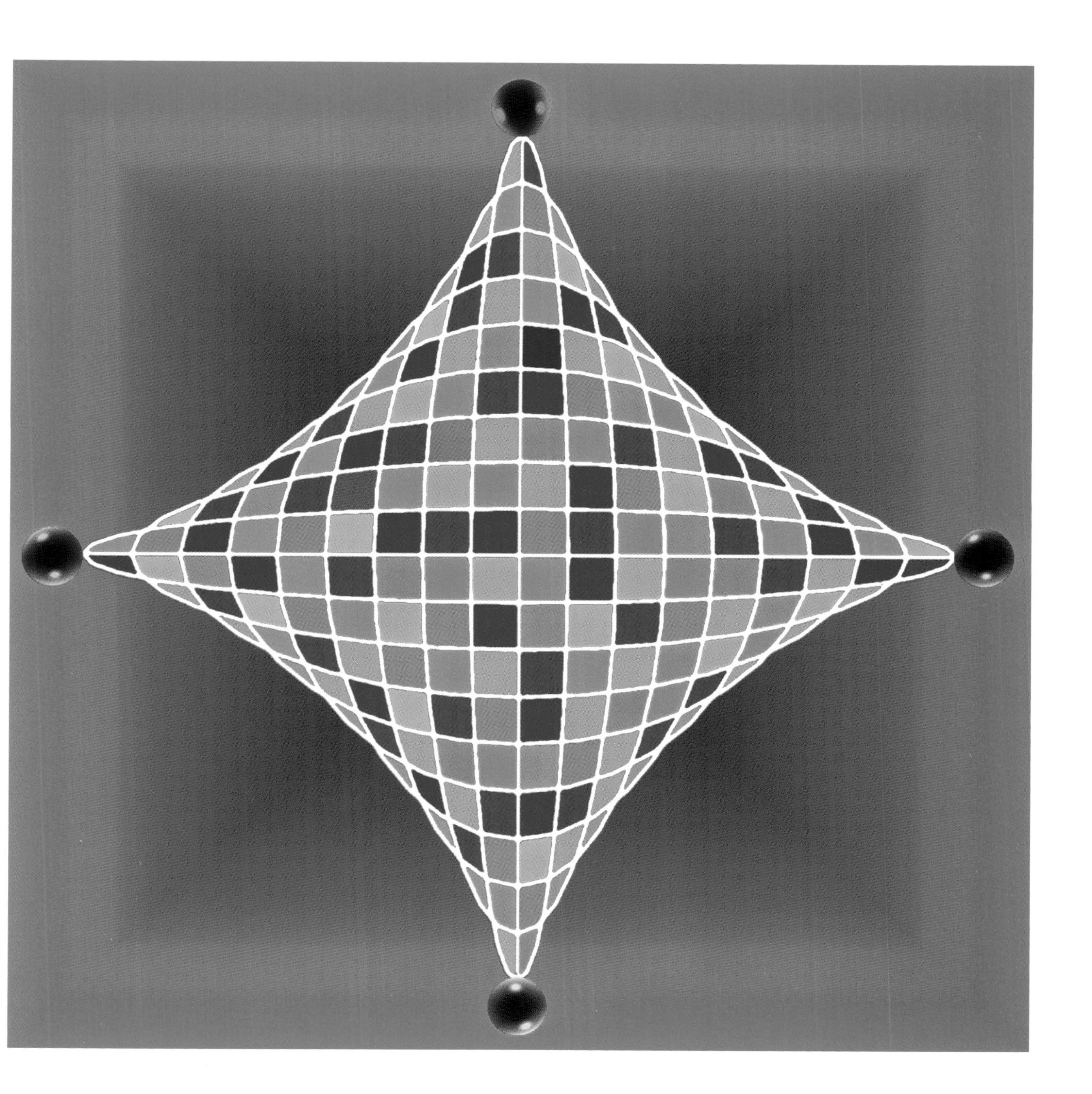

로피탈의 『무한소 분석』

기욤 프랑수아 앙투안, 로피탈 후작(Guillaume François Antoine, Marquis de l'Hôpital, 1661~1704년)

1696년에 프랑스 수학자인 로피탈 후작, 즉 기욤 프랑수아 앙투안이 유럽 최초로 미적분학 교과서인 『곡선 이해를 위한 무한소 분석(*Analyse des infiniment petits, pour l'intelligence des lignes courbes*)』을 출간했다. 로피탈 후작은 이 책이 미적분학 기술에 대한 이해를 촉진하는 도구가 되기를 바랐다. 미적분학은 아이작 뉴턴과 고트프리트 라이프니츠가 그 몇 년 전에 발명했고 수학자인 야코프 베르누이와 요한 베르누이 형제가 다듬었다. 키스 데블린은 이렇게 썼다. "사실 로피탈의 책이 등장하기 전에 뉴턴과 라이프니츠와 베르누이 형제 말고는 지구상에서 미적분학에 대해 그리 많이 아는 사람이 없었다."

1690년대 초기에 로피탈은 요한 베르누이를 고용해 일부러 미적분을 배웠다. 로피탈은 미적분에 호기심이 컸기 때문에 그만큼 진도가 빨랐고, 곧 자신의 지식을 집대성해 교과서를 펴낼 수 있었다. 루스 볼(Rouse Ball)은 로피탈의 책에 대해 이렇게 기록했다. "그 원리를 설명한 최초의 논문을 종합하고 그 방법을 사용한 공로자는 로피탈이다. …… 이 책은 널리 읽혔고 프랑스에서 미분에 대한 인식이 사회 전반으로 퍼지게 만들었으며 미분이 유럽 전역으로 알려지는 데도 힘을 보탰다."

이 교과서와는 별개로 로피탈은 이 책에 실린 미적분의 법칙 때문에도 유명하다. 그 법칙은 분자와 분모가 둘 다 0에 가깝거나 둘 다 무한에 가까운 분수의 극한값을 계산하는 법을 다룬다. 처음에 군인이 되고자 했던 로피탈이 수학으로 방향을 튼 것은 형편없는 시력 때문이었다.

오늘날 우리는 로피탈이 1694년에 베르누이를 고용해 미적분학을 배우고 1년에 300프랑을 제공했음을 그의 책을 통해 알고 있다. 1704년에 로피탈이 죽고 나서 베르누이는 그 거래에 대한 이야기를 하기 시작했고 『무한소 분석』에 실린 연구 결과들의 다수가 자신의 공이라고 주장했다.

관련 항목 미적분의 발견(154쪽), 아녜시의 『이탈리아 청년들을 위한 해석학』(182쪽), 코시의 『미적분학 요강』(222쪽)

유럽 최초의 미적분학 교과서인 『곡선 이해를 위한 무한소 분석』의 표지.

ANALYSE
DES
INFINIMENT PETITS,
POUR
L'INTELLIGENCE DES LIGNES COURBES.

Par Mr le Marquis DE L'HOSPITAL.

SECONDE EDITION.

A PARIS,

Chez FRANÇOIS MONTALANT à l'entrée du Quay des Augustins du côté du Pont S. Michel.

MDCCXVI.

AVEC APPROBATION ET PRIVILEGE DU ROY.

1702년

지구를 밧줄로 감싸기

윌리엄 휘스턴(William Whiston, 1667~1752년)

비록 이 책에 실린 다른 대다수 문제들과 어깨를 나란히 할 만한 수학적 기념비는 못 된다 하더라도, 1702년에 등장한 이 조그마한 보석은 2세기도 넘게 아이와 어른을 모두 매혹시켜 왔다는 점, 그리고 사람이 가진 직관력의 한계를 넘어 생각하게 해 주는 대단한 능력을 수학이 가지고 있다는 사실을 비유적으로 말해 준다는 점만 보아도 언급할 가치가 충분하다.

여러분에게 밧줄 하나를 주고 한 농구공의 적도를 팽팽하게 감싸게 한다고 생각해 보자. 그것이 모든 지점에서 농구공 표면으로부터 1피트(30.48센티미터)만큼 떨어지게 하려면 밧줄을 얼마나 더 길게 만들어야 하는가? 여러분은 얼마로 추측하겠는가?

다음으로, 우리가 지구와 동일한 크기의 구의 적도를 감쌀 밧줄을 가지고 있다고 해 보자, 이 경우 밧줄 길이는 2만 5000마일(약 4만 킬로미터)이 되어야 한다! 이 밧줄을 땅으로부터 1피트만큼 떨어지게 하려면 여러분은 그 밧줄 길이를 얼마로 잡아야 하는가?

아마 대다수 사람들이 깜짝 놀라겠지만, 그 답은 농구공의 경우나 지구의 경우나 대략 2π피트(6.28피트, 즉 약 191센티미터), 겨우 성인 남자 한 사람의 키만큼만 늘리면 된다는 것이다. 지구 반지름을 R피트로 놓으면 원의 반지름은 $(1+R)$피트가 되는데, 여기서 우리는 지구의 원둘레 $2\pi R$피트와 지구보다 반지름 1피트 커진 원의 원둘레 $2\pi(1+R)$피트의 차가 2π피트임을 알 수 있다. 지구든 농구공이든 마찬가지이다.

윌리엄 휘스턴이 1702년에 학생들을 가르치기 위해 쓴 『에우클레이데스의 원론(*The Elements of Euclid*)』에서도 이것과 무척 비슷한 수수께끼를 볼 수 있다. 영국 신학자이자 역사가이고 수학자였던 휘스턴은 아마도 『기원에서 완성까지 지구의 모든 것을 다루는 새로운 이론(*A New Theory of the Earth from its Original to the Consummation of All Things*)』(1696년)이라는 책으로 가장 유명할 텐데, 그 책은 혜성의 지구 접근으로 인해 지각 변동이 일어났고, 지구 내부의 물이 흘러나와 노아의 홍수가 일어났다는 설을 제시하고 있다.

관련 항목 에우클레이데스의 『원론』(58쪽), π(62쪽), 체스판에 밀알 올리기(104쪽)

밧줄이나 금속 밴드가 지구와 크기가 동일한 구의 적도(혹은 또 다른 커다란 구의 둘레)를 팽팽하게 감싸고 있다. 만약 그 줄을 더 늘려서 전체 표면으로부터 1피트만큼 떨어지게 하려면 밧줄이나 밴드는 얼마나 더 길어져야 할까?

1713년

큰 수의 법칙

야코프 베르누이(Jacob Bernoulli, 1654~1705년)

스위스 수학자 야코프 베르누이가 세상을 떠나고 나서 발표된『추측의 기술(*Ars Conjectandi*)』(1713년)은 큰 수의 법칙(Law of Large Numbers)에 대한 증명을 담고 있다. 큰 수의 법칙은 한 무작위적 변수의 장기적 안정성을 설명하는 확률 분야의 정리이다. 예를 들어 동전 던지기 같은 어떤 실험에 대한 관찰 횟수가 충분히 크다고 할 때, 앞면이 몇 번 나오는가 같은 어떤 결과가 나올 비율은 결과의 확률(예를 들어 0.5)에 가까울 가능성이 높다는 것이다. 좀 더 정식화해서 이야기하자면 서로 독립적이고 무작위적이고 동등한 무작위적 확률 변수의 열이 유한한 평균과 분산을 가진 모집단으로 주어져 있을 때 이 모집단을 관측한 결과 얻은 평균은 관측한 표본의 수가 많아질수록 이 모집단의 이론적 평균에 가까이 간다는 것이다. 한마디로 경험적 확률과 이론적 확률을 일치시켜 주는 법칙이다.

표준적인 6면 주사위를 던진다고 생각해 보자. 우리는 주사위를 던져서 얻은 값들이 평균 3.5일 것이라고 기대한다. 처음 3번 던진 것이 우연히 1, 2, 6이 나와서 평균이 3이 되었다고 생각해 보자. 더 많이 던지면 평균값은 결국 기댓값인 3.5에 다가가 정착할 것이다. 카지노 사업자들은 큰 수의 법칙을 사랑해 마지않는데 자신들의 미래 수익을 장기적, 안정적 전망을 가지고 계산할 수 있게 해 주고 그것에 따라 계획을 세울 수 있기 때문이다. 보험업자들은 손실을 상쇄하고 변동 대비 계획을 세울 때 큰 수의 법칙에 의존한다.

베르누이는『추측의 기술』에서 개수를 알 수 없는 검은 공들과 흰 공들로 채워진 주전자 속에서 흰 공의 비율을 측정하는 방법을 소개하기도 했다. 주전자에서 공을 꺼내고 매번 그 대신 '무작위로' 다른 공을 넣는다고 할 때, 베르누이는 꺼낸 공 중 흰 공의 비율을 바탕으로 흰 공의 비율을 측정한다. 이것을 충분한 횟수만큼 실행하고 나면 처음 기대했던 만큼의 정확성으로 흰 공의 비율을 추정할 수 있다. 베르누이는 이렇게 기술했다. "만약 모든 사건에 대한 관측을 영원히 지속하기만 한다면(그리고 따라서 궁극의 확률이 완벽한 확실성을 향하기만 한다면) 세상만사가 고정된 비율로 일어난다는 사실을 인지할 수 있을 것이다. …… 가장 우연적인 사건에서도 우리는 어떤 운명을 인지할 수 있다."

관련 항목 주사위(32쪽), 정규 분포 곡선(172쪽), 상트페테르부르크 역설(178쪽), 베이즈 정리(190쪽), 뷔퐁의 바늘(196쪽), 라플라스의「확률 분석 이론」(214쪽), 벤퍼드의 법칙(276쪽), 카이제곱(302쪽)

야코프 베르누이를 기념해 1994년에 스위스에서 발행된 기념 우표. 우표에는 베르누이의 큰 수의 법칙에 관련된 그래프와 공식이 실려 있다.

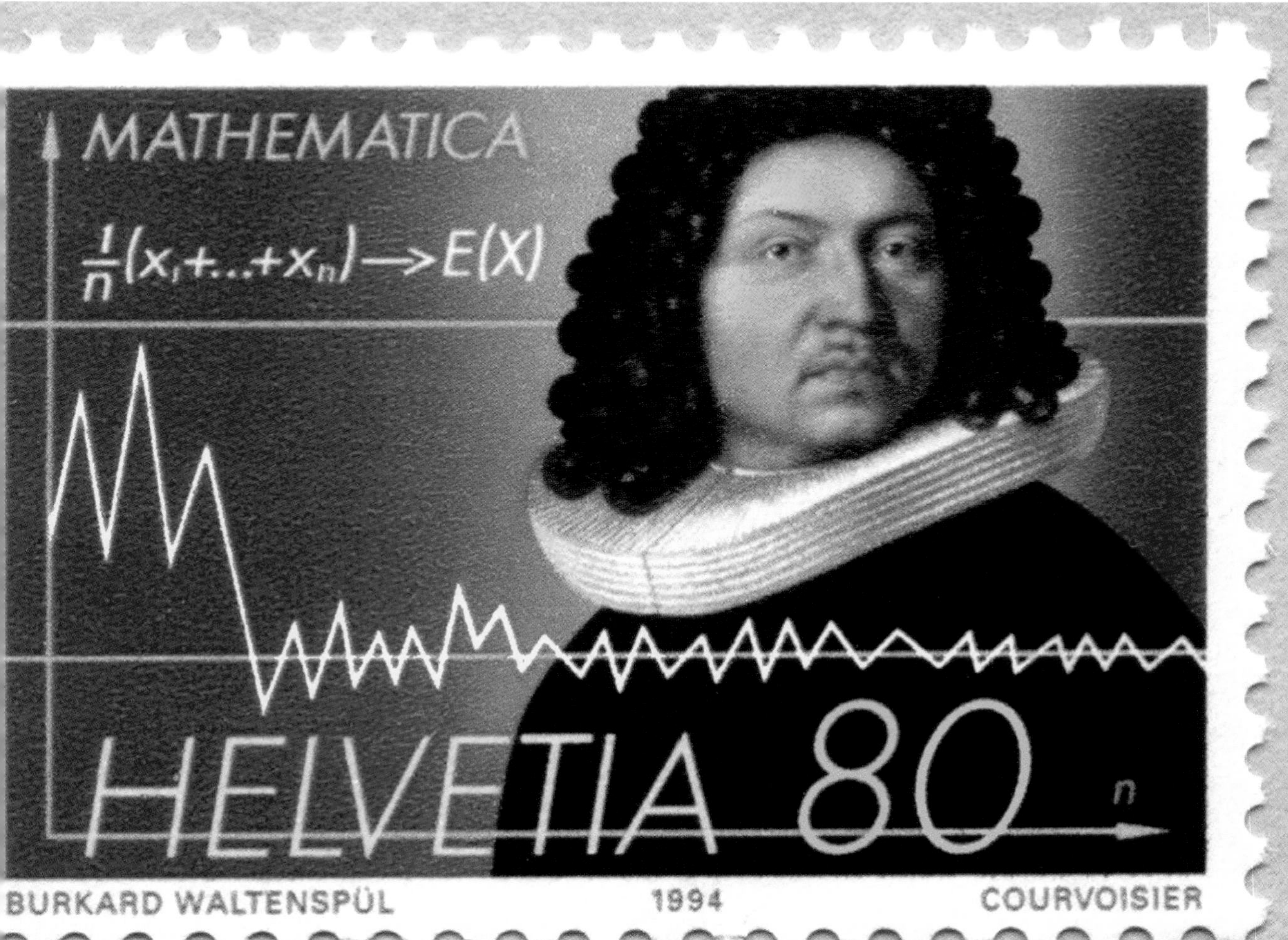
MATHEMATICA
$\frac{1}{n}(x_1+\ldots+x_n) \rightarrow E(X)$
HELVETIA 80
n
BURKARD WALTENSPÜL
1994
COURVOISIER

1727년

오일러의 수, e

레온하르트 파울 오일러(Leonhard Paul Euler, 1707~1783년)

영국 과학 저술가인 데이비드 달링(David Darling)은 e라고 표시되는 오일러의 수(Euler's Number)에 대해, "이 수는 아마도 수학에서 가장 중요한 수일 것이다. 비록 보통 사람들에게는 π가 더욱 친숙하지만, e는 더 높은 수준의 수학에서 한층 깊은 의미를 가지며 어디서나 볼 수 있다."라고 말했다.

e라는 수는 대략 2.71828에 해당하는데, 이 수를 계산하는 방식은 다양하다. 예를 들어 $(1+1/n)$이라는 수식을 n번 곱하면 n이 무한대일 때 극한값이 e이다. 비록 야코프 베르누이와 고트프리트 라이프니츠 같은 수학자들도 이 수를 알고 있기는 했지만, 이 수를 폭넓게 연구한 최초의 인물은 스위스 수학자인 레온하르트 파울 오일러이다. 그는 1727년에 쓴 서신에서 e라는 기호를 최초로 사용한 인물이기도 하다. 1737년에 오일러는 e가 무리수라는 사실을 증명했다. 즉 두 정수의 비율로 나타낼 수 없다는 것이다. 1748년에 오일러는 e의 자릿수를 18자리까지 계산했고, 오늘날에는 그 자릿수가 총 100,000,000,000자리까지 알려져 있다.

e는 두 끝으로 지탱되는 교수형 밧줄의 사슬 모양을 만드는 공식, 복리 계산, 확률과 통계 등 수많은 분야에서 다양하게 이용된다. 또한 현재까지 발견된 가장 놀라운 수학적 관계들 중 하나에도 모습을 보이는데, 그것은 $e^{i\pi}+1=0$으로, 수학에서 가장 중요한 다섯 가지 기호 1, 0, π, e, i(-1의 제곱근)가 전부 한데 모인 것이다. 하버드 대학교의 수학자 벤저민 피어스(Benjamin Pierce)는 "우리는 (그 공식을) 이해할 수 없고 무슨 의미인지도 모르지만 우리가 알고 있는 사실은 어쨌거나 그것이 증명된 이상 참일 수밖에 없다는 것이다."라고 말했다. 수학자들을 대상으로 치러진 몇 차례의 여론 조사에서 이 공식은 수학에서 가장 아름다운 공식 목록의 맨 꼭대기에 올랐다. 카스너(Kasner)와 뉴먼(Newman)은 이렇게 말했다. "우리가 할 수 있는 것은 그저 그 방정식을 재생산하는 것뿐, 그 뜻에 대해서는 계속 물음표를 달 수밖에 없다. 그 공식은 신비주의적인 동시에 과학적이면서 수학적이다."

관련 항목 π(62쪽), 허수(126쪽), 오일러-마스케로니 상수(174쪽), 초월수(236쪽), 정규수(322쪽)

위아래가 뒤집힌 현수선 모양의 세인트루이스 게이트웨이 아치. 현수선은 $y=(a/2)\cdot(e^{x/a}+e^{-x/a})$라는 공식으로 나타낼 수 있다. 세계에서 가장 높은 기념비인 이 아치는 높이가 192미터나 된다.

1730년

스털링의 공식

제임스 스털링(James Stirling, 1692~1770년)

오늘날 계승(factorial)은 수학이 있는 곳이라면 어디에서나 볼 수 있다. 음수가 아닌 정수 n에 대해서 n의 계승(n!으로 나타낸다.)은 n보다 작거나 n과 같은 모든 양의 정수의 곱이다. 예를 들어 $4!=1\times2\times3\times4=24$이다. n!이라는 느낌표를 사용하는 표기법은 프랑스 수학자인 크리스티앙 크랑(Christian Kramp)이 1808년에 도입했다. 계승은 조합론에서 중요하다. 예를 들어 여러 물체를 일렬로 배열하는 서로 다른 방식의 수를 결정하는 경우에 쓰인다. 또 계승은 정수론과 확률, 미적분에도 등장한다.

계승 값은 너무 커지기 때문에(예를 들어 70!은 10^{100}보다 크고, 25,206!은 $10^{100,000}$보다 크다.) 큰 계승 값을 간편하게 구할 수 있는 방법이 있다면 극도로 유용할 것이다. $n!\approx\sqrt{2\pi}e^{-n}n^{n+1/2}$이라는 스털링의 공식은 n계승에 대한 정확한 추정값을 준다. 여기서 $\approx$라는 기호는 '대략 동일한'이라는 뜻이고 e와 π는 상수로 $e\approx2.71828$, $\pi\approx3.14159$이다. n이 아주 클 때 이 수식은 더욱 간단해 보이는 근삿값인 $\ln(n!)\approx n\ln(n)-n$을 만족하는데, 다르게는 $n!\approx n^ne^{-n}$으로도 쓸 수 있다.

1730년에 스코틀랜드 수학자인 제임스 스털링은 자기가 쓴 가장 중요한 저서인 『미분 방법론(*Methodus Differentialis*)』에 n계승의 근삿값을 발표했다. 스털링은 정치적이고 종교적인 분쟁이 한창이던 시대에 수학자로 활동하기 시작했다. 그는 뉴턴과도 친구였지만 1735년 이후에는 자기 삶의 대부분을 사업을 관리하는 데 바쳤다.

영국의 수학자 키스 볼(Keith Ball)은 이렇게 말했다. "나는 이것이 18세기 수학에서 가장 본질적인 발견 중 하나라고 생각한다. 이와 같은 공식은 우리로 하여금 17세기와 18세기에 일어난 수학의 놀라운 변화들에 대해 약간이나마 감을 잡게 해 준다. 로그는 1600년까지는 발견되지 않았다. 미적분 법칙들을 제시한 뉴턴의 『프린키피아(*Principia*)』는 그로부터 90년 후에나 등장했다. 다시 그로부터 90년 후에 수학자들은 스털링의 공식 같은 것들을 내놓기 시작했는데, 그처럼 섬세한 공식은 미적분학이 정식화되기 전이라면 생각도 할 수 없었으리라. 수학은 더 이상 비전문가의 놀이가 아니라 전문가의 직업이 되었다."

관련 항목 로그(130쪽), 비둘기집 원리(232쪽), 초월수(236쪽), 램지 이론(362쪽)

정확히 4!(24마리)의 딱정벌레로 둘러싸인 스털링의 공식.

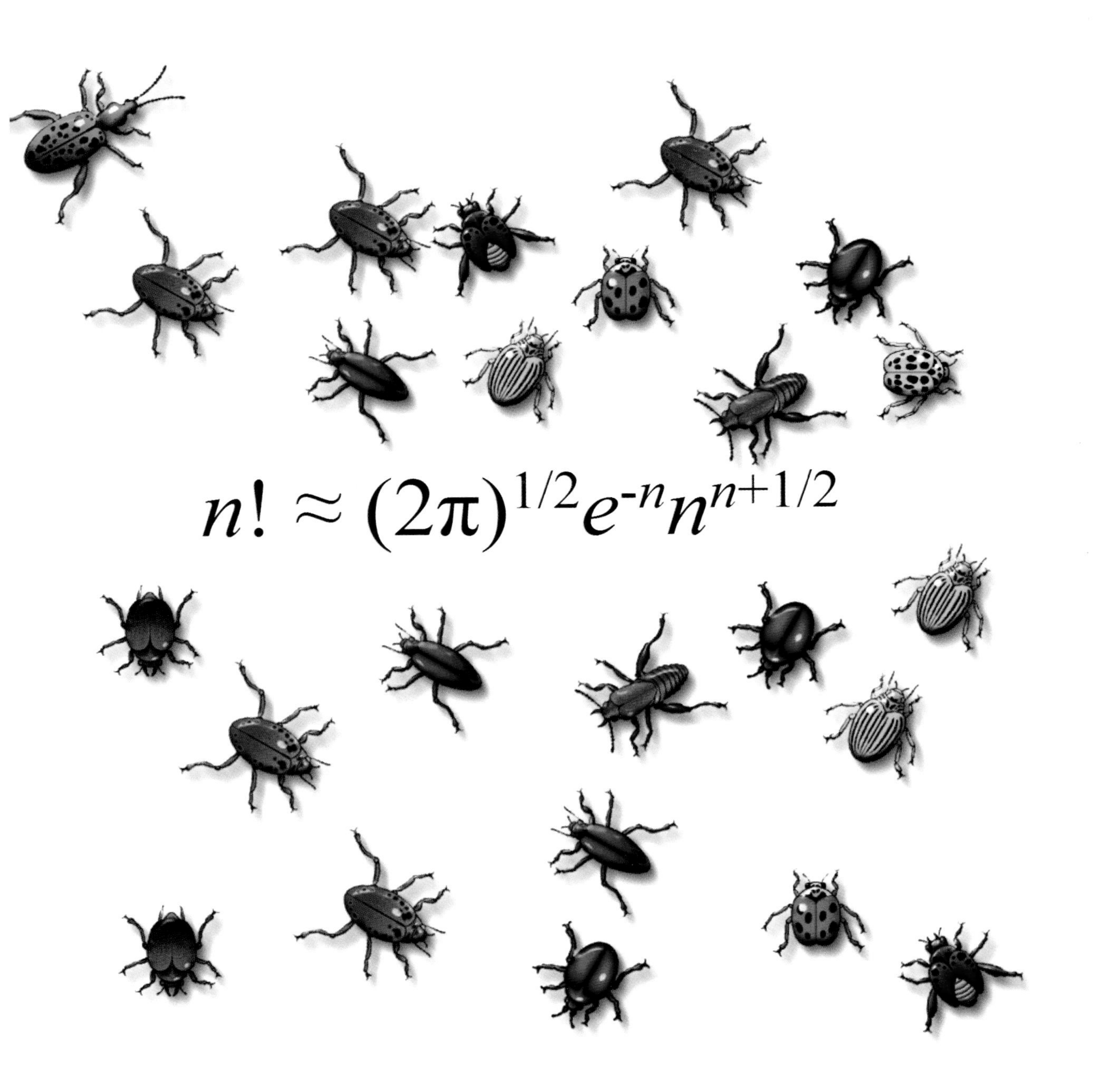
$n! \approx (2\pi)^{1/2}e^{-n}n^{n+1/2}$

1733년

정규 분포 곡선

아브라함 드 무아브르(Abraham de Moivre, 1667~1754년), **요한 카를 프리드리히 가우스**(Johann Carl Friedrich Gauss, 1777~1855년), **피에르시몽 라플라스**(Pierre-Simon Laplace, 1749~1827년)

1733년에 프랑스 수학자인 아브라함 드 무아브르는 「수열처럼 확장된 다항식 $(a+b)^n$의 항들의 합의 근삿값(Approximatio ad summam terminorum binomii $(a+b)^n$ in seriem expansi)」에서 정규 분포 곡선(Normal Distribution Curve)을 사상 최초로 설명했다. 오차의 법칙(Law of Error)을 처음으로 설명한 것이기도 하다. 드 무아브르는 커피숍에서 체스를 두어 버는 푼돈으로 생계를 유지하면서 평생 어렵게 살았다.

정규 분포 — 드 무아브르로부터 한참 후대에 그 곡선을 연구한 카를 프리드리히 가우스를 기념해 '가우스 분포(Gaussian Distribution)'라고도 한다. — 곡선은 관측이 이루어지는, 셀 수 없이 많은 분야에 적용되는, 정말 중요한 연속 확률 분포 곡선이다. 인구 통계, 건강 통계, 천문 관측, 형질 유전, 지능 검사, 보험 통계 등 헤아릴 수 없이 많은 분야에서 실험 데이터와 관측 결과에 분산이 있는 경우 활약한다. 사실 18세기 초 수학자들은 서로 달리 측정된 방대한 값들이 이런 식의 형태를 이루며 분포하거나 흩어지는 경향이 있음을 깨닫기 시작했다. 정규 분포는 핵심적인 두 매개 변수, 즉 평균과 표준 편차로 정의되는데, 이 두 변수는 데이터의 확산이나 가변성을 수량으로 나타낸 것이다. 정규 분포 곡선을 종형 곡선(bell curve)이라고도 하는데, 곡선 양쪽 끝보다는 중앙 쪽에 값이 더 많이 집중되는, 종처럼 생긴 대칭 꼴을 보이기 때문이다.

드 무아브르는 동전 던지기와 같은 실험에서 나타나는 다항 분포의 근삿값을 연구하다가 정규 분포 연구에 발을 들였다. 피에르 시몽 라플라스는 1783년에 측정 오차들을 연구하면서 정규 분포 곡선을 이용했다. 가우스는 1809년에 천문학 자료를 연구하는 데 이용했다.

영국의 인류학자 프랜시스 골턴(Francis Galton, 1822~1911년) 경은 정규 분포에 대해 이렇게 썼다. "나는 '오차 빈도수의 법칙'에서 나타나는 경이로운 전 우주적 질서의 형태처럼 우리의 마음속에 깊은 영향을 주는 것을 거의 알지 못한다. 그리스 인들이 그 법칙을 알았더라면 아마 틀림없이 그것을 가지고 어떤 신 하나를 만들어 냈을 것이다. 그 법칙은 가장 어지러운 혼돈 속에서도 평정을 잃지 않으며 완전히 녹아든다."

관련 항목 오마르 카이얌의 논문(96쪽), 파스칼의 삼각형(148쪽), 큰 수의 법칙(166쪽), 뷔퐁의 바늘(196쪽), 라플라스의 「확률 분석 이론」(214쪽), 카이제곱(302쪽)

독일 지폐에 그려진 카를 프리드리히 가우스와 정규 분포 곡선과 공식.

DEUTSCHE BUNDESBANK
Banknote
10
Carl Friedr. Gauß
1777–1855
AY7831976K1
10

1735년

오일러-마스케로니 상수

레온하르트 파울 오일러(Leonhard Paul Euler, 1707~1783년), **로렌초 마스케로니**(Lorenzo Mascheroni, 1750~1800년)

그리스 문자 γ로 표시되는 오일러-마스케로니 상수(Euler-Mascheroni Constant)는 0.5772157…의 값을 가지고 있다. 이 수는 지수와 로그를 정수론과 연결한다. γ의 값은 n이 무한에 수렴할 때 $(1+1/2+1/3+\cdots+1/n-\log n)$의 극한값으로 정의된다. γ가 적용되는 분야는 매우 많은데 그것이 무한 급수, 곱셈, 확률, 정적분과 같은 다양한 연산에서 한몫을 하기 때문이다. 예를 들어 1과 n 사이에 있는 모든 수의 약수를 평균 낸 값은 $\ln n+2\gamma-1$에 가깝다.

γ 값을 구하는 것은 π 값을 구하는 것만큼 대중적인 관심을 끌지는 못했지만 γ는 그래도 많은 열성팬들을 거느리고 있다. 우리는 2008년 현재 π를 1,241,100,000,000자리까지 알고 있지만, γ는 10,000,000,000자리까지밖에 알지 못한다. γ의 값을 구하는 것은 π에 비해서 훨씬 더 어렵다. 다음은 그 자릿수 일부를 앞에서부터 나타낸 것이다.

0.57721566490153286060651209008240243104215933593992….

이 상수는 π나 e 같은 다른 유명한 상수들과 마찬가지로 오래되고 흥미로운 역사를 자랑한다. 스위스 수학자인 레온하르트 오일러는 1735년에 발표한 「조화 수열 고찰(De Progressionibus harmonicis obsevationes)」이라는 논문에서 γ를 논했지만 당시에는 그것을 여섯 자리까지밖에 계산하지 못했다. 1790년에 이탈리아 수학자이자 사제인 로렌초 마스케로니는 더 많은 자릿수를 계산했다. 오늘날 우리는 그 수를 분수로 나타낼 수 있을지(0.1428571428571… 같은 숫자를 1/7로 나타낼 수 있듯이) 아직 모른다. γ에 아예 책 한 권을 써서 바친 줄리언 하빌(Julian Havil)의 이야기에 따르면, 영국 수학자 G. H. 하디는 누구든 γ를 분수로 나타낼 수 있는 사람에게 자신이 가진 옥스퍼드 사빌리언(Savilian) 석좌 교수 자리를 넘기겠다고 말했다고 한다.

관련 항목 π(62쪽), π 공식의 발견(112쪽), 오일러의 수, e(168쪽)

요한 게오르크 브루커(Johann Georg Brucker)가 1737년에 그린 레온하르트 오일러의 초상화.

1736년

쾨니히스베르크 다리

레온하르트 파울 오일러(Leonhard Paul Euler, 1707~1783년)

그래프 이론(Graph theory)은 물체들이 서로 어떻게 연결되어 있는가를 다루는 수학 분야로, 물체들을 선으로 연결된 점으로 표현해 문제를 단순화한다. 그래프 이론에서 가장 오래된 문제들 중에 독일(지금은 러시아의 영토이다.)에 있는 쾨니히스베르크의 다리 7개와 관련된 문제가 있다. 옛날 쾨니히스베르크에 살았던 사람들은 강과 다리와 섬 들을 따라 산책하기를 좋아했다. 그리고 1700년대 초에도 사람들은 7개의 다리 모두를 한 번씩만 건너서 처음 시작 지점으로 돌아올 수 있는지를 궁금해했다. 그리고 끝내 1736년에 그런 경로가 불가능하다는 사실을 스위스 수학자인 레온하르트 오일러가 증명했다.

오일러는 육지는 점으로, 다리는 선으로 그려 쾨니히스베르크의 거리를 그래프로 단순화했다. 그리고 모든 선분을 단 한 번만 지나가는 것이 가능하려면 차수(次數, valency, 한 꼭짓점에 연결된 선의 수를 말한다.)가 홀수인 꼭짓점이 3개 미만이어야만 한다는 사실을 보여 주었다. 쾨니히스베르크 다리들을 그린 그래프는 그러한 성질을 가지고 있지 않으므로, 한 선을 한 번 이상 지나지 않고 그래프를 모두 지나갈 수는 없다. 오일러는 이 발견 결과를 일반화해 다리 같은 연결망을 가진 구조 전체를 설명할 수 있는 틀을 만들었다.

수학사에서 쾨니히스베르크 다리 문제가 중요한 이유는 오일러의 해법이 그래프 이론의 제1정리에 해당하기 때문이다. 오늘날 그래프 이론은 화학 반응 경로와 교통 흐름에서 인터넷 사용자들의 사회적 네트워크까지 수없이 많은 분야에서 이용된다. 그래프 이론은 심지어 성병이 어떻게 퍼지는지도 설명할 수 있다. 오일러는 다리 길이 같은 구체적인 값과는 상관없는, 무척 단순한 연결망을 제시함으로써 도형과 도형 사이의 관계에 관심을 갖는 수학 분야인 위상 수학의 기초를 닦았다.

관련 항목 오일러의 다면체 공식(184쪽), 아이코시안 게임(246쪽), 뫼비우스의 띠(250쪽), 푸앵카레 추측(310쪽), 조르당 곡선 정리(316쪽), 스프라우츠(438쪽)

왼쪽: 쾨니히스베르크 다리 7개 중 4개를 건너는 방법들. 오른쪽: 맷 브릿(Matt Britt)의 인터넷 지도의 일부. 각 선의 길이는 두 접속점(Node) 사이의 지연을 나타낸다. 색깔들은 접속점의 유형, 예를 들어 상업 구역, 정부 구역, 군사 구역, 교육 구역 등을 나타낸다.

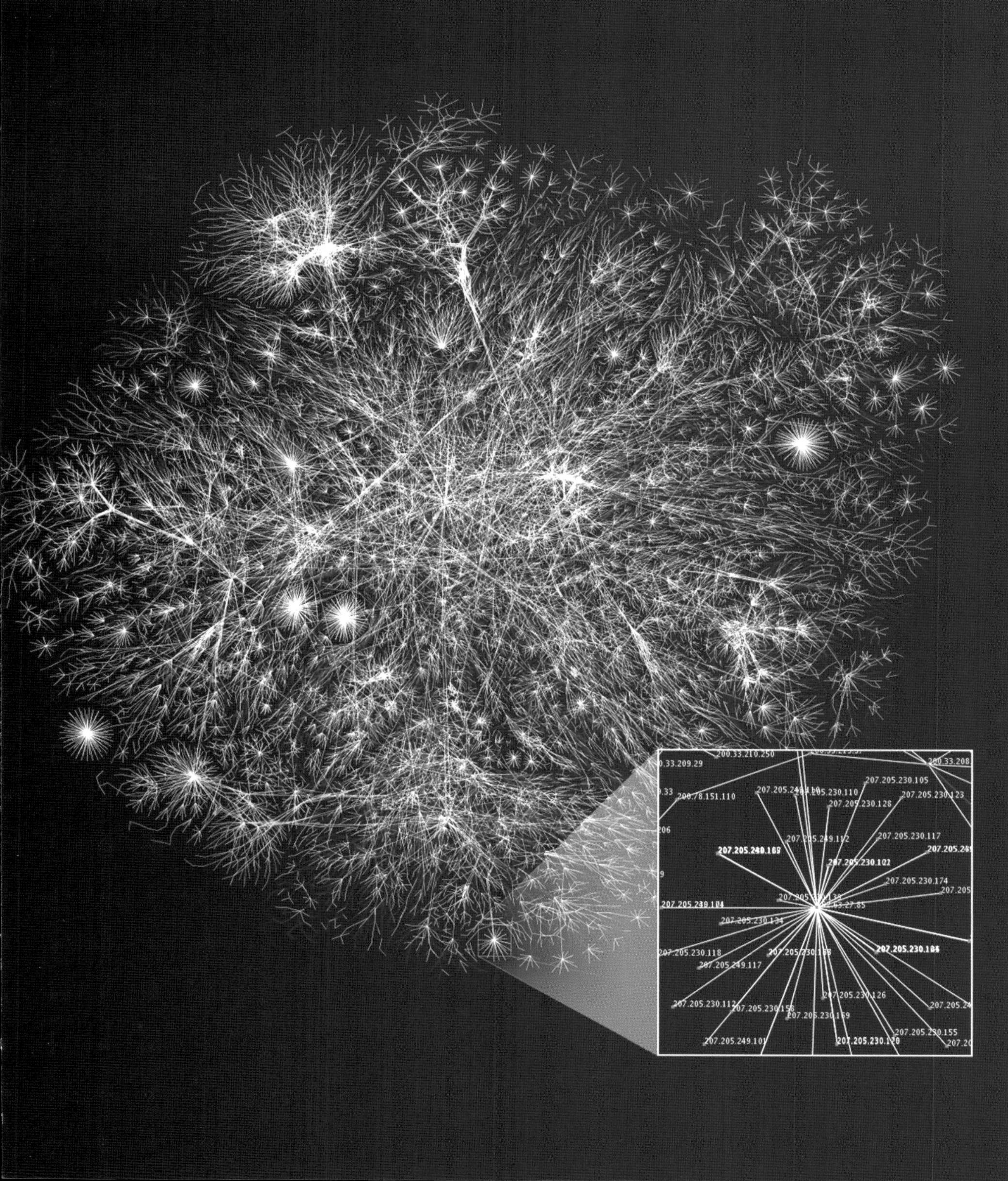
200.33.210.250
200.78.151.110
207.205.230.105
207.205.230.123
207.205.230.128
207.205.249.112
207.205.230.117
207.205.230.174
207.205.230.134
207.205.230.118
207.205.249.117
207.205.230.126
207.205.230.112
207.205.230.159
207.205.230.155
207.205.249.101

1738년

상트페테르부르크 역설

다니엘 베르누이(Daniel Bernoulli, 1700~1782년)

네덜란드에서 태어난 스위스 수학자이자 물리학자이며 의사인 다니엘 베르누이는 확률에 대해서 매혹적인 논문을 썼는데, 이 논문은 나중에 1738년에 『상트페테르부르크 제국 과학 협회 해설집(*Commentaries of the Imperial Academy of Science of Saint Petersburg*)』에 실렸다. 이 논문은 이른바 상트페테르부르크 역설(St. Petersbug Paradox)을 다루는데, 동전 뒤집기 도박과 이 도박 참가비에 대한 역설이다. 철학자들과 수학자들은 이 게임 참가비의 적정 금액을 두고 오랫동안 논의해 왔다. 여러분이라면 얼마를 낼지 아래 설명을 읽고 생각해 보자.

먼저 1페니 동전을 뒷면이 나올 때까지 계속 튕긴다. 상금은 총 튕긴 횟수 n에 따라 결정되는데, 2^n달러이다. 따라서 만약 1페니 동전을 처음 튕기자마자 뒷면이 나오면 상금으로 $2^1=2$달러를 받고 게임은 여기서 끝난다. 만약 처음에 앞면이 나오면 다시 튕긴다. 두 번째에 뒷면이 나오면 상금은 $2^2=4$달러이고, 게임은 끝난다. 이런 식이다. 이 게임이 가진 역설을 상세히 논의하려면 이 책의 범위를 넘어서겠지만, 게임 이론에 따르면 '합리적인 도박사'는 참가비가 상금의 기댓값보다 적을 때에만 게임에 낄 것이다. 상트페테르부르크 게임의 몇 가지 분석에 따르면 참가비는 무한이 아닌 이상 반드시 상금의 기댓값보다 작으므로, 합리적인 도박사라면 참가비가 무한이 아닌 이상 얼마나 높든 상관없이 그 게임에 참가해야 한다! 그러나 실제로는 그렇지 않다. 사람들은 기댓값에 따라 의사 결정을 하지 않는다.

경제학자이자 금융사 학자인 피터 르윈 번스타인(Peter Lewyn Bernstein)은 베르누이의 역설의 심오함에 대해서 이렇게 말했다. "베르누이의 논문은 그때까지 씌어진 그 어떤 문헌 못지않게 심오한 문헌으로 꼽을 수 있는데, 리스크라는 주제만이 아니라 인간 행동의 본질에 대해서도 다루기 때문에 그렇다. 관측과 직감 사이의 복잡한 관계를 강조하는 베르누이의 논문은 삶의 거의 모든 측면에 의미하는 바가 크다."

관련 항목 제논의 역설(48쪽), 아리스토텔레스의 바퀴 역설(56쪽), 큰 수의 법칙(166쪽), 이발사 역설(306쪽), 바나흐-타르스키 역설(352쪽), 힐베르트의 그랜드 호텔(356쪽), 생일 역설(382쪽), 해안선 역설(404쪽), 뉴컴의 역설(420쪽), 파론도의 역설(502쪽)

1730년대 이래 철학자들과 수학자들은 상트페테르부르크 역설에 대해 궁리해 왔다. 일각의 분석에 따르면 도박사는 돈을 무제한으로 딸 것이라고 기대되는 상황에서도 유한한 참가비를 내고 게임에 참여하려 하지 않는다.

THE UNITED STATES OF AMERICA
ONE DOLLAR
ONE

1742

골드바흐의 추측

크리스티안 골드바흐(Christian Goldbach, 1690~1764년), **레온하르트 파울 오일러**(Leonhard Paul Euler, 1707~1783년)

수학에서는 말로 하기에 가장 쉽고 단순한 문제들이야말로 가장 도전적일 때가 있다. 1742년에 프러시아의 역사가이자 수학자인 크리스티안 골드바흐는 5보다 큰 모든 정수는, 예를 들어 21=11+7+3처럼 세 소수의 합으로 쓸 수 있다는 추측을 제시했다. (소수는 5나 13처럼 1보다 크고 자기 자신과 1로만 나누어지는 수를 말한다.) 스위스 수학자인 레온하르트 오일러는 그것에 맞먹는 추측('강력한' 골드바흐의 추측이라고 한다.)을 제시했는데, 2보다 큰 짝수 정수는 모두 두 소수의 합으로 나타낼 수 있다는 것이다. 출판 대기업인 파버 앤드 파버에서는 『페트로스 아저씨와 골드바흐의 추측(*Uncle Petros and Goldbach's Conjecture*)』이라는 소설을 판촉하려고 2000년 3월 20일부터 2002년 3월 20일까지 골드바흐의 추측을 증명하는 사람을 위해 100만 달러의 상금을 내걸었지만 그 상금을 수령할 사람은 나타나지 않았고 추측은 아직 해결되지 않은 채로 남아 있다. 2008년에 포르투갈 아베이로 대학교의 연구원인 토마스 올리베이라 에 실바(Tomás Oliveira e Silva)가 그 추측을 $12 \cdot 10^{17}$까지 증명하는 분산 컴퓨터 연구를 수행했다.

물론 컴퓨터의 계산 능력이 아무리 대단하다고 해도 모든 수에 대한 추측을 확정할 수는 없다. 따라서 수학자들은 골드바흐의 직관이 옳았다는 실제적인 증거를 찾기를 바라고 있다. 1966년에 천징룬(陳景潤)이라는 중국 수학자가, 충분히 큰 모든 짝수는 한 소수와, 많아야 두 소수의 곱인 한 정수의 합으로 나타낼 수 있다는 사실을 증명하면서 어느 정도 진척이 이루어졌다. (천의 정리(Chen's theorem)라고 한다.) 예를 들어 18은 3+(3×5)에 해당한다. 1995년에 프랑스 수학자인 올리비에 라마레(Olivier Ramaré)는 4 이상의 모든 짝수는 많아야 소수 6개의 합으로 나타낼 수 있음을 보여 주었다.

관련 항목 매미와 소수(24쪽), 에라토스테네스의 체(64쪽), 정십칠각형 만들기(204쪽), 가우스의 『산술 논고』(208쪽), 리만 가설(254쪽), 소수 정리 증명(294쪽), 브룬 상수(338쪽), 길브레스의 추측(412쪽), 울람 나선(426쪽), 에르되시와 극한적 협력(446쪽), 공개 키 암호(466쪽), 안드리카의 추측(484쪽)

골드바흐의 혜성은 짝수인 n(y축)을 두 소수의 합으로 나타내는 방법의 가짓수(x축)를 보여 준다. ($4 \le n \le 1{,}000{,}000$) 왼쪽 아래에 있는 별의 좌표는 (0, 0)이다. x축의 범위는 0에서 대략 15,000까지이다.

1748년

아네시의 『이탈리아 청년들을 위한 해석학』

마리아 가에타나 아네시(Maria Gaetana Agnesi, 1718~1799년)

이탈리아 여성 수학자 마리아 아네시는 『이탈리아 청년들을 위한 해석학(*Instituzioni Analitiche ad uso della gioventu italiana*)』을 썼는데 이것은 미분학과 적분학을 둘 다 다루는 최초의 통합 교과서일뿐더러 여성이 쓴 수학 책 중 남아 있는 것으로는 가장 오래된 것이기도 하다. 네덜란드 수학자인 디르크 얀 스트루이크(Dirk Jan Struik)는 아네시를 일러 "히파티아(5세기) 이래 처음 나타난 가장 중요한 여성 수학자"라고 했다.

신동이었던 아네시는 13세 무렵에는 적어도 일곱 가지 언어를 구사할 수 있었다. 그러나 그녀는 거의 평생 사회적 관계를 피하고 오로지 수학과 종교 연구에만 평생을 바쳤다. 클리퍼드 트루스델(Clifford Truesdell)은 이렇게 썼다. "아네시는 아버지에게 수녀가 되고 싶으니 허락해 달라고 했다. 가장 아끼는 아이가 자신을 떠나려고 하자 겁을 먹은 아버지는 딸에게 제발 마음을 바꿔 달라고 부탁했다." 그러자 아네시는 어느 정도 은둔 상태로 살도록 해 준다면 계속 아버지와 함께 살겠다고 했다.

『이탈리아 청년들을 위한 해석학』이 출간되자 학계에서는 난리가 났다. 파리의 프랑스 과학 아카데미는 이렇게 썼다. "현대 수학의 서로 다른 분야들로 흩어져 서로 무척 다른 방식으로 제시되기 쉬운 이런 발견들을 거의 통합된 형태로 …… 압축하는 데는 대단한 기술과 총명함이 필요했을 것이다. 이 작품은 곳곳에서 현저한 질서와 명확성과 정확성을 볼 수 있다. …… 가장 완성도 높고 잘 만들어진 문헌이라 할 수 있다." 그 책은 또한 '아네시의 마녀(Witch of Agnesi)'라는 별명으로 불리는 $y=8a^3/(x^2+4a^2)$으로 표현되는 3차 곡선에 대한 논의도 담고 있다.

볼로냐 아카데미의 의장은 아네시를 초빙해 볼로냐 대학교의 수학 교수 자리를 주려고 했다. 일설에 따르면 아네시는 볼로냐 대학교로 가고 싶어 하지 않았다고 한다. 왜냐하면 이 무렵에는 온전히 종교와 자선 사업에 헌신하고 있었기 때문이다. 하지만 어쨌거나 이로써 아네시는 유럽 역사상 두 번째로 대학 교수에 임명된 여성이 되었다. 최초는 라우라 바시(Laura Bassi, 1711~1778년)였다. 아네시는 전 재산을 가난한 사람들을 돕는 데 바치고, 구빈원에서 완전한 가난 속에서 세상을 떠났다.

관련 항목 히파티아의 죽음(80쪽), 미적분의 발견(154쪽), 로피탈의 『무한소 분석』(162쪽), 코발레프스카야의 박사 학위(262쪽)

미분학과 적분학을 둘 다 다루는 최초의 통합 교과서이자 여성이 쓴 수학 저서로는 현존 최고(最古)의 책인 『이탈리아 청년들을 위한 해석학』 1권의 표지.

INSTITUZIONI ANALITICHE

AD USO

DELLA GIOVENTU' ITALIANA

DI D.[NA] MARIA GAETANA AGNESI

MILANESE

Dell' Accademia delle Scienze di Bologna.

TOMO I.

IN MILANO, MDCCXLVIII.

NELLA REGIA-DUCAL CORTE.

CON LICENZA DE' SUPERIORI.

1751년

오일러의 다면체 공식

레온하르트 파울 오일러(Leonhard Paul Euler, 1707~1783년), **르네 데카르트**(René Descartes, 1596~1650년), **에르되시 팔**(Erdős Pál, 1913~1996년)

오일러의 다면체 공식은 수학 전 분야에서 가장 아름다운 공식들 중 하나이자, 도형과 그 상호 관계를 연구하는 위상 수학 분야에서 최초로 등장한 위대한 공식들 중 하나로 꼽힌다. 수학 학술지인 《매서매티컬 인텔리전서(*Mathematical Intelligencer*)》의 독자들을 대상으로 실시한 설문에 따르면 그 공식은 역사상 둘째로 가장 아름다운 공식으로 선정되었는데, 첫째는 앞서 「오일러의 수, e(1727년)」 항목에서 다룬 $e^{i\pi}+1=0$이었다.

1751년에 스위스 수학자이자 물리학자인 레온하르트 오일러는 볼록한 다면체(평평한 면과 직선 변을 가진 물체)는 모두 꼭짓점의 개수를 V, 변의 개수를 E, 면의 개수를 F로 놓았을 때, $V-E+F=2$를 만족시킨다는 사실을 발견했다. 볼록 다면체는 홈이나 구멍이 없는 다면체, 더 공식적으로 말해서 내부 점 둘을 연결하는 모든 선분이 모두 그 도형의 내부에 담겨 있는 다면체이다. 예를 들어 정육면체는 면 6개, 변 12개, 꼭짓점 8개가 있다. 이 값들을 오일러의 공식에 넣으면 $6-12+8=2$를 얻는다. 12개의 면을 가진 십이면체에서는 $20-30+12=2$가 된다. 흥미롭게도 1639년경에 르네 데카르트는 몇 가지 수학적 단계들을 거쳐 오일러의 공식으로 변환될 수 있는 다면체 공식을 발견한 바 있다.

다면체 공식은 후대에 네트워크와 그래프 연구로 일반화되어 수학자들에게 구멍이 나 있거나 더 높은 차원을 가진 도형들을 이해하는 데 도움을 주었다. 또한 이 공식은 수많은 실용 분야에 응용할 수 있기 때문에 컴퓨터 전문가들은 이 공식을 이용해 전기 회로에서 전선을 배열하는 방식을 찾았고 우주론 연구자들은 우리 우주의 모양을 고찰했다.

출간물의 수로 볼 때 역사상 오일러를 능가할 만큼 왕성한 활동을 펼친 수학자는 헝가리 수학자 에르되시 팔밖에 없었다. 안타깝게도 오일러는 말년에 눈이 멀었다. 그렇지만 영국 과학 저술가인 데이비드 달링은 이렇게 말한다. "오일러의 업적은 시력과 반비례했던 듯하다. 1766년에 완전히 눈이 먼 이후에 오일러의 출간 속도는 오히려 빨라졌기 때문이다."

관련 항목 플라톤의 입체(52쪽), 아르키메데스의 준정다면체(66쪽), 오일러의 수, e(168쪽), 쾨니히스베르크 다리(176쪽), 아이코시안 게임(246쪽), 픽의 정리(296쪽), 지오데식 돔(348쪽), 에르되시와 극한적 협력(446쪽), 스칠라시 다면체(468쪽), 스피드론(472쪽), 구멍 다면체 풀기(504쪽)

테자 크라섹이 그린 별 모양의 이 십이면체는 볼록 다면체가 아니기 때문에, $V-E+F=2$가 성립하지 않는다. 여기서 $F=12$, $E=30$, $V=12$이므로 $V-E+F=-6$이 된다.

1751년

오일러의 다각형 자르기

레온하르트 파울 오일러(Leonhard Paul Euler, 1707~1783년)

1751년에 스위스 수학자인 레온하르트 파울 오일러는 프러시아 수학자인 크리스티안 골드바흐에게 다음과 같은 문제를 제시했다. 변이 n개인 평면 볼록 다각형을 대각선을 따라 자르면 삼각형을 몇 개(E_n)까지 만들 수 있겠는가? 좀 더 정식화해서 말하면 다음과 같다. 다각형 파이를 한 변에서 시작해서 아래쪽 다른 변까지 직선으로 잘라서 삼각형을 만드는 방식은 전부 몇 가지나 될까? 자른 선은 서로 교차해서는 안 된다. 오일러가 찾아낸 공식은 이러했다.

$$E_n = \frac{2 \cdot 6 \cdot 10 \cdots (4n-10)}{(n-1)!}$$

다각형은 그 도형 안에 있는 모든 꼭짓점을 짝지었을 경우, 그 두 꼭짓점을 이어서 만든 직선 선분 전체가 그 도형 안에 포함되어 있을 때 볼록하다고 한다. 저술가이자 수학자인 하인리히 되리(Heinrich Dörrie)는 이렇게 말했다. "이 문제가 이렇게나 흥미로운 것은 그것이 악의 없는 겉모습과는 달리 수많은 어려움을 숨기고 있기 때문이다. 그 사실은 독자들을 놀라게 할 것이다. …… 오일러 자신도 '내가 사용한 귀납법은 대단히 수고스러웠다.'라고 말하기도 했다."

예를 들어 정사각형에서 우리는 $E_4=2$를 얻는데 그것은 정사각형의 경우 대각선을 2개 그을 수 있다는 사실에 대응한다. 오각형에서라면 $E_5=5$이다. 사실 이전의 실험가들은 그림을 그려 문제를 풀어 보려는 경향을 보였지만, 이러한 시각적 접근법은 다각형이 복잡해져 그 선들이 많아지면 오히려 통제하기 어려워진다는 문제점을 안고 있다. 구각형에 도달할 즈음에는 그 다각형을 대각선으로 잘라 삼각형들로 나누는 방법이 429가지나 나오게 된다.

다각형 자르기 문제는 많은 사람들의 주목을 끌었다. 1758년에 헝가리에서 태어나고 독일 등지에서 활동한 수학자인 요한 안드레아스 폰 세그너(Johann Andreas von Segner, 1704~1777년)는 그 값을 결정하는 재귀 공식을 발전시켰다. $E_n=E_2E_{n-1}+E_3E_{n-2}+\cdots+E_{n-1}E_2$. 재귀 공식이란 각 항이 이전 항의 함수로 정의되는 공식이다.

흥미롭게도 E_n의 값은 카탈랑 수, 즉 $(E_n - C_{n-1})$와도 밀접하게 얽혀 있다. 카탈랑 수는 유한하거나 불연속적인 시스템 내에서 선택과 배열과 작용의 문제들을 다루는 수학 분야인 조합론에서 유의미하게 쓰인다.

관련 항목 아르키메데스: 모래, 소 떼, 스토마키온(60쪽), 골드바흐의 추측(180쪽), 몰리의 3등분 정리(298쪽), 램지 이론(362쪽)

정오각형은 대각선을 이용해 다섯 가지 방식으로 삼각형으로 나눌 수 있다.

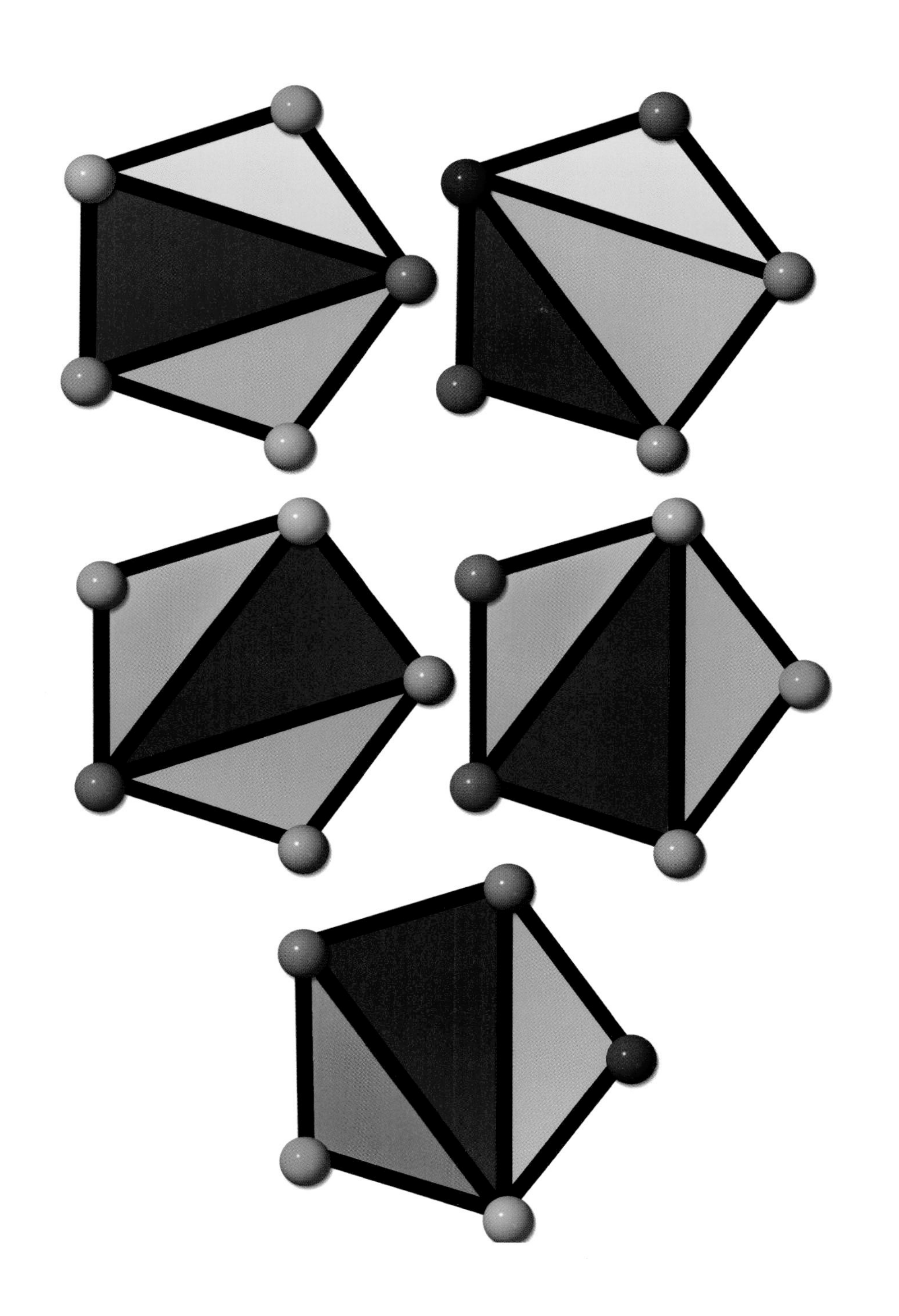

1759년

기사의 여행

아브라함 드 무아브르(Abraham de Moivre, 1667~1754년), **레온하르트 파울 오일러**(Leonhard Paul Euler, 1707~1783년), **아드리앵마리 르장드르**(Adrien-Marie Legendre, 1752~1833년)

기사의 여행(Kinght's Tour)을 완성하려면 체스의 기사가 가로×세로 8×8의 체스판에서 모든 칸을 정확히 한 번씩만 지나면서 완벽히 한 바퀴를 돌아야 한다. 수 세기에 걸쳐 다종다양한 기사의 여행이 수학자들의 큰 관심을 끌어 왔다. 기록상 최초로 해법을 내놓은 인물은 아브라함 드 무아브르로, 사실 정규 분포 곡선과 복소수 관련 정리로 더 유명한 프랑스 수학자이다. 드 무아브르의 해법에서는 기사의 여행이 시작 지점에서 멀리 떨어진 칸에서 끝난다. 프랑스 수학자인 아드리앵마리 르장드르는 이것을 '개량'해서 첫 칸과 마지막 칸이 한 칸밖에 떨어지지 않도록, 다시 말해 기사가 64번 움직여 출발점 근처로 돌아오는 해법을 찾았다. 그런 경로를 '재진입(reentrant)' 경로라고 한다. 스위스 수학자인 레온하르트 오일러는 체스판의 이쪽 절반과 저쪽 절반을 번갈아 오가는 재진입 경로를 찾아냈다.

오일러는 최초로 기사의 여행을 분석하는 수학 논문을 썼다. 그리고 1759년에 베를린 과학 아카데미에 그 논문을 제출했지만, 이 영향력 있는 논문이 발표되려면 1766년까지 기다려야 했다. 흥미로운 것은 1759년에 베를린 과학 아카데미가 기사의 여행을 다룬 최고의 논문을 모집하면서 상금 4,000프랑을 내걸었는데, 오일러가 베를린 과학 아카데미의 수학 분과 이사직을 맡고 있어서 상을 받을 자격이 안 되었던 탓에 결국 그 상금은 아무도 받지 못했다.

내가 가장 좋아하는 기사의 여행은 각 면이 모두 체스판으로 된 한 정육면체의 여섯 면을 오가는 여행이다. 헨리 듀드니(Henry E. Dudeney)는 『수학의 즐거움(*Amusement in Mathematics*)』에서 이 정육면체상의 경로를 제시했는데, 그 해결책(각 면을 차례로 여행하는) 경로는 아마 프랑스 수학자인 알렉상드르테오필 반데르몽(Alexandre-Théophile Vandermond, 1735~1796년)이 더 이전에 내놓은 연구 결과를 기반으로 한 것이 아닐까 싶다. 그 후 기사의 여행의 다양한 성질들은 원기둥이나 뫼비우스의 띠, 토러스, 클라인 병, 그리고 심지어 더 높은 차원의 체스판을 배경으로 본격적인 연구의 대상이 되었다.

관련 항목 뫼비우스의 띠(250쪽), 클라인 병(278쪽), 페아노 곡선(288쪽)

가로×세로 30×30칸 체스판 위의 기사의 여행. 컴퓨터 과학자인 드미트리 브랜트(Dmitry Brant)가 인공 신경으로 이루어진 신경 네트워크를 이용해 발견한 것이다.

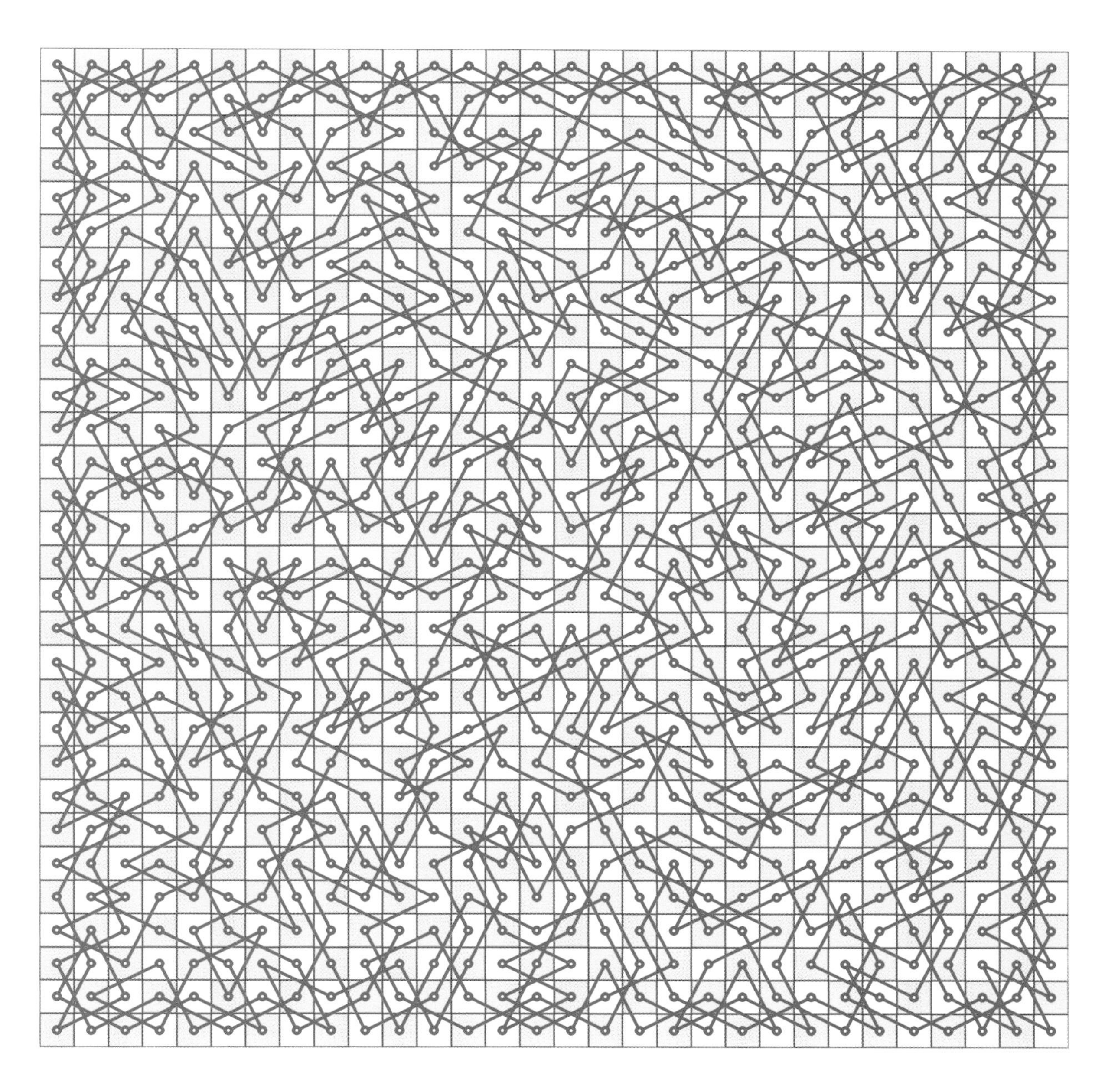

1761년

베이즈 정리

토머스 베이즈(Thomas Bayes, 1702?~1761년)

영국 수학자이자 장로교 목사인 토머스 베이즈가 정식화한 베이즈 정리(Bayes' Theorem)는 과학에서 중요한 역할을 하는데, 조건부 확률을 계산할 때 이용되는 단순한 수학 공식으로 제시할 수 있다. 조건부 확률은 B라는 다른 사건이 주어졌을 때 A라는 어떤 사건이 일어날 확률을 말하며 $P(\mathrm{A}|\mathrm{B})$로 쓴다. 베이즈 정리에 따르면 $P(\mathrm{A}|\mathrm{B})=(P(\mathrm{B}|\mathrm{A})\times P(\mathrm{A}))/P(\mathrm{B})$이다. 여기서 $P(\mathrm{A})$는 사건 A의 사전 확률이라고 한다. 사건 B에 대해 우리가 아는 것들을 전혀 염두에 두지 않았을 때 A라는 사건이 일어날 확률이다. $P(\mathrm{B}|\mathrm{A})$는 A라는 사건이 주어졌을 때 사건 B의 조건부 확률이다. $P(\mathrm{B})$는 사건 B의 사전 확률이다.

상자 2개가 있다고 생각해 보자. 1번 상자에는 골프공 10개, 당구공 30개가 들어 있다. 2번 상자에는 둘 다 20개씩 들어 있다. 둘 중 아무거나 한 상자를 선택해서 공을 하나 꺼내 보자. 어느 공이든 선택될 확률은 똑같다고 가정한다. 나온 공은 당구공이다. 여러분이 1번 상자를 택했을 확률은 얼마나 되는가? 다시 말해 여러분이 손에 당구공을 쥐고 있을 때, 여러분이 상자 1을 선택했을 확률은 얼마나 되는가?

사건 A는 여러분이 1번 상자를 택하는 경우에 해당한다. 사건 B는 당구공이 나오는 경우에 해당한다. 우리가 계산하고 싶은 것은 $P(\mathrm{A}|\mathrm{B})$이다. $P(\mathrm{A})$는 0.5, 즉 50퍼센트이다. $P(\mathrm{B})$는 상자와는 상관없이 당구공이 나오는 경우의 확률이다. 이때 $P(\mathrm{A}|\mathrm{B})$를 계산하는 방법은 한 상자에서 당구공이 나올 경우의 확률과 한 상자를 택할 경우의 확률을 곱하는 것이다. 상자 1에서 당구공이 나올 확률은 0.75이다. 상자 2에서 당구공이 나올 확률은 0.5이다. 전체적으로 당구공을 꺼낼 확률은 $0.75\times0.5+0.5\times0.5=0.625$가 된다. $P(\mathrm{B}|\mathrm{A})$, 즉 여러분이 1번 상자를 택하고 당구공이 나올 경우의 확률은 0.75이다. 우리는 베이즈 정리의 공식을 써서 1번 상자를 택할 경우의 확률을 알아낼 수 있는데, 그 확률은 $P(\mathrm{A}|\mathrm{B})=0.6$이다.

관련 항목 큰 수의 법칙(166쪽), 라플라스의 「확률 분석 이론」(214쪽)

1번 상자(위쪽 상자)와 2번 상자(아래쪽 상자)가 있다. 여러분이 아무 상자나 하나를 택해 공을 꺼냈더니 골프공이 아니라 당구공이 나왔다. 위쪽 상자를 택했을 확률은 얼마나 될까?

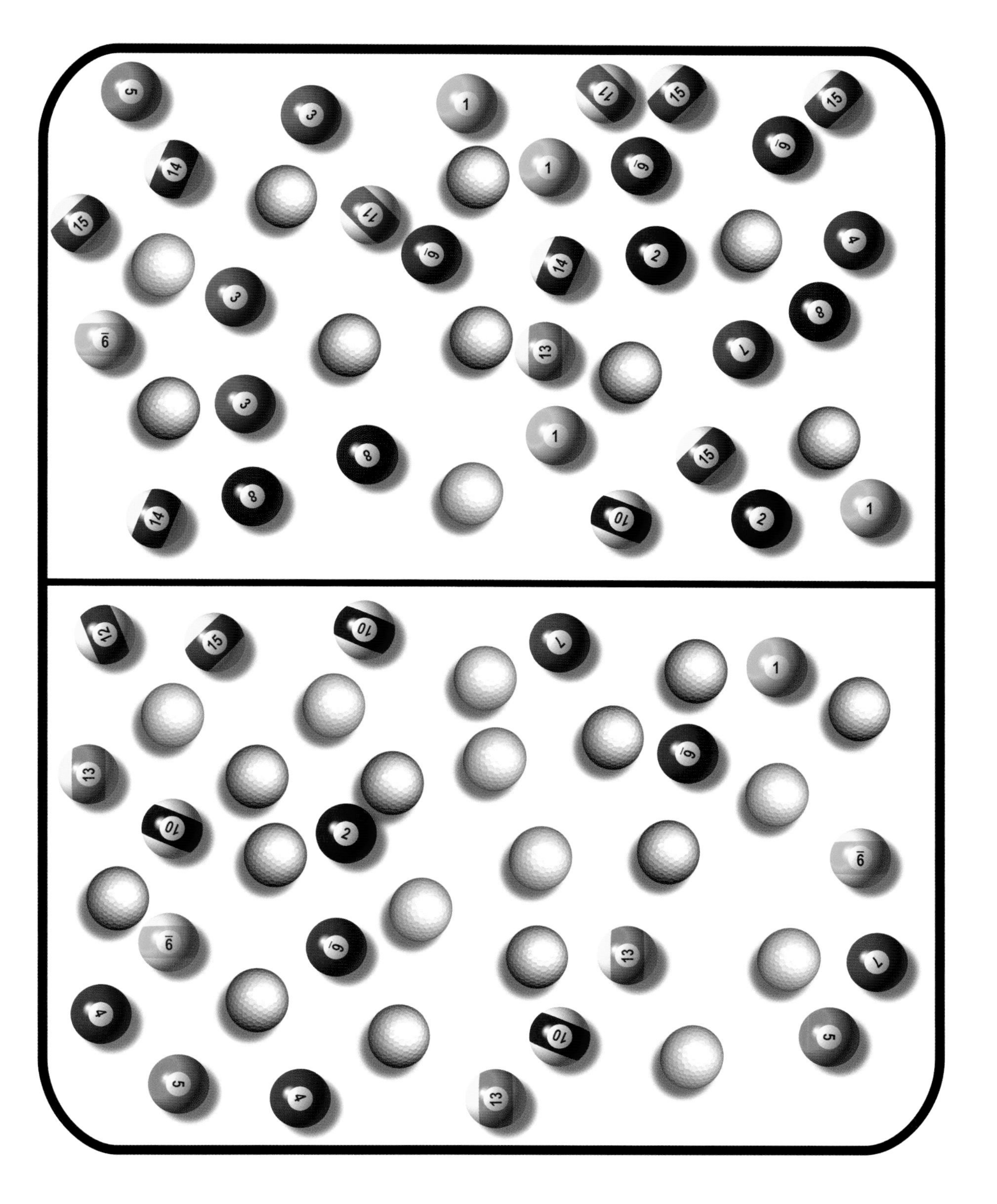

1769년

프랭클린의 마방진

벤저민 프랭클린(Benjamin Franklin, 1706~1790년)

벤저민 프랭클린은 과학자, 발명가, 정치가, 인쇄업자, 철학자, 음악가 겸 경제학자였다. 1769년에 동료에게 쓴 편지에서 프랭클린은 자기가 젊었을 때 만들어 낸 마방진을 설명했다.

프랭클린의 가로세로 8칸짜리 마방진은 놀라운 대칭성을 잔뜩 보여 주는데, 어쩌면 프랭클린도 그것들을 전부 알지는 못했을지도 모른다. 마방진의 각 가로줄과 세로줄의 합은 260이다. 각 가로줄과 세로줄의 절반을 합하면 130, 즉 260의 절반이 된다. 더불어 각 '굽은 가로줄'의 합 역시 260이다. 굽은 가로줄이란 그림에서 회색으로 강조된 칸들을 말한다.

굵은 검은색 테두리가 있는 칸들은 '꺽인 가로줄'(14+61+64+15+18+33+36+19)인데, 그것들을 합치면 260이 된다. 그 밖에도 다른 대칭성을 수두룩하게 찾을 수 있는데, 예를 들어 네 모서리의 수들과 네 중간 수들을 전부 합치면 역시 260이 된다. 가로세로 2칸씩 끊어서 그 안에 들어 있는 수들을 합치면 130이 되고, 전체 마방진의 중심에서 거리가 동일한 4칸에 든 수를 합쳐도 역시 모두 130이 된다. 이진법으로 바꾸면 심지어 더욱 놀라운 대칭성을 발견할 수 있다. 이처럼 대칭성이 많지만 안타까운 것은, 가장 큰 대각선 방향의 수의 합은 260이 아니라서, 일반적으로 대각선들의 합도 마법의 수여야 하는 엄격한 마방진의 자격을 갖추지 못한다는 점이다.

52	61	4	13	20	29	36	45
14	3	62	51	46	35	30	19
53	60	5	12	21	28	37	44
11	6	59	54	43	38	27	22
55	58	7	10	23	26	39	42
9	8	57	56	41	40	25	24
50	63	2	15	18	31	34	47
16	1	64	49	48	33	32	17

우리는 프랭클린이 어떤 방법으로 이 마방진을 만들어 냈는지 알지 못한다. 비록 프랭클린은 자기가 그 마방진을 '그냥 아무 생각 없이' 만들었다고 주장했지만, 많은 사람이 그 비밀을 풀려고 덤벼들었는데도 1990년대까지는 그 누구도 그 제조법을 발견하지 못했다. 1991년에 작가인 랄바이 파텔(Lalbhai Patel)은 프랭클린 마방진을 구축하는 방법 하나를 찾아냈다. 그 방법이 보기에는 무척 길어 보이기는 했지만 파텔은 스스로 노력한 끝에 그 과정을 신속히 수행할 수 있게 되었다. 프랭클린의 마방진에서는 경이로운 패턴들이 너무나 많이 발견되어서, 이 마방진은 발명자가 세상을 떠난 후로도 대칭성을 비롯해 그 성질들이 오래도록 연달아 발견되는 수학적인 대상을 가리키는 비유로 쓰여 왔다.

관련 항목 마방진(34쪽), 완전 4차원 마방진(500쪽)

화가 데이비드 마틴(David Martin, 1737~1797년)이 그린 벤저민 프랭클린의 초상화(1767년).

1774년

극소 곡면

레온하르트 파울 오일러(Leonhard Paul Euler, 1707~1783년), **장 메스니에**(Jean Meusnier, 1754~1793년), **하인리히 페르디난트 셔크**(Heinrich Ferdinand Scherk, 1798~1885년)

비눗물에 납작한 철사 고리를 담갔다 꺼낸다고 생각해 보자. 고리에 맺힌 작은 원반 모양 비누막은 다른 물체에 맺혔을 때보다 그 면적이 작을 터이므로 수학자들은 그 표면을 극소 곡면(Minimal Surface)이라고 부른다. 좀 더 정식화해 말하자면, 주어진 폐곡선 하나나 여러 개로 둘러싸인 한 유한한 곡면이 가능한 가장 작은 표면적을 가질 때 그것을 극소 곡면이라고 한다. 그 곡면의 평균 곡률은 0이다. 수학자들은 극소 곡면과 그 극소성을 증명하는 문제를 두고 2세기도 넘는 세월 동안 탐색을 해 왔다. 3차원으로 꼬여 들어가는 결합 곡선들을 가진 극소 곡면들은 아름다운 동시에 복잡하다.

1744년에 스위스 수학자인 레온하르트 오일러는 현수면(懸垂面, catenoid)을 발견했는데, 그것은 그저 둥글고 단순하고 사소한 사례들을 넘어서는 극소 곡면이었다. 1776년에 프랑스 기하학자인 장 메스니에는 나선형 극소 곡면을 발견했다. (육군 장성을 지내기도 했던 메스니에는 사람들을 태울 수 있는 타원형 풍선을 가진 프로펠러 추진 기구를 최초로 고안했다.)

또 다른 극소 곡면은 한참 뒤인 1873년에 독일 수학자 하인리히 셔크가 발견했다. 같은 해 벨기에 물리학자인 조세프 플라토(Joseph Plateau, 1801~1883년)는 비누막들이 늘 극소 곡면을 형성한다는 사실을 추정하는 데 견인차가 된 실험들을 수행했다. '플라토의 문제(Plateau's Problem)'는 이것이 사실임을 증명하는 데 필요한 수학을 다룬다. (플라토는 시각 생리학 실험에서 25초간 태양을 응시한 결과로 눈이 멀었다.) 한층 최근에 제시된 예 중에는 코스타의 극소 곡면이 있는데 그것은 브라질 수학자인 첼소 코스타(Celso Costa)가 1982년에 최초로 수학적으로 기술하는 데 성공했다.

지금은 컴퓨터와 컴퓨터 그래픽 기술이 극소 곡면들을 그리고 시각화하는 수학자의 작업에서 중요한 역할을 하고 있는데, 그중에는 무척 복잡한 것들도 있다. 언젠가 극소 곡면들은 재료 과학과 나노 기술에서 다양하게 응용될 가능성이 있다. 예를 들어 일부 고분자들은 혼합되면 극소 곡면인 접점을 형성한다. 접점의 형태를 더 잘 파악할 수 있게 되면 과학자들이 그런 혼합물들의 화학적 성질을 예측하는 데 도움이 될 수도 있다.

관련 항목 토리첼리의 트럼펫(146쪽), 벨트라미의 의구(256쪽), 보이 곡면(304쪽)

오른쪽 그림은 극소 곡면 중 하나인 에네퍼의 곡면(Enneper's surface)의 한 형태로, 폴 닐랜더가 만든 것이다. 이 곡면은 1863년경에 독일 수학자인 알프레트 에네퍼(Alfred Enneper, 1830~1885년)가 발견했다.

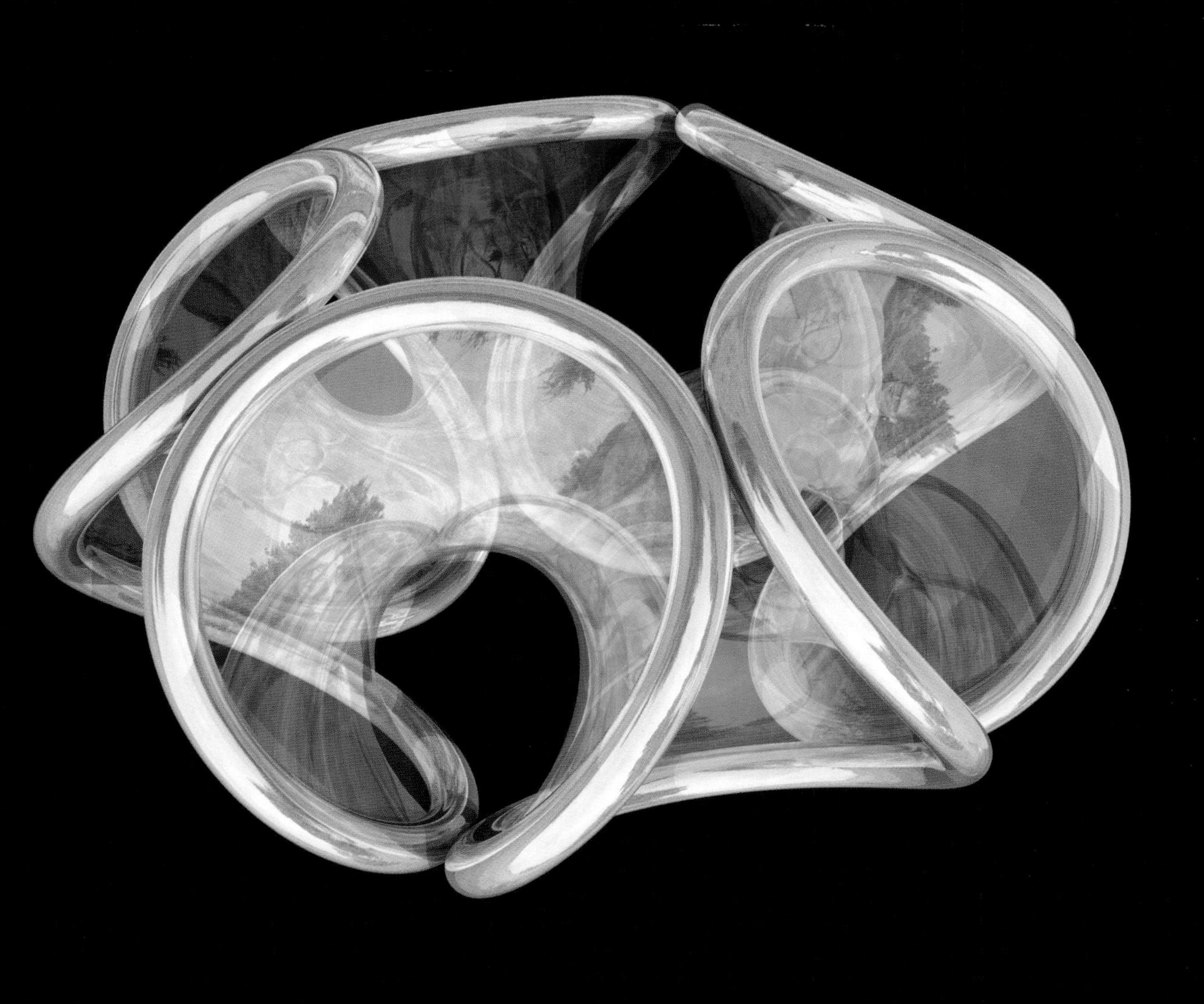

1777년

뷔퐁의 바늘

조르주루이 르클레르, 뷔퐁 백작(Georges-Louis Leclerc, Comte de Buffon, 1707~1788년)

카지노가 많기로 유명한 모나코의 한 구역에서 이름을 딴 몬테 카를로 방법(Monte Carlo Method)은 핵연쇄 반응의 통계학에서 교통 흐름의 통제에 이르기까지 다양한 문제들을 해결하기 위해 무작위성을 이용하는 방식인데, 수학과 과학에서 중요한 역할을 한다.

이 방법의 최초 사례이자 가장 유명한 용례 한 가지는 18세기 프랑스로 거슬러 올라간다. 박물학자 겸 수학자였던 뷔퐁 백작, 다시 말해 조르주루이 르클레르가 여러 줄이 그어진 종이 위에 바늘을 반복적으로 떨어뜨리고 그때마다 그 바늘이 선을 건드리는 횟수를 세어 수학적 상수인 원주율(π=3.1415…) 값을 계측할 수 있음을 보여 주었다. 가장 단순한 경우, 바닥 선 사이사이에 이쑤시개의 길이와 동일한 각격으로 홈이 파여 있는 나무 마룻바닥에 이쑤시개를 떨어뜨렸을 경우를 생각해 보자. 이쑤시개 낙하에서 π를 구하려면 단순히 떨어뜨린 횟수에다 2를 곱한 다음 그것을 이쑤시개가 선 하나를 건드리는 횟수로 나누면 된다.

뷔퐁 백작은 다재다능한 사내였다. 36권짜리 대작인 『자연의 역사: 보편과 특수(*Histoire naturelle: générale et particulière*)』는 자연 세계에 대해 그때까지 알려진 모든 것을 총망라해 찰스 다윈과 진화 이론에 영향을 미치기도 했다.

오늘날 강력한 컴퓨터들은 난수를 대량 생성할 수 있으며, 그 덕분에 과학자들은 몬테 카를로 방법을 최대한 활용해 경제학, 물리학, 화학 등의 분야는 물론이고, 단백질 구조 예측, 은하 형성 시뮬레이션, 인공 지능 연구, 암 치료법 개발, 주가 예측, 유전 탐사, 공기 역학적 디자인 개발, 그리고 다른 방법이 전혀 존재하지 않는 순수한 수학적 문제들을 탐구하고 있다.

몬테 카를로 방법은 현대에 와서 스타니슬라프 울람, 존 폰 노이만, 니콜라스 메트로폴리스(Nicholas Metropolis), 엔리코 페르미(Enrico Fermi) 같은 수학자들과 물리학자들 덕분에 세계적인 주목을 끌게 되었다. 페르미는 중성자의 성질을 연구하는 데 이 방법을 사용했다. 그리고 몬테 카를로 방법은 제2차 세계 대전 때 원자 폭탄을 개발한 맨해튼 프로젝트에서 필요한 모의 실험을 하는 데 핵심적 역할을 했다.

관련 항목 주사위(32쪽), π(62쪽), 큰 수의 법칙(166쪽), 정규 분포 곡선(172쪽), 라플라스의 「확률 분석 이론」(214쪽), 난수 생성기(380쪽), 중앙 제곱 난수 생성기(392쪽), 공에서 삼각형 꺼내기(478쪽)

프랑수아위베르 드루에(François-Hubert Drouais, 1727~1775년)가 그린 뷔퐁 백작의 초상화.

1779년

36명 장교 문제

레온하르트 파울 오일러(Leonhard Paul Euler, 1707~1783년), **가스통 타리**(Gaston Tarry, 1843~1913년)

각각 서로 지위가 다른 6명의 장교로 구성된 6개의 군 연대를 생각해 보자. 1779년에 레온하르트 오일러는 이 36명 장교를 가로세로 6칸의 정사각형 배열로 배치하되, 각 가로줄에 6개의 연대 중 1개 연대가 놓이고 각 세로줄에 6개의 직위를 하나씩 놓이도록 하는 것이 가능한가 하는 문제를 제기했다. 수학적으로 말하자면 이 문제는 서로 직교하는 6차 라틴 방진 2개를 찾아내는 것에 해당한다. 이 문제에 해답이 없다는 오일러의 추측은 옳았고, 프랑스 수학자인 가스통 타리는 1901년에 그 추측을 사실로 증명했다. 이 문제는 그 후 수 세기에 걸쳐 물체들을 선택하고 배치하는 것을 다루는 수학 분야인 조합론에서 중요한 연구 결과들을 이끌어 냈다. 라틴 방진은 또한 오류 정정 부호(Error-Correcting Codes, ECC)와 통신 분야에서 한몫을 한다.

라틴 방진이란 1에서 n까지 n차의 수로 구성되는데, 어떤 가로줄이나 세로줄에도 겹치는 수가 있어서는 안 된다. $n=1$차로 시작하는 라틴 방진의 수는 1, 2, 12, 576, 161,280, 812,851,200, 61,479,419,904,000, 108,776,032,459,082,956,800과 같이 나간다.

만약 라틴 방진 두 쌍을 병치시켜 얻어 낸 n^2 쌍이 모두 다르다면 그 두 라틴 방진은 직교한다고 말할 수 있다. (병치란 같은 차의 쌍을 형성하기 위해 두 수를 결합하는 것을 말한다.) 예를 들어 둘 다 3차이고 서로 직교하는 라틴 방진은 다음과 같다.

3	2	1
2	1	3
1	3	2

2	3	1
1	2	3
3	1	2

오일러는 $n=4k+2$일 경우 k가 양의 정수라면 서로 직교하는 $n \times n$ 라틴 방진은 있을 수 없다고 추정했다. 이 추정은 그로부터 1세기가 지난 1959년까지도 확인되지 않다가 수학자 보스(Bose), 시칸드(Shikhande), 파커(Parker)가 22×22 직교 라틴 방진을 작성했다. 오늘날 우리는 $n=2$와 $n=6$만 제외하고 모든 양의 정수 n에 대해서 직교하는 $n \times n$ 라틴 방진이 존재한다는 것을 알고 있다.

관련 항목 마방진(34쪽), 아르키메데스: 모래, 소 떼, 스토마키온(60쪽), 오일러의 다각형 자르기(186쪽), 램지 이론(362쪽)

6개의 색으로 구성되고 어떤 가로줄이나 세로줄에도 겹치는 색이 없도록 구축된 6×6 라틴 방진. 오늘날 우리는 6차 라틴 방진이 812,851,200개 존재함을 알고 있다.

1789년

산가쿠 기하학

후지타 사다스케(藤田貞資, 1734~1807년)

일본이 서구 문명과 단절되어 있던 1639~1854년, '산가쿠(算額)'라는 전통이 태어났다. 수학자, 농부, 무사, 여자, 아이 할 것 없이 모두가 어려운 기하학 문제들을 풀고 그 답들을 다양한 색깔의 나무판에 새겼다. 그러고 나서 이 나무판들을 신사나 절의 처마에 매달았다. 오늘날에 이르기까지 800개도 넘는 판들이 남아 있는데, 다수가 접원에 관한 문제들을 다루고 있다. 오른쪽 도형은 다카사카 긴지로라는 11세 사내아이가 1873년에 만든 후기 산가쿠이다. 그림에는 부채가 보이는데, 이 부채는 완전한 원의 3분의 1이다. 뿌연 노란색으로 칠해진 원의 지름을 d_1이라고 할 때, 초록색 원의 지름인 d_2는 얼마일까? 답은 $d_2 \approx d_1(\sqrt{3072}+62)/193$이다.

1789년 일본 수학자(일본에서는 '와산가(和算家)'라고 한다.)인 후지타 사다스케는 『신벽산법(神壁算法)』을 출간했는데, 이것은 산가쿠 문제를 모은 책이다. 산카쿠에 대한 최초의 언급은 문헌 기록상 1668년까지 거슬러 올라가지만, 현대에 남아 있는 가장 오래된 산가쿠 판은 1683년의 것이다. 산가쿠 문제는 대개 수학 교과서에서 볼 수 있는 전형적인 기하학 문제와는 묘하게 다른데, 그 이유는 산가쿠 마니아들이 보통 원과 타원에 집착했기 때문이다. 산가쿠 문제 중에는 너무 어려운 것도 간혹 있어, 물리학자인 토니 로스먼(Tony Rothman)과 교육자인 후카가와 히데토시(深川英俊)는 이렇게 썼다. "현대 기하학자들은 예외 없이 미적분과 아핀 변환(Affine Transformation) 같은 현대적인 방법들로 무장하고 그 문제들을 풀려고 덤벼든다." 그렇지만 산가쿠 문제들은 미적분학을 쓰지 않더라도 원칙적으로 아이들도 조금만 노력하면 풀 수 있을 정도로 충분히 단순하다.

샤드 부탱(Chad Boutin)은 이렇게 기술했다. "어쩌면 스도쿠 — 요즘 안 하는 사람이 없는 것 같은 숫자 퍼즐 — 가 바다 건너까지 퍼지기 전에 먼저 일본에서 그토록 인기를 끈 것도 놀라운 일이 아닐지 모른다. 스도쿠 열풍은 그 수 세기 전에 일본 열도를 휩쓴, 가장 아름다운 기하학적인 해답들을 산가쿠라는 아름답게 장식된 나무판들로 바꿔 놓은, 결의에 찬 열성 팬을 낳았던 그 수학 열풍을 연상시킨다."

관련 항목 에우클레이데스의 『원론』(58쪽), 케플러 추측(128쪽), 존슨의 정리(334쪽)

1873년의 후기 산가쿠 패턴, 11세 사내아이가 만든 것이다.

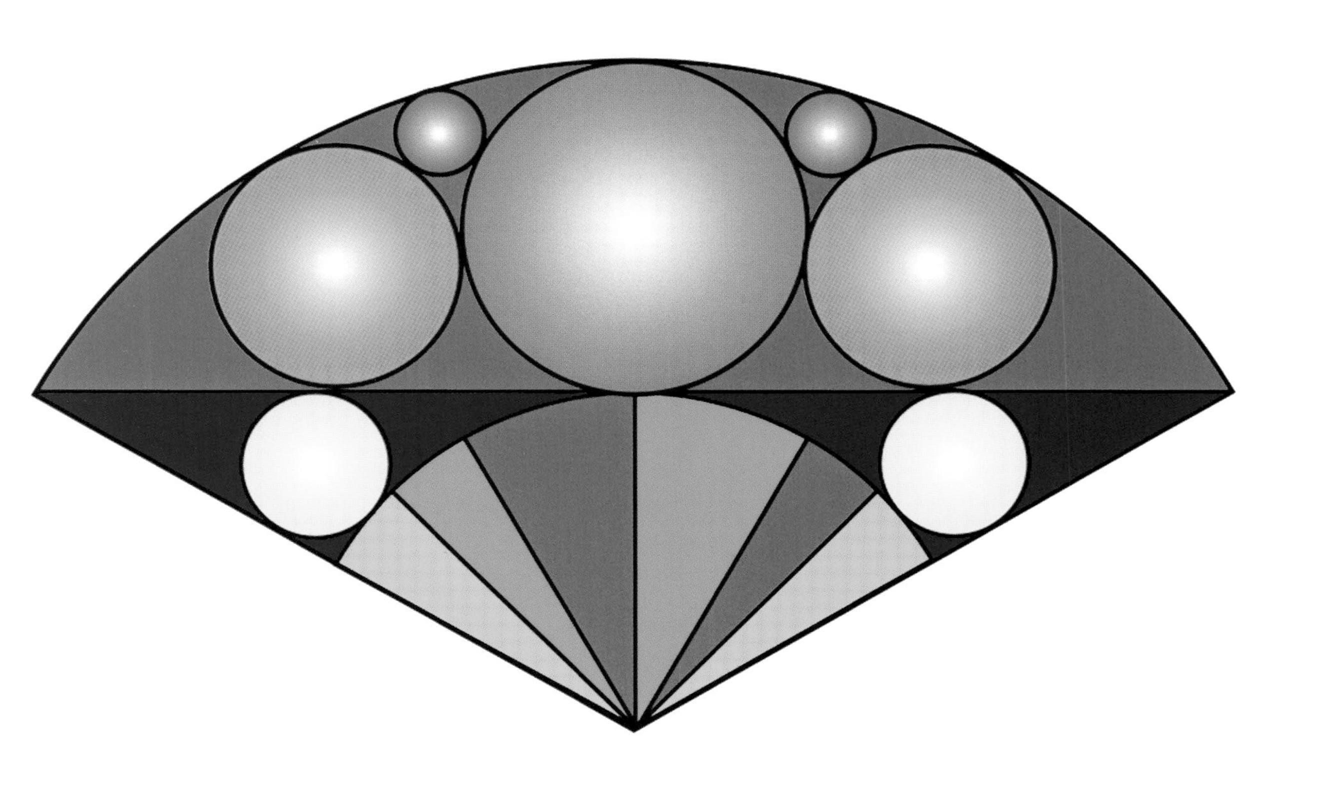

1795년

최소 제곱법

요한 카를 프리드리히 가우스(Johann Carl Friedrich Gauss, 1777~1855년)

기묘한 종유석이 천장에서 아래로 뻗어 있는 동굴에 들어갔다고 상상해 보자. 여러분은 종유석의 길이와 나이라는 두 변수 사이에, 비록 정확하지 않을지라도 어떤 상호 관계가 존재하기를 기대할지도 모른다. 어쩌면 예측할 수 없는 온도나 습도 변동이 종유석의 성장에 영향을 미칠 수도 있다. 하지만 종유석의 나이를 화학적이나 물리적으로 측정할 수 있는 방법들이 존재한다고 하면, 나이와 길이 사이에는 대충이나마 그것을 예측하게 해 주는 일종의 경향 같은 것이 분명히 존재할 것이다.

최소 제곱법(Method of Least Squares)은 과학에서 이런 경향들을 설명하고 시각화하는 데에서 핵심적인 역할을 해 왔고, 오늘날 대다수 통계 컴퓨터 프로그램들이 잡음이 많은 실험 데이터를 바탕으로 선이나 유연한 곡선을 그릴 때 이 방법을 사용한다. 최소 제곱법은 점들의 집합으로 주어진 측정값에 가장 '합치'하는 곡선을 찾아내는 수학적 절차이다. 실제 관측 결과인 점들과 예측되는 곡선 사이의 오차의 제곱을 최소화하는 해를 찾아 나간다.

1795년에 독일 수학자이자 과학자인 카를 프리드리히 가우스는 18세의 나이에 최소 제곱법을 하나의 분석 수단으로서 개발하기 시작했다. 그리고 1801년에는 소행성 세레스(Ceres)의 미래 위치를 예측함으로써 그 접근법의 쓰임새를 선보였다. 사실 이탈리아 천문학자인 주제페 피아치(Giuseppe Piazzi, 1746~1826년)는 그보다 앞서 1800년에 세레스를 발견했지만, 그 소행성은 그 후에 태양 뒤로 사라져 모습을 감췄다. 오스트리아 천문학자인 프란츠 자베르 폰 자크(Franz Xaver von Zach, 1754~1832년)는 이렇게 말한다. "가우스 박사의 탁월한 연구와 계산이 없었더라면 우리는 세레스를 두 번 다시 찾아내지 못했을지도 모른다."

재미있는 것은, 가우스가 동시대인들보다 우위를 점하고 자기 평판을 한층 더 높이려고 자기가 찾아낸 방법들을 비밀에 부쳤다는 것이다. 말년에 가서는 가끔 과학 연구 결과들을 암호로 발표하기도 했는데, 그것도 늘 이런저런 발견들을 자기가 다른 사람들보다 먼저 해냈다는 사실을 보여 주기 위해서 발표한 것이었다. 가우스는 마침내 1809년에 『천체 운행 이론(*Theoria motus corporum coelestium in sectionibus conicis solem ambientium*)』을 통해 그동안 숨겨 왔던 최소 제곱법을 발표했다.

관련 항목 라플라스의 「확률 분석 이론」(214쪽), 카이제곱(302쪽)

최소 제곱 평면. y축에 평행한 파란 선분의 길이의 제곱들의 합을 최소화함으로써 주어진 집합의 측정값에 가장 '합치'하는 평면을 찾아내는 방법이 바로 최소 제곱법이다.

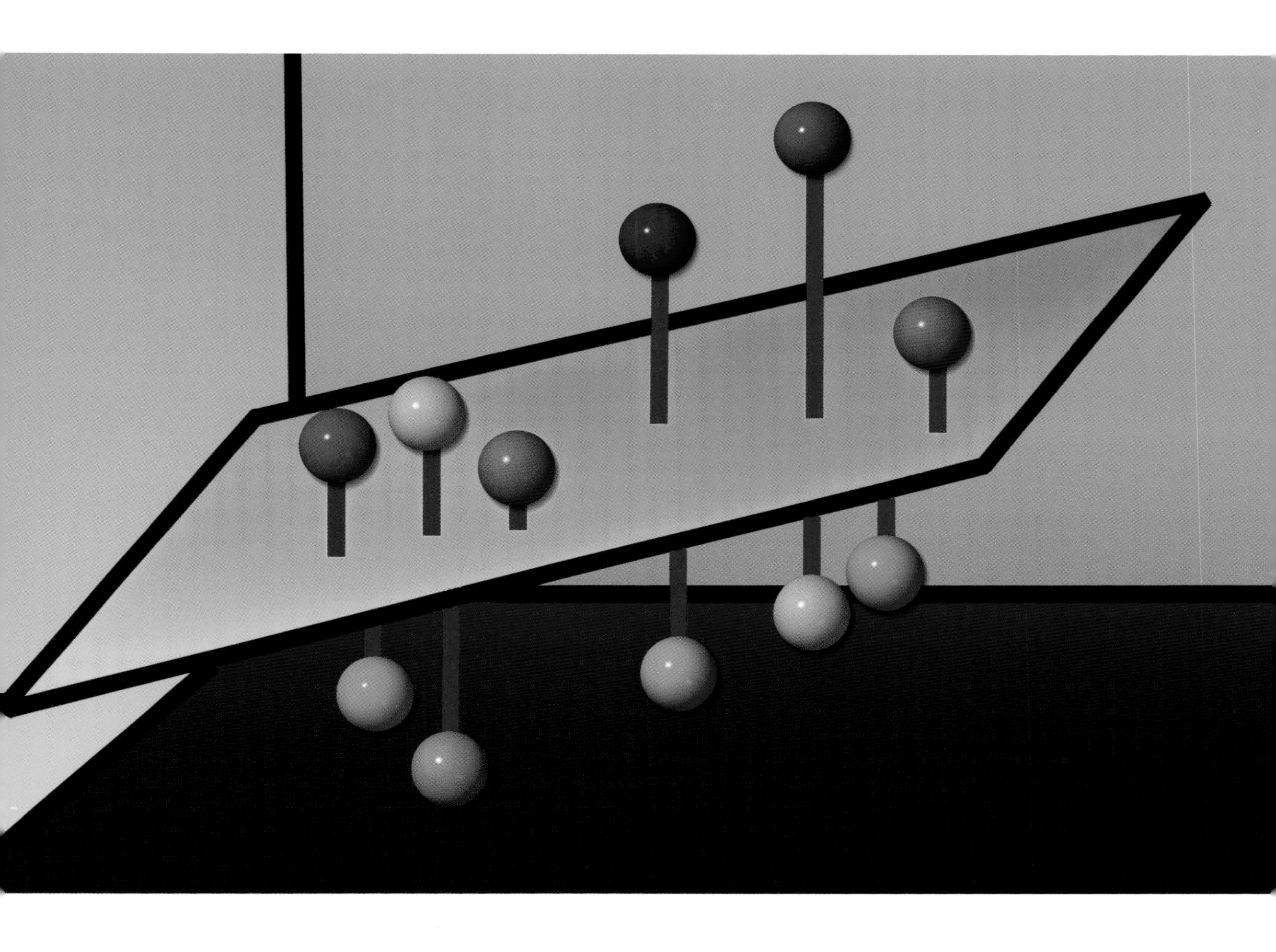

1796년

정십칠각형 만들기

요한 카를 프리드리히 가우스(Johann Carl Friedrich Gauss, 1777~1855년)

1796년 당시 10대였던 가우스는 오로지 직선 자와 컴퍼스만 가지고 17개의 변을 가진 정다각형을 작도하는 한 가지 방법을 찾아냈다. 가우스는 그 결과를 기념비적인 1801년 저서 『산술 논고(*Disquisitiones Arithmeticae*)』에 발표했다. 이 정십칠각형이 만들어진 것은 무척 의미가 크다. 왜냐하면 에우클레이데스 시대 이래로 모든 시도가 실패만 거듭했기 때문이다.

이미 1,000년도 더 전부터 수학자들은 직선 자와 컴퍼스를 가지고 n이 3, 5의 배수이고 2의 거듭제곱인 정n각형을 작도하는 방법을 알고 있었다. 가우스는 이 목록에다가 n이 정수이고 $2^{(2n)}+1$ 형태로 된, 변의 개수가 소수인 더 많은 다각형을 더한 것이다. 그런 수들을 앞에서부터 몇 가지만 적어 보자면 다음과 같다. $F_0=3$, $F_1=5$, $F_2=17$, $F_3=257$, $F_4=65{,}537$. (이 형태의 수들은 페르마의 수라고도 하는데, 꼭 소수여야 하는 것은 아니다.) 1832년에는 257각형이 작도되었다.

가우스는 그 후로 더 나이가 들어서도 여전히 정십칠각형을 발견한 것을 자신의 최대 업적으로 생각해서 자기가 죽으면 정십칠각형 비석을 놓을 수 있는지 알아보았다고 한다. 전하는 말에 따르면 석공은 정십칠각형은 만들기가 어렵고 오히려 원처럼 보이므로 안 된다고 대답했다고 한다.

1796년은 가우스에게 행운의 해였는데, 마치 소화 호스에서 물이 뿜어져 나오듯이 수학적 아이디어들이 쏟아져 나왔기 때문이다. 정십칠각형 작도(3월 30일)에 더해 모듈러 연산을 발명했으며 2차 상호 법칙(4월 8일)과 소수 정리(5월 31일)까지 이 해에 발표되었다. 또 가우스는 모든 양의 정수를 최대 세 삼각수의 합으로 나타낼 수 있음을 증명했다(7월 10일). 또한 다항식의 유한한 영역에서 계수에 따른 해의 개수를 연구하기도 했다(10월 1일). 가우스는 자기가 정십칠각형을 발견한 일을 두고, 에우클레이데스 시대 이래로 다각형 작도에서 새로운 발견들이 그토록 조금밖에 이루어지지 않았다는 데 대해서 "놀랐다."라고 평가했다.

관련 항목 매미와 소수(24쪽), 에라토스테네스의 체(64쪽), 골드바흐의 추측(180쪽), 가우스의 『산술 논고』(208쪽), 리만 가설(254쪽), 소수 정리 증명(294쪽), 브룬 상수(338쪽), 길브레스의 추측(412쪽), 울람 나선(426쪽), 안드리카의 추측(484쪽)

물고기가 정십칠각형 수영장을 헤엄치며 탐색 중이다. 가우스는 이 정십칠각형으로 자신의 묘비를 장식하고 싶어 했지만 그 뜻을 이루지는 못했다.

1797년

대수학의 기본 정리

요한 카를 프리드리히 가우스(Johann Carl Friedrich Gauss, 1777~1855년)

대수학의 기본 정리(Fundamental Theorem of Algebra)는 몇 가지 형태로 나타낼 수 있는데 그중 하나는 $n \geq 1$일 때 모든 n차 다항식은 계수가 실수든 복소수든 모두 n개의 실수 해나 복소수 해를 가진다는 것이다. 즉 n차 다항식 $P(x)$는 $P(x_i)=0$에 대해서 x_i의 값은 n개이다.(그중 일부는 겹칠 수도 있다). n차 다항식은 $a_n \neq 0$일 때 $P(x)=a_n x^n + a_{n-1}x^{n-1} + \cdots + a_1 x + a_0 = 0$ 형태를 취한다.

예를 들어 $f(x)=x^2-4$라는 2차 방정식을 생각해 보자. 그래프를 그리면 이 곡선은 최솟값이 $f(x)=-4$인 포물선이다. 이 다항식은 서로 다른 실수 근($x=2$와 $x=-2$)을 가지는데, 그래프로 보면 포물선이 x축과 교차하는 점에 해당한다.

이 정리를 눈여겨봐야 하는 이유는 역사적으로 이 정리를 증명하려는 시도들이 무척 여러 차례 이루어졌기 때문이다. 독일 수학자인 카를 프리드리히 가우스는 보통 1797년에 발견된 대수학의 기본 정리의 첫 증명을 찾아낸 공로를 인정받고 있다. 가우스는 1799년에 발표된 박사 학위 논문에서 최초로 그 증명을 제시했는데, 그 증명은 실수 계수를 가진 다항식에 초점을 맞추는 동시에 그것을 증명하려던 과거의 노력들을 반박하는 데도 초점을 맞추고 있었다. 가우스의 증명은 일부 곡선들의 연속성에 의존했기 때문에 오늘날의 기준으로 보면 엄밀하게 완성된 것이라 할 수 없지만 그래도 이전의 모든 증명 시도들에 비하면 상당히 진전된 것이었다.

가우스가 대수학의 기본 정리를 대단히 중요하게 여겼다는 사실은 그 문제로 계속해서 돌아간 것을 보면 알 수 있다. 가우스는 마지막으로 남긴 논문에서 그 정리를 네 번째로 증명했는데, 그 논문은 가우스가 그것을 쓴 지 정확히 50년 후인 1849년에 발표되었다. 장로베르 아르강(Jean-Robert Argand, 1768~1822년)이 1806년에 계수가 복소수인 다항식에 대해 대수학의 기본 정리가 성립하는지를 엄밀하게 증명하고 발표했다는 사실을 짚고 넘어가자. 대수학의 기본 정리는 수많은 수학 분야에서 활약하는데, 그 다양한 증명들은 추상 대수학과 복소 해석학은 물론이고 위상 수학 분야까지 뻗어 있다.

관련 항목 알사마왈의 『눈부신 대수학』(98쪽), 정십칠각형 만들기(204쪽), 가우스의 『산술 논고』(208쪽), 존스 다항식(480쪽)

$z^3-1=0$의 3개의 해를 그레그 파울러(Greg Fowler)가 그림으로 나타냈다. 1, $-0.5+0.86603i$, $-0.5-0.86603i$ 의 3개의 해는 뉴턴의 방법으로 나타낸 것인데, 커다란 동심원 3개의 가운데에 위치해 있다.

1801년

가우스의 『산술 논고』

요한 카를 프리드리히 가우스(Johann Carl Friedrich Gauss, 1777~1855년)

스티븐 호킹은 이렇게 말했다. "가우스가 획기적인 『산술 논고(*Disquisitiones Arithmeticae*)』를 쓰기 전까지 정수론은 단순히 따로따로 흩어져 있던 결과들을 한데 모은 것에 지나지 않았다. …… 가우스는 『산술 논고』에서 합동 개념을 도입함으로써 정수론을 통합했다." 가우스는 이 기념비적인 작품을 24세 때 출간했다.

『산술 논고』는 합동식(Modular Arithmetics)을 다루고 있는데, 이 합동식은 합동 관계에 의존한다. 두 정수인 p와 q는 $(p-q)$가 s로 나누어질 때에만 S에 대해 합동을 이룬다. 이것을 $p \equiv q (\mathrm{mod}\ s)$로 표기하는데, 합동식이라고 한다. 가우스는 이 간략한 표기법을 사용해서 유명한 2차 상호 정리(quadric reciprocity theorem)를 재서술하고 증명했다. 그 정리는 그 몇 년 전에 프랑스 수학자인 아드리앵마리 르장드르가 증명하기는 했지만 완전한 것은 아니었다.

서로 떨어진 홀수 소수인 p와 q가 있다고 할 경우 다음 명제를 생각해 보자. (1) $x^2 \equiv p\ (\mathrm{mod}\ q)$이고, (2) $y^2 \equiv q\ (\mathrm{mod}\ p)$이다. 2차 상호 정리에 따르면 p와 q를 4로 나눈 나머지가 3일 경우에만 (1)과 (2) 중에서 정확히 하나만이 참이다. 그렇지 않으면 (1)과 (2)가 둘 다 참이거나, 둘 다 참이 아니다.

따라서 이 정리는 두 연관된 2차 방정식의 해법을 모듈러 연산과 연결 짓는다. 가우스는 책의 한 장 전체를 이 정리를 증명하는 데 할애했다. 가우스는 이 귀중한 2차 상호 정리를 "황금 정리" 혹은 "대수학의 보물"이라고 여겼는데, 이 정리를 어찌나 마음에 들어 했던지 평생에 걸쳐 서로 다른 증명을 여덟 가지나 내놓을 정도였다.

수학자 레오폴트 크로네커는 말했다. "아직 혼인도 하기 전인 그처럼 어린 남자가 그렇게 심오하고 잘 조직된, 완전히 새로운 원리의 접근법을 내놓았다는(그럴 수 있었다는) 것은 정말 생각해 볼수록 놀라운 일이다." 『산술 논고』에서 가우스가 보여 준, 정리를 제공하고 뒤이어 증명과 귀결과 예시를 제시하는 접근법은 후배 저자들에게 이용되었다. 『산술 논고』는 19세기에 출간된 수많은 정수론 관련 저작들의 씨앗이었다.

관련 항목 매미와 소수(24쪽), 에라토스테네스의 체(64쪽), 골드바흐의 추측(180쪽), 정십칠각형 만들기(204쪽), 리만 가설(254쪽), 소수 정리 증명(294쪽), 브룬 상수(338쪽), 길브레스의 추측(412쪽), 울람 나선(426쪽), 에르되시와 극한적 협력(446쪽), 공개 키 암호(466쪽), 안드리카의 추측(484쪽)

덴마크 화가인 크리스티안 알브레히트 옌센(Christian Albrecht Jensen, 1792~1870년)이 그린 요한 카를 프리드리히 가우스의 초상.

1801년

삼각 각도기

조지프 허다트(Joseph Huddart, 1741~1816년)

오늘날 흔히 볼 수 있는 각도기는 평면 위에 각을 작도하고 측정하며 다양한 각도로 선을 그리는 데 쓰이는 도구이다. 각도기는 0도에서 180도까지 눈금이 표시된 반원 모양을 하고 있다. 이전에는 다른 도구의 일부로 쓰이다가 17세기에 선원들이 항해용 지도에 사용하면서 독립적인 도구로 쓰이기 시작했다.

1801년에 영국 해군인 조지프 허다트가 항해 지도에서 배의 위치를 기록하기 위해 삼각 각도기(Three-armed Protractor)를 발명했다. 이런 종류의 각도기에는 고정된 가운데 팔과 연동해서 돌릴 수 있는 바깥쪽 팔 2개가 달려 있다. 돌릴 수 있는 팔들은 나사 같은 것으로 죄어서 각도를 고정시킬 수도 있다.

1773년에 허다트는 동인도 회사 일을 맡으면서 남대서양의 세인트 헬레나 섬과 수마트라의 벤쿨린으로 항해했다. 여행 중에 허다트는 수마트라 서부 해안에 대한 상세한 조사를 실시했다. 그리하여 1778년에 제작한, 북으로 아일랜드 해와 남서로 대서양을 잇는 세인트 조지 해협의 해도는 명확성과 정확성을 겸비한 걸작이 되었다. 허다트는 훗날 삼각 각도기 발명자로서 이름을 떨치게 되었고, 그것과는 별도로 허다트가 제시한 런던 부두에서 범람 흔적을 조사할 때 사용하는 방법은 1860년대까지도 이용되었다. 허다트는 증기 기관으로 작동하는 밧줄 제조기를 발명해 밧줄 제작의 품질 규격을 정의했다.

1916년에 미국 수로 측량국은 허다트 각도기 사용법을 이렇게 설명했다. "한 지점의 위치를 기록하려면 3개의 선택된 (알려진) 물체 사이에서 관찰한 2개의 각도를 도구에 지정하고, 그다음에 3개의 경사진 모서리가 각각, 그리고 동시에 3개의 물체를 지나도록 각도기를 해도 위로 옮겨 놓는다. 그러면 각도기의 중심은 배의 위치를 가리키는데, 해도 위에 그 위치를 표시하거나 중앙 구멍을 통해 연필 끝으로 표시하면 된다."

관련 항목 항정선(118쪽), 메르카토르 투영법(124쪽)

영국의 발명가로 항해에 이용되는 삼각 각도기를 발명한 조지프 허다트.

Capt.ⁿ Joseph Huddart. F.R.S.

Engraved for the European Magazine from an Original Picture in the Possession of Chas. Turner Esq.ʳ, by T. Blood.

1807년

푸리에 급수

장 밥티스트 조제프 푸리에(Jean Baptiste Joseph Fourier, 1768~1830년)

푸리에 급수(Fourier Series)는 오늘날 진동 분석에서 영상 처리까지 수많은 분야에서 유용하게 쓰이고 있는데, 사실상 주파수 해석이 중요한 모든 분야에서 거의 모두 쓰이고 있다. 예를 들어 푸리에 급수는 별의 화학 성분을 분석하거나 목소리가 음성로 바뀌어 입에서 나오는 방법을 알아낼 때 쓰인다.

이 유명한 급수를 발견한 프랑스 수학자 조제프 푸리에는 1789년 나폴레옹을 따라 이집트 원정을 다녀왔는데, 거기서 이집트 유물을 연구하면서 몇 년을 보냈다. 1804년경에 프랑스에 돌아온 다음부터 열에 관련된 수학 이론을 연구하기 시작했고 1807년에는 주요한 논문인 「고체에서 열 전도에 대하여(On the Propagation of Heat in Solid Bodies)」를 완성했다. 푸리에가 관심을 가진 문제 중에는 서로 다른 모양들에서 열이 어떻게 확산되는지를 다루는 것이 있었다. 연구자들은 보통 시간 $t=0$일 때 면 위의 점과 변 위의 온도를 재는 데에서 시작한다. 푸리에는 이런 종류의 문제들을 풀기 위해 각 항이 사인과 코사인으로 된 급수를 도입했다. 좀 더 일반적으로 말해서, 푸리에는 모든 미분 가능한 함수는, 그래프로 나타냈을 때 그 함수가 얼마나 이상하든 상관없이, 사인 함수와 코사인 함수 들의 합으로 나타낼 수 있음을 발견했다.

전기 작가인 제롬 라베츠(Jerome Ravetz)와 I. 그라탄기네스(I. GrattanGuiness)는 이렇게 말했다. "푸리에의 업적을 제대로 이해하려면 방정식들을 풀기 위해 푸리에가 발명한 강력한 수학적 도구들을 염두에 두어야 한다. 그것은 긴 목록을 이룰 정도로 많은 결과물들을 낳았으며, 남은 18세기 내내, 그리고 그 후로도 오랫동안 그 분야에서 이루어진 중심적인 작업들 다수에 중요한 모티프를 제공했고 수많은 수학 문제들이 새롭게 싹트는 계기가 되어 주었다." 영국 물리학자 제임스 진스(James Jeans, 1877~1946년) 경은 이렇게 말했다. "푸리에의 정리는 모든 곡선이, 그 성질이 어떻든, 원래 어떤 방식으로 얻어졌든 상관없이, 단순한 조화 곡선을 충분한 수만큼 겹쳐 놓기만 해도 똑같이 재현할 수 있다는 사실을 말해 준다. 간단히 말해서, 모든 곡선은 파도들을 겹쳐서 만들어 낼 수 있다는 것이다."

관련 항목 베셀 함수(218쪽), 조화 해석기(270쪽), 미분 해석기(360쪽)

인간 성장 호르몬의 분자 모형. 엑스선 회절 데이터를 바탕으로 만든 것인데, 이런 식으로 분자 구조를 결정할 때에는 푸리에 급수가 필수불가결한 도구가 된다.

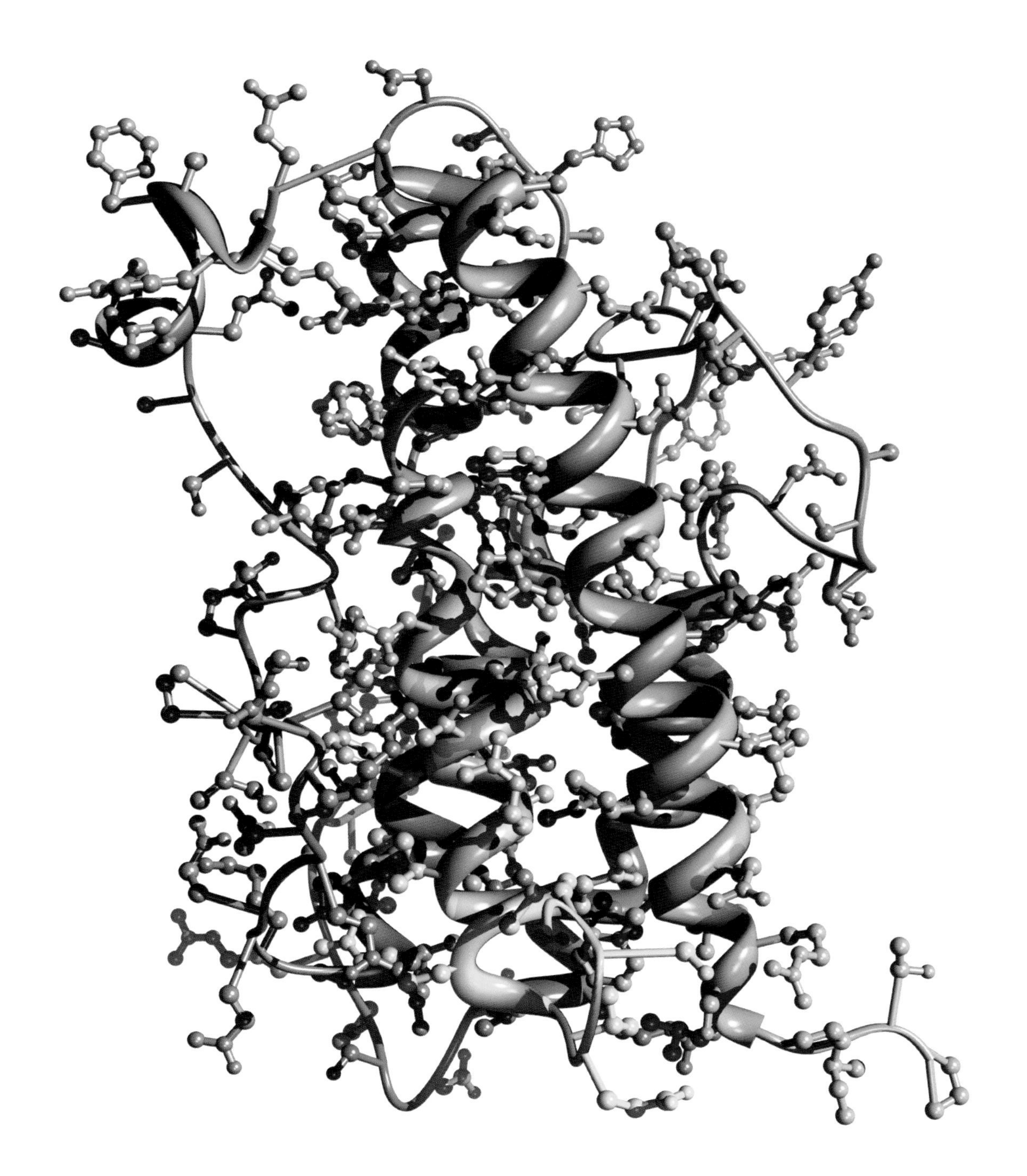

1812년

라플라스의 「확률 분석 이론」

피에르 시몽, 라플라스 후작(Pierre Simon, Marquis de Laplace, 1749~1827년)

프랑스 수학자이자 천문학자인 피에르 시몽 라플라스의 논문인 「확률 분석 이론(Théorie Analytique des Probabilités)」은 확률 이론과 미적분학을 최초로 결합한 중요한 논문이다. 확률 이론가들은 무작위적 현상에 초점을 맞춘다. 주사위를 한 번 굴린 것은 무작위적 사건으로 여길 수 있겠지만, 그것이 수없이 반복된 다음에는 일정한 통계적 패턴이 뚜렷해지며, 이 패턴들은 연구와 예측에 이용할 수 있다. 나폴레옹 보나파르트에게 헌정된 라플라스의 「확률 분석 이론」 초판은 요소 확률로부터 복합적 사건들의 확률을 찾는 방법들을 논하고 있다. 또한 최소 제곱법과 뷔퐁의 바늘을 논하며 실제적 응용 가능성들을 고찰하고 있다.

스티븐 호킹은 「확률 분석 이론」이 "걸작"이라면서 이렇게 말했다. "라플라스는 세계가 결정되어 있기 때문에 세상에 확률 같은 것은 있을 수 없다고 주장했다. 그가 보기에 확률은 우리가 제대로 알지 못하기 때문에 생기는 것이었다." 라플라스는 충분히 진보한 존재에게 '불확실성'은 있을 수 없다고 믿었다. 이것은 20세기에 양자 역학과 카오스 이론이 대두하기 전까지 강력한 힘을 발휘하던 개념 모형이었다.

확률적 과정이 어떻게 예측 가능한 결과를 낳는지를 설명하기 위해 라플라스는 독자들에게 주전자 여러 개를 원형으로 늘어놓은 경우를 생각해 보라고 한다. 주전자 하나에는 검은 공만 들어 있고 다른 하나에는 하얀 공만 들어 있다. 다른 주전자에는 다양한 공들이 섞여 있다. 만약 우리가 공 하나를 꺼내어 옆 주전자에 넣고 빙 돌아가면서 차례로 그 과정을 계속한다면 결국 모든 주전자에서 검은 공 대 흰 공의 비율은 거의 똑같아질 것이다. 이렇게 라플라스는 무작위적인 '자연의 힘'이 어떻게 예측 가능하고 질서 잡힌 결과들을 낳을 수 있는가를 보여 준다. 라플라스는 이렇게 말했다. "일종의 도박 연구에서 기원한 이 과학이 인간 지식의 가장 중요한 대상이 되어야 한다는 사실은 의미심장하다. …… 대개의 경우 삶에서 가장 중요한 질문은, 정말이지 확률 문제들을 제외하면 아무것도 없다." 그 밖에 유명한 확률 이론 연구자로는 제롤라모 카르다노, 피에르 드 페르마, 블레즈 파스칼, 안드레이 니콜라예비치 콜모고로프(Andrey Nikolaevich Kolmogorov, 1903~1987년)가 있다.

관련 항목 미적분의 발견(154쪽), 큰 수의 법칙(166쪽), 정규 분포 곡선(172쪽), 뷔퐁의 바늘(196쪽), 최소 제곱법(202쪽), 무한 원숭이 정리(330쪽), 공에서 삼각형 꺼내기(478쪽)

라플라스 후작의 사후 초상화. 이 그림은 1842년에 마담 페이토(Madame Feytaud)가 그린 것이다.

1816년

루퍼트 대공 문제

라인의 루퍼트 대공(Prince Rupert of the Rhine, 1619~1682년), **피에터 뉴란드**(Pieter Nieuwland, 1764~1794년)

루퍼트 대공 문제(Prince Rupert's Problem)는 오래되고 매혹적인 역사를 가지고 있다. 루퍼트 대공은 잉글랜드 내전 시대의 발명가이자 화가이며 군인이었다. 실제로 모든 주요 유럽권 언어에 유창했고 수학에도 능했다. 병사들은 대공이 전투 중에 데리고 다니는 대형견 푸들에게도 초능력이 있다고 믿고 무서워했다.

1600년대에 루퍼트 대공은 유명한 기하학 문제를 내놓았다. 한 변의 길이가 1인치(2.54센티미터)인 주어진 정육면체를 통과할 수 있는 가장 큰 나무 정육면체는 무엇인가? 좀 더 정확히 말하자면, 정육면체를 부수지 않고 뚫을 수 있는 가장 큰 터널(횡단면이 정사각형인)의 변의 길이 R는 얼마인가?

오늘날 우리는 그 답이 $R=3\sqrt{2}/4=1.060660\cdots$이라는 것을 안다. 즉 한 변의 길이가 1인치보다 6퍼센트 정도 큰 정육면체는 한 변의 길이가 1인치인 정육면체를 통과할 수 있다는 것이다. 루퍼트 대공은 똑같은 크기의 두 정육면체를 놓고 하나에 구멍을 뚫어 다른 하나를 통과시켜 내기에서 이겼다. 많은 사람이 그렇게 하는 것은 불가능하리라고 여겼다.

루퍼트 대공의 문제가 최초로 발표된 것은 존 월리스(John Wallis, 1616~1703년)의 『대수학 논고(*De Algebra Tractatus*)』(1685년)를 통해서였지만, 루퍼트 대공이 그 물음을 제기한 지 1세기 후까지도 문제는 쉬이 풀리지 않다가 마침내 네덜란드 수학자인 피에터 뉴란드가 그 1.060660이라는 답을 내놓았다. 그 답은 뉴란드의 사후인 1816년에 뉴란드의 교사인 얀 헨드리크 판 스빈덴(Jan Hendrik van Swinden)이 발표했는데, 스빈덴은 그 해법을 제자의 논문에서 찾아냈다.

만약 한 꼭짓점이 여러분 정면을 향하도록 정육면체를 들면 정육각형이 보일 것이다. 정육면체를 통과해 지나갈 수 있는 가장 큰 정사각형은 이 정육각형을 가득 채워야 한다. 수학자인 리처드 가이(Richard Guy)와 리처드 노바코프스키(Richard Nowakowski)가 보고한 바에 따르면, 초입방체에 끼워넣을 수 있는 가장 큰 정육면체의 한 변의 길이는 1.007434775⋯인데, 이것은 1.014924⋯의 제곱근으로, $4x^4-28x^3-7x^2+16x+16$의 가장 작은 근이다.

관련 항목 플라톤의 입체(52쪽), 오일러의 다면체 공식(184쪽), 테서랙트(284쪽), 멩거 스폰지(358쪽)

라인의 루퍼트 대공은 동일한 두 정육면체 중 하나에 구멍을 뚫어 다른 정육면체를 통과시키는 내기에서 이겼다. 많은 사람들이 그렇게 하는 것은 불가능하리라고 여겼다.

1817년

베셀 함수

프리드리히 빌헬름 베셀(Friedrich Wilhelm Bessel, 1784~1846년)

14세 이후로는 정규 교육을 전혀 받지 않은 독일 수학자인 프리드리히 베셀은 1817년에 서로 중력을 미치는 행성들의 움직임을 연구하기 위해 베셀 함수(Bessel Function)를 개발했다. 베셀은 수학자인 다니엘 베르누이가 이전에 발견한 결과들을 일반화한 것이기도 하다.

베셀의 발견이 이루어진 이후로 베셀의 함수들은 수학과 공학의 방대한 분야에서 없어서는 안 될 도구가 되었다. 저술가 보리스 코레네프(Boris Korenev)는 이렇게 말했다. "수리 물리학 분야의 중요 문제들 전부와 엄청나게 많은 다양한 기술적 문제들이 베셀 함수와 관련되어 있다." 사실 베셀 함수 이론의 다양한 형태들이 열전도, 유체 역학, 확산, 신호 처리, 음향학, 라디오와 안테나 물리학, 판 진동, 사슬의 진동, 물체들의 갈라진 금에서 생겨나는 압력, 전파의 일반적 전파, 그리고 원자 물리학 및 핵물리학 등과 관련된 문제들을 푸는 데 이용된다. 또한 구형 좌표계나 원통형 좌표계를 사용하는 수많은 공간 문제들을 풀 때도 유용하다.

베셀 함수는 특수 미분 방정식의 해이고, 그림으로 그려 보면 잦아드는 물결 같은 사인파를 닮아 있다. 예를 들어 북 같은 둥근 막과 관련된 파동 방정식의 경우, 어떤 해들은 베셀 함수와 관련되어 있는데, 정상파를 나타내는 해는 그 막의 중심에서 가장자리까지의 거리인 r를 변수로 하는 베셀 함수로 나타낼 수 있다.

2006년 일본 아키시마 연구소와 오사카 대학교의 연구자들이 파동을 이용해 실제 글자와 그림을 물의 표면에 그리는 실험을 할때 베셀 함수에 의존했다. AMOEBA(Advanced Multiple Organized Experimental Basin, 고등 복합 조직 실험 대야)라는 그 도구는 지름이 1.6미터이고 깊이가 30센티미터인 원통형 탱크를 수면파 생성기 50개로 둘러싼 형태로 되어 있었다. AMOEBA로 로마자 알파벳을 모두 쓸 수 있다. 그림이나 글자는 수면 위에 잠깐만 존재하다 사라지지만, 몇 초 간격으로 다음 글자를 쓰는 것이 가능하다.

관련 항목 푸리에 급수(212쪽), 미분 해석기(360쪽), 이케다 끌개(470쪽)

베셀 함수는 얇은 원형 막의 진동 패턴뿐만이 아니라 전파의 전달 문제들을 연구하는 데도 유용하다. 이 그림은 폴 닐랜더가 파동 현상을 연구하기 위해 베셀 함수를 이용해 제작한 것이다.

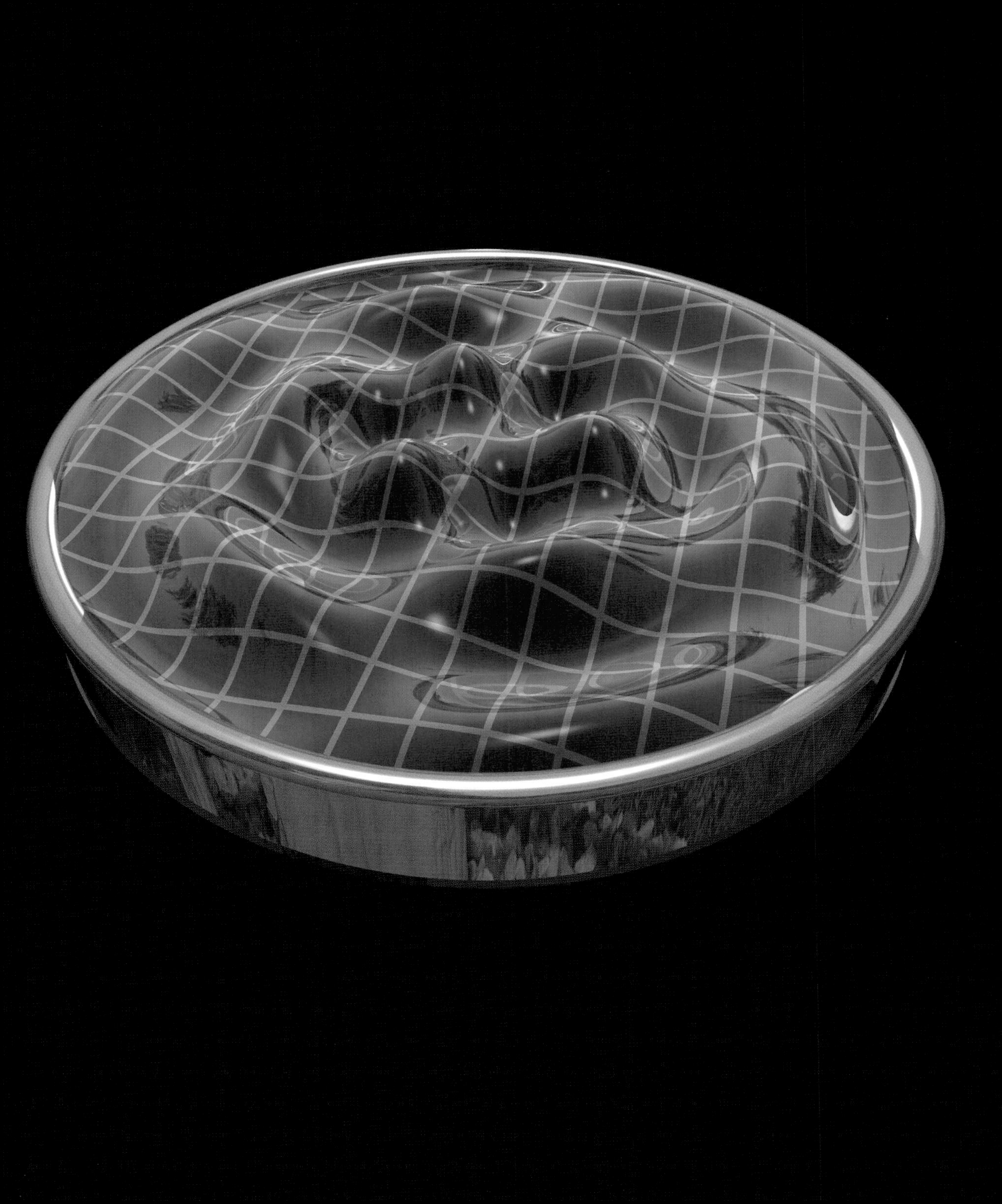

1822년

배비지 기계식 컴퓨터

찰스 배비지(Charles Babbage, 1792~1871년), **어거스타 에이다 킹, 러블리스 백작 부인**(Augusta Ada King, Countess of Lovelace, 1815~1852년)

영국의 해석학자 · 통계학자 · 발명가인 찰스 배비지는 종교적인 기적에도 관심을 두고 이렇게 말했다. "기적이란 기존 법칙들에 위배되는 것이 아니라 오히려 훨씬 높은 수준의 법칙들이 존재함을 시사할 뿐이다." 배비지는 기계론적인 세계에서도 기적들이 일어날 수 있다고 주장했다. 배비지가 계산 기계에 프로그램을 짜넣어서 이상 행동들을 보이게 만드는 것이 얼마든지 가능하듯이, 신 역시 자연의 프로그램에 그것과 비슷한 비정규성들을 짜넣을 수 있다는 것이다. 배비지는 성경의 기적들을 조사해 한 번 죽은 남자가 되살아날 확률을 10^{12}분의 1로 계산했다.

배비지는 컴퓨터의 역사와 관련된 수리 공학자 중에서 가장 중요한 인물로 간주된다. 배비지는 손으로 돌리는 거대한 기계식 계산기, 즉 우리가 지금 쓰는 컴퓨터의 원시적인 조상을 처음 고안한 것으로 유명하다. 배비지는 그 도구가 수학적 표를 만들어 내는 데 가장 유용할 거라고 생각했다. 다만 31개짜리 출력용 금속 바퀴가 내놓은 그 결과물을 인간이 기록하는 과정에서 자칫 오류가 일어날까 봐 우려했다. 오늘날에 와서 알게 된 일이지만, 배비지는 자기 시대를 한 세기나 앞선 인물이었고, 당대의 정치학과 기술은 배비지의 높은 이상에 미치지 못했다.

1822년에 제작이 시작되어 결국 완성을 보지 못한 배비지의 미분기(Difference Engine)는 기계 부품 대략 2만 5000개를 사용해 다항 함수의 값들을 계산하도록 설계되었다. 배비지는 또한 펀치 카드를 이용해 프로그램을 입력하고 숫자를 저장하는 것과 계산하는 데 별도 구역을 배정하는 해석기(Analytical Engine)라는 한층 다목적적인 컴퓨터를 만들 계획을 세우기도 했다. 여러 추정에 따르면 분석기 하나가 50자리 숫자들 1,000개를 길이로는 대략 30미터 넘게 저장할 수 있다고 한다. 영국 시인 바이런 경의 딸인 에이다 러블리스(Ada Lovelace)는 해석기를 위한 프로그램의 세부 사항을 마련했다. 비록 배비지에게 도움을 받기는 했지만, 에이다가 최초의 컴퓨터 프로그래머였다고 생각하는 사람들이 많다.

1990년에 소설가인 윌리엄 깁슨(William Gibson)과 브루스 스털링(Bruce Sterling)은 함께 『미분기(*The Difference Engine*)』를 썼는데, 이 소설은 빅토리아 시대에 배비지의 기계식 컴퓨터들이 실용화되었을 때 어떤 결과가 초래될지를 상상하게 만든다.

관련 항목 주판(100쪽), 계산자(132쪽), 미분 해석기(360쪽), 에니악(390쪽), 쿠르타 계산기(398쪽), HP-35(448쪽)

찰스 배비지의 미분기 모형. 현재 런던 과학 박물관에 있다.

1823년

코시의 『미적분학 요강』

오귀스탱 루이 코시(Augustin Louis Cauchy, 1789~1857년)

미국 수학자인 윌리엄 워터하우스(William Waterhouse)는 이렇게 서술했다. "1800년에는 미적분학의 처지가 좀 묘했다. 그 개념이 옳다는 데는 의심할 여지가 없었다. 충분한 기술과 통찰력을 가진 수학자들은 1세기 동안 미적분학을 사용해 성공을 거두었다. 하지만 아무도 왜 그것이 맞는지를 명확히 설명하지 못했다. …… 그러다 코시가 나타났다."

프랑스 수학자인 오귀스탱 루이 코시는 1823년에 펴낸 『미적분학 요강(*Résumé des leçons sur le calcul infinitésimal*)』에서 미적분학을 엄밀하게 가다듬어 발전시키고, 미분과 적분을 단일한 틀로 매끈하게 연결하는 미적분학의 기본 정리(Fundamental theorem of Calculus)에 대한 현대적인 증명을 제시한다.

코시는 도함수를 명확히 정의하면서 책의 첫머리를 연다. 프랑스 수학자로 코시의 스승이었던 조제프루이 라그랑주(Joseph-Louis Lagrange, 1736~1813년)는 곡선들을 그래프의 각 항으로 보았고, 곡선의 도함수를 곡선에 대한 접선으로 간주했다. 라그랑주는 도함수를 결정하는 데 필요한 도함수 공식을 찾으려고 했다. 스티븐 호킹은 이렇게 썼다. "코시는 라그랑주보다 훨씬 멀리까지 나아갔고 i가 0에 수렴할 때, x에서 f의 도함수를 미분 계수 $\Delta y/\Delta x=[f(x+i)-(f(x)]/i$의 극한값으로 정의했다." 현재 우리는 도함수를 비기하학적으로 정의할 때 바로 이런 방식을 사용한다.

또한 코시는 미적분학에서 적분의 개념을 명확하게 함으로써 미적분의 기본 정리를 제시했는데, 어떤 연속 함수 f에 대해서 $x=a$에서 $x=b$까지 $f(x)$의 적분을 계산할 수 있는 방법을 규정한 것이다. 더욱 주목할 것은, 미적분의 기본 정리에 따르면 f가 $[a, b]$ 구간의 적분 함수이고 $H(x)$가 a에서 $x\leq b$까지 $f(x)$의 적분일 때 $H(x)$의 도함수는 $f(x)$와 같다는 것이다. 즉 $H'(x)=f(x)$이다.

워터하우스는 이렇게 결론짓는다. "코시는 사실 새로운 기틀을 세운 게 아니라 이미 반석 위에 서 있던 미적분학의 전체 체계에서 먼지를 탈탈 털어 말끔한 본 모습을 드러낸 것이다."

관련 항목 제논의 역설(48쪽), 미적분의 발견(154쪽), 로피탈의 『무한소 분석』(162쪽), 아녜시의 『이탈리아 청년들을 위한 해석학』(182쪽), 라플라스의 「확률 분석 이론」(214쪽)

그레구아르 에 데네(Gregoire et Deneux)가 석판 인쇄로 제작한 오귀스탱 루이 코시의 초상화.

A.tin Cauchy.

B.on Augustin Cauchy

1827년

무게 중심 미적분

아우구스트 페르디난트 뫼비우스(August Ferdinand Möbius, 1790~1868년)

독일 수학자인 아우구스트 페르디난트 뫼비우스는 단면으로 된 띠인 뫼비우스의 띠로 유명한데, 그 외에 좌표들이나 무게들이 주어진 어떤 점들의 중력의 중심인 점을 규정하는 기하학적 방법인 무게 중심 미적분(Barycentric Calculus)을 발견해 수학 발전에 중요한 기여를 하기도 했다. 우리는 뫼비우스의 무게 중심 좌표(혹은 무게 중심)를 기준 삼각형과 관련한 좌표들로 생각할 수 있다. 이 좌표들은 보통 숫자 3개로 쓰이는데, 이 숫자들은 시각화하면 그 삼각형의 꼭짓점에 놓인 덩어리들에 상응한다. 이 덩어리들은 이러한 방식으로 한 점, 즉 그 세 덩어리들의 기하학적인 중심을 결정한다. 뫼비우스가 1827년 저서인 『무게 중심 미적분(*Der Barycentrische Calcul*)』에서 개발한 새로운 대수적 도구들은 그 이래 폭넓은 적용 가능성을 자랑해 왔다. 이 수학의 고전은 또한 사영 변환 같은 해석 기하학 관련 주제들도 다루고 있다.

무게 중심(barycentric)이라는 단어는 그리스 어로 '무거운'을 뜻하는 barys에서 나왔으며 덩어리의 중심을 뜻한다. 뫼비우스는 직선 막대기의 무게 중심에 놓인 추 하나가 막대기를 따라 놓인 추 몇 개와 대등하다는 사실을 알았다. 그리고 이 단순한 원리를 바탕으로 수적 좌표들이 공간의 모든 점에 배정되는 수학 체계를 구축했다.

오늘날 무게 중심 좌표는 수학과 컴퓨터 그래픽의 많은 분야들에서 사용되는 전반적 좌표의 형태로 다루어진다. 무게 중심 좌표의 수많은 장점은 사영 기하학 분야에서도 나타나는데 사영 기하학은 사영, 즉 점·선·면 같은 요소들이 함께 나타나는가, 그렇지 않은가를 다루는 학문이다. 사영 기하학은 또한 물체들 사이의 관계들과, 물체들을 다른 표면에 투영했을 때의 결과들을 기록하는 것들을 다루기도 하는데, 그것은 시각적으로 나타내자면 고체들의 그림자가 된다.

관련 항목 데카르트의 『기하학』(138쪽), 사영 기하학(144쪽), 뫼비우스의 띠(250쪽)

무게 중심 좌표. 꼭짓점 P는 A, B, C의 무게 중심이고 우리는 P의 무게 중심 좌표를 (A, B, C)라고 말할 수 있다. 삼각형 ABC는 무게 중심 아래에 놓인 추로 균형을 잡는다.

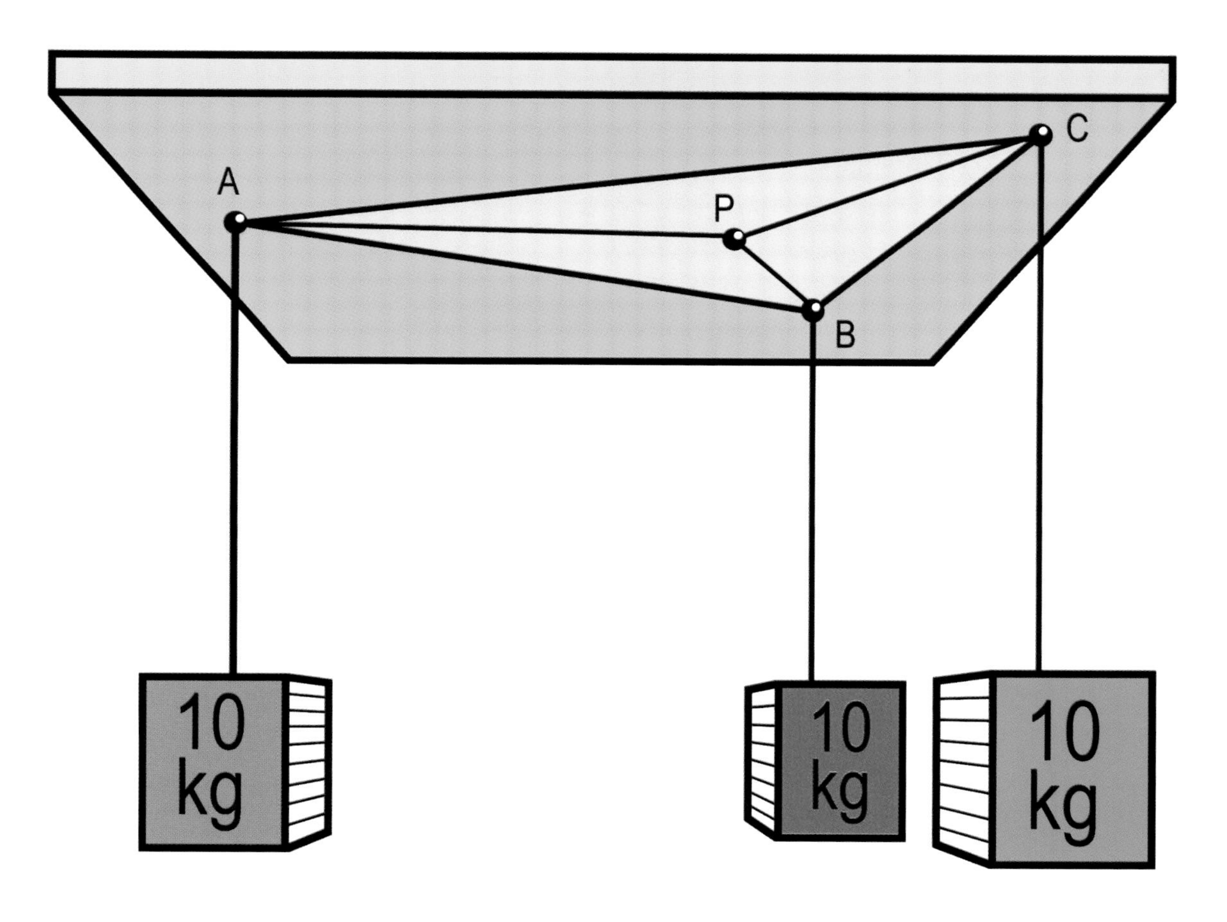
A
P
C
B
10 kg
10 kg
10 kg
BRIAN C. MANSFIELD

1829년

비유클리드 기하학

니콜라이 이바노비치 로바체프스키(Nicolai Ivanovich Lobachevsky, 1792~1856년), **보여이 야노시**(Bolyai János, 1802~1860년), **게오르크 프리드리히 베른하르트 리만**(Georg Friedrich Bernhard Riemann, 1826~1866년)

에우클레이데스 시대(기원전 325~270년) 이래 이른바 평행선 공리는 우리의 3차원 세계가 어떻게 작동하는가를 합리적으로 설명해 주는 듯했다. 이 공리에 따르면 직선과 그 선 위에 있지 않은 한 점이 있을 때, 원래 선과 교차하지 않으면서 그 점을 지나는 직선은 하나뿐이다.

시간이 지나면서 이 전제가 들어맞지 않는 비유클리드적 양상들이 발견되었고, 기하학의 역사는 극적인 전환기를 맞이했다. 아인슈타인은 비유클리드 기하학(Non-Euclidean Geometry)에 대해서 이렇게 말했다. "나는 기하학의 이 해석을 엄청나게 중요한 것으로 생각한다. 왜냐하면 내가 그것을 잘 몰랐더라면 절대로 상대성 이론을 발전시키지 못했을 터이기 때문이다." 사실 아인슈타인의 일반 상대성 이론은 비유클리드 기하학을 통해서 태양과 행성들처럼 질량을 가진 물체들 근처에서 실제로 시공간(space-time)이 휘거나 구부러진다고 말한다. 얇은 고무판 위에 볼링공이 놓여 가라앉는 모습을 상상해 보면 이해하기 쉽다. 늘어난 고무판의 움푹한 곳에 구슬 하나를 놓고 옆쪽으로 슬쩍 밀면 구슬은 마치 태양 주위를 도는 행성처럼 잠깐 동안 볼링공 주위를 돌 것이다.

1829년 러시아 수학자 니콜라이 로바체프스키는 『기하학 원리에 관하여(*On the Principles of Geometry*)』를 출간해 평행선 공리가 거짓이라는 가정하에 완벽하게 일관성을 갖는 기하학을 내놓았다. 그 몇 년 전에 헝가리의 수학자인 보여이 야노시는 비슷한 비유클리드 기하학을 연구했지만 발표는 1932년까지 미뤄졌다. 1854년에 독일 수학자인 베른하르트 리만은 적절한 수의 차원들이 주어졌을 때 다양한 비유클리드 기하학이 가능함을 증명함으로써 보여이와 로바체프스키의 발견들을 일반화했다. 리만은 일찍이 이렇게 말했다. "비유클리드 기하학의 가치는, 물리 법칙의 탐구 과정에서 어쩌면 유클리드 기하학이 아닌 다른 어떤 기하학이 필요하게 될 때를 대비해 선입관과 기존의 개념들로부터 우리를 자유롭게 해 주는 능력에 놓여 있다." 그리고 이 예측은 나중에 아인슈타인의 일반 상대성 이론으로 현실화되었다.

관련 항목 에우클레이데스의 『원론』(58쪽), 오마르 카이얌의 논문(96쪽), 데카르트의 『기하학』(138쪽), 사영 기하학(144쪽), 리만 가설(254쪽), 벨트라미의 의구(256쪽), 윅스 다양체(482쪽)

오른쪽 조스 레이스의 작품은 비유클리드 기하학의 형태 중 하나를 쌍곡선 타일 덮기 형식으로 보여 준다. 화가인 M. C. 에스허르(M. C. Escher) 또한 비유클리드 기하학을 탐구하면서 우주 전체를 유한한 원반 안에 압축시켜 놓은 작품을 만들기도 했다.

1831년

뫼비우스 함수

아우구스트 페르디난트 뫼비우스(August Ferdinand Möbius, 1790~1868년)

특이한 함수인 뫼비우스 함수(Möbius Function)는 아우구스트 페르디난트 뫼비우스가 1831년에 처음 도입했는데, 이 함수는 $\mu(n)$으로 표기된다. 이 함수를 이해하기 위해서, 우선 커다란 우편함 3개 중 하나에 모든 정수를 집어넣는다고 상상해 보자. 첫째 우편함에는 커다랗게 "0"이라고 쓰고, 둘째 우편함에는 "+1", 셋째 우편함에는 "-1"라고 쓴다. 뫼비우스 함수는 우편함 0에 {4, 8, 9, 12, 16, 18, …}처럼 '1이 아닌' 제곱수들의 배수를 넣는다. 제곱수란 4, 9, 16처럼 다른 정수의 제곱인 수이다. 예를 들어 $\mu(12)=0$이다. 이것은 12가 제곱수인 4의 배수이므로 우편함 0에 들어가기 때문이다.

뫼비우스는 우편함 -1에 홀수 개의 소수들로 소인수 분해되는 모든 수를 넣는다. 예를 들어 30은 $5\times2\times3=30$, 즉 소수로 된 소인수가 3개이므로 이 우편함에 들어간다. 소수들 역시 이 우편함에 들어가는데, 소수들은 소인수가 단 하나, 자기 자신밖에 없기 때문이다. 따라서 $\mu(29)=-1$이고 $\mu(30)=-1$이다. 어떤 수가 우편함 -1에 들어갈 확률은 $3/\pi^2$이 되는데, 이것은 우편함 +1에 들어갈 확률과 같다.

뫼비우스 함수는 6처럼 짝수 개의 소수들로 분해되는 수는 몽땅 우편함 +1에 넣는데, 이 우편함을 좀 더 생각해 보자. 완벽을 기하기 위해 뫼비우스 함수는 이 우편함에 1을 넣는다. 이 우편함 안의 숫자들은 {1, 6, 10, 14, 15, 21, 22, …}를 포함한다. 이 신기한 뫼비우스 함수의 첫 20항은 $\mu(n)=\{1, -1, -1, 0, -1, 1, -1, 0, 0, 1, -1, 0, -1, 1, 1, 0, -1, 0, -1, 0\}$이 된다.

놀랍게도 과학자들은 아원자 입자들을 다룰 때 이 뫼비우스 함수가 쓸모 있다는 사실을 알아냈다. 뫼비우스 함수가 매혹적인 또 다른 이유는 그 행동 양식에 관해 밝혀진 것이 거의 없고, $\mu(n)$에는 우아한 수학적 성질들이 수없이 들어 있다는 것이다.

관련 항목 매미와 소수(24쪽), 에라토스테네스의 체(64쪽), 안드리카의 추측(484쪽)

뫼비우스 전집의 표지에 그려진 아우구스트 페르디난트 뫼비우스의 초상화.

Adolf Neumann gest.

1832년

군론

에바리스트 갈루아(Évariste Galois, 1811~1832년)

프랑스 수학자인 에바리스트 갈루아는 추상 대수학의 중요한 갈래 중 하나인 갈루아 이론을 내놓은 인물인데, 대칭을 수학적으로 연구하는 군론(Group Theory)에 기여한 것으로 유명하다. 특히 1832년에는 5차 이상의 고차 방정식에 대해 거듭제곱근의 해를 구할 수 있는지 판정하는 방법을 내놓는 과정에서 본질적으로 현대적 군론에 시동을 걸기도 했다.

마틴 가드너는 이렇게 썼다. "1832년 갈루아는 총에 맞아 죽었다. …… 21세도 되기 전이었다. 당시 수학계에서 군론의 초기 작업이 파편적으로 진행되고 있기는 했지만 현대적인 군론의 기틀을 세우고, 더욱이 그 이름을 준 사람이 바로 갈루아였다. 그 업적은 갈루아가 치명적인 결투 전날 밤에 한 친구에게 쓴 길고 서글픈 편지를 통해 남아 있다."

군(群, group)이라는 것은 보통 어떤 원소들을 가진 집합과 작용으로 이루어져 있다. 작용이라는 것은 그 집합의 원소들을 결합하거나 해서 그 집합 내의 다른 원소로 변환하는 것을 말한다. 예를 들어 정수들로 이루어진 집합과 덧셈이라는 작용을 생각해 보자. 두 정수를 더하면 늘 정수가 만들어진다. 따라서 정수 집합과 덧셈은 하나의 군으로 묶을 수 있다. 기하학적 물체는 대칭군(Symmetry group)이라는 군으로 묶을 수 있는데, 이것으로 물체의 대칭과 관련된 성질을 기술할 수 있다. 이 대칭군은 어떤 물체와, 그 물체에 변형을 가했는데도 그 물체가 변하지 않고 원래 모습을 유지하도록 하는 변형의 집합으로 이루어져 있다. 오늘날 학생들은 종종 루빅스 큐브를 이용해 군론의 주요 주제들을 배운다.

갈루아의 죽음을 초래한 상황은 끝내 제대로 밝혀지지 않았다. 어쩌면 어떤 여성을 둘러싼 결투였을 수도 있고 정치적인 이유 때문에 벌어진 다툼이었을 수도 있다. 어쨌든 갈루아는 마지막을 준비하던 그날 밤을 자신의 수학적 개념들과 발견들의 개요를 짜면서 치열하게 보냈다. 오른쪽의 사진은 그의 마지막 밤에 그가 기록한 5차 방정식 풀이와 관련된 수식들이다.

다음날 갈루아는 배에 총을 맞았다. 그리고 힘없이 땅 위에 쓰러졌다. 도와줄 의사는 없었고, 승자는 갈루아를 고통 속에 몸부림치도록 놔둔 채 태연히 그 자리를 떠났다. 갈루아의 수학적 평판과 전설은 천재의 사후에 출간된 100쪽이 채 안 되는 작품 안에 잠들어 있다.

관련 항목 벽지 군(290쪽), 랭글랜즈 프로그램(436쪽), 루빅스 큐브(454쪽), 괴물 군(476쪽), 리 군 E_8(516쪽)

갈루아가 운명의 결투 전날 밤에 급하게 휘갈겨 쓴 수학 메모. 왼쪽 아래에 Une femme(프랑스 어로 '한 여성'이라는 뜻 — 옮긴이)라는 글자가 있고 femme 위에 줄을 그어 지운 흔적이 보이는데, 이것은 결투의 이유였던 여성을 가리키는 듯하다.

$\varphi x = (fx)^2 + (x-a)(Fx)^2$

$(fa)^2 + (x-a)(Fa)^2 = 0$

$fa = \pm$

$f b = \pm$

φx

indivisible

Unité, indivisibilité de la République

Liberté, égalité, fraternité ou la mort.

$\int \frac{\sqrt{\varphi A}}{X-A} \frac{dX}{\sqrt{\varphi X}} \quad \sum \int \frac{\sqrt{\varphi x}}{a-x} \cdot \frac{da}{\sqrt{\varphi a}}$

$+ (a\, x_1 + a^{n-1}\, x_n)$

$\frac{x}{1-a^2x^2}$

$1 - x^2$

indivisibilité

$\int \frac{\sqrt{\varphi a}}{x - a} \frac{dx}{\sqrt{\varphi x}}$

$\sqrt{\varphi y} = \frac{U}{V} \sqrt{\varphi x}$

Vne

$\varphi \quad (fx + Fx\sqrt{\varphi y})^n$

Logarithme de X $\frac{dX}{dx}$

$\frac{\frac{dA}{da}}{X-A} \quad \sum$

$\sqrt{A} \quad dX \quad \sqrt{\varphi a}$

1834년

비둘기집 원리

요한 페터 구스타프 레죈네 디리클레(Johann Peter Gustav Lejeune Dirichlet, 1805~1859년)

1834년에 비둘기집 원리(Pigeonhole Principle)를 처음으로 주창한 인물은 독일 수학자인 요한 디리클레였는데, 원래 디리클레는 그 원리를 "서랍 원리(Schubfachprinzip)"라고 불렀다. 1940년 수학자인 라파엘 로빈슨(Rophael M. Robinson)이 한 수학 학술지에서 "비둘기집 원리"라는 용어를 처음 사용했다. 단순히 말해서 비둘기집이 m개 있고 비둘기가 n마리 있다고 할 때 $n>m$이라면 분명히 어떤 한 집에는 비둘기가 1마리 넘게 들어가 있으리라는 것이 이 원리의 내용이다.

이 단순한 가정은 컴퓨터 데이터 압축에서 일대일 대응을 통해서 다 채울 수 없는 무한 집합들에 관련된 문제들까지 넓은 범위에 걸쳐 응용되어 왔다. 일반화된 비둘기집 원리는 확률 분야에도 적용되는데, 만약 비둘기 n마리가 비둘기집 m개에 '임의로' 들어갈 확률이 동일하게 $1/m$이라면, 적어도 비둘기집 하나에 한 마리 이상의 비둘기가 있을 확률은 $1-m!/[(m-n)!m^n]$이라는 것이다. 이 원리는 필연적으로 우리의 직관과는 어긋나는 결과를 낳는다. 몇 가지 예를 살펴보도록 하자.

먼저 비둘기집 원리에 따르면 뉴욕 시에는 머리카락 수가 서로 똑같은 사람이 적어도 2명은 있어야 한다. 머리카락을 비둘기집이라고 하고 사람들을 비둘기라고 해 보자. 뉴욕 시의 인구는 800만 명 이상이고, 한 사람의 머리카락 개수는 100만 개에 못 미친다. 따라서 머리카락 수가 똑같은 사람이 최소한 2명은 있어야 한다.

이번에는 1달러 지폐와 치수가 동일한 종이 표면에 파란색과 빨간색이 칠해져 있다고 하자. 그 표면이 얼마나 복잡하게 채색되어 있든 상관없이, 서로에게서 정확히 1센티미터 떨어져 있는 같은 색의 점이 적어도 한 쌍은 반드시 있어야 한다는 것이 말이 될까? 여기에 대답하기 위해, 변이 1센티미터인 정삼각형을 그려 보자. 색깔을 비둘기집으로 생각하고 삼각형 꼭짓점들을 비둘기로 생각하자. 그러면 적어도 그 꼭짓점들 중에서 두 점은 색깔이 같아야 한다. 따라서 색깔이 같은 점 2개가 반드시 정확히 1센티미터 거리에 있어야 한다는 사실이 증명된다.

관련 항목 주사위(32쪽), 라플라스의 「확률 분석 이론」(214쪽), 램지 이론(362쪽)

비둘기집 m개와 비둘기 n마리가 있을 때 $n>m$이라면 적어도 하나의 비둘기집에는 2마리 이상의 비둘기가 들어가야 한다.

1843년

사원수

윌리엄 로언 해밀턴 경(Sir William Rowan Hamilton, 1805~1865년)

4차원 수 사원수(Quaternion)는 아일랜드 수학자인 윌리엄 로언 해밀턴이 1843년에 처음 생각해 냈다. 사원수는 그후 3차원에서 물체가 움직이는 것을 기술하는 동역학에 사용되었고 가상현실을 구현하기 위한 컴퓨터 그래픽, 비디오 게임 프로그램, 신호 처리, 로봇 공학, 생물 정보학, 시공간 기하 연구 같은 여러 분야들에 응용되어 왔다. 우주 왕복선의 비행 소프트웨어는 항로를 계산하고 비행을 통제하는 데 속도, 압축성, 신뢰성 같은 이유로 사원수를 사용한다.

사원수가 유용해 보이기는 했어도, 많은 수학자들이 처음에는 회의적인 반응을 보였다. 스코틀랜드 출신의 물리학자인 켈빈 경, 즉 윌리엄 톰슨은 이렇게 썼다. "해밀턴이 정말 훌륭한 작업을 내놓은 다음에 나온 것이 사원수였는데, 이것은 실로 아름답다고 할 만큼 천재적이기는 하지만 어떤 식으로든 거기에 관여한 이들에게는 악몽 그 자체였다." 다른 한편, 공학자이자 수학자인 올리버 헤비사이드(Oliver Heaviside)는 1892년에 이렇게 썼다. "사원수가 발명된 것은 인간 천재성의 가장 주목할 만한 승리로 간주되어야 마땅하다. 사원수 없는 벡터 해석이라면 어떤 수학자라도 찾아낼 수 있었겠지만 …… 사원수를 찾아내는 데는 천재성이 필요했다." 흥미롭게도 테러리스트 시어도어 카진스키(Theodore Kaczynski, '유나바머')는 인명 살상극을 벌이기 전에 사원수에 대한 복잡한 수학적 논문을 썼다.

사원수 Q는 $Q=a_0+a_1i+a_2j+a_3k$로 정의할 수 있는데, 여기서 i, j, k는 (허수인 i처럼) 세 수직 방향의 단위 벡터들이고 모두 실수 축에 수직이다. 여기서 두 사원수를 더하거나 곱할 때에는 $i^2=j^2=k^2=-1$; $ij=-ji=k$; $jk=-kj=i$; $ki=-ik=j$의 다항 관계식을 이용하면 된다. 해밀턴은 아내와 함께 산책하던 중에 마침 이 생각이 번쩍 떠올라서 더블린의 브로엄 다리의 돌에 이 공식들을 새겨 넣었다고 한다.

관련 항목 허수(126쪽)

물리학자인 레오 핑크(Leo Fink)가 4차원 사원수 프랙털을 그렸다. 오른쪽 그림은 원래 그림의 3차원 부분이다. 이 복잡한 곡면은 $Q_{n+1}=Q_n^2+c$ 라는 복잡한 행동을 보이는데, 여기서 Q와 c는 사원수이고 $c=-0.35+0.7i+0.15j+0.3k$이다.

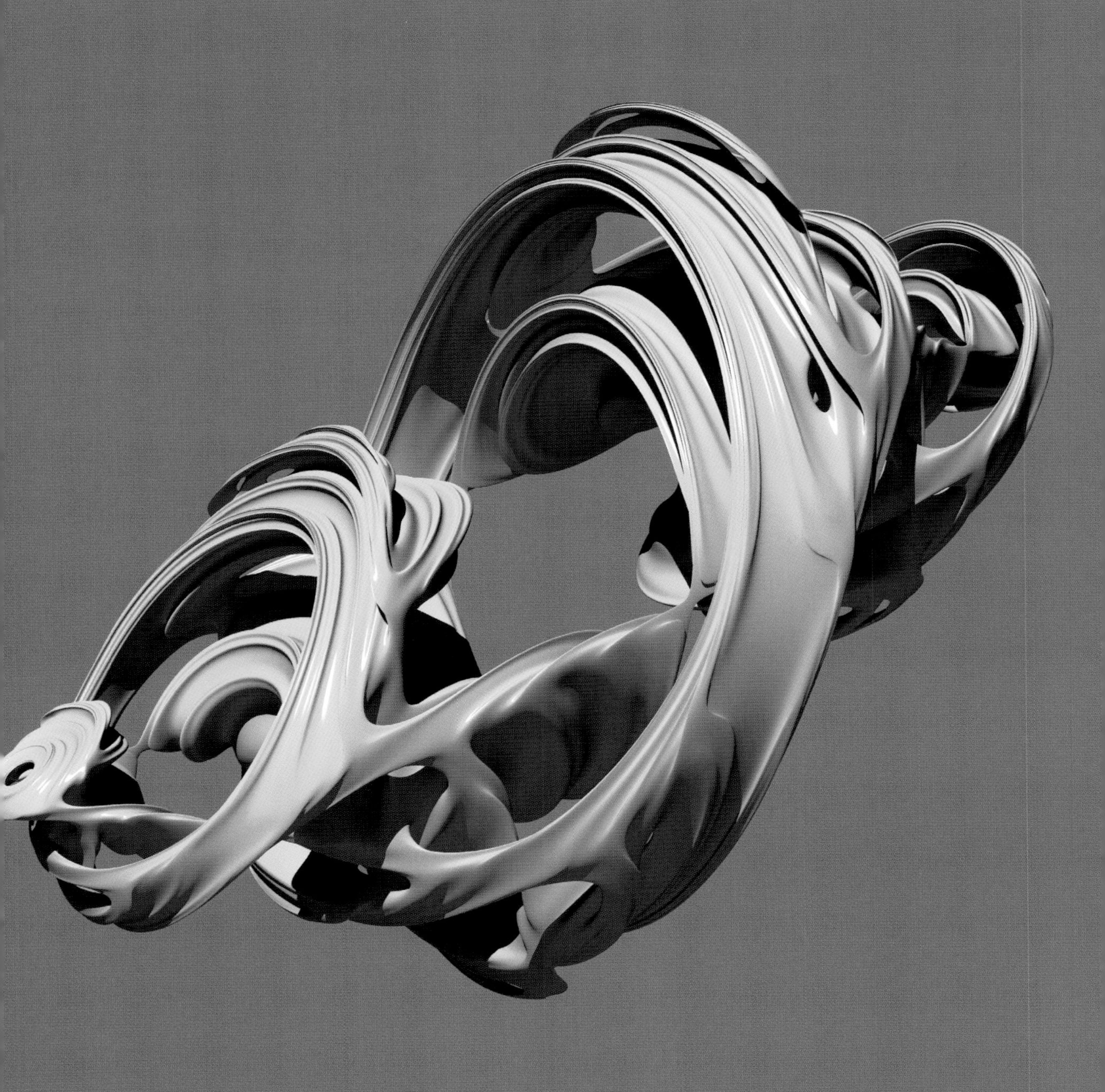

1844년

초월수

조제프 리우빌(Joseph Liouville, 1809~1882년), **샤를 에르미트**(Charles Hermite, 1822~1901년), **페르디난트 폰 린데만**(Ferdinand von Lindemann, 1852~1939년)

1844년에 프랑스의 수학자인 조제프 리우빌은 아주 흥미로운 수를 하나 생각해 냈다. 0.110001000000000000000001000…이라는 이 수는 오늘날 리우빌 상수(Liouville Constant)라고 한다. 독자 여러분은 이 수의 의미나, 리우빌이 이 수를 만들어 낸 규칙을 알 수 있을까? 리우빌은 이 신기한 수가 초월수(Transcendental Number)임을 증명함으로써, 이 수를 초월성이 최초로 증명된 수로 만들었다. 이 상수가 소수점 아래로 자연수의 계승에 해당하는 각 자릿수에 1을 가지고 있으며 나머지는 0이라는 사실을 주목하자. 이것은 1이 나타나는 자릿수가 1번째, 2번째, 6번째, 24번째, 120번째, 720번째 하는 식으로 이어진다는 뜻이다.

초월수들은 너무나 특이해서 역사적으로 비교적 최근에 와서야 '발견'되었고 그중에 여러분이 익히 아는 것은 π 하나뿐일지도 모른다. 그리고 어쩌면 오일러의 수, e도 초월수라는 이야기를 들어 본 적이 있을지도 모르겠다. 이 수들은 유리수를 계수로 가진 다항 방정식의 근으로는 절대로 나타낼 수 없다. 예컨대 π가 $2x^4-3x^2+7=0$과 같은 방정식의 해일 수 없다는 뜻이다.

어떤 수가 초월수인가, 아닌가를 증명하기란 쉽지 않다. 프랑스 수학자인 샤를 에르미트는 e가 초월수임을 1873년에 증명했고 독일 수학자인 페르디난트 폰 린데만은 π가 초월수임을 1882년에 증명했다. 1874년에 독일 수학자인 게오르크 칸토어는 '거의 모든' 실수가 초월수라는 사실을 증명해 많은 수학자들을 놀라게 했다. 이것은 만약 여러분이 어떻게 해서든 존재하는 모든 수를 커다란 항아리에 집어넣고 항아리를 흔든 다음 하나를 꺼내면 실제로 그 수는 거의 다 확실히 초월수일 것이라는 이야기이다. 그렇지만 초월수들은 이처럼 '어디에나' 있는데도 불구하고, 그중에 알려지고 이름이 붙은 것은 몇 개 되지 않는다. 하긴 하늘에 있는 수많은 별들 중에서 여러분이 이름을 댈 수 있는 것이 과연 몇 개나 될까?

수학적인 관심사와는 별개로 리우빌은 정치에도 관심이 있었고 1848년 2월 혁명 이후 국민의회 의원으로 선출되었다. 그다음 해 선거에서 패한 리우빌은 우울증에 빠졌다. 장황한 수학 저술 사이사이에 자꾸 시구 인용문들이 섞여 들었다. 그럼에도 불구하고 리우빌은 평생에 걸쳐 400편도 넘는 수학 논문을 저술했다.

관련 항목 활꼴의 구적법(50쪽), π(62쪽), 오일러의 수, e(168쪽), 스털링의 공식(170쪽), 칸토어의 초한수(266쪽), 정규수(322쪽), 챔퍼나운 수(366쪽)

1887년경의 프랑스 수학자 샤를 에르미트. 1873년에 오일러의 수인 e가 초월수임을 증명했다.

1844년

카탈랑 추측

외젠 샤를 카탈랑(Eugène Charles Catalan, 1814~1894년), **프레다 미하일레스쿠**(Preda Mihăilescu, 1955년~)

기만적일 만큼 쉬워 보이면서 실은 가장 탁월한 수학자조차 어리둥절하게 만들 수 있는, 정수에 관련된 어려운 문제들이 있다. 페르마의 마지막 정리에서 보듯이 정수에 관련된 단순한 추측들이 증명되거나 반박되는 데 수 세기나 걸리고는 했다. 일부 문제들은 인간과 컴퓨터가 머리를 모아 아무리 노력해도 결국 풀리지 않았다.

카탈랑 추측(Catalan Conjecture)을 이해하려면 우선 준비 단계로 1보다 큰 정수로 이루어진 제곱수, 즉 4, 9, 16, 25, …를 생각해 보자. 그리고 8, 27, 64, 125, … 같은 세제곱수의 수열도 생각해 보자. 만약 이 두 수열을 합쳐서 순서대로 늘어놓는다면 4, 8, 9, 16, 25, 27, 36, …을 얻을 것이다. 8(2의 세제곱수)과 9(3의 제곱수)가 연속된 정수임을 주목하자. 벨기에 수학자인 외젠 샤를 카탈랑은 1844년에 정수들의 거듭제곱수가 연속으로 나타나는 경우는 8과 9가 유일하다는 추측을 내놓았다! 만약 그런 쌍이 또 존재한다면 $x^p-y^q=1$을 만족시키며 1보다 큰 정수 x, y, p, q를 찾을 수 있어야 한다. 카탈랑은 그 해는 하나밖에 존재하지 않는다고 믿었다. $3^2-2^3=1$이었다.

카탈랑 추측의 역사에는 화려한 인물들이 줄줄이 등장한다. 프랑스 사람인 레비 벤 게르숑(Levi ben Gershon, 1288~1344년) — 라틴어 식으로 게르소니데스(Gresonides) 혹은 헤브라이 식으로 랄바그(Ralbag)라는 이름으로 더 유명하다. — 은 이미 수백 년쯤 앞서서 좀 제한된 형태이기는 하지만 그 추측을 제시한 바 있다. 말하자면 1밖에 차이가 나지 않는 2의 세제곱수와 3의 제곱수는 3^2과 2^3밖에 없다는 것이었다. 그는 유명한 랍비이자 철학자이자 수학자였고 탈무드 전문가였다.

그다음 이야기는 한참 뒤로 넘어가는데, 1976년에 네덜란드 라이덴 대학교의 로버트 티더만(Robert Tijdeman)이 제곱수의 다른 연속 쌍이 존재한다면 그 수는 유한해야 한다는 사실을 증명한 것이다. 그리고 마침내 2002년, 독일 파더본 대학교의 프레다 미하일레스쿠가 카탈랑 추측을 증명했다.

관련 항목 페르마의 마지막 정리(136쪽), 오일러의 다각형 자르기(186쪽)

벨기에 수학자인 외젠 샤를 카탈랑. 카탈랑은 1844년에 연속한 정수 제곱수의 쌍으로는 8과 9가 유일하다는 추측을 내놓았다. 이것을 카탈랑 추측이라고 한다.

1850년

실베스터 행렬

제임스 조지프 실베스터(James Joseph Sylvester, 1814~1897년), **아서 케일리**(Arthur Cayley, 1821~1895년)

1850년에 발표된 「새로운 유형의 정리들에 대하여(On a New Class of Theorems)」라는 논문에서 영국 수학자인 제임스 조지프 실베스터는 더하고 곱할 수 있는 요소들을 가로세로로 배치한 것을 다루면서 최초로 행렬(Matrix)이라는 용어를 사용했다. 행렬은 선형 방정식의 구조를 기술하거나 둘 이상의 매개 변수에 의존하는 정보를 단순화해 표현하는 데 많이 쓰인다.

행렬이 가진 대수적 성질의 의미를 완전히 이해하고 그 정체를 밝힌 공로는 1855년에 「행렬 이론 회고(Memoir on the Theory of Matrix)」라는 논문을 발표한 영국 수학자 아서 케일리에게 돌아가야 한다. 케일리와 실베스터는 오랜 세월에 걸쳐 긴밀히 협력했기 때문에 두 사람은 흔히 행렬 이론의 공동 창시자로 여겨진다.

비록 행렬 이론이 꽃을 피운 시기는 1800년대 중반이기는 하지만, 단순한 행렬 개념의 유래는 중국인들이 마방진을 만들어 내고 연립 방정식을 푸는 데 행렬을 사용한 예수 탄생 무렵으로까지 거슬러 올라간다. (중국에서 가장 오래된 수학서인 『구장산술(九章算術)』은 마방진을 소개한 가장 오래된 수학 문헌이기도 하다.) 1600년대에 일본 수학자인 세키 고와(關孝和, 세키 다카카즈, 1683년)와 독일 수학자인 고트프리트 라이프니츠(1693년) 역시 행렬을 다룬 바 있다.

실베스터와 케일리 둘 다 케임브리지 대학교에서 수학했지만, 실베스터는 케임브리지의 수학 시험에서 2등을 하고도 유대 인이었기 때문에 학위를 받지 못했다. (당시 케임브리지는 성공회 교도에게만 학위를 주었다.) 실베스터는 케임브리지에 가기 이전에는 리버풀에 있는 왕립 학교에 다녔는데, 종교 문제 때문에 다른 학생들과 다투다가 더블린으로 도피하지 않을 수 없었다.

케일리는 10년 넘게 법률가로 일하면서 250편에 이르는 수학 논문들을 발표했다. 1863년 케임브리지 대학교의 교수가 된 후에는 650편을 더 발표했다. 케일리는 행렬 곱셈을 처음 도입한 인물이다.

오늘날 행렬은 데이터 암호화와 암호 해독, 컴퓨터 그래픽의 오브젝트 매니퓰레이션(object manipulation, 비디오 게임과 화상 의료 등에 사용되는 기술), 연립 선형 방정식 풀이, 양자 역학 연구, 물리학적 강체의 운동 분석, 그래프 이론, 게임 이론, 경제학 모형, 전기 회로망을 포함해서 수많은 분야에 이용된다.

관련 항목 마방진(34쪽), 36명 장교 문제(198쪽), 실베스터의 선 문제(292쪽)

H. F. 베이커(H. F. Baker)가 편집한 『제임스 조지프 실베스터의 수학 논문집』 4권 표지에 실린 제임스 조지프 실베스터의 초상화. 실베스터의 논문집은 케임브리지 대학교 출판부에서 1912년에 출간되었다.

Yours faithfully
J. J. Sylvester

1852년

4색 정리

프랜시스 거스리(Francis Guthrie, 1831~1899년), **케네스 아펠**(Kenneth Appel, 1932년~), **볼프강 하켄**(Wolfgang Haken, 1928년~)

수 세기 전부터 지도 제작자들은 평면에 지도를 그릴 때 서로 맞닿은 부분을 다른 색으로 칠할 경우 네 가지 색만 있어도 모든 구역을 다 구분되게 칠할 수 있음을 알고 있었다. 오늘날 우리는 더 적은 색으로 칠할 수 있는 평면 지도는 있어도 4색 이상 필요한 평면 지도는 없다는 사실을 알고 있다. 구와 원통 표면에 지도를 그리는 경우에도 4색이면 충분하다. 한편 원환체라고도 하는 토러스 위에 그린 지도를 칠하려면 일곱 가지 색이면 충분하다.

수학자이자 식물학자인 프랜시스 거스리는 1852년에 영국의 지도를 자치주별로 색칠하다가 4색이면 충분하다는 사실을 깨달았고 이것을 자신의 스승에게 수학적으로 증명할 수 있는지 물었다. 4색 문제가 역사상 처음 제기되는 순간이었다. 거스리의 시대 이래 수학자들은 이 얼핏 단순해 보이는 4색 문제를 '증명'하려고 노력했지만 허사였고, 이 문제는 위상 수학에서 가장 유명한 미해결 문제 중 하나로 남았다.

마침내 1976년에는 케네스 아펠과 볼프강 하켄이라는 두 수학자가 컴퓨터의 도움으로 수천 가지 사례들을 검증한 결과 4색 정리를 증명하는 데 성공했고, 그리하여 이 문제는 순수 수학에서 증명의 핵심 과정에 컴퓨터가 이용된 최초의 사례가 되었다. 현대 수학에서 컴퓨터의 역할은 갈수록 커지고 있고, 더러는 인간의 이해를 거부하는 너무 복잡한 문제들을 증명하는 데 도움을 주고 있다. 4색 정리 또한 그 한 예이다. 또 다른 예는 유한 단순군(finite simple group)을 분류하는 것이었는데, 이것은 1만 쪽짜리 논문을 낳은 공동 연구 프로젝트를 통해 구현되었다. 안타깝게도 논문이 수천 쪽에 이르면 종래와 같이 사람이 직접 검증하는 방식으로는 그 증명 자체는 물론이고 그 논문에서 거론하는 증거 자체도 맞는지 틀리는지 알기 어려워진다.

놀랍게도 4색 정리는 지도 제작자들에게 실용적인 중요도가 높지 않았다. 역사가들이 여러 시대별로 지도를 연구해 보았지만, 사용하는 색상의 수를 최소화하려는 강박적인 욕구는 전혀 찾아볼 수 없었기 때문이다. 지도 제작과 지도 제작의 역사를 다룬 책들을 보면 알 수 있듯이 지도 제작자들은 필요한 것보다 더 많은 색채를 사용하는 경우가 흔했음을 쉽게 알 수 있다.

관련 항목 케플러 추측(128쪽), 리만 가설(254쪽), 클라인 병(278쪽), 리 군 E_8(516쪽)

1881년에 제작된 오하이오 주 지도를 스캔한 것으로 4색이 이용되었음을 알 수 있다. 변 하나를 공유하는 두 지역은 모두 다른 색으로 칠해져 있다.

A B C D E F G H I J K L M N O P Q R S T U V W X Y Z
MICHIGAN
HILLSDALE
LENAWEE
MONROE
LAKE ERIE
WILLIAMS
FULTON
LUCAS
OTTAWA
DEFIANCE
HENRY
WOOD
SANDUSKY
ERIE
LORAIN
CUYAHOGA
GEAUGA
ASHTABULA
LAKE
TRUMBULL
PAULDING
PUTNAM
HANCOCK
SENECA
HURON
MEDINA
SUMMIT
PORTAGE
MAHONING
VAN WERT
ALLEN
WYANDOT
CRAWFORD
RICHLAND
ASHLAND
WAYNE
STARK
COLUMBIANA
MERCER
AUGLAIZE
HARDIN
MARION
MORROW
KNOX
HOLMES
TUSCARAWAS
CARROLL
JEFFERSON
SHELBY
LOGAN
UNION
DELAWARE
COSHOCTON
HARRISON
DARKE
CHAMPAIGN
MIAMI
LICKING
MUSKINGUM
GUERNSEY
BELMONT
CLARK
FRANKLIN
MADISON
PREBLE
GREENE
FAIRFIELD
PERRY
NOBLE
MONROE
FAYETTE
PICKAWAY
MORGAN
BUTLER
WARREN
CLINTON
HOCKING
WASHINGTON
ROSS
ATHENS
HAMILTON
VINTON
HIGHLAND
PIKE
JACKSON
MEIGS
BROWN
ADAMS
SCIOTO
GALLIA
LAWRENCE
TOLEDO
SANDUSKY
CLEVELAND
COLUMBUS
CINCINNATI
ZANESVILLE
NEWARK
MANSFIELD
MARIETTA
CHILLICOTHE
PORTSMOUTH
DAYTON
SPRINGFIELD
LIMA
YOUNGSTOWN
STEUBENVILLE
WHEELING
MOUNDSVILLE
NEW MARTINSVILLE
WETZEL
TYLER
PLEASANTS
ST. MARY'S
PARKERSBURG
WOOD
JACKSON
MASON
PUTNAM
CABELL
WEST VIRGINIA
POINT PLEASANT
WINFIELD
BARBOURSV.
KENTUCKY
BOONE
KENTON
CAMPBELL
PENDLETON
BRACKEN
MASON
LEWIS
GREENUP
FALMOUTH
WILLIAMSTOWN
OWENTON
MAYSVILLE
VANCEBURG
CRAWFORD
MERCER
LAWRENCE
BEAVER
WASHINGTON
GREENE
PENNSYLVANIA
NEW CASTLE
ALBION
LINESVILLE
MAP OF
HAMILTON CO.,
OHIO.
SCALE OF MILES.
INDIANA
HARRISON
CROSBY
CINCINNATI
BOONE
KENTON
COVINGTON

1854년

불 대수학

조지 불(George Boole, 1815~1864년)

영국 수학자인 조지 불의 가장 중요한 업적은 1854년에 발표한 『논리와 확률의 수학 이론에 기반한 사고 법칙 연구(*An Investigation into the Laws of Thought, on Which are Founded the Mathematical Theories of Logic and Probabilities*)』이다. 불은 논리를 그저 0과 1 두 수, '그리고(and)'와 '또는(or)'과 '~이 아닌(not)'이라는 세 가지 기본 작용에 관련된 단순한 대수학으로 압축하는 데 관심이 있었다. 불 대수학(Boolean Algebra)은 전화 교환기 시스템이나 현대적 컴퓨터의 설계 등 다양한 분야에서 응용되었다. 불은 이 작업을 두고 "내가 과학에 어떤 기여를 했거나 앞으로 하게 된다면 그중에서 아마 이것이 가장 가치 있는 작업일 것이며, …… 내가 혹시 후세에 기억된다면 이것으로 기억되고 싶다."라고 말했다.

안타깝게도 불은 49세에 심한 열병을 앓고 나서 세상을 떠났다. 차가운 빗속에 밖에 나갔다가 병에 걸렸는데, 불행히도 동종 요법(질병과 유사한 증상을 일으켜 병을 치료하는 대체 요법의 일종.—옮긴이)을 믿은 아내가 침대에 누워 있는 남편에게 물을 수차례 쏟아부은 탓이었다.

수학자인 오거스터스 드 모르간(Augustus De Morgan, 1806~1871년)은 불의 작업을 칭송하면서 이렇게 말했다. "논리 체계 말고도 불의 천재성과 인내가 결합된 증거들은 수두룩하다. …… 숫자 계산의 도구로 발명된 대수학의 상징적 과정들로 인간의 사고 행위 전체를 표현할 수 있고, 논리 체계 전반의 문법과 사전을 채우는 능력을 발휘할 수 있다는 사실은, 그 사실이 증명되기 전에는 도저히 믿을 수 없었으리라."

불이 죽고 70년쯤 후, 아직 학생 신분으로 불 대수학을 접하게 된 미국 수학자 클로드 섀넌(Claude Shannon, 1916~2001년)은 불 대수학이 어떻게 전화 교환기 시스템의 설계를 최적화하는 데 쓰일 수 있는지를 보여 주었다. 또한 전기 회로를 가지고 불 대수학 문제들을 풀 수 있음을 보여 주었다. 그러니 불은 섀넌의 도움을 받아 우리 디지털 시대의 기틀 중 하나를 제공한 셈이다.

관련 항목 아리스토텔레스의 『오르가논』(54쪽), 그로스의 『바게노디어 이론』(260쪽), 벤 다이어그램(274쪽), 불의 『철학과 재미있는 대수학』(324쪽), 『수학 원리』(326쪽), 괴델의 정리(364쪽), 그레이 부호(394쪽), 정보 이론(396쪽), 퍼지 논리(432쪽)

우크라이나의 화가이자 사진 작가인 미하일 톨스토이(Mikhail Tolstoy)가 0과 1로 이루어진 이진법을 모티프로 제작한 일러스트레이션. 톨스토이는 이 작품에서 인터넷 같은 디지털 네트워크에서 흘러다니는 이진법 정보를 떠올린다고 한다.

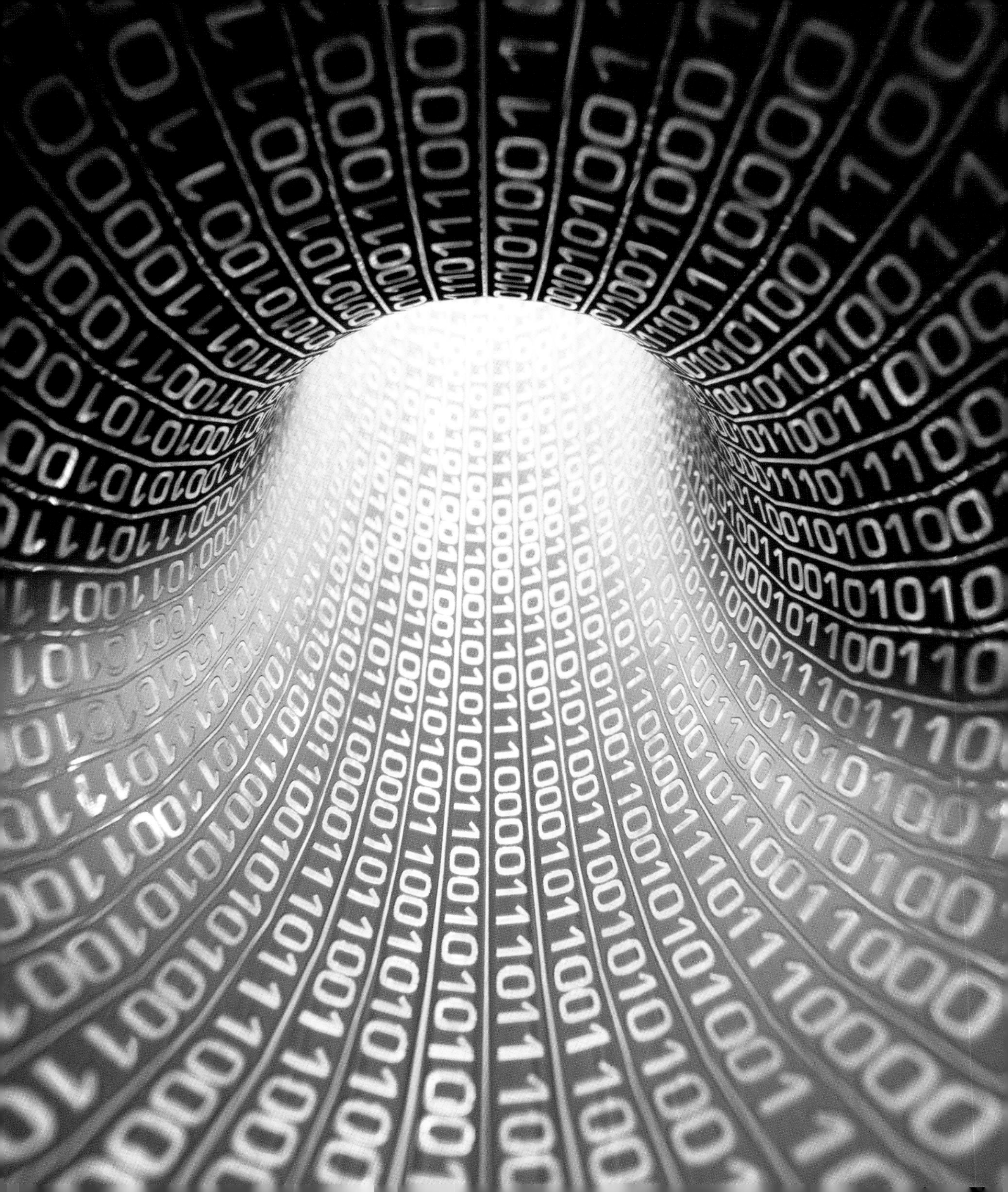

1857년

아이코시안 게임

윌리엄 로언 해밀턴 경(Sir William Rowan Hamilton, 1805~1865년)

아일랜드 수학자이자 물리학자이며 천문학자인 윌리엄 해밀턴이 1857년에 아이코시안(Icosian)이라는 게임을 설명했는데, 이 게임의 목표는 십이면체의 변들을 따라가면서 모든 꼭짓점(코너)을 한 번만 지나가는 경로를 찾는 것이다. 오늘날 그래프 이론 분야에서는 각 그래프 꼭짓점을 정확히 한 번만 지나는 경로를 가리켜 해밀턴 경로(Hamilronian path)라고 하고 아이코시안 게임에 필요한, 시작 지점으로 되돌아오는 경로는 해밀턴 순환(Hamiltonian cycle)이라고 한다. 영국 수학자인 토머스 커크먼(Thomas Kirkman, 1806~1895년)은 아이코시안 게임 문제를 좀 더 일반화시켜서 다음과 같이 제시했다. 한 다면체 그래프가 있을 때, 모든 꼭짓점을 지나가는 해밀턴 순환이 존재하는가?

'아이코시안'이라는 용어는 해밀턴이 이십면체의 대칭 성질들에 기반한, 아이코시안 미적분이라는 일종의 대수학을 발명하면서 생겼다. 해밀턴은 이 대수학과 그 연관된 아이코시안(특정한 종류의 벡터)을 사용해 이 문제를 풀었다. 플라톤 입체는 모두 해밀턴적이다. 1974년에 수학자인 프랭크 루빈(Frank Rubin)은 그래프 이론으로 해밀턴 경로와 해밀턴 순환을 일부나 전부 찾아낼 수 있는 효율적인 탐색 절차들을 도입했다.

런던의 한 장난감 제조업자가 아이코시안 게임의 판권을 사들여 십이면체의 모든 꼭짓점에 못이 있는 퍼즐을 만들었다. 각 못은 주요 도시를 상징한다. 게임을 하는 사람은 여행을 하면서 각 못에 줄을 감아서 지나간 경로를 기록한다. 그 장난감은 다른 형태로도 나왔는데, 예를 들어 십이면체의 교점들에 구멍이 있어서 나무못을 꽂을 수 있는 평평한 판 형태였다. (십이면체의 평면 모형을 만들려면 한 표면에 구멍을 내어 물체를 납작하게 평면으로 눕히면 된다.) 안타깝게도 게임은 잘 팔리지 않았는데 일부 이유는 게임이 너무 풀기 쉬운 탓이었다. 어쩌면 해밀턴은 깊은 이론에만 초점을 맞추다 보니 시행착오가 곧 해결책으로 이어진다는 사실을 간과한 것은 아닐까!

관련 항목 플라톤의 입체(52쪽), 아르키메데스의 준정다면체(66쪽), 쾨니히스베르크 다리(176쪽), 오일러의 다면체 공식(184쪽), 픽의 정리(296쪽), 지오데식 돔(348쪽), 차사르 다면체(400쪽), 스칠라시 다면체(468쪽), 스피드론(472쪽), 구멍 다면체 풀기(504쪽)

테자 크라섹이 아이코시안 게임을 주제로 만든 작품. 이 게임의 목적은 이 십이면체의 모든 꼭짓점을 단 한 번만 지나며 변들을 따라가는 경로를 찾는 것이다. 런던의 한 장난감 제조업자가 1859년에 이 게임의 판권을 사들였다.

1857년

하모노그래프

쥘 앙투안 리사주(Jules Antoine Lissajous, 1822~1880년), **휴 블랙번**(Hugh Blackburn, 1823~1909년)

하모노그래프(Harmonograph)는 빅토리아 시대의 예술 도구인데, 보통 추(단진자) 2개를 이용해 예술적으로, 그리고 수학적으로 흥미로운 궤적을 그리는 장치이다. 예를 들어 추 하나는 연필에 연결하고 다른 하나는 종이가 놓인 테이블 상판에 연결한다. 두 추를 움직이면 추는 진자 운동을 하며 각각 연필과 테이블 상판을 움직인다. 이 두 움직임이 결합되어 연필은 종이 위에서 빙글빙글 돌면서 원, 타원 등의 도형들을 그리며, 파도 같기도 하고 거미줄 같기도 한 패턴을 만든다. 추의 길이를 바꾸면 추의 진동수가 바뀌게 되고 그것에 따른 다양한 패턴이 만들어진다.

하모노그래프가 그리는 가장 단순한 패턴은 리사주 곡선(Lissajous curve)의 특성을 지닌다. 이 리사주 곡선은 $x(t)=A\sin(at+d)$, $y(t)=B\sin(bt)$이라는 식으로 표현할 수 있는데, t는 시간, A와 B는 진폭이고, a와 b 는상대 진동수, d는 위상 차이를 의미한다. (마찰이 없다고 할 때 이 식이 성립한다.)

최초의 하모노그래프 패턴은 프랑스 수학자 겸 물리학자인 쥘 앙투안 리사주가 서로 다른 진동수로 진동하는 소리굽쇠 2개와 촛불, 그리고 거울로 이루어진 시험 장치를 이용해 리사주 곡선들의 패턴을 선보인 1857년에 최초로 작도되었다고 할 수 있다. 이 복잡한 곡선은 원래 일반 대중을 위한 구경거리였다.

추로 작동하는 일반적인 하모노그래프 장치를 처음 만든 사람으로 인정받고 있는 인물은 영국 수학자이자 물리학자인 휴 블랙번인데, 오늘날까지도 블랙번의 하모노그래프를 기본으로 여러 가지 제품이 많이 제작되고 있다. 추를 추가하면 한층 복잡한 하모노그래프 장치와 패턴을 만들 수 있다. 내 소설인 『천국의 바이러스(*The Heaven Virus*)』를 보면 "다른 플랫폼 위에서 진동하는 다른 플랫폼에서 진동하는 플랫폼 위에서 진동하는…… 식으로 10개나 되는 서로 다른 플랫폼 위에서 진동하는 펜"을 가진 괴상한 외계의 하모노그래프를 볼 수 있다.

관련 항목 미분 해석기(360쪽), 카오스와 나비 효과(424쪽), 이케다 끌개(470쪽), 나비 곡선(494쪽)

이반 모스코비치(Ivan Moscovich)가 만든 하모노그래프. 1960년대에 모스코비치는 수직 표면에 추들을 연결하는 방식으로, 기계적으로 작동하는 커다란 하모노그래프를 만들었다. 이름난 퍼즐 디자이너인 모스코비치는 아우슈비츠 수용소에 갇혀 있다가 1945년에 풀려난 경험을 가지고 있다.

1858년

뫼비우스의 띠

아우구스트 페르디난트 뫼비우스(August Ferdinand Möbius, 1790~1868년)

독일 수학자 아우구스트 페르디난트 뫼비우스는 수줍음 많고 비사교적인 교수였고, 주의가 산만한 사람이었다. 그가 뫼비우스의 띠(Möbius Strip)를 발견한 것은 거의 70세가 다 되어서였다. 직접 그 띠를 만들려면 그냥 리본을 하나 가져다 두 끝을 잇기만 하면 되는데, 그 전에 두 끝 중 한쪽을 180도로 꼬아야 한다. 그 결과 면이 하나밖에 없는 곡면이 만들어진다. 벌레를 한 지점에 놓으면 그 벌레는 띠의 변을 가로지르지 않고도 반대편으로 갈 수 있다. 뫼비우스의 띠를 한 번 크레용으로 칠해 보자. 면이 하나밖에 없기 때문에 한쪽을 빨간색으로 칠하고 다른 쪽을 초록색으로 칠할 수는 없을 것이다.

뫼비우스가 죽고 몇 년 후 뫼비우스의 띠는 널리 인기를 얻으며 적용 범위가 늘어나게 되었고, 수학, 마법, 과학, 예술, 공학, 문학, 음악에 필수불가결한 요소가 되었다. 뫼비우스의 띠는 쓰레기를 유용한 자원으로 변화시키는 재활용 과정의 상징으로 널리 쓰이고 있다. 오늘날 뫼비우스의 띠는 모든 곳에서, 분자와 금속 구조에서 우표, 문학, 기술 특허, 건축 구조, 우리 우주 전체의 모형에 이르기까지 어디서나 볼 수 있다.

아우구스트 뫼비우스는 이 유명한 띠를 동시대 학자인 독일 수학자 요한 베네딕트 리스팅(Benedict Listing, 1808~1882년)과 '동시에 따로' 발견했다. 그렇지만 뫼비우스는 그 개념을 리스팅보다 약간 더 멀리까지 발전시켰다고 해야 할 것이, 그 끈의 놀라운 성질 중 일부를 더 치밀하게 탐구했기 때문이다.

뫼비우스의 띠는 인간이 단면 곡면을 발견하고 탐사한 예로는 최초로 꼽힌다. 1800년대 중반까지 단면 곡면의 성질들을 설명한 사람이 아무도 없었다는 이야기는 쉽게 믿기지 않지만 역사상 기록된 바에 따르면 그런 관찰 사례는 존재하지 않는다. 뫼비우스의 띠가 위상 수학 연구 — 기하학적 모양들과 그것들의 관계들에 대한 과학 — 를 대중에게 널리 알린 사례로는 최초이자 유일했다는 점을 생각하면 이 아름다운 발견은 이 책의 한 자리를 차지할 자격이 충분하다.

관련 항목 쾨니히스베르크 다리(176쪽), 오일러의 다면체 공식(184쪽), 기사의 여행(188쪽), 무게 중심 미적분(224쪽), 뢸로 삼각형(268쪽), 클라인 병(278쪽), 보이 곡면(304쪽)

여러 가지 뫼비우스의 띠로, 테자 크라섹과 클리프 픽오버(Cliff Pickover)가 만든 작품이다. 뫼비우스의 띠는 인간이 발견하고 연구한 최초의 단면 곡면이다.

1858년

홀디치의 정리

햄닛 홀디치(Hamnet Holditch, 1800~1867년)

완만하고 볼록한 폐곡선 C_1을 그린다. 곡선 C_1 안에 길이가 일정한 현 하나를 놓고, 그 현의 두 끝이 항상 C_1과 떨어지지 않게 하면서 그 곡선 안에서 미끄러뜨린다. (곡선 C_1의 모양을 가진 물웅덩이의 표면 주위에서 막대를 움직인다고 생각해 보면 이해하기 쉽다. 이제부터 현 대신 막대라고 하겠다.) 막대 위에 한 점을 표시해 두 부분으로 나누고 각 부분을 p와 q라고 한다. 여러분이 막대를 움직이면, 막대 위의 그 점은 원래 곡선 안에서 새로운 폐곡선 C_2를 만든다. C_1의 형태가 C_1을 한 번만 지나는 것을 염두에 두고 만들어졌다고 할 때, 홀디치의 정리(Holditch's Theorem)에 따르면 곡선 C_1과 C_2 사이의 넓이는 πpq가 된다. 그런데 흥미롭게도 이 넓이는 C_1의 모양과는 아무런 상관이 없다.

수학자들은 한 세기가 넘도록 홀디치의 정리에 매료되었다. 예를 들어 1988년에 영국 수학자인 마크 쿠커(Mark Cooker)는 이렇게 썼다. "두 가지가 내 뇌리를 직격했다. 첫째, 그 넓이의 공식은 주어진 곡선 C_1의 크기와는 별개이다. 둘째, 그 넓이의 방정식은 일종의 축이라고 할 수 있는 p와 q의 곱으로 이루어져 있어 타원의 넓이 공식과 같지만 이 정리 어디에서도 타원을 찾아볼 수는 없다!"

이 정리는 영국의 성직자이자 수학자인 햄닛 홀디치가 1858년에 처음 발표했다. 홀디치는 1800년대 중반에 케임브리지 대학교 카이우스 칼리지의 학장을 지냈다. 반지름이 R인 원 C_1의 홀디치 곡선인 C_2는 또 다른 원으로, 그 반지름 $r=\sqrt{R^2-pq}$이다.

관련 항목 π(62쪽), 조르당 곡선 정리(316쪽)

막대가 바깥 곡선을 따라 미끄러질 때, 막대 위의 한 점은 안쪽 곡선을 그린다. 홀디치의 정리에 따르면 곡선들 사이의 넓이는 πpq가 되고, 바깥 곡선의 모양과는 상관이 없다. 브라이언 맨스필드(Brian Mansfield)의 그림이다.

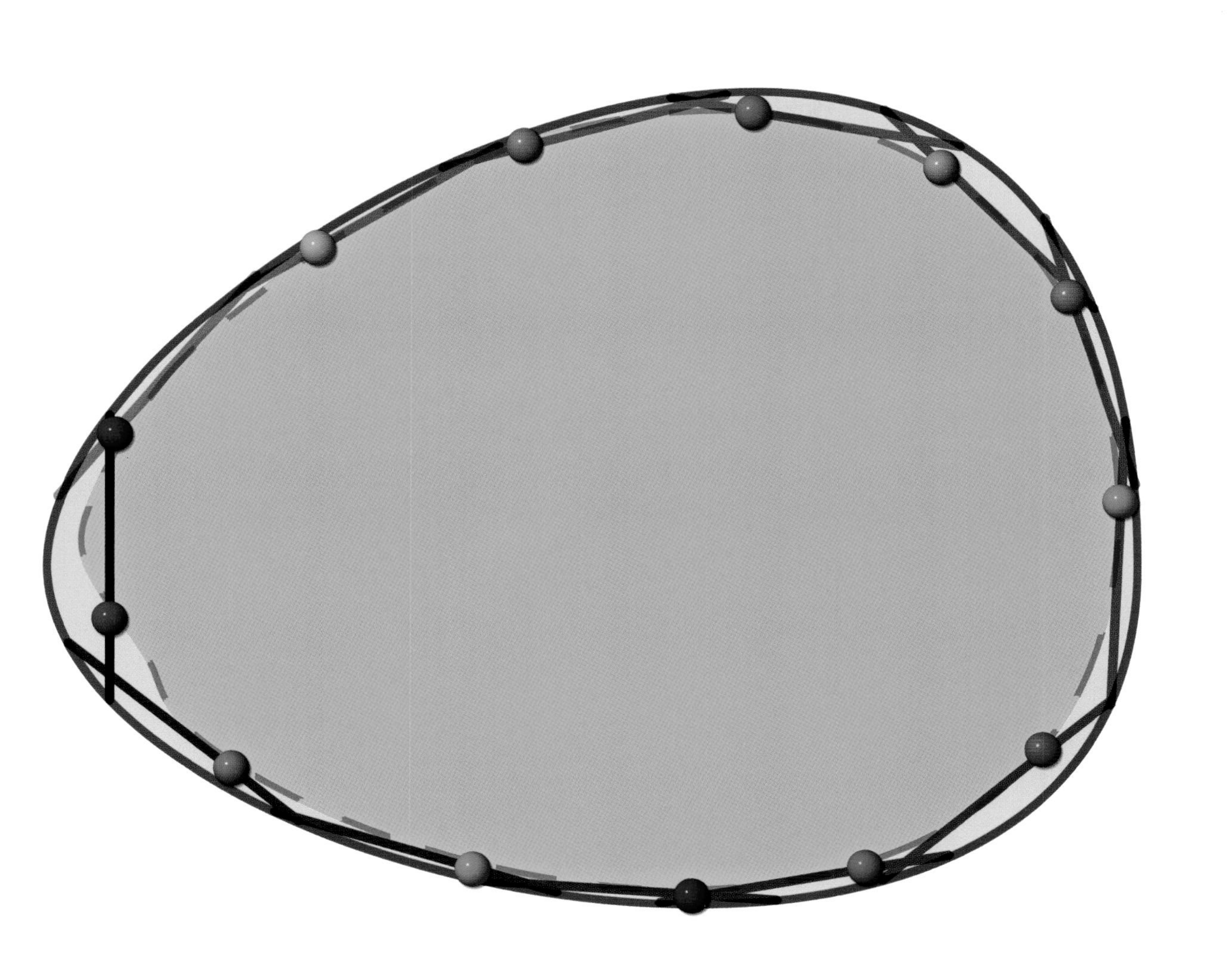

1859년

리만 가설

게오르크 프리드리히 베른하르트 리만(Georg Freidrich Bernhard Riemann, 1826~1866년)

수학과 관련한 여러 설문 조사에 따르면, '리만 가설(Riemann Hypothesis)의 증명'은 수학에서 가장 중요한 미해결 난제라고 할 수 있다. 이 문제의 증명은 제타 함수(Zeta function)와 관련이 있는데, 제타 함수는 소수의 성질 등을 연구하는 정수론 분야에서 중요한 연구 대상이며, 복잡한 곡선을 통해 나타낼 수 있다.

$\zeta(x)$라고 표기하는 이 함수는 원래 무한 급수 $\zeta(x)=1+(1/2)^x+(1/3)^x+(1/4)^x+\cdots$으로 정의되는 함수이다. x가 1일 때 이 함수는 무한대의 값을 가지게 된다. 이 함수는 x의 값이 1보다 클 때에만 유한한 값을 가진다. x가 1보다 작으면 다시 무한한 값을 가진다. 수학 문헌에서 실제로 다뤄지는, 완전한 형태의 제타 함수는 한층 복잡한 함수이지만 x의 값이 1보다 클 경우 실수 부분이 1일 때를 제외하면 어떤 실수나 복소수 값에 대해서도 유한한 값을 가진다. 우리는 그 함수가 x가 -2, -4, -6일 때 영점을 가진다는 것을, 그리고 그 함수의 실수부가 0과 1 사이인 복소수 집합에 대해서 무한한 수의 영점들을 가진다는 것을 알지만 정확히 어떤 복소수에서 이 영점이 나타나는지는 모른다.

수학자인 게오르크 베른하르트 리만은 리만 제타 함수의 x 값에 해당하는 복소수들의 실수부가 1/2일 경우 리만 제타 함수가 영점을 가진다고 추측했다. 비록 이 추측에 힘을 실어 주는 수학적 증거가 방대하기는 하지만, 아직 증명된 것은 아니다. 리만 가설의 증명 문제는 소수와 복소수의 성질을 이해하는 데 심오한 영향을 미쳤다. 게다가 물리학자들은 양자 물리학과 정수론 사이의 수수께끼 같은 관계를 리만 가설을 탐사하는 과정에서 발견했다.

오늘날 세계 전역에서 수만 명이 넘는 자원 봉사자들이 리만 제타 함수를 영점으로 만드는 복소수 값을 찾아 주는 컴퓨터 소프트웨어 패키지를 사용해서 리만 가설을 증명하려고 애쓰고 있다. 매일 10억 개도 넘는 제타 함수가 계산되고 있다.

관련 항목 매미와 소수(24쪽), 에라토스테네스의 체(64쪽), 조화 급수의 발산(106쪽), 허수(126쪽), 4색 정리(242쪽), 힐베르트의 23가지 문제(300쪽)

티보르 마질라스(Tibor Majlath)가 리만 제타 함수 $\zeta(s)$를 복소 평면 위에 그린 것이다. 위와 아래에 각각 4개씩 있는 조그만 동심원 무늬들은 $Re(s)=1/2$일 때의 영점에 해당한다. 이 복소 평면의 범위는 실수부, 허수부 모두 −32에서 +32까지이다.

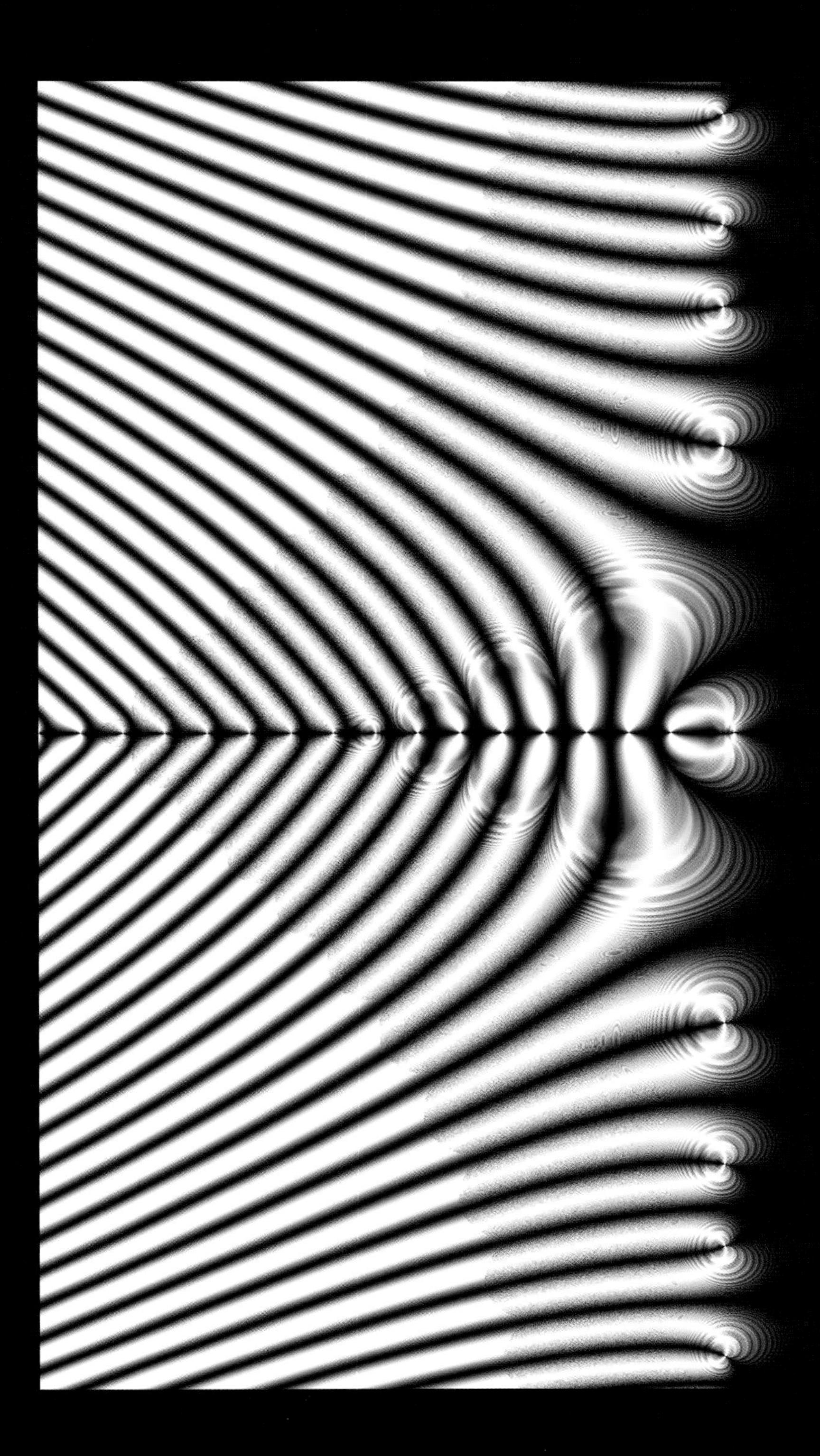

1868년

벨트라미의 의구

에우제니오 벨트라미(Eugenio Beltrami, 1835~1899년)

의구(Pseudosphere)는 나팔 2개를 서로 맞대어 놓은 듯한 모양을 한 기하학적 물체이다. 이 나팔들의 '마우스피스' 부분은 각각 끝없이 긴 나팔의 끝부분에 있어서 전능한 신들이 아니고서는 도저히 불 재간이 없을 것 같다. 이 특이한 모양을 처음으로 상세히 논의한 것은 1868년에 발표된 「비유클리드적 기하학의 해석에 관한 에세이(Essay on an Interpretation of Non-Euclidean Geometry)」이라는 논문이다. 이 논문의 저자는 기하학과 물리학 분야에서 큰 업적을 이룬 이탈리아 수학자 에우제니오 벨트라미였다. 이 표면을 만들려면 점근선을 중심으로 '추적선(Tratrix)'이라는 곡선을 회전시켜야 한다.

보통 구는 표면의 모든 점에서 곡률이 양수이지만 의구는 항상 곡률이 음수이다. 이것은 나팔이 맞붙어 있는 날카로운 부분 말고는 이 물체의 표면이 모두 다 오목하다는 뜻이다. 따라서 구의 넓이가 유한하고 표면이 닫혀 있다면 의구는 넓이가 무한하고 표면이 열려 있다. 영국 과학 저술가인 데이비드 달링은 이렇게 기술했다. "사실 2차원 평면이나 의구나 둘 다 무한하기는 마찬가지지만, 의구가 훨씬 더 많은 공간을 가질 수 있다! 이것은 달리 표현하자면 의구의 무한성이 평면에 비해 강력하다고 할 수 있다." 의구는 음의 곡률을 가지고 있기 때문에, 그 표면에 삼각형을 그리면 내각의 합이 180도가 되지 않는다. 의구의 기하학적 구조를 '쌍곡적(hyperbolic)'이라고 하는데, 과거 일부 천문학자들은 우리 우주를 의구의 성질을 가진 쌍곡 기하학으로 설명할 수 있을지도 모른다고 생각했다. 의구는 비유클리드적 공간을 나타내는 첫 모형 중 하나이기 때문에 역사적으로도 중요하다.

벨트라미의 관심사는 수학의 범위를 한참 넘어선다. 벨트라미가 저술한 4권짜리 『수학 저작집(*Opere Matematiche*)』은 광학과 열역학, 탄성과 자성, 전기를 논한다. 벨트라미는 린체이 학회의 일원이었고 1898년에는 회장을 지냈다. 세상을 떠나기 1년 전에는 이탈리아 의회의 상원 의원으로 선출되기도 했다.

관련 항목 토리첼리의 트럼펫(146쪽), 극소 곡면(194쪽), 비유클리드 기하학(226쪽)

폴 닐랜더가 고전적인 벨트라미의 의구를 변형해 톡특한 의구를 만들어 냈다. 이 물체 역시 표면이 항상 음의 곡률을 가진다.

1872년

바이어슈트라스 함수

카를 테오도르 빌헬름 바이어슈트라스(Karl Theodor Wilhelm Weierstrass, 1815~1897년)

1800년대 초반 수학자들은 흔히 연속 함수 $f(x)$의 경우 특정할 수 있는 거의 모든 점들에서 도함수(고유 접선)를 구할 수 있다고 생각했다. 1872년에 독일 수학자인 카를 바이어슈트라스는 그 가설이 오류임을 증명함으로써 베를린 과학 아카데미의 동료 수학자들을 놀라게 만들었다.

모든 곳에서 연속이지만 어디에서도 미분할(도함수를 구할) 수 없는 바이어슈트라스 함수(Weierstrass Function)는 $f(x)=\Sigma a^k \cos(b^k \pi x)$으로 정의되고, 거기서 합은 $k=0$에서 ∞까지이다. 여기서 a는 $0<a<1$까지의 실수이고, b는 홀수 양수, $ab>(1+3\pi/2)$이다. 합의 기호인 Σ는 그 함수가 진동 구조를 낳는 삼각 함수를 무한정 더해 만들어졌음을 시사한다.

물론 수학자들은 그 전부터 연속 함수라고 하더라도 몇몇 문제가 되는 점에서 미분 불가능한 경우가 생길 수 있음을 잘 알고 있었다. 예를 들어 $f(x)=|x|$ 같은 함수의 경우, 뒤집힌 쐐기 모양을 하고 있는데 이 쐐기의 뾰족한 꼭짓점의 바닥, 즉 $x=0$인 점에서 도함수를 구할 수 없다. 그렇지만 바이어슈트라스가 어디에서도 미분할 수 없는 곡선을 보여 주자 수학자들은 진퇴양난에 빠졌다. 수학자인 샤를 에르미트는 1893년에 네덜란드 수학자 토마스 스티엘티예스(Thomas Stieltjes, 1956~1984년)에게 이런 편지를 썼다. "나는 공포와 두려움에 휩싸여 도함수가 없는 연속 함수라는 이 개탄스러운 전염병으로부터 고개를 돌렸습니다."

1875년 폴 뒤 부아레이몽(Paul du Bois-Reymond, 1831~1889년)은 최초의 바이어슈트라스 함수를 발표했다. 그 2년 전에 부아레이몽은 바이어슈트라스에게 논문 초고를 주고 읽어 보라고 했다. (그 초고에는 $k=0\sim\infty$이고 $(a/b)>1$일 때 $f(x)=\Sigma \sin(a^n x)/b^n$라는 내용이 들어 있는데, 이는 논문이 출간되기 전에 바뀌었다.)

프랙털처럼, 바이어슈트라스 함수도 아무리 확대해도 똑같은 세부 구조를 보여 준다. 체코 수학자인 베르나르트 볼차노(Bernard Bolzano, 1781~1848년)와 독일 수학자인 베른하르트 리만은 서로 독립적으로 1830년과 1861년에 비슷한 함수를 연구했다. (이 연구 결과들은 발표되지 않았다.) 모든 곳에서 연속적이지만 어디에서도 미분할 수 없는 곡선의 또 다른 예로는 프랙털 코크 곡선이 있다.

관련 항목 페아노 곡선(288쪽), 코크 눈송이(312쪽), 하우스도르프 차원(336쪽), 해안선 역설(404쪽), 프랙털(462쪽)

서로 연관된 바이어슈트라스 곡선들을 합쳐 만든 이 바이어슈트라스 표면 $f_a(x)=\Sigma[\sin(\pi k^a x)/\pi k^a]$은 폴 닐랜더가 근삿값을 구하고 제작한 것이다. ($0<x<1$이고 $2<a<30$이고 $k=1\sim150$이다.)

1872년

그로스의 『바게노디어 이론』

루이 그로스(Louis Gros, 1837?~1907?년)

바게노디어(Baguenaudier)는 가장 오래된 기계식 퍼즐이다. 1901년에 영국 수학자인 헨리 듀드니(Henry E. Dudeney)는 이렇게 말했다. "분명히 말해, 이 매혹적이고 유서깊고 교훈적인 퍼즐은 반드시 집집마다 하나씩 있어야 한다."

바게노디어의 목적은 빽빽한 수평 고리에서 반지를 모두 빼내는 것이다. 첫 수로 그 철사의 한 끝에서 반지 1~2개를 꺼내는 것은 어렵지 않다. 하지만 전체 절차가 복잡해지는 이유는, 반지 1개를 꺼내려면 다른 반지들을 철사 고리로 도로 돌려놓아야 하고 그 절차를 여러 번 반복해야 하기 때문이다. 알고 보면 필요한 최소 횟수는 반지의 수 n이 짝수일 때는 $(2^{n+1}-2)/3$이고 홀수일 때는 $(2^{n+1}-1)/3$이다. 마틴 가드너는 이렇게 기술했다. "반지가 25개면 22,369,621단계가 필요하다. 숙련자가 1분에 50단계까지 마칠 수 있다고 하면 퍼즐을 푸는 데는 2년 남짓 걸린다."

전설에 따르면 이 퍼즐은 중국 삼국 시대의 정치가이자 군인인 제갈량(諸葛亮, 181~234년)이 자기가 전쟁에 나간 사이 아내가 딴생각을 하지 못하게 하려고 발명했다고 한다. 1872년 프랑스 치안 판사였던 루이 그로스는 『바게노디어 이론(*Théorie du Baguenodier*)』(그는 이 철자법을 선호했다.)이라는 소책자에서 이 반지들과 이진법을 연관지었다. 각 반지는 이진법으로 표시할 수 있다. '끼워 놓은' 반지는 1, '빼놓은' 반지는 0으로. 구체적으로 그로스는 반지들이 어떤 상태에 있을 때, 그 문제를 풀려면 정확히 얼마나 많은 단계가 필요하고 충분한가를 계산해 이진법 수로 나타내는 것이 가능하다는 것을 보여 주었다. 그로스의 작업은 지금은 그레이 부호(Gray code)라고 하는 이진법 부호의 최초의 사례에 속한다고 할 수 있는데, 그레이 부호에서 연속된 두 이진법 수들은 한 자리만 다르다. 수학자이자 컴퓨터 과학자인 도널드 커누스는, 오늘날 디지털 커뮤니케이션에서 오류를 바로잡는 데 널리 이용되는 "그레이 이진 부호의 진정한 발명자"는 사실 그로스라고 기록하기도 했다.

관련 항목 불 대수학(244쪽), 슬라이딩 퍼즐(264쪽), 하노이 탑(280쪽), 그레이 부호(394쪽), 인스턴트 인새니티(434쪽)

바게노디어 퍼즐은 아주 오래전에 생겼지만, 1970년대부터는 미국에서 그것과 비슷한 퍼즐들에 대한 특허들이 쏟아졌다. 한 예로 풀 수는 없어도 분해는 수월하게 할 수 있는 형태가 있다. 또 반지의 수를 조절해 난이도를 조정할 수 있는 형태도 있다. 그림은 미국 특허 4,000,901와 3,706,458에서 가져온 것이다.

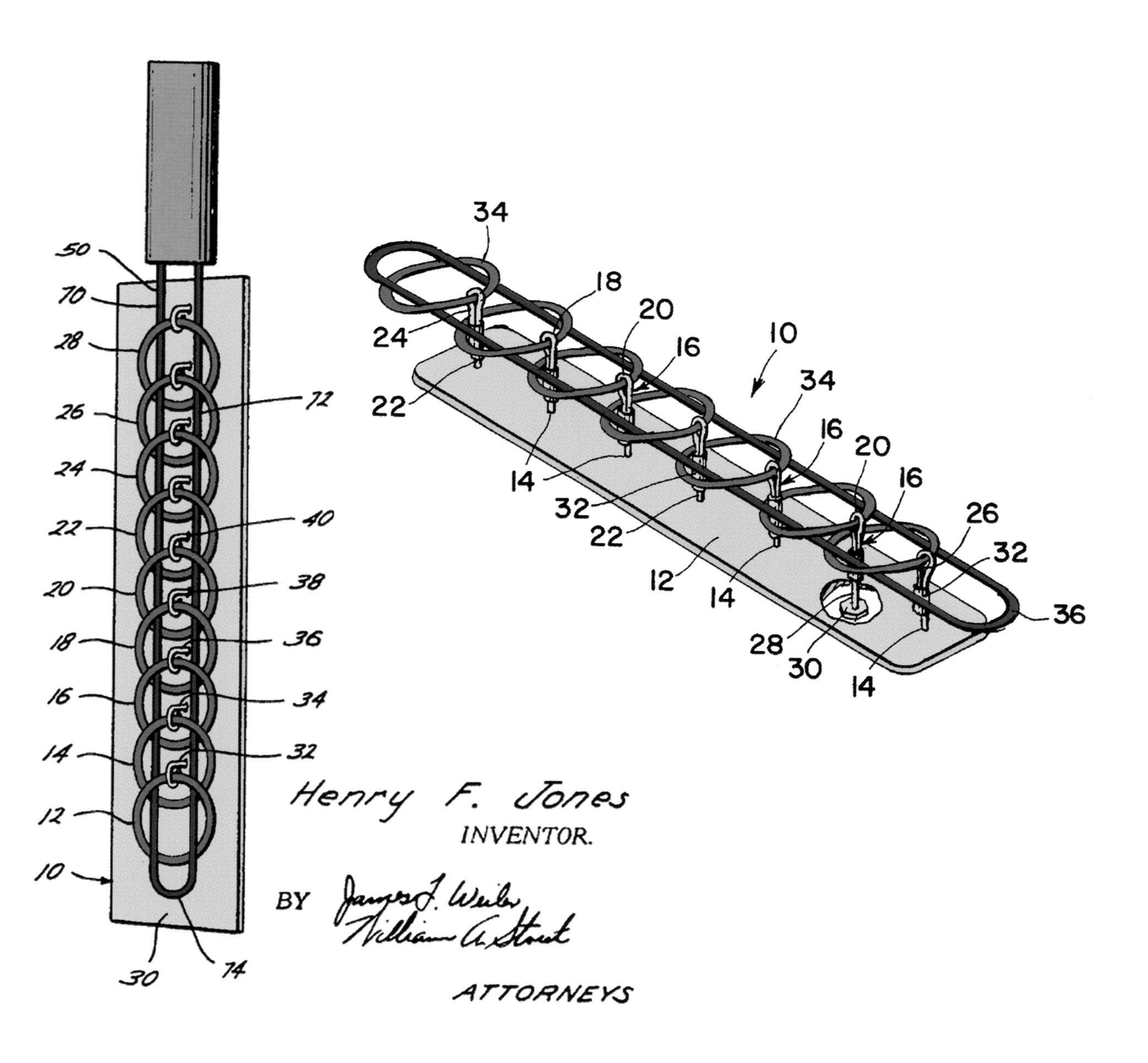

50
70
28
26
24
22
20
18
16
14
12
10
30
74
72
40
38
36
34
32
34
18
20
16
10
24
22
14
34
16
20
16
32
22
12
14
26
26
32
36
28
30
14
Henry F. Jones
INVENTOR.
BY
ATTORNEYS

1874년

코발레프스카야의 박사 학위

소피아 코발레프스카야(Sofia Kovalevskaya, 1850~1891년)

러시아 수학자인 소피아 코발레프스카야는 미분 방정식 이론 발전에 값진 공헌을 했으며, 여성으로서는 사상 최초로 수학 박사 학위를 받은 인물이기도 하다. 다른 수학 천재들도 대개 그랬지만 소피아 역시 아주 어린 나이에 수학과 사랑에 빠졌다. 자서전에는 이렇게 적혀 있다. "나는 당연히 이런 개념들의 의미를 이해할 수 없었지만 그것들은 내 상상력을 자극했다. 결국 나는 그 세계에 발을 들인 이들에게 언젠간 죽을 평범한 인간들은 접근할 수 없는 새로운 경이의 세계를 열어 주는 높고 신비로운 과학으로 수학을 숭배하게 되었다." 11세가 되었을 무렵 소피아의 방은 수학자인 미하일 오스트로그라드스키(Mikhail Ostrogradski, 1801~1862년)의 미분과 적분 분석 강의를 필기한 것으로 온통 도배가 되어 있었다.

1874년에 코발레프스카야는 편미분 방정식과 아벨 적분과 토성 고리들의 구조 연구로 괴팅겐 대학교에서 최우등(Summa cum laude) 성적으로 박사 학위를 받았다. 그렇지만 이 박사 학위와 수학자인 카를 바이어슈트라스의 열성적인 추천서도 소용없었다. 코발레프스카야는 여성이었기 때문에 수년간 학계에서 자리를 얻을 수 없었다. 그렇지만 마침내 1884년에 스웨덴의 스톡홀름 대학교에서 강의를 시작할 수 있었고, 같은 해 4년 임기의 교수 자리에 임용되었다. 1888년에 파리 과학 아카데미는 코발레프스카야의 회전하는 입체에 대한 이론적 연구를 높이 평가해 특별상을 주었다.

코발레프스카야가 수학사에서 한자리를 차지할 자격이 있는 이유는 역사상 유럽에서 여성으로서는 교수가 된 세 번째 사례 — 라우라 바시와 마리아 아녜시 다음이다. — 이자 유럽, 비유럽을 막론하고 여성으로서 대학에서 수학과 교수직을 얻은 최초의 사례이기 때문이다. 코발레프스카야는 지독한 반대를 무릅쓰고 이런 승리들을 얻어 냈다. 사실 코발레프스카야의 아버지는 딸에게 수학 공부를 허락하지 않았기 때문에 코발레프스카야는 가족이 모두 잠든 밤에 몰래 수학 공부를 했다. 또 러시아 여성들은 아버지의 서면 허가 없이는 가족과 따로 나가 살 수 없었기 때문에, 해외로 나가서 공부를 계속하고 싶었던 코발레프스카야는 내키지 않는 결혼을 해야 했다. 훗날 코발레프스카야는 이렇게 썼다. "수학자가 된다는 것은 시인의 영혼을 갖고 있지 않고서는 불가능하다."

관련 항목 히파티아의 죽음(80쪽), 아녜시의 『이탈리아 청년들을 위한 해석학』(182쪽), 불의 『철학과 재미있는 대수학』(324쪽), 뇌터의 『환 영역에서의 아이디얼 이론』(344쪽)

소피아 코발레프스카야는 유럽에서는 여성 최초로 수학 박사 학위를 받았다.

Sophie Kowalevsky

1874년

슬라이딩 퍼즐

노이에스 파머 채프먼(Noyes Palmer Chapman, 1811~1889년)

비록 이 책의 다른 대다수 항목들처럼 본격적인 수학사적 기념비나 이정표는 아닐지 몰라도, 슬라이딩 퍼즐은 역사적으로 엄청난 대중적 인기를 끌었다는 점에서 짚고 넘어갈 가치가 있다. 오늘날에도 구할 수 있는, 가로세로 4×4=16개의 칸이 정사각형(타일) 15개와 빈 칸 하나로 이루어져 있는 판이나 상자로 된 퍼즐이 바로 슬라이딩 퍼즐이다. (영미권에서는 15-Puzzle, Gem-Puzzle, Game of Fifteen이라고 하기도 한다.) 큰 사각형 틀은 시작 단계에서 1에서 15까지의 숫자들이 순차적으로 적힌 칸 15개와 빈 칸 하나가 있다. 샘 로이드(Sam Loyd)의 『백과사전(*Cyclopedia*)』(1914년)에 실린 퍼즐은 시작 단계에서 14와 15가 뒤바뀌어 있다.

1	2	3	4
5	6	7	8
9	10	11	12
13	15	14	

풀 수 없는 슬라이딩 퍼즐 (시작 단계)

샘 로이드는 사각형들을 상하좌우로 "미끄러뜨려" 1에서 15까지 숫자들이 차례대로 배열되도록(14와 15의 위치만 바뀌도록) 하라는 문제를 냈다. 『백과사전』에서 로이드는 그것을 푸는 사람에게 1,000달러 상금을 주겠다고 했지만 안타깝게도 시작 배치가 이러할 때에는 이 퍼즐을 풀 수 없다.

이 퍼즐 게임의 맨 처음 형태는 1880년에 뉴욕의 우체국장인 노이에스 파머 채프먼이 개발했고, 100년 후에 등장한 루빅스 큐브와 마찬가지로 나오자마자 큰 성공을 거두었다. 원래는 느슨하게 놓인 타일들을, 게임을 하는 사람들이 임의로 뒤바꾸어 놓은 다음 순서대로 배치하는 식이었다. 무작위적인 배치로 시작했을 경우 그 퍼즐을 풀 수 있는 가능성은 50퍼센트에 불과했다!

수학자들은 초기 타일들이 어떻게 배치되어 있어야 퍼즐을 풀 수 있는지를 엄격히 검증하려고 애써 왔다. 독일 수학자인 W. 아렌스(W. Ahrens)는 이렇게 지적했다. "슬라이딩 퍼즐은 갑자기 미국에 나타나 마치 전염병처럼 순식간에 퍼졌고, 헤아릴 수 없을 정도로 많은 사람들이 그 문제를 푸는 데 열을 올렸다." 재미있는 것은, 체스 고수 바비 피셔(Bobby Fischer) 역시 이 퍼즐의 전문가였는데, 애초에 풀 수 없는 배치가 아닐 경우 30초면 거뜬히 풀어 냈다.

관련 항목 인스턴트 인새니티(434쪽), 루빅스 큐브(454쪽)

현대의 루빅스 큐브와 무척 비슷한 슬라이딩 퍼즐은 1880년대에 세계를 폭풍처럼 휩쓸었다. 수학자들은 초기 배열에 따라 풀 수 없는 경우가 생길 수 있음을 증명했다.

1 12 11
2 13 9 10
3 14 15 8
4 5 6 7

1874년

칸토어의 초한수

게오르크 칸토어(Georg Cantor, 1845~1918년)

독일 수학자인 게오르크 칸토어는 현대 집합론을 창시했으며 무한한 물체들로 이루어진 집합의 상대적인 '크기'를 나타내는 데 이용할 수 있는, 상상하기도 쉽지 않은 초한수(超限數, Transfinite Number)라는 개념을 처음 도입했다. 가장 작은 초한수는 알레프 수(aleph-nought)라고 하며 $\aleph_0$으로 나타내는데, 그것은 정수들의 수를 센 것이다. 만약 정수들의 수($\aleph_0$)가 무한하다면 이것보다 더 높은 수준의 무한이 존재할 수 있을까? 사실 정수와 유리수(분수로 나타낼 수 있는 수)와 무리수(2의 제곱근처럼 분수로 나타낼 수 없는 수)는 그 개수가 모두 다 무한하지만, 무리수의 무한은 유리수나 정수의 무한보다 어떤 의미에서는 더 크다. 마찬가지로 정수들의 집합보다는 실수(유리수와 무리수를 모두 아우르는 수)의 수가 더 많다.

무한에 대한 칸토어의 놀라운 개념들은, 수학의 기본 이론으로 받아들여지기 전에는 폭넓은 비판을 먼저 받았고, 그것은 칸토어가 심각한 우울증 발작으로 여러 보호 시설을 들락거리게 만드는 데 기여했다. 한편 칸토어는 초한수를 초월하는 절대 무한 개념을 신과 동일시하기도 했다. 칸토어는 이렇게 썼다. "내가 신의 가호로 알게 되어 20년이 넘는 세월 동안 그 다양한 면면을 연구해 온 이 초한수의 진리에 대해서 추호도 의심하지 않는다." 1884년에 칸토어는 스웨덴 수학자인 괴스타 미타그레플레르(Gösta Mittag-Leffler)에게 자신이 새로운 연구를 만들어 낸 것이 아니라 그저 보고했을 뿐이라고 썼다. 신이 영감을 주셔서 자신으로 하여금 그저 그 논문의 체재와 형식만 신경 쓰도록 했다는 것이다. 칸토어는 자기가 초한수들이 진리임을 아는 이유가 "신이 그렇다고 말했기" 때문이고, 그저 '유한한' 수밖에 창조할 수 없을 정도로 신의 능력이 한정적일 리가 없다고 했다. 수학자인 다비트 힐베르트는 칸토어의 초한수 연구를 "수학적 천재성이 낳은 가장 훌륭한 산물이자 순수하게 지적인 인간 행위에서 나온 최고 업적 중 하나"라고 평가했다.

관련 항목 아리스토텔레스의 바퀴 역설(56쪽), 초월수(236쪽), 힐베르트의 그랜드 호텔(356쪽), 연속체 가설 불확정성(428쪽)

1880년경에 찍은 게오르크 칸토어와 부인의 사진. 칸토어의 놀라운 무한 개념들은 처음에 많은 비판을 받았는데 칸토어의 심각하고 만성적인 우울증은 이것 때문에 더 심해졌을지도 모른다.

1875년

뢸로 삼각형

프란츠 뢸로(Franz Reuleaux, 1829~1905년)

뫼비우스의 띠처럼 기하학적 발견 중에는 인류의 지적 발달사에서 비교적 최근에 와서야 다양한 실용적 응용 분야를 찾게 된 것들이 많은데, 뢸로 삼각형(Reuleanx Triangle) 역시 그중 하나이다. 유명한 곡선 삼각형인 뢸로 삼각형은 탁월한 독일인 기계 엔지니어인 프란츠 뢸로가 그것을 논한 1875년경에 와서야 비로소 수많은 응용처들을 만날 수 있었다. 비록 한 정삼각형의 각 꼭짓점을 3개의 원호가 연결하고 있는 모양을 고안하고 그것을 연구한 사람이 뢸로가 최초는 아니었지만, 뢸로는 처음으로 그것이 정폭 도형(도형과 접하는 두 평행선 사이의 거리가 항상 일정한 도형)임을 보여 주고 그 삼각형을 수많은 기계 장치에 실제로 응용했다. 그 삼각형을 만드는 것은 너무나 단순해서 현대의 연구자들은 왜 뢸로 이전 사람들이 그것을 이용할 생각을 하지 못했는지 의아해할 정도이다. 이 도형은 원과 아주 비슷하다. 두 마주보는 대점 사이의 거리가 늘 동일하기 때문이다.

뢸로 삼각형을 정사각형 구멍을 파는 드릴 비트(드릴 날)에 응용한 기술적 특허들이 다양하게 존재한다. 그런데 거의 정사각형에 가까운 구멍을 파는 드릴이라는 개념은 애초에 일반 상식과는 어긋난다. 어떻게 회전하는 드릴 비트가 둥근 모양이 아니라 다른 모양으로 구멍을 팔 수 있단 말인가? 그렇지만 그런 드릴 비트가 실제로 있다. 예를 들어 오른쪽 도판의 1978년 미국 특허 4,074,778은 뢸로 삼각형을 기반으로 하는 '정사각형 홈 드릴'에 대한 것이다. 뢸로 삼각형은 또한 새로운 병 모양 용기, 롤러, 음료수 캔, 양초, 회전식 선반, 기어 박스, 회전식 발동기, 캐비닛 같은 발명품의 특허 서류에서 많이 볼 수 있다.

수많은 수학자가 뢸로 삼각형을 연구해 온 덕분에 우리는 그 삼각형의 성질에 대해서 많은 것을 알게 되었다. 예를 들어 폭이 r인 뢸로 삼각형의 넓이는 $A = {}^1/_2(\pi - \sqrt{3})r^2$이고, 뢸로 삼각형 드릴 비트가 파는 넓이는 0.9877003907…로 거의 정사각형의 넓이이다. 조금 차이가 생기는 이유는 뢸로 삼각형 드릴 비트가 각 변이 아주 약간 둥근 정사각형을 만들기 때문이다.

관련 항목 성망형(160쪽), 뫼비우스의 띠(250쪽)

1978년(미국 특허 4,074,778)의 도안 자료. 뢸로 삼각형에 기반해 정사각형 홈을 파는 드릴 비트를 보여 준다.

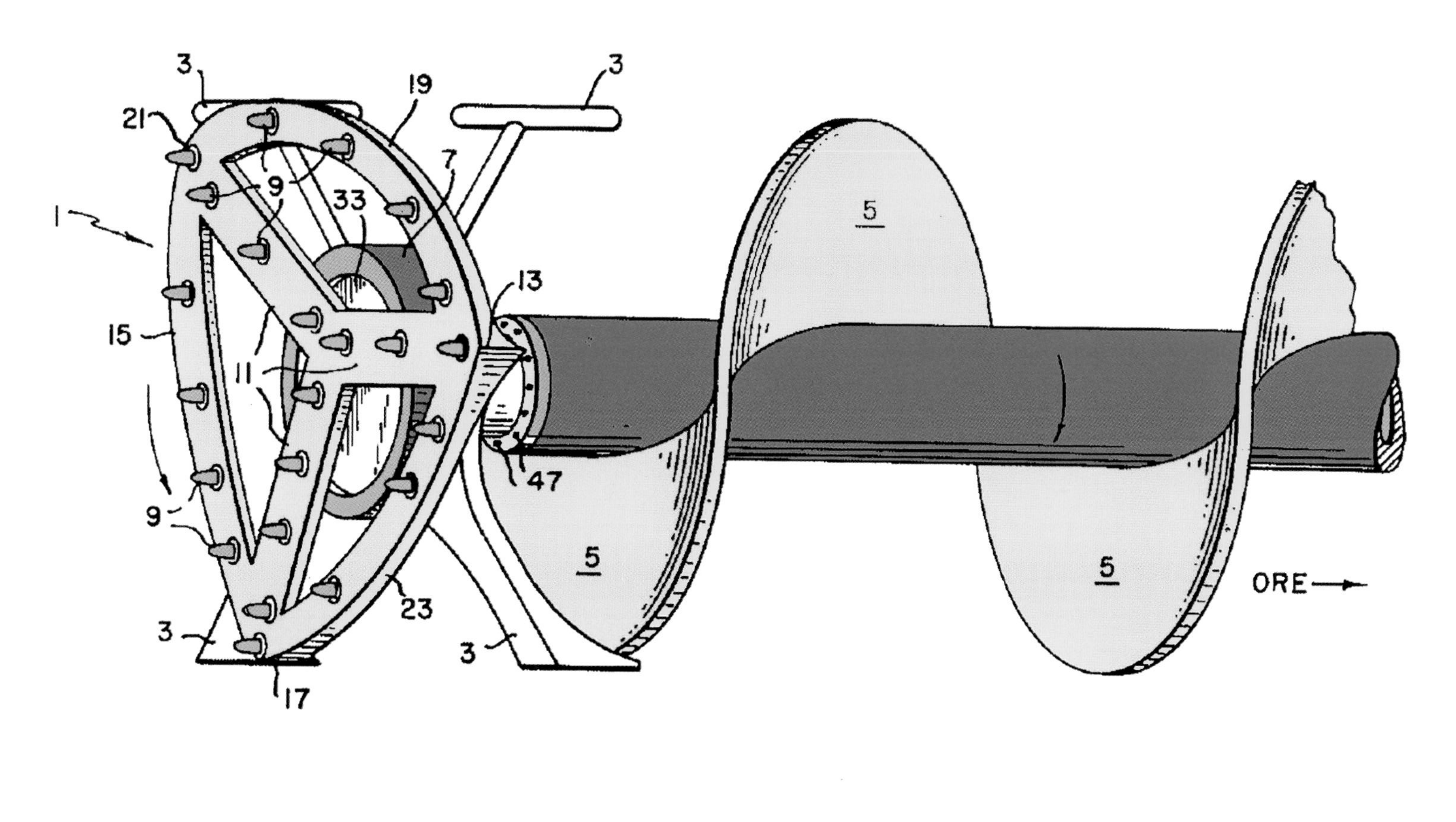
3
21
19
3
9
9
33
7
1
13
15
11
47
9
9
5
5
5
ORE
23
3
3
17

1876

조화 해석기

장 밥티스트 조제프 푸리에(Jean Baptiste Joseph Fourier, 1768~1830년), **윌리엄 톰슨, 라르그스의 켈빈 남작**(William Thomson Baron Kelvin of Largs, 1824~1907년)

1800년대 초 프랑스 수학자인 장 밥티스트 조제프 푸리에는 미분 가능한 함수는 그 함수가 얼마나 복잡하든 상관없이 모두 사인 함수와 코사인 함수의 합으로 어느 정도 정확하게 나타낼 수 있다는 사실을 발견했다. 예를 들어 주기 함수인 $f(x)$는 진폭 A_n과 B_n에 대해서 $A_n \cdot \sin(nx)+B_n \cdot \cos(nx)$가 된다.

조화 해석기(Harmonic Analyzer)는 앞의 함수의 계수인 A_n과 B_n을 결정하는 물리적인 도구이다. 이 기계는 1876년에 영국 수리 물리학자 윌리엄 톰슨, 즉 켈빈 경이 발명했는데, 바다의 조수간만 현상을 관측한 데이터의 그래프를 분석할 목적이었다. 분석하고자 하는 곡선이 그려진 종이를 메인 실린더에 감는다. 그러면 장치들이 곡선을 따라가며 곡선의 진폭을 나타내는 계수의 값들을 결정하게 된다. 켈빈 경은 "운동학적인 기계"가 단순히 "만조 때의 시간과 높이만이 아니라 매순간 물의 깊이를 예측할 수 있으며 앞으로 수 년간 그 추이를 연속적인 곡선으로 보여 줄 수 있다."라고 썼다. 조수간만의 현상은 태양과 달의 위치, 지구의 자전, 해변의 모양, 해저의 윤곽에 좌우되기 때문에 무척 복잡하다.

1894년에 독일 수학자인 올라우스 헨리치(Olaus Henrici, 1840~1918년)는 악기 등이 내는 복합적인 음파를 분석할 수 있는 조화 해석기를 고안했다. 이 장치는 도르래 몇 개와 유리 구들을 측정 다이얼에 연결한 것으로, 위상과 진폭을 계산해 10개의 푸리에 계수를 산출하는 데 성공했다. 독일 공학자인 오토 마더(Otto Mader)는 1909년에 한 곡선을 추적하기 위해 기어 몇 개와 포인터 하나를 사용하는 조화 해석기를 발명했는데, 여기서 각 기어들은 서로 다른 조화 함수(harmonics)에 해당한다. 1938년에 발명된 몽고메리 조화 해석기는 곡선의 조화 성분 분석에 광전자를 이용한 최초의 광학적 조화 해석기였다. 발명자인 벨 연구소의 H. C. 몽고메리(H. C. Montgomery)는 그 장치가 "특히 발화와 음악 분석에 적합한데, 그것은 이 장치가 전통적인 방식의 영화 사운드 트랙에서 직접 작동하기 때문이다."라고 말했다.

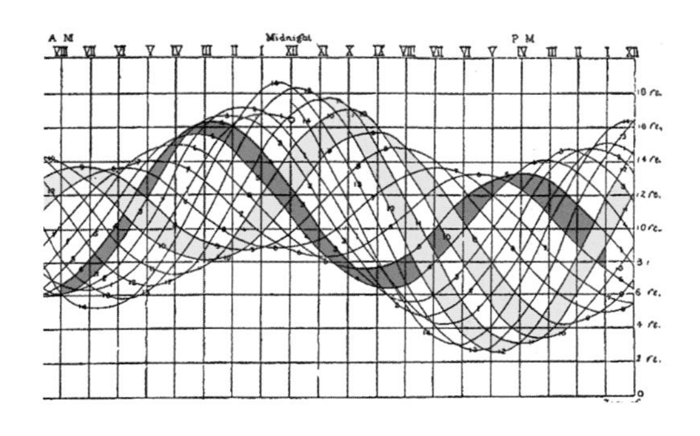

관련 항목 푸리에 급수(212쪽), 미분 해석기(360쪽)

왼쪽: 1884년 1월 1일부터 14일까지 2주간의 조수간만 기록. 조수간만 현상은 24시간마다 한 번씩 돌아가는 원통형 종이에 기록되었다. 오른쪽: 독일 수학자 올라우스 헨리치의 조화 해석기.

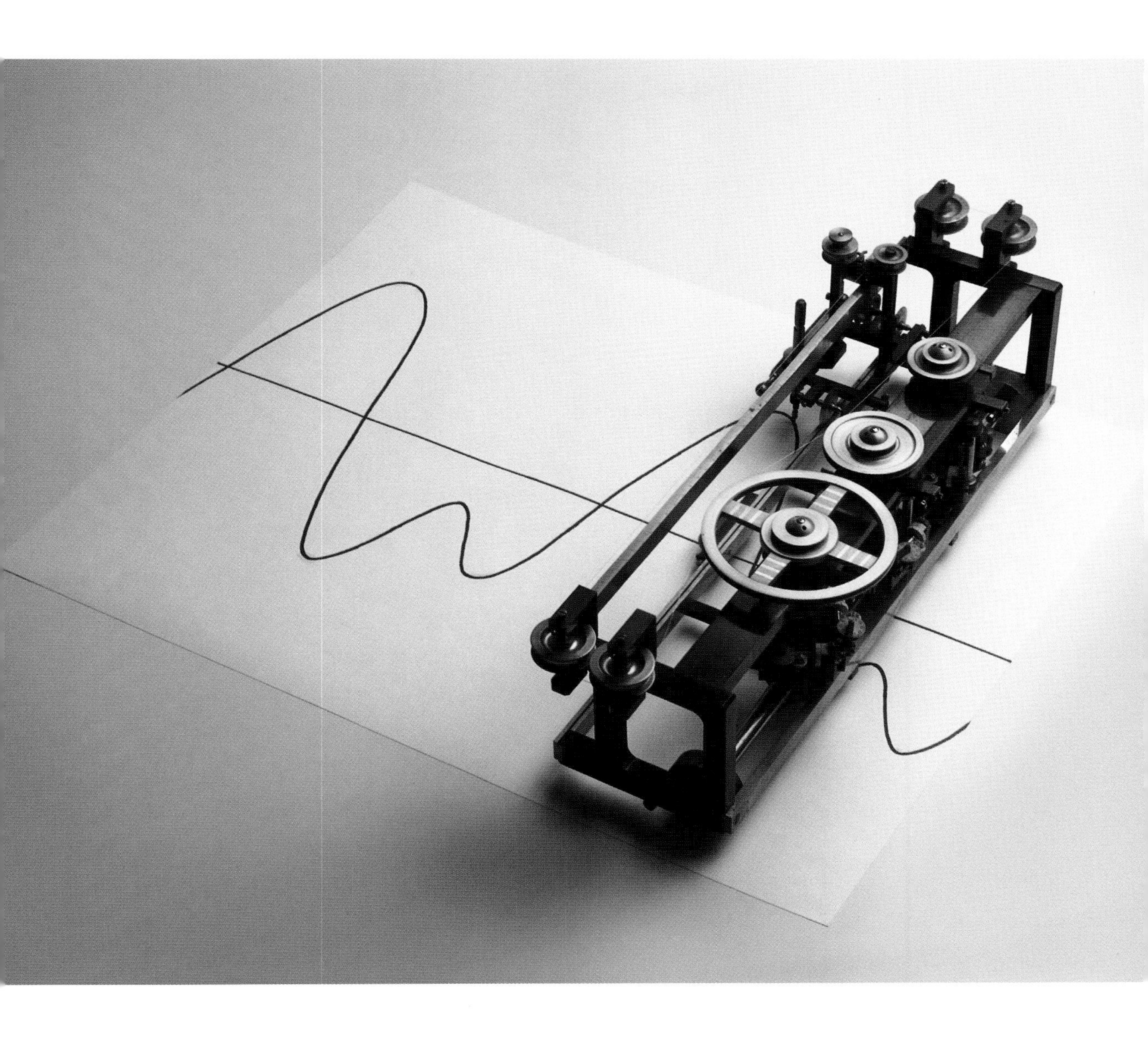

1879년

금전 등록기

제임스 리티(James Ritty, 1836~1918년)

금전 등록기(Cash Register)가 등장하기 전에는 도대체 소매점들을 어떻게 운영했는지 상상조차 하기 힘들다. 수십 년에 걸쳐 금전 등록기들은 점점 더 세련되었고 도난 방지 기능도 추가되었다. 이 장치는 산업화 시대에 이루어진 가장 중요한 기계화 중 하나로 꼽아도 지나치지 않다.

첫 금전 등록기는 1879년에 제임스 리티가 발명했다. 리티는 "순수한 위스키와 좋은 포도주, 그리고 고급 시가를 취급하는 상인"을 자처하며 오하이오 주의 데이튼에서 1871년에 처음 술집을 열었다. 그런데 리티의 가장 큰 골칫거리는 고객들에게서 받은 돈을 몰래 따로 챙기는 점원들이었다. 그러던 어느 날 증기선을 타고 여행을 하던 중에 배 프로펠러의 회전수를 세는 기계에 관심을 가졌고, 여기서 비슷한 메커니즘으로 현금의 출납을 기록할 수 있겠다는 생각이 떠올랐다. 리티가 처음에 만든 기계에는 키가 2줄로 있었는데 각 키는 5센트에서 1달러까지 돈의 액면가에 해당했다. 키를 누르면 안쪽의 카운터를 움직이는 손잡이가 돌아갔다. 리티는 1879년에 '리티의 빼돌리지 않는 출납원(Ritty's Incorruptible Cashier)'이라는 이름으로 특허를 출원했다. 리티는 곧 금전 등록기 사업을 제이콥 에커트(Jacob H. Eckert)라는 상인에게 팔았고, 에커트는 다시 1884년에 회사를 존 패터슨(John H. Patterson)이라는 사람에게 팔았고, 패터슨이 회사명을 '내셔널 캐시 레지스터 사(National Cash Register Company)'로 바꾸었다.

리티의 조그만 씨앗에서 현대의 금전 등록기가 자라났다. 패터슨은 금전 등록기에 구멍과 펀치를 이용해서 거래를 기록하는 종이 두루마리를 더했다. 거래가 완료되어 금전 등록기에 있는 벨 하나가 울리면 현금의 양이 커다란 다이얼에 표시되었다. 1906년에는 발명가인 찰스 케터링(Chaurles F. Kettering)이 전기 모터가 달린 금전 등록기를 고안했다. 내셔널 캐시 레지스터 사는 1974년에 NCR 그룹이 되었다. 오늘날 각 금전 등록기의 기능은 리티가 꿈도 꾸지 못했을 수준에 이르렀다. 이 초고속으로 작동하는 기계들이 거래가 이루어진 시간을 찍고, 데이터베이스에서 가격을 가져오고, 적절한 세액과 단골 고객을 위한 마일리지나 포인트와 품목에 따른 할인 비율을 계산한다.

관련 항목 쿠르타 계산기(398쪽)

리티가 만든 금전 등록기의 복제품(1904년).

L43702
MODEL
No
1

1880년

벤 다이어그램

존 벤(John Venn, 1834~1923년)

1880년 영국 철학자·성공회 성직자 존 벤은 원소, 집합, 그리고 논리적 관계를 시각화하는 방법을 고안했다. 이것이 바로 벤 다이어그램(Venn Diagram)이다. 벤 다이어그램은 보통 공통의 성질을 가진 항목들의 집합을 둥근 영역으로 표시한다. 예를 들어 모든 현실의 생물과 전설의 생물들로 이루어진 우주(그림 1의 직사각형 테두리)에서 *H* 영역은 인간을 나타내고 *W* 영역은 날개 달린 동물을, *A*는 천사를 나타낸다. 다이어그램을 한 번 보면 다음을 알 수 있다. ① 모든 천사는 날개 달린 동물이다. (*A*는 *W* 안에 고스란히 들어 있다.) ② 인간 중에는 날개 달린 동물이 없다. (*H*와 *W* 영역은 서로 겹치지 않는다.) ③ 인간은 천사가 아니다. (*H*와 *A* 영역은 겹치지 않는다.) 이것은 논리의 기본 규칙을 설명한 것으로, 말하자면, "모든 *A*는 *W*이다."와 "*H*는 모두 *W*가 아니다."라는 명제에서 "*A*인 *H*는 없다."가 뒤따라 나오는 것을 보여 준다. 다이어그램을 보면 명약관화하다.

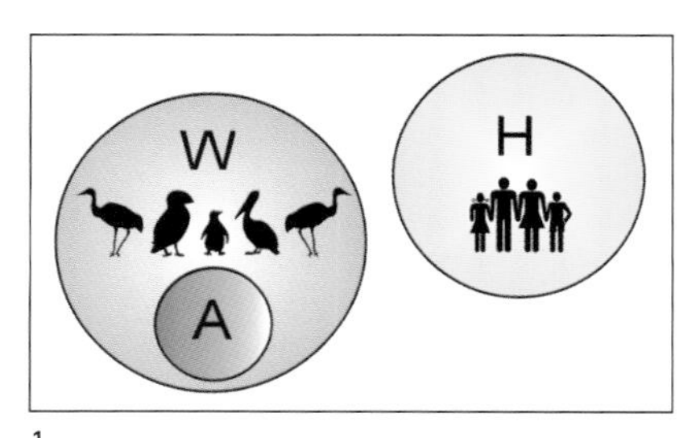

1

이런 종류의 다이어그램들이 논리학에서 사용된 것은 이미 존 벤 이전 — 예를 들어 수학자인 고트프리트 라이프니츠와 레온하르트 오일러 같은 수학자들 — 부터였지만 그것들을 연구하고 공식화하고 일반화한 인물로는 벤이 최초였다. 사실 벤은 더 많은 집합을 벤 다이어그램으로 나타낼 일에 몰두했지만 타원을 이용해 4개 집합을 나타내는 데까지밖에 나아가지 못했다. 워싱턴 대학교의 수학자인 브랭코 그륀바움(Branko Grünbaum)이 회전 대칭 벤 다이어그램을 5개의 크기와 형태가 동일한 타원형으로 만들 수 있다는 사실을 보여 주기까지는 1세기나 걸렸다. 그림 2는 5개 집합이 대칭적인 꼴을 이룬 벤 다이어그램 중 하나이다.

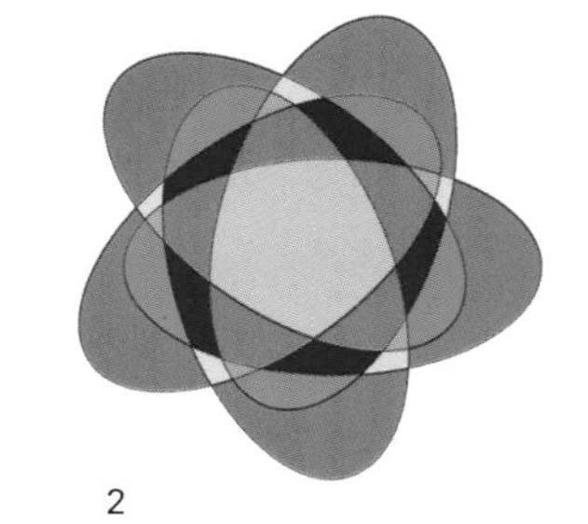
2

수학자들은 얼마 지나지 않아 회전 대칭성을 가진 다이어그램들은 그 잎의 개수가 소수인 꽃잎 모양으로만 그릴 수 있음을 알게 되었다. 하지만 7장의 꽃잎을 가진 대칭 다이어그램들은 찾아내기가 너무나 어려워서 수학자들은 처음에 그런 것이 과연 존재하는지조차 확신하지 못했다.

관련 항목 아리스토텔레스의 『오르가논』(54쪽), 불 대수학(244쪽), 『수학 원리』(326쪽), 괴델의 정리(364쪽), 퍼지 논리(432쪽)

꽃잎 11개로 이루어진 벤 다이어그램. 2001년에 수학자인 피터 햄버거(Peter Hamburger)와 화가인 에디트 헵(Edit Hepp)이 함께 만든 것이다.

1881년

벤퍼드의 법칙

사이먼 뉴컴(Simon Newcomb, 1835~1909년), **프랭크 벤퍼드**(Frank Benford, 1883~1948년)

벤퍼드의 법칙(Benford's Law), 이른바 첫자리 법칙(First-Digit Law) 또는 앞자리 현상(Leading-Digit Phenomenon)은 다양한 수의 목록에서 1이라는 수가 '가장 왼쪽 자리'에 나타날 확률이 대략 30퍼센트라고 주장하는데 그것은 1부터 9까지의 수를 생각했을 때 기대할 수 있는 11.1퍼센트보다 훨씬 높은 수치이다. 벤퍼드의 법칙은 예를 들어 인구, 사망률, 주식 가격, 야구 통계, 강과 호수의 면적 등을 기록한 표 등에서 관찰할 수 있다. 이런 현상에 대한 설명은 상당히 최근에 이루어졌다.

비록 벤퍼드의 법칙은 수학자이자 천문학자인 사이먼 뉴컴이 1881년에 먼저 발견하기는 했지만, 그 법칙에 이름을 붙인 것은 1938년에 그 연구 결과를 발표한 제너럴 일렉트릭 사의 물리학자였던 프랭크 벤퍼드였다. 숫자 1로 시작하는 수들의 로그표의 페이지들은 다른 페이지들보다 더 지저분하고 더 낡은 경향이 있다고 하는데, 왜냐하면 1이라는 수는 다른 수들에 비해 맨 첫자리에 나타나는 비율이 대략 30퍼센트 정도 더 많기 때문이다. 벤퍼드는 수많은 종류의 데이터들을 바탕으로 1부터 9까지 중에서 어떤 수 n이 첫자리가 될 확률은 $\log_{10}(1+1/n)$이라고 단정했다. 심지어 피보나치 수열(1, 1, 2, 3, 5, 8, 13, …)도 벤퍼드의 법칙을 따른다. 피보나치 수들은 다른 어떤 수보다 '1'로 시작할 확률이 훨씬 더 높다. 벤퍼드의 법칙은 멱법칙(power law)을 따르는 모든 데이터에 적용되는 듯하다. 예를 들어 큰 호수는 드물고, 중간 크기 호수는 흔하고, 작은 호수는 그보다도 더 흔하다. 이것과 비슷하게 피보나치 수들은 1에서 100까지의 범위 안에는 11개나 존재하지만 100 다음의 세 범위(101~200, 201~300, 301~400)에는 하나뿐이다.

벤퍼드의 법칙은 사기 같은 범죄 혐의를 추정하는 데 자주 이용된다. 예를 들어 회계사들은 위조된 소득 신고서를 찾아낼 때, 그 서류의 숫자들이 벤퍼드의 법칙을 따르는지 아닌지 확인해 자연스러운지 아니면 사람의 손이 탄 것인지 추정하기도 한다.

관련 항목 피보나치의 『주판서』(102쪽), 라플라스의 「확률 분석 이론」(214쪽)

벤퍼드의 법칙은 전기 요금 청구서나 거리 주소뿐만 아니라 주가를 비롯한 많은 숫자 데이터에서 찾아볼 수 있다.

TINTO
ORGE
MER
LDOG
19.13 3.86 5.00
15.63 33.51 70.52
73.85 19.20 3.85
29.93 15.65 33.51
21.55 74.94 19.64
3.10 29.59 74.00
3.98 21.13 29.55
37.40 3.99 21.10
17.70 37.48 3.99
22.79 17.72 37.45
42.52 22.81 17.7
16.82 42.54 22.79

1882년

클라인 병

펠릭스 클라인(Felix Klein, 1849~1925년)

독일 수학자인 펠릭스 클라인이 1882년에 처음 설명한 클라인 병(Klein Bottle)은 병목이 부드럽게 굽어 병 안으로 싸고 '들어가' 내부와 외부가 구분되지 않는 형태의 물체이다. 이 병은 뫼비우스의 띠와 관련이 있고, 이론적으로 말해서 뫼비우스의 띠 2장의 가장자리를 이어붙이는 방법으로 만들 수 있다. 우리 3차원 우주에서 불완전하나마 클라인 병의 물리적 모형을 구축하는 한 가지 방식은 그 병이 둥글고 작은 곡선을 이루어 자신을 만나도록 하는 것이다. 자신과 교차하지 않는 진짜 클라인 병을 만들려면 4차원이 필요하다.

여러분이 클라인 병의 바깥쪽만 칠하려고 할 때 얼마나 좌절하게 될까를 한번 생각해 보라. 먼저 '바깥쪽' 표면으로 보이는 둥글납작한 부분을 칠하기 시작해서 가느다란 목을 따라 계속 칠해 간다. 그러면 4차원 물체는 자기 교차하지 않으므로 여러분은 이제 병 '안쪽'에 있는 목을 계속 따라가게 된다. 그 목이 열려 다시 둥글납작한 표면으로 이어지면서 여러분은 자신이 이제 병 안쪽을 칠하고 있음을 깨닫게 될 것이다. 우리 우주가 클라인 병 모양이라면 한 바퀴 돌아왔을 때, 우리는 예를 들어 우리의 심장이 우리 몸 오른쪽에 있도록 몸을 뒤집어 버리는 경로를 찾아낼 수 있을 것이다.

천문학자인 클리프 스톨은 토론토 킹브리지 센터와 킬디 사이언티픽 글래스와 협력해 유리로 세상에서 가장 큰 클라인 병 모형을 만들었다. 킹브리지 클라인 병은 무게 15킬로그램의 투명한 파이렉스 유리로 만들어졌고 높이는 대략 1.1미터, 지름은 50센티미터이다.

수학자들과 퍼즐 애호가들은 클라인 병의 특이한 성질에 착안해 클라인 병 표면을 배경으로 하는 체스 게임과 미로를 연구한다. 클라인 병에 지도를 그린다고 할 때, 서로 맞닿은 지역들을 같은 색으로 칠하지 않으려면 서로 다른 색 여섯 가지가 필요하다.

관련 항목 극소 곡면(194쪽), 4색 정리(242쪽), 뫼비우스의 띠(250쪽), 보이 곡면(304쪽), 구 안팎 뒤집기(414쪽)

클라인 병은 안쪽과 바깥쪽이 분리되지 않은 모양을 형성하면서 병 안쪽으로 다시 감싸 들어가는 유연한 목을 가지고 있다.

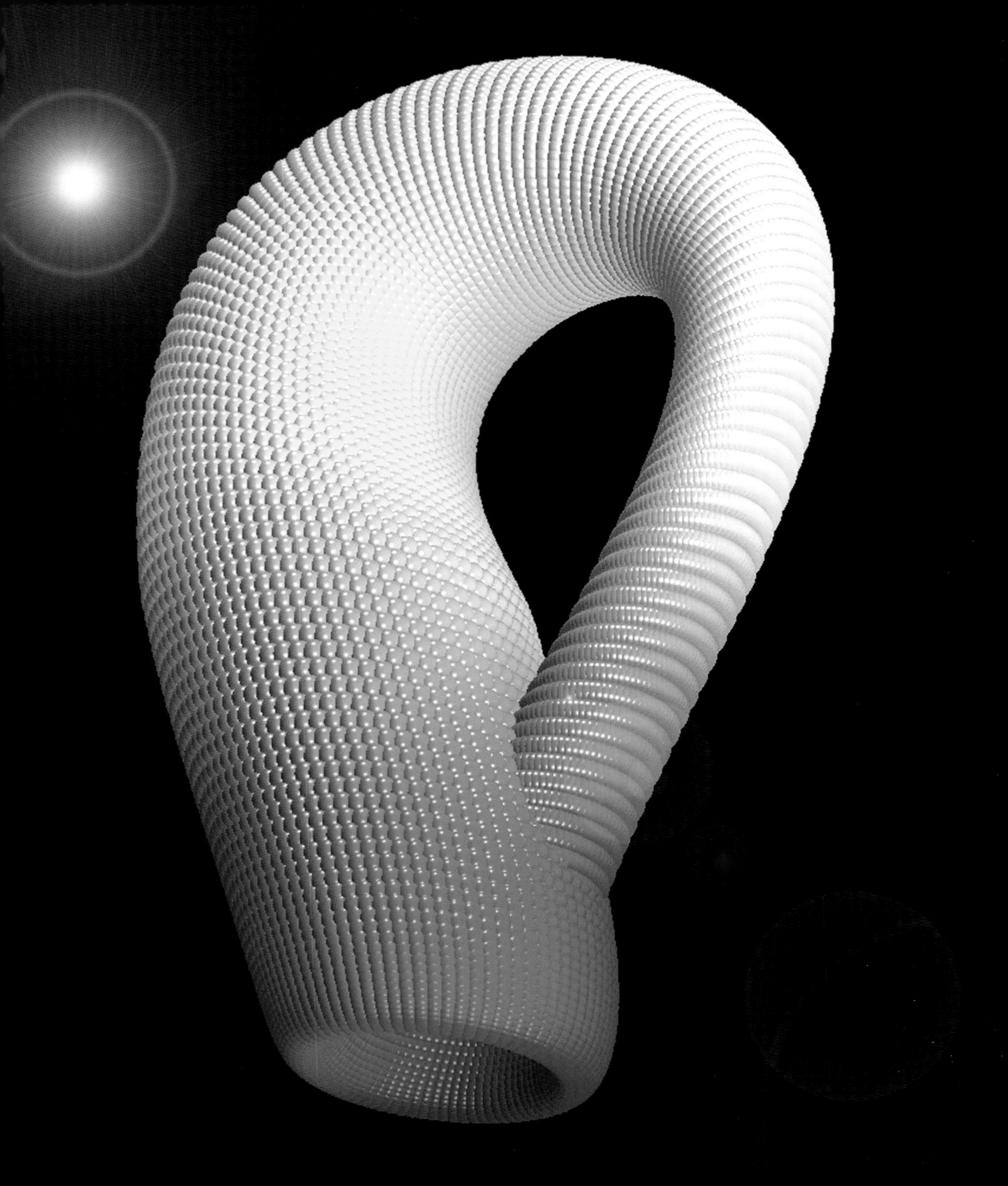

1883년

하노이 탑

프랑수아 에두아르 아나톨 뤼카(François Édouard Anatole Lucas, 1842~1891년)

프랑스 수학자인 프랑수아 에두아르 아나톨 뤼카가 발명했고 장난감으로 인기를 끈 하노이 탑(Tower of Hanoi)은 1883년 처음 등장한 이래 전 세계인의 호기심을 자극해 왔다. 이 수학 퍼즐은 각기 다양한 크기의 원반을 3개의 막대에 꿰는 방식으로 이루어진다. 처음에 원반들은 크기 순서대로 한 막대에 꽂혀 있고, 가장 작은 원반이 꼭대기에 있다. 게임을 하려면 이 원반 더미 맨 위에 있는 원반을 빼서 다른 더미 맨 위에 올려놓는 방식으로 한 번에 원반 하나씩을 다른 막대로 옮길 수 있다. 작은 원반 위에 큰 원반을 놓을 수는 없다. 목표는 처음에 시작한 상태의 원반 더미(보통 총 8개) 전체를 다른 더미 위로 옮기는 것이다. 밝혀진 최소 움직임의 수는 2^n-1인데 여기서 n은 원반의 수이다.

원래 이 게임은 인도 신화에 나오는 브라흐마의 탑에서 영감을 받아 만든 것이라고 한다. 이 신화에서는 황금 원반 64개가 사용되었다. 인도 베나레스에 있는 한 사원의 중심부에 다이아몬드 바늘 3개와 황금 원반 64개로 이루어진 하노의의 탑 비슷한 시설이 있는데, 이 사원의 사제들은 하노이의 탑과 동일한 규칙에 따라 꾸준히 이 원반들을 움직인다. 언젠가 원반들을 첫 번째 바늘에서 세 번째 바늘로 다 옮기게 되면 세계는 끝난다고 한다. 사제들이 초당 한 번씩의 속도로 원반을 옮길 수 있다고 할 때, 원반을 총 $2^{64}-1$번, 즉 18,446,744,073,709,551,615번 움직이려면 대략 5850억 년이 걸린다는 계산이 나온다. 이것은 우리 우주의 현재 나이의 몇십 배이다.

이 게임의 해법은 단순한 알고리듬으로 표현할 수 있어서, 반복 행동을 만드는 알고리듬을 가르치는 컴퓨터 프로그램 수업에서 이 수학 퍼즐이 종종 사용된다. 그렇지만 막대가 4개 이상일 때 하노이 탑을 푸는 최적의 해법은 아직 밝혀지지 않았다. 수학자들은 이 퍼즐이 그레이 부호나 n차원 초입방체의 해밀턴 경로들을 찾는 것과 같은 여러 수학적 문제들과 연관이 있다고 생각하고 있다.

관련 항목 불 대수학(244쪽), 아이코시안 게임(246쪽), 그로스의 『바게노디어 이론』(260쪽), 테서랙트(284쪽), 그레이 부호(394쪽), 인스턴트 인새니티(434쪽), 루빅스 큐브(454쪽)

베트남 하노이에 1812년에 세워진 하노이의 플래그 타워. 높이는 대략 33.4미터이고 깃대까지 합치면 41미터이다. 일설에 따르면 이 수학 퍼즐의 이름은 이 탑에서 따왔다고 한다.

1884년

『평면 세계』

에드윈 애벗 애벗(Edwin Abbott Abbott, 1838~1926년)

지금으로부터 한 세기도 더 전, 빅토리아 시대 잉글랜드의 성직자이자 한 학교의 교장이었던 에드윈 애벗 애벗은 서로 다른 공간적 차원에 접근할 수 있는 존재들 사이의 상호 작용을 묘사하는 영향력 있는 책 한 권을 썼다. 이 책은 아직도 수학과 학생들 사이에 인기가 있으며, 차원들 사이의 관계를 연구하는 모든 사람에게 유용한 읽을거리로 여겨지고 있다.

애벗은 독자들로 하여금 새로운 인식 방법에 눈을 뜨도록 격려했다. 『평면 세계(*Flatland*)』는 평평한 평면에 살고 자기들 주위에 더 높은 차원이 존재한다는 사실을 전혀 알지 못하는 2차원 생물이 주인공이다. 만약 우리가 2차원 세계를 내려다볼 수 있다면 우리는 그들의 내면 구조를 한눈에 파악할 수 있을 것이다. 4차원 공간에 접근할 수 있는 생물은 우리의 몸 안쪽을 볼 수 있고 피부를 째지 않고도 종양을 제거할 수 있다. 평면 세계 거주자들은 우리가 그들의 평면적인 세계 몇 센티미터 위에 자리 잡고 앉아 그들의 삶 전부를 기록하고 있다는 사실을 알지 못한다. 만약 여러분이 평면 세계 주민 하나를 감옥에서 빼내고 싶다면 그저 그를 들어 '올려서' 평면 세계의 다른 곳 아무데나 내려놓으면 된다. '올리다.'라는 말이 사전에조차 없는 평면 세계 주민에게 이런 행위는 기적으로 보일 것이다.

오늘날 우리는 컴퓨터 그래픽을 이용해 4차원 물체를 3차원이나 2차원 공간에 사영하는 등의 방법으로 더 높은 차원의 현상을 이해하는 길로 한 발 한 발 나아가고 있기는 하지만, 평면 세계의 네모난 주인공이 3차원을 이해하는 데 어려움을 겪는 것과 똑같이, 가장 뛰어난 수학자들조차 4차원을 제대로 이해하지 못하는 경우가 많다. 『평면 세계』의 가장 극적인 한 장면에서, 그 네모 모양 주인공은 3차원 존재가 평면 세계를 가로지르면서 변화하는 모습을 맞닥뜨린다. 그 네모는 그 생물의 단면만을 볼 수 있었다. 애벗은 4차원 공간에 대한 연구가 우리의 상상력을 확장하는 데, 우주에 대한 경외심을 키우는 데, 그리고 우리에게 겸손함을 키워 주는 데 중요하다고 여겼다. 또한 현실의 본질을 더 잘 이해하거나 신의 모습을 포착하기 위한 시도의 첫걸음이 되리라고 믿었던 것 같다.

관련 항목 에우클레이데스의 『원론』(58쪽), 클라인 병(278쪽), 테서랙트(284쪽)

『평면 세계』(6판)의 표지. "내 아내(My wife)"가 오각형 집 안에 선분 1개로 그려져 있음을 주목하라. 『평면 세계』에서 여자들은 끝이 날카로워서 특히 위험한 존재가 될 수 있다.

"O day and night, but this is wondrous strange"

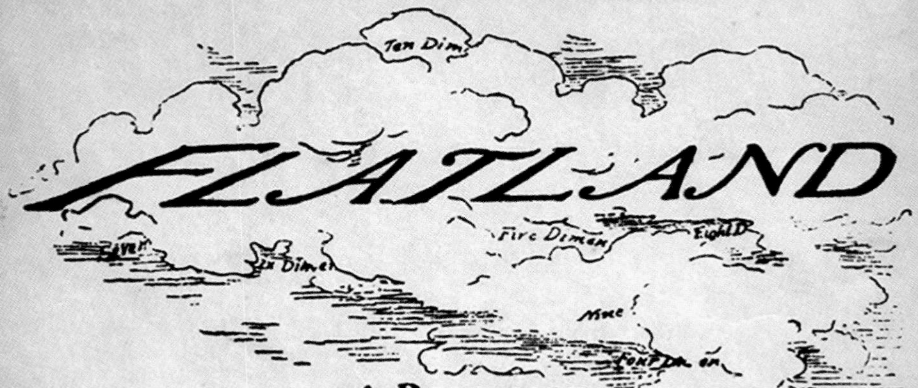

Ten Dim
FLATLAND
Five Dimen
Eight D
Six Dimen
Nine

No Dimensions
POINTLAND

One Dimension
LINELAND

A ROMANCE OF MANY DIMENSIONS

By A Square

(Edwin A. Abbott)

Two Dimensions
FLATLAND

Three Dimensions
SPACELAND

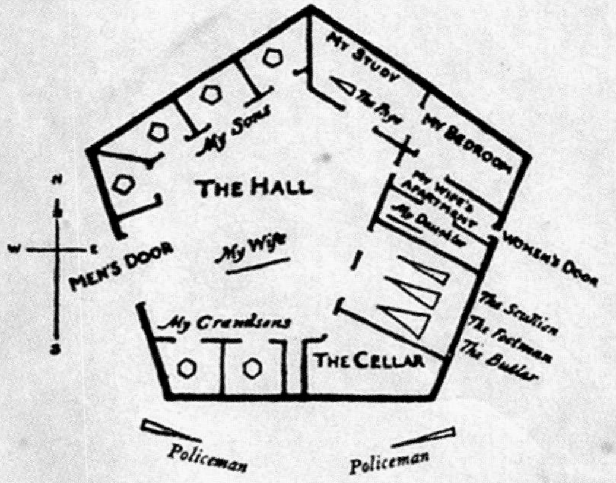

MY STUDY
The Page
MY BEDROOM
My Sons
THE HALL
MY WIFE'S APARTMENT
My Daughter
WOMEN'S DOOR
MEN'S DOOR
My Wife
My Grandsons
THE CELLAR
The Scullion
The Footman
The Butler
N
W
E
S
Policeman
Policeman

"And therefore as a stranger give it welcome."

BASIL BLACKWELL · OXFORD

Price Seven Shillings and Sixpence net

1888년

테서랙트

찰스 하워드 힌턴(Charles Howard Hinton, 1853~1907년)

나는 수학에서 4차원이라는 개념만큼 어른들과 아이들의 호기심을 다같이 끄는 주제를 달리 알지 못한다. 신학자들은 내세, 천국, 지옥, 천사, 우리 영혼이 4차원에 있지 않을까 생각한 적이 있다. 수학자들과 물리학자들은 계산을 할 때 4차원을 자주 사용한다. 그것은 우리 우주의 짜임 그 자체를 설명하는 중요한 이론의 일부이다.

테서랙트(Tesseract)는 일반적인 정육면체(입방체)의 4차원 상사형이다. 고차원 입방체의 상사형을 일반적으로 가리키는 용어는 '초입방체(hypercube)'이다. 정육면체, 즉 3차원 입방체를 정사각형이 3차원 공간에서 이동하면서 남기는 궤적으로 이해할 수 있듯이, 4차원 입방체는 정육면체가 4차원 공간에서 이동한 궤적으로 이해할 수 있다. 비록 전후·좌우·상하라는 세 방향축 모두와 수직인 방향으로 어떤 거리만큼 움직이는 정육면체를 머릿속으로 그려 본다는 것이 쉬운 일은 아니지만, 컴퓨터 그래픽은 고차원의 물체들을 직관적으로 더 잘 이해할 수 있게 도와준다. 정육면체는 정사각형 표면들로 둘러싸이고, 4차원 입방체는 입방체 표면들로 둘러싸인다. 이런 종류의 더 높은 차원의 물체들을 알아보자.

	꼭짓점	변	면	입체	초부피
점	1	0	0	0	
선분	2	1	0	0	0
정사각형	4	4	1	0	0
정육면체	8	12	6	1	0
초입방체	16	32	24	8	1
초초입방체	32	80	80	40	10

'테서랙트'라는 용어는 영국 수학자인 찰스 하워드 힌턴이 저술한 『사상의 새 시대(*A New Era of Thought*)』(1888년)에서 처음 사용되었다. 중혼자였던 힌턴은 4차원을 시각적으로 떠올리는 데 도움이 될 거라고 주장하면서 직접 만들어 색칠한 정육면체 세트를 내놓았다. 이 힌턴 정육면체는 죽은 가족의 혼령을 보도록 도와준다고 여겨져 교령회에서 사용되기도 했다.

관련 항목 에우클레이데스의 『원론』(58쪽), 루퍼트 대공 문제(216쪽), 클라인 병(278쪽), 『평면 세계』(282쪽), 불의 『철학과 재미있는 대수학』(324쪽), 완전 4차원 마방진(500쪽)

로버트 웹(Robert Webb)이 스텔라 4차원 소프트웨어를 사용해 만든 테서랙트.

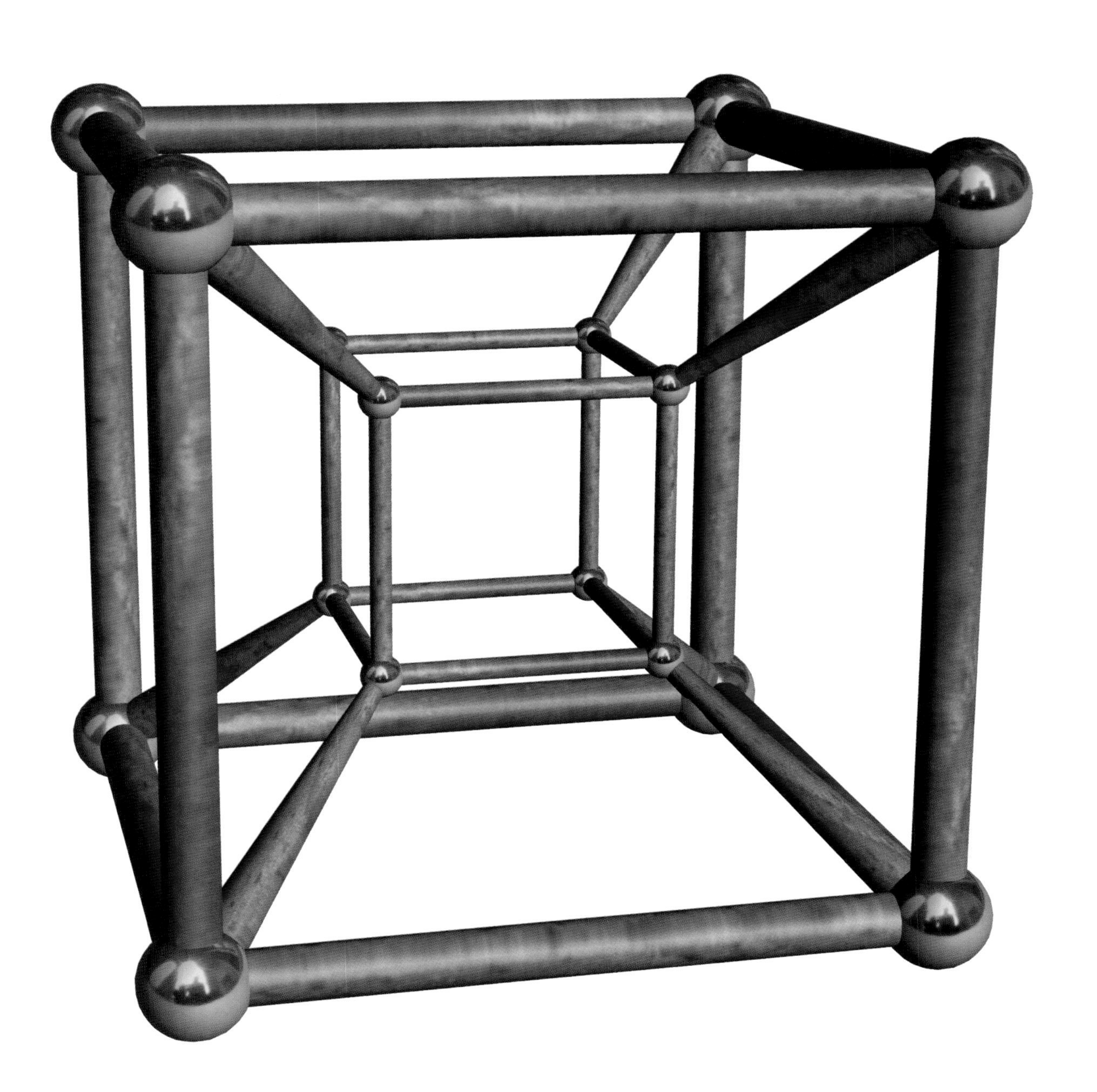

1889년

페아노 공리

주세페 페아노(Giuseppe Peano, 1858~1932년)

수를 세고 더하고 곱하는 단순한 연산 법칙들은 초등학생들도 다 알지만 이런 단순한 법칙들의 기반은 무엇이고, 과연 그것들이 맞는지 아닌지는 어떻게 알 수 있을까? 이탈리아 수학자인 주세페 페아노는 기하학의 기틀을 놓은 에우클레이데스의 5개 공리와 가정을 익히 알았으며, 산술과 정수론의 같은 분야의 기초를 재구축하는 데 관심이 있었다. 5개의 페아노 공리(Peano Axiom)는 음수가 아닌 정수들과 관련이 있는데 다음과 같다. ① 0은 수이다. ② 어떤 수든 그다음 차례는 수이다. ③ 만약 n과 m이 수이고 그다음 순서에 똑같은 것들이 온다면 n과 m은 동일하다. ④ 0은 어떤 수 다음에도 오지 않는다. ⑤ S가 0을 포함한 수들의 한 집합이고 S에 있는 임의의 수의 다음 수가 역시 S 안에 있다면 S는 모든 수를 포함한다.

페아노의 다섯 번째 공리는 수학자들로 하여금 음수가 아닌 모든 수에 대해서 어떤 성질이 참인지 아닌지를 결정하게 해 준다. 이것을 달성하기 위해 우리는 우선 0이 그 성질을 가졌음을 보여 주어야 한다. 다음으로는 어떤 수 i에 대해서 만약 i가 그 성질을 가졌다면 $i+1$ 역시 그 성질을 가졌음을 보여야만 한다. 이해를 돕기 위해 한 가지 비유를 들겠다. 성냥들이 서로 닿을락 말락 무한히 줄지어 있다고 상상해 보자. 만약 모든 성냥에 불이 붙기를 바란다면 첫 성냥에 불이 붙어야 하고, 줄지은 각 성냥은 서로 불이 옮겨붙을 만큼 충분히 가까워야 한다. 만약 그 선상에 있는 성냥 중 하나가 너무 멀리 떨어져 있으면 불은 거기서 멈출 것이다. 우리는 페아노 공리에 의거해 수들의 무한 집합으로 이루어진 대수 체계를 구축할 수 있다. 페아노 공리는 수로 이루어진 체계의 기초가 된다. 따라서 현대 수학자들은 이 공리를 바탕으로 완전히 새로운 수 체계를 만들 수 있다. 페아노는 그 공리들을 『새로운 방법으로 제시한 대수학의 원리(*Arithmetices principia, nova methodo exposita*)』(1889년)라는 책을 통해 처음 제시했다.

관련 항목 아리스토텔레스의 『오르가논』(54쪽), 에우클레이데스의 『원론』(58쪽), 불 대수학(244쪽), 벤 다이어그램(274쪽), 힐베르트의 그랜드 호텔(356쪽), 퍼지 논리(432쪽)

이탈리아 수학자인 주세페 페아노는 자신의 책을 통해 철학, 수리 논리학, 집합론을 다루었다. 페아노는 심장 마비로 세상을 떠나기 바로 전날까지 이탈리아 토리노 대학교에서 학생들에게 수학을 가르쳤다.

1890년

페아노 곡선

주세페 페아노(Giuseppe Peano, 1858~1932년)

1890년, 이탈리아 수학자인 주세페 페아노는 공간 충전 곡선(Space-filling curve)의 사례를 거의 최초로 제시했다. 영국 과학 저술가인 데이비드 달링은 그 발견을 "수학의 전통적 구조에 일어난 지진"이라고 불렀다. 러시아 수학자인 나움 빌렌킨(Naum Vilenkin)은 이 신종 곡선들을 논하면서 "모든 것이, 모든 기초적 수학적 개념이 그 의미를 잃어버린 폐허에 서 있었다."라고 썼다.

페아노 곡선(Peano Curve)이라는 용어는 공간 충전 곡선을 말하는 데 쓰이기도 하는데, 흔히 반복 절차를 통해 만들어지는 이런 곡선들은 끝에 가면 그 지그재그 선으로 그것이 존재하는 전체 공간을 뒤덮어 버린다. 마틴 가드너는 이렇게 기술했다. "페아노 곡선들은 수학에 심오한 충격을 안겼다. 그 경로들은 1차원처럼 보이지만 극한까지 가면 2차원 영역을 차지한다. 이런 것을 '곡선'이라고 부를 수 있을까? 더욱 난감한 것은, 페아노 곡선으로 정육면체와 초입방체를 손쉽게 채울 수 있다는 것이다." 페아노 곡선은 연속이지만, 코크 눈송이의 경계나 바이어슈트라스 함수와 마찬가지로, 그 곡선 위의 어떤 점도 고유한 접선을 가지지 않는다. 공간 충전 곡선은 하우스도르프 차원으로 2차원이다.

공간 충전 곡선들은 여러 도시를 방문할 때의 효율적인 경로 찾기 같은 실용적인 쓰임새가 있다. 예를 들어 조지아 공과 대학의 산업 및 시스템 공학 대학원 교수였던 존 바르톨디 3세(John J. Bartholdi Ⅲ)는 가난한 사람들에게 수백 명분의 식사를 배달하는 단체를 위한 이동 경로 시스템을 구축할 때나 미국 적십자사에서 여러 병원에 혈액을 이송하는 경로를 짤 때 페아노 곡선을 이용했다. 주로 도심지 부근에 집중되기 쉬운 이런 경로를 짤 때 바르톨디의 공간 충전 곡선들을 이용하면 탁월한 효과를 볼 수 있는데, 그 까닭은 그 곡선들은 한 지도상의 특정 지역에 있는 모든 점을 지나고 나서야 다른 지역으로 옮겨 가는 성질이 있기 때문이다. 과학자들은 또한 공간 충전 곡선들을 가지고 무기의 조준 성능을 향상시키는 실험을 하기도 하는데, 그 수학적 기술을 이용하면 지구 궤도를 도는 컴퓨터의 작동 방식을 아주 효율적인 것으로 만들 수 있기 때문이다.

관련 항목 기사의 여행(188쪽), 바이어슈트라스 함수(258쪽), 테서랙트(284쪽), 코크 눈송이(312쪽), 하우스도르프 차원(336쪽), 프랙털(462쪽)

힐베르트 입방체(Hilbert cube)는 전통적인 2차원 페아노 곡선을 3차원으로 확장한 것이다. 이 10.2센티미터짜리 청동 스테인리스 스틸 조형물은 캘리포니아 주립 대학교 버클리 캠퍼스의 카를로 세퀸(Carlo H. Sequin)이 디자인했다..

1891년

벽지 군

에프그라프 스테파노비치 페도로프(Evgraf Stepanovich Fedorov, 1853~1919년), **아르투르 모리츠 쇤플리스**(Arthur Moritz Schönflies, 1853~1928년), **윌리엄 발로**(William Barlow, 1845~1934년)

벽지 군(Wallpaper Group)이라는 말은 간단하게 이야기해서 무한정 반복되는 패턴에 따라 2차원 평면을 타일로 채우는 방법을 말한다. (평면 결정군(plane crystallograph group)이라고도 한다.) 벽지 군은 열일곱 가지가 존재하는데, 타일의 반복 패턴들을 평행 이동이나 회전 같은 변형에 대한 대칭성을 기준으로 해서 구분한 것이다.

저명한 러시아 결정학자인 에프그라프 스테파노비치 페도로프는 1891년에 처음 이 패턴들을 발견해 분류했고 독일 수학자인 아르투르 모리스 쇤플리스와 영국 결정학자인 윌리엄 발로도 이 패턴들을 연구했다. 이 패턴들(정식으로는 등장 변환(isometry)이라고 한다.) 중 13개는 회전 대칭성을 보이고, 4개는 그렇지 않다. 5개는 육각 대칭성을 보이고, 12개는 직각 대칭성을 보인다. 마틴 가드너는 이렇게 기록했다. "이 열일곱 가지 대칭군 덕분에 2차원에서 근본적으로 서로 다른 패턴들이 끝없이 반복되는 방식들을 모두 다 보여 줄 수 있다. 이런 군의 원소들은 기본적인 패턴에 단순한 조작을 가한, 이를테면 평면 위에서 미끄러뜨리고, 돌리고, 거울상으로 뒤집어 본 것의 결과일 뿐이다. 열일곱 가지 대칭군은 결정 구조 연구에서 대단히 중요하다."

기하학자인 H. S. M. 콕세터(H. S. M. Coxeter)에 따르면 무한정 반복되는 패턴으로 한 평면을 채우는 예술이 정점에 도달한 것은 13세기 스페인에서 이슬람 무어 인들이 궁전 겸 성채인 알람브라를 아름답게 장식하면서 열일곱 가지의 벽지 군을 빠짐없이 사용했을 때라고 한다. 이슬람의 일부 전통에서는 사람의 형상을 그리는 것을 장려하지 않았기 때문에, 특히 대칭적인 벽지 패턴들이 매력적인 장식 요소가 되었다. 그라나다의 알람브라 궁전은 타일과 회반죽 장식과 나무 조각들로 이루어진 복잡한 아라베스크 디자인들을 보여 준다.

네덜란드 화가인 M. C. 에스허르(M. C. Escher, 1898~1972년)는 알람브라 궁전을 방문했다가 강한 영감을 받았다. 그의 예술은 대칭으로 충만하다. 에스허르는 한때 알람브라로 여행한 경험이 "내가 접한 가장 풍요로운 영감의 원천이었다."라고 말했다. 에스허르는 동물 형상이 빼곡히 차 있는 스케치를 그릴 때 기하학적 그리드(grid)를 바탕에 둠으로써 무어 인들의 예술을 "강화"하려고 노력했다.

관련 항목 군론(230쪽), 직사각형의 정사각형 해부(354쪽), 보더버그 타일 덮기(374쪽), 펜로즈 타일(450쪽), 리 군 E_8(516쪽)

알람브라 궁전의 타일 장식. 무어 인들은 알람브라 궁전을 장식하면서 여러 가지 벽지 군을 사용했다.

1893년

실베스터의 선 문제

제임스 조지프 실베스터(James Joseph Sylvester, 1814~1897년), **갈라이 티보르**(Gallai Tibor, 1912~1992년)

실베스터의 선 문제(Sylvester's Line Problem, 또는 실베스터-갈라이 정리(Sylvester-Gallai theorem)라고도 한다.)는 40년 동안 수학계 전체를 쩔쩔매게 만들었다. 그 문제에 따르면 평면에 유한한 수의 점이 주어졌을 때 다음 둘 중 하나는 참이다. ① 그 점들 중 정확히 두 점을 통과하는 선이 존재한다. 혹은 ② 모든 점들은 공선적(colinear)이다. 달리 말해 동일한 직선 위에 있다. 영국 수학자인 제임스 실베스터는 1893년에 이 추측을 내놓았지만 증명을 하지는 못했다. 헝가리에서 태어난 수학자인 에르되시 팔은 1943년에 이 문제를 탐구하기 시작했고, 헝가리 수학자인 갈라이 티보르가 1944년에 이 문제를 옳게 풀어 냈다.

실베스터는 실제로 독자들에게 "만약 그 점들이 모두 동일한 곧은 선 위에 있지 않다면 그 중 둘을 지나는 한 곧은 선이 반드시 제3의 선을 지나도록 유한한 수의 실제 점들을 배열하는 것이 불가능함을 증명하라."는 도전 과제를 내놓았다. (실베스터는 직선을 '곧은 선(right line)'이라는 용어로 표현했다.) 실베스터의 추측에 자극을 받아, 1951년에 수학자인 가브리엘 앤드루 디랙(Gabriel Andrew Dirac, 1925~1984년) — 폴 디랙의 양아들이자 유진 위그너의 조카 — 은 모두가 동일선상에 있지는 않은 어떤 n개의 점들의 집합에는 항상 정확히 두 점을 포함하는 적어도 $n/2$개의 선들이 존재한다고 했다. 오늘날 디랙의 추측에 대한 반례로 알려진 것은 겨우 두 가지뿐이다.

수학자인 조지프 말케비치(Joseph Malkevitch)는 실베스터의 선 문제에 대해서 이렇게 기술했다. "수학에서는 종종 말로는 쉬워 보이는 문제들이 제기되고는 한다. 그러나 이 문제들은 보기에는 단순해 보이지만 교묘하게 풀이를 빠져나간다. …… 에르되시는 실베스터의 문제가 그토록 오랫동안 해결되지 않았다는 데 놀라워했다. …… 어떤 문제들은 새로운 문제들이 나올 길을 열어젖히고는 한다. 우리는 그 문제들 중 여럿을 지금까지도 탐구하고 있다." 실베스터는 1877년 존스 홉킨스 대학교에서 한 연설에서 이렇게 말했다. "수학은 표지 속에 갇혀 있는 책이 아닙니다. 수학은 보물들이 겨우 한정된 수의 광맥만을 채우고 있는 광산이 아닙니다. …… 수학에는 제한이 없습니다. 천문학자의 눈앞으로 끝없이 밀어닥치면서 불어나는 세계들처럼 그 가능성들은 무한합니다."

관련 항목 에우클레이데스의 『원론』(58쪽), 파푸스의 육각형 정리(76쪽), 실베스터 행렬(240쪽), 융의 정리(308쪽)

동일선상에 있지 않은(색색의 구들로 표시되어 있는) 유한한 수의 점들이 흩어져 있다고 할 때 실베스터-갈라이 정리에 따르면 정확히 두 점을 지나는 선이 적어도 하나는 있어야 한다.

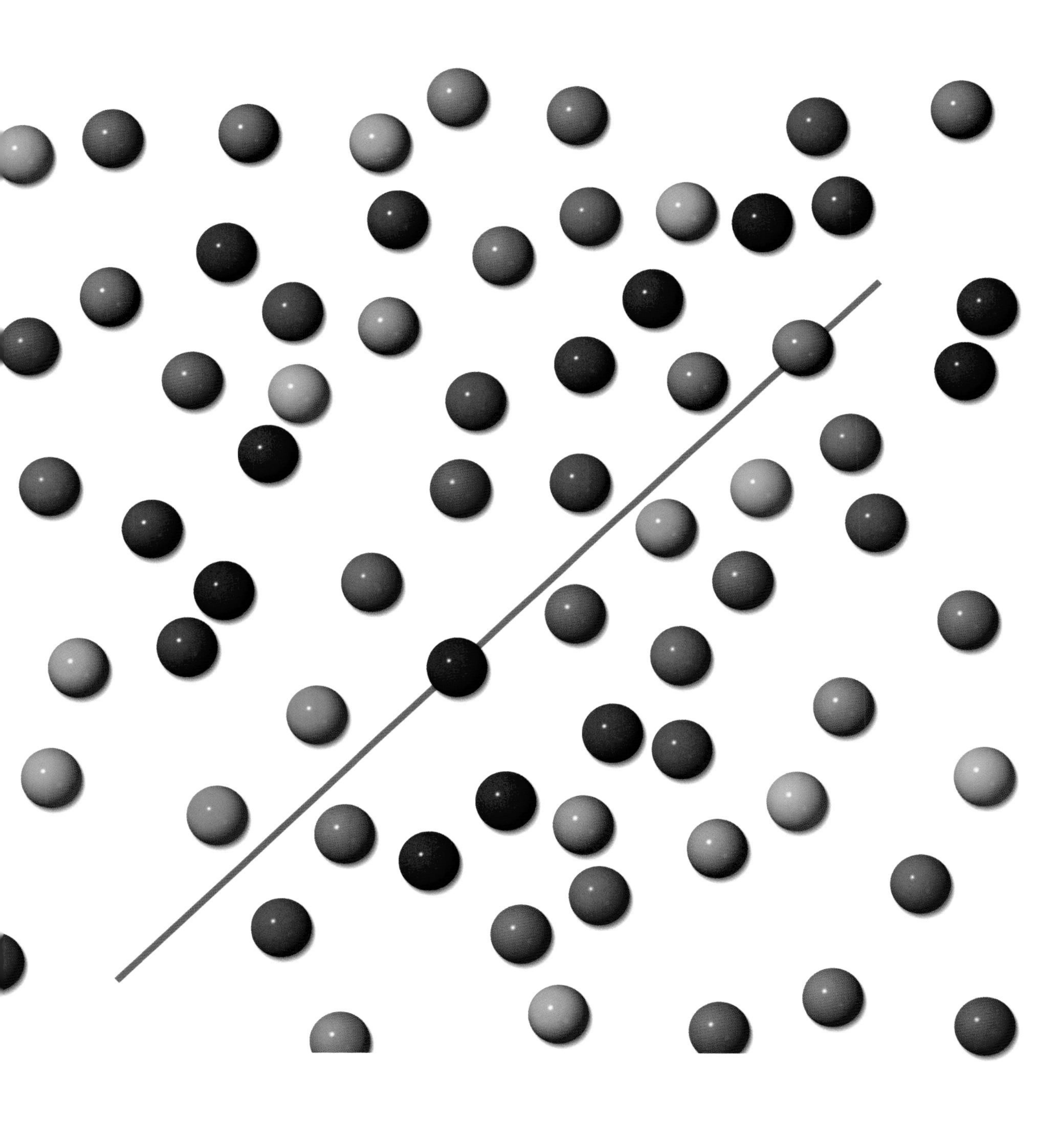

1896년

소수 정리 증명

요한 카를 프리드리히 가우스(Johann Carl Friedrich Gauss, 1777~1855년), **자크 살로몽 아다마르**(Jacques Salomon Hadamard, 1865~1963년), **샤를장 드 라 발레푸생**(Charles-Jean de la Vallée-Poussin, 1866~1962년), **존 에덴서 리틀우드**(John Edensor Littlewood, 1885~1977년)

수학자인 돈 재기어(Don Zagier)는 이렇게 말했다. "소수의 정의와 역할은 단순히 자연수를 구축하는 벽돌들일 뿐인데도, 소수들은 마치 잡초처럼 자연수들 사이에서 자라난다. …… 그리고 그 누구도 다음번 소수가 어디서 솟아날지 알 수 없다. …… 더욱 놀라운 것은 소수들이 경이로운 규칙성을 보인다는 것이다. 소수의 행동을 지배하는 법칙들이 존재하는데, 소수들은 거의 군대와 같은 엄격함으로 이런 법칙들에 복종한다."

주어진 수 n보다 작거나 같은 소수들의 개수인 $\pi(n)$을 생각해 보자. 15세 때부터 소수의 출현 방식에 매혹되었던 카를 가우스는 1792년에 $\pi(n)$이 거의 $n/\ln(n)$과 같다는 공식을 제시했다. 여기서 ln은 자연 로그이다 이것을 소수 정리(Prime Number Theorem)라고 한다. 소수 정리의 결론 중 하나는 n번째 소수가 대략 $n\ln(n)$과 같다는 것인데, n이 무한에 접근할 때 이 어림의 상대적 오차는 0에 접근한다. 가우스는 나중에 $\pi(n) \sim \mathrm{Li}(n)$에 대한 자신의 추정값을 가다듬었는데, 여기서 $\mathrm{Li}(n)$은 2에서 n까지 $dx/\ln(x)$의 적분이다.

마침내 1896년에 프랑스 수학자인 자크 아다마르와 벨기에 수학자인 샤를장 드 라 발레푸생이 가우스의 정리를 각각 독립적으로 증명했다. 수학자들은 수많은 실험들에 기반해 $\pi(n)$이 늘 $\mathrm{Li}(n)$보다 약간 작다고 추측했다. 그렇지만 1914년에 리틀우드는 아주아주 큰 n 중에는 $\pi(n)$과 $\mathrm{Li}(n)$의 관계를 역전시켜 $\pi(n) < \mathrm{Li}(n)$을 만족시키는 것이 있을 수 있음을 증명했다. 1933년에 남아프리카 수학자인 스탠리 스큐스(Stanley Skeues)는 최초의 교차 지점이라고 할 $\pi(n) - \mathrm{Li}(n) = 0$을 만족시키는 n이 10^10^10^34 이전에 나타난다는 사실을 증명했는데, 이 수를 스큐수 수라고 한다. 그리고 ^는 지수가 올라가는 것을 나타낸다. 1933년에 이 값은 대략 10^{316}으로 축소되었다. 영국 수학자인 G. H. 하디는 한때 스큐스 수를 "수학에서 어떤 정확한 목적을 수행한 가장 큰 수"라고 묘사했다. 비록 이 수는 나중에 그 영예로운 자리에서 내려와야 했지만 말이다. 대략 1950년에 에르되시와 아틀레 셀베르그(Atle Selberg, 1917~2007년)는 실수만을 사용해 소수 정리의 기초적인 증명을 발견하는 데 성공했다.

관련 항목 매미와 소수(24쪽), 에라토스테네스의 체(64쪽), 골드바흐의 추측(180쪽), 정십칠각형 만들기(204쪽), 가우스의 『산술 논고』(208쪽), 리만 가설(254쪽), 브룬 상수(338쪽), 길브레스의 추측(412쪽), 울람 나선(426쪽), 에르되시와 극한적 협력(446쪽), 공개 키 암호(466쪽), 안드리카의 추측(484쪽)

굵게 표시된 수들이 "자연수들 사이에서 잡초처럼 자라나며 아무도 다음번 수가 어디서 솟아날지 알 수 없다."는 소수들이다.

1, **2**, **3**, 4, **5**, 6, **7**, 8, 9, 10, **11**, 12, **13**, 14, 15, 16, **17**, 18, **19**, 20, 21, 22, **23**, 24, 25, 26, 27, 28, **29**, 30, **31**, 32, 33, 34, 35, 36, **37**, 38, 39, 40, **41**, 42, **43**, 44, 45, 46, **47**, 48, 49, 50, 51, 52, **53**, 54, 55, 56, 57, 58, **59**, 60, **61**, 62, 63, 64, 65, 66, **67**, 68, 69, 70, **71**, 72, **73**, 74, 75, 76, 77, 78, **79**, 80, 81, 82, **83**, 84, 85, 86, 87, 88, **89**, 90, 91, 92, 93, 94, 95, 96, **97**, 98, 99, 100, **101**, 102, **103**, 104, 105, 106, **107**, 108, **109**, 110, 111, 112, **113**, 114, 115, 116, 117, 118, 119, 120, 121, 122, 123, 124, 125, 126, **127**, 128, 129, 130, **131**, 132, 133, 134, 135, 136, **137**, 138, **139**, 140, 141, 142, 143, 144, 145, 146, 147, 148, **149**, 150, **151**, 152, 153, 154, 155, 156, **157**, 158, 159, 160, 161, 162, **163**, 164, 165, 166, **167**, 168, 169, 170, 171, 172, **173**, 174, 175, 176, 177, 178, **179**, 180, **181**, 182, 183, 184, 185, 186, 187, 188, 189, 190, **191**, 192, **193**, 194, 195, 196, **197**, 198, **199**, 200, 201, 202, 203, 204, 205, 206, 207, 208, 209, 210, **211**, 212, 213, 214, 215, 216, 217, 218, 219, 220, 221, 222, **223**, 224, 225, 226, **227**, 228, **229**, 230, 231, 232, **233**, 234, 235, 236, 237, 238, **239**, 240, **241**, 242, 243, 244, 245, 246, 247, 248, 249, 250, **251**, 252, 253, 254, 255, 256, **257**, 258, 259, 260, 261, 262, **263**, 264, 265, 266, 267, 268, **269**, 270, **271**, 272, 273, 274, 275, 276, **277**, 278, 279, 280, **281**, 282, **283**, 284, 285, 286, 287, 288, 289, 290, 291, 292, **293**, 294, 295, 296, 297, 298, 299, 300, 301, 302, 303, 304, 305, 306, **307**, 308, 309, 310, **311**, 312, **313**, 314, 315, 316, **317**, 318, 319, 320, 321, 322, 323, 324, 325, 326, 327, 328, 329, 330, **331**, 332, 333, 334, 335, 336, **337**, 338, 339, 340, 341, 342, 343, 344, 345, 346, **347**, 348, **349**, 350, 351, 352, **353**, 354, 355, 356, 357, 358, **359**, 360, 361, 362, 363, 364, 365, 366, **367**, 368, 369, 370, 371, 372, **373**, 374, 375, 376, 377, 378, **379**, 380, 381, 382, **383**, 384, 385, 386, 387, 388, **389**, 390, 391, 392, 393, 394, 395, 396, **397**, 398, 399, 400, **401**, 402, 403, 404, 405, 406, 407, 408, **409**, 410, 411, 412, 413, 414, 415, 416, 417, 418, **419**, 420, **421**, 422, 423, 424, 425, 426, 427, 428, 429, 430, **431**, 432, **433**, 434, 435, 436, 437, 438, **439**, 440, 441, 442, **443**, 444, 445, 446, 447, 448, **449**, 450, 451, 452, 453, 454, 455, 456, **457**, 458, 459, 460, **461**, 462, **463**, 464, 465, 466, **467**, 468, 469, 470, 471, 472, 473, 474, 475, 476, 477, 478, **479**, 480, 481, 482, 483, 484, 485, 486, **487**, 488, 489, 490, **491**, 492, 493, 494, 495, 496, 497, 498, **499**, 500, 501, 502, **503**, 504, 505, 506, 507, 508, **509**, 510, 511, 512, 513, 514, 515, 516, 517, 518, 519, 520, **521**, 522, **523**, 524, 525, 526, 527, 528, 529, 530, 531, 532, 533, 534, 535, 536, 537, 538, 539, 540, **541**, 542, 543, 544, 545, 546, **547**, 548, 549, 550, 551, 552, 553, 554, 555, 556, **557**, 558, 559, 560, 561, 562, **563**, 564, 565, 566, 567, 568, **569**, 570, **571**, 572, 573, 574, 575, 576, **577**, 578, 579, 580, 581, 582, 583, 584, 585, 586, **587**, 588, 589, 590, 591, 592, **593**, 594, 595, 596, 597, 598, **599**, 600, **601**, 602, 603, 604, 605, 606, **607**, 608, 609, 610, 611, 612, **613**, 614, 615, 616, **617**, 618, **619**, 620, 621, 622, 623, 624, 625, 626, 627, 628, 629, 630, **631**, 632, 633, 634, 635, 636, 637, 638, 639, 640, **641**, 642, **643**, 644, 645, 646, **647**, 648, 649, 650, 651, 652, **653**, 654, 655, 656, 657, 658, **659**, 660, **661**, 662, 663, 664, 665, 666, 667, 668, 669, 670, 671, 672, **673**, 674, 675, 676, **677**, 678, 679, 680, 681, 682, **683**, 684, 685, 686, 687, 688, 689, 690, **691**, 692, 693, 694, 695, 696, 697, 698, 699, 700, **701**, 702, 703, 704, 705, 706, 707, 708, **709**, 710, 711, 712, 713, 714, 715, 716, 717, 718, **719**, 720, 721, 722, 723, 724, 725, 726, **727**, 728, 729, 730, 731, 732, **733**, 734, 735, 736, 737, 738, **739**, 740, 741, 742, **743**, 744, 745, 746, 747, 748, 749, 750, **751**, 752, 753, 754, 755, 756, **757**, 758, 759, 760, **761**, 762, 763, 764, 765, 766, 767, 768, **769**, 770, 771, 772, **773**, 774, 775, 776, 777, 778, 779, 780, 781, 782, 783, 784, 785, 786, **787**, 788, 789, 790, 791, 792, 793, 794, 795, 796, **797**, 798, 799, 800, 801, 802, 803, 804, 805, 806, 807, 808, **809**, 810, **811**, 812, 813, 814, 815, 816, 817, 818, 819, 820, **821**, 822, **823**, 824, 825, 826, **827**, 828, **829**, 830, 831, 832, 833, 834, 835, 836, 837, 838, **839**, 840, 841, 842, 843, 844, 845, 846, 847, 848, 849, 850, 851, 852, **853**, 854, 855, 856, **857**, 858, **859**, 860, 861, 862, **863**, 864, 865, 866, 867, 868, 869, 870, 871, 872, 873, 874, 875, 876, **877**, 878, 879, 880, **881**, 882, **883**, 884, 885, 886, **887**, 888, 889, 890, 891, 892, 893, 894, 895, 896, 897, 898, 899, 900, 901, 902, 903, 904, 905, 906, **907**, 908, 909, 910, **911**, 912, 913, 914, 915, 916, 917, 918, **919**, 920, 921, 922, 923, 924, 925, 926, 927, 928, **929**, 930, 931, 932, 933, 934, 935, 936, **937**, 938, 939, 940, **941**, 942, 943, 944, 945, 946, **947**, 948, 949, 950, 951, 952, **953**, 954, 955, 956, 957, 958, 959, 960, 961, 962, 963, 964, 965, 966, **967**, 968, 969, 970, **971**, 972, 973, 974, 975, 976, **977**, 978, 979, 980, 981, 982, **983**, 984, 985, 986, 987, 988, 989, 990, **991**, 992, 993, 994, 995, 996, **997**, 998, 999

1899년

픽의 정리

게오르크 알렉산더 픽(Georg Alexander Pick, 1859~1942년)

너무 단순해서 유쾌할 정도인 픽의 정리(Pick's Theorem)는 연필과 모눈 종이를 사용해 실험할 수 있다. 같은 간격을 가진 모눈 종이 위에 단순한 다각형을 그려서 모든 꼭짓점이 모눈의 점들과 맞아떨어지게 한다. 픽의 정리에 따르면 이 다각형의 넓이 A는, 다각형 내에 있는 점의 개수인 i와 다각형의 경계선 위에 위치한 점의 개수인 b를 알면 $A=i+b/2-1$로 결정할 수 있다. 단 이 정리는 구멍이 있는 다각형에는 적용되지 않는다.

오스트리아의 수학자인 게오르트 알렉산더 픽은 1899년에 이 정리를 제시했다. 1911년에 게오르크 픽은 알베르트 아인슈타인에게 수학자들의 최신 연구 성과들을 가르쳐 준 적이 있는데, 덕분에 아인슈타인은 일반 상대성 이론 연구에 도움을 받을 수 있었다. 히틀러의 군대가 1938년에 오스트리아를 침공했을 때 유대 인이었던 픽은 프라하로 도피했다. 안타깝게도 그것은 픽의 목숨을 구해 주지 못했다. 체코슬로바키아를 침공한 나치는 1942년에 픽을 테레지엔슈타트 수용소로 보냈고 픽은 그곳에서 죽었다. 테레지엔슈타트 수용소에 보내진 유대 인들 14만 4000여 명 중에서 4분의 1 정도가 현장에서 죽었고 60퍼센트 가까이가 아우슈비츠를 비롯한 죽음의 수용소로 보내졌다.

수학자들은 3차원에서는 내부와 가장자리의 점들을 다 센다고 해서 다면체 등의 부피를 계산할 수 없다는 사실을 알아냈다. 3차원에서는 픽의 정리를 같은 방식으로 사용할 수 없는 것이다.

우리는 픽의 정리를 사용해 지도상 구역들의 면적을 측량할 수 있다. 투명한 모눈종이 위에 그 지역을 다각형과 비슷한 모양으로 그리는 것이다. 영국 과학 저술가인 데이비드 달링은 이렇게 기술했다. “지난 수십 년 동안 픽의 정리는 더 일반적인 다각형과 더 높은 차원을 가진 다면체와 정사각형이 아닌 다른 격자 구조에 다양하게 적용되면서 차츰 일반화되어 왔다. …… 그 정리는 전통적인 유클리드 기하학과 디지털 기하학이라는 현대적 분야 사이의 연결 고리를 제공한다.”

관련 항목 플라톤의 입체(52쪽), 에우클레이데스의 『원론』(58쪽), 아르키메데스의 준정다면체(66쪽)

픽의 정리에 따르면 이 다각형의 면적은 $i+b/2-1$이다. 여기서 i는 다각형 내에 위치한 점의 개수이고 b는 다각형의 경계에 위치한 점의 개수이다.

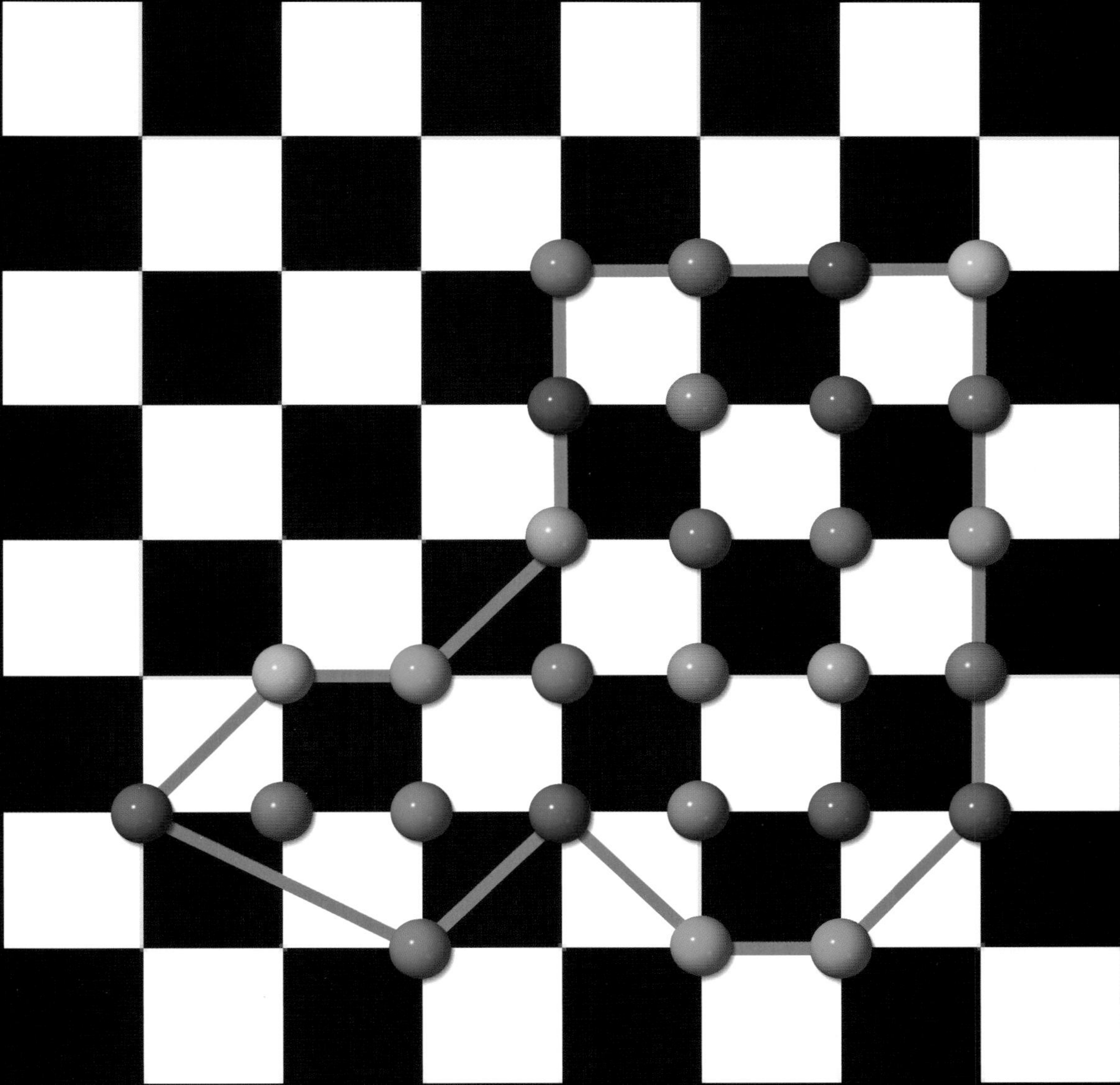

1899년

몰리의 3등분 정리

프랭크 몰리(Frank Morley, 1860~1937년)

1899년에 영국계 미국인 수학자이자 이름난 체스 선수인 프랭크 몰리는 '어떤' 삼각형에서든 내각들을 3등분한 선들의 교차점이 '항상' 정삼각형을 형성한다는 몰리의 3등분 정리(Morley's Trisector Theorem)을 제시했다. 삼각형의 세 내각을 3등분하는 직선들은 6개의 점에서 교차하는데, 그중 3개는 한 정삼각형의 꼭짓점을 이룬다. 이 정리에 대해서는 다양한 증명들이 존재하고, 가장 먼저 나온 증명들 중 일부는 대단히 복잡하다.

몰리의 동료들은 그 결과가 너무나 아름답고 놀랍다고 생각해서 그것을 "몰리의 기적"이라고 불렀다. 리처드 프랜시스(Richard Francis)는 이렇게 기술했다. "틀림없이 3등분과 작도 가능성이 확실하지 않다는 이유 때문에 고대 기하학자들에게는 간과되었거나 성급히 버려졌던 그 문제는 겨우 한 세기 전에야 빛을 보게 되었다. 비록 1900년경에 프랭크 몰리가 그 정리를 추측하기는 했지만 그것이 해결되거나 엄밀한 증명이 나오기 위해서는 최근에 이루어진 진보들이 필요했다. 이 아름답고 우아한 에우클레이데스적 정리는 이상하게도 수 세기 동안 주목받지 못했고, 그리하여 20세기의 것이 되었다."

몰리는 펜실베이니아 주 헤이버퍼드에 있는 퀘이커 대학과 존스 홉킨스 대학교 두 곳에서 교편을 잡았다. 1933년에는 아들인 수학자 프랭크 몰리와 함께 『역 기하학(*Inversive Geometry*)』을 발간했다. 아들은 『체스에 바친 인생(*One Contribution to Chess*)』에서 아버지에 관해 이렇게 서술했다. "아버지는 대략 2인치 길이의 몽당연필 한 자루를 찾으려고 조끼 주머니를 몽땅 뒤지기 시작하곤 했는데, 그다음에는 낡은 봉투를 찾아 옆주머니를 잠깐 뒤지는 듯하다가 어느새 살며시 일어나서 서재를 향해 가시곤 했다. …… 그러면 어머니는 으레 이렇게 아버지를 부르셨다. '프랭크, 당신 일하러 가는 거 아니죠!' 그러면 대답은 늘 이랬다. '잠깐만, 금방 올게요!' 그리고 서재 문이 닫히곤 했다."

몰리의 정리는 계속해서 수학자들을 매료시켰다. 1998년 프랑스의 필즈 상 수상자인 알랭 콘(Alain Connes)이 몰리의 정리에 대한 새로운 증명을 제시하기도 했다.

관련 항목 에우클레이데스의 『원론』(58쪽), 코사인 법칙(108쪽), 비비아니의 정리(152쪽), 오일러의 다각형 자르기(186쪽), 공에서 삼각형 꺼내기(478쪽)

몰리의 정리(몰리의 기적이라고도 한다.)에 따르면 어떤 삼각형이든 내각을 3등분한 선들이 교차하는 세 점들은 늘 정삼각형을 형성한다.

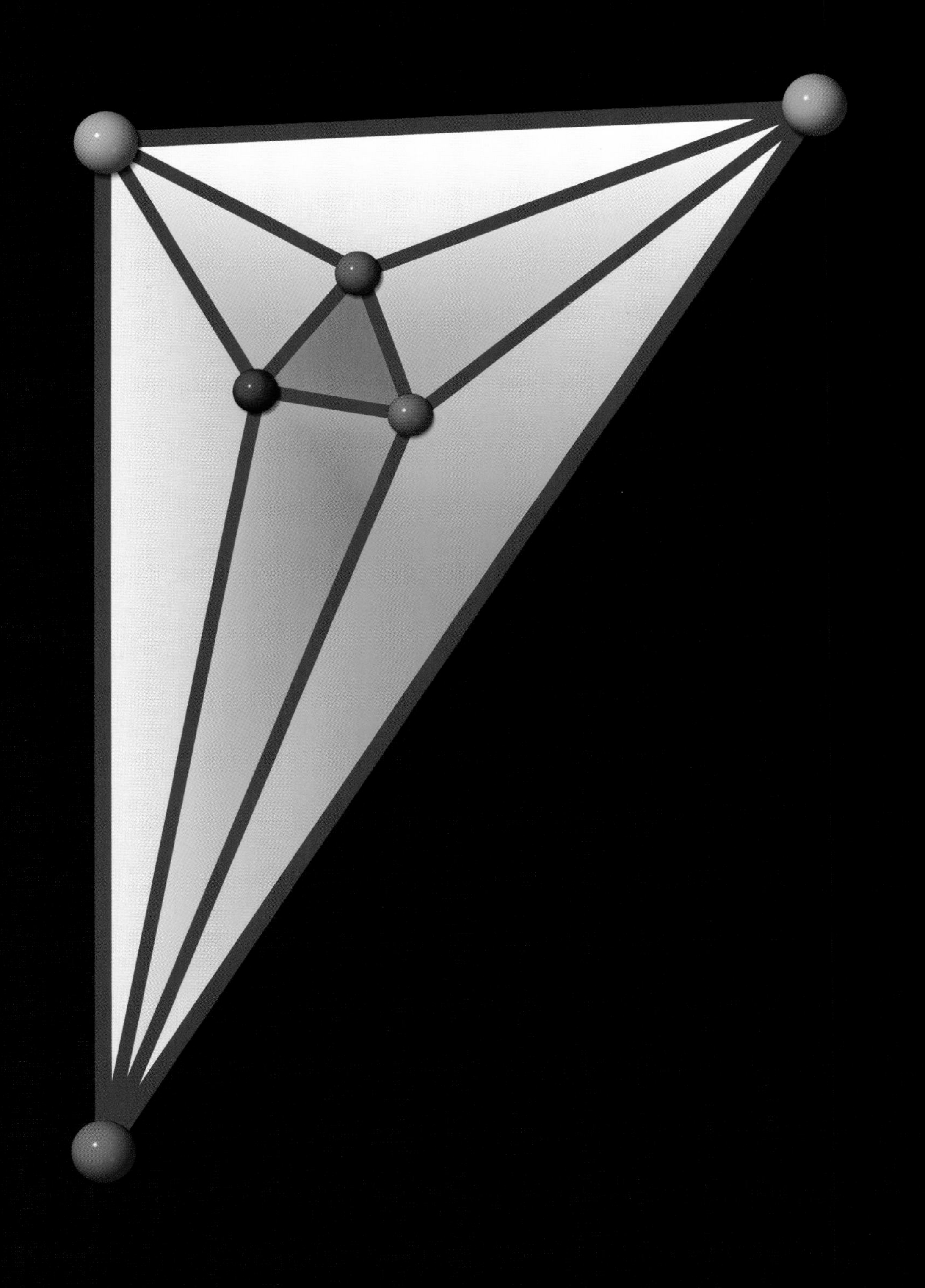

1900년

힐베르트의 23가지 문제

다비트 힐베르트(David Hilbert, 1862~1943년)

독일 수학자인 다비트 힐베르트는 이렇게 말했다. "수학 분야는 문제들을 풍부하게 제공하는 한 생명력으로 가득할 것이다. 문제가 부족하다는 것은 곧 죽음의 신호이다." 1900년에 힐베르트는 20세기가 그 해법을 사냥하게 될 중요한 수학 문제 23개를 제시했다. 힐베르트의 명성 때문에 수학자들은 오랜 세월에 걸쳐 그 문제들과 맞서느라 엄청난 시간을 보냈다. 힐베르트는 이 주제에 대해서 엄청나게 영향력 있는 말을 했는데, 그 서두는 이러했다. "우리 중에 미래를 감추고 있는 베일을 걷어올리면서 기뻐하지 않을 이가, 우리 과학 발전의 다음 단계와, 다음 세기 동안 밝혀질 그 발전의 비밀들을 목격하고 싶지 않을 이가 그 누구인가? 미래 세대를 이끌어 갈 수학적 정신들은 어떤 특정한 목표를 향해 매진하게 될 것인가?"

그 문제들 중 10개가량은 이제 말끔히 풀렸고, 다른 문제들도 해법이 제시되어 일부 수학자들에게는 받아들여지고 일각에서는 아직도 약간의 논란을 불러일으키고 있다. 예를 들어 18번 문제의 일부인 구체 포장의 효율성에 관한 문제와 연관된 케플러 추측은 사람들이 증명하기에는 다소 어려워서 컴퓨터의 도움을 받아 증명해야 한다.

오늘날도 풀리지 않은 가장 유명한 문제들 중 하나는 리만 가설인데 그것은 리만 제타 함수의 영점 배열에 관련된 것이다. 다비트 힐베르트는 이렇게 말했다. "만약 내가 1,000년 동안 잠들어 있다가 깨어난다면 아마 제일 먼저 이렇게 물을 것이다. 리만 가설은 증명되었습니까?"

벤 앤들(Ben Yandell)은 이렇게 기술했다. "힐베르트의 문제들 중 하나를 해결하는 것은 수많은 수학자가 품어 온 낭만적인 꿈이었다. …… 지난 100년간 전 세계 곳곳에서 해법들과 완전한 것은 아니지만 중요한 결과들이 쏟아져 나왔다. 힐베르트의 목록은 아름다운 무엇이었다. 그 낭만적이고 역사적인 매력 덕분에, 이 잘 선택된 문제들은 수학 분야에서 수학자들을 조직하고 결집하는 힘으로 기능해 왔다."

관련 항목 케플러 추측(128쪽), 리만 가설(254쪽), 힐베르트의 그랜드 호텔(356쪽)

괴팅겐 대학교 교수진 엽서 세트의 다비트 힐베르트의 사진(1912년). 당시 학생들은 교수 얼굴이 박힌 이런 엽서를 자주 샀다.

1900년

카이제곱

칼 피어슨(Karl Pearson, 1857~1936년)

과학자들은 실험을 할 때 확률의 법칙을 바탕으로 해서 어떤 값이 나올지, 그리고 그 값이 기대할 만한 것인지 아닌지 예측한다. 그러나 실제 실험 결과가 그 기댓값과 어긋나는 일은 사실 흔하다. 예를 들어 주사위를 하나 던졌을 때 그 결과가 기댓값과 차이(편차)가 무척 크다면 우리는 그 주사위가 아마도 조작되었다고, 말하자면 한쪽 면이 좀 무겁게 만들어졌다고 말할 수 있을 것이다.

카이제곱 검정(Chi-squareTest)은 영국 수학자인 칼 피어슨이 1900년에 처음 발표한 이래 암호학과 신뢰성 공학에서 야구의 타율 기록 분석까지 수많은 분야에서 이용되어 왔다. 이 검정을 적용할 때에는 각 사건들이 서로 독립적이라고 가정한다. (주사위 던지기가 좋은 사례가 된다.) 카이제곱 값은 일단 각 관측된 빈도 O_i(관측값)와 각 이론적인 빈도 E_i(기댓값)를 알면 계산할 수 있다. 그 공식은 $X^2 = \Sigma(O_i - E_i)^2/E_i$로 나타낼 수 있다. 만약 사건의 기대 빈도수와 관측 빈도수가 정확히 합치된다면 $X^2 = 0$이다. 차이가 더 클수록 X^2 값은 더 커진다. 연구자들은 자신이나 남이 세운 가설을 검정할 때 이 차이의 의미를 이해하기 위해 카이제곱 분포 표를 참조한다. 물론 X^2이 0에 너무 가까워 오히려 미덥지 않을 때에는 좀 더 낮거나 높은 X^2 값을 찾아보기도 한다.

한 예로, 나비와 딱정벌레가 동일한 빈도수로 나타나는 한 개체군으로부터 곤충 표본 100마리를 무작위로 꺼내는 실험을 한다고 해 보자. 만약 딱정벌레 10마리와 나비 90마리를 얻었다면 X^2 값은 $(10-50)^2/50 + (90-50)^2/50 = 64$가 되는데, 이것은 너무 큰 값이라서 우리의 애초 가정 — 그 표본이 딱정벌레와 나비가 동일한 수로 존재하는 개체군에서 무작위로 추출한 것이라는 가정 — 이 어쩌면 틀렸을지 모른다는 것을 시사한다.

칼 피어슨은 수학사적으로는 현대 수리 통계학의 창시자 중 하나로 높은 평가와 많은 수학 관련 상을 받았지만, 그는 '열등한 인종'에 맞선 '전쟁'을 옹호한 인종 차별주의자였다.

관련 항목 주사위(32쪽), 큰 수의 법칙(166쪽), 정규 분포 곡선(172쪽), 최소 제곱법(202쪽), 라플라스의 「확률 분석 이론」(214쪽)

카이제곱 값은 연구자들의 가설 검정을 도와준다. 예를 들어 오른쪽에 있는 100개의 표본이 나비와 딱정벌레가 동일한 빈도수로 출현하는 개체군에서 추출되었다는 가정을 시험하도록 도와준다. 옆의 표본들에서는 64라는 카이제곱 값을 얻을 수 있는데 이 값은 우리 가정이 틀렸을지도 모른다는 것을 뜻한다.

1901년

보이 곡면

베르너 보이(Werner Boy, 1879~1914년), **베르나르 모랭**(Bernard Morin, 1931년~)

보이 곡면(Boy's Surface)은 1901년에 독일 수학자 베르너 보이가 발견했다. 클라인 병과 마찬가지로 이 물체는 모서리가 없는 단면 곡면이다. 또한 이 곡면은 방향 구분도 없는데, 그렇다는 것은 2차원적 생물이 있어 그 곡면 위를 지나다니다 보면 출발점으로 돌아오게 되고 그 생물은 오른쪽과 왼쪽이 서로 바뀌어 있을 것이라는 뜻이다. 뫼비우스의 띠와 클라인 병 또한 방향 구분이 안 되는 곡면을 가지고 있다.

수학적으로 말해서, 보이 곡면은 사영 평면을 특이점이 없는 3차원 공간에 몰입(immersion)한 것이다. 기하학적으로 이것을 만들어 내기 위한 방법들이 몇 가지 있는데, 그중에는 원반을 잡아늘여서 그 가장자리를 뫼비우스의 띠의 가장자리에 붙이는 방법도 있다. 그 과정에서 그 곡면은 자신과 교차하는 것은 괜찮지만 찢어져서는 안 되고 특이점이 있어서도 안 된다. 비록 연구자들은 컴퓨터 그래픽 덕분에 그 모양을 더 잘 파악할 수 있게 되었지만 보이 곡면은 시각화하기가 무척 어렵다.

보이 곡면은 3번 접힌 대칭성을 가지고 있다. 다시 말해 120도로 회전되어도 모양이 그대로 똑같아 보이는 축이 존재한다. 재미있는 것은 베르너 보이가 비록 곡면 모형 몇 가지를 스케치할 수는 있었지만 그 곡면을 기술하기 위한 방정식(일종의 매개 변수 방정식으로 만든 모형이 필요하다.)은 결정할 수 없었다는 것이다. 마침내 1978년에 프랑스 수학자인 베르나르 모랭이 처음으로 보이 곡면의 매개 변수 모형을 찾아내기 위해 컴퓨터를 이용했다. 모랭은 어려서 눈이 멀었으면서도 수학 분야에서 성공을 거둔 인물이다.

수학 저널리스트인 앨린 잭슨(Allyn Jackson)은 이렇게 묘사했다. "시력 상실 때문에 모랭의 특별한 시각화 능력은 약해지기는커녕 오히려 더 강해졌을지도 모른다. …… 기하학적 물체들을 시각화하기가 어려운 이유 중 하나는 사람이 물체의 내부가 아니라 외부만을 보는 경향이 있고, 그 외부가 더러 무척 복잡하기 때문이다. …… 모랭은 바깥에서 안쪽으로 향해 가는 능력을 발전시켰다. …… 모랭은 촉각 정보에 너무나 익숙했기 때문에 모형을 2시간 정도 손으로 들고 만지작거리고 나면 그 후로 수년 동안 그 모양을 그대로 기억할 수 있었다."

관련 항목 극소 곡면(194쪽), 뫼비우스의 띠(250쪽), 클라인 병(278쪽), 구 안팎 뒤집기(414쪽), 윅스 다양체(482쪽)

폴 닐랜더가 만든 보이 곡면. 이 물체는 모서리가 없는 단면 곡면이다.

이발사 역설

버트런드 러셀(Bertrand Russell, 1872~1970년)

1901년에 영국 철학자이자 수학자인 버트런드 러셀은 수학자들로 하여금 집합론을 수정하지 않을 수 없게 만든, 일종의 역설 또는 명확한 모순을 제시하는 데 성공했다. 이것을 러셀의 역설이라고 하는데 그중 한 가지 형태는 이발사 역설(Barber Paradox)이라고 불린다. 이발사가 한 사람 있다. 그는 면도를 스스로 하지 않는 모든 남자들에게 매일 면도를 해 주고, 그렇지 않은 남자들에게는 면도를 해 주지 않는다. 그렇다면 이발사는 과연 직접 면도를 할까?

이 논리에 따르면 이발사는 직접 면도를 할 수 없는 경우에만 직접 면도를 할 수 있는 셈이다! 헬런 조이스(Helen Joyce)는 이렇게 썼다. "역설은 수학 전체가 위태로운 기반 위에 자리 잡고 있으며, 그 어떤 증거도 신뢰할 수 없다는 두려운 예측을 일깨운다."

러셀의 역설은 원래 자신을 원소로 포함하지 않는 모든 집합들의 집합에 대한 것이다. 자기 자신을 원소로 포함하지 않는 집합을 *R*라고 해 보자. 이런 집합은 사실 많다. 예를 들어 정육면체들의 집합은 정육면체가 아니다. 이번에는 자기 자신을 원소로 포함하는 집합을 *T*라고 해 보자. 이런 집합의 예는 모든 집합들의 집합이나 정육면체를 제외한 모든 것들의 집합 등이 있다. 모든 집합은 *R* 유형 아니면 *T* 유형에 속하며, 어떤 집합도 양쪽 모두에 속할 수는 없다. 그렇지만 러셀이 궁금해 한 것은 자신을 원소로 포함하지 않는 모든 집합들의 집합인 집합 *S*였다. 어찌된 일인지 집합 *S*는 자신의 원소가 아닌 동시에, 자신의 원소가 아니지도 않다. 러셀은 이런 혼란과 필연적인 모순들을 피하려면 집합론을 바꾸어야 한다는 사실을 깨달았다.

이발사 역설을 반박하는 한 가지 방법은 그저 단순히 그런 이발사는 존재하지 않는다고 일축하는 것이다. 그렇지만 러셀의 역설은 집합론을 더 명료한 형태로 발전시켰다. 독일 수학자 쿠르트 괴델은 불완전성 정리를 만들 때 비슷한 역설에 대해 성찰했다. 영국 수학자 앨런 튜링 역시 정지 문제(halting problem), 즉 어떤 컴퓨터 프로그램이 유한한 수의 단계들을 실행하고 나서 멈추는가 아닌가를 추정하는 문제의 결정 불가능성을 연구할 때 러셀의 작업이 유용하다는 사실을 발견했다.

관련 항목 제논의 역설(48쪽), 아리스토텔레스의 바퀴 역설(56쪽), 상트페테르부르크 역설(178쪽), 체르멜로 선택 공리(314쪽), 『수학 원리』(326쪽), 바나흐-타르스키 역설(352쪽), 힐베르트의 그랜드 호텔(356쪽), 괴델의 정리(364쪽), 튜링 기계(372쪽), 생일 역설(382쪽), 뉴컴의 역설(420쪽), 차이틴의 오메가(456쪽), 파론도의 역설(502쪽)

이발사 역설에 따르면 어떤 마을의 남자 이발사는 직접 면도를 하지 않는 모든 남자에게 매일 면도를 해 주지만 그렇지 않은 남자들에게는 면도를 해 주지 않는다. 그럼 이 이발사는 직접 면도를 할까?

1901년

융의 정리

하인리히 빌헬름 에발트 융(Heinrich Wilhelm Ewald Jung, 1876~1953년)

별자리 지도에 흩어져서 별들을 나타내는 점들이나, 아니면 종이 위에 검정 잉크 방울을 아무렇게나 흩었을 때 만들어지는 점들로 이루어진 하나의 유한 집합을 생각해 보자. 그 점들 중 가장 멀리 떨어진 두 점을 하나의 선으로 잇는다. 두 점을 잇는 가장 먼 거리인 d를, 그 점들의 집합의 '기하학적 간격(geometric span)'이라고 한다. 융의 정리(Jung's Theorom)에 따르면 그 점들은 아무리 기기묘묘한 형태로 흩어져 있어도 반드시 반지름이 $d/\sqrt{3}$보다 크지 않은 원으로 모두 에워쌀 수 있다. 예를 들어 점들이 변의 길이가 1인 정삼각형의 변들을 따라 놓여 있다고 해 보자. 그러면 이 점들은 모두 삼각형의 세 꼭짓점을 전부 지나면서 반지름은 $1/\sqrt{3}$인 원으로 완전히 에워쌀 수 있다.

융의 정리는 3차원으로도 일반화시킬 수 있는데, 여기서 점들의 집합은 반지름이 $\sqrt{6}\,d/4$를 넘지 않는 구로 에워쌀 수 있다. 예를 들어 우리의 3차원 공간에 새 떼나 물고기 떼처럼 물체들이 점점이 흩어진 집합이 있을 때, 이 물체들은 반드시 앞에서 말한 반지름을 가진 구로 에워쌀 수 있다는 뜻이다. 융의 정리는 다양한 비유클리드적 기하학과 공간으로 확장·적용되어 왔다.

만약 이 정리를 한층 낯설게 느껴지는 영역들, 예를 들어 n차원의 고차원 초구(hypersphere)에 갇힌 새 등에 대한 문제로 확장하고 싶다면, 아래와 같이 놀랍도록 단순한 공식을 가지고 계산하면 된다.

$$r \le d\sqrt{\frac{n}{2(n+1)}}$$

이 공식은 반지름이 $d\sqrt{2/5}$인 4차원 초구로 4차원 공간에서 날아오르는 찌르레기 떼를 물 샐 틈 없이 에워쌀 수 있다는 뜻이다. 독일 수학자인 하인리히 빌헬름 에발트 융은 마르부르크 대학교와 베를린 대학교에서 1895년부터 1899년까지 수학, 물리학, 화학을 공부했고, 1901년에 융의 정리를 발표했다.

관련 항목 에우클레이데스의 『원론』(58쪽), 비유클리드 기하학(226쪽), 실베스터의 선 문제(292쪽)

한 무리의 새들이 제아무리 복잡하게 흩어져 있어도, 각 새들을 공간 속의 한 점으로 치면 반지름이 $\sqrt{6}d/4$를 넘지 않는 구로 모두 에워쌀 수 있다. 그렇다면 4차원 공간의 찌르레기 떼는 어떻게 하면 모두 에워쌀 수 있을까?

1904년

푸앵카레 추측

앙리 푸앵카레(Henri Poincaré, 1854~1912년), **그리고리 페렐만**(Grigori Perelman, 1966년~)

1904년 프랑스 수학자 앙리 푸앵카레가 제기한 푸앵카레 추측(Poincaré Conjecture)은 도형들과 그것들의 상호 관계를 연구하는 위상 수학에 대한 것이었다. 한마디로 3차원 공간에서 닫힌 곡선이 하나의 점으로 모일 수 있다면 그 공간은 구로 변형될 수 있다는 것이었다. 2000년에 클레이 수학 연구소(Clay Mathematics Institute)는 이 추측을 증명하는 사람에게 상금으로 100만 달러를 주겠다고 발표했다.

이 추측을 간단하게 설명해 보자. 먼저 오렌지와 도넛이 필요하다. 끈 하나를 고리 모양으로 만들어 오렌지를 감아 보자. 이론적 우리는 끈이나 오렌지를 끊지 않고, 또 끈이 오렌지를 놓치지 않도록 서서히 끈을 조이면 고리를 하나의 점으로 바꿀 수 있다. 그러나 도넛의 경우 끈을 도넛 구멍을 통과해 감거나 하면 끈이나 도넛 어느 한쪽을 찢지 않고는 그 고리 모양 끈을 하나의 점으로 조일 수 없다. 오렌지 표면 같은 경우를 단순 연결(simply connection)이라고 한다. 도넛 표면 위에서는 단순 연결을 만들 수 없다. 푸앵카레는 2차원 구 같은 껍질(오렌지 표면)이 단순 연결이라는 성질을 가지고 있다고 할 때, 3차원 구(한 점에서 똑같은 거리만큼 떨어져 있는 4차원 공간의 점들의 집합)도 같은 성질을 가지고 있는가 하는 의문을 제기했다.

거의 100년이 지난 2002년 11월 마침내 러시아 수학자 그리고리 페렐만이 그 추측을 증명했다. 퍽 이상하게도 페렐만은 상금에 그다지 관심을 보이지 않았고, 심지어 자신의 해법을 주류 학술지에 발표하지 않고 인터넷에 공개했다. 2006년에 페렐만은 그 해법 덕분에 저 이름높은 필즈 상 수상자로 지명되었지만 수상을 거부하면서 자기는 "전혀 관심이 없다."라고 말했다. 그 증명이 옳다면 "그렇다면 다른 인정은 전혀 필요없다."라는 것이 그 이유였다.

《사이언스》는 2006년에 이렇게 보도했다. "페렐만의 증명은 서로 별개인 수학의 두 분야를 근본적으로 바꿔놓았다. 첫째, 위상 수학의 핵심에 한 세기도 넘게 버티고 있던, 도무지 소화가 안 되던 문제 하나가 풀렸다. …… (둘째) 그 작업은 훨씬 폭넓은 결과를 이끌어 낼 것인데…… 바로 멘델레예프의 표가 화학에 기여한 것과 무척 비슷한, 3차원 공간에 대한 연구에 명확성을 부여하는 '주기율표'이다."

관련 항목 쾨니히스베르크 다리(176쪽), 클라인 병(278쪽), 필즈 상(370쪽), 윅스 다양체(482쪽)

1904년에 푸앵카레 추측을 제기한 프랑스 수학자인 앙리 푸앵카레. 그 추측은 2002년까지도 아무도 증명하지 못했다. 그러나 러시아 수학자인 그리고리 페렐만이 마침내 유효한 증명을 내놓아 입증되었다.

1904년

코크 눈송이

니엘스 파비안 헬리에 본 코크(Niels Fabian Helge von Koch, 1870~1924년)

코크 눈송이(Koch Snowflake)는 흔히 학생들이 제일 처음 접하는 프랙털 도형일 텐데, 더불어 수학의 역사에서 가장 초기에 설명된 프랙털 물체에 속하기도 한다. 그 복잡한 모양은 스웨덴 수학자인 니엘스 파비안 헬리에 본 코크의 1904년 논문 「초급 기하학에서 작도할 수 있는 접선이 없는 연속 곡선에 관하여(On a Continuous Curve without Tangents, Constructible from Elementary Geometry)」에 등장했다.

코크 눈송이를 그리려면 먼저 정삼각형을 그리고, 그다음 각 변을 3등분해서 한 변의 길이가 이 3등분 길이와 같은 정삼각형을 붙이고, 다시 앞의 두 과정을 무한히 반복해 가면 된다. 그 결과 둘레는 무한하고 넓이는 유한한 코크 눈송이를 얻을 수 있다. 이것과 관련된 도형이 바로 코크 곡선(Koch curve)인데, 이 곡선을 그릴 때에는 정삼각형이 아니라 선분 하나를 먼저 그리고 시작한다.

선분 하나에서 시작해 코크 곡선을 그리다 보면 어느새 무한히 많은 모서리가 솟아나는 것을 볼 수 있다. 작도법은 코크 눈송이 때와 비슷하다. 먼저 선분 하나를 3등분한다. 그다음 중간 부분 대신 그 길이와 동일한 선분 2개를 그려 V자 모양 쐐기(정삼각형의 윗부분)를 만든다. 이 도형은 이제 선분 4개로 이루어져 있다. 다시 각 선분을 3등분하고 V자 모양 쐐기 만들기를 되풀이한다.

길이가 1센티미터인 선분으로 시작했다고 하면, n단계째 곡선의 길이는 $(4/3)^n$센티미터가 된다. 수백 번쯤 반복하고 나면 그 곡선의 길이는 우리가 관측할 수 있는 가시 우주의 지름보다 커진다. 사실 완성된 '궁극적' 코크 곡선은 무한한 길이와 대략 1.26의 프랙털 차원(fractal dimension)을 갖는다. 프랙털 차원은 프랙털 곡선이 공간을 채우는 정도를 나타내는 양인데, 코크 곡선은 그것이 그려진 2차원 평면을 부분적으로 채우기 때문에 이런 값을 가지게 된다.

비록 코크 눈송이는 그 둘레가 무한하지만 넓이는 유한하다. 그 값은 처음 정삼각형 한 변의 길이가 s일 때 $(2\sqrt{3}s^2)/5$가 된다. 다시 말해 처음 삼각형 넓이의 8/5이다. 또 코크 눈송이는 프랙털 도형의 성질인 자기 닮음(self-similar, 자기 유사)의 성질을 가지고 있고, 연속적이지만 모든 점에서 미분 불가능하다. (왜냐하면 너무 뾰족하기 때문이다!)

관련 항목 바이어슈트라스 함수(258쪽), 페아노 곡선(288쪽), 하우스도르프 차원(336쪽), 멩거 스폰지(358쪽), 해안선 역설(404쪽), 프랙털(462쪽)

수학자이자 화가인 로버트 파사우어(Robert Fathauer)는 이 작품을 만들기 위해 여러 개의 코크 눈송이 패턴을 사용했다.

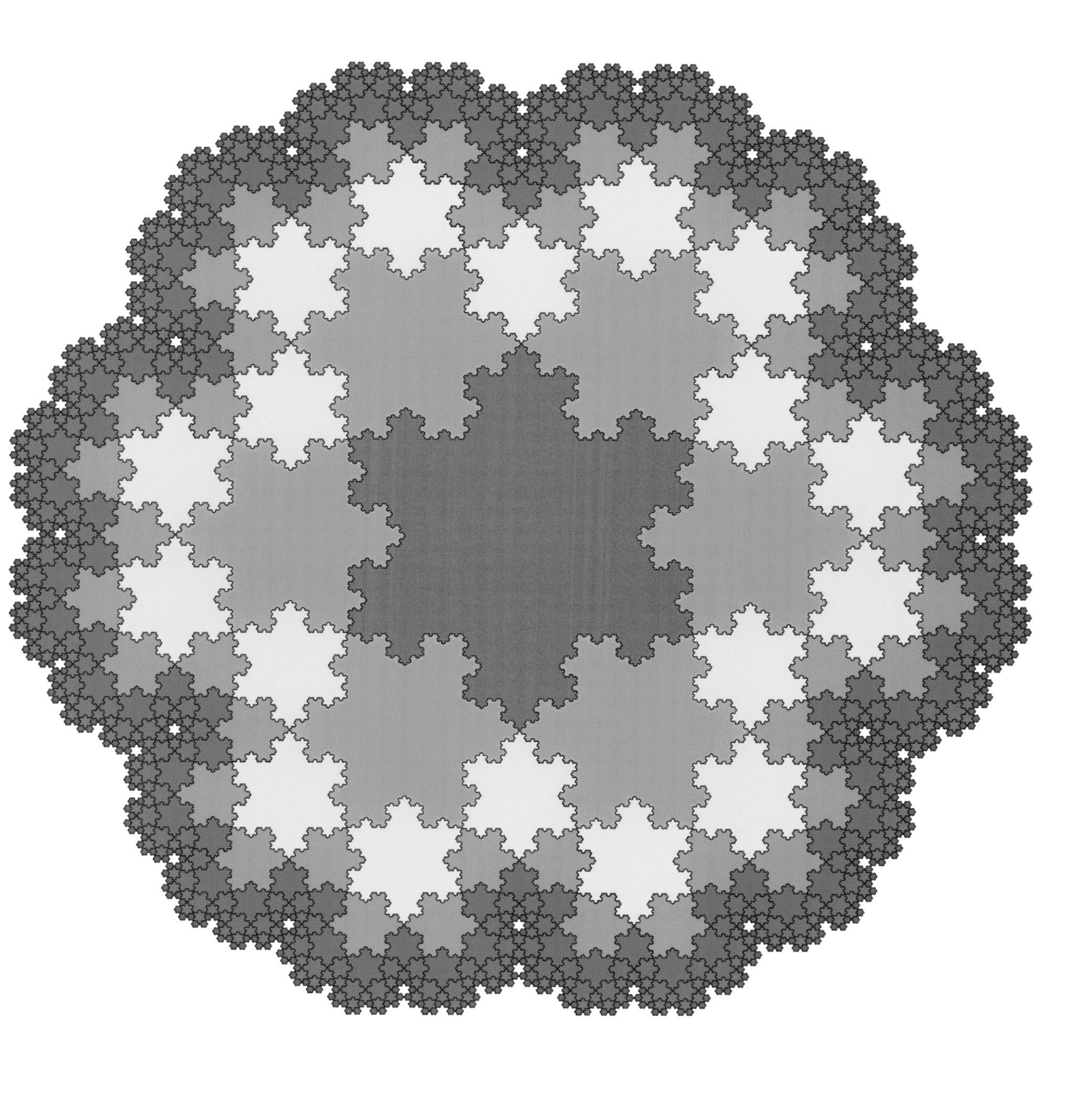

1904년

체르멜로 선택 공리

에른스트 프리드리히 페르디난트 체르멜로(Ernst Friedrich Ferdinand Zermelo, 1871~1953년)

데이비드 달링에 따르면 집합론의 이 공리는 "수학에서 가장 논란이 많은 공리 중에 속한다." 이 공리는 1904년에 독일 수학자인 에른스트 프리드리히 페르디난트 체르멜로가 내놓았는데, 체르멜로는 훗날 히틀러의 정권에 저항해 프라이부르크 대학교의 명예 교수직을 거부한다.

이 공리는 수학적으로 기술하기는 복잡해도, 금붕어 어항들이 늘어서 있는 길다란 선반을 상상해 보면 좀 더 쉽게 이해할 수 있다. 여러분이 이 선반 앞에 서 있다고 생각해 보자. 각 어항에는 적어도 금붕어가 한 마리씩은 들어 있어야 한다. 체르멜로의 선택 공리(axiom of choice)는 한마디로, 어항이 무한정 많고 각 어항에서 어떤 금붕어를 고르느냐를 결정하는 아무런 '규칙'이 없어도, 그리고 각 금붕어를 분간하는 것이 불가능하다 할지라도, 여러분이 언제나 한 어항에서 금붕어 한 마리를 선택할 수 있다는 뜻이다. 이것이 바로 선택 공리이다.

수학적으로 말하자면 다음과 같다. 우선 서로 공통 원소가 전혀 없는, 공집합이 아닌 집합 s들의 모임 S가 있다고 하자. 이 경우 S의 원소인 집합 s와 정확히 원소 하나를 공유하는 집합이 반드시 하나 있어야 한다. 이것이 바로 체르멜로의 선택 공리이다. 다른 식으로 살펴보면, 이 모임 S에 포함된 각 집합 s에 대해서 $f(s)$가 반드시 s의 한 원소가 되는 성질을 가진 선택 함수 f가 존재해야 한다는 것이다.

선택 공리가 나오기 전에는 우리가 하는 선택 행위의 수학적 근거를 전혀 댈 수 없었다. 다시 말해 앞에서 이야기한 어항들 중 일부에 무한히 많은 물고기가 들어 있다면 그 어항들에서 어떤 물고기를 골라 내거나, 적어도 골라 내는 데 걸리는 시간이 무한대보다 작다는 근거를 반드시 찾을 수 있다고 믿을 이유가 없었다. 나중에 보니 선택 공리는 대수학과 위상 수학 분야에서 사용되는 수많은 정리들의 핵심이 되는 공리라는 사실이 밝혀졌고, 오늘날 수학자들 대다수는 선택 공리를 받아들인다. 왜냐하면 그것이 너무 '유용'하기 때문이다. 에릭 섹터(Eric Schecter)는 이렇게 썼다. "우리가 선택 공리를 인정한다 함은 가설적인 존재인 선택 함수 f를, 우리가 그 명시적인 예나 어떤 명확한 알고리듬을 제시할 수 없다고 하더라도 마치 그것이 어떤 의미에서는 실제 '존재하는 것처럼' 증명에 사용해야 한다는 통념에 동의한다는 뜻이다."

관련 항목 페아노 공리(286쪽), 이발사 역설(306쪽), 힐베르트의 그랜드 호텔(356쪽)

이론적으로 금붕어 어항이 무한정 많고 각 어항에서 특정 금붕어를 골라 내는 것을 결정하는 '규칙'이 전혀 없더라도, 그리고 금붕어들을 서로 분간할 수 없더라도, 우리는 늘 각 어항에서 한 마리의 금붕어를 택할 수 있다.

1905년

조르당 곡선 정리

마리 에네몽 카미유 조르당(Marie Ennemond Camille Jordan, 1838~1922년), **오스왈드 베블런**(Oswald Veblen, 1880~1960년)

철사를 한 묶음 가져다가, 자기 교차를 한 번도 하지 않는 대단히 난해한 형태로 꼬아서 탁자에 놓아 일종의 미로를 만든다. (철사의 끝과 끝은 연결되어 있어야 한다.) 그리고 이 구조물 안에 개미 한 마리를 놓는다. 만약 그 미궁이 충분히 복잡하다면 그 개미가 그 고리 안에 있는지, 밖에 있는지를 그냥 보아서는 판가름하기가 어려울 것이다. 개미가 고리 안에 있는지를 판가름하는 한 가지 방법은 개미에서 미로 바깥까지 직선을 그어서 그 직선이 철사가 만든 곡선을 가로지르는 횟수를 세는 것이다. 만약 그 직선이 철사의 곡선과 짝수 번 만난다면 개미는 미궁 밖에 있고, 홀수 번 만난다면 개미는 안에 있다.

프랑스 수학자인 카미유 조르당은 곡선의 안팎을 가르는 이런 종류의 규칙들을 연구했고, 단순 폐곡선 하나가 평면을 안팎으로 가른다는 정리를 도출해 냈다. 그것은 지금 조르당 곡선 정리(Jordan Curve Theorem)라고 한다. 자명해 보이는 정리이지만, 조르당은 여기에 엄격한 증명이 필요하고 그것이 쉽지 않다는 사실을 깨달았다. 이 곡선 연구 결과는 조르당이 쓴 『에콜 폴리테크닉 해석학 강의(*Cours d'analyse de l'Ecole Polytechnique*)』라는 수학 교과서에 실렸는데, 이 책은 1882년과 1887년 사이에 처음 3권이 출간되었다. 조르당 곡선 정리는 1909년과 1915년 사이에 출간된 그 교과서의 3판에 최초로 등장한다. 미국 수학자인 오스왈드 베블런은 보통 조르당 곡선 정리를 처음으로 엄밀하게 증명한 수학자로 인정받고 있다. 베블런이 이 정리를 증명한 것은 1905년이다.

조르당 곡선이 왜곡된 원이라 평면 곡선이라는 사실을, 그리고 이 곡선은 단순해야 하고(자신과 교차하면 안 되고) 닫혀야 한다(끝이 없고 영역 하나를 완전히 감싸야 한다.)는 점에 유의하자. 한 평면이나 구에서, 조르당 곡선은 안팎이 있고 한쪽에서 다른 쪽으로 가려면 적어도 선 하나를 가로질러야 한다. 그렇지만 토러스(도넛 모양의 표면)에서도 반드시 이렇게 되는 것은 아니다.

관련 항목 쾨니히스베르크 다리(176쪽), 홀디치의 정리(252쪽), 푸앵카레 추정(310쪽), 알렉산더의 뿔난 구(350쪽), 스프라우츠(438쪽)

수학자이자 화가인 로버트 보슈(Robert Bosch)가 만든 조르당 곡선. 위: 빨간 점은 조르당 곡선의 안에 있는가, 밖에 있는가? 독자 여러분이 직접 알아보시라. 아래: 흰색 선은 조르당 곡선이고 초록색 영역은 안쪽, 파란색 영역은 바깥쪽이다.

1906년

투에-모스 수열

악셀 투에(Axel Thue, 1863~1922년), **마스턴 모스**(Marston Morse, 1892~1977년)

투에-모스(Thue-Morse) 수열은 01101001…로 시작하는 이진법 수열이다. 내가 쓴 『마음을 위한 미궁(*Mazes for the Mind*)』이라는 책에 그 수열을 변환한 음향을 듣고 한 등장인물이 이렇게 말한다. "그렇게 이상한 소리는 처음 들어 본 적도 없을걸. 그 소리는 딱히 불규칙적이지 않고 그렇다고 또 딱히 규칙적이지도 않아." 이 수열은 노르웨이 수학자인 악셀 투에와 미국 수학자인 마스턴 모스를 기려 명명되었다. 1906년에 투에는 그 수열을 불규칙이고, 반복적으로 계산할 수 있는 기호로 이루어진 끈의 예로 소개했다. 1921년에 모스는 그것을 미분 기하학 연구에 적용했고 그 이래 수많은 매혹적인 성질들과 응용처들이 발견되었다.

이 수열을 만드는 한 가지 방법은 0으로 시작해서 다음처럼 반복적으로 교체해 나가는 것이다. 0 →01, 1 →10 하는 식으로 수열을 연속 생성하면 0, 01, 0110, 01101001, 0110100110010110… 이 된다. 셋째 항인 0110 같은 몇 항들은 앞에서 읽으나 뒤집어 뒤에서 읽으나 똑같다. 일종의 수학적 회문(回文)인 셈이다.

이 수열을 생성하는 다른 방식도 있다. 각 세대는 이전 세대에 여수(complement)를 덧붙임으로써 얻을 수 있다. 예를 들어 만약 0110이 있으면 거기에 1001을 덧붙인다. 또한 0, 1, 2, 3, … 같은 숫자들로 시작하되 이진법 표기를 이용함으로써 만드는 방법도 있다. 0, 1, 10, 11, 100, 101, 110, 111, … 다음으로, 각 이진수에 모듈로 2의 합을 계산한다. 즉 그 합을 2로 나누고 그 나머지를 가져다 쓰는 것이다. 이것은 또한 투에-모스 수열을 낳는다. (0, 1, 1, 0, 1, 0, 0, 1, …)

이 수열은 자기 닮음적이다. 예를 들어 무한 수열의 항들을 하나 건너 하나씩 취해도 이 수열이 다시 만들어진다. 한 쌍 건너 한 쌍씩을 취해도 역시 이 수열을 다시 만들 수 있다. 즉 첫 두 수를 취하고 다음 두 수를 버리는 식으로 계속해 나가는 것이다. 비록 비주기적이긴 하지만 그 수열은 전혀 무작위적이지 않다. 이 수열은 강력한 단기적·장기적 구조로 되어 있다. 예를 들어 인접한 항이 서로 동일한 경우는 절대로 둘을 넘지 않는다.

관련 항목 불 대수학(244쪽), 펜로즈 타일(450쪽), 프랙털(462쪽), 오디오액티브 수열(488쪽)

대칭적인 나선을 가진 일련의 정사각형 타일들로 구성된 마크 다우(Mark Dow)의 그림. 체스판 배열을 채우는 타일들의 양 방향을 통제하는 것은 투에-모스 수열의 1과 0이다.

1909년

브라우어 부동점 정리

뤼첸 에그베르투스 얀 브라우어(Luitzen Egbertus Jan Brouwer, 1881~1966년)

데이비드 달링은 브라우어 부동점 정리(Brouwer Fixed-Point Theorem)를 일컬어 "위상 수학에서 나온 놀라운 결과이고 수학에서 가장 유용한 정리들 중 하나"라고 했다. 맥스 베란(Max Beran)은 그 정리에 "숨이 멎을 뻔했다."라고 말한다. 이 정리를 이해하기 위해, 동일한 크기의 그래프 종이 두 장을 가지고 있다고 해 보자. 한 장 위에 다른 한 장이 놓여 있다. 여러분의 깔끔하지 못한 룸메이트가 그중 한 장을 가져다 아무렇게나 구겨서 둥그렇게 뭉친 다음 남은 한 장 위에 던져 놓았다. 단 그 구겨진 뭉치는 아래에 놓인 종이의 모서리 밖으로 조금도 벗어나지 않았다. 여기서 브라우어 부동점 정리에 따르면 그 구겨진 종이 뭉치 위에 있는 점들 중 적어도 하나는 원래 그 종이가 밑바닥 종이 위에 놓여 있을 때 있었던 정확히 그 점 위에 놓이게 된다. (가장 중요한 가정 한 가지가 빠졌다. 그 룸메이트가 그 종이를 찢지 않았다고 가정한다.)

이 정리는 더 높은 차원에서도 적용된다. 공 모양 레모네이드 그릇이 뚜껑이 열린 채 놓여 있다고 생각해 보자. 여러분의 칠칠맞지 않은 룸메이트가 레모네이드를 뒤섞는다. 이때 액체의 모든 점들이 움직인다고 해도, 브라우어 부동점 정리에 따르면 레모네이드 속에는 여러분의 룸메이트가 그것을 뒤섞기 전과 정확히 동일한 위치에 있는 점이 몇 개는 분명히 있어야 한다.

한층 정확한 수학적 언어로 말하자면, 이 정리에 따르면 하나의 n차원 공을 하나의 n차원 공으로 바꾸는 연속 함수는 반드시 부동점을 가져야 한다. (n은 0보다 크고 차원을 나타낸다.)

네덜란드 수학자인 뤼첸 에그베르투스 얀 브라우어는 1909년에 $n=3$일 경우에 한해 이 부동점 정리를 증명했다. 프랑스 수학자인 자크 아다마르는 1910년에 그것을 일반적으로 증명했다. 마틴 데이비스(Martin Davis)에 따르면 브라우어는 걸핏하면 사람들에게 시비를 걸고 말년에 가면 혼자 틀어박혀 "완전히 근거 없는 돈 걱정과 파산, 사람들의 핍박, 그리고 병에 걸릴지 모른다는 망상적인 공포에 사로잡혀 있었다."라고 한다. 브라우어는 1966년에 찻길을 건너다가 차에 치여서 죽었다.

관련 항목 사영 기하학(144쪽), 쾨니히스베르크 다리(176쪽), 털북숭이 공 정리(328쪽), 헥스(386쪽), 이케다 끌개(470쪽)

네덜란드 수학자인 뤼첸 브라우어의 부동점 정리를 이해해 보고자 할 때는 아무렇게나 구겨서 던진 종이를 떠올려 보면 도움이 된다. "그 정리는 위상 수학에서 나온 놀라운 결과이고 수학에서 가장 유용한 정리들 중 하나"로 꼽힌다.

1909년

정규수

펠릭스 에두아르 쥐스탱 에밀 보렐(Félix Édouard Justin Émile Borel, 1871~1956년)

π처럼 소수점 아래로 끝없이 이어지는 숫자의 흐름 속에서 패턴을 찾으려는 연구는 수학자들에게 끝나지 않는 원정과 같다. 수학자들은 π가 '정규수(Normal Number)'일 거라고 추측하는데, 이 수의 무한한 숫자 흐름에서 유한한 숫자열의 패턴이 완전한 난수열에서 볼 법한 것과 동일한 빈도로 출현한다는 뜻이다.

π에서 어떤 패턴을 찾으려는 노력은 칼 세이건(Carl Sagan)의 소설 『콘택트』에서 핵심적인 역할을 한다. 거기서 외계인들은 π의 숫자열을 이용해 원 같은 그림을 암호로 만들어 지구인에게 보낸다. 이 이야기는 사실 흥미로운 신학적 함의를 지니고 있다. 우리 우주가 자연 상수를 통해 그 메시지를 드러내도록 세심하게 구축되어 있을지도 모른다는 생각을 품게 만들기 때문이다. 만약 π가 정규수라면 그 끝없는 숫자의 흐름 어딘가에서 우리는 무척 익숙한 표상을 만나게 될지도 모른다. 우리 몸을 이루는 원자들의 결합 방식과 유전 암호, 우리의 모든 생각과 기억이 이 무한한 숫자의 흐름 어딘가에 있을 것이다. 기뻐하라! π가 우리를 영생케 하리라.

수학자들은 '완전 정규수(absolutely normal)'나 '단순 정규수(simply normal)' 같은 말을 사용한다. 어떤 실수가 모든 진법에 대해 정규수일 경우 완전 정규수, 특정 진법에 대해서만 정규수일 경우 단순 정규수라고 하고, r진법(r는 2보다 큰 임의의 정수)에 대해 정규수일 경우 r진 정규수라고 한다. (예를 들어 십진법 체계에 대해 정규수일 경우 10진 정규수라고 한다.) r진 정규수라는 것은 r진법에서 사용되는 모든 숫자들이 r진법으로 표기된 그 실수의 숫자열에서 나타날 가능성이 똑같다는 것이다. 숫자 둘로 이루어진 숫자열이나 숫자 셋으로 이루어진 숫자열도 마찬가지이며, 그 이후 모든 숫자열도 마찬가지이다. 예를 들어 π를 십진법으로 소수점 아래 1000만 자리까지 표기할 때 7이라는 숫자는 대략 100만 번 나타날 것으로 기대된다. 그런데 12345678910111213… 하는 식으로 숫자를 1000만 자리까지 늘어놓을 경우 이 숫자열에서 7이라는 숫자는 1,000,207번 나타난다. 기댓값에 대단히 가깝다.

정규수 개념은 프랑스 수학자 에밀 보렐이 1909년 처음 도입했다. 1933년에는 챔퍼나운 수가 10진 정규수임이 밝혀졌고, 최초의 완전 정규수는 바클라프 시에르핀스키가 1916년에 만들었다. π같이 $\sqrt{2}$, e, $\ln(2)$ 역시 완전 정규수로 추정되지만 증명되지는 않았다.

관련 항목 π(62쪽), 오일러의 수, e(168쪽), 초월수(236쪽), 챔퍼나운 수(366쪽)

π의 끝없는 숫자열에서 일부를 취해 각 자릿수를 색깔로 표시해 만든 π의 조각들. π는 '정규수'이며 완전 난수열의 특징을 가졌다고 추정된다.

1909년

불의 『철학과 재미있는 대수학』

메리 에버리스트 불(Mary Everest Boole, 1832~1916년)

메리 에버리스트 불은 독학한 수학자였는데 1909년에 발표한 흥미로운 책인 『철학과 재미있는 대수학(*Philosophy and Fun of Algebra*)』으로 유명하다. 메리 불은 현대 컴퓨터 연산의 기초가 된 불 대수학을 발명한 영국인 수학자이자 철학자 조지 불의 아내였다. 메리 불은 또한 남편의 기념비적인 1854년 저서 『사고의 법칙』의 책임 편집을 맡기도 했다. 메리 불의 『철학과 재미있는 대수학』은 현대 역사학자들에게 1900년대 초반의 수학 교육 현장을 얼핏 엿보게 해 준다.

메리 불은 한때 영국 최초의 여자 대학인 퀸스 칼리지에서 일하기도 했다. 안타깝게도 당시는 여자들이 대학에서 학위를 받거나 학생들을 가르치는 것이 허용되지 않는 시대였다. 그녀는 가르치고 싶은 마음이 간절했지만 주어진 도서관 일자리를 받아들였고, 그곳에서 많은 학생들에게 조언을 주었다. 그녀의 인고, 그리고 수학과 교육에 대한 열정 때문에 일부 현대 페미니스트들은 그녀를 영웅으로 삼고 있다.

책 말미에서 메리 불은 $\sqrt{-1}$ 같은 허수들을 논하면서 신비로운 경외감을 내보인다. "(케임브리지 수학과의 최우등생이) 마이너스 1의 제곱근이 마치 실제 존재하는 사물인 것처럼 생각하기 시작해, 잠도 제대로 못 이루면서 자기가 마이너스 1의 제곱근인데 자신을 추출하지 못하는 꿈을 꾸었다. 그러다가 병이 너무 심해져서 아예 시험도 치러 가지 못하게 되었다." 그녀는 또한 "천사들, 그리고 음수들의 제곱근들……은 아직 알지 못하는 어딘가에서 보낸, 그리고 우리에게 다음에 어디로 가야 할지를, 거기로 가는 가장 짧은 길이 어딘지를 알려주려고 온 전령들이다. 하지만 우리는 아직 그곳에 갈 수 없다."라고 썼다.

수학은 메리 불의 핏속에 흐르는 무엇이었던 듯하다. 불의 맏딸은 찰스 하워드 힌턴과 결혼했는데, 그 역시 테서랙트의 신비주의적인 해석과 4차원을 시각화하기 위한 도구들을 제시했다. 또 다른 딸인 알리시아 불 스톳(Alicia Boole Stott)은 폴리토프(polytopes)에 대한 연구로 유명한데, 알리시아가 만들어 낸 이 용어는 2차원의 다각형과 3차원 다면체 같은 도형을 임의의 차원으로 일반화한 것이다. 예를 들어 다각형은 2차원 폴리토프, 다면체는 3차원 폴리토프가 된다.

관련 항목 허수(126쪽), 불 대수학(244쪽), 테서랙트(284쪽), 코발레프스카야의 박사 학위(262쪽)

불 대수학을 발명한 수학자 조지 불의 아내이자 『철학과 재미있는 대수학』을 저술한 메리 에버리스트 불.

1910~1913년

『수학 원리』

앨프리드 노스 화이트헤드(Alfred North Whitehead, 1861~1947년), **버트런드 러셀**(Bertrand Russell, 1872~1970년)

버트런드 러셀과 앨프리드 노스 화이트헤드는 8년간의 공동 연구 끝에 기념비적 저서인 『수학 원리(*Principia Mathematica*)』(전3권, 1910~1913년)를 펴냈는데, 이 책의 목표는 수학을 몇 개의 공리계로 환원시키는 것이 가능하고 그것이 논리학의 원리와 동일하다는 것을 보여 주는 것이었다. 『수학 원리』는 기호 논리학의 공리들과 추론 규칙들로부터 수학적 진리를 재구성해 내고자 했다.

유명한 추천 독서 목록인 '모던 라이브러리'는 『수학 원리』를 20세기의 가장 중요한 논픽션 순위 23위에 올렸는데, 그 목록에는 제임스 왓슨(James Watson)의 『이중 나선』과 윌리엄 제임스(William James)의 『종교적 경험의 다양성』 같은 것들이 들어간다. 『스탠퍼드 철학 백과사전』에 따르면 "논리주의(수학이 어떤 심오한 의미에서 논리학으로 환원될 수 있다는 관점)를 옹호하는 이 책은 현대 수학 논리를 개발하고 대중화하는 데 중요한 역할을 했다. 또한 20세기 내내 수학의 기틀이 잡히는 과정에서 주요 연구의 추동력 역할을 했다. 아직까지도 이 책은 아리스토텔레스의 『오르가논』에 버금가는, 가장 영향력 있는 논리학 관련 문헌이다."

비록 『수학 원리』가 수많은 수학 정리들을 재구성하는 데 성공하기는 했지만 이 책의 가정들을 썩 믿음직스러워하지 않는 비판자들도 있다. 대표적인 예가 무한 공리(axiom of infinite, 무한정 많은 물체를 원소로 가진 무한 집합이 존재한다.)이다. 이 공리는 논리적이기보다는 경험적인 가정처럼 보인다. 따라서 비판자들은 수학을 논리학으로 환원할 수 있다는 믿음을 수긍하지 않는다. 그럼에도 『수학 원리』는 논리주의와 전통 철학의 연결 고리를 만들었고, 그 결과로 철학과 수학, 경제학, 언어학, 컴퓨터 과학 등 다양한 분야들에서 새로운 연구를 촉진하는 중요한 역할을 했다.

『수학 원리』를 수백 장쯤 넘기면 1+1=2에 대한 증명을 볼 수 있다. 이 책을 출간한 케임브리지 대학교 출판부는 『수학 원리』를 출간하면 대략 600파운드의 손실을 입을 거라고 추정했다. 그리하여 저자들이 출판사 측에게 손실을 얼마간 보전해 주겠다고 합의한 후에야 책이 출간되었다.

관련 항목 아리스토텔레스의 『오르가논』(54쪽), 페아노 공리(286쪽), 이발사 역설(306쪽), 괴델의 정리(364쪽)

『수학 원리』를 수백 장쯤 넘기면 저자들은 1+1=2임을 증명한다. 이 증명은 실제로 2권에서 완료되는데 거기에는 이런 한 마디가 있다. "위 명제는 더러 유용할 때가 있다."

$*54 \cdot 43$. $\vdash :. \alpha, \beta \in 1 . \supset : \alpha \cap \beta = \Lambda . \equiv . \alpha \cup \beta \in 2$

Dem.

$\vdash . *54 \cdot 26 . \supset \vdash :. \alpha = \iota ' x . \beta = \iota ' y . \supset : \alpha \cup \beta \in 2 . \equiv . x \neq y .$

$[*51 \cdot 231] \quad \equiv . \iota ' x \cap \iota ' y = \Lambda .$

$[*13 \cdot 12] \quad \equiv . \alpha \cap \beta = \Lambda \qquad (1)$

$\vdash . (1) . *11 \cdot 11 \cdot 35 . \supset$

$\vdash :. (\exists x, y) . \alpha = \iota ' x . \beta = \iota ' y . \supset : \alpha \cup \beta \in 2 . \equiv . \alpha \cap \beta = \Lambda \qquad (2)$

$\vdash . (2) . *11 \cdot 54 . *52 \cdot 1 . \supset \vdash .$ Prop

From this proposition it will follow, when arithmetical addition has been defined, that $\mathbf{1 + 1 = 2}$.

1912년

털북숭이 공 정리

뤼첸 에그베르투스 얀 브라우어(Luitzen Egbertus Jan Brouwer, 1881~1966년)

2007년에 재료 과학자인 MIT의 프란체스코 스텔라치(Francesco Stellacci)는 나노 입자들을 인위적으로 연결해 긴 사슬 같은 구조를 만드는 데 털북숭이 공 정리(Hairy Ball Theorem)를 이용했다. 털복숭이 공 정리는 네덜란드 수학자인 뤼첸 브라우어가 1912년에 증명했다. 이 정리에 따르면 털로 뒤덮인 한 구가 있을 때, 그 털들을 모두 납작하게 눕히기 위해 부드럽게 빗질을 한다고 해도 늘 적어도 털 한 올은 똑바로 서 있거나 구멍 하나(말하자면 땜빵)가 생길 수밖에 없다고 한다.

스텔라치의 팀은 금 나노 입자를 황 분자로 만들어진 털로 덮었다. 털복숭이 공 정리 때문에 털들은 한 군데 이상의 점에서 돌출되었고, 이 돌출 점들을 나노 입자들 사이를 연결하는 손잡이 역할을 하는 다른 화학 물질로 대체해 나노 입자들의 사슬을 만드는 데 성공한 것이다. 언젠가 이 털복숭이 공 정리를 응용해 만든 나노 입자 사슬을 가지고 나노 크기의 전기 부품에서 사용되는 전선을 만들 수 있을지도 모른다.

수학적으로 말하자면, 털복숭이 공 정리는 어떤 구 위에 연속적인 접선 벡터장(vector field)이 있을 때 적어도 그 벡터장이 0인 점이 하나는 있어야 한다는 것이다. 어떤 연속 함수 f가 있어 구 위의 모든 점 p에 대해 3차원 공간 접선 벡터를 부여한다고 해 보자. 이 연속 함수 $f(p)$에서 $f(p)=0$이 되는 점 p가 적어도 하나는 있다. 다시 말해 "털복숭이 공의 털을 아무리 잘 빗어도 어떤 털 하나는 반드시 삐친다."라는 것이다.

이 정리에는 흥미로운 함의가 있다. 예를 들어 지구 표면에서 부는 바람은 세기와 방향을 가진 벡터라고 생각할 수 있다. 따라서 이 털복숭이 공 정리에 따르면 지구 표면 어딘가에는 다른 지역에서 바람이 아무리 세게 불더라도 상관없이 수평 풍속이 0이 되는 지역이 반드시 있어야 한다. 흥미롭게도 털북숭이 공 정리는 도넛 표면 같은 토러스에는 적용되지 않으므로, 이론적으로 모든 털이 납작하게 누워 있는, 그다지 입맛을 돋우지 않는 털북숭이 도넛을 만들어 내는 것이 가능하다.

관련 항목 브라우어 부동점 정리(320쪽)

털북숭이 공에서는 모든 털을 납작 눕히기 위해 아무리 부드럽게 빗질을 한다고 하더라도 늘 적어도 털 한 올은 똑바로 서 버리거나 구멍 하나(말하자면 땜빵)가 생기고 만다.

1913년

무한 원숭이 정리

펠릭스 에두아르 쥐스탱 에밀 보렐(Félix Édouard Justin Émile Borel, 1871~1956년)

무한 원숭이 정리(Infinite Monkey Theorem)는 원숭이 한 마리에게 타자기를 주고 무작위적으로 무한한 시간 동안 자판을 치게 하면 거의 확실히, 예를 들어 성경 같은 특정한 유한 텍스트를 끝에서 끝까지 치게 되리라는 것이다. 성경에 다음과 같은 구절이 있다. "태초에 하느님께서 하늘과 땅 만물을 창조하셨다." 원숭이 한 마리가 이 구절을 치려면 얼마나 오래 걸릴까? 한 자판에 키 93개가 있다고 해 보자. 그 구절은 55글자로 되어 있다. (시프트 키 누른 것은 빼고 띄어쓰기와 따옴표와 마침표까지 세었다.) 누를 수 있는 전체 키 수가 n이고, 맞는 키를 누를 가능성이 $1/n$이라면, 원숭이가 목표 문장의 56글자를 연속으로 맞게 칠 가능성은 평균적으로 $1/93^{56}$이 된다. 즉 이 구절을 완벽하게 치려면 원숭이가 평균 10^{100}번 이상 시도해야 한다는 뜻이다! 원숭이가 1초당 키 하나를 누른다면 우주의 현재 나이보다 훨씬 오랜 시간 동안 타자를 쳐야 할 것이다.

재미있는 사실은, 옳게 친 글자들을 저장한다면 원숭이가 쳐야 할 타수가 훨씬 줄어든다는 것이다. 수학적 분석에 따르면 이 경우 원숭이가 겨우 407회 만에 문장을 제대로 칠 확률은 50/50이었다! 이 정리는, 조야하게 말해서, 유용한 성질들을 보존하고 비적응적 성질들을 제거함으로써 비(非)무작위적인 변화들을 활용할 수 있다면 '진화(evolution)'가 얼마나 놀라운 결과를 낼 수 있는가를 보여 준다.

프랑스 수학자이자 정치가인 에밀 보렐은 1913년에 발표한 논문에서 "타자를 치는" 원숭이들을 언급하면서, 원숭이 100만 마리가 하루에 10시간씩 타자를 치면 도서관 한 곳에 있는 책들을 다 만들어 낼 수 있을 것이라고 했다. 물리학자 아서 에딩턴(Arthur Eddington, 1882~1944년)은 1928년에 "한 군단의 원숭이들이 타자를 치고 있다면 대영 박물관에 있는 책들을 전부 쓸 수 '있을지도 모른다.' 그렇게 될 확률은 확실히 어떤 용기 속의 기체 분자들이 갑자기 그 용기의 절반 부분으로 모일 확률보다는 훨씬 높다."라고 썼다.

관련 항목 큰 수의 법칙(166쪽), 라플라스의 『확률 분석 이론』(214쪽), 카이제곱(302쪽), 난수 생성기(380쪽)

무한 원숭이 정리에 따르면 무한한 시간만 주어진다면 원숭이라고 해도 무작위로 타자기를 쳐서 성경 같은 유한한 텍스트를 만들어 낼 수 있다고 한다.

1916년

비버바흐 추측

루트비히 게오르크 엘리아스 모제스 비버바흐(Ludwig Georg Elias Moses Bieberbach, 1886~1982년), **루이 드 브랑주 드 보르시아**(Louis de Branges de Bourcia, 1932년~)

비버바흐 추측은 다채로운 인물 두 사람과 관련이 있는데, 그 하나는 악랄한 나치 수학자인 루트비히 비버바흐로 1916년에 그 추측을 처음 내놓은 사람이고, 다른 하나는 루이 드 브랑주라는 프랑스계 미국인 재야 수학자이다. 드 브랑주는 그 추측을 1984년에 증명했지만 이전에 잘못된 연구 결과를 발표한 적이 있어서 처음에는 일부 수학자들의 신뢰를 얻지 못했다. 작가인 카를 사바흐(Karl Sabbagh)는 드 브랑주에 대해서 이렇게 기록했다. "그 사람은 정말 괴짜는 아니었을지 몰라도 괴짜처럼 굴기는 했다. '저는 동료들과의 관계가 정말 형편없었습니다.' 브랑주는 내게 이렇게 말했다. 그리고 어쩌면 그저 자신의 연구 분야에 익숙지 않은 학생들과 동료들을 전혀 배려하지 않아서였을 뿐일 수도 있지만 드 브랑주는 확실히 동료들을 기분 상하게 하고 짜증 나게 만들고 심지어 자신을 경멸하게 만들기는 한 모양이다."

비버바흐는 적극적인 나치였고 동료 독일 수학자인 에드문트 란다우(Edmund Landau)와 이사이 슈르(Issai Schur)를 비롯한, 유대 인 동료들을 탄압하는 데 한몫했다. 비버바흐는 "우리와 지나치게 다른 인종들의 대표들은 학생들과 교사로서 서로 어울리지 않는다. …… 나는 유대인들이 아직 학회의 이사회에 앉아 있다는 게 놀랍다."

비버바흐 추측에 따르면, 단위 원반 위의 점들과 단순 연결 영역(simply connected region) 위의 점들을 일대일 대응시키는 함수가 있다고 할 때, 그 함수를 나타내는 멱급수의 계수들은 그 항의 거듭제곱 값보다 크지 않다. 즉 멱급수로 표현되는 함수 $f(z)=a_0+a_1z+a_2z^2+a_3z^3+\cdots$ 이 있다고 하자. 만약 $a_0=0$이고 $a_1=1$이라면 $n\geq2$인 모든 n에 대해서 $|a_n|\leq n$이다. '단순 연결 영역'이란 무척 복잡하게 설명할 수도 있지만 어쨌든 구멍이 하나도 없는 것이라고 알아 두자. 아무튼 드 브랑주의 증명 이후 이 추측은 드 브랑주의 정리(de Brange's Theorem)라고 불린다.

드 브랑주는 자기의 수학적 접근 방식에 대해서 이렇게 말한다. "내 머리는 그다지 유연하지 않다. 나는 한 가지에만 집중하고, 전체적인 그림을 유지하지 못한다. (만약 내가 뭔가를 빼먹으면) 그러면 일종의 우울증에 빠지지 않도록 무척 조심을 해야 한다." 비버바흐 추측이 중요한 한 가지 이유는 그것이 68년 동안 수학자들의 골머리를 썩이면서, 중요한 여러 연구에 영감을 제공했기 때문이다.

관련 항목 리만 가설(254쪽), 푸앵카레 추측(310쪽)

나치 수학자 루트비히 비버바흐가 1916년에 내놓은 이 유명한 추측은 1984년까지 증명되지 않았다.

1916년

존슨의 정리

로저 아서 존슨(Roger Arthur Johnson, 1890~1954년)

존슨의 정리(Johnson's Theorem)는 같은 크기의 세 원이 한 점에서 만날 때 그 세 원의 다른 세 교차점은 반드시 원래 세 원과 크기가 동일한 다른 원 위에 놓여야 한다는 것이다. 이 정리는 그 단순성 때문에도 그렇지만 1916년에 미국 기하학자인 로저 아서 존슨 이전에는 분명히 '발견'되지 않았기 때문에도 주목할 만하다. 데이비드 웰스(David Wells)는 수학사에서 비교적 최근에 알려진 이 발견이 "숨겨진 채 발견되기를 기다리고 있는 풍요로운 기하학의 보물 창고가 아직 남아 있음을 입증한다."라고 했다.

로저 존슨은 「존슨의 현대 기하학: 삼각형과 원의 기하학에 관한 기초 논문(Johnson's Modern Geometry: An Elementary Treatise on the Geometry of the Triangle and the Circle)」을 저술했다. 하버드 대학교에서 1913년에 박사 학위를 받았고 1947년부터 1952년까지는 헌터 칼리지의 브루클린 캠퍼스, 훗날 브루클린 칼리지에서 수학 학부장을 지냈다.

무척 단순하지만 심오한 수학이 오늘날에도 여전히 발견되기를 기다리고 있다는 생각은 듣기만큼 그렇게 말도 안 되는 이야기가 아니다. 예를 들어 수학자 스타니슬라프 울람은 1990년대 중후반에 세포 자동자 이론과 몬테카를로 방법처럼 수학의 새로운 분야들로 신속히 이어진 단순하지만 혁신적인 아이디어들을 잔뜩 내놓았다. 단순함과 심오함의 또 다른 예로는 펜로즈 타일이 있는데, 1973년경 로저 펜로즈가 발견한 타일 패턴을 말한다. 이 타일들은 늘 비반복적인(non-repeating, 비주기적인(aperiodic)이라고도 한다.) 패턴으로 무한히 넓은 곡면을 완전히 덮을 수 있다. 비주기적 타일 덮기는 수학에서 처음에는 단순히 흥밋거리로만 여겨졌지만 그 후에 원자들이 펜로즈 타일 덮기와 동일한 패턴으로 배치되어 있는 실제 물질들이 발견되었고, 지금 이 수학 분야는 화학과 물리학에서 중요한 역할을 하고 있다. 우리는 또한 20세기 끝무렵에야 발견된 $z=z^2+c$라는 단순한 공식으로 나타낼 수 있는 복잡한 프랙털 물체인 망델브로 집합의 복잡하고 충격적일 만큼 아름다운 행동도 잊어서는 안 된다.

관련 항목 보로메오 고리(88쪽), 뷔퐁의 바늘(196쪽), 산가쿠 기하학(200쪽), 세포 자동자(408쪽), 펜로즈 타일(450쪽), 프랙털(462쪽), 망델브로 집합(474쪽)

존슨의 정리에 따르면 만약 크기가 동일한 세 원이 한 점에서 만나면, 또 다른 세 교차점은 반드시 원래의 세 원과 크기가 동일한 다른 원 위에 놓여야 한다.

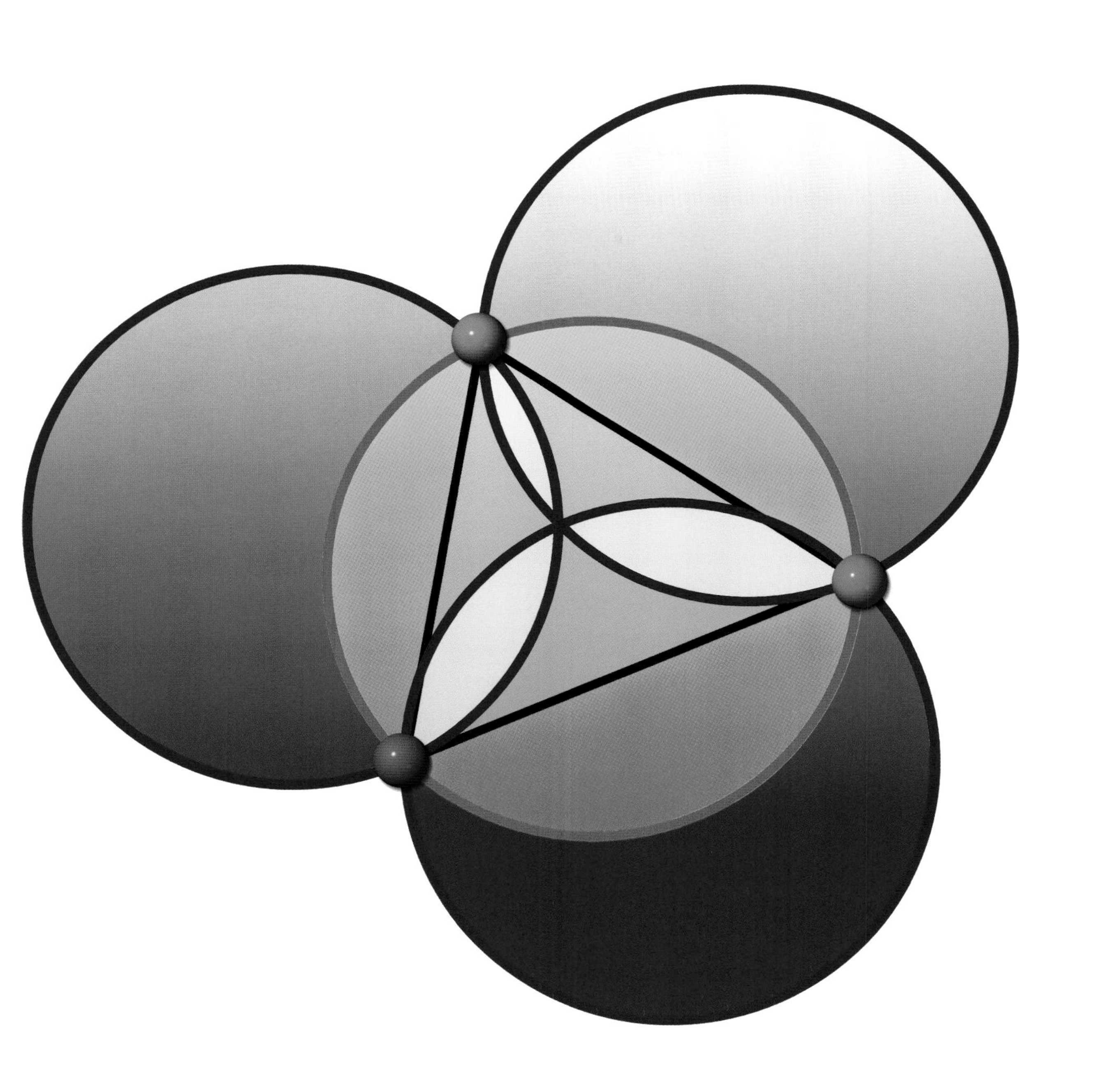

1918년

하우스도르프 차원

펠릭스 하우스도르프(Felix Hausdorff, 1868~1942년)

1918년 독일 수학자 펠릭스 하우스도르프가 도입한 하우스도르프 차원(Hausdorff Dimension)은 프랙털 집합들의 프랙털 차원을 측정하는 데 사용된다. 우리가 일상에서 만나는 대부분의 부드러운 물체들의 위상 수학적 차원은 음이 아닌 정수의 값을 가진다. 예를 들어 평면은 2차원인데, 왜냐하면 평면 위의 한 점을 x축과 y축 위의 위치 같은 독립적인 매개 변수 2개로 기술할 수 있기 때문이다. 같은 이치로 직선은 1차원이다.

그러나 복잡한 집합들과 곡선들은 이런 정수 차원으로는 제대로 기술할 수 없다. 하우스도르프 차원은 차원을 다른 방식으로 정의해 이런 복잡한 곡선과 도형 들을 다룰 수 있게 해 준다. 예컨대 너무 복잡한 방식으로 꼬이고 꼬여 어떤 평면 일부를 뒤덮고 있는 선 하나를 생각해 보자. 그 선이 평면을 덮어 가면 갈수록 그 선의 하우스도르프 차원은 1을 넘어 증가하면서 2에 점점 더 가까이 다가간다.

무한대로 돌돌 말린 페아노 곡선 같은 공간 충전 곡선들은 하우스도르프 차원이 2이다. 해안선의 하우스도르프 차원은 남아프리카 해안의 1.02와 그레이트 브리튼 섬 서해안의 1.25 사이에 걸쳐 있다. 사실 프랙털을 다르게 정의하면 위상 수학적 차원을 초과하는 하우스도르프 차원들의 집합이라고 할 수도 있다. 분수로 된 차원이 재료의 거침 정도나 기계 장치의 복잡함을 수량화하는 데 쓸모가 있다는 사실은 예술과 생물학과 지질학 같은 다양한 분야들에서 이미 확인된 바 있다.

하우스도르프는 본 대학교의 수학 교수를 지냈고 현대 위상 수학의 창시자 중 한 사람이었으며 함수 분석과 집합론에서 일군 성과로도 이름을 날렸지만 유대 인이었다. 1942년에 나치에 의해 강제 수용소로 보내지기 직전에 아내와 처제와 함께 자살했다. 그 전날 하우스도르프는 친구에게 이렇게 써 보냈다. “부디 우리를 용서하게. 자네와 모든 친구들이 살아서 좋은 날을 보기를 빌겠네.” 역시 유대 인인 러시아 수학자 아브람 사모일로비치 베시코비치(Abram Samoilovitch Besicovitch, 1891~1970년)는 복잡한 집합들의 하우스도르프 차원을 계산하는 데 쓰이는 수많은 접근법을 내놓았고, 그래서 하우스도르프-베시코비치 차원(Hausdorff-Besicovitch dimension)이라는 용어가 가끔 사용된다.

관련 항목 페아노 곡선(288쪽), 코크 눈송이(312쪽), 해안선 역설(404쪽), 프랙털(462쪽)

폴 닐랜더가 만든 복잡한 프랙털 패턴으로, 하우스도르프 차원은 이러한 프랙털 집합들의 분수 차원들을 측정하는 데 쓰인다.

1919년

브룬 상수

비고 브룬(Viggo Brun, 1885~1978년)

마틴 가드너는 이렇게 썼다. "수학 이론에서 소수에 대한 연구보다 더 수수께끼로 가득한 분야는 달리 없다. 이 제멋대로이고 짜증 나는 소수들은 자신과 1 말고 다른 정수로 나누면 깔끔하게 떨어지기를 거부한다. 소수 관련 문제들 중 몇 가지는, 어린아이라도 이해할 수 있을 만큼 대단히 단순하면서도 동시에 너무 심오하고 풀릴 가망이 보이지 않아서 이제는 아예 해법이 없지 않나 의심하는 수학자들이 적지 않을 정도이다. …… 아마도 정수론은, 양자 역학처럼 어떤 영역에서는 엄밀함을 포기하고 개연론에 의거한 정식화를 취할 수밖에 없게 만드는, 자신만의 불확정성 원리를 품고 있는지도 모른다."

소수는 3과 5처럼 연속한 홀수 쌍으로 등장하는 경우가 종종 있다. 2008년에 가장 크다고 알려진 쌍둥이 소수들은 각각 5,800자리가 넘었다. 어쩌면 무한히 많은 쌍둥이 소수들이 실제로 존재할지도 모른다. 그러나 그런 추측은 아직 증명되지 않았다. 이 쌍둥이 소수 추측(twin prime conjecture)은 「거울은 두 개의 면을 가지고 있다」라는 영화에서 수학자로 나온 제프 브리지스가 바버라 스트라이샌드에게 그 추측을 설명하는 장면에서 등장하기도 한다.

1919년 노르웨이 수학자 비고 브룬은 만약 연속된 쌍둥이 소수들의 역수를 모두 더하면 그 결과는 특정한 값으로 수렴한다고 주장했는데, 그 값을 지금은 브룬 상수(Brun's Constant)라고 부른다. 브룬의 상수 B는 $B=(1/3+1/5)+(1/5+1/7)+\cdots\approx 1.902160\cdots$이다. 모든 소수들의 역수의 합이 무한으로 발산한다고 할 때, 쌍둥이 소수들의 역수의 합이 유한한 값으로 수렴한다는 것은 매혹적이다. 이것은 다시, 아무리 쌍둥이 소수의 무한 집합이 존재할지 모른다고 하더라도 쌍둥이 소수들은 상대적으로 '희귀'하다는 사실을 시사한다. 최근 여러 연구 기관에서 더 정확한 B 값과 쌍둥이 소수를 찾는 탐색을 하고 있다. 첫 쌍만 빼고 쌍둥이 소수들은 모두 다 $(6n-1, 6n+1)$의 형태로 되어 있다. 앤드루 그랜빌(Andrew Granville)은 이렇게 말했다. "소수들은 수학에서 가장 기본적인 대상이다. 또한 가장 신비로운 축에 속하기도 하는데 왜냐하면 수 세기의 연구를 거쳐서도 소수들의 집합의 구조는 아직도 잘 이해되지 않았기 때문이다."

관련 항목 매미와 소수(24쪽), 에라토스테네스의 체(64쪽), 조화 급수의 발산(106쪽), 골드바흐의 추측(180쪽), 정십칠각형 만들기(204쪽), 가우스의 『산술 논고』(208쪽), 소수 정리 증명(294쪽), 다각형 외접원 그리기(384쪽), 길브레스의 추측(412쪽), 울람 나선(426쪽), 안드리카의 추측(484쪽)

x보다 작은 쌍둥이 소수들의 수를 그래프로 나타낸 것이다. x축의 범위는 0에서 800까지이고 그래프 상단 오른쪽의 평평한 고원 지대는 그 값이 30에서 나타나기 시작한다.

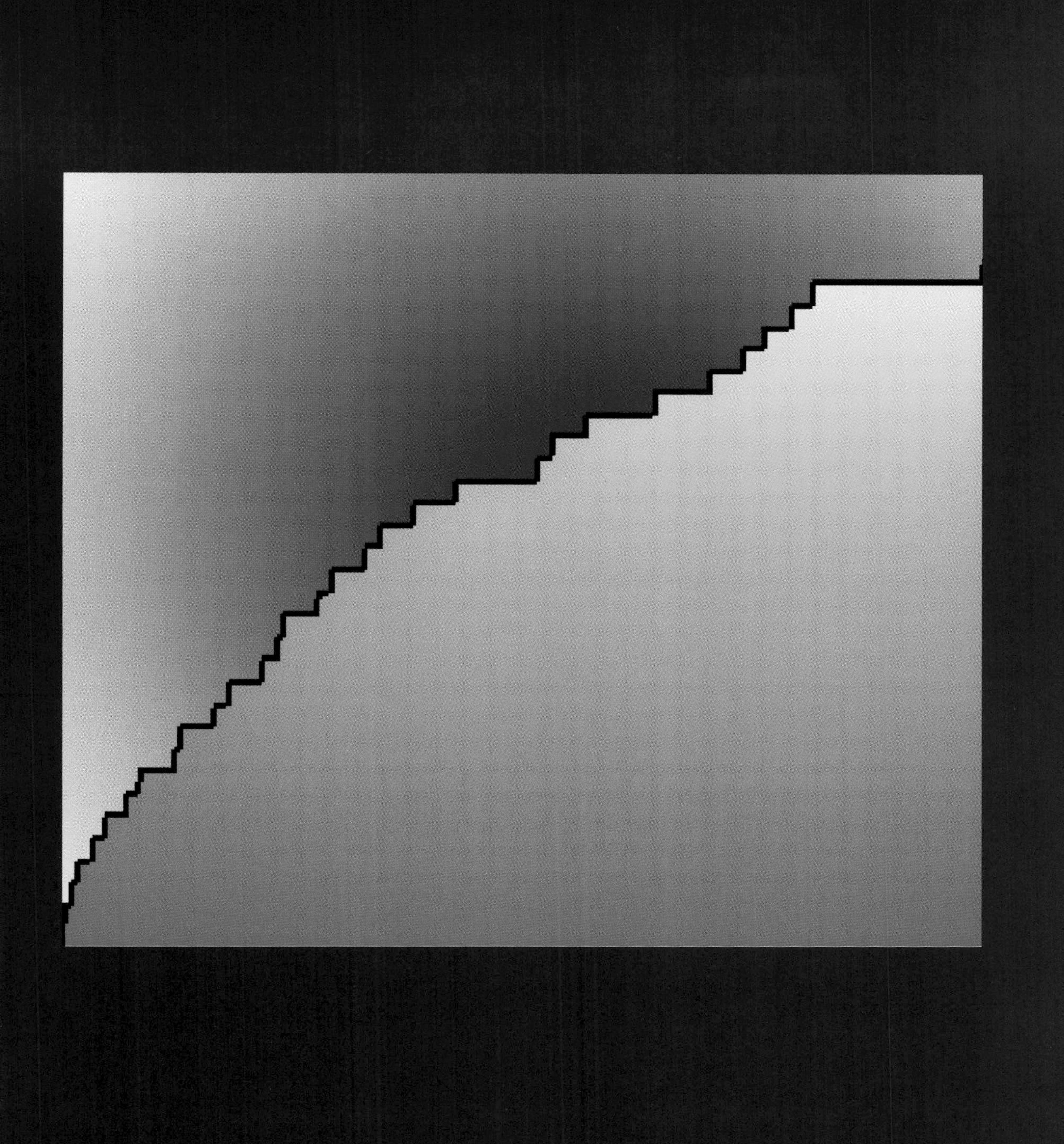

1920년경

구골

밀턴 시로타(Milton Sirotta, 1911~1981년), **에드워드 카스너**(Edward Kasner, 1878~1955년)

구골(Googol)이라는 용어는 1 뒤에 0이 100개 있다는 뜻이다. 이 용어는 밀턴 시로타가 아홉 살 때 만들었다. 밀턴과 그 형제인 에드윈은 평생을 아버지가 운영하던 뉴욕 브루클린 공장에서 일하면서 산업용으로 사용되는 연마제를 만들기 위해 살구씨를 분쇄하는 일을 했다. 시로타는 미국의 수학자 에드워드 카스너의 조카였다. 카스너는 조카에게 아주 큰 수를 가리키는 말을 만들어 달라고 했고, 조카가 만들어 준 그 용어를 대중화시켰다. 구골이라는 단어가 수학 문헌에 처음 등장한 것은 1938년이다.

유대 인으로서는 처음으로 컬럼비아 대학교 과학 분야의 교수로 임용된 카스너는 공저작인 『수학과 상상력(*Mathematics and the Imagination*)』으로도 유명한데, 이 책을 통해 많은 일반 대중에게 구골이라는 단어를 소개했다. 비록 구골이 수학적으로 어떤 특별한 의미를 가진 것은 아니지만, 이 수는 큰 수들을 비교하는 데, 그리고 수학과 우리 우주의 방대함과 그 경이로움을 대중에게 일깨우는 데 무척 유용함이 증명되었다. 그것은 또한 다른 방식으로도 세계를 바꾸기도 했다. 구글이라는 인터넷 검색 엔진 기업의 창립자 중 한 사람인 래리 페이지(Larry Page)는 원래 수학에 관심이 있어서 회사 이름을 '구골'이라고 지으려 했지만 실수로 '구글'이라고 잘못 쓰고는 그대로 쓰게 되었다.

70명의 사람들이 하나의 문으로 들어가려고 줄을 서서 기다리는 것과 같이, 70개의 항목을 한 줄로 늘어놓는, 서로 다른 방식의 가짓수는 1구골을 조금 넘는다. 대다수 과학자들은 만약 우리가 볼 수 있는 모든 별들의 원자들을 모두 셀 수 있다면 그 수는 1구골보다 훨씬 적을 거라고 생각하고 있다. 우주의 모든 블랙홀이 증발하는 데는 1구골 년이 걸리고, 가능한 체스 게임의 가짓수는 1구골을 넘는다. 구골플렉스(googolplex)라는 단어는 1 뒤에 0이 구골 개만큼 붙은 수를 가리킨다. 이 수는 가시 우주에 있는 별들의 원자들의 총수보다 더 많은 자릿수를 가지고 있다.

관련 항목 아르키메데스: 모래, 소 떼, 스토마키온(60쪽), 칸토어의 초한수(266쪽), 힐베르트의 그랜드 호텔(356쪽)

모든 구슬이 서로 다르고 목걸이의 끝을 묶지 않는다고 했을 때, 70개의 구슬을 한 줄로 꿰는 방식은 1구골 가지를 조금 넘는다.

1920년

앙투안의 목걸이

루이 앙투안(Louis Antoine, 1888~1971년)

앙투안의 목걸이(Antoine's Necklace)는 사슬 안의 사슬 안의 …… 사슬이라고 표현할 수 있는 매력적인 수학적 대상이다. 먼저 도넛 모양의 토러스 1개로 이루어진 목걸이를 상상해 보자. 그다음 그 토러스 안에 n개의 작은 토러스로 이루어진 사슬 C가 토러스의 관을 따라 있다고 상상해 보자. 다시, 사슬 C의 각 토러스 안에 n개의 더 작은 토러스로 이루어진 더 작은 사슬 C_1이 있다고 상상해 보자. 사슬 C_1의 각 토러스는 또다시 더 작은 토러스로 이루어진 더 작은 사슬로 채워져 있다. 이 과정을 끝없이 계속해 토러스의 지름이 0까지 축소되는 목걸이를 만든다.

수학자들은 앙투안의 목걸이를 칸토어 집합(Cantor set)의 위상 동형(homeomorphic)이라고 한다. 두 기하학적 물체가 있는데 첫째 물체를 늘리거나 구부려서 둘째 물체와 똑같이 만들 수 있다면 그 둘을 서로 위상 동형이라고 한다. 예를 들어 마음대로 변형할 수 있는 진흙으로 만들어진 도넛을 찢거나 쪼개거나 하지 않고 부드럽게 변형시켜 커피잔 모양으로 바꿀 수 있다. 도넛의 구멍은 커피잔 손잡이에 있는 빈 공간이 된다. 독일 수학자인 게오르크 칸토어가 1883년에 도입한 칸토어 집합은 자기들 사이에 무한히 많은 간격을 가진 점들의 특별한 집합이다.

프랑스 수학자인 루이 앙투안은 제1차 세계 대전에 참전했다가 29세에 눈이 멀었다. 수학자인 앙리 르베그(Henri Lebesgue)는 앙투안에게 2차원과 3차원 위상 수학을 연구해 보라고 충고하면서 "그런 연구에서는 마음의 눈과 집중력이 잃어버린 시력을 보상해 줄 것"이라고 했다. 앙투안의 목걸이는 집합을 3차원 공간으로 위상 동형적 매장(homeomorphic embedding)을 한 최초의 사례여서 주목할 만하다. 제임스 알렉산더는 앙투안의 발상을 이용해 그 유명한 알렉산더의 뿔난 구를 발명했다.

비벌리 브레크너(Beverly Brechner)와 존 메이어(John Mayer)는 이렇게 쓴다. "토러스들이 앙투안의 목걸이를 만드는 데 사용되기는 했지만 어떤 토러스도 실제로 앙투안의 목걸이에 걸려 있는 것은 아니다. (무한히 많은) 토러스들의 교차점들, 즉 '구슬들'만이 남아 있다. 앙투안의 목걸이는 철저하게 서로 분리되어 있다. …… 이 목걸이에서 점을 2개 고를 경우 어떤 점을 고르든 그 두 점은 언제나 서로 다른 토러스에 놓여 있는 구조로 이루어져 있기 때문이다."

관련 항목 쾨니히스베르크 다리(176쪽), 알렉산더의 뿔난 구(350쪽), 멩거 스폰지(358쪽), 프랙털(462쪽)

컴퓨터 과학자이자 수학자인 로버트 샤레인(Robert Scharein)이 만든 앙투안의 목걸이. 다음 단계에서 각 고리들은 고리들로 이루어진 사슬들로 대체될 것이다. 무한한 수의 단계들을 거치고 나면 앙투안의 목걸이가 남는다.

1921년

뇌터의 『환 영역에서의 아이디얼 이론』

아말리에 에미 뇌터(Amalie Emmy Noether, 1882~1935년)

수많은 여성들이 지독한 편견과 기득권과 맞서며 끝까지 수학의 길을 걸었다. 알베르트 아인슈타인은 독일 수학자인 아말리에 에미 뇌터를 두고 "여성의 고등 교육이 시작된 이래, 가장 중요하고 창조적인 수학적 천재"라고 평가했다.

뇌터가 1915년에 독일 괴팅겐 대학교에 있는 동안 처음으로 가장 중요한 수학적 혁신을 이룬 것은 이론 물리학 분야에서였다. 특히 뇌터의 정리는 물리학에서 대칭 관계들과, 그것들이 보존 법칙과 맺고 있는 관계들을 다루고 있다. 이것과 관련된 연구 성과들은 아인슈타인이 중력과 공간과 시간의 본질에 초점을 맞춘 일반 상대성 이론을 발전시킬 때 도움이 되었다.

뇌터는 박사 학위를 받고 나서 괴팅겐 대학교에서 교편을 잡으려고 했지만 남자들이 "여자들의 발밑"에서 배우려고 할 리가 없다는 반대에 부딪혔다. 다비트 힐베르트는 뇌터를 폄하하는 이들에게 이렇게 응수했다. "후보자의 성별이 교수 자격을 부여하는 데 장애가 되는 이유를 모르겠소. 대학 평의회가 무슨 공중 목욕탕도 아니고."

뇌터는 또한 비가환 대수학(noncommunicative algebra)에 기여한 것으로도 유명한데, 비가환 대수에서는 각 항들을 곱하는 순서가 결과에 영향을 미친다. 뇌터는 아이디얼(ideal)들이 사슬 조건(chain condition)을 만족시키는 뇌터 환(Noetherian Ring) 연구로 가장 유명하고, 1921년에는 「환 영역에서의 아이디얼 이론(Idealtheorie in Ringbereichen)」을 발표해 현대 추상 대수학의 발전에 크게 기여했다. 군, 환, 체, 벡터 공간, 대수학 자체를 연구하는 추상 대수학 분야는 수학의 연산이나 작용의 본질을 검증하고 수론 같은 추상적 수학 분야의 연구 성과를 물리학 같은 다른 분야에 응용할 수 있도록 길을 열었다. 안타깝게도 1933년에 유대 인이라는 이유로 나치에 의해 괴팅겐 대학교에서 쫓겨난 후, 뇌터의 수학적 업적은 철저히 무시되었다.

뇌터는 독일을 떠나 미국 펜실베이니아 주에 있는 브린 마르 칼리지의 교수진에 합류했다. 과학 저널리스트인 시오반 로버츠(Siobhan Roberts)에 따르면 뇌터는 매주 프린스턴 고등 연구소에 출장 강의를 가 친구인 아인슈타인과 헤르만 바일(Herman Weyl, 1885~1955년)을 방문하고는 했다고 한다. 뇌터는 폭넓은 영향력을 미쳤으며, 뇌터의 많은 아이디어들은 그녀의 제자들과 동료들이 저술한 논문을 통해 모습을 드러냈다.

관련 항목 히파티아의 죽음(80쪽), 코발레프스카야의 박사 학위(262쪽)

현대 추상 대수학의 발달에 큰 공헌을 한 아말리에 에미 뇌터. 그녀는 뇌터의 정리, 환 이론의 구축, 일반 상대성 이론의 수학적 기초 마련 등 수학사에서도 괄목할 만한 업적을 이루었지만 그것에 걸맞은 공로를 인정받지는 못했다.

1921년

초공간의 미아

포여 죄르지(Pólya György , 1887~1985년)

꼬인 튜브 안에 로봇 딱정벌레를 놓았다고 생각해 보자. 이 로봇 곤충은 튜브 안에서 앞뒤로 한 걸음씩 무작위적으로 움직이는 것을 무한정 되풀이하는 방식으로, 임의 보행(random walk, 무작위 보행)을 무한대로 걷도록 프로그래밍되어 있다. 이 튜브가 무한히 길다고 해 보자. 딱정벌레가 무작위적으로 걸어서 결국 시작 지점으로 되돌아올 확률은 얼마나 될까?

1921년에 헝가리 출신 수학자인 포여 죄르지(헝가리에서는 성이 이름 앞에 온다. 포여는 1918년에는 스위스 국적을, 1947년에는 미국 국적을 취득했다. 영어식으로는 조지 폴리야(George Pólya)이다. — 옮긴이)는 그 답이 1, 다시 말해 100퍼센트라는 사실을 증명했는데, 즉 1차원 위에서 무작위적으로 임의 보행했을 때에 시작 지점으로 돌아올 가능성이 무한에 가깝다는 것이다. 만약 그 딱정벌레가 2차원 우주(평면)의 한 시작 지점에서 무작위적 임의 보행을 하기 시작해 동서남북 네 방향으로 무한정 무작위로 걷는다고 할 경우에도, 결국 그 딱정벌레가 다시 시작 지점으로 돌아올 확률은 1이다.

포여는 또한 우리의 3차원 세계가 특별하다는 사실을 보여 주었다. 3차원 공간은 딱정벌레가 영영 시작 지점으로 돌아오지 못할 가능성이 있는 첫 번째 유클리드 공간이다. 로봇 딱정벌레가 3차원 우주에서 무한정 무작위적으로 걸을 경우 시작 지점으로 돌아올 확률은 0.34 또는 34퍼센트이다. 유클리드 공간의 차원이 높아질수록 딱정벌레가 시작 지점으로 되돌아올 확률은 점점 낮아지는데, 차원 n에 대해 $1/(2n)$이 된다. 이 $1/(2n)$이라는 확률은 딱정벌레가 두 번째 걸음에서 시작 지점으로 돌아올 확률과 동일하다. 만약 딱정벌레가 두 번째 걸음을 내딛기 전에 시작 지점으로 돌아오지 않는다면 아마 영영 초공간 속 미아가 되고 말 것이다.

포여의 부모는 유대 인이었지만 포여가 태어나기 전해에 로마 가톨릭으로 개종했다. 포여는 헝가리 부다페스트에서 태어났고 1940년 스탠퍼드 대학교 수학 교수가 되었다. 저서인 『어떻게 문제를 풀 것인가?(*How to Solve It*)』는 100만 부 이상 팔렸고, 많은 사람이 '문제 해결' 문제를 수학적으로 다루고 대중화한 포여를 20세기의 가장 영향력 있는 수학자 중 한 사람으로 꼽는다.

관련 항목 주사위(32쪽), 큰 수의 법칙(166쪽), 뷔퐁의 바늘(196쪽), 라플라스의 「확률 분석 이론」(214쪽), 머피의 법칙과 매듭(492쪽)

로봇 딱정벌레 한 마리가 끝없이 긴 튜브에서 한 걸음 앞으로, 또는 한 걸음 뒤로 무작위로 걷는다. 이렇게 임의 보행해서 결국 딱정벌레가 출발점으로 되돌아올 확률은 얼마나 될까?

1922년

지오데식 돔

발터 바우어스펠트(Walther Bauersfeld, 1879~1959년), **리처드 버크민스터 '버키' 풀러**(Richard Buckminster 'Bucky' Fuller, 1895~1983년)

지오데식 돔(Geodesic Dome)은 플라톤 입체를 비롯한 여러 다면체들의 면을 삼각형화하고, 그 입체의 전체 모양을 구나 반구에 가까워지도록 한 입체이다. 지오데식 돔은 여러 가지 방식으로 만들 수 있다. 그 한 가지 예가 오각형 면 12개로 이루어진 정십이면체에서 출발하는 것이다. 각 오각형의 중간에 점을 놓고, 그 점과 오각형의 각 꼭짓점을 5개의 선으로 연결한다. 이제 이 점을 집어올려서 십이면체 주위에 있는 상상의 구에 접하도록 한다. 이제 여러분은 삼각형 면 60개를 가진 새로운 다면체를 만들어 낸 것이다. 이것은 지오데식 돔의 단순한 모형이기도 하다. 돔을 구에 더 가깝게 만들려면 다면체의 면들을 더 자잘한 삼각형들로 나누면 된다. 삼각형 면은 건물의 하중을 구조 전체로 분배하며, 이론상 이런 돔들은 매우 견고하고 튼튼해서 극도로 크게 만들 수 있다.

최초의 진정한 지오데식 돔은 독일 공학자인 발터 바우어스펠트가 독일 튀링겐 주 예나 시의 천체 투영관을 위해 만든 것인데, 1922년에 대중에 공개되었다. 1940년대 말에는 미국 건축가인 리처드 버크민스터 풀러, 즉 버키 풀러가 독립적으로 지오데식 돔을 발명했고 그 디자인으로 미국 내 특허를 땄다. 미국 육군은 이 건축물로부터 너무나 깊은 인상을 받았는지 풀러에게 군사용 돔들을 설계하고 감독하는 일을 맡겼다. 지오데식 돔은 견고하고 튼튼한 구조 말고도 장점이 있다. 표면의 넓이를 최소화하면서 더 많은 부피를 에워쌀 수 있어서 건축하는 데 들어가는 자재를 효율적으로 줄일 수 있고, 열손실도 줄어들기 때문이다.

풀러 자신은 한때 지오데식 돔 안에서 살기도 했는데, 그는 지오데식 돔의 공기 저항이 낮아서 허리케인으로부터 피해를 덜 입는다고 생각했다. 지치지 않는 몽상가였던 풀러는 지름이 3.2킬로미터이고 가운데 높이가 1.6킬로미터인 지오데식 돔을 뉴욕 시에 세워 시민들을 비와 눈과 바람으로부터 보호한다는 야심찬 계획을 세우기도 했다!

관련 항목 플라톤의 입체(52쪽), 아르키메데스의 준정다면체(66쪽), 오일러의 다면체 공식(184쪽), 아이코시안 게임(246쪽), 픽의 정리(296쪽), 차사르 다면체(400쪽), 스칠라시 다면체(468쪽), 스피드론(472쪽), 구멍 다면체 풀기(504쪽)

1967년 캐나다 몬트리올에서 열린 세계 박람회에서 사용된 미국관. 지오데식 돔으로 건설되었다. 이 돔의 지름은 76미터이다.

1924년

알렉산더의 뿔난 구

제임스 워델 알렉산더(James Waddell Alexander, 1888~1971년)

알렉산더의 뿔난 구(Alexander's Horned Sphere)는 어느 쪽이 안이고 어느 쪽이 밖인지 눈으로 보아서는 분간하기 어려운, 이리저리 꼬이고 얽히고설킨 곡면의 예 가운데 하나이다. 미국 수학자인 제임스 워델 알렉산더가 1924년에 도입한 알렉산더의 뿔난 구는 어떤 구에서 자라난 뿔 2개가 서로 접근하면서 끝없이 서로 얽혀 들어가는 것으로 이해할 수 있다. 이 독특한 물체를 이해하기 위해 먼저 여러분의 손을 들어 엄지와 검지 손가락을 서로 붙일 듯 가깝게 다가가게 해 보자. 지금부터는 상상력이 필요하다. 엄지와 검지가 아주 가까이 다가가자 엄지와 검지 각각에서 다시 더 작은 엄지와 검지가 자라나 서로 접근한다. 이 손가락들이 접근하면 또다시 각각의 손가락에서 더 작은 엄지와 검지가 자라나 서로 접근한다. 이것이 끝없이 반복되는 것이다! 알렉산더의 뿔난 구라는 수학적 물체는 반지름이 점점 작아지며 서로 직교하는 원들을 만드는 '손가락'들로 구성된 프랙털 물체이다.

비록 시각화하기가 쉽지는 않지만 알렉산더의 뿔난 구(표면만이 아니라 그 내부를 포함한 물체 전체)는 공과 위상 동형이다. (기하학적 물체 2개가 있을 때, 하나를 늘리고 구부려서 다른 하나로 변형시킬 수 있다면 둘은 서로 위상 동형이라고 한다.) 따라서 알렉산더의 뿔난 구는 구멍을 내거나 깨뜨리지 않고 주무르기만 해도 공으로 바꿀 수 있다. 마틴 가드너는 이렇게 썼다. "무한히 퇴행하는, 그 서로 얽힌 뿔 모양은 극한으로 가면 위상 대수학자들이 '거친 구조(wild structure)'라고 부르는 것이 된다. …… 비록 그것은 어떤 공의 단순 연결 곡면과 대등하지만 단순 연결이 아닌 어떤 영역을 에워싼다. 고무줄이 한 뿔의 밑둥을 감싸고 있다고 할 때, 무한한 단계를 거쳐도 그 고무줄을 그 구조에서 분리할 수는 없다."

알렉산더의 뿔난 구는 그저 머리를 핑핑 돌게 만드는 흥밋거리가 아니라, 조르당-쇤플리스 정리(Jordan-Schonflies Theorem)가 더 높은 차원들로 확대되지 않음을 명확히 보여 주는 중요한 증거이다. 이 정리에 따르면 단순 폐곡선들은 한 평면을 안과 밖 2개의 영역으로 갈라놓으며, 이 영역들은 각각 어떤 원의 안팎과 위상 동형을 이룬다. 알렉산더의 뿔난 구는 이 정리가 3차원에서는 유효하지 않다는 것을 보여 주는 반례인 것이다.

관련 항목 조르당 곡선 정리(316쪽), 앙투안의 목걸이(342쪽), 프랙털(462쪽)

알렉산더의 뿔난 구의 한 부분으로, 캐머론 브라운(Cameron Browne)이 만들었다. 수학자인 제임스 워델 알렉산더가 1924년에 도입한 알렉산더의 뿔난 구는 쌍쌍이 서로 얽힌 무한한 '손가락들'로 이루어진 프랙털 물체이다.

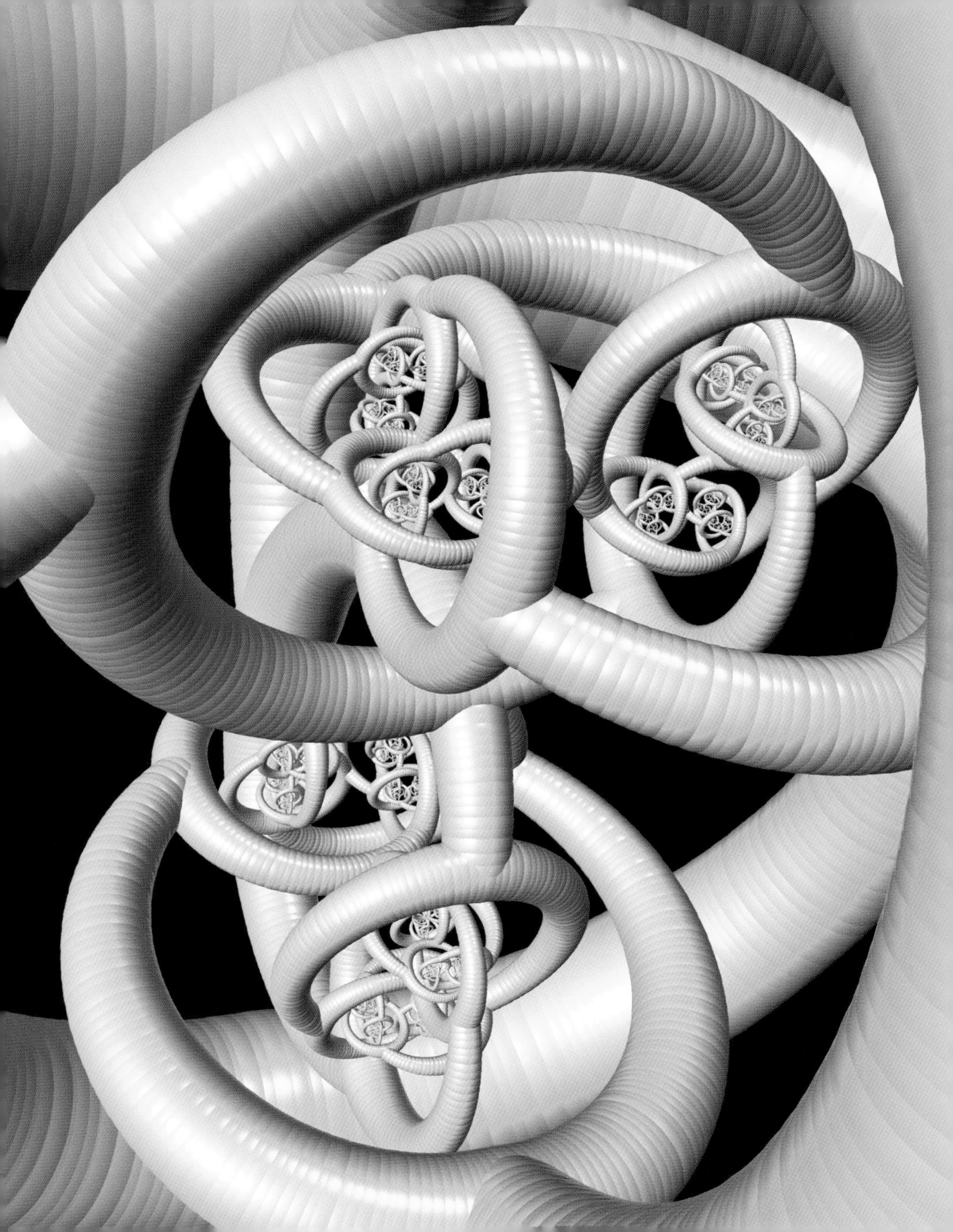

1924년

바나흐-타르스키 역설

스테판 바나흐(Stefan Banach, 1892~1945년), **알프레트 타르스키**(Alfred Tarski, 1902~1983년)

유명하지만 다소 기이해 보이는 바나흐-타르스키 역설(Banach-Tarski Paradox)은 폴란드 수학자인 스테판 바나흐와 알프레트 타르스키에 의해 1924년에 처음 제시되었다. 그 역설(사실은 증명이자 정리이지만)에 따르면, 공의 수학적 표상을 만들고 그것을 조각조각 쪼갠 다음 그 조각들을 재조립하면 원래 공과 똑같은 복제본 2개를 만드는 것이 가능하다고 한다. 게다가 이 역설에 따르면 콩알만한 공을 분해한 다음 그 조각들을 재조립해 달만한 공을 만들 수도 있다! (1947년에 미국 수학자 라파엘 로빈슨(Raphael M. Robinson)은 필요한 최소 조각 수가 5임을 증명했다.)

이 역설은 펠릭스 하우스도르프의 초기 작업에 기반한 것으로, 수학적으로 정의된 공을 무한히 많은 점으로 분할하고 그 조각들을 평행 이동과 회전을 통해 재조립하는 과정이 물리적 우주에서 공을 분할하고 재조립하는 과정과 꼭 일치하지 않는다고 가르쳐 준다. 바나흐-타르스키 역설의 증명에 사용되는 '불가측(unmeasurable)' 부분 집합들, 다시 말해 공의 조각들은 명확한 경계와 통상적 의미의 부피를 가지지 않는다. 이 역설은 2차원에서는 통하지 않지만 그보다 높은 차원에서는 모두 통한다.

바나흐-타르스키 역설의 증명에는 체르멜로 선택 공리가 사용된다. 사실 이 역설의 결론이 너무 이상해 보였기 때문에 일부 수학자들은 선택 공리가 틀림없이 오류일 것이라고 여겼다. 하지만 한편으로 선택 공리를 받아들이고 나면 그것을 너무나 유용하게 쓸 수 있는 수학 분야가 워낙 많기 때문에 수학자들은 종종 아무 말 없이 그것들을 사용해 증명과 정리를 내놓는다.

바나흐는 1939년에 폴란드 수학회 회장으로 선출될 정도로 명석한 인물이었지만, 그 몇 년 후 나치가 폴란드를 점령하자 독일을 위한 전염병 연구에 투입되어 자기 혈액을 이의 먹이로 제공해야 하는 처지가 되었다. 타르스키가 유대 인으로서는 폴란드 대학교에서 정식 교직을 얻기가 어려울 것이라고 생각해서 그 전에 로마 가톨릭으로 개종했는데도 말이다. 제2차 세계 대전 때 나치는 타르스키의 일가친척을 거의 몰살하다시피 했다.

관련 항목 제논의 역설(48쪽), 아리스토텔레스의 바퀴 역설(56쪽), 상트페테르부르크 역설(178쪽), 이발사 역설(306쪽), 체르멜로 선택 공리(314쪽), 하우스도르프 차원(336쪽), 힐베르트의 그랜드 호텔(356쪽), 생일 역설(382쪽), 해안선 역설(404쪽), 뉴컴의 역설(420쪽), 파론도의 역설(502쪽)

바나흐-타르스키 역설은 공의 수학적 표상을 만들어 여러 조각으로 쪼갠 다음 그 조각들을 재조립하면 원래 공과 똑같은 공 2개를 만드는 것이 가능함을 보여 주었다.

1925년

직사각형의 정사각형 해부

즈비그니에프 모론(Zbigniew Moroń, 1904~1971년)

적어도 100년이라는 세월 동안 수학자들을 사로잡아 온 어려운 퍼즐이 있다. 그것은 바로 직사각형과 정사각형을 정사각형들로 분해하는 문제이다. 정사각형을 정사각형으로 분해하는 경우는 '완벽한 정사각형 해부(perpect square dissection)'라고도 한다. 이 퍼즐을 일반적으로 설명하자면 정수로 표현되는 '다양한' 크기의 정사각형 타일들을 사용해 직사각형이나 정사각형을 덮는 것이다. 말로 하면 쉬운 문제처럼 들리겠지만, 막상 여러분이 연필과 종이와 모눈종이를 가지고 실험을 해 보면 사각형들을 정사각형으로 깔끔하게 덮을 수 있는 타일 덮기 패턴이 무척 드물다는 것을 알게 될 것이다.

최초의 정사각형 해부가 이루어진 '직사각형'은 1925년에 폴란드 수학자인 즈비그니에프 모론이 발견했다. 특히 모론은 변의 길이가 각각 1, 4, 7, 8, 9, 10, 14, 15, 18인 9개의 정사각형으로 타일 덮기할 수 있는 33×32 직사각형을 찾아냈다. 또한 변의 길이 3, 5, 6, 11, 17, 19, 22, 23, 24, 25의 정사각형 타일 10개로 덮어 버릴 수 있는 65×47 직사각형도 찾아냈다. 수학자들은 오랫동안 정사각형의 완벽한 정사각형 해부가 불가능하다고 주장해 왔다.

1936년 트리니티 칼리지의 네 학생 — R. L. 브룩스(R. L. Brooks), C. A. B. 스미스(C. A .Brooks), A. H. 스톤(A. H. Stone), W. T. 튜트(W. T. Tutte) — 이 이 주제에 빠져들어 마침내 1940년 69개의 타일로 구성된, 최초로 완벽하게 정사각형 해부된 정사각형을 발견했다! 그리고 브룩스는 한층 더 노력을 기울여서 타일의 수를 39개로 줄이는 데 성공했다. 1962년에 A. W. J. 두베스티진(A. W. J. Duivestijn)은 정사각형을 정사각형 해부하는 데는 반드시 적어도 21개 이상의 타일이 필요함을 증명했고, 1978년에는 21개의 정사각형으로 해부된 정사각형을 찾아냈으며, 그것이 유일한 사례임을 증명했다.

1993년 S. J. 채프먼(S. J. Chapman)은 정사각형 타일 겨우 5개만 이용해 뫼비우스의 띠를 정사각형 해부하는 데 성공했다. 원통의 경우에도 서로 다른 크기의 정사각형을 이용해 타일 덮기 하는 것이 가능하지만, 그 경우 정사각형 타일이 적어도 9개는 필요하다.

관련 항목 벽지 군(290쪽), 보더버그 타일 덮기(374쪽), 펜로즈 타일(450쪽)

폴란드 수학자인 즈비그니에프 모론은 오른쪽 그림처럼 변의 길이가 각각 3, 5, 6, 11, 17, 19, 22, 23, 24, 25인 정사각형 타일 10개로 깔 수 있는 65×47 직사각형을 발견해 냈다.

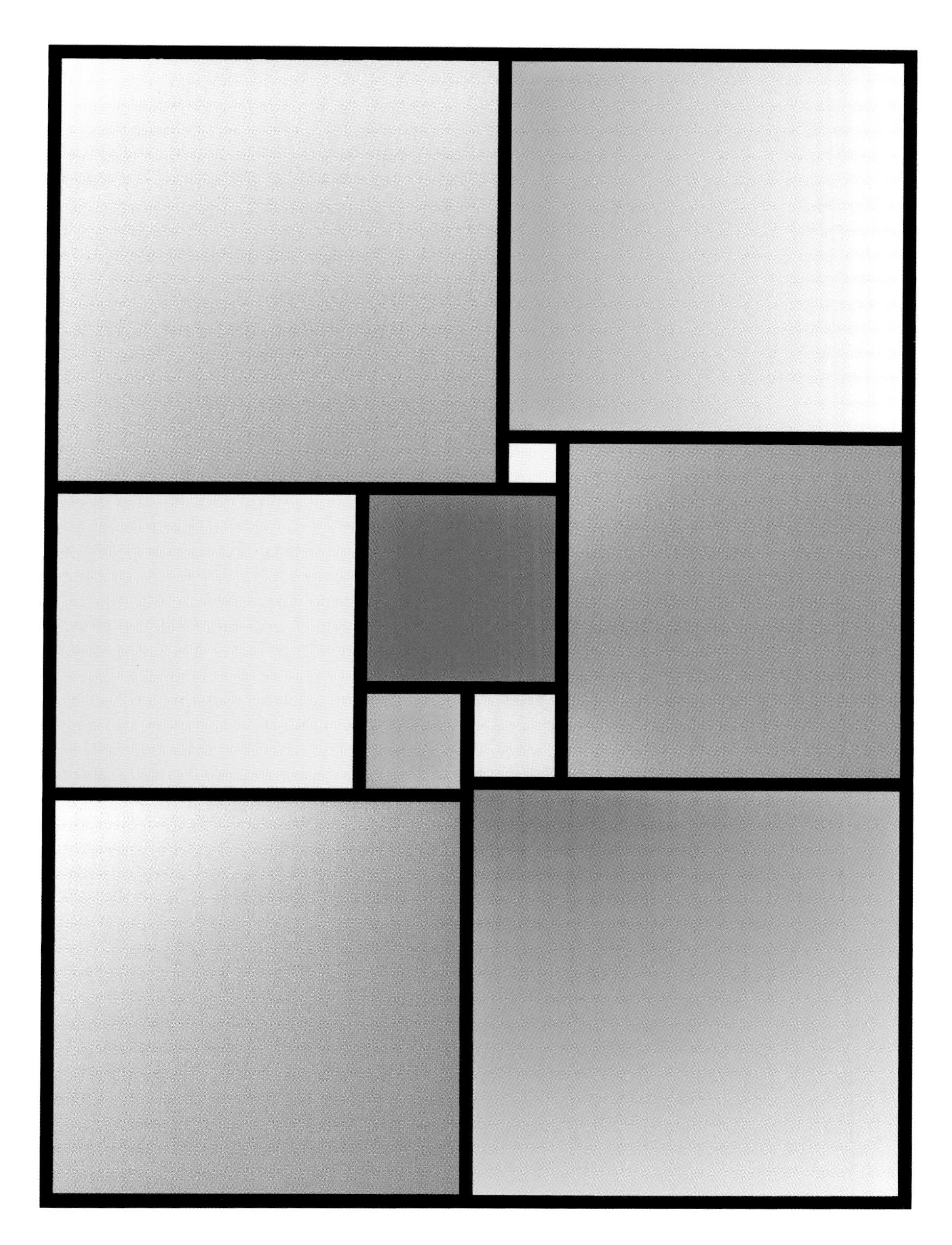

1925년

힐베르트의 그랜드 호텔

다비트 힐베르트(David Hilbert, 1862~1943년)

객실이 500개 있고, 객실마다 손님이 들어 있는 평범한 호텔을 생각해 보자. 여러분은 오후에 호텔을 찾아와 빈 방이 없다는 말을 듣는다. 안타깝지만 떠날 수밖에. 여기에는 역설이 없다. 그럼 이제 한 호텔에 무한한 개수의 객실이 있고, 모든 객실이 점유되어 있다고 생각해 보자. 호텔이 만원인데도 호텔 프런트의 직원은 여러분에게 방을 하나 내준다. 그게 어떻게 가능하냐고? 같은 날 더 늦게, 어떤 행사에 참가한 사람들의 끝없는 무리가 도착하고, 호텔 직원은 그 사람들 모두에게 방을 내주면서 엄청난 돈을 벌 수 있다!

독일 수학자인 다비트 힐베르트는 1920년대에 무한의 신비로운 성질을 설명하려고 이 역설을 내놓았다. 힐베르트의 그랜드 호텔에서 객실을 얻는 방법은 다음과 같다. 여러분이 만원인 호텔에 혼자 도착하면 호텔 직원은 1호실에 있던 숙박객을 2호실로 옮기고 2호실에 있던 숙박객을 3호실로 옮기는 식으로 해서 방을 하나 만들어 여러분에게 내준다. 여러분은 이제 비어 있는 1호실에 들어가면 된다. 행사에 참가한 무한정 많은 사람들을 수용하려면 원래 1호실에 있던 숙박객을 2호실로, 원래 2호실에 있던 숙박객을 4호실로, 원래 3호실의 숙박객들을 6호실로 옮기는 식으로 현재 숙박객들을 모두 짝수 호실로 옮긴다. 그러면 이제 호텔 직원은 행사 참가자들에게 비어 있는 홀수 호실을 내줄 수 있다.

힐베르트의 그랜드 호텔 역설은 칸토어의 초한수 이론을 통해 이해할 수 있다. 따라서 일반 호텔에 있을 때 홀수 호실의 수는 전체 객실의 수보다 적지만, 무한 호텔에 있을 때 홀수 호실들의 '수'는 전체 객실의 '수'보다 적지 않다. 수학자들은 이런 객실 집합의 크기를 비교하거나 이야기할 때 '집합의 크기' 또는 '카디널리티'라고 번역되는 cardinality라는 용어를 쓴다. 집합의 크기는 기수(基數, cardinal number)라는 수로 표현된다.

관련 항목 제논의 역설(48쪽), 칸토어의 초한수(266쪽), 페아노 공리(286쪽), 힐베르트의 23가지 문제(300쪽)

힐베르트의 그랜드 호텔에서는 객실이 완전히 차 있어도 여러분은 묵을 방을 얻을 수 있다. 이런 말도 안 되는 일이 어떻게 가능할까?

HOTEL

1926년

멩거 스폰지

카를 멩거(Karl Menger, 1902~1985년)

멩거 스폰지(Menger Sponge)는 무한개의 구멍이 송송 뚫린 프랙털 물체인데, 치과 의사들에게는 악몽 같은 물체일 것이다. 그 물체는 1926년에 오스트리아 수학자인 카를 멩거가 처음으로 설명했다. 그 스폰지를 만들려면 우선 어미-정육면체를 27개의 더 작은 딸-정육면체로 나누어야 한다. 그다음 중간에 있는 정육면체와, 그것과 면을 공유하고 있는 정육면체 6개를 제거해 버린다. 이러면 정육면체 20개가 남는다. 그리고 그 과정을 계속해서 영원히 되풀이한다. 어미-정육면체에 수행된 반복 작업의 횟수를 n이라고 할 때 정육면체의 수는 20^n으로 증가한다. 두 번째 단계에서는 정육면체 400개를 얻을 수 있고 여섯 번째 단계에서는 정사각형 6400만 개를 얻을 수 있다.

멩거 스폰지의 각 면은 '시에르핀스키 카펫(Sierpiński Carpet)'이라고 불린다. 시에르핀스키 카펫에 기반해 만들어진 프랙털 안테나는 전자파 신호 수신기 등에 유용하게 쓰이고 있다. 카펫과 전체 정육면체는 양쪽 다 기하학적으로 매혹적인 성질을 가지고 있다. 예를 들어 이 스폰지의 부피는 0이지만 표면적은 무한하다.

IFF(Institute for Figuring, 미국 로스앤젤레스에 있는 연구 기관으로, 과학, 수학, 공학의 시적, 미학적 측면을 연구한다. — 옮긴이)에 따르면, 시에르핀스키 카펫 표면은 끝없는 반복 과정을 거쳐 결국 "둘레 길이는 무한히 길지만 넓이랄 것은 전혀 없는 최종 구조를 가진 형태로 용해된다. 살이 없어진 짐승의 뼈처럼, 결국 최종적으로 드러나는 형태에는 실체가 없다. 그 형태는 평면을 점유하기는 하지만 이제는 그 표면을 채우지 않는다." 이 구멍투성이 잔해는 선과 면 사이 어딘가를 떠돈다. 직선이 1차원이고 면은 2차원이지만, 시에르핀스키 카펫의 차원은 1.89라는 '분수' 값을 가진다. 마찬가지로 멩거 스폰지 역시 평면 도형과 입체 사이에서 대략 2.73이라는 분수 차원(전문 용어로는 하우스도르프 차원)을 가지고 있고, 시공간 거품 같은 특수한 모형을 시각화하는 데 쓰여 왔다. 종이접기 예술 작품으로 유명한 지닌 모슬리(Jeannine Mosely)가 70킬로그램에 달하는 6만 5000장 남짓한 명함들을 가지고 멩거 스폰지 모형을 만들기도 했다.

관련 항목 파스칼의 삼각형(148쪽), 루퍼트 대공 문제(216쪽), 하우스도르프 차원(336쪽), 앙투안의 목걸이(342쪽), 포드 원(378쪽), 프랙털(462쪽)

한 아이가 무한 개의 구멍이 있는 멩거 스폰지 안을 탐색하고 있다. 이 작품은 열혈 프랙털 팬인 게일라 챈들러(Gayla Chandler)와 폴 버크(Paul Bourke)의 공동 작품으로, 버크가 컴퓨터로 만든 스폰지를 인간 아기의 그림과 합성한 것이다.

1927년

미분 해석기

바네바 부시(Vannevar Bush, 1890~1974년)

미분 방정식은 물리학, 공학, 화학, 경제학을 비롯한 수많은 학문 분야에서 핵심적인 역할을 한다. 이 방정식은 도함수로 나타낼 수 있는 어떤 변화율을 가지고 끊임없이 변화하는 함수를 푸는 경우에 유용하다. 가장 단순한 미분 방정식들의 경우, 그 해법을 유한한 수의 기본 함수(사인 함수와 베셀 함수 같은 함수)들로 이루어진 단순명쾌한 공식들로 나타낼 수 있다.

1927년에 미국 공학자인 바네바 부시는 동료들과 함께 미분 해석기(Differential Analyzer)를 세상에 내놓았는데, 이것은 기어와 바퀴와 원반으로 구성된 아날로그 컴퓨터이다. 적분 도구를 이용해 몇 가지의 독립 변수를 가진 미분 방정식을 풀 수 있었다. 미분 해석기는 최초로 실제적으로 이용된 진보된 전산 기계에 속한다.

이런 종류의 기계들 중 더 이전 것들은 1876년에 켈빈 경이 만든 조화 해석기에 뿌리를 두었다. 에니악이 발명되기 전에는 미국 라이트-패터슨 공군 기지와 펜실베이니아 대학교의 무어 전기 공학과 대학원의 연구자들이 포탄을 발사할 때 쓰는 사거리표 등을 만드는 작업의 일환으로 미분 해석기를 만들기도 했다. 시간이 흐르면서 미분 해석기는 응용 범위가 넓어져, 토양 부식 연구와 댐 설계에서 제2차 세계 대전 당시 독일의 댐들을 폭파한 폭탄 개발까지 다양한 영역에서 활용되었다. 나아가 1956년에 상영된 고전 SF 영화인 「지구 대 비행 접시(Earth vs. the Flying Saucers)」에도 등장할 정도였다!

1945년에 발표한 에세이 「우리가 생각할 수 있듯이(As We may Think)」에서 부시는 미믹스(Memex)라는 장치가 미래에 등장할 것이라고 예상했다. 오늘날 웹의 하이퍼텍스트와 비슷한 방식으로 서로 연결된 정보를 불러오고 네트워크 속에 저장하는 것을 가능케 해 인간 기억을 증진시킬 미래형 기계가 등장하리라 내다본 것이다. 부시는 이렇게 썼다. "주판에서 현대의 키보드 계산기까지 한참 먼 길을 와야 했다. 미래의 연산 기계도 똑같은 단계를 밟을 것이다. …… 우리는 고등 수학을 연구할 때 필요한 고되고 자질구레한 연산에서 벗어날 것이고, 인간 정신은 한층 높은 수준으로 고양될 것이다."

관련 항목 주판(100쪽), 베셀 함수(218쪽), 하모노그래프(248쪽), 조화 해석기(270쪽), 에니악(390쪽), 쿠르타 계산기(398쪽), 이케다 끌개(470쪽)

루이스 항공 추진 실험실(Lewis Flight Propulsion Laboratory)의 미분 해석기. 1951년의 사진이다. 이 미분 해석기는 제2차 세계 대전 때 독일 댐들을 폭파하는 데 사용된 폭탄의 개발처럼 실용적인 분야에서 사용된, 최초의 진보된 계산 장치로 꼽힌다.

1928년

램지 이론

프랭크 플럼턴 램지(Frank Plumpton Ramsey, 1903~1930년)

램지 이론(Ramsey Theory)은 어떤 계(系, system)에서 질서와 패턴을 찾는 것과 관련된 수학 이론이다. 과학 저술가 폴 호프먼(Paul Hoffman)은 이렇게 썼다. "램지 이론의 바탕이 되는 아이디어는 완벽한 무질서란 있을 수 없다는 것이다. …… 수학적인 '대상(object)'은 충분히 큰 우주에서 찾기만 한다면 반드시 모두 찾을 수 있다. 램지 이론가가 찾고자 하는 대상은 어떤 특정한 대상을 반드시 포함하는 가장 작은 우주이다."

램지 이론이라는 이름은 영국 수학자인 프랭크 플럼턴 램지의 이름에서 유래했다. 램지는 1928년에 논리학적 문제를 탐구하는 과정에서 이러한 수학 분야를 창시했다. 호프먼이 말했듯이 램지 이론가들은 하나의 계에서 어떤 특정한 자질을 유지하는 데 필요한 요소들의 수를 찾는다. 에르되시의 몇 가지 흥미로운 작업들을 제외하면 램지 이론 연구가 급속한 진보를 시작한 것은 1950년대 후반이 되어서였다.

이 이론을 단순 적용한 사례 중 하나가 바로, 비둘기집이 m개 있고 비둘기 n마리가 있을 때, $n>m$이라면 적어도 그중 한 집에는 한 마리 이상의 비둘기가 들어갈 것이 틀림없다는 비둘기집 원리이다. 이번에는 한층 복잡한 예를 생각해 보자. 예를 들어 종이 위에 점 n개가 흩어져 있다. 각 점들은 모두 빨간색 또는 파란색 직선으로 연결되어 있다. 이때 램지의 정리(Ramsey's Theorem)에 따르면 종이 위에 빨간색 테두리의 삼각형이나 파란색 테두리의 삼각형이 나타나려면 n은 반드시 6이어야 한다. 이 정리는 조합론과 램지 이론의 단 하나뿐인 근본적인 결과이다.

이 램지의 정리는 파티 문제에도 적용할 수 있다. 예를 들어 한 파티에 서로 모르는 참가자가 적어도 3명(또는 3쌍) 있거나 서로 아는 참가자 적어도 3명(또는 3쌍) 있으려면 전체 인원이 최소한 몇 명 있어야 하는가? 답은 6명(또는 6쌍)이다. 하지만 서로 아는 친구들이 적어도 4명 있거나 아니면 서로 모르는 사람들이 적어도 4명 있으려면 필요한 인원수가 몇일지 결정하는 것은 이것보다 훨씬 더 어렵고, 더 큰 인원수를 구하는 방법은 끝까지 알 수 없을지도 모른다.

관련 항목 아르키메데스: 모래, 소 떼, 스토마키온(60쪽), 오일러의 다각형 자르기(186쪽), 36명 장교 문제(198쪽), 비둘기집 원리(232쪽), 생일 역설(382쪽), 차사르 다면체(400쪽)

빨간색 또는 파란색 직선으로 서로 연결된 다섯 꼭짓점. 이 그림의 꼭짓점들 사이에는 세 변이 모두 빨갛거나 모두 파란 삼각형은 없다. 완전히 파랗거나 완전히 빨간 삼각형이 반드시 존재하려면 꼭짓점 6개가 필요하다.

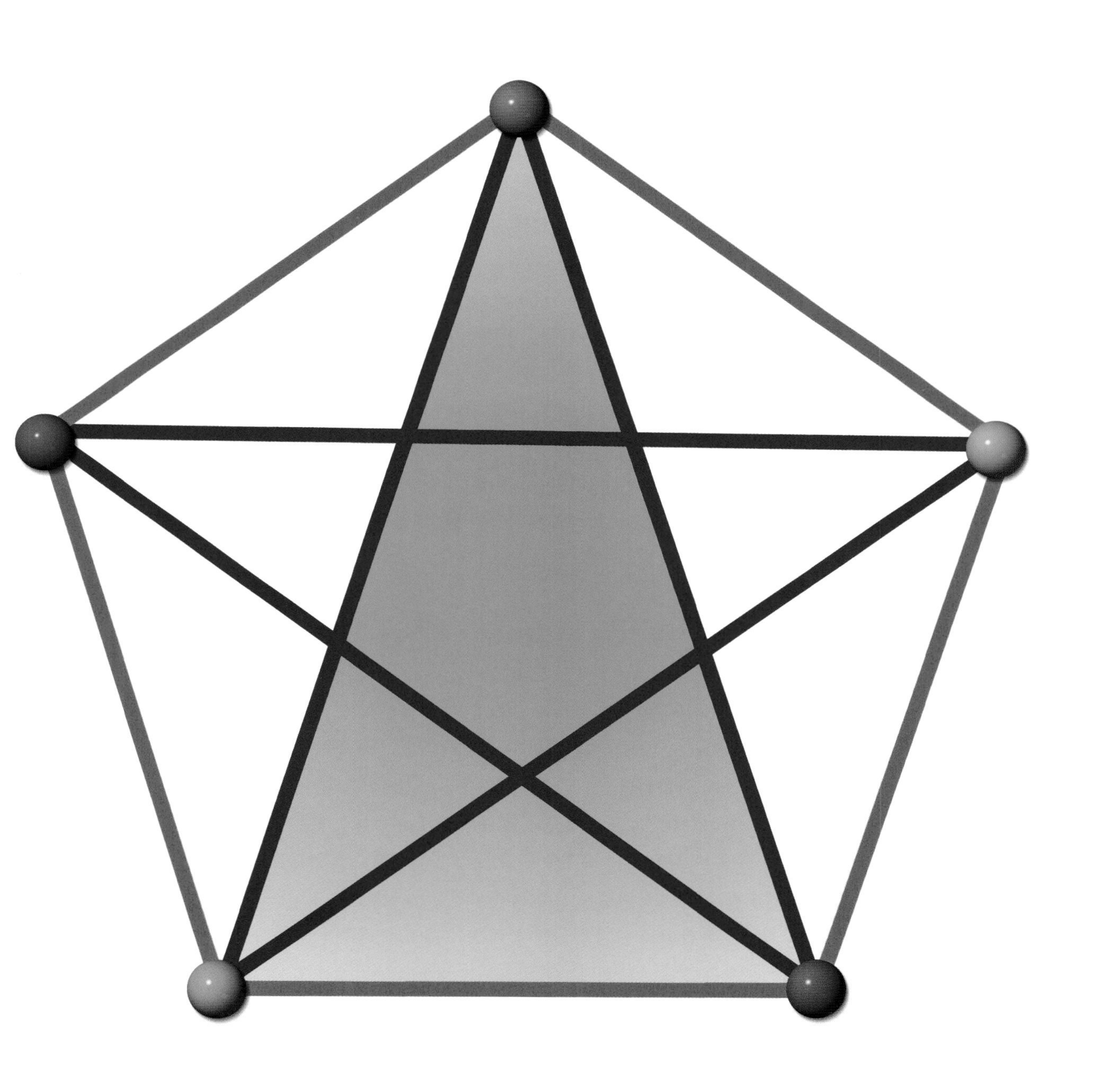

1931년

괴델의 정리

쿠르트 괴델(Kurt Gödel, 1906~1978년)

오스트리아 수학자인 쿠르트 괴델은 저명한 수학자이자 20세기의 가장 탁월한 논리학자 중 한 사람으로 꼽힌다. 괴델의 불완전성 정리(Gödel's Incompleteness Theorem)는 방대한 함의를 갖는데, 그 함의는 수학에만 한정되는 것이 아니라 컴퓨터 과학, 경제학, 그리고 물리학 같은 다른 과학 분야들에도 두루두루 미친다. 괴델이 프린스턴 대학교에 있을 때 가장 친하게 지낸 친구들 중에는 알베르트 아인슈타인도 있었다.

1931년에 발표된 괴델의 정리(제1불완전성 정리와 제2불완전성 정리)는 논리학자들과 철학자들을 깜짝 놀라게 했다. 왜냐하면 이 정리는 아무리 엄밀하고 논리적인 수학 체계 내에서도, 그 체계 내의 공리를 가지고 증명하거나 반증할 수 없는 가정들이나 문제들이 존재할 수 있음을 시사하기 때문이었다. 이 정리가 맞다고 하면 산술의 기본 공리들은 태생적으로 모순을 낳으며 무모순적인 수학 체계를 만들 수 없어진다. 이것은 수학에 근본적인 '불완전성'을 초래한다. 이 정리는 엄청난 반향을 일으켰고 논란의 핵이 되었다. 게다가 이 정리는 수학 전 영역에 대해 엄밀한 기틀 역할을 할 수 있는 공리 체계를 구축하고자 한, 수학사적으로 수 세기에 걸쳐 계속되어 온 시도에 종지부를 찍었다.

괴델 연구자 하오 왕(Hao Wang)은 바로 이 주제를 다룬 『쿠르트 괴델에 대한 고찰(*Reflection on Kurt Gödel*)』에서 이렇게 썼다. "괴델의 과학적 개념들과 철학적 사색들이 가진 영향력은 갈수록 커졌고, 그 잠재력은 계속해서 강해질 것이다. 그가 내놓은 더 큰 추측들 일부에 대해서라도 한층 확실한 확증이나 반박이 등장하려면 '수백 년'이 걸릴지도 모른다." 더글러스 호프스태터(Douglas Hofstadter)는 괴델의 정리가 수학 체계의 타고난 한계를 보여 주며, "스스로 무모순적이라고 주장하는 특정 형식의 수론들이 모순적일 수 있음을 시사한다."라고 말했다.

괴델이 1970년에 내놓은 신의 존재에 대한 수학적 증명도 동료들 사이에서 화제가 되었다. 그 증명은 한 쪽도 채 안 되는 분량이었고 정식 공표되지도 않았지만 과학자들 사이에서 논란을 불러일으켰다. 말년에 괴델은 신경 쇠약과 건강 염려증으로 고생하다가 망상에 사로잡혀 사람들이 자기를 독살하려 한다고 여겼다. 아내가 해 주는 음식만 먹다가 결국 1978년에 아내가 병원에 입원한 사이 굶어 죽었다.

관련 항목 아리스토텔레스의 『오르가논』(54쪽), 불 대수학(244쪽), 벤 다이어그램(274쪽), 『수학 원리』(326쪽), 퍼지 논리(432쪽)

알베르트 아인슈타인과 쿠르트 괴델. 경제학자 오스카어 모르겐슈테른(Oskar Morgenstern)이 1950년대에 찍은 사진이다.

1933년

챔퍼나운 수

데이비드 가웬 챔퍼나운(David Gawen Champernowne, 1912~2000년)

양의 정수 1, 2, 3, …을 죽 늘어놓고 앞에 소수점을 찍으면 챔퍼나운 수(Champernowne's Number)인 0.12345678910111213 14…를 얻을 수 있다. π나 e와 마찬가지로, 챔퍼나운 수는 초월수이다. 즉 정수 계수를 가진 그 어떤 다항식의 근도 아니라는 것이다. 또 우리는 이 수가 10진 정규수라는 것도 알고 있는데, 이것은 이 챔퍼나운 수에서 어떤 유한한 숫자열 패턴이 완전히 무작위적인 숫자열에서 나타날 법한 빈도로 나타난다는 뜻이다. 영국의 경제학자이자 수학자인 데이비드 가웬 챔퍼나운은 이 수가 정규수라는 것을, 0에서 9까지의 숫자들이 나타나는 빈도가 10퍼센트로 같을 뿐만 아니라 숫자 둘로 이루어진 숫자열도 나타나는 빈도가 1퍼센트로 같고, 숫자 셋으로 이루어진 숫자열 각각이 나타나는 빈도 역시 0.1퍼센트로 같으며, 이것은 계속된다는 사실을 보여 줌으로써 증명했다.

암호학자들은 챔퍼나운 수가 무작위적으로 보이지 않고 단순해 보이지만 전통적인 통계 분석으로는 어떤 질서도 읽어 낼 수 없는 수라고 지적한다. 다시 말해 수열에서 규칙성을 찾아내 암호를 해독하는 프로그램은 이 수에서 어떠한 규칙성도 보지 못하리라는 것이다. 이러한 문제는 통계학자들이 어떤 수열이 무작위적이라고 판단하거나 아무런 패턴도 없다고 단정하기 전에 무척 주의를 기울여야 한다는 생각에 힘을 실어 준다.

챔퍼나운 수는 처음으로 만들어진 정규수의 예이다. 데이비드 챔퍼나운은 케임브리지 대학교의 학부생으로 있던 1933년에 이 수를 만들었다. 1937년에는 독일 수학자인 쿠르트 말러(Kurt Mahler)가 챔퍼나운 상수(Champernowne's Constant)가 초월수임을 증명했다. 오늘날 우리는 이진법로 표기된 챔퍼나운 상수가 2진 정규수임을 안다.

과학자이자 저술가인 한스 폰 바이어(Hans von Baeyer)는, 0들과 1들의 모스 부호로 번역된, "우리가 상상할 수 있는 모든 유한한 단어들의 열이 지루하고 해독하기 힘든 그 끈 어딘가에 숨어 있다."라고 말했다. "여러분이 그것들을 찾아내려면 그 끈을 따라 몇십억 광년을 여행해야 할지도 모르지만, 이제껏 씌어진 모든 연애 편지와 소설을 포함해서 우리가 쓴 모든 문장이 그 끈 어딘가에는 분명히 존재한다."

관련 항목 초월수(236쪽), 정규수(322쪽)

이진법으로 표기된 챔퍼나운 수의 첫 10만 자리까지 수를 그림으로 표현한 것이다. 에이드리언 벨쇼(Adrian Belshaw)와 피터 보르웨인(Peter Borwein)의 작업을 이용한 것이다. 이 수열에서 0은 −1로 변환되었고, 다음으로는 자릿수의 쌍들(±1, ±1)이 평면을 걷는(±1, ±1) 데 이용된다. 그래프에서 x축의 범위는 (0, 8400)이다.

1935년

부르바키: 비밀 결사

앙리 카르탕(Henri Cartan, 1904~2008년), **클로드 슈발리**(Claude Chevalley, 1909~1984년), **스졸렘 만델브로이트**(Szolem Mandelbrojt, 1899~1983년), **앙드레 베유**(André Weil, 1906~1998년) **등**

과학사가인 아미르 악젤은 일찍이 니콜라 부르바키(Nicolas Bourbaki)에 대해 "우리가 수학을 생각하는 방식을 바꾼 20세기의 가장 위대한 수학자"였다고 평가했다. 또 "부르바키는 그 세기 중반에 미국 교육 현장을 휩쓴 '새로운 수학'이 등장하는 데 핵심 역할을 했다."라고 평가했으며, "현대 수학에서 놀라운 업적을 이루었고, …… 오늘날 현대 수학자 중 니콜라 부르바키의 중요한 작업의 영향을 받지 않은 이는 없다."라고까지 격찬했다.

하지만 천재 수학자이자 많은 사람들의 인정을 받은 수십 편의 저서를 저술한 부르바키라는 인물은 실제로 존재하지 않았다! 부르바키는 어떤 한 사람이 아니라 1935년에 프랑스의 젊은 수학자들이 중심이 되어 만든 수학 비밀 결사이다. 이 집단은 집합론, 대수학, 위상 수학, 함수론, 적분론 등 다양한 주제의 책들을 출간함으로써 현대 수학의 근본을 처음부터 끝까지 완전히 자족적이고 극도로 논리적이며 엄밀하게 재구축하고자 노력했다. 그 비밀 결사의 창립자들 중에는 탁월한 수학자인 앙리 카르탕, 장 쿨롱(Jean Coulomb), 장 델사르트(Jean Delsarte), 클로드 슈발리, 장 디외도네(Jean Dieudonné), 샤를 에레스망(Charles Ehresmann), 르네 드 포세(René de Possel), 스졸렘 만델브로이트, 앙드레 베유가 있었다. 부르바키 회원들은 수학자가 나이 들면 낡은 관행에 쓸데없이 매달린다고 생각했기 때문에, 50세가 된 회원들은 탈퇴해야 했다.

비밀 결사 이름으로, 다시 말해 공동 명의로 쓴 책에 대해서 모든 회원은 뭔가 부정확한 부분이 있다고 생각되면 무엇에 대해서든 거부권을 행사할 수 있었다. 그들은 모여서 회원들이 쓴 책을 큰소리로 낭독하고 한 줄 한 줄 철저히 검사했다. 1983년 부르바키는 마지막 저서를 출간했는데 제목은 『스펙트럼 이론(*Spectral Theory*)』이다. 오늘날 니콜라 부르바키 공동 작업자 협회(L'Association des Collaborateurs de Nicolas Bourbaki)는 아직도 매년 부르바키 세미나를 조직한다.

작가 모리스 마샬(Maurice Mashaal)은 이렇게 썼다. "부르바키는 혁신적인 기술을 발명하지도, 거창한 정리들을 증명하지도 않았으며, 굳이 그렇게 하려고 애쓰지도 않았다. 그 집단이 한 일은 수학을 보는 새로운 관점을 제시하고 수학을 심오하게 재조직했으며 그 구성 요소들을 다시금 명확히 하고 명료한 용어와 표기법을 도입했으며 고유의 양식을 입힌 것이었다."

관련 항목 『수학 원리』(326쪽)

프랑스 제1차 세계 대전 묘지. 전쟁으로 인해 프랑스의 젊은 수학자들은 시련을 겪었다. 막대한 수의 학생들과 젊은 교사들이 목숨을 잃었다. 이것은 파리의 젊은 수학도들이 부르바키를 결성하는 한 가지 동기가 되었다.

1936년

필즈 상

존 찰스 필즈(John Charles Fields, 1853~1932년)

필즈 상(Fields Medal)은 수학에서 가장 유명하고 가장 영향력 있는 상이다. 여러 분야의 노벨상과 마찬가지로, 필즈 상은 국가적, 민족적 적대감의 벽을 넘어 수학자들의 연대를 이룩하겠다는 염원에서 자라났다. 4년마다 한 차례 수여되는 이 상은 이미 이루어진 업적들을 보상하며 미래의 연구들을 자극하기도 한다.

필즈 상은 더러 '수학의 노벨상'이라고 불리기도 하는데, 사실 노벨상에는 수학 분야가 없기 때문이다. 그렇지만 필즈 상은 나이가 40세 이하인 수학자들에게만 수여된다. 이 상의 상금은 2006년에 겨우 1만 3500달러였으니, 100만 달러를 넘는 노벨상에 비교하면 약소한 편이다. 이 상은 캐나다 수학자인 존 찰스 필즈가 창설한 것으로 1936년에 처음 수여되었다. 필즈가 죽은 후 유언에 따라 금메달 수상자를 위한 기금으로 4만 6000달러가 추가되었다.

필즈 상 메달 앞면에는 고대 그리스 기하학자인 아르키메데스가 새겨져 있다. 뒷면에 있는 라틴 어 구절은 번역하자면 "뛰어난 저술에 대해 전 세계에서 모인 수학자들이 (이 메달을) 수여한다."는 뜻이다.

독일 출신 수학자 알렉산더 그로텐디에크(Alexander Grothendieck)는 1966년에 필즈 상 수상자로 지명되었지만 모스크바에서 열린 시상식에 나가기를 거부했다. (구)소련 군의 동유럽 주둔에 항의한 것이다. 2006년에는 러시아 수학자인 그리고리 페렐만이 푸앵카레 추측의 증명을 가능하게 만든 "기하학에 대한 기여와 리치 흐름의 분석적, 기하학적 구조에 대한 혁명적인 통찰로" 수상자로 선정되었지만 역시 수상을 거부했다. 그 상에 관심이 없다는 것이 이유였다.

흥미롭게도 역대 필즈 상 수상자들 중 대략 25퍼센트가 유대 인이고, 그중 거의 절반이 뉴저지 주 프린스턴 대학교에 있는 고등 연구소에서 일하고 있었다. 노벨상은 스웨덴 화학자이자 다이너마이트를 발명한 알프레드 노벨(Alfred Nobel, 1833~1896년)이 만들었다. 발명자이자 사업가였던 노벨은 개인적으로 수학이나 이론 과학에 거의 흥미가 없었기 때문에 수학 분야의 상은 만들지 않았다.

관련 항목 아르키메데스: 모래, 소 떼, 스토마키온(60쪽), 푸앵카레 추정(310쪽), 랭글랜즈 프로그램(436쪽), 급변 이론(440쪽), 괴물 군(476쪽)

필즈 상은 '수학의 노벨상'이라고 불리기도 하는데, 40세 이하의 수학자에게만 수여된다.

TRANSIRE SVVM PECTVS MVNDOQVE POTIRI
ΑΡΧΙΜΗΔΟΥΣ

CONGREGATI
EX TOTO ORBE
MATHEMATICI
OB SCRIPTA INSIGNIA
TRIBVERE

1936년

튜링 기계

앨런 튜링(Alan Turing, 1912~1954년)

앨런 튜링은 영민한 수학자이자 컴퓨터 이론가였지만, 동성애 성향을 강제로 바꾸기 위한 약물 실험의 인간 기니피그가 되어야 했다. 튜링은 암호 해독 작업으로 제2차 세계 대전을 일찍 끝내는 데 기여했고, 그리하여 대영 제국 훈장까지 받았는데도 이런 박해를 피할 수 없었다.

튜링은 자기 집에 강도가 들자 경찰을 불렀는데, 동성애 혐오자였던 이 경관은 오히려 튜링을 동성애 혐의로 체포했다. 당시 영국에서 동성애는 범죄였다. 그리하여 튜링은 1년간 감옥에 가든가 아니면, 당시로서는 실험적인 처방이었던 화학적 거세 처방을 받든가 선택을 해야 했다. 튜링은 투옥을 피하기 위해 1년간 에스트로겐 호르몬을 투여받겠다고 했다. 튜링이 체포되고 겨우 2년 후인 42세에 세상을 떠나자 친구들과 가족들은 큰 충격을 받았다. 튜링은 침대에서 시체로 발견되었다. 부검 결과는 시안 중독이었다. 어쩌면 자살이었을지도 모르지만 오늘날까지도 확실하게 밝혀지지 않았다.

많은 역사가들은 튜링을 '현대 컴퓨터 과학의 아버지'라고 부른다. 1936년에 제출한 기념비적인 논문인 「계산 가능 수, 그리고 결정 문제에의 응용에 대하여(On Computable Numbers, with an Application to the Entscheidungs Problem)」에서, 튜링은 튜링 기계(Turing Machine, 추상 기호 조작 기기)라는 개념을 도입하고 알고리듬(algorithm) 개념을 정식화했다. 그리고 튜링 기계가 알고리듬으로 나타낼 수 있는 수학적 문제는 무엇을 막론하고 모두 계산(computation)할 수 있음을 증명했다. 튜링 기계는 과학자들로 하여금 계산의 한계를 더욱 잘 이해하도록 도와주었다.

튜링은 또한 튜링 테스트(Turing Test)를 처음 고안해 내기도 했는데, 이 테스트는 과학자들이 기계를 '지능'을 갖췄다고 부르는 것이 무슨 뜻인가를, 그리고 기계들이 언젠가는 '사고'할 수 있게 될까를 한층 명료하게 생각할 수 있도록 만들었다. 튜링은 기계가 결국은 인간이 자기와 이야기하는 상대가 기계인지 인간인지를 분간하지 못할 만큼 자연스럽게 인간과 대화함으로써 이 테스트를 통과할 수 있을 것이라고 믿었다.

1939년에 튜링은 에니그마 암호 생성기로 만들어진 나치 암호를 깨는 데 도움이 되는 장치를 발명했다. 이 장치는 봄베(Bombe)라고 불렸는데, 수학자인 고든 웰치먼(Gordon Welchmen)이 개량해 독일 군의 에니그마 암호를 해독하는 주요 수단이 되었다.

관련 항목 에니악(390쪽), 정보 이론(396쪽), 공개 키 암호(466쪽)

봄베의 복제품. 앨런 튜링은 에니그마 암호 생성기로 만들어진 나치 암호를 깨기 위해 이 전자 장비를 발명했다.

BOMBE REBUILD PROJECT

1936년

보더버그 타일 덮기

하인츠 보더버그(Heinz Voderberg, 1911~1942년)

쪽매 맞춤(Tessellation, 테설레이션) 또는 타일 덮기(Tiling)는 '타일'이라고 하는 작은 조각들을 서로 겹치지 않으면서 빈틈도 생기지 않게 배치해 표면을 메우는 작업을 가리킨다. 우리는 일상에서 정사각형이나 정육각형 타일로 뒤덮인 건축물 바닥이나 벽을 흔히 볼 수 있다. 정사각형과 정육각형은 타일 덮기에 쓰기 좋은 재료이다. 육각형 타일 덮기는 벌집의 기본 구조이기도 한데, 아마도 이 타일 덮기가 주어진 넓이 안에서 격자로 이루어진 방을 만들 때 재료를 가장 효율적으로 사용할 수 있는 방법이기 때문에 벌들에게 채택된 듯하다. 2개 이상의 볼록한 정다각형들을 사용해 한 점에서 만나는 정다각형의 개수와 배치 규칙이나 순서를 동일하게 맞추는 쪽매 맞춤 방법에는 여덟 가지가 있다.

쪽매 맞춤은 이슬람 사원의 모자이크 세공에서뿐만 아니라 네덜란드 화가인 M. C. 에스허르의 회화에서도 쉽게 볼 수 있다. 사실 모자이크 세공의 형태로 이어진 쪽매 맞춤의 역사는 거의 6,000년 전 건물 벽을 진흙으로 만든 타일로 장식한 수메르 문명까지 거슬러 올라간다.

보더버그 타일 덮기(Voderberg Tiling)는 1936년에 하인츠 보더버그가 찾아냈는데, 처음으로 밝혀진 나선형 평면 쪽매 맞춤이기 때문에 특별하다. 이 아름다운 패턴은 독특한 구각형 타일로 이루어져 있다. 이 구각형은 반복·배치되면서 무한한 나선형 띠를 형성하고, 다른 띠와 만나서 조금의 빈틈도 없이 평면을 덮는다. 보더버그 타일 덮기를 '모노히드럴(monohedral) 쪽매 맞춤'이라고 하는데, 이유는 그 타일 덮기에 사용된 타일이 모두 똑같이 생겼기 때문이다.

1970년대에 브랭코 그륀바움과 조프리 셰파드(Geoffery C. Shephard)라는 과학자들이 놀랍고 새로운 나선형 타일 덮기 집합을 논의했다. 이 타일들을 사용하면 1개, 2개, 3개, 그리고 6개의 나선팔로 평면을 덮을 수 있었다. 1980년에 마조리 라이스(Marjorie Rice)와 도리스 섀트슈나이더(Dorice Schattschneider)는 나선형 타일 덮기를 만드는 또 다른 방법들을 보탰는데, 이것은 오각형 타일로 여러 개의 팔을 만드는 방법이었다.

관련 항목 벽지 군(290쪽), 직사각형의 정사각형 해부(354쪽), 펜로즈 타일(450쪽), 스피드론(472쪽)

테자 크라섹이 만든 나선형 보더버그 타일 덮기. 모든 타일이 동일한 쪽매 맞춤을 모노히드럴 쪽매 맞춤이라고 한다.

1937년

콜라츠 추측

로타르 콜라츠(Lothar Collatz, 1910~1990년)

여러분이 한 치 앞도 안 보이는 우박 폭풍 속을 걷고 있다고 생각해 보자. 우박 조각들이 바람에 휘날려 위아래로 날아다니고 있을 것이다. 그 우박 조각들은 이따금씩 여러분의 눈이 닿는 한 가장 먼 곳까지 올라갔다가 다시 지상으로 곤두박질쳐 작은 운석처럼 지표면에 충돌하기도 할 것이다. 수학자들도 지난 수십 년 동안 이것과 비슷한 우박의 수 문제(Hailstone Number Problem)에 홀려서 연구를 해 왔다. 이 문제가 그렇게나 수학자들의 호기심을 끈 것은 이 문제가 계산하기는 너무 간단한 반면, 풀기는 많은 수학자들을 속수무책으로 만들 정도로 어렵기 때문이다. 그럼 정확히 어떤 문제인지 살펴보자.

우박의 수는 $3n+1$ 수라고도 하는데, 이 수를 계산하려면 우선 임의의 양의 정수 n을 하나 골라야 한다. 만약 n이 짝수라면 2로 나눈다. 홀수라면 3을 곱하고 1을 더한다. 그리고 그 답으로 다시 그 계산을 반복한다. 예를 들어 3으로 시작하는 우박의 수의 수열은 3, 10, 5, 16, 8, 4, 2, 1, 4, …이다. (여기서 "…"는 그 수열이 영원히 4, 2, 1, 4, 2, 1, … 하는 식으로 반복된다는 뜻이다.)

폭풍과 구름을 뚫고 하늘에서 떨어지는 우박처럼, 이 우박의 수의 수열은 올라갔다 내려갔다를 반복하면서 두서없어 보이는 어떤 패턴을 이룬다. 또한 우박들과 마찬가지로, 우박의 수는 결국 '땅'으로(정수 '1'로) 떨어지는 것처럼 보인다. 이것을 콜라츠 추측(Collatz Conjecture)이라고 한다. 독일 수학자인 로타르 콜라츠는 1937년 이 콜라츠 추측을 내놓으면서, 우박의 수는 처음에 어떤 양의 정수로 시작했든 1로 떨어지게 되어 있다고 주장했다. 컴퓨터를 통해 맨 처음 수가 $19 \times 2^{58} \approx 5.48 \times 10^{18}$일 때까지는 이 추측이 옳다는 사실이 증명되었다. 하지만 현재까지 수학자들은 이 추측을 증명할 방법을 하나도 찾아내지 못했다.

이 추측을 증명하거나 반박하는 이에게는 다양한 상들이 주어질 예정이다. 수학자 에르되시는 $3n+1$ 수의 복잡성에 대해 이렇게 말했다. "수학은 아직 이런 문제들을 맞이할 준비가 되지 않았다." 유쾌하고 겸손한 콜라츠는 수학에 많은 기여를 했고 생전에 수많은 영예들을 얻었다. 1990년에 불가리아에서 컴퓨터 연산과 관련된 수학 회의에 참석하던 중 세상을 떠났다.

관련 항목 에르되시와 극한적 협력(446쪽), 이케다 끌개(470쪽), 온라인 정수열 백과사전(496쪽)

프랙털 콜라츠 패턴. $3n+1$ 수는 보통 정수들을 대상으로 해서 연구된다. 하지만 이것을 복소수까지 확장해 복소 평면에서 연구할 수 있다. 이것에 색을 입히면 숨어 있던 복잡한 프랙털 패턴이 나타나게 된다.

1938년

포드 원

레스터 랜돌프 포드, 시니어(Lester Randolph Ford, Sr., 1886~1975년)

살짝 언 밀크셰이크에 크기가 제각각인 거품들이 서로 닿아 있되 완전히 퍼지지는 않으면서 무한한 수로 있다고 생각해 보자. 그 거품들은 점점 더 작아지면서 계속해서 더 큰 거품들 사이의 틈새와 공간을 채운다. 수학자인 레스터 포드는 1938년에 이와 같은 신비로운 거품의 한 형태를 논의했는데, 알고 보니 이것들은 우리가 알고 있는 '유리수' 체계의 짜임 그 자체와 동일한 성질을 가지고 있었다. (유리수란 1/2처럼 분수로 나타낼 수 있는 수를 말한다.)

포드가 연구한 거품, 즉 포드 원(Ford Circle)을 만들려면 우선 아무거나 정수 2개를 골라 각각 h와 k라고 한다. 그다음 중심이 $(h/k, 1/(2k^2))$이고 반지름이 $1/(2k^2)$인 원을 그린다. 예를 들어 여러분이 고른 h가 1이고 k가 2라면 원은 중심이 (0.5, 0.125)이고 반지름이 0.125가 된다. 이어서 다른 h와 k 값을 잡아서 역시 원을 그려 나간다. 그림이 점점 더 빽빽해지면 여러분은 그 원들 중에 서로 접하는 것은 있어도(서로 입을 맞추는 것은 있어도) 서로 교차하는 것은(서로 껴안고 있는 것은) 하나도 없음을 깨닫게 될 것이다. 모든 원이 다른 무한한 원들과 서로 어깨를 맞대고 있다.

이런 포드 원 중, 너무 작지 않은 y 값을 가진 한 거품 위에 귀신 같은 궁수가 자리를 잡는다고 해 보자. 궁수가 자신이 있는 곳(예를 들면 $x=a$)에서 아래로, 다시 말해 x축 방향으로 화살을 쏜다고 해 보자. 이 화살이 지나가는 궤적은 x축에 대해 수직선을 그릴 것이다. 이때 a가 유리수라면 그 선은 반드시 어떤 포드 원 하나를 꿰뚫고 그 원의 접점인 x축의 한 점과 정확히 만나게 된다. 그렇지만 그 궁수의 위치가 무리수($\pi=3.1415\cdots$처럼 소수점 이하의 자릿수가 반복되지 않으면서 끝나지도 않는 수)일 때에는 반드시 원을 '꿰뚫고 나와서' 다른 원으로 들어간다. 게다가 이 화살은 필히 무한정 많은 원들을 관통하게 된다! 수학자들은 포드 원들을 수학적으로 더 깊이 연구한 결과, 이 원들이 무한성의 여러 수준과 칸토어의 초한수에 대한 탁월한 시각화 모형을 제공한다는 사실을 밝혀냈다.

관련 항목 칸토어의 초한수(266쪽), 멩거 스폰지(358쪽), 프랙털(462쪽)

조스 레이스가 만든 포드 원들. 이 그림은 x축이 왼쪽 아래에서 오른쪽 위로 전개되도록 45도 돌려 놓은 것이다. 더 작은 원들이 생기면서 계속해서 더 큰 원들 사이의 틈새와 공간을 채우게 된다.

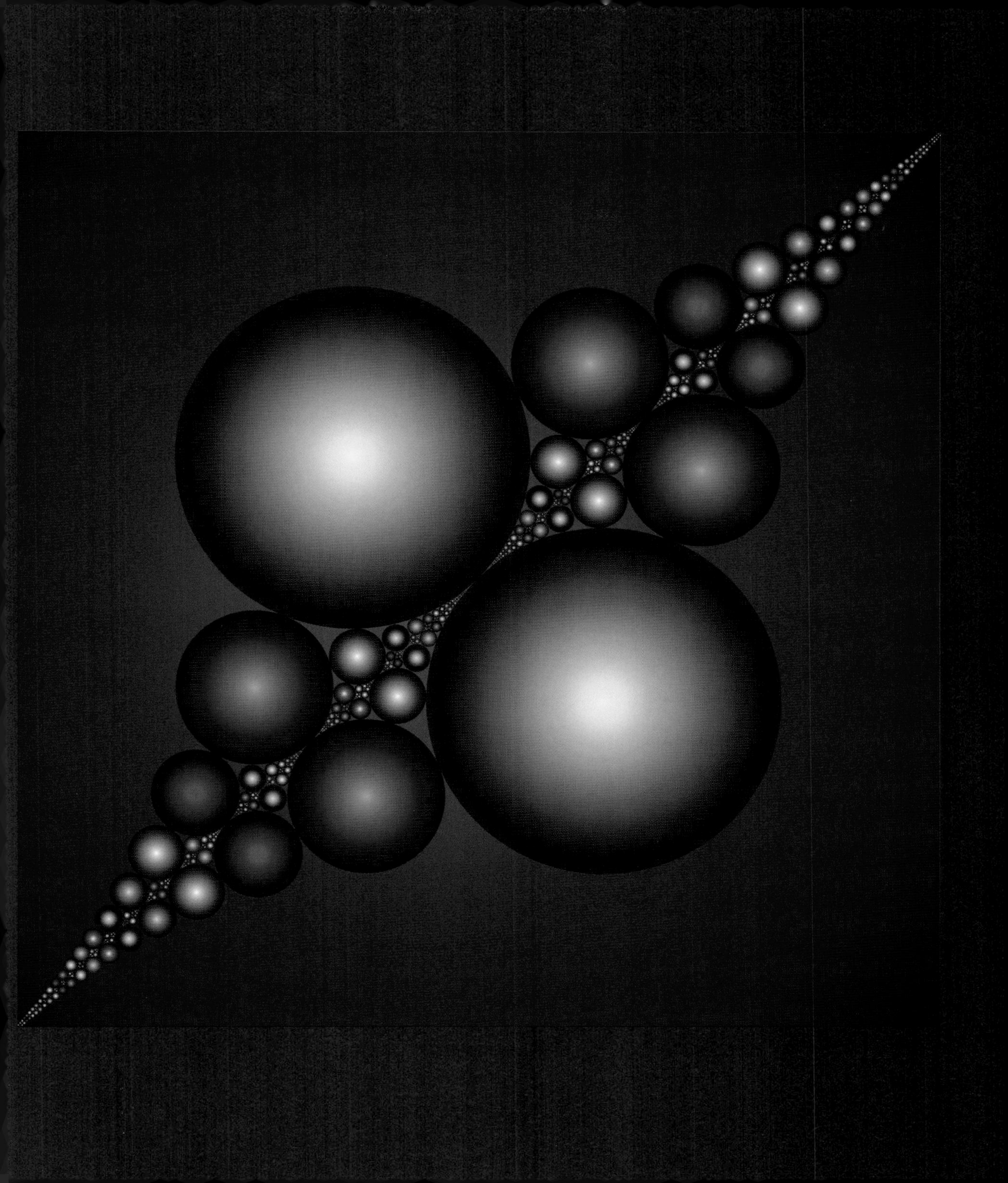

1938년

난수 생성기

윌리엄 톰슨, 라르그스의 켈빈 남작(William Thomson Baron Kelvin of Largs, 1824~1907년), **모리스 조지 켄들**(Maurice George Kendall, 1907~1983년), **버나드 배빙턴 스미스**(Bernard Babington Smith, 1923~1993년), **레너드 헨리 칼레브 티펫**(Leonard Henry Caleb Tippett, 1902~1985년), **프랭크 예이츠**(Frank Yates, 1902~1995년), **로널드 에일머 피셔**(Ronald Aylmer Fisher, 1890~1962년)

현대 과학에서 난수 생성기(Randomizing Machine)는 자연 현상의 시뮬레이션과 데이터 샘플링에 유용하게 사용된다. 현대적인 컴퓨터가 발달하기 전 연구자들은 난수를 얻기 위해 온갖 궁리를 했다. 예를 들어 1901년 켈빈 경은 그릇에 숫자가 적힌 조그만 종이들을 넣어 놓고 꺼내는 방법으로 난수를 생성했다. 그렇지만 이 방법이 불만스러웠던지 켈빈 경은 이렇게 썼다. "그릇 안에 있는 것들을 아무리 잘 뒤섞어 봐도, 모든 종이를 동일한 확률로 뽑히게 만들기에는 심히 불충분해 보였다."

1927년에 영국 통계학자인 레너드 티펫은 영국 내 교구들의 넓이를 나타내는 숫자들에서 중간 자릿수들을 취해 4만 1600개의 난수로 이루어진 표를 만들었다. 1938년에 영국 통계학자인 로널드 피셔와 프랭크 예이츠는 놀이용 카드 2벌과 로그표를 사용해 추가로 만든 1만 5000개의 난수를 발표했다.

1938년과 1939년 사이에 영국 통계학자 모리스 켄들은 영국 심리학자 버나드 배빙턴 스미스와 함께 기계로 난수를 만드는 연구를 시작했다. 이 난수 생성기는 역사상 처음으로 10만 개의 난수로 이루어진 표를 내놓았다. 또한 두 사람은 엄격한 테스트를 여러 가지 만들어 그 수들이 정말로 통계적으로 무작위적인 난수인지 확인했다. 켄들과 스미스의 수들은 랜드 연구소(RAND Corporation)가 100만 개의 난수로 이루어진 난수표를 1955년에 출간하기 전까지 널리 사용되었다. 랜드 연구소는 켄들과 스미스의 기계와 비슷한 룰렛 바퀴 같은 기계를 사용했고, 역시 비슷한 수학적 테스트들을 사용해 그 수들이 통계적으로 무작위적임을 증명했다.

켄들과 스미스의 난수 생성기는 지름이 25센티미터쯤 되는 원반 모양 합판 조각에 모터가 연결된 구조였다. 그 원반은 "그들이 만들 수 있는 한 동일하게" 10등분되어 있었고, 각 원반 조각에는 0부터 9까지 숫자가 순서대로 적혀 있었으며, 돌아가는 원반 조각을 네온 램프가 비출 수 있게 되어 있었다. 축전기가 충전되면 램프가 한 번 번쩍했다. 그러면 이 난수 기계를 작동시키는 사람이 그때 보이는 숫자 하나를 보고 그것을 기록해 난수를 얻었다.

관련 항목 주사위(32쪽), 뷔퐁의 바늘(196쪽), 중앙 제곱 난수 생성기(392쪽)

라바 램프 속 밀랍 방울의 복잡하고 예측할 수 없는 움직임은 난수를 생성하는 방법으로 이용되기도 한다. 이런 방식으로 난수를 생성하는 시스템을 1998년에 등록된 미국 특허 5,732,138에서 확인할 수 있다.

1939년

생일 역설

리하르트 폰 미제스(Richard von Mises, 1883~1953년)

마틴 가드너는 이렇게 말했다. "유사 이래, 흔치 않은 우연들이 일어나 세상에 주술적인 힘이 존재한다는 믿음에 힘을 실어 주었다. 확률의 법칙을 깨뜨리는 것처럼 보이는 이런 기적 같은 사건들은 신이나 악마, 하느님이나 사탄의 뜻, 혹은 최소한 과학과 수학으로 알 수 없는 신비스러운 법칙들 때문이라고 여겨졌다." 우연을 연구하는 학자들의 호기심을 끄는 한 가지 문제는 생일 역설(Birthday Paradox)이다.

커다란 거실에 사람들이 있다고 생각해 보자. 서로 생일이 같은 사람이 있을 확률이 적어도 50퍼센트가 되려면 그 방 안에 얼마나 많은 사람들이 있어야 할까? 이 문제는 오스트리아에서 태어나고 미국에서 죽은 수학자 리하르트 폰 미제스가 제기했다. 이 문제가 중요한 이유는 그 해답이 대다수 사람들의 직관과는 어긋나기 때문이며, 그것이 오늘날 교육 현장에서 가장 많이 사용되는 확률 문제이고, 일상 속에서 만나는 놀라운 우연들을 분석할 때 유용한 모형 역할을 하기 때문이다.

1년에 365일이 있다고 할 때, 이 문제의 답은 겨우 23명이다. 다시 말해 한 방 안에 사람을 아무렇게나 23명 이상만 모으면 그중 적어도 생일이 같은 한 쌍이 있을 가능성이 50퍼센트 이상이라는 것이다. 57명 이상 있으면 그 확률은 99퍼센트 이상이 된다. 그리고 비둘기집 원리 때문에 한 방 안에 최소 366명의 사람들이 있으면 그 확률이 100퍼센트가 된다. 생일일 확률은 365일이 모두 똑같다고 치고, 윤일은 무시하자. n명 중 적어도 2명이 동일한 생일을 가졌을 확률을 계산하는 공식은 $1-[365!/[365^n(365-n)!]$인데, 이 공식의 근삿값은 $1-e^{-n^2}/(2\cdot 365)$이다.

23명이라는 값은 여러분이 기대했던 것보다 훨씬 작은 수일 텐데, 그 이유는 우리가 찾는 것이 특정한 두 사람이나 특정한 날짜의 생일이 아니기 때문이다. 아무 날, 아무나 2명이기만 하면 된다. 사실 23명의 사람들을 짝짓기하는 방법은 253가지나 되는데, 그중 어느 쌍이든 상관없는 것이다.

관련 항목 제논의 역설(48쪽), 아리스토텔레스의 바퀴 역설(56쪽), 큰 수의 법칙(166쪽), 상트페테르부르크 역설(178쪽), 비둘기집 원리(232쪽), 이발사 역설(306쪽), 바나흐-타르스키 역설(352쪽), 힐베르트의 그랜드 호텔(356쪽), 램지 이론(362쪽), 해안선 역설(404쪽), 뉴컴의 역설(420쪽), 파론도의 역설(502쪽)

한 방 안에 생일이 같은 사람이 있을 확률이 적어도 50퍼센트가 되려면 전체 인원수가 얼마나 되어야 할까? 1년이 365일이라고 했을 때, 그 문제의 답은 예상과는 한참 어긋나게도 겨우 23명이다.

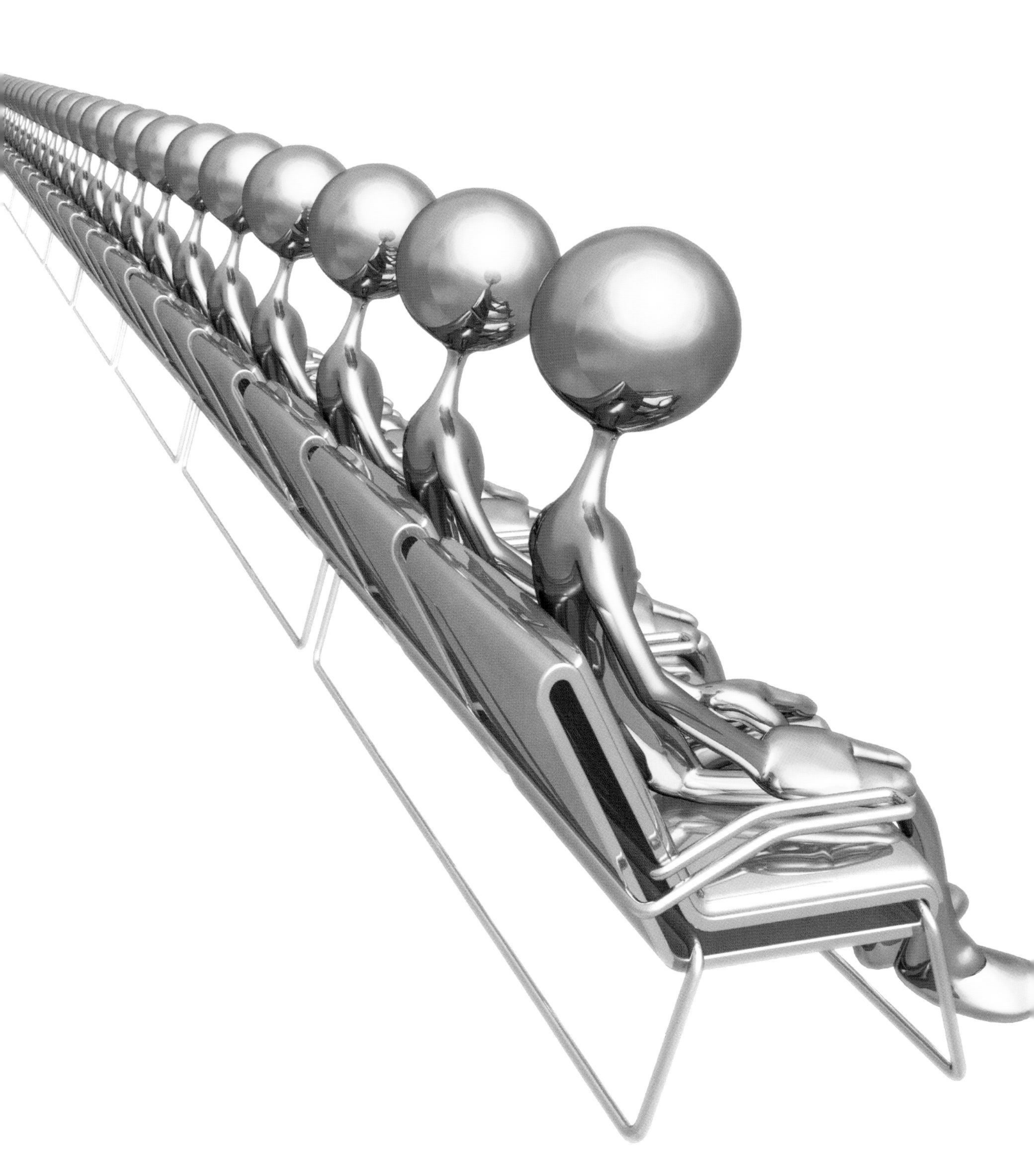

1940년

다각형에 외접원 그리기

에드워드 카스너(Edward Kasner, 1878~1955년), **제임스 로이 뉴먼**(James Roy Newman, 1907~1966년)

반지름이 1센티미터인 원을 하나 그린다. 그다음 그 원에 외접하는 정삼각형을 그린다. 그다음 다시 그 삼각형에 외접하는 원을 그린다. 그다음 방금 전의 원에 외접하는 정사각형을 그린다. 그다음 다시 그 정사각형에 외접하는 원을 그린다. 그다음은 이 원에 외접하는 정오각형을 그린다. 매번 원에 외접하는 정다각형의 변을 하나씩 늘리면서 이 과정을 무한히 반복한다. 이 과정에서 한 단계 걸러 하나씩 나타나는 원들은 이전 도형들을 에워싸면서 점점 커진다. 만약 여러분이 이 과정을 반복하면서 1분에 하나씩 원들을 더해 간다면 반지름이 우리 태양계의 반지름과 동일한 원을 그릴 때까지 시간이 얼마나 걸릴까?

도형들을 계속해서 원들로 둘러싸면 원의 반지름은 점점 더 커지면서 그 과정이 계속되는 한 무한히 자랄 것처럼 보인다. 그렇지만 겹겹이 싸인 다각형들과 원들의 조합은 절대로 태양계만큼이나 지구만큼은커녕 흔히 타는 성인용 자전거 바퀴의 타이어만큼도 커지지 않는다. 원의 크기는 처음에는 빠르게 자라지만, 그 성장 속도는 점차 떨어지고, 그 뒤에 오는 원들의 반지름은 다음과 같은 무한곱의 극한값에 수렴한다.

$$R=1/[\cos(\pi/3)\times\cos(\pi/4)\times\cos(\pi/5)\cdots].$$

아마도 가장 흥미로운 것은 극한값인 R를 둘러싼 논쟁일 것이다. 이 값을 계산하지 못하는 게 이상해 보일 정도로 이 공식은 단순해 보인다. 1940년대에 처음 이 극한값을 계산했다고 보고한 미국 수학자 에드워드 카스너와 제임스 뉴먼에 따르면 R는 대략 12에 해당한다. 또한 독일에서 1964년에 발표된 논문에서도 12라는 값이 언급되기도 했다.

독일 수학자 크리스토펠 보우프캄프(Christoffel J. Bouwkamp)는 1965년에 발표한 논문을 통해 R의 참값은 8.7000이라고 보고했다. 그러니 1965년까지 수학자들이 R의 참값이 12라고 생각하고 있었다는 것은 참으로 놀라운 이야기가 아닐 수 없다. R를 소수점 아래 17자리까지 따진, 정확한 값은 8.7000366252081945…이다.

관련 항목 제논의 역설(48쪽), 체스판에 밀알 올리기(104쪽), 조화 급수의 발산(106쪽), π 공식의 발견(112쪽), 브룬 상수(338쪽)

중심부의 원이 교대로 나타나는 다각형들과 원들로 둘러싸여 있다. (빨간색 직선을 굵게 나타낸 것은 장식 효과를 위해서이다.) 수학 문제 중에는 이 패턴이 성인용 자전거 바퀴의 타이어만큼 커질 수 있을까 하는 것도 있다.

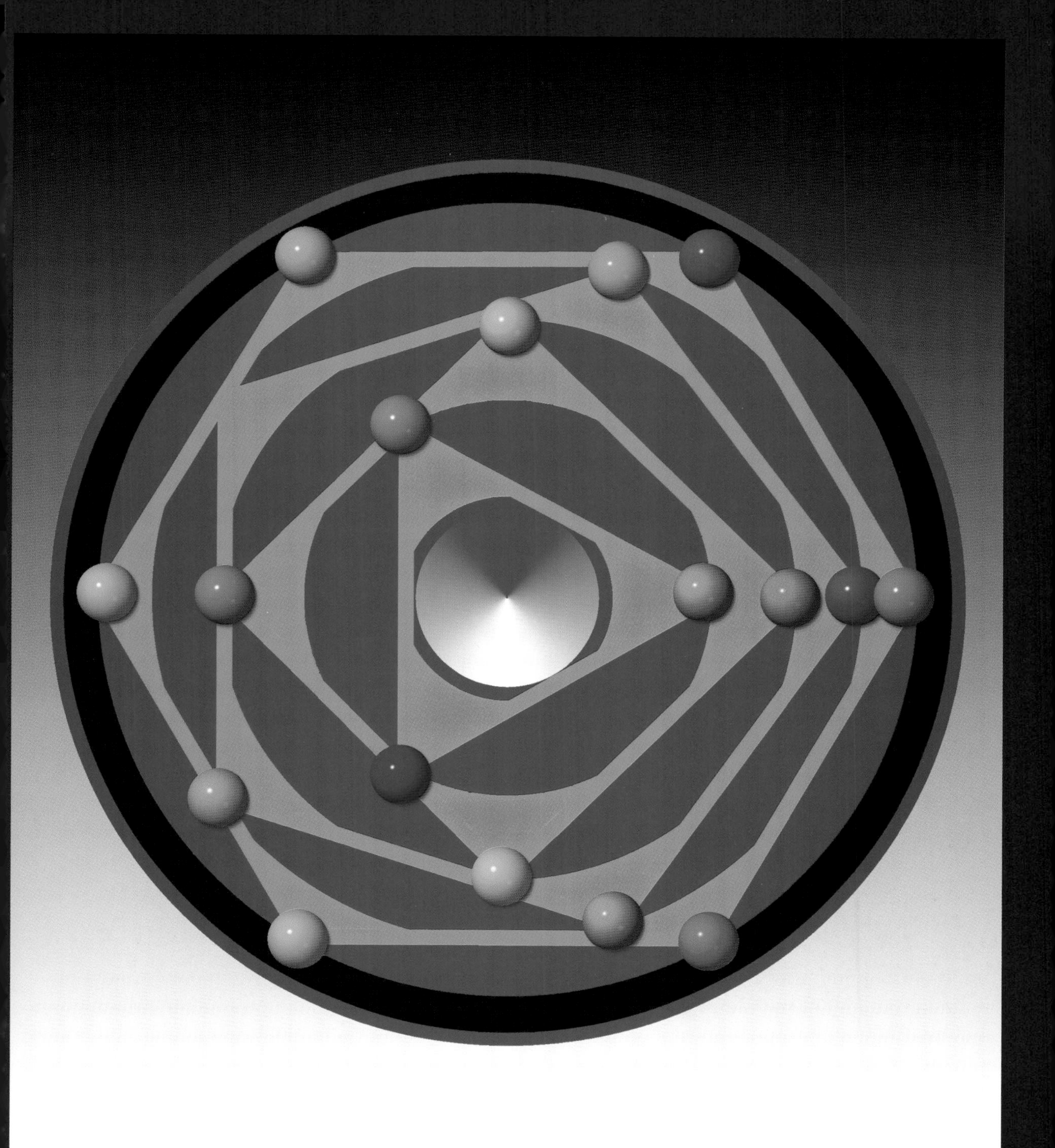

1942년

헥스

피에트 하인(Piet Hein, 1905~1996년), **존 포브스 내시 주니어**(John Forbes Nash Jr., 1928~2015년)

헥스(Hex)는 보통 가로세로 11×11칸의 육각형 그리드가 마름모 모양으로 그려진 판에서 하는 2인용 보드 게임이다. 1942년에는 덴마크 수학자이자 시인인 피에트 하인이, 그리고 1947년에는 미국 수학자인 존 내시가 각각 독자적으로 이 게임을 개발했다. 노벨상을 수상한 내시는 대중적으로는 아마도 내시의 수학적 업적과 정신 분열증과의 투쟁에 초점을 맞춘 할리우드 영화 「뷰티플 마인드(A Beautiful Mind)」의 주인공으로 유명할 것이다. 영화와 같은 제목의 책에서 내시는 이 게임을 하기에 가장 이상적인 판의 크기는 14×14라고 적었다.

선수들은 서로 다른 색 말(예를 들자면 빨간색과 파란색 말)을 골라서 교대로 자기 말을 육각형 칸 위에 놓는다. 빨간색 말의 목표는 그 판의 마주보는 양쪽 변을 잇는 빨간색 길을 만드는 것이다. 파란색 말의 목표는 나머지 양쪽 변을 잇는 길을 만드는 것이다. 마주보고 있는 두 변의 육각형 그리드들은 같은 색으로 정해져 있고, 게임 참가자에게 각각 배당된다. 상대방이 먼저 차지한 육각형 그리드를 빼앗는 것은 불가능하다. 내시는 이 게임이 절대로 무승부로 끝나지 않고 수를 먼저 두는 사람에게 유리하며 선수를 두는 사람이 필승 전략을 가질 수 있다는 사실을 발견했다. 만약 이 게임을 좀 더 공평하게 만들고 싶다면 선수를 잡은 사람이 첫 수나 처음 세 수를 둔 다음에 상대방에게 색깔을 바꿀 기회를 주는 것이 한 가지 방법이다.

1952년 미국의 장난감 회사 파커 브라더스(Parker Brothers) 사는 이 게임의 대중판을 출시하기도 했다. 선수 필승 전략은 놀이판 크기를 여러 가지로 달리해서 실험되었다. 이 게임은 단순해 보이지만 수학자들은 한층 심오한 분야에 적용했다. 실제로 이 게임은 브라우어 부동점 정리 같은 것을 연구할 때 활용된다.

피에트 하인은 디자인과 시와 수학적 게임들 때문에 국제적으로 명성을 떨쳤다. 1940년 독일이 덴마크를 침공했을 때 반나치 단체의 수장이었던 하인은 지하로 몸을 숨기지 않을 수 없었다. 하인은 1944년에 자신의 창의적 접근법을 이렇게 설명했다. "풀리기 전까지 명료하게 공식화할 수 없는 문제들을 푸는 것은 예술입니다."

관련 항목 브라우어 부동점 정리(320쪽), 피그 게임 전략(388쪽), 내시 평형(402쪽), 인스턴트 인새니티(434쪽)

헥스는 육각형 그리드 위에서 하는 보드 게임이다. 빨간색 말들의 목표는 그 판의 양쪽 끝을 서로 잇는 빨간색 선을 만드는 것이다. 파란색 말들의 목표는 나머지 양쪽 끝을 잇는 경로를 형성하는 것이다. 이 경우에는 빨간색이 이긴다.

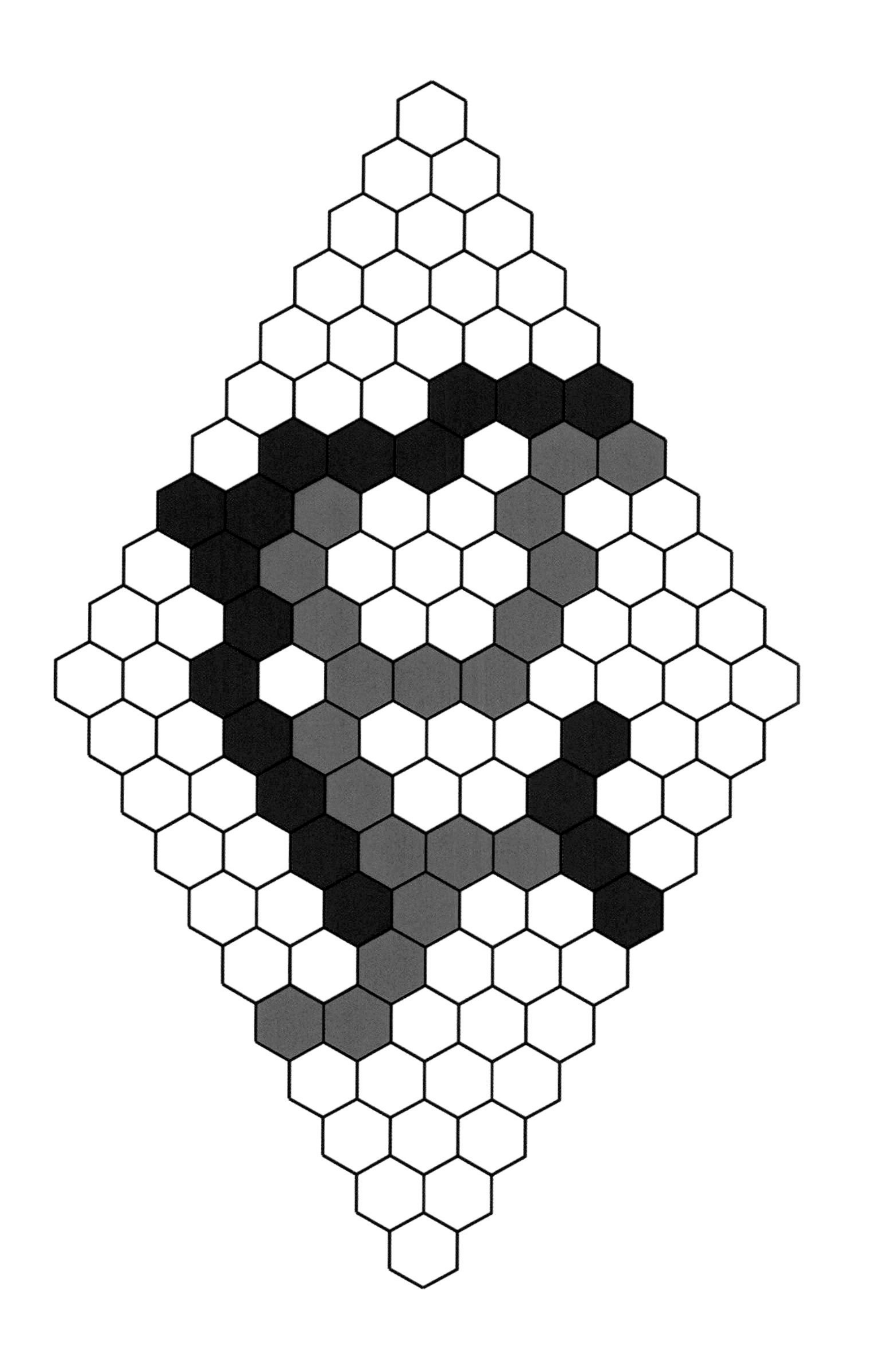

1945년

피그 게임 전략

존 스칸(John Scarne, 1903~1985년)

피그 게임(Pig Game)은 규칙은 간단하지만 그 전략과 분석은 놀라울 정도로 복잡하다. 이 게임은, 보기에는 단순해 보이지만 오랜 세월에 걸쳐 풍요로운 수학적 성과를 낳은 수학적 문제들에 대한 은유이자, 교사들이 게임의 필승 전략을 가르칠 때 쓰는 도구로서 중요한 역할을 해 왔다.

피그 게임을 1945년 처음 인쇄물로 설명한 사람은, 미국의 마술가이자 발명가였던 존 스칸이었다. (본명은 올란도 카르멜로 스카르네키아로(Orlando Carmelo Scarnecchia)이다.) 하지만 사실 이 게임은 더 오래된 '민속 놀이'에 뿌리를 두고 여러 가지로 변주한 것이다. 피그 게임은 주사위를 던져 나온 숫자를 기록해서 그 합이 먼저 100 이상 되는 사람이 이기는 게임이다. 참가자들은 주사위를 1이 나올 때까지 던지거나, 아니면 쉴 수 있다. 만약 1이 나오면 그 차례에 참가자가 얻은 점수는 모두 날아가고 주사위를 던질 차례는 상대편에게 넘어간다. 쉬면 주사위를 상대에게 넘겨줘야 하지만 그 차례에 얻은 점수를 모두 기록할 수 있다. 예를 들어, 여러분이 주사위를 던져 3이 나오면, 다시 주사위를 굴릴 수도 있고 쉴 수도 있다. 만약 주사위를 굴려 1이 나오면 자신의 점수에 아무것도 더하지 않고 주사위를 상대에게 건네줘야 한다. 상대방이 3-4-6을 굴리고 나서 쉬기로 결정하면 그는 자기 점수에 13을 더하고 주사위를 도로 여러분에게 돌려준다.

피그 게임은 텔레비전 퀴즈 프로그램의 이름을 따서 '제퍼디(Jeopardy)' 주사위 게임이라고도 하는데, 게임 참가자들이 추가 득점 가능성과 이미 얻은 점수를 깎아먹을 위험을 염두에 두고 주사위를 더 굴릴지 말지 결정해야 하기 때문이다. 2004년에 컴퓨터 과학자인 토드 넬러(Todd W. Neller)와 펜실베이니아 게티스버그 칼리지의 클리프턴 프레서(Clifton Presser)는 최적의 게임 전략을 찾기 위해 피그 게임을 상세히 분석했다. 두 사람은 수학과 컴퓨터 그래픽을 사용해서 복잡하고 직관과는 어긋나는 필승 전략 한 가지를 밝혀냈고, 한 번의 차례에서 점수를 최대화하기 위한 전략과 게임에서 승리하기 위한 전략이 왜 다른가를 보여 주었다. 이런 최적의 정책들을 발견하고 시각화한 것에 대해서 두 사람은 시적으로 이렇게 썼다. "이 전략의 '풍경(landscape)'을 보는 것은 마치 이전에는 흐릿한 사진들로만 보아 오던 먼 행성의 표면을 처음으로 또렷하게 보게 되는 것과 같다."

관련 항목 주사위(32쪽), 내시 평형(402쪽), 죄수의 딜레마(406쪽), 뉴컴의 역설(420쪽), 인스턴트 인새니티(434쪽)

단순한 피그 게임의 전략과 분석은 놀라울 정도로 복잡하다. 피그 게임을 1945년에 처음으로 인쇄물을 통해 설명한 사람은 미국의 마술사이자 발명가인 존 스칸이었다.

1946년

에니악

존 모칠리(John Mauchly, 1907~1980년), **J. 프레스퍼 에커트**(J. Presper Eckert, 1919~1995년)

Electronic Numerical Integrator and Computer의 줄임말인 에니악(ENIAC)은 미국 과학자 존 모칠리와 J. 프레스퍼 에커트가 펜실베이니아 대학교에서 만들었다. 이 기기는 최초의 전자적이며, 프로그램 재입력이 가능한 디지털 컴퓨터로, 광범위한 계산 문제들을 푸는 데 사용될 수 있었다. 에니악의 원래 목적은 미국 육군에서 포탄의 사거리표를 계산하는 것이었다. 하지만 에니악은 개발되자마자 수소 폭탄 설계에 동원되었다.

에니악은 1946년에 공개되었는데 제작비로 50만 달러 가까이 들었다. 그 후 1955년 10월 2일 작동 중단되기까지 거의 매일 지속적으로 사용되었다. 에니악은 1만 7000개 이상의 진공관과 손으로 납땜된 조인트 약 500만 개로 이루어져 있었다. 입력과 출력을 위해서는 IBM 카드 리더기와 카드 펀치 기계가 이용되었다. 1997년에 공과 대학 학생들이 잔 밴 더 스피겔(Jan Van Der Spiegel)이라는 교수의 지도하에 30톤짜리 에니악의 '복제본'을 집적 회로 하나에 담아 내는 데 성공했다!

1930년대와 1940년대에 사용된 다른 계산 기계로는 미국의 아타나소프 베리(Atanasoff-Berry, 1939년 12월 공개), 독일의 Z3(1941년 5월 공개), 그리고 영국의 콜로서스 컴퓨터(1943년 공개) 등을 꼽을 수 있는데, 이 기계들은 완전히 전자적이지 않거나 범용적이지 않았다.

에니악 특허를 낸 이들(미국 특허 3,120,606번, 1947년 출원)은 이렇게 말했다. "정교한 계산이 일상화되면서, 속도는 그만큼 중요해졌다. 그러나 오늘날 시장에는 현대의 계산 수요를 완전히 만족시키는 것은 존재하지 않는다. …… 이 발명은 그처럼 긴 계산 과정을 몇 초로 줄이기 위해 만들어진 것이다."

오늘날 컴퓨터는 수치 해석, 수론, 확률론 등 수학의 대다수 영역에서 활용되고 있다. 수학자들이 연구와 교육에 컴퓨터를 사용하는 빈도가 날이 갈수록 높아지고 있고, 때로는 순수 수학자들도 통찰력을 얻기 위해 컴퓨터 그래픽을 이용하기도 한다. 최근에는 유명한 수학적 문제들을 해결할 때 컴퓨터의 도움을 받는 경우가 많아지고 있다.

관련 항목 주판(100쪽), 계산자(132쪽), 배비지 기계식 컴퓨터(220쪽), 미분 해석기(360쪽), 튜링 기계(372쪽), 쿠르타 계산기(398쪽), HP-35(448쪽)

다양한 계산 문제들을 푸는 데 이용할 수 있고 프로그램 재입력이 가능한 최초의 전자식 디지털 컴퓨터 에니악. 에니악이 최초로 사용된 사례들 중에는 수소 폭탄 개발 프로젝트와 관련된 것들이 있다. 이 사진은 미국 육군이 제공한 것이다.

1946년

중앙 제곱 난수 생성기

존 폰 노이만(John von Neumann, 1903~1957년)

과학자들은 비밀 암호를 개발하거나 원자 모형을 만들거나 조사 결과 등을 분석할 때 난수 생성기를 이용한다. 유사 난수 생성기(Pseudorandom Number Generator, PRNG)는 난수의 통계적 특성을 모방하는 수의 수열들을 생성하는 알고리듬이다. 중앙 제곱법(Middle-Square Method)은 수학자인 존 폰 노이만이 1946년에 개발한 유사 난수 생성 방법인데, 컴퓨터 기반 방법들 중 가장 먼저 나왔고 가장 유명한 축에 속한다.

먼저 1946 같은 수를 가져다 제곱해 3786916이라는 숫자를 만든다. 그리고 03786916이라고 쓰고 가운데 숫자 4개에 밑줄을 긋는다. 이 밑줄 쳐진 7869를 가져와 다시 제곱하고, 앞의 과정을 반복한다. 이렇게 하면 1946, 7869, 9211, … 하는 식으로 유사 난수열을 얻을 수 있다. 실제로 폰 노이만이 사용한 수는 10자리 숫자였지만 규칙은 동일하다.

헝가리 출신 수학자인 존 폰 노이만(헝가리식 이름은 노이만 야노시 러요시(Neumann János Lajos)이다.)은 수학, 물리학, 컴퓨터 과학에서 거둔 놀라운 업적들과 수소 폭탄으로 이어진 핵반응 연구에 힘을 보탠 것으로 유명하다. 그는 수소 폭탄 개발에 사용된 자신의 단순한 난수 생성 방식에 결함이 있음을, 그리고 이 수열에서 결국 앞에서 나온 숫자가 반복될 것을 알기는 했지만, 그래도 이 방법의 응용처가 많다는 데 만족했다. 1951년에 폰 노이만은 이 방법을 사용하는 이들에게 이렇게 경고했다. "산술적 방법으로 난수들을 생성할 마음을 먹고 있는 이들은 모두 죄인이다." 하지만 폰 노이만은 하드웨어 기반의 난수 생성 방법보다 이 방법을 선호했다. 하드웨어적 난수 생성 방법이 자신의 방법보다 더 낫기는 하지만 중간에 생성된 값들을 기록하지 않아서 문제를 찾아내려고 해도 기존에 진행된 절차들을 반복하기 어려운 탓이었다. 사실 폰 노이만의 놀랍도록 단순한 방법을 에니악 컴퓨터에 적용하면 펀치 카드에서 수를 읽어 난수표를 만드는 것보다 수백 배는 빨리 유사 난수를 얻을 수 있었다.

노이만 이후의 유사 난수 생성 방법으로는 선형 합동법(Linear Congruential Method)이 있다. 이 방법에서는 $X_{n+1}=(aX_n+c) \bmod m$ 형태의 공식을 사용한다. 여기서 $n \geq 0$, a는 승수, m은 절댓값, c는 증분, 시작값은 X_0이다. 최근에는 메르센 트위스터(Mersenne Twister)라는 유사 난수 생성 알고리듬이 많이 쓰인다. 이것은 마쓰모토 마코토(松本眞)와 니시무라 다쿠지(西村拓土)가 1997년에 개발했다.

관련 항목 주사위(32쪽), 뷔퐁의 바늘(196쪽), 난수 생성기(380쪽), 에니악(390쪽)

1940년대의 폰 노이만. 폰 노이만은 중앙 제곱법이라는 컴퓨터 기반 유사 난수 생성 알고리듬을 개발했다.

1947년

그레이 부호

프랭크 그레이(Frank Gray, 1887~1969년), **에밀 보도**(Émile Baudot, 1845~1903년)

그레이 부호(Reflected Binary Gray Code)는 앞뒤로 인접한 숫자들이 자릿수 1개에서 1만큼만 차이 나는 숫자들의 수열로 나타낸 부호를 말한다. 예를 들어 182와 172는 십진 그레이 부호에서 인접한 숫자가 될 수 있지만 182와 162는 안 되고(두 번째 자릿수에서 차이가 1이 아니다.) 182와 173도 안 된다(1만큼 차이 나는 자릿수가 한 쌍이 아니라 두 쌍이다.).

단순하고 유명하며 유용한 그레이 부호 가운데 하나가 바로 교번 이진 부호(Reflected Binary Code)이다. 이 부호는 0과 1로만 이루어져 있다. 마틴 가드너는 일반적인 이진법 숫자를 가지고 교번 이진 부호용 그레이 수열을 만드는 요령을 소개한 적이 있는데, 우선 이진법 숫자의 가장 오른쪽 자리에 있는 숫자를 살펴봐야 한다고 충고한다. 다음 각 자리를 차례로 살펴보면서 숫자를 조작하면 된다. 만약 그 왼쪽 옆의 수가 0이라면 오른쪽 수는 그대로 둔다. 그렇지 않고 왼쪽 옆 수가 1이면 오른쪽 수를 바꾼다. (가장 왼쪽에 있는 수는 그 왼쪽에 0이 있다고 친다. 따라서 그대로 둔다.) 예를 들어 이러한 요령을 110111에 적용시켜 보면 101100이 된다. 그레이 부호를 만들 수 있는 그레이 수이다. 같은 방법으로 여러 자리의 이진법 숫자들, 다시 말해 0, 1, 11, 10, 110. 111, 101, 100, 1100, 1101, 1111, …로 시작하는 그레이 수열을 만들 수 있다.

교번 이진 부호는 원래 전기 기계 스위치들에서 생길 수 있는 오류 출력을 방지하기 위해 고안되었다. 교번 이진 부호를 사용하면 어떤 값이 인접한 다른 값으로 변할 때 항상 1비트만 바뀌기 때문이다. 오늘날 그레이 부호는 텔레비전 신호 전송 같은 디지털 통신에서 오류를 수정하는 과정이나 전송 시스템에서 잡음을 줄이는 데 이용된다. 프랑스의 기술자 에밀 보도는 그레이 부호를 1878년에 전신에 응용했다. 벨 연구소의 연구원이었던 물리학자인 프랭크 그레이의 이름을 딴 그레이 부호는 그레이가 출원한 특허들에 폭넓게 사용되었다. 그레이는 진공관을 이용해 아날로그 신호를 이진 그레이 부호들로 변환하는 방법 중 하나를 발명했다. 오늘날 그레이 부호는 그래프 이론과 수론 같은 수학 분야에서도 중요하게 이용된다.

관련 항목 불 대수학(244쪽), 그로스의 『바게노디어 이론』(260쪽), 하노이 탑(280쪽), 정보 이론(396쪽)

1947년에 특허 출원되어 1953년에 승인된 프랭크 그레이의 미국 특허 2,632,058의 도안. 그레이는 이 특허에서 유명한 그레이 부호를 소개하면서 "교번 이진 부호"라고 불렀다. 나중에 다른 연구자들은 이 부호를 그레이 부호라고 불렀다.

March 17, 1953 F. GRAY 2,632,058

PULSE CODE COMMUNICATION

Filed Nov. 13, 1947 4 Sheets-Sheet 1

FIG. 1

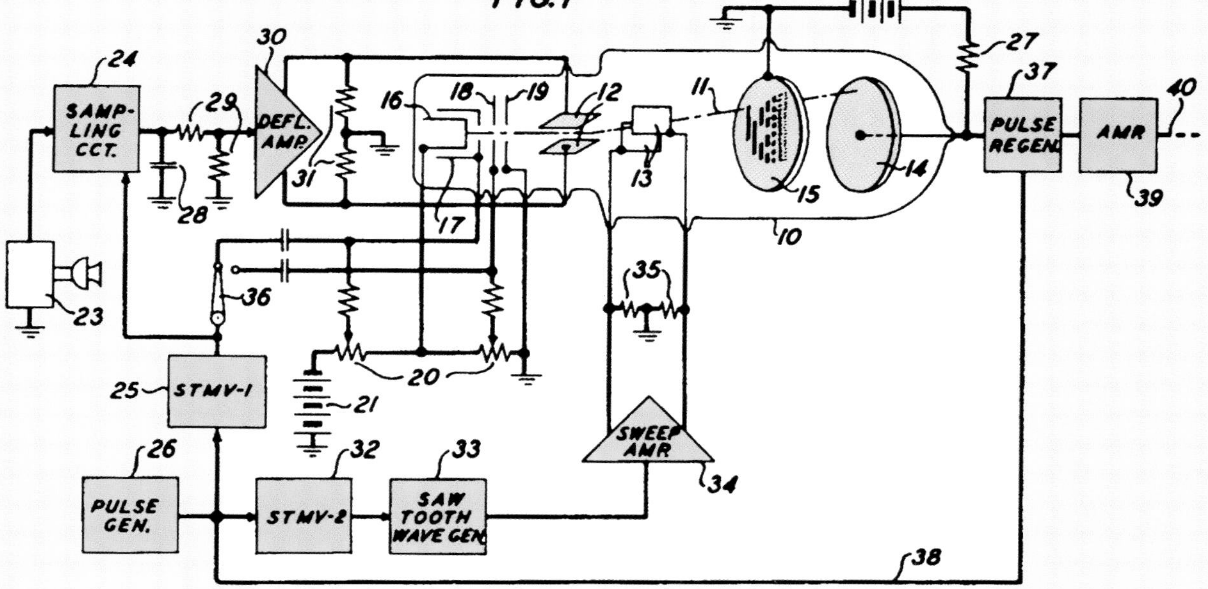

SAMPLING CCT.
DEFL. AMP.
PULSE REGEN.
AMP.
STMV-1
PULSE GEN.
STMV-2
SAW TOOTH WAVE GEN.
SWEEP AMP.

1948년

정보 이론

클로드 엘우드 섀넌(Claude Elwood Shannon, 1916~2001년)

10대 청소년들은 텔레비전을 보고 인터넷을 항해하고 DVD를 씽씽 돌리고 전화로 끝없이 수다를 떨면서도 대개 이 정보화 시대의 기반을 놓은 인물이 1948년에 「의사 소통의 수학적 이론(A Mathematical Theory of Communication)」이라는 논문을 발표한 미국의 수학자 클로드 엘우드 섀넌이라는 사실은 전혀 알지 못한다.

정보 이론(Information Theory)은 응용 수학의 한 분야로 데이터를 수량화하고, 과학자들이 다양한 계와 시스템의 정보 저장·전송·처리 능력을 이해하는 데 도움을 준다. 정보 이론은 또한 데이터를 압축하는 방법과, 가능한 한 많은 데이터를 안전하게 저장하고 채널을 통해 소통할 수 있게 하는 방법, 그리고 잡음과 오류를 줄이는 방법에도 관심을 가진다. 정보의 양은 정보 엔트로피(information entropy)로 측정하는데, 보통 저장이나 통신에 필요한 비트의 평균 수로 표시된다. 정보 이론의 기초가 되는 수학은 대부분 루트비히 볼츠만(Ludwig Boltzmann, 1844~1906년)과 J. 윌라드 깁스(J. Willard Gibbs, 1839~1903년)가 열역학 연구를 하면서 구축한 것을 바탕으로 한다. 앨런 튜링 또한 제2차 세계 대전 시기에 독일 에니그마 암호들을 깨는 데 정보 이론에 사용되는 개념들과 비슷한 개념들을 사용했다.

정보 이론은 수학과 컴퓨터 과학에서 신경 생물학, 언어학, 블랙홀까지 다양한 분야들에서 강력한 영향력을 발휘하고 있다. 정보 이론은 암호를 깨고 DVD 표면 흠집에서 생기는 오류들을 복구하는 등 실용적으로도 쓰인다. 1953년에 발행된 《포천》은, "평화 시 인류의 발전과 전쟁 시 안보가, 아인슈타인의 유명한 방정식을 응용해 폭탄을 만드는 공장이나 전력을 생산하는 발전소 등을 지어 물리력을 과시하는 것보다는 정보 이론의 결실을 거두어 그것을 응용하는 것에 달려 있다고 해도 과언이 아니다."라며 정보 이론의 실용적·정치적·사회적 가치를 아인슈타인의 이론보다 높게 평가했다.

섀넌은 알츠하이머 병과 오랫동안 투쟁한 끝에 2001년 84세를 일기로 세상을 떴다. 생전에 섀넌은 탁월한 저글링 선수(juggler)이자 외바퀴 자전거 선수이자 체스 선수이기도 했다. 안타깝게도 섀넌은 병 때문에 자기가 그것을 이루는 데 한몫을 한 정보화 시대를 끝내 보지 못했다.

관련 항목 불 대수학(244쪽), 튜링 기계(372쪽), 그레이 부호(394쪽)

정보 이론은 다양한 시스템들의 정보 저장 · 전송 · 처리 능력을 이해하게 해 준다. 정보 이론은 컴퓨터 과학에서 신경 생물학까지 폭넓은 분야에서 활용되고 있다.

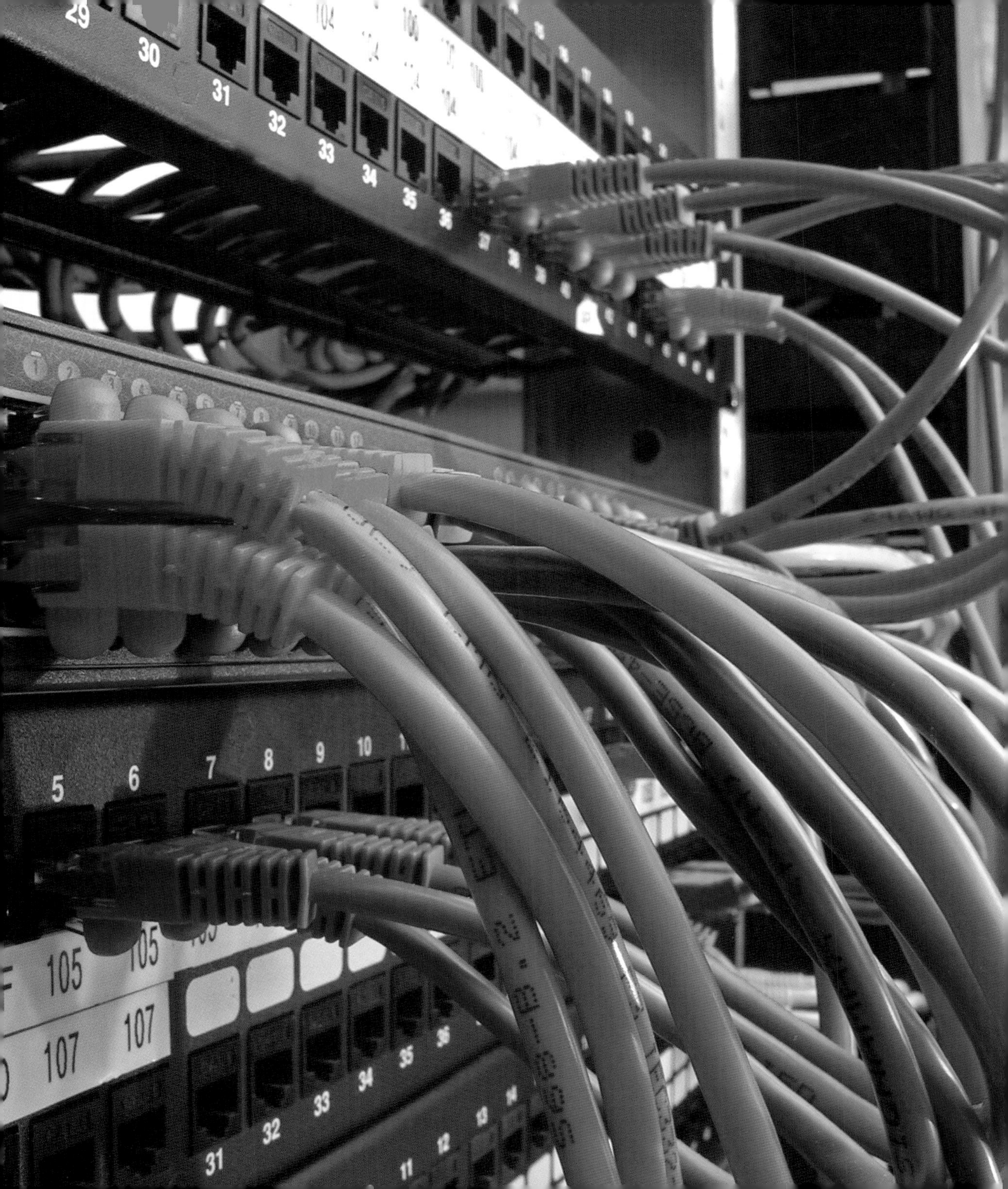

1948년

쿠르타 계산기

쿠르트 헤르츠슈타르크(Curt Herzstark, 1902~1988년)

많은 과학사가들이 쿠르타 계산기(Curta Calculator)를 사상 처음 상업적 성공을 거둔 휴대용 기계식 계산기로 여긴다. 손에 쥐고 쓸 수 있는 이 기계는 오스트리아 출신의 유대 인 쿠르트 헤르츠슈타르크가 부켄발트 수용소에 수감되어 있을 때 발명한 것으로 곱셈·덧셈·뺄셈·나눗셈을 할 수 있었다. 쿠르타 계산기는 보통 원통형 본체를 왼손으로 쥐고 8개의 슬라이더를 통해 수를 입력하는 방식이었다.

1943년에 헤르츠슈타르크는 "유대 인을 도왔으며" "아리아 인 여성과 점잖치 못한 접촉"을 했다는 죄목으로 기소되었다. 그리하여 결국 부켄발트까지 가게 되었는데, 거기서 그가 계산기에 대한 전문 기술과 지식을 가지고 있다는 소문이 나치의 귀에까지 들어가는 바람에 계산기 설계 일을 맡게 되었다. 나치는 그 계산기를 전쟁을 끝내 줄 선물로 히틀러에게 바치고 싶어 했다. 전쟁이 끝나자 헤르츠슈타르크는 1946년 리히텐슈타인 대공의 초청을 받아 리히텐슈타인으로 갔고 계산기 제조 공장을 세웠다. 1948년 그의 계산기는 대중적으로 널리 쓰이게 되었다. 한동안 쿠르타 계산기는 시중의 휴대용 계산기들 중 최고 성능의 물건이었고, 1970년대 전자 계산기의 시대가 오기 전까지 널리 쓰였다. 쿠르타 타이프 I은 11자리의 결과 카운터가 있었고, 더 큰 쿠르타 타이프 II는 1954년에 공개되었는데, 15자리의 결과 카운터가 있었다. 20년 가까이 쿠르타 타이프 I은 약 8만 대, 쿠르타 타이프 II는 약 6만 대가 생산되었다.

천문학자이자 과학 저술가인 클리프 스톨은 이렇게 썼다. "요하네스 케플러와 아이작 뉴턴, 켈빈 경은 모두 단순한 계산을 하는 데 낭비해야 하는 시간이 아깝다고 투덜댔을 것이다. 아, 만약 그들에게 더하고 빼고 곱하고 나눌 수 있는 휴대용 계산기만 있었다면! 거기다 디지털 판독기와 메모리가 있는 것으로. 단순하고 손가락을 놀리기 편한 인터페이스도 있으면 더 좋고. 그렇지만 1947년까지 그런 것은 하나도 없었다. 그후 겨우 사반세기 동안, 리히텐슈타인에서 가장 좋은 휴대용 계산기들이 쏟아져 나왔다. 알프스의 경관, 그리고 면세지를 자랑하는 이 조그만 땅에서, 쿠르트 헤르츠슈타르크는 기술자의 손에 은총을 내릴 가장 천재적인 계산기를 만들었다. 쿠르타 계산기였다."

관련 항목 주판(100쪽), 계산자(132쪽), 배비지 기계식 컴퓨터(220쪽), 금전 등록기(272쪽), 미분 해석기(360쪽), HP-35(448쪽)

쿠르타 계산기는 사상 처음 상업적으로 성공한 휴대용 기계식 계산기일 것이다. 손에 들고 쓸 수 있는 이 장치는 헤르츠슈타르크가 부켄발트 수용소에 수용되어 있을 때 개발한 것이다. 나치는 그 기기를 아돌프 히틀러에게 선물로 바치고 싶어 했다.

CURTA

1949년

차사르 다면체

차사르 아코스(Császár Ákos, 1924년~)

다면체는 변으로 연결된 다각형들이 모여 만들어진 입체이다. 그럼 한 다면체에 있는 꼭짓점들도 모두 변으로 연결되는 다면체는 몇 개나 될까? 먼저 사면체(삼각 피라미드)를 들 수 있다. 사면체는 꼭짓점 4개, 변 6개, 면 4개, 그리고 대각선 0개로 이루어져 있다. 변이 모든 꼭짓점 쌍을 연결한다. 그러나 사면체를 제외하고 나면 차사르 다면체(Császár Polyhedron) 말고는 없다. 변 말고 다각형의 두 꼭짓점들을 잇는 하나의 선을 대각선이라고 할 때, 대각선이 없다고 여겨지는 다면체는 사면체와 차사르 다면체뿐인 것이다.

차사르 다면체는 헝가리 수학자인 차사르 아코스가 1949년에 처음 설명했다. 조합론(어떤 대상의 모임에서 대상을 골라 배치하는 방식들을 연구하는 수학 이론)을 바탕으로 수학자들은 이제 사면체를 제외한 다른 다면체들이 대각선을 가지지 않으려면 그 입체에는 반드시 구멍(터널)이 적어도 1개는 있어야 함을 알고 있다. 차사르 다각형은 구멍이 1개 있고(직접 보고 만질 수 있는 모형이 없어서 눈앞에 떠올려 보기는 쉽지 않겠지만), 위상 수학적으로 보면 토러스(도넛)와 동일하다. 이 다면체는 꼭짓점 7개와 면 14개와 변 21개로 되어 있으며 2중 스칠라치 다면체이다. 2중 다면체(dual polyhedron)란 그 꼭짓점들이 다른 다면체의 면에 조응하는 다면체를 말한다.

데이비드 달링은 이렇게 썼다. "모든 꼭짓점 쌍들이 변으로 연결된 다른 다면체가 있는지는 아직 알 수 없다. 후보 자격이라도 가지려면 아마도 면 12개와 변 66개와 꼭짓점 44개와 구멍 6개를 가지고 있어야 할 것 같은데, 과연 이런 배치가 가능할까 싶다. 그리고 사실 이 흥미로운 도형 가족에 속하는 한층 더 복잡한 멤버들은 그보다 더 가능성이 의심스럽고 말이다."

마틴 가드너는 이 차사르 다면체의 폭넓은 응용 가능성에 대해서 이렇게 언급했다. "이 기묘한 입체의 골격 구조를 연구하면서 …… 우리는 이 입체에 얽힌 문제가 토러스 위에 7색으로 지도 그리기, 가장 작은 '유한 사영 평면' 찾기, 세쌍둥이인 일곱 소녀에 얽힌 오래된 수수께끼 풀기, 여덟 팀의 브리지 토너먼트 문제의 해법, 그리고 마방진 만들기 같은 문제들과 몇몇 주목할 만한 동형 사상(isomorphism)을 보여 준다는 것을 깨달았다."

관련 항목 플라톤 입체(52쪽), 아르키메데스 준정다면체(66쪽), 오일러 다면체 공식(184쪽), 아이코시안 게임(246쪽), 픽의 정리(296쪽), 지오데식 돔(348쪽), 램지 이론(362쪽), 스칠라시 다면체(468쪽), 스피드론(472쪽), 구멍 다면체 풀기(504쪽)

차사르 다면체. 변으로 연결되지 않는 두 꼭짓점을 잇는 선분을 대각선이라고 정의했을 때, 사면체를 제외하면 차사르 다면체는 대각선이 없는 유일한 다면체이다.

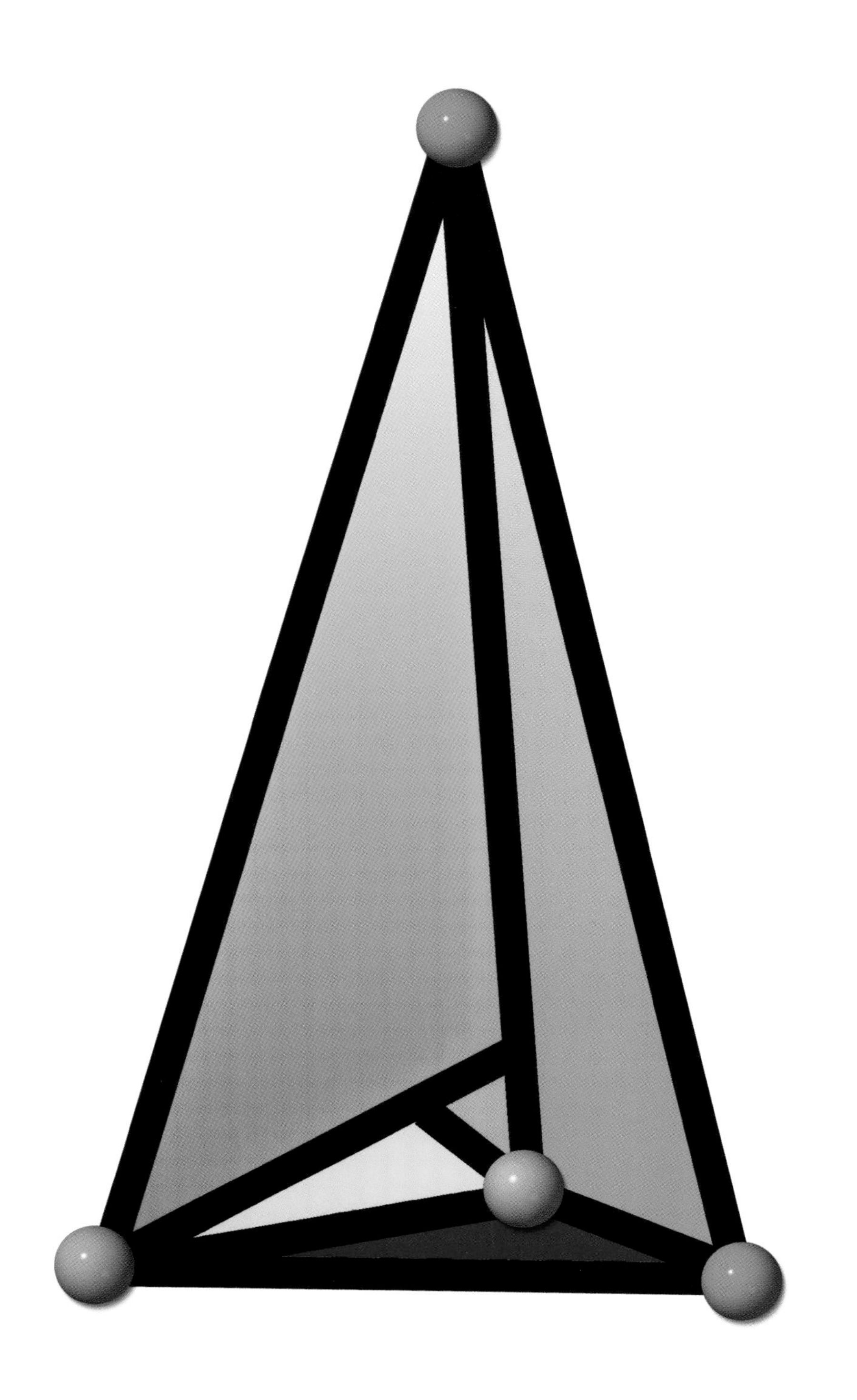

1950년

내시 평형

존 포브스 내시 주니어(John Forbes Nash Jr., 1928~2015년)

미국 수학자 존 포브스 내시 주니어는 1994년 노벨 경제학상을 받았다. 그로부터 반세기도 더 전인 21세 때 쓴 27쪽짜리 짧은 박사 학위 논문 덕분이었다.

게임 이론(Game Theory)에서 내시 평형(Nash Equilibrium, '내시 균형'이라고도 한다.)은 선수가 최소한 둘 이상 참여하는 게임들에서 나타나는 어떤 상태를 가리키는 말이다. 예를 들어 게임을 하다가 보면 선수들이 상대방의 대응에 따라 최선의 전략을 선택해서 서로가 자신이 선택한 전략을 바꾸지 않는 일종의 '평형/균형' 상태에 도달할 수 있다. 이 상태에서는 상대방이 전략을 바꾸지 않는 한 나도 전략을 바꾼다고 해서 이득이 없기 때문에 전략을 바꾸지 않게 된다. 이 상태를 '내시 평형'이라고 한다. 1950년에 내시는 「비협력적 게임들(Non-cooperative Games)」이라는 논문에서 선수 수에 상관없이 모든 유한한 게임에는 복합적인 전략들에 대한 내시 평형이 반드시 존재해야 한다고 처음으로 증명했다. 원래 게임 이론은 1920년에 존 폰 노이만이 오스카어 모르겐슈테른과 함께 쓴 『게임 이론과 경제적 행동(*Theory of Games and Economic Behavior*)』에서 정점에 이르면서 큰 진전을 보았다. 두 사람은 두 선수들의 이해 관계가 엄격하게 대립하는 '제로섬' 게임에 초점을 맞추었다. 오늘날 게임 이론은 인간의 갈등과 흥정, 그리고 동물의 군집 행동에 관해 연구할 때 많이 사용된다.

내시로 말하자면, 게임 이론과 대수 기하학과 비선형 이론에서 세운 업적을 1958년 《포천》에서 크게 다루면서 비교적 젊은 세대 수학자들 중 가장 탁월한 인물로 조명을 받았다. 그리하여 계속적인 성취만을 이어 나갈 것 같았던 내시는 1959년에 급작스레 정신 병원에 입원해 정신 분열증 진단을 받았다. 내시는 외계인들이 자기를 남극 대륙의 황제 자리에 앉혔다고 믿었다. 그리고 신문의 문장 같은 평범한 텍스트 속에 극도로 중요한 의미가 숨겨져 있다고 생각했다. 내시는 한때 이렇게 말했다. "수학과 광기 사이에 직접적인 관계가 있다고는 감히 말하지 않겠지만, 위대한 수학자들이 광적인 성격, 망상, 정신 분열증의 증후군으로 고생하고 있음은 의심할 여지가 없다." (내시는 2015년 아벨 상을 수상했다. 오슬로에서 열린 아벨 상 수상식에 참석하고 돌아오던 길에 미국 뉴저지 주에서 교통 사고로 부인과 함께 사망했다.)

관련 항목 헥스(386쪽), 피그 게임 전략(388쪽), 죄수의 딜레마(406쪽), 뉴컴의 역설(420쪽), 체커(514쪽)

왼쪽: 노벨상 수상자인 존 내시. 2006년 독일 쾰른 대학교의 게임 이론 학회에 참가했을 때 찍은 사진이다. 오른쪽: 게임 이론의 수학은 사회 과학에서 국제 관계와 생물학에 이르까지 여러 분야에서 현실 세계의 시나리오와 모형을 포착하는 데 이용되고 있다. 최근에는 내시 평형을 서식지의 자원을 놓고 경쟁하는 꿀벌 군집들의 모형을 만드는 데 적용하는 연구가 진행되고 있다.

1950년

해안선 역설

루이스 프라이 리처드슨(Lewis Fry Richardson, 1881~1953년), **브누아 망델브로**(Benoît B. Mandelbrot, 1924~2010년)

만약 어떤 사람이 해안선이나 두 나라의 국경선의 길이를 측정하려고 한다면, 그 측정값은 측정에 사용된 자의 길이에 따라 달라질 것이다. 자의 길이가 줄어들수록 그 측정 과정은 그 경계선의 더 작은 주름들에 더 민감하게 반응할 것이고 경계선의 길이는 더 길어질 것이다. 이론적으로 자의 길이가 0에 수렴하면 해안선이나 국경선의 길이는 무한에 다가갈 것이다. 영국 수학자인 루이스 리처드슨은 둘 이상의 나라들을 갈라놓는 국경선의 성격과 전쟁 발생 사이의 상관관계를 밝히려는 연구를 하면서 이런 생각을 처음 떠올렸다. (리처드슨은 한 나라에서 일어나는 전쟁의 수가 그 나라와 국경을 맞대고 있는 나라들의 수와 비례한다고 보았다.) 프랑스계 미국인 수학자 브누아 망델브로는 리처드슨의 연구를 기반으로 자의 길이 ε와 해안선의 확실한 전체 길이 L 사이의 관계를 D라는 매개 변수, 즉 프랙털 차원(Fractal Dimension)으로 나타낼 수 있다고 주장했다.

D를 이해하려면 자의 수 N과 길이 ε 사이의 관계를 살펴봐야 한다. 원 같은 부드러운 곡선의 경우에 $N(\varepsilon)=c/\varepsilon$이고, 여기서 c는 상수이다. 그렇지만 해안선 같은 프랙털 곡선에서 관계식은 $N(\varepsilon)=c/\varepsilon^D$이 된다. 이 공식의 양 변에 ε를 곱하면 관계식은 그 자의 길이의 공식으로 나타낼 수 있다. $L(\varepsilon)=\varepsilon/\varepsilon^D$. D가 분수라는 것만 빼면 전통적인 차원 개념(선은 1차원, 면은 2차원)과 그런대로 맞아떨어진다고 할 수 있다. 해안선은 서로 다른 크기 스케일들로 뒤틀려 있기 때문에, 면을 일부 '채울' 수 있으며, 선과 면 사이의 차원을 점유한다. 프랙털 구조란 반복적으로 확장되면서 그 세부가 더욱더 섬세하게, 그리고 끝없이 드러나는 도형을 뜻한다. 망델브로는 영국 브리튼 섬 해안선의 프랙털 차원 값을 $D=1.26$으로 매긴다. 물론 현실 물체의 경우 결코 극미한 자를 사용해 잴 수 없지만, 이 '역설'은 자연의 형상들이 다양한 측정 스케일들에 걸쳐 분수 값의 차원을 가지고 있음을 보여 준다.

관련 항목 바이어슈트라스 함수(258쪽), 코크 눈송이(312쪽), 하우스도르프 차원(336쪽), 프랙털(462쪽)

영국 해안선의 길이를 측정할 때 더 짧은 자를 사용해 더 정밀하게 측정하면 할수록 해안선의 길이는 무한정 길어지는 것처럼 보인다. 이 '역설'은 자연의 형상들이 다양한 측정 스케일에 걸쳐 분수 값의 차원들을 가지고 있음을 보여 준다.

1950년

죄수의 딜레마

멜빈 드레셔(Melvin Dresher, 1911~1992년), **메릴 믹스 플러드**(Merrill Meeks Flood, 1908~1991년), **앨버트 윌리엄 터커**(Albert William Tucker, 1905~1995년)

천사 하나가 카인과 아벨이라는 두 죄수를 맡았다고 생각해 보자. 혐의는 '둘 다' 에덴 동산에 몰래 숨어 들어왔다는 것이다. 두 사람 다 불리한 증거가 있기는 하지만 충분하지는 않다. 두 사람 다 자백하지 않으면 천사는 불법 침입에 대한 형량을 낮춰야 한다. 그리고 겨우 6개월 동안만 사막을 떠돌아다니면 된다. 하지만 어느 한쪽만 자백을 한다면 그 사람은 풀려나 자유를 얻지만 다른 사람은 30년간 사막을 기어다니며 먼지나 먹어야 한다. 다른 한편, 카인과 아벨 둘 다 자백을 하면 둘 다 유배 형량을 5년으로 감형받는다. 카인과 아벨은 격리되어 있어서 서로 소통할 수 없다. 카인과 아벨은 어떻게 해야 할까?

얼핏 보면 이 딜레마에 대한 해결책은 간단하다. 카인도 아벨도 자백하지 않음으로써 둘 다 최소의 처벌로 끝나면 되는 것이다. 그렇지만 만약 카인이 서로 공조하기를 원한다고 해도, 아벨이 마지막 순간에 카인을 이중 배신해서 가능한 한 최선의 결과, 즉 자유를 얻으려는 유혹을 받을 수도 있다. 이 딜레마에 대한 중요한 게임 이론적 접근법 한 가지에 따르면 이 시나리오는 두 혐의자를 모두 자백으로 이끌게 되어 있다. 자백이 협력과 불응 전략보다 더 가혹한 처벌로 이어진다고 해도 말이다. 카인과 아벨의 딜레마, 즉 죄수의 딜레마(Prisoner's Dilemma)는 개인의 선과 집단의 선 사이의 갈등을 탐구한다.

죄수의 딜레마는 멜빈 드레셔와 메릴 믹스 플러드가 1950년에 처음 공식적으로 제시했다. 앨버트 윌리엄 터커는 '제로섬이 아닌 게임'을 분석할 때 나타나는 어려움을 이해하고 설명하기 위해 이런 딜레마, 한 죄수의 이득이 반드시 다른 죄수의 손해로 이어지지 않는 딜레마들을 연구했다. 터커의 연구가 이루어진 이래 철학과 생물학에서 사회학, 정치학, 경제학에 이르기까지 여러 분야에서 막대한 관련 문헌들이 쏟아져 나왔다.

관련 항목 제논의 역설(48쪽), 아리스토텔레스의 바퀴 역설(56쪽), 상트페테르부르크 역설(178쪽), 이발사 역설(306쪽), 바나흐-타르스키 역설(352쪽), 힐베르트의 그랜드 호텔(356쪽), 생일 역설(382쪽), 피그 게임 전략(388쪽), 내시 평형(402쪽), 뉴컴의 역설(420쪽), 파론도의 역설(502쪽)

죄수의 딜레마는 1950년 멜빈 드레셔와 메릴 믹스 플러드가 처음으로 공식 제기했다. 연구자들은 이 딜레마를 이용해 한 죄수의 이익이 반드시 다른 죄수의 손해로 이어지지 않는 비제로섬 게임을 분석하는 어려움을 설명할 수 있다.

1952년

세포 자동자

존 폰 노이만(John von Neumann, 1903~1957년), **스타니슬라프 마르신 울람**(Stanisłw Marcin Ulam, 1909~1984년), **존 호턴 콘웨이**(John Horton Conway, 1937년~)

세포 자동자(Cellular Automata)는 복잡하게 돌아가는 다양한 물리적 과정들을 모형화할 수 있는 단순한 수학적 계 가운데 한 가지이다. 세포 자동자 연구의 응용 분야에는 식물 종 확산에 대한 연구, 따개비 같은 동물들의 번식에 대한 연구, 화학 반응 등에서 생겨난 진동에 대한 연구, 산불의 확산 등을 모형화하는 연구 등이 포함되어 있다.

고전적인 세포 자동자 모형 중에는 점유되거나 점유되지 않은 두 상태로 존재할 수 있는 세포(cell)들의 격자로만 이루어진 것도 있다. 어떤 세포가 점유되느냐 아니냐는 이웃 세포들의 점유 상태를 수학적으로 분석함으로써 쉽게 결정할 수 있다. 수학자들은 이 세포 점유 규칙을 정의하고 체스 판처럼 세포 자동자들이 작동하는 게임 판을 만들어 게임이 저절로 진행되도록 놔둔다. 그 규칙이 아무리 단순하다고 해도 세포 자동자들은 무척 복잡하고 때로는 격류의 흐름이나 난수표의 숫자들처럼 거의 무작위적으로 보이기까지 하는 패턴을 결과물로서 내놓는다.

이 분야의 초기 작업은 1940년대에 스타니슬라프 울람이 단순한 격자를 사용해 결정의 성장을 모형화하면서 시작되었다. 울람은 수학자인 존 폰 노이만에게 다른 로봇을 만들 수 있는 로봇처럼 자기 복제가 가능한 계들을 모형화할 때 자신이 사용한 것과 비슷한 방법을 써 보라고 권유했다. 그리하여 폰 노이만은 1952년경 세포당 29가지 상태가 있는 최초의 2차원 세포 자동자를 만들었다. 폰 노이만은 어떤 세포 우주 속에 특정한 패턴이 주어질 경우 세포 자동자들이 끝없이 자신의 복제품을 만들어 낼 수 있음을 수학적으로 증명했다.

가장 유명한 2상태, 2차원 세포 자동자는 존 콘웨이가 발명하고 마틴 가드너가 《사이언티픽 아메리칸》을 통해 대중화한 '생명의 게임(Game of Life)'이다. 이 게임의 단순한 규칙들은 자신들의 우주 안에서 움직이고 심지어 계산을 수행하기 위해 상호 작용까지 할 수 있도록 세포들을 배치한 '글라이더' 같은 놀랍고도 다양한 패턴과 행동과 형태 들을 낳았다. 2002년 스티븐 울프람은 『새로운 과학(*A New Kind of Science*)』에서 실제로 모든 과학 분야에서 세포 자동자가 중요한 역할을 하게 될 것이라고 주장했다.

관련 항목 튜링 기계(372쪽), 수학적 우주 가설(518쪽)

사진 속 나사조개 껍데기의 패턴은 껍데기의 색소 세포들이 세포 자동자처럼 행동해서 만들어진 것이다. 이 패턴은 1차원 세포 자동자에서 만들어지는 패턴과 비슷하다.

1957년

마틴 가드너의 수학 유희

마틴 가드너(Martin Gardner, 1914~2010년)

아마도 신의 천사가 카오스의 망망대해를 들여다보다 손가락으로 그 수면을 살짝 휘저어 놓았으리라. 이 극미하고 일시적인 방정식의 동요를 통해 우리 우주가 형태를 갖추었다.

—마틴 가드너, 『질서와 경이』에서

『수학적 놀이에서 이기는 방법들(*Winning Ways for Your Mathematical Plays*)』의 저자들은 마틴 가드너를 "수백만 명의 사람들에게 수학자들을 알리는 데 누구보다도 많은 공헌을 한 사람이었다."라고 했다. 미국 수학회의 앨린 잭슨(Allyn Jackson)은 가드너에 대해 "일반 대중이 수학의 아름다움과 매력에 눈을 뜨게 만들었고 수많은 사람들로 하여금 그 주제에 평생을 바치게 만들었다."라고 썼다. 사실 여러 가지 유명한 수학 개념 중에는 다른 어떤 지면보다 먼저 가드너의 글을 통해 세계의 주목을 얻은 것들이 많다. 실제로 수학자들은 가드너를 20세기 미국에서 수학 대중화에 가장 큰 역할을 한 사람으로 평가한다. 더글러스 호프스태터는 가드너를 "이 세기에 이 나라가 낳은 위대한 지성의 한 사람"이라고 부르기도 했다.

미국의 수학·과학 저술가인 마틴 가드너는《사이언티픽 아메리칸》에 1957년부터 1981년까지 「수학적 게임들(Mathematical Games)」이라는 칼럼을 썼고 65권이 넘는 책을 펴냈다. 시카고 대학교 학부를 나오고 같은 곳에서 철학 학사 학위를 땄다. 그의 엄청난 교양은 폭넓은 독서와 서신 왕래에서 나왔다. 그는 자신의 칼럼에서 플렉사곤(flexagon, 종이를 접어 만든 육면체), 콘웨이의 생명의 게임, 폴리오미노(polyomino), 소마 큐브(soma cube), 헥스, 탱그램(tangram, 중국식 퍼즐 게임), 펜로즈 타일, 공개 키 암호, M. C. 에스허르의 작품들, 프랙털 같은 주제들을 다루었다.

가드너는 1956년 12월호《사이언티픽 아메리칸》에 처음으로 게재한 기사는 헥사플렉사곤(hexaflexagon, 구부리고 접을 수 있는 물체)에 대한 것이었다. 발행인인 게리 피엘(Gerry Piel)의 사무실로 불려간 가드너는 잡지의 기삿거리를 만들 수 있는 비슷한 재료들이 넉넉히 있냐는 질문을 받았다. 가드너는 아마 그럴 거라고 대답했다. 그리고 다음 호(1957년 1월호)부터 가드너의 첫 고정 칼럼이 실렸다.

관련 항목 헥스(386쪽), 세포 자동자(408쪽), 펜로즈 타일(450쪽), 프랙털(462쪽), 공개 키 암호(466쪽), 「넘버스」(512쪽)

왼쪽: 2008년 가드너 컨퍼런스에서 사용된 로고. 테자 크라섹이 만들었다. 2년마다 열리는 이 컨퍼런스는 오락 수학, 마술, 퍼즐, 예술, 철학에서 큰 공헌을 한 가드너를 기리는 행사이다. 오른쪽: 자신의 저서들 앞에 서 있는 가드너. 1931년까지 거슬러 올라가는 가드너의 출판물들을 담은 여섯 칸의 책장이다. 2006년 가드너의 오클라호마 자택에서 찍은 사진이다.

The New AMBIDEXTROUS UNIVERSE
GARDNER ORDER & SURPRISE
Order and Surprise Martin Gardner
Magic Numbers Dr. MATRIX MARTIN GARDNER
MARTIN GARDNER
GREAT ESSAYS IN SCIENCE
Great Essays in Science
CLASSIC BRAINTEASERS
The Flight of Peter Fromm

1958년

길브레스의 추측

노먼 길브레스(Norman L. Gilbreath, 1936년~)

미국의 수학자이자 마술사인 노먼 길브레스는 1958년 소수 관련 추측 하나를 얼떨결에 냅킨 위에 휘갈겨 쓴 낙서의 형태로 세상에 알렸다. 길브레스는 첫 소수 몇 개를 썼다. 그러고는 연속된 항들끼리의 차를 계산해 기록했다.

2, 3, 5, 7, 11, 13, 17, 19, 23, 29, 31, …

1, 2, 2, 4, 2, 4, 2, 4, 6, 2, …

1, 0, 2, 2, 2, 2, 2, 2, 4, …

1, 2, 0, 0, 0, 0, 0, 2, …

1, 2, 0, 0, 0, 0, 2, …

1, 2, 0, 0, 0, 2, …

1, 2, 0, 0, 2, …

1, 2, 0, 2, …

1, 2, 2, …

1, 0, …

1, …

길브레스의 추측(Gilbreath's Conjecture)은, 첫 줄 이후 각 줄의 첫 수는 늘 1이 된다는 것이다. 수천억 줄까지 조사했는데 아무도 예외를 찾지 못했다. 수학자 리처드 가이(Richard Guy)는 이렇게 썼다. "어쩌면 길브레스의 추측이 사실일지도 모르지만, 가까운 미래에 우리가 그것을 증명할 수는 없을 것 같다." 수학자들은 이 추측이, 특히 소수와만 관련이 있는지, 아니면 2로 시작하고 사이에 충분한 간격이 있으며 충분한 비율로 증가하는 홀수로 이루어진 모든 수열에 적용되는 것인지 확신하지 못하고 있다. 에르되시 역시 이 추측이 자기 생각에도 참인 것 같다고 했지만 실제로 그 추측이 증명되려면 200년은 더 기다려야 할지도 모른다는 단서를 달았다.

길브레스의 추측은 수학사적으로 보았을 때 아주 중요한 것은 아니지만, 전문가가 아니라도 쉽게 이해할 수 있는 문제이면서 막상 풀려고 하면 몇 세기가 걸릴지 모르는 문제의 전형이기도 하다. 언젠가 우리가 소수를 더 잘 이해하게 되면 증명하게 될지도 모른다.

관련 항목 매미와 소수(24쪽), 에라토스테네스의 체(64쪽), 골드바흐의 추측(180쪽), 가우스의 『산술 논고』(208쪽), 리만 가설(254쪽), 소수 정리 증명(294쪽), 브룬 상수(338쪽), 울람 나선(426쪽), 안드리카의 추측(484쪽)

노먼 길브레스, 2007년, 케임브리지 대학교에서.

1958년

구 안팎 뒤집기

스티븐 스메일(Stephen Smale, 1930년~), **베르나르 모랭**(Bernard Morin, 1931년~)

오래전부터 위상 수학자들은 구의 안팎을 뒤집는 것(혹은 외변(evert))이 이론적으로 가능하다는 것은 알았지만 어떻게 해야 하는지는 전혀 몰랐다. 1958년에 스티븐 스메일이라는 미국 수학자가 해답을 제시하기 전까지 수학자들은 이 문제가 풀리지 않을 것이라고 믿었다. 문제는 풀렸지만 이 변화를 명료하게 시각화할 수 있는 사람은 없었다. 연구자들이 컴퓨터 그래픽을 사용할 수 있게 되자, 수학자이자 컴퓨터 그래픽 전문가인 넬슨 맥스(Nelson Max)는 마침내 구의 변형을 설명하는 동영상 애니메이션을 내놓았다. 맥스가 1977년에 제작한 영화 「구 안팎 뒤집기(Turning a Sphere Inside Out)」는 1967년 프랑스의 시각 장애인 위상 수학자 베르나르 모랭이 한 구 외변 작업을 기반으로 했다. 이 애니메이션은 구가 자신의 표면을 통과하되 구멍이나 접힌 자국을 만들지 않으면서 안팎을 뒤집는 방식에 초점을 맞추고 있다.

구의 외변을 논할 때 우리는 비치볼의 바람을 빼고 그 바람 구멍을 통해 안쪽을 바깥쪽으로 끄집어낸 다음 다시 바람을 불어넣는 것을 말하는 것이 아니다. 아예 구멍이 없는 구를 이야기하는 것이다. 수학자들은 늘어날 수 있으며 심지어 표면을 찢거나 비틀거나 날카롭게 구기지 않으면서 자신의 표면을 통과할 수 있는 얇은 막으로 된 구를 시각화하려고 노력한다. 그런 날카로운 주름을 피하려다 보니 수학적 구 외변은 너무나 어려울 수밖에 없다.

1990년대 후반에 수학자들은 한 발짝 더 진보해서 기하학적인 '최적' 경로 — 변형이 일어나는 동안 구를 뒤트는 데 필요한 에너지를 최소화하는 경로 — 를 발견했다. 이 최적 구 외변, 즉 '옵티버스(optiverse)'는 이제 「옵티버스」라는 제목의 화려한 컴퓨터 그래픽 영화의 주인공이 되었다. 그렇지만 우리는 영화에 구현된 원리를 실제 풍선의 안팎을 뒤집는 데 사용할 수 없다. 현실의 공과 풍선 들은 자신을 통과할 수 있는 재료로 만들어지지 않았기 때문에, 구멍을 내지 않고 뒤집는 것이 불가능하기 때문이다.

관련 항목 뫼비우스의 띠(250쪽), 클라인 병(278쪽), 보이 곡면(304쪽)

왼쪽: 오늘날 수학자들은 구의 안팎을 뒤집는 방법을 정확히 알고 있다. 하지만 오랫동안 위상 수학자들은 이 난해한 기하학적 과업을 성취하는 방법을 알지 못했다. 오른쪽: 카를로 세퀸(Carlo H. Sequin)이 구를 외변하는 수학적 과정의 단계 중 하나를 물리적 모형으로 만들어 본 것이다. 초기 단계에서 구의 바깥쪽은 초록색, 안쪽은 빨간색이었다.

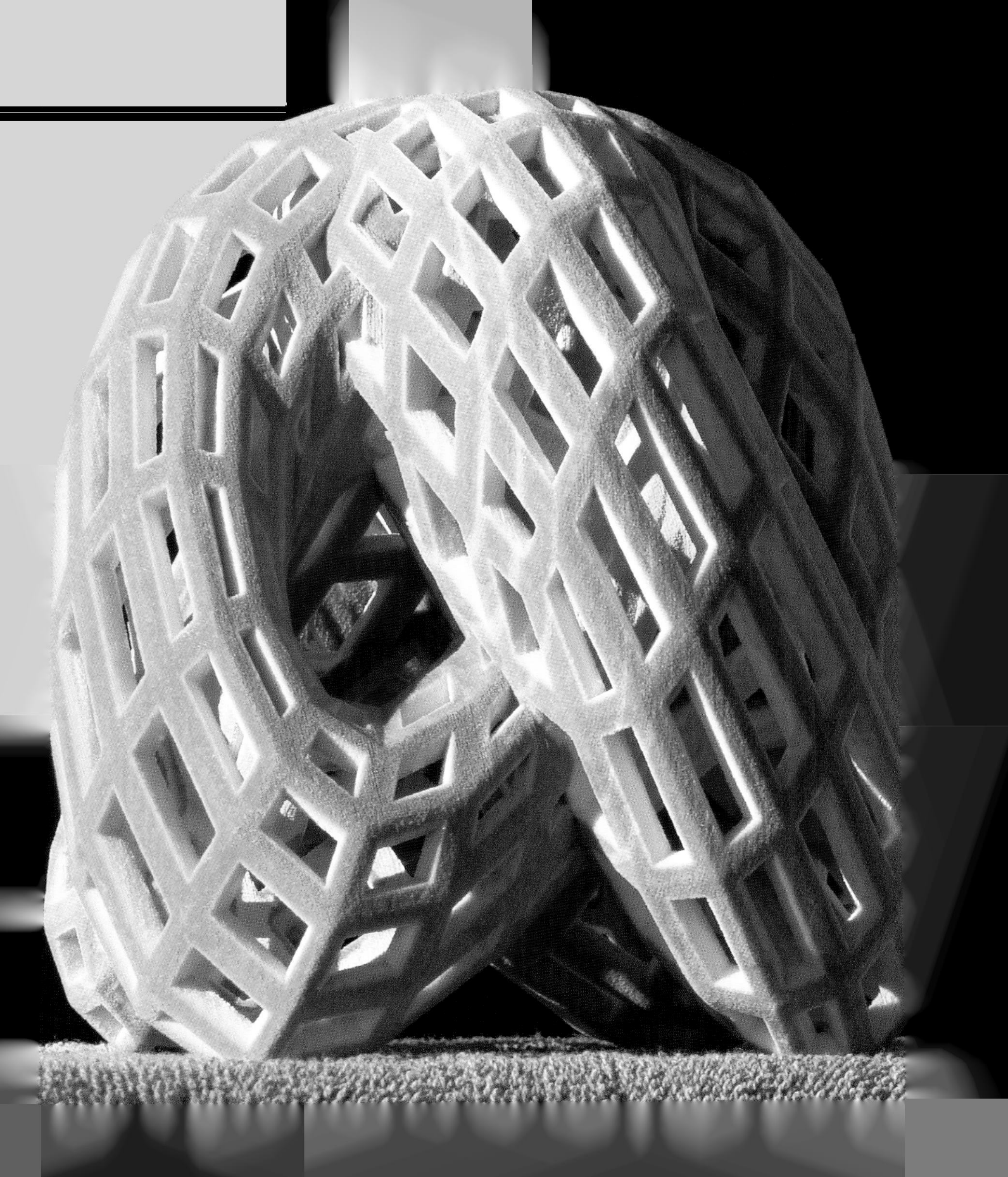

1958년

플라톤의 당구

루이스 캐럴(Lewis Carroll, 1832~1898년), **휴고 스타인하우스**(Hugo Steinhaus, 1887~1972년), **매슈 휴델슨**(Matthew Hudelson, 1962년~)

플라톤의 당구 문제(Platonic Billiards Question)는 한 세기도 넘게 수학자들의 흥미를 끌어 왔는데, 정육면체의 경우에 대한 해법이 먼저 나오고 나서 완벽한 해법이 나타나기까지는 다시 50년이나 더 기다려야 했다. 당구공 하나가 한 정육면체의 안쪽에서 굴러 다닌다고 상상해 보자. 이 이론적인 논의에서 마찰과 중력은 잠깐 무시한다. 우리는 그 당구공이 각 벽을 한 번씩만 튕긴 다음에 시작 지점으로 돌아오는 경로를 찾을 수 있을까? 이 문제는 영국의 작가이자 수학자인 루이스 캐럴이 처음으로 제기했다.

1958년에는 폴란드 수학자인 휴고 스타인하우스가 해법을 널리 발표해 정육면체에는 그러한 경로가 존재한다는 것을 보여 주었고, 1962년에는 수학자인 존 콘웨이와 로저 헤이워드(Roger Hayward)가 정사면체 안쪽에서 비슷한 경로들을 발견했다. 정육면체와 정사면체의 경우 각 벽들 사이에 있는 경로의 길이는 동일하다. 이론적으로 이 당구공은 이 경로 안에서 벽과 벽 사이를 튕기며 영원히 돌아다닌다. 하지만 이런 종류의 경로가 다른 플라톤의 입체들에도 존재하는지 확실히 아는 사람은 아무도 없었다.

1997년 마침내 미국 수학자인 매슈 휴델슨이 플라톤의 입체 — 팔면체, 십이면체, 이십면체 — 안에서 당구공이 튕겨나와 돌아다닐 수 있는 재미있는 경로를 선보였다. 이 휴델슨 경로(Hudelson path)는 안쪽 벽 각각과 접촉하고 나서 마지막으로 처음 시작 지점으로, 시작 방향으로 돌아온다. 휴델슨은 연구 과정에서 컴퓨터의 도움을 받았다. 십이면체와 이십면체의 경우에는 엄청난 수의 확률들을 고려해야 했다. 휴델슨은 이런 도형들과 관련된 문제에 대해 더 나은 직관을 얻기 위해 10만 개 이상의 무작위적인 초기 궤적을 생성하는 프로그램을 작성했고, 십이면체의 12개의 면을 모두 건드리고 이십면체의 20개의 면을 모두 건드리는 경로들을 연구해야 했다.

관련 항목 플라톤의 입체(52쪽), 아우터 빌리어즈(418쪽)

수학자들은 플라톤의 입체 다섯 가지 가운데 당구공이 처음 지점으로 돌아오는 최단 경로를 발견했다. 예를 들어 오른쪽 그림의 이십면체의 경우, 이 입체의 안쪽 벽을 각각 한 번씩 치고 가는 폐쇄된 '당구공' 경로가 존재한다. 테자 크라섹의 그림이다.

1958년

아우터 빌리어즈

베른하르트 헤르만 노이만(Bernhard Hermann Neumann, 1909~2002년), **위르겐 모저**(Jürgen Moser, 1928~1999년), **리처드 에번 슈워츠**(Richard Evan Schwartz, 1966년~)

아우터 빌리어즈(Outer Billiards, OB)는 독일 태생 영국 수학자인 베른하르트 헤르만 노이만이 1950년대에 개발했다. 그리고 독일계 미국 수학자인 위르겐 모저가 1970년대에 행성의 운동을 모형화할 때 이 개념을 사용해 유명해졌다. 아우터 빌리어즈 실험을 하려면 우선 다각형을 그려야 한다. 이 다각형 바깥에 점 하나를 찍고 x_0이라고 한다. 이 점에서 당구공을 친다고 해 보자. 당구공은 다각형의 꼭짓점 중 하나를 스쳐 지나간 다음 새로운 지점인 x_1에서 정지한다. 꼭짓점에서 x_0까지의 거리와 x_1까지의 거리는 같다. 다시 말해 꼭짓점이 x_0과 x_1을 잇는 선분의 중간 지점에 놓인다. 이 x_1 지점에서 시계 방향으로 방향을 틀어 다각형의 다른 꼭짓점을 향해 당구공을 때린다. 당구공이 스쳐 지나갈 수 있는 위치에 있는 꼭짓점을 겨냥해야 한다. 그리고 이 과정을 반복한다.

그렇다면 이 과정을 무한정 반복할 경우 볼록한 다각형 주위에 그린 궤적, 혹은 궤도는 어떻게 될까? 갇힌 궤도, 즉 유계 궤도(bounded orbit)가 될까, 아니면 갇히지 않은 궤도(unbounded orbit)가 될까? 노이만이 물은 것은 바로 이것이었다. 정다각형의 경우에는 모든 궤적이 그 다각형을 가두는 유계 궤도가 되고 그 다각형으로부터 점점 더 멀어지지도 않는다. 만약 그 다각형들의 꼭짓점들이 유리수 좌표를 가지고 있다면(분수로 나타낼 수 있다면) 당구공은 유계 궤도를 주기적으로 돌게 되고 결국 시작 지점으로 돌아온다.

2007년에는 브라운 대학교의 리처드 슈워츠가 펜로즈 타일에 쓰이는 펜로즈 연(Penrose Kite)이라는 사변형을 가지고 이 특이한 당구 경기를 시연했다. 마침내 노이만의 아우터 빌리어즈가 유클리드 평면에서 갇히지 않은 궤도를 낳을 수 있음을 보여 주었다. 슈워츠는 또한 커다란 팔각형 영역들 3개를 발견했는데, 그 안에서 당구공은 일시적으로 한 영역에서 다른 영역으로 들어갔다가 되튕겨 나오는 궤적을 그린다. 최근에 이루어진 다른 증명들처럼 슈워츠의 처음 증명 역시 컴퓨터의 도움을 받았다.

베른하르트 노이만은 1932년에 베를린 대학교에서 박사 학위를 받았다. 히틀러가 1933년에 집권했을 때 유대 인이었던 그는 처음에는 암스테르담으로, 이후 케임브리지로 도피했다.

관련 항목 플라톤의 당구(416쪽), 펜로즈 타일(450쪽)

리처드 슈워츠는 펜로즈 연(주황색의 중심 다각형) 주위에서 일어나는 아우터 빌리어즈의 동역학을 복잡한 타일 패턴으로 시각화할 수 있음을 보여 주었다. 다양한 다각형 영역의 색깔들은 이 영역들에서 끝점들을 갖는 궤적의 행동을 시사한다.

1960년

뉴컴의 역설

윌리엄 뉴컴(William A. Newcomb, 1927~1999년), **로버트 노직**(Robert Nozick, 1938~2002년)

여러분 앞에 각각 "1번 궤", "2번 궤"라는 딱지가 붙은 뚜껑 달린 궤나 상자 두 짝이 놓여 있다. 천사가 설명하기를 1번 궤에는 1,000달러어치 금잔이 들어 있고, 2번 궤에는 아무런 값어치도 없는 거미 1마리가 들어 있거나, 100만 달러 값어치가 나가는 「모나리자」 그림이 들어 있다고 한다. 여러분은 둘 중 하나를 선택할 수 있다. 두 궤 안에 들어 있는 것을 '모두' 갖거나, 아니면 2번 궤에 들어 있는 '하나'만 갖거나.

이제 천사는 여러분의 선택을 어렵게 만든다. "우리는 여러분이 무엇을 선택할지를 예측했다. 우리의 예측은 거의 확실히 옳다. 우리가 여러분이 두 궤 다 택하리라고 '기대'했을 때에는 2번 궤에 쓸모 없는 거미 한 마리만 넣어 두었다. 그리고 여러분이 2번 궤만 택하리라고 기대했을 때에는 그 안에 「모나리자」를 두었다. 그리고 우리가 여러분이 뭘 할 것이라고 생각했든 상관없이 1번 궤에는 언제나 1,000달러를 넣어 두었다."

처음에 여러분은 2번 궤만 택해야 한다고 생각할 것이다. 천사들의 예측 능력이야 확실할 테니, 여러분은 「모나리자」를 얻게 될 것이다. 여러분이 양쪽 궤를 다 택한다면 천사는 여러분의 선택을 미리 예상했을 가능성이 높으니 2번 궤에는 거미를 넣어두었을 것이다. 그러면 여러분이 가질 수 있는 것은 겨우 1,000달러짜리 잔과 거미 1마리뿐이다.

그러나 천사들은 여러분을 가만히 놔두지 않는다. 더 헷갈리게 만든다. "40일 전에 우리는 여러분이 무엇을 선택할지 예측했다. 우리는 '이미' 2번 궤에 「모나리자」나 거미를 넣어두었지만 어떤 것을 넣었는지 여러분에게 알려 주지는 않을 것이다."

이제 여러분은 두 궤를 다 택해서 가능한 모든 것을 얻어야 한다는 생각이 들 것이다. 2번 궤만 택하는 것은 바보 같아 보인다. 왜냐하면 그랬을 경우 「모나리자」 말고 다른 것은 얻을 수 없기 때문이다. 왜 굳이 1,000달러를 포기해야 하는가?

이것이 1960년에 물리학자인 윌리엄 뉴컴이 만든 뉴컴의 역설(Newcomb's Paradox)의 요점이다. 1969년에는 철학자인 로버트 노직이 이것을 한층 더 자세히 설명했다. 전문가들은 여전히 이 딜레마를 놓고 머리를 쥐어뜯고 있으며 무엇이 최선의 전략인지는 합의에 이르지 못했다.

관련 항목 제논의 역설(48쪽), 아리스토텔레스의 바퀴 역설(56쪽), 상트페테르부르크 역설(178쪽), 이발사 역설(306쪽), 바나흐-타르스키 역설(352쪽), 힐베르트의 그랜드 호텔(356쪽), 죄수의 딜레마(406쪽), 파론도의 역설(502쪽)

1960년에 물리학자 윌리엄 뉴컴은 뉴컴의 역설을 만들었다. 여러분은 천사들과의 지능 게임에서 이길 수 있을까?

1961년

시에르핀스키 수

바클라프 프란치스제크 시에르핀스키(Wacław Franciszek Sierpiński, 1882~1969년)

수학자인 돈 재기어(Don Zagier)는 "왜 어떤 수는 소수이고 다른 수는 소수가 아니어야 하는가 하는 명확한 이유는 전혀 없다. 반대로, 이 수들을 보면 설명할 수 없는 창조의 비밀들 중 하나를 마주하고 있다는 느낌을 받게 된다."라고 말했다. 1960년에 폴란드 수학자인 바클라프 프라치스제크 시에르핀스키는 시에르핀스키 수(Sierpiński Number), 즉 모든 양의 정수 n에 대해서 $k\times2^n+1$이 절대로 소수가 되지 않는 홀수 정수 k가 무한히 많이 존재한다는 사실을 증명했다. 이바스 피터슨은 이렇게 썼다. "그것은 이상한 결과이다. 왜 이런 특정한 수식이 절대로 소수를 내놓지 않는가 하는 명확한 이유가 하나도 없어 보인다." 여기에서 시에르핀스키 문제(Sierpiński Problem)이라는 문제를 만들어 낼 수 있다. "가장 작은 시에르핀스키 수는 무엇인가?"

미국 수학자 존 셀프리지(John Selfridage)는 1962년에 가장 작은 시에르핀스키 수 $k=78,557$을 찾아냈다. 특히 $k=78,557$일 때, $k\times2^n+1$ 형태의 모든 수를 3, 5, 7, 13, 19, 37, 73 중 하나로 나눌 수 있다는 것도 증명했다. 1967년 시에르핀스키와 셀프리지는 78,557이 가장 작은 시에르핀스키 수이며, 따라서 시에르핀스키 문제의 답이라는 추측을 내놓았다.

오늘날 수학자들은 더 작은 시에르핀스키 수가 있는지를 묻고 있다. 만약 우리가 $k<78,557$의 모든 값을 앞의 관계식에 집어넣어 그 결과가 소수인지 아닌지 확인해 보면 확실한 답을 알 수 있을 것이다. 2008년 2월 현재 더 작은 시에르핀스키 수의 유망한 후보 중에 남아 있는 것은 6개밖에 없다. '17 아니면 죽음(Seventeen Or Burst)'이라는 분산 컴퓨팅 프로젝트가 이 후보들을 검증하고 있다. 예를 들어 '17 아니면 죽음'은 2007년 10월에 자릿수가 2,116,617인 $33,661\times2^{7,031,232}+1$이 소수임을 증명했고 따라서 $k=33,661$을 시에르핀스키 수 후보에서 제외했다. 만약 수학자들이 남아 있는 모든 k에 대해 확인해 본다면 드디어 시에르핀스키 문제가 풀릴 테고 50년 넘게 이어진 여정도 끝나게 되리라.

관련 항목 매미와 소수(24쪽), 에라토스테네스의 체(64쪽), 골드바흐의 추측(180쪽), 정십칠각형 만들기(204쪽), 가우스의 『산술 논고』(208쪽), 소수 정리 증명(294쪽), 브룬 상수(338쪽), 길브레스의 추측(412쪽), 울람 나선(426쪽), 에르되시와 극한적 협력(446쪽), 안드리카의 추측(484쪽)

78,557이 가장 작은 시에르핀스키 수인지를 검증하는 분산 컴퓨팅 프로젝트인 '17 아니면 죽음'의 로고. 이 프로젝트는 인터넷으로 연결된 전 세계 수백 대의 컴퓨터를 이용해 시에르핀스키 문제에 도전하고 있다.

Seventeen Or Bust

A Distributed Attack on the Sierpinski Problem

1963년

카오스와 나비 효과

자크 살로몽 아다마르(Jacques Salomon Hadamard, 1865~1963년), **쥘 앙리 푸앵카레**(Jules Henri Poincaré, 1854~1912년), **에드워드 노턴 로런츠**(Edward Norton Lorenz, 1917~2008년)

고대인들에게 혼돈, 즉 카오스(Chaos)는 우리가 모르는 것, 정령들의 세계를 뜻했다. 통제할 수 없는 것에 대한 우리의 공포를 반영하는 위협적이고 악몽 같은 비전들과, 우리의 불안감에 형태와 구조를 부여해야 한다는 요구가 뒤엉킨 것이었다. 오늘날 카오스 이론은 빠르게 성장 중인 연구 분야 중 하나로 초기 조건에 민감하게 반응하는 다양한 현상들을 주로 연구한다. 비록 카오스적인 행동이 더러 '무작위적'이고 예측 불가능해 보이기도 하지만, 많은 경우 공식화하고 연구할 수 있는 방정식들에서 도출된 엄격한 수학적 규칙들을 따르는 경우가 많다. 카오스 연구를 돕는 중요한 도구 중 하나는 컴퓨터 그래픽이다. 무작위적으로 깜빡이는 카오스적인 장난감에서 담배 연기 줄기와 회오리까지 카오스 이론이 연구 대상으로 삼는 카오스적인 행동은 보통 불규칙적이고 무질서하다. 다른 예로는 기상 현상의 패턴, 신경 세포와 심장의 일부 행동들, 주식 시장의 동향, 그리고 컴퓨터 네트워크 등이 있다. 또 카오스 이론은 시각 예술 분야에서도 광범위하게 이용되고 있다. 유체 내에서 열이 대류하는 방식, 초음속 항공기 계기판의 떨림, 화학 반응의 진동, 유체 역학의 여러 현상들, 개체군의 성장 패턴, 정기적으로 진동하는 벽에 충돌하는 입자, 다양한 추와 회전자가 이루는 복잡한 운동, 비선형 전기 회로, 건축물 등에서 발생하는 좌굴(座屈, buckling) 현상들도 과학자들이 오래전부터 연구해 온 카오스 물리계의 현상이다.

카오스 이론의 토대는 1900년경에 자크 아다마르와 앙리 푸앵카레 같은 수학자들이 놓았다. 그들은 움직이는 물체의 복잡한 궤적을 연구했다. 1960년대 초 MIT의 기상학자인 에드워드 로런츠는 대기의 대류를 모형화하기 위한 방정식들을 고안해 냈다. 로런츠의 공식은 단순했지만, 그는 여기에서 카오스 현상의 놀라운 특징 하나를 포착해 냈다. 그 특징이란 초기 조건들의 극도로 사소한 변화가 상상조차 하기 어려운 예측 불가능한 결과들을 낳는다는 것이었다. 1963년 논문에서 로런츠는 이 세상 어딘가에서 나비 한 마리가 날개를 퍼덕이면 수천 킬로미터 떨어진 곳에서 허리케인이 일어날 수 있다고 설명했다. 오늘날 우리는 이 현상을 나비 효과(Butterfly Effect)라고 부른다.

관련 항목 급변 이론(440쪽), 프랙털(462쪽), 파이겐바움 상수(464쪽), 이케다 끌개(470쪽)

로저 존스턴(Roger A. Johnston)이 만든 카오스적 수학 패턴. 카오스적 행동이 '무작위적'이고 예측 불가능한 것같이 보여도 연구가 가능한 방정식들로부터 도출된 수학적 규칙들을 따르는 경우가 종종 있다. 카오스 물리계에서는 초기 조건의 아주 작은 변화가 무척 다른 결과를 낳을 수 있다.

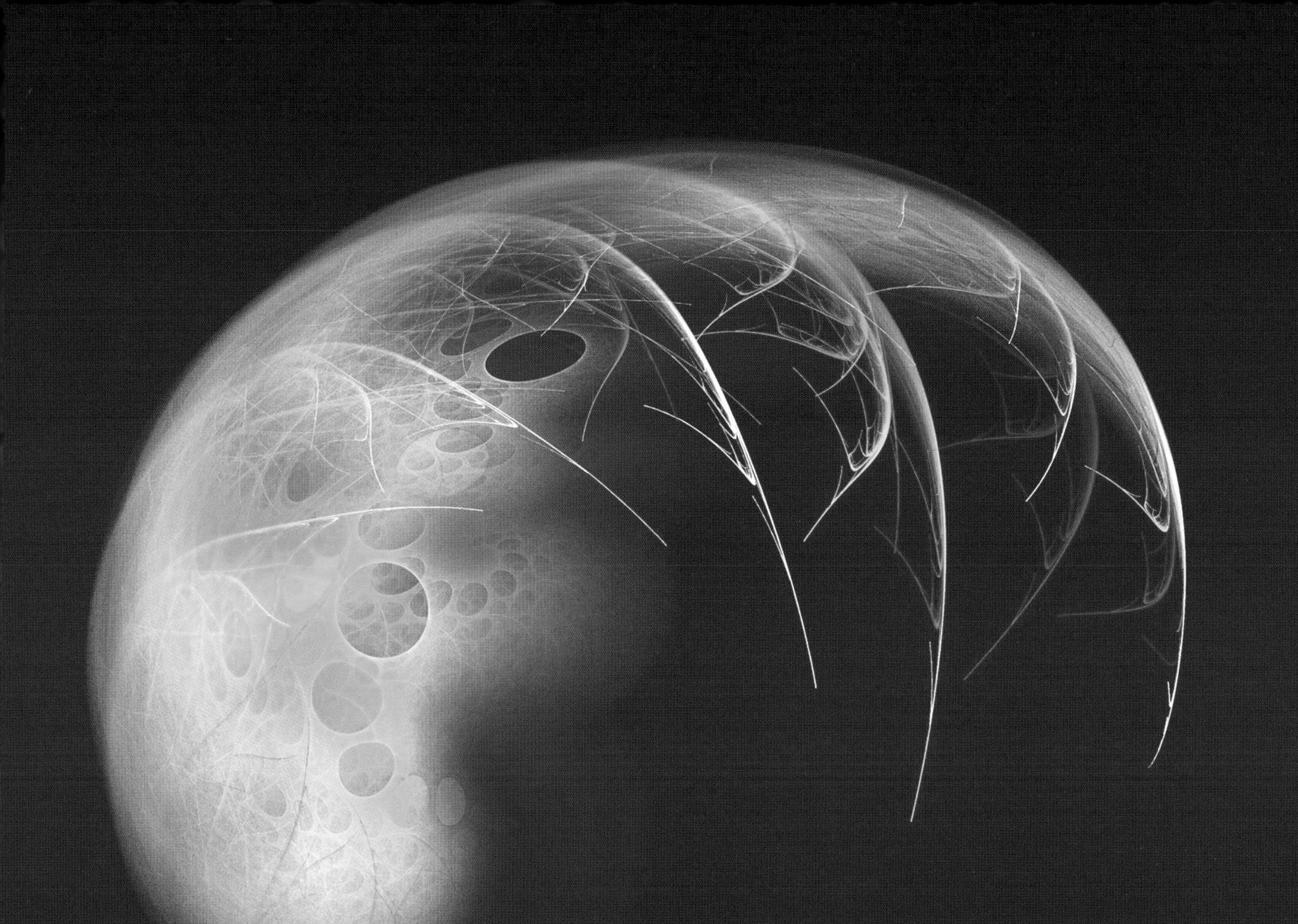
Roger Johnston

울람 나선

스타니슬라프 마르신 울람(Stanisłw Marcin Ulam, 1909~1984년)

폴란드에서 태어나 미국에서 활동한 수학자 스타니슬라프 울람은 1963년 따분한 회의 도중에 종이에 낙서를 하다가 소수의 패턴을 드러내는 놀라운 나선을 발견했다. (소수란 5 또는 13처럼 1보다 크고 오로지 자신이나 1로만 나눌 수 있는 수이다.) 이것을 울람 나선(Ulam Spiral)이라고 한다.

울람은 1에서 시작해 자연수를 연속적으로, 그리고 시계 반대 방향으로 나선을 그리면서 써 나갔다. 그러고 나서 소수에 모두 동그라미를 쳤다. 울람은 곧 나선이 커져 갈수록 소수들이 대각선 패턴을 형성하는 경향이 있다는 것을 알아챘다. 나중에 이 나선을 그린 컴퓨터 그래픽들이 대단히 명료하게 보여 주었듯이, 이 나선 속에서는 홀수로 이루어진 대각선 구조나 짝수로 이루어진 대각선 구조도 쉽게 발견할 수 있다. 그러나 소수들이 다른 수들보다 더 대각선 구조를 이루는 경향이 크다는 것도 분명한 사실이다. 수학자들은 이 놀라운 경향성에 호기심이 동할 수밖에 없었다.

어쩌면 울람 나선이 가진 가치는 이런 패턴의 발견만이 아닐지도 모른다. 울람은 이 단순한 낙서를 통해 컴퓨터가 새로운 수학 정리를 유도해 내기 위해 수학적 구조를 시각화하려고 노력하는 수학자들에게 일종의 현미경과 같은 역할을 할 수 있음을 증명해 보인 것이다. 1960년대 초에 이루어진 이런 종류의 연구들은 20세기 말 실험 수학의 폭발적 진보로 이어졌다.

마틴 가드너는 이렇게 썼다. "울람의 나선은 소수들 사이에 존재하는 질서와 우연성의 신비로운 배합에 관한 사색에 환상적 색채를 가미했다. …… 수학의 황혼 지대를 그린 울람의 낙서는 가볍게 받아들일 것이 아니다. 그 자신과 에드워드 텔러(Edward Teller)를 최초의 열핵 폭탄 개발 '아이디어'로 이끈 이가 바로 울람이기 때문이다."

울람은 그가 거둔 수학적 업적들과 맨해튼 프로젝트에서 수행한 작업들로 유명할 뿐만 아니라 핵추진 우주선 연구로도 과학사에 이름을 남겼다. 울람은 제2차 세계 대전 발발 직전에 형제와 함께 간신히 폴란드를 탈출했지만 남은 가족은 홀로코스트에서 살아남지 못했다.

관련 항목 매미와 소수(24쪽), 에라토스테네스의 체(64쪽), 골드바흐의 추측(180쪽), 가우스의 『산술 논고』(208쪽), 리만 가설(254쪽), 소수 정리 증명(294쪽), 존슨의 정리(334쪽), 브룬 상수(338쪽), 길브레스의 추측(412쪽), 시에르핀스키 수(422쪽), 에르되시와 극한적 협력(446쪽), 공개 키 암호(466쪽), 안드리카의 추측(484쪽)

200×200 울람 나선 구조. 일부 대각선 패턴들이 노란색으로 강조되어 있다. 울람 나선의 단순한 구조와 그 속에서 배태된 흥미로운 패턴은 새로운 정리를 찾는 수학자들의 탐구를 컴퓨터가 도움을 줄 수 있으리라는 믿음을 강화해 주었다.

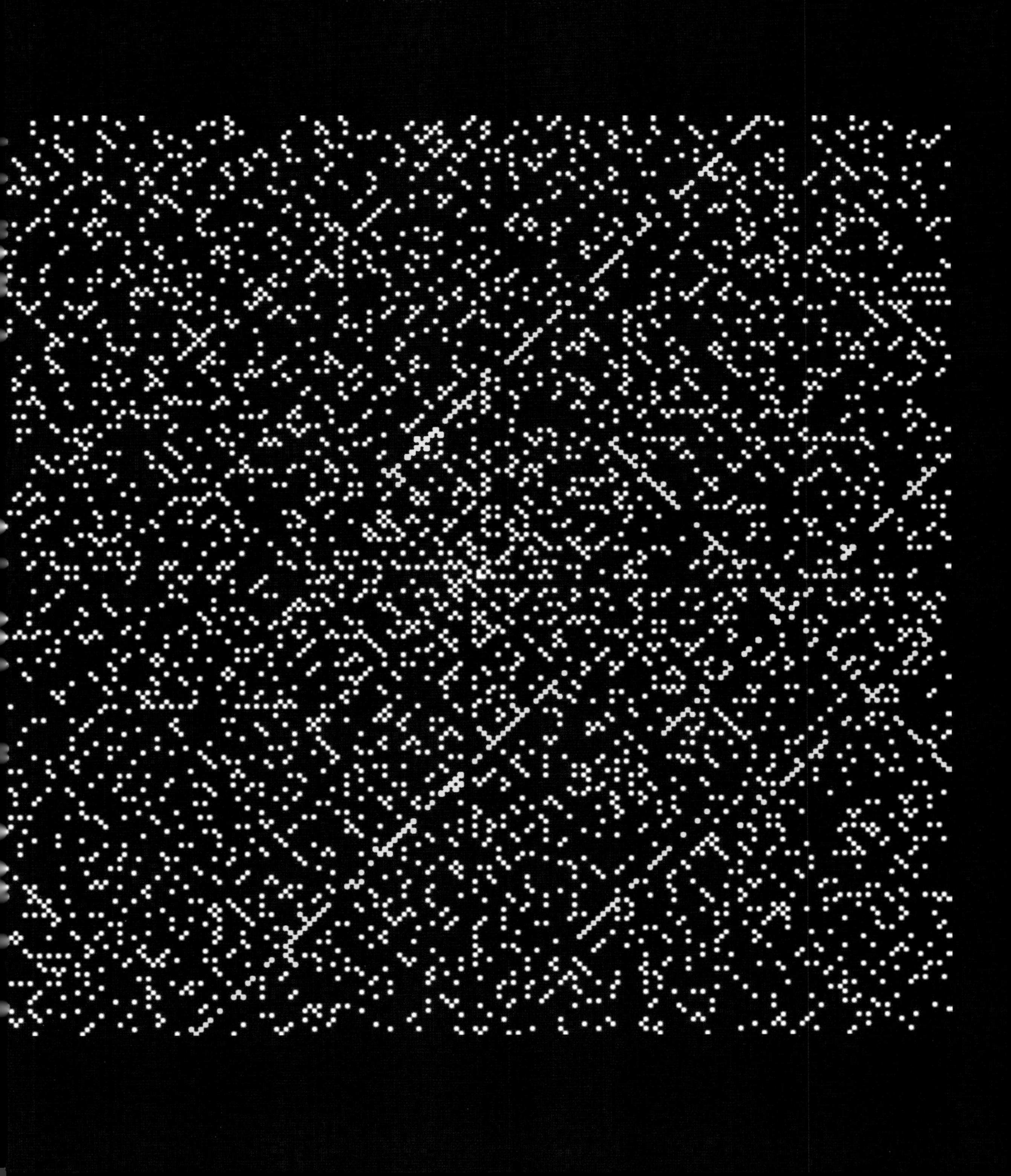

1963년

연속체 가설 불확정성

게오르크 칸토어(Georg Cantor, 1845~1918년), **폴 조지프 코언**(Paul Joseph Cohen, 1934~2007년)

앞서 칸토어의 초한수를 다룬 항목에서 '알레프 수'라고 읽고 $\aleph_0$이라고 쓰는 가장 작은 초한수를 논했는데, 이것은 정수들의 개수를 '세는' 수이다. 정수와 유리수(분수로 나타낼 수 있는 수), 그리고 무리수(2의 제곱근처럼 분수로 나타낼 수 없는 수)가 아무리 무한하다고 해도, 무리수의 무한한 개수는 유리수와 정수의 무한한 개수보다 어떤 의미에서는 더 크다. 마찬가지로 정수보다 (유리수와 무리수를 포함하는) '실수'가 더 많다.

이 차이를 나타내기 위해 수학자들은 유리수나 정수의 무한성을 $\aleph_0$으로 나타내고 무리수나 실수들의 무한한 개수를 C로 나타낸다. C와 $\aleph_0$ 사이에는 단순한 관계가 있다. 말하자면 $C=2^{\aleph_0}$이다. 여기서 C는 실수 집합의 카디널리티로, 더러 연속체(Continuum)라고도 한다.

당연히 수학자들은 이것보다 더 큰 무한성에 대해서도 생각한다. 그리고 이것을 $\aleph_1$, $\aleph_2$ 하는 식으로 나타낸다. 여기서 집합론 기호인 $\aleph_1$은 $\aleph_0$보다 큰 무한 집합들 중 가장 작은 것을 가리킨다. 칸토어의 연속체 가설(Cantor's Continuum Hypothesis)에 따르면 $C=\aleph_1=2^{\aleph_0}$이다. 하지만 C가 진짜로 $\aleph_1$과 같은가, 그렇지 않은가 하는 문제는 현재의 집합론을 가지고는 판가름할 수 없는 것으로 여겨진다. 한편, 쿠르트 괴델 같은 위대한 수학자들은 그 가설이 집합론의 표준 공리들에 부합하는 정합적인 가설이었음을 증명했다. 그렇지만 미국 수학자 폴 조지프 코언은 1963년에 그 연속체 가설이 오류라고 가정하는 것 역시 집합론의 표준 공리들에 어긋나지 않는다는 것을 증명했다! 코언은 1966년 이 공로로 필즈 상을 수상했다. 그는 뉴저지 롱브랜치의 유대 인 가정에서 태어나서 1950년에 뉴욕 스타이비샌트 고등학교를 졸업했다.

흥미롭게도 유리수의 개수는 정수의 개수와 동일하고 무리수의 개수는 실수의 개수와 동일하다. (수학자들은 보통 무한한 수들의 '개수'를 이야기할 때 '카디널리티'라는 용어를 쓴다.)

관련 항목 아리스토텔레스의 바퀴 역설(56쪽), 칸토어의 초한수(266쪽), 괴델의 정리(364쪽)

여러 가지 무한에 대해 고찰한다는 것은 어려운 일이다. 그러나 가우스 유리수를 번역한 오른쪽 컴퓨터 그래픽처럼 컴퓨터를 이용하면 좀 더 수월해진다. 여기서 구의 위치들은 복분수 p/q의 값을 나타낸다. 구들은 p/q 점에서 복소 평면에 접하며, 반지름은 $1/(2q\bar{q})$이다.

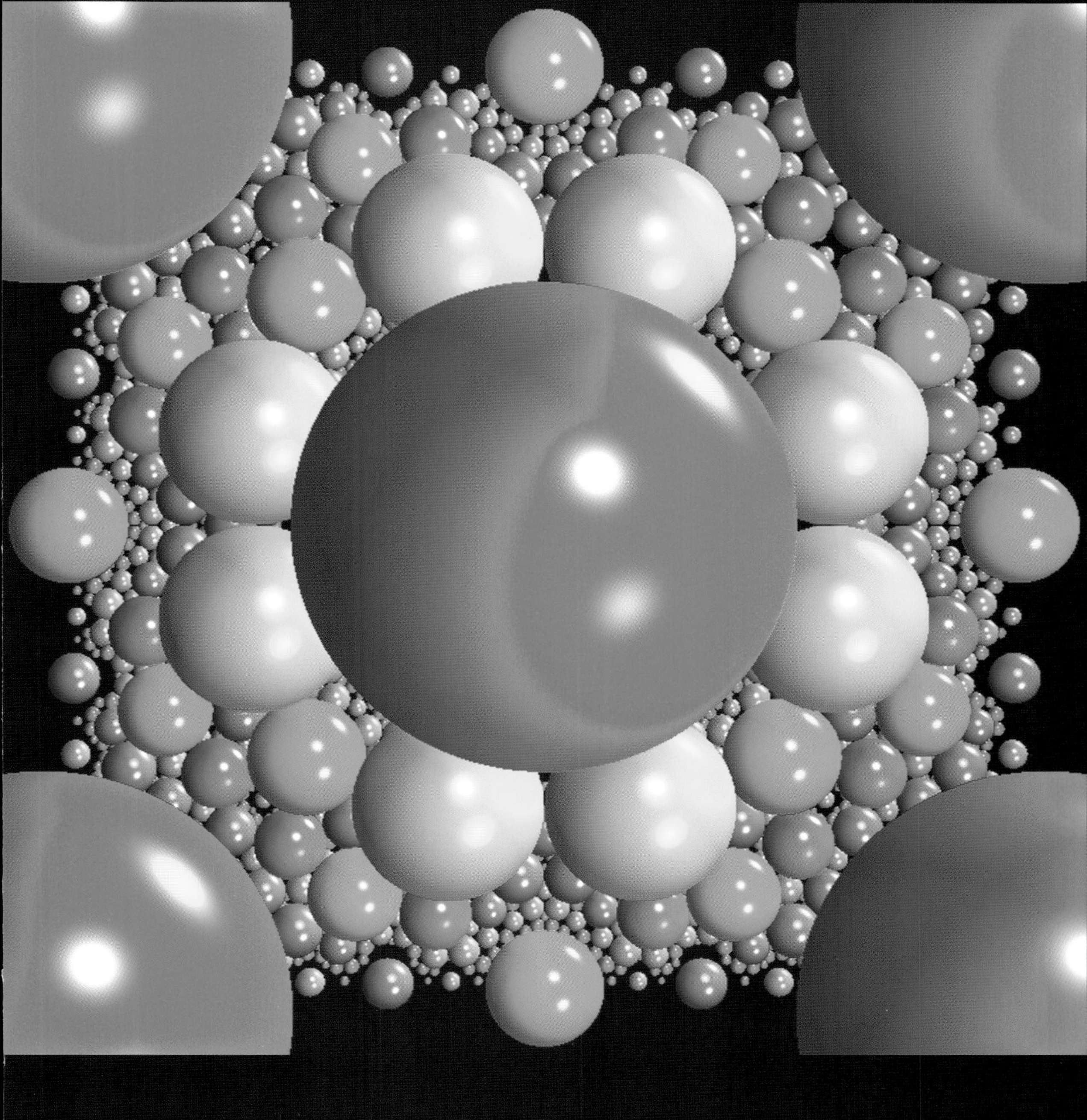

1965년

거대 달걀

피에트 하인(Piet Hein, 1905~1996년)

1965년경 덴마크 과학자이자 디자이너이자 발명가인 피에트 하인은 거대 달걀(Superegg)을 만들었는데, 초타원체(super-ellipsoid)라고도 하는 이 물체는 으스스한 안정성을 가지고 잘 서 있어서 아름답고 매혹적이다. 이 3차원 도형은 $|x/a|^{2.5}+|y/b|^{2.5}=1$이라는 공식($a/b=4/3$)으로 정의되는 초타원(super-ellipse)을 x축을 중심으로 회전시켜 만든 것이다. 이 초타원체의 방정식은 좀 더 일반적으로는 $(|x|^{2/a}+|y|^{2/a})^{a/b}+|z|^{2/b}=1$로 나타낼 수 있다. ($a$와 b는 0보다 크다.)

하인의 거대 달걀은 여러 가지 재료들로 만들어졌고, 1960년대에 장난감이자 신기한 상품으로 한창 인기를 끌었다. 오늘날에는 그 디자인을 어디서나 볼 수 있다. 촛대나 가구 디자인은 물론이고, 심지어 음료수 잔에 넣어서 음료수를 차갑게 유지하는, 속에 액체가 채워진 스테인리스 스틸 제품에도 쓰인다. 하인의 거대 달걀이 최초로 세상에 '나온' 것은 덴마크 스키에른에 있는 보드 게임 회사 스키에데(Skjøde) 사가 1965년에 손으로 쥘 수 있는 크기의 거대 달걀을 제조해서 팔았을 때였다. 1971년에는 세계에서 가장 큰 금속제 거대 달걀이 만들어져 글래스고의 켈빈 홀 외곽에 놓였는데, 그 무게는 거의 1톤에 달했다.

프랑스 수학자인 가브리엘 라메(Gabriel Lamé, 1795~1870년)는 하인보다 먼저 한층 일반적인 초타원 형태를 연구했지만, 하인은 거대 달걀을 최초로 창조한 인물이자 자신이 만든 디자인을 건축과 가구와 심지어 도시 계획에까지 대중화한 인물로 유명하다.

초타원은 또한 스웨덴의 스톡홀름에 있는 로터리의 모양으로도 이용되었다. 일반적인 타원형은 로터리에 적합하지 않은데, 왜냐하면 뾰족한 양끝이 대략 직사각형인 공간을 지나는 교통 흐름에 간섭할 터이기 때문이다. 하인은 1959년에 자문 요청을 받았다. 마틴 가드너는 스톡홀름의 도로에 대해서 이렇게 썼다. "너무 둥글지도 않고 너무 직각도 아니며 아름답기까지 한, 타원형과 직사각형의 행복한 배합인 하인의 곡선은 이상할 정도로 성공적임이 증명되었다. 스톡홀름은 지수 2.5의 초타원(이 경우 $a/b=6/5$)을 도심 설계의 기본 모티프로 즉각 받아들였다."

관련 항목 성망형(160쪽)

덴마크 에스코우 성(Egeskov Castle)에 있는 피에트 하인의 거대 달걀. 1550년대 중반에 지어진 이 성은 르네상스 시대 유럽의 수성(water castle)들 가운데 가장 잘 보존된 것으로 손꼽힌다. 원래 이 성은 도개교를 통해서만 들어갈 수 있었다.

1965년

퍼지 논리

로트피 자데(Lotfi Zadeh, 1921년~)

전통적인 논리에서는 참이나 거짓 두 가지만을 따진다. 그러나 실제 세계에서 진릿값은 0(거짓)과 1(참)로 딱 떨어지지 않는다. 진릿값들이 0과 1 사이의 값을 가지는 경우를 다루는 퍼지 논리(Fuzzy Logic)는 1921년에 이란에서 태어나고 자라 1944년에 미국으로 이주한 로트피 자데라는 수학자 겸 컴퓨터 과학자가 도입했다. 퍼지 논리는 어떤 집합에 속한 대상들을 소속 정도에 따라 기술하는 퍼지 집합 이론을 바탕으로 하고 있다. 자데는 1965년에 퍼지 집합에 대한 혁신적인 수학 논문을 발표했고, 1973년에는 퍼지 논리의 세부 사항을 발전시켰다.

예를 들어 어떤 장치에 온도 감시 시스템이 장착되어 있다고 해 보자. 이 시스템은 차갑고 따뜻하고 뜨거운 개념들을 기술하는 소속 함수(membership function)를 계산할 수 있다. 이 시스템은 측정된 온도를 '춥지 않은,' '약간 따뜻한,' '약간 뜨거운' 같은 세 가지 값으로 분석하고, 장치를 통제한다. 자데는 만약 되먹임 제어 장치 프로그램을 부정확하고 잡음 섞인 입력값을 이용하도록 만들 수 있다면 그 장치들이 한층 효율적으로 작동하리라고 믿었다. 어떻게 보면 이 접근법은 사람들이 결정을 내리는 방식과 비슷할 때가 많다.

퍼지 논리의 시작은 다소 삐걱거렸다. 자데는 1965년 논문을 발표할 학술지를 쉽게 찾지 못했는데, 어쩌면 공학과 기술 분야에 '모호한 잡소리'를 들여놓는 데 대한 거부감이 존재했던 탓인지도 모른다. 그러나 현재 퍼지 논리는 과학계와 산업계 전반에서 폭넓게 사용되고 있다. 일본의 퍼지 이론 전문가인 다나카 가즈오(田中一男)는 이렇게 썼다. "퍼지 논리의 전환점은 1974년에 런던 대학교의 에브라함 만다니(Ebraham Mandani)가 퍼지 논리를 간단한 증기 엔진 제어에 적용했을 때 찾아왔다." 1980년에 퍼지 논리는 시멘트 가마를 제어하는 데 사용되었다. 일본에서는 여러 회사가 퍼지 논리를 수질 정화 과정과 철도 교통 시스템을 통제하는 데 사용했다. 또한 자동 초점 사진기, 세탁기, 발효 과정, 자동차의 엔진 제어 및 잠금 방지 브레이크 시스템, 컬러 필름 현상 시스템, 회계 거래에 사용되는 컴퓨터 프로그램 등은 물론이고, 유리 가공이나 제철 공정 같은 제조 공정과, 자연 언어를 처리하는 인공 지능 시스템 등에 응용되고 잇다.

관련 항목 아리스토텔레스의 『오르가논』(54쪽), 불 대수학(244쪽), 벤 다이어그램(274쪽), 『수학 원리』(326쪽), 괴델의 정리(364쪽)

퍼지 논리는 효율적인 세탁기를 개발하는 데도 사용되었다. 예를 들어 1999년에 승인된 미국 특허 5,897,672는 세탁기 속 옷더미에 있는 다양한 천 유형들의 상대적인 비율을 추적하는 데 쓰이는 퍼지 논리에 대해 설명하고 있다.

CONTROLLED
SELECT
2

1961년

인스턴트 인새니티

프랭크 암브루스터(Frank Armbruster, 1929년~)

나는 어렸을 때 인스턴트 인새니티(Instant Insanity)라는 큐브 게임(cube game)을 도무지 풀지를 못했다. 하지만 너무 속상해할 일은 아니었던 것이, 면마다 색이 다른 정육면체 4개를 한 줄로 늘어놓는 방식은 4만 1472개나 되는데, 그중 이 큐브 게임의 답은 겨우 2개뿐이었기 때문이다. 이 경우에 시행착오식 접근법은 절대로 써먹을 수가 없다.

6개의 면에 네 가지 색 중 하나가 칠해진 정육면체 4개로 구성된 퍼즐은 거짓말처럼 쉬워 보인다. 목표는 네 정육면체들을 한 줄로 늘어놓아 직육면체를 만드는데, 직육면체의 각 면이 색깔이 서로 다른 정육면체 면 4개로 이루어지게 하는 것이다. 각 정육면체는 24가지 방향이 있기 때문에 정육면체를 늘어놓아 직육면체를 만드는 방법은 최대 $4! \times 24^4 = 7,962,624$가지이다. 그렇지만 실제로는 41,472가지로 줄일 수 있는데, 정육면체를 늘어놓은 결과가 똑같아 보이는 경우가 많기 때문이다.

수학자들은 이 게임을 풀 때 그래프 이론을 사용한다. 정육면체 각 면에 칠해진 색깔들의 조합을 그래프로 나타낼 수 있기 때문이다. 수학 저술가인 이바스 피터슨은 이렇게 말했다. "그래프 이론에 친숙한 이들은 대개 몇 분이면 해법을 내놓을 수 있다. 사실 이런 식의 퍼즐은 논리적 사고를 길러 주는 좋은 수업 역할을 한다."

교육 컨설턴트인 프랭크 암브루스터가 이 큐브 게임의 형태 중 하나를 만들어 장난감 회사인 파커 브라더스 사에 판권을 넘겼고 이때부터 인스턴트 인새니티는 열풍을 일으켰다. 1960년대 후반에는 1200만 개도 넘게 팔렸다. 원래 1900년대부터 이것과 비슷한 색칠된 정육면체 퍼즐이 높은 인기를 누렸는데, 그 이름은 그레이트 탠털라이저(Great Tantalizer)였다. 암브루스터는 내게 이렇게 써 보냈다. "1965년에 그레이트 탠털라이저의 견본 하나를 받아 보니까 조합과 순열을 가르치는 데 도움이 될 수 있겠다 싶었습니다. 제가 처음 만든 견본은 목재에 색칠을 한 것이었어요. 저는 후속으로 플라스틱제 상품을 만들어 문제가 풀린 상태로 포장해서 팔았고, 한 고객이 제시한 이름으로 상표 등록을 했습니다. 그러고 나서 파커 브라더스 사로부터 거절할 수 없는 제안을 받았지요."

관련 항목 그로스의 『바게노디어 이론』(260쪽), 슬라이딩 퍼즐(264쪽), 하노이 탑(280쪽), 헥스(386쪽), 루빅스 큐브(454쪽)

프랭크 암브루스터가 자신의 유명한 인스턴트 인새니티 퍼즐을 쥐고 있다. 이 정육면체 4개를 한 줄로 늘어놓는 방법은 4만 1472가지이다. 1960년대 후반에 이 큐브 게임은 1200만 개도 넘게 팔렸다.

1967년

랭글랜즈 프로그램

로버트 펠런 랭글랜즈(Robert Phelan Langlands, 1936년~)

프린스턴 대학교 수학과 조교수였던 로버트 펠런 랭글랜즈는 30세가 되던 1967년에 수론 연구자로 이름높은 앙드레 웨일(André Weil, 1906~1998년)에게 편지를 써서 어떤 새로운 수학적 개념에 관한 의견을 물었다. "만약 선생님이 (제 편지를) 그저 순수하게 생각해 볼 거리로 기탄없이 읽어 주신다면 감사하겠습니다. 그렇지 않다면 그냥 쓰레기통에 버리십시오."《사이언스》의 필진 중 한 사람인 대나 매켄지(Dana Mackenzie)에 따르면 웨일은 답신을 쓰지 않았다고 한다. 그러나 나중에 밝혀진 바에 따르면 랭글랜즈의 편지는 수학의 두 분야를 서로 연결한 '로제타석'이 된 모양이다. 특히 랭글랜즈는 이 편지에서 갈루아 표현(Galois representation, 수론에서 연구하는 방정식들의 해들 사이에 존재하는 관계 등을 기술하는 것)과 보형 형식(automorphic form, 코사인 함수 같은 고도로 대칭적인 함수들) 사이에 동치가 존재한다는 것을 사실로 가정했다.

랭글랜즈 프로그램(Langlands Program)은 수학적으로 대단히 비옥한 영역이어서 서로 다른 수학자들에게 2개의 필즈 상을 안기는 결과를 낳았다. 랭글랜즈의 추측은 일부, 정수들이 다른 정수들의 곱의 합으로 분해되는 방식을 지배하는 패턴들의 일반 형태를 찾으려는 시도로부터 시작되었다. 『페르마 다이어리(*The Fermat Diary*)』라는 책은 랭글랜즈 프로그램을 일종의 수학의 대통일 이론으로 평가한다. 랭글랜즈 프로그램의 추측들이 "방정식을 다루는 대수학과, 완만한 곡선과 연속 변이의 연구를 다루는 해석학이 밀접하게 관련되어" 있다는 사실을 시사하며, "너무나 아름답게 서로 맞아떨어져 마치 성당 같다."는 것이다. 그렇지만 그 추측들은 증명하기가 대단히 어려워서, 일부 수학자들은 랭글랜즈 프로그램을 완성하는 데 수 세기가 걸릴지도 모른다고 생각하는 형편이다.

수학자인 스티븐 겔바르트(Stephen Gelbart)는 이렇게 썼다. "랭글랜즈 프로그램은 고전적인 수론에서 중요한 몇 가지 주제들을 합친 것이다. 또한 — 더욱 중요한 점인데 — 미래의 연구를 위한 프로그램이기도 하다. 이 프로그램은 대략 1967년에 일련의 추측들의 형태로 등장해 그 후에 수론의 연구에 영향을 미쳤는데, 이것은 앙드레 웨일의 추측들이 1948년 이래 대수 기하학의 경로를 형성한 것과 상당히 비슷한 방식이었다."

관련 항목 군론(230쪽), 필즈 상(370쪽)

왼쪽: 로버트 랭글랜즈. 현재 프린스턴 고등 연구소의 명예 교수이다. 오른쪽: 랭글랜즈 프로그램은 서로 다른 두 수학 분야를 연결하며, 너무나 매끈한 결합을 선보여서 '성당' 같다고 칭송받는 추측들을 다룬다. 랭글랜즈 프로그램은 완벽하게 설명하려면 수 세기 걸릴지도 모르는, 수학의 대통일 이론으로 여겨지고 있다.

1967년

스프라우츠

존 호턴 콘웨이(John Horton Conway, 1937년~)**와 마이클 스튜어트 패터슨**(Michael Stewart Paterson, 1942년~)

스프라우츠(Sprouts) 게임은 존 호턴 콘웨이와 마이클 스튜어트 패터슨이 케임브리지 대학교에 있던 1967년에 발명했다. 연필과 종이만 있으면 되는 이 중독성 있는 게임에는 매혹적인 수학적 성질이 있다. 콘웨이는 마틴 가드너에게 이렇게 썼다. "스프라우츠의 싹이 발아하자마자 너도나도 그 게임을 하고 있는 것 같았습니다. (sprout에는 새싹 또는 발아라는 뜻이 있다. — 옮긴이) …… 사람들은 평면만이 아니라 황당무계하거나 환상적인 공간에도 씨를 뿌리려는 것 같습니다. 일부 사람들은 이미 토러스, 클라인 병 같은 공간에서 스프라우츠 게임을 하면서 더 높은 차원에서 게임을 할 방법을 생각하고 있지요."

스프라우츠 게임은 우선 종이 위에 점을 여러 개 찍는 것에서 시작된다. 게임 참가자는 두 점 사이에 곡선을 그리거나 한 점에서 출발해 그 점으로 돌아오는 고리를 그린다. 곡선을 그릴 때에는 다른 사람이 그린 곡선이나 자신이 그린 곡선을 가로질러서는 안 된다. 곡선을 그리고 나면 이 곡선 위에 점을 하나 새로 찍는다. 이런 식으로 차례로 수를 두는데, 마지막 수를 두는 사람이 이긴다. 점 1개는 곡선을 최대 3개까지만 가질 수 있다. 얼핏 보면 이 게임이 끝없이 이어질 것이라고 생각할 수도 있다. 하지만 우리는 이 게임이 처음에 n개의 점으로 시작되었을 경우 최소 $2n$ 수에서 최대 $3n-1$ 수까지 이어질 수 있음을 알고 있다. 처음 점의 개수가 3, 4, 5개일 때는 늘 선수를 둔 사람이 이기게 되어 있다.

2007년에 연구자들은 점의 개수가 32개인 경우까지 먼저 곡선을 그리는 사람이 항상 이기는지 확인하기 위해 컴퓨터 프로그램을 사용했다. 2014년 현재 점이 44개인 경우까지와 46, 47, 53개인 경우에 대해서 답이 나온 상태이다. 이 게임의 전문가인 프랑스 수학자 쥘리앙 르무앙(Julien Lemoine)과 시몽 베노(Simon Viennot)는 이렇게 말한다. "수들의 수가 이처럼 적은데도 두 사람 다 한 번도 실수를 저지르지 않는다고 했을 때 선수를 둔 사람이 이길지 다음 수를 둔 사람이 이길지를 판가름하기는 쉽지 않다. 완벽하게 직접 확인된 가장 확실한 증명은 리카르도 포카르디(Riccardo Focardi)와 플라미니아 루치오(Flaminia Luccio)가 발표한 것으로, 7점 게임의 승자가 누구인가를 보여 준다." 이바스 피터슨은 이렇게 썼다. "이 게임은 모든 종류의 예상치 못한 성장 패턴들을 보여 줄 수 있어서, 필승 전략을 짜는 것을 어렵게 만든다. 아무도 아직 완벽한 필승 전략을 파악하지 못했다."

관련 항목 쾨니히스베르크 다리(176쪽), 조르당 곡선 정리(316쪽), 체커(514쪽)

스프라우츠 게임. 이 게임은 점 2개(붉은색 동그라미로 표시되어 있다.)에서 시작되었다. 게임은 아직 끝나지 않았다.

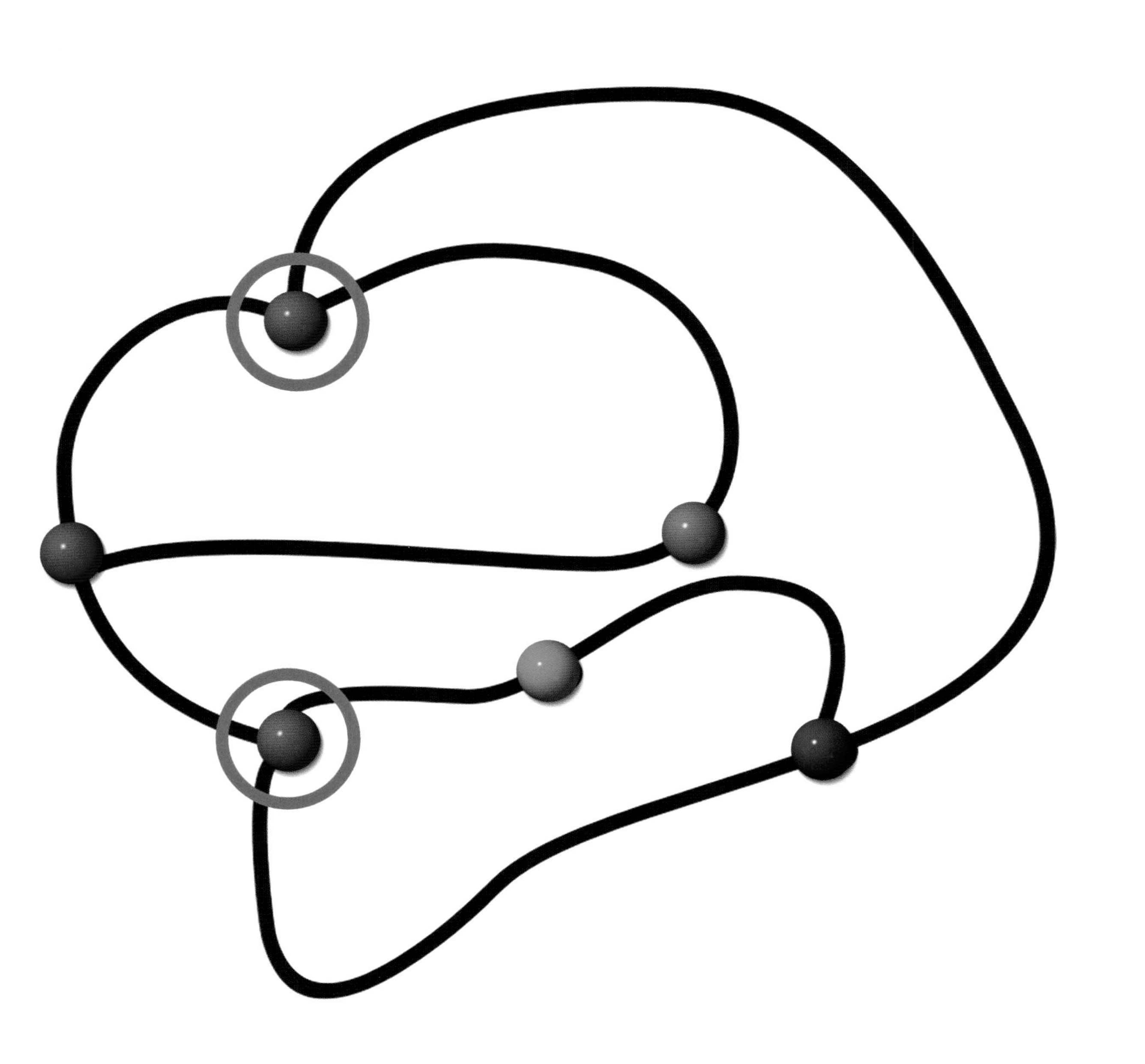

서기 1968년

급변 이론

르네 톰(René Thom, 1923~2002년)

급변 이론(Catastrophe Theory)은 돌발적이거나 급작스러운 변화를 다루는 수학 이론이다. 영국 수학자인 팀 포스턴(Tim Poston)과 이언 스튜어트(Ian Stewart)는 다음과 같은 사례를 든다. "갑자기 굉음과 함께 지진이 시작되기도 하고, 메뚜기 떼가 임곗값 이상의 군집 밀도로 성장하기도 하고, 풀무치 떼가 임곗값 이하의 군집 밀도로 흩어지기도 한다. …… 세포 복제 속도가 2배로 급증하고 또다시 2배로 늘어 암 종양이 된다. 한 남자(사도 바울—옮긴이)가 타르수스로 가는 길에서 환영을 본다." 급변 이론은 프랑스 수학자인 르네 톰이 1960년대에 개발했다. 그리고 1970년대에는 일본 태생 영국 수학자인 크리스토퍼 지맨(Christopher Zeeman)이 이 이론을 한걸음 더 발전시켰는데, 지맨은 이 성과를 이어받아 행동 과학과 생명 과학 분야에 적용시켜 나갔다. 톰은 1958년에 기하학적 도형들과 그 관계들을 다루는 위상 수학 연구로 필즈 상을 받았다.

급변 이론은 보통 동역학계에 관심을 가지는데, 예를 들어 심장 박동수 같은 어떤 물리량들의 시간 의존성과, 이 동역학계들의 기본 구조를 위상 수학적으로 기술하는 데 초점을 맞춘다. 특히 이 이론은 어떤 함수의 1계 도함수 또는 그 이상의 고계 도함수들이 0이 되는 '임계점(critical point)'에 관심을 집중한다. 데이비드 달링은 이렇게 썼다. "많은 수학자가 급변 이론 연구에 발을 들였고, 그 연구는 한동안은 엄청나게 유행했지만, 끝내 더 어린 사촌뻘인 카오스 이론만큼 성공을 거두지는 못했다. 그것은 그 이론의 전망이 기대에 미치지 못했기 때문이다."

르네 톰의 목적은 연속적인 행동들(통제된 감옥의 일상적 상황이나 평화 상태의 국가들)이 어떻게 갑자기 불연속적인 변화(감옥 폭동이나 국가 간 전쟁)에 자리를 내줄 수 있는가를 더 잘 이해하려는 것이었다. 그는 '나비(butterfly)'나 '제비꼬리(swallowtail)' 같은 이름들을 사용해서 어떻게 그런 현상이 추상적인 수학적 곡면의 형태로 기술될 수 있는가를 보여 주었다. 화가 살바도르 달리(Salvador Dali)는 「제비의 꼬리(The Swallow's Tail)」(1983년)를 유작으로 남겼는데, 이것은 급변 곡면(catastrophe surface)에 착안한 것이었다. 달리는 또한 「에우로페의 위상 수학적 납치: 르네 톰에게 바침(Topological Abduction of Europe: Homage to René Tom)」(1983년)도 그렸는데, 이 작품은 파편화된 풍경을 묘사하면서 그 풍경을 설명하는 방정식을 곁들였다.

관련 항목 쾨니히스베르크 다리(176쪽), 뫼비우스의 띠(250쪽), 필즈 상(370쪽), 카오스와 나비 효과(424쪽), 파이겐바움 상수(464쪽), 이케다 끌개(470쪽)

급변 이론은 곤충의 군집 행동이나 밀도 증가 같은 급격한 변화들을 다루는 이론이다. 연구 결과에 따르면 대규모 군집 형성 행동의 방아쇠는 4시간 동안 곤충의 뒷다리 접촉이 증가하는 것인 듯하다. 커다란 무리는 수십억 마리로 구성되기도 한다.

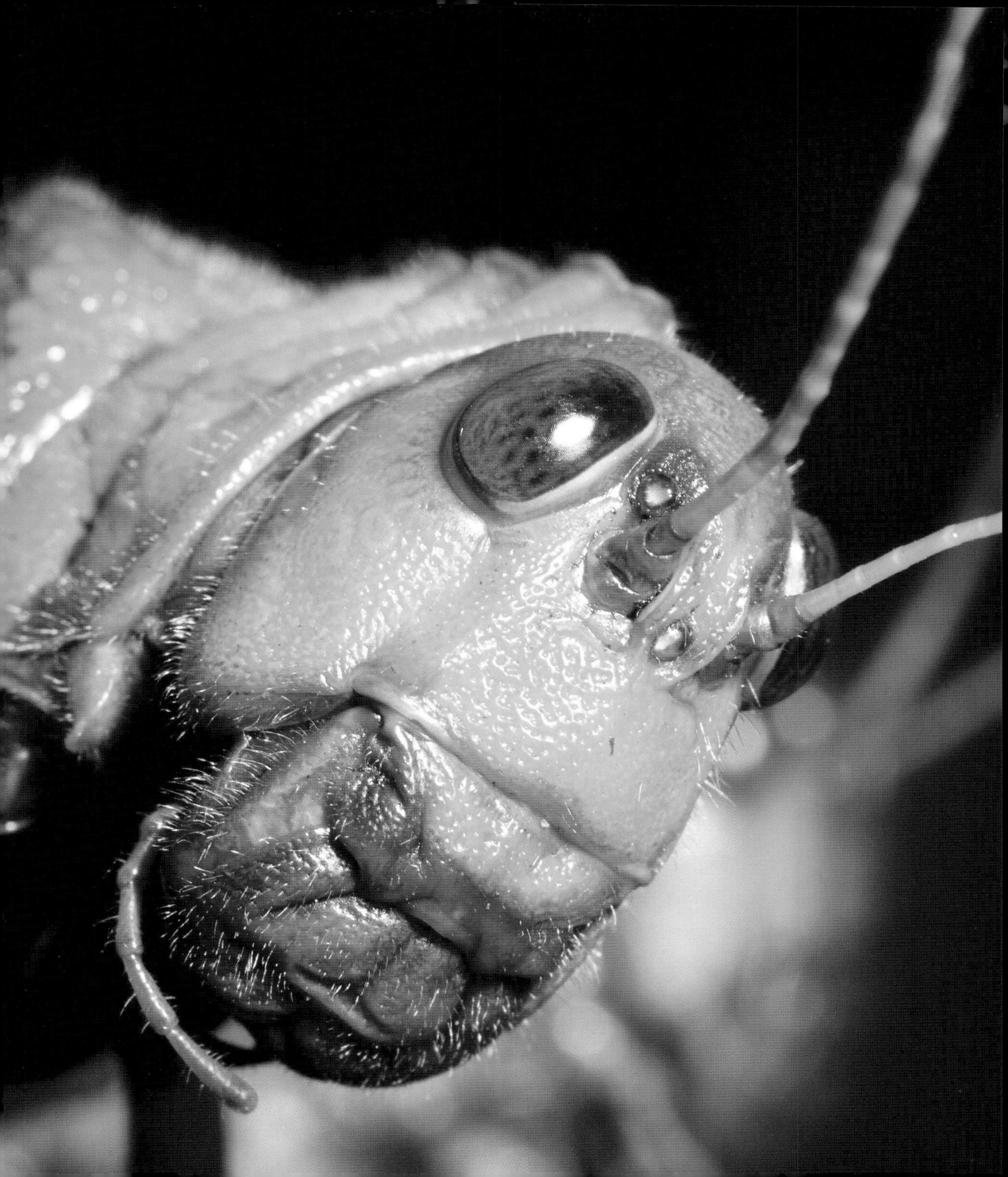

1995년

토카르스키의 밝힐 수 없는 방

조지 토카르스키(George Tokarsky, 1946년~)

평평한 벽들이 온통 거울로 뒤덮여 있는 암실에 있다고 생각해 보자. 그 방에는 모퉁이와 곁길들이 여러 개 있다. 만약 내가 방 어딘가에서 성냥을 하나 켠다고 하면, 여러분은 어디에 서 있든, 방 모양이 어떻든 상관없이, 어느 통로에 서 있든 상관없이 그 빛을 볼 수 있을까? 동일한 질문을 당구대 위를 튕기며 돌아다니는 당구공에 관련해서도 제기할 수 있다. 어떤 다각형 당구대 위의 모든 두 지점 사이에서 항상 풀 샷(pool shot)이 가능할까?

만약 우리가 있는 방의 모양이 단순한 L자라면 내가 어디에 서 있든 여러분은 그 불빛을 볼 수 있을 것이다. 왜냐하면 그 빛은 여러 벽들을 튕겨 다니다가 마침내 여러분의 눈에 가 닿을 것이기 때문이다. 하지만 구조가 너무나 복잡해서 빛이 절대로 닿지 못하는 지점이 최소한 하나는 존재하는 신비스러운 다각형 방에 있다고 생각해 보면 어떨까? (이 경우 사람과 성냥은 빛의 진행을 방해하지 않도록 투명하다고 가정해야 한다.)

조명 문제(Illumination Problem)라고도 하는 이 문제의 기원은 독일계 미국 수학자인 에른스트 가보르 슈트라우스(Ernst Gabor Straus, 1922~1983년)가 이런 문제들을 고찰했던 1950년대로 거슬러 올라가지만, 출판물로 제기된 것은 1969년 미국 수학자 빅터 클레에 의해서였다. 1995년까지는 아무도 그 답을 몰랐다는 사실이 충격적인데, 그때 캐나다 앨버타 대학교의 조지 토카르스키가 완벽하게 빛을 비출 수 없는 그러한 방이 존재한다는 것을 발견했다. 당시 발표한 논문에서 토카르스키는 그런 방은 26개의 변으로 되어 있다고 주장했다. 뒤이어 토카르스키는 변 24개를 가진 또 다른 샘플을 만들었고 이 희한한 방은 현재까지 밝혀진 토카르스키의 밝힐 수 없는 방(Tokarsky's Unilluminable Room) 중에서 가장 변의 개수가 적은 예이다. 변의 개수가 더 적은 밝힐 수 없는 다각형 방이 더 있는지는 알려져 있지 않다.

이것과 비슷한 다른 문제들도 있다. 1958년에 수리 물리학자인 로저 펜로즈는 동료들과 더불어 벽이 곡선으로 된 일부 방에는 그처럼 빛이 비치지 않는 구역들이 존재할 수 있음을 보여주었다. 최근에는 모든 지점을 밝히려면 무한히 많은 성냥이 필요한, 벽이 곡선으로 된 방들이 발견되었다. 이런 방에서는 성냥의 개수가 유한한 한 방 전체를 빛으로 밝힐 수 없다.

관련 항목 사영 기하학(144쪽), 미술관 정리(452쪽)

1995년에 수학자인 조지 토카르스키는 성냥 1개로는 방 전체를 환하게 밝힐 수 없는 26개의 변을 가진 다각형 '방'을 발견했다. 오른쪽 그림의 방에서는 어떤 지점에서 성냥을 켜더라도 어떤 곳은 반드시 어둠 속에 남아 있게 될 것이다.

1970년

도널드 커누스와 마스터마인드

도널드 어빈 커누스(Donald Ervin Knuth, 1938년~), **모르데카이 마이로비츠**(Mordecai Meirowitz)

마스터마인드(Mastermind)는 이스라엘의 우체국장이자 전기 통신 전문가인 모르데카이 마이로비츠가 1970년에 발명한 보드 게임으로 일종의 암호 해독 게임이다. 주류 게임 회사들에서 모조리 퇴짜를 맞은 마이로비츠는 인빅타 플라스틱스(Invicta Plastics)라는 조그만 영국 회사를 통해 제품을 출시했다. 이 보드 게임은 판매고가 50만 개에 이를 때까지 끊임없이 팔려나가 1970년대에 나온 게임 중 가장 큰 성공을 거두었다.

게임 규칙은 다음과 같다. 게임 참가자는 암호를 만드는 사람과 해독하는 사람으로 나뉜다. 암호 제작자가 여섯 가지 색깔의 핀들 중에서 네 가지를 골라 한 줄로 늘어놓는다. 당연히 상대방이 볼 수 없게 나열한다. 암호 해독자는 이 네 가지 핀을 가능한 한 적은 횟수로 추측해 맞혀야 하는데, 자신이 추측한 것을 네 가지 색 핀으로 나열해 보여 준다. 암호 제작자는 그 핀들 중 색깔과 순서 모두 옳게 된 것은 몇 개인지, 그리고 색깔은 맞는데 자리가 틀린 것은 몇 개인지를 알려준다. 예를 들어 암호가 '초록색-흰색-파란색-빨간색'인데, 해독 결과가 '주황색-노란색-파란색-흰색'일 경우, 암호 제작자는 색깔과 자리 모두 옳은 핀이 1개이고, 색깔은 맞는데 자리가 틀린 것은 1개라고 알려주어야 한다. 다만 어떤 색이 맞는 것인지 알려주어서는 안 된다. 이런 식으로 암호를 맞힐 때까지 게임을 계속한다. 번갈아 가며 암호를 내고 추측 횟수가 가장 적은 쪽이 승자가 된다. 여섯 가지 색 핀들을 칸 4개에 꽂아 만들 수 있는 암호의 가짓수는 6^4(=1,296)가지이다.

마스터마인드가 중요한 것은 이 게임 자체가 아니라, 이것이 새로운 수학적 연구의 계기가 때문이다. 1977년 미국 컴퓨터 과학자인 도널드 커누스는 추측 횟수 5번 안쪽으로 반드시 올바른 암호를 맞힐 수 있는 전략을 발표했다. 이것은 마스터마인드를 푸는 알고리듬으로는 최초의 사례였고 뒤이어 수많은 논문들이 뒤따랐다. 1993년에 고야마 겐지(Koyama Kenji)와 토니 라이(Tony W. Lai)는 최악의 경우에 최대 6번, 하지만 평균적으로는 겨우 4.340번만 추측하면 암호를 깰 수 있는 전략을 발표했다. 1996년에 첸지샹(Chen Zhixiang)과 동료들은 이전에 밝혀진 결과들을 색깔이 n개이고 자리가 m개일 때로 일반화했다. 게임은 또한 진화 생물학으로부터 영감을 얻은 기술인 유전적 알고리듬을 이용해 연구된 적도 몇 번 있다.

관련 항목 틱택토(40쪽), 바둑(44쪽), 이터니티 퍼즐(498쪽), 아와리 게임(508쪽), 체커(514쪽)

도식적으로 나타내 본 마스터마인드 게임. 맨 밑줄에 있는 초록색-파란색-빨간색-심홍색 암호가 출제된 암호이다. 보통은 숨겨놓게 되어 있다. 이 그림에서 암호 해독자는 맨 윗줄의 첫 추측에서 시작해 5회 만에 해법을 찾아냈다.

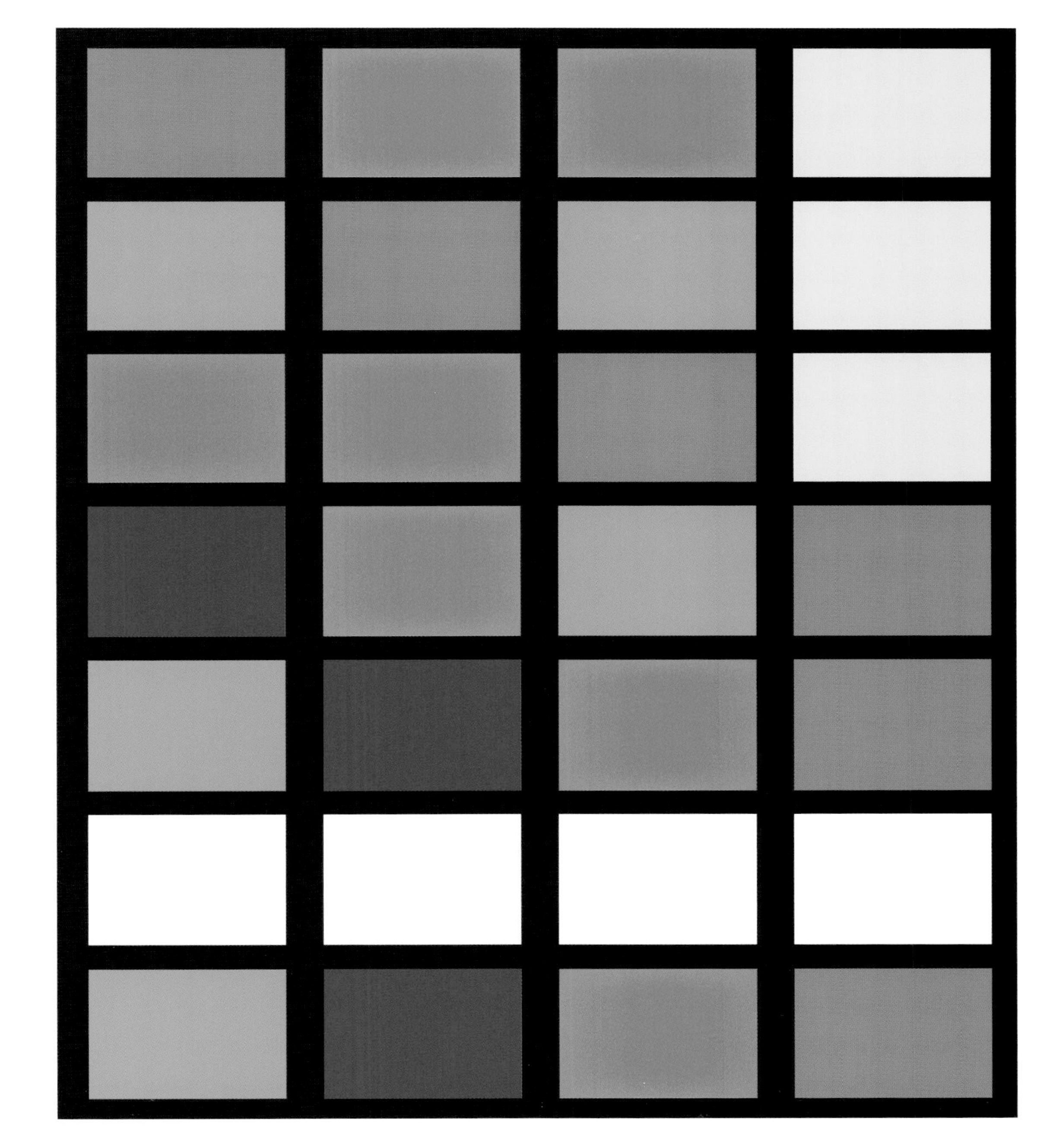

에르되시와 극한적 협력

에르되시 팔(Erdős Pál , 1913~1996년)

일반인들은 수학자라고 하면 새로운 정리를 만들어 내고 고대의 추측들을 풀기 위해 며칠씩 연구에 몰두하면서 독방에 처박혀 다른 사람과는 거의 말도 나누지 않는 외골수 괴짜들을 떠올리기 십상이다. 물론 이런 사람들이 없는 것은 아니지만, 헝가리 출신의 수학자 에르되시 팔(영어식 폴 에르되시(Paul Erdös)가 익숙할 수 있다.)은 수학자들에게 협력과 '사회 수학(social mathematics)'의 가치를 보여 주었다. 세상을 떠날 무렵 에르되시는 511명이나 되는 협력자들과 함께 일한 결과로 1,500여 편에 이르는 논문을 발표했는데, 이것은 세계 역사상 그 어떤 수학자가 내놓은 것보다 더 많은 논문이었다. 에르되시의 작업은 수학의 방대한 영역에 걸쳤는데, 확률론, 조합론, 수론, 그래프 이론, 고전 해석학, 근삿값 이론, 집합론 등이 여기에 속한다.

83세에 이른 에르되시는 쉬지 않고 정리들을 만들어 내고 강의를 하며, 수학은 젊은 사람이나 할 만한 정신 스포츠라는 통념을 반박하면서 생애 마지막 해를 보냈다. 에르되시는 늘 작업 과정에서 다른 사람들과 아이디어를 나누었고 누가 문제를 풀었느냐보다는 문제가 풀렸느냐를 더 중시했다. 과학 저술가인 폴 호프만은 이렇게 기록했다. "에르되시는 역사상 다른 어떤 수학자들보다 더 많은 문제들을 생각했고 자기가 쓴 1,500여 편의 논문의 세세한 내용을 암기할 수 있었다. 에르되시는 커피의 강력한 기운을 빌려 하루에 19시간씩 수학에만 빠져 살았고, 친구들이 쉬엄쉬엄 하라고 종용하면 늘 같은 반응을 보였다. '쉬는 건 무덤에 들어간 다음에 실컷 하겠네.'" 1971년 이후에 에르되시는 우울증을 피하고 수학적 아이디어들을 고안해 내고 협력을 증대시키기 위해 거의 매일 암페타민을 복용했다. 끊임없이 여행을 했고 생활은 대충 되는 대로만 했으며, 가정 생활, 섹스, 그리고 식사도 희생해 가며 완전히 수학에만 몰두했다.

에르되시는 1보다 큰 모든 정수 n에 대해서 늘 n과 $2n$ 사이에 반드시 소수 하나가 존재한다는 정리의 우아한 증명을 18세 때 발견함으로써 수학사에 일찌감치 족적을 남겼다. 예를 들어 2와 4 사이에 소수 3이 있다. 에르되시는 나중에 소수의 분포를 설명하는 소수 정리에 대한 가장 기본적인 증명을 내놓기도 했다.

관련 항목 매미와 소수(24쪽), 에라토스테네스의 체(64쪽), 골드바흐의 추측(180쪽), 가우스의 『산술 논고』(208쪽), 리만 가설(254쪽), 소수 정리 증명(294쪽), 브룬 상수(338쪽), 길브레스의 추측(412쪽), 울람 나선(426쪽)

에르되시는 끊임없는 커피와 카페인 알약과 벤제드린(Benzedrine, 암페타민이 혼합된 약의 상품명)을 통해 초인적 작업 스케줄에 연료를 댔고, "수학자는 커피를 정리로 바꾸는 기계"라는 말을 남겼다. 에르되시는 일주일에 7일, 하루에 19시간씩 연구를 했다.

CAFE

1972년

HP-035

윌리엄 레딩턴 휴렛(William Redington Hewlett, 1913~2001년)**과 개발진 일동**

캘리포니아 주 팰로앨토에 본사를 둔 휴렛패커드(Hewlett-Packard, HP) 사는 1972년에 세계 최초의 휴대용 과학·공학 계산기, 즉 삼각 함수와 지수 함수를 계산할 수 있는 휴대용 계산기를 내놓았다. HP-35 계산기는 10^{-100}에서 10^{+100}까지 방대한 범위의 숫자를 표기할 수 있었다. HP-35의 미국 시장 내 가격은 395달러였다. (HP-35에서 35는 키의 갯수를 나타낸 것이다.) 회사의 공동 창립자였던 윌리엄 레딩턴 휴렛은 주머니에 들어가는 휴대용 계산 기계 시장이 거의 존재하지 않는다는 시장 조사 결과에도 아랑곳하지 않고 개발을 시작했다. 그 조사 결과는 얼마나 헛짚었던가! 판매를 개시하고 처음 몇 주 동안 주문은 전체 시장 규모와 관련해 회사의 기대를 넘어섰다. HP-35는 첫해에만 10만 대가 팔렸고, 1975년에 단종될 때까지 30만 대나 팔렸다.

HP-35 등장 당시 고차원적 과학 계산을 수행하는 일은 계산자들이 맡고 있었다. 기존 휴대용 계산기들은 당시 덧셈·뺄셈·곱셈·나눗셈만 할 수 있었다. HP-35는 모든 것을 바꾸었다. 정확하게 나타낼 수 있는 유효 자릿수가 전형적으로 3개에 불과했던 계산자는 '죽었고', 수많은 미국 학교에서는 그 뒤로 거의 두 번 다시 계산자를 가르치지 않았다. 과거의 위대한 수학자들이 만약 HP-35를 쓸 수 있었다면(물론 배터리 공급이 끊임없이 이루어져야 했겠지만) 어떤 업적을 이루어 냈을까 궁금해하는 사람들도 있다.

오늘날에는 과학·공학 계산기가 비싸지 않으며, 대다수 나라에서 수학 교육 과정을 본격적으로 바꾸어 놓았다. 교육자들은 더 이상 종이와 연필을 이용해 초월 함수의 값을 계산하는 방법들을 가르치지 않는다. 어쩌면 교사들은 미래에 일상적인 계산 기술을 가르치는 대신에 수학적 개념과 응용을 가르치는 데 더 많은 시간을 바치게 될지도 모른다.

작가인 밥 루이스(Bob Lewis)는 이렇게 쓴다. "빌 휴렛(Bill Hewlett, 윌리엄 휴렛)과 데이브 패커드(Dave Packard)는 휴렛의 차고에서 실리콘 밸리를 세웠다. 패커드-휴렛이 아니라 휴렛-패커드가 된 것은 동전 던지기에 따른 결과였다. …… 휴렛은 한 번도 유명해지는 데 큰 관심을 보인 적이 없다. 휴렛은 평생 뼛속부터 기술자였다."

관련 항목 주판(100쪽), 계산자(132쪽), 배비지 기계 컴퓨터(220쪽), 미분 해석기(360쪽), 에니악(390쪽), 쿠르타 계산기(398쪽), 매스매티카(490쪽)

HP-35는 세계 최초의 휴대용 과학·공학 계산기로, 삼각 함수와 지수 함수를 계산할 수 있었다. 빌 휴렛은 휴대용 계산기에 대한 시장이 거의 전혀 존재하지 않는다는 잘못된 시장 조사에도 아랑곳하지 않고 전자식 과학·공학 계산기 개발을 추진했다.

3.141592654
OFF
ON
log
ln
arc
sin
cos
tan
CLR
1/x
STO
RCL
CH S
E EX
ENTER↑
CL x
7
8
9
4
5
6
1
2
3
0
HEWLETT • PACKARD

1973년

펜로즈 타일

로저 펜로즈(Roger Penrose, 1931년~)

펜로즈 타일(Penrose Tile)이란 영국의 수리 물리학자인 로저 펜로즈가 고안해 낸 쪽매 맞춤의 방법 중 하나이다. 펜로즈 타일 덮기는 마름모꼴의 단순한 기하학적 모양 2개로 이루어지는데, 이 두 모양을 연결하면 틈이나 겹치는 곳 없이 평면을 완전히 덮을 수 있다. 목욕탕 같은 데에서 볼 수 있는 다른 정다각형 타일 덮기와는 달리 어떤 패턴이 주기적으로 반복되지 않는다. 흥미롭게도, 펜로즈 타일 덮기는 5중 회전 대칭성을 가지고 있는데, 꼭짓점이 5개인 별 모양에서 볼 수 있는 대칭성과 같은 것이다. 전체 타일 패턴을 72도 돌리면 원래 모양과 똑같아 보인다. 마틴 가드너는 이렇게 썼다. "대칭성이 더욱 높아지도록 펜로즈 패턴을 구축하는 것은 가능하긴 하지만 …… 우주와 마찬가지로 대다수 패턴들은 질서와, 그 질서를 예측할 수 없게 벗어나는 변주의 신비로운 혼합이다. 패턴들은 확장하면서 늘 자신들을 반복하려고 애쓰지만 끝내 그러지 못하는 것처럼 보인다."

펜로즈의 발견 이전에 대다수 과학자들은 5중 회전 대칭에 기반한 결정 구축이 불가능할 것이라고 믿었지만, 그 후 펜로즈 타일의 패턴을 닮은 준결정들이 발견되었다. 이 준결정들은 놀라운 성질을 가지고 있었다. 예를 들어 펜로즈 타일 구조를 가진 금속 준결정들은 열을 잘 전도하지 않았으며, 어떤 준결정들은 눌어붙음을 방지하는 미끄러운 코팅 재료로 쓸 수 있었다.

1980년대 초반 과학자들은 일부 결정들의 원자 구조가 비규칙적 격자, 즉 규칙적으로 반복되지 않는 격자 구조를 바탕으로 하는 것이 아닌가 하는 문제를 살펴보았다. 1982년에 댄 세흐트만(Dan Shechtman)은 펜로즈 타일 덮기를 닮은 명확한 5중 대칭성을 가진 알루미늄-망간 혼합물의 전자 현미경 사진에서 비규칙적 구조를 발견했다. 당시 이 발견은 어찌나 충격적이었던지 일각에서는 그 발견이 5개의 변을 가진 눈송이의 발견만큼 충격적이라고 말하기도 했다.

여담이지만, 1997년 펜로즈는 한 회사가 허락도 받지 않고 자신들의 클리넥스 화장지에 펜로즈 타일 덮기를 사용했다고 해서 저작권 소송을 제기하기도 했다. 2007년에는 서구에서 펜로즈 타일을 발견하기 5세기 전에 중세 이슬람 예술에서 같은 방식의 타일 덮기를 사용했음을 증명하는 논문이《사이언스》에 발표되기도 했다.

관련 항목 벽지 군(290쪽), 투에-모스 수열(318쪽), 직사각형의 정사각형 해부(354쪽), 보더버그 타일 덮기(374쪽), 아우터 빌리어즈(418쪽)

조스 레이스가 만든 펜로즈 타일 덮기. 두 가지 기하학적 모양으로 주기적으로 반복되는 패턴을 이루지 않고 평면 전체를 틈이나 겹침 없이 모두 덮을 수 있다.

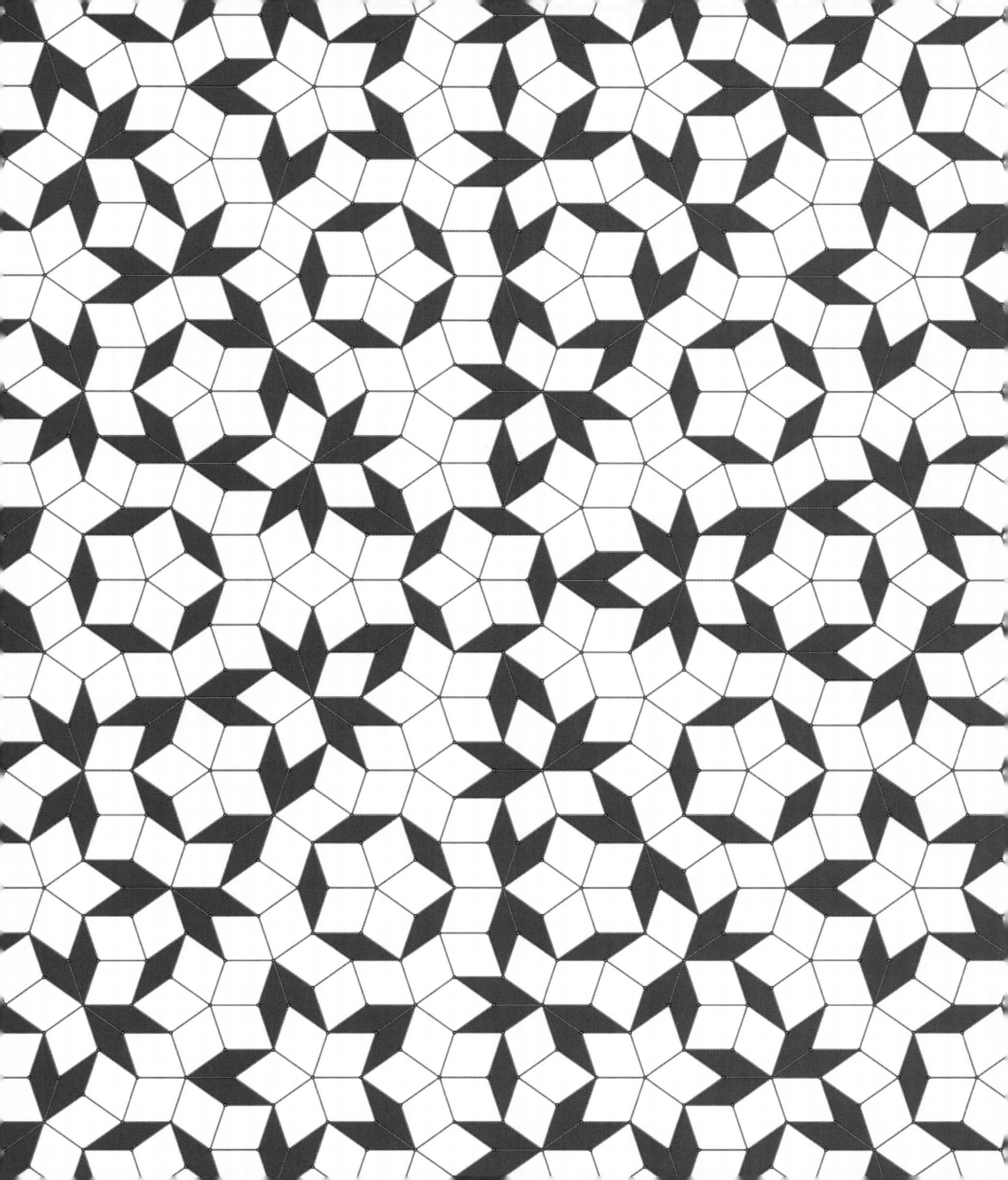

1973년

미술관 정리

바클라프 (바첵) **슈바탈**(Václav (Vašek) Chvátal, 1946년~), **빅터 클레**(Victor Klee, 1925~2007년)

다각형 모양의 으리으리한 미술관 안에 서 있다고 가정해 보자. 각 구석(꼭짓점)마다 경비원을 배치해 다각형 모양의 내부를 빠짐없이 감시할 수 있게 하는 데 필요한 경비원은 최소 몇 명인가? 경비원들은 동시에 모든 방향을 볼 수 있지만, 벽을 꿰뚫어 볼 수는 없다. 또한 사람들이 예술 작품을 보는 데 방해가 되지 않도록 경비원들은 미술관의 구석에 배치해야 한다. 이 문제를 풀려면, 우선 다각형 미술관과 구석에 놓인 경비원들의 시선을 그려 봐야 한다.

체코슬로바키아 태생 수학자이자 컴퓨터 과학자인 바클라프 슈바탈의 이름을 딴 슈바탈의 미술관 정리(Chvátal's Art Gallery Theorem)에 따르면, 모퉁이가 n개인 미술관에서 전체 미술관을 살펴보려면 각 구석에 경비원을 적어도 $\lfloor n/3 \rfloor$ 명 배치해야 한다. 여기서 $\lfloor\ \rfloor$ 기호는 $n/3$보다 작거나 똑같은 가장 큰 정수를 내놓는 바닥 함수(floor function)를 뜻한다. 그리고 우리는 미술관을 이루는 이 다각형이 '단순'하다고 가정한다. 미술관 벽들이 서로 교차하지 않고 꼭짓점에서만 만난다는 뜻이다.

1973년에 수학자인 빅터 클레는 슈바탈에게 필요한 경비원들의 수를 질문했고 슈바탈은 그 직후에 그것을 증명했다. 흥미롭게도 모든 구석이 직각으로 된 다각형 미술관을 감시하는 데 필요한 경비원의 수는 겨우 $\lfloor n/4 \rfloor$ 명이었다. 따라서 구석이 10군데 있는 이런 종류의 미술관에 필요한 경비원은 3명이 아니라 겨우 2명이었다.

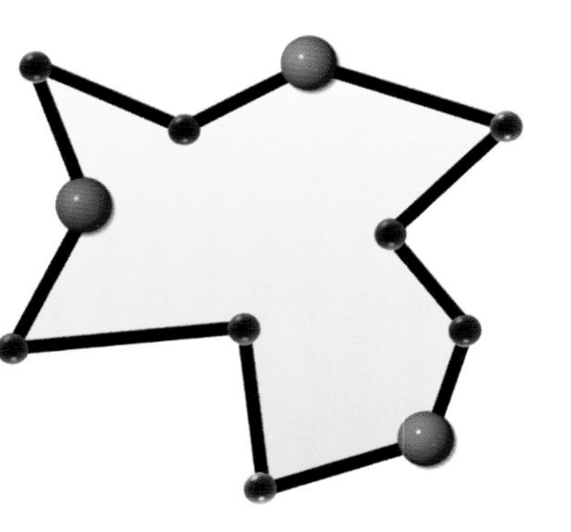

연구자들은 그 후 경비원이 한 지점에 고정되지 않고 직선을 따라 움직이는 경우에 대해 미술관 문제를 연구했고, 또한 3차원에서, 그리고 구멍이 있는 벽들에 대해서도 같은 문제를 연구했다. 노먼 두(Norman Do)는 이렇게 말했다. "빅터 클레가 처음 미술관 문제를 제기했을 때 그는 30년이나 지난 지금까지도 그 문제가 풍요로운 연구의 모티프가 될 줄은 아마 몰랐을 것이다. 이 분야는 (이제) 매우 흥미로운 문제들로 가득 차 있다."

관련 항목 사영 기하학(144쪽), 토카르스키의 밝힐 수 없는 방(442쪽)

왼쪽: 3개의 커다란 공은 3명의 경비원을 표시한 것이다. 이들은 꼭짓점이 11개인 이 다각형 방의 내부를 동시에 볼 수 있다. 오른쪽: 기묘한 벽 배치, 움직이는 경비원, 고차원 같은 조건으로 확장된 미술관 정리는 다양한 기하학적 연구를 자극하고 있다.

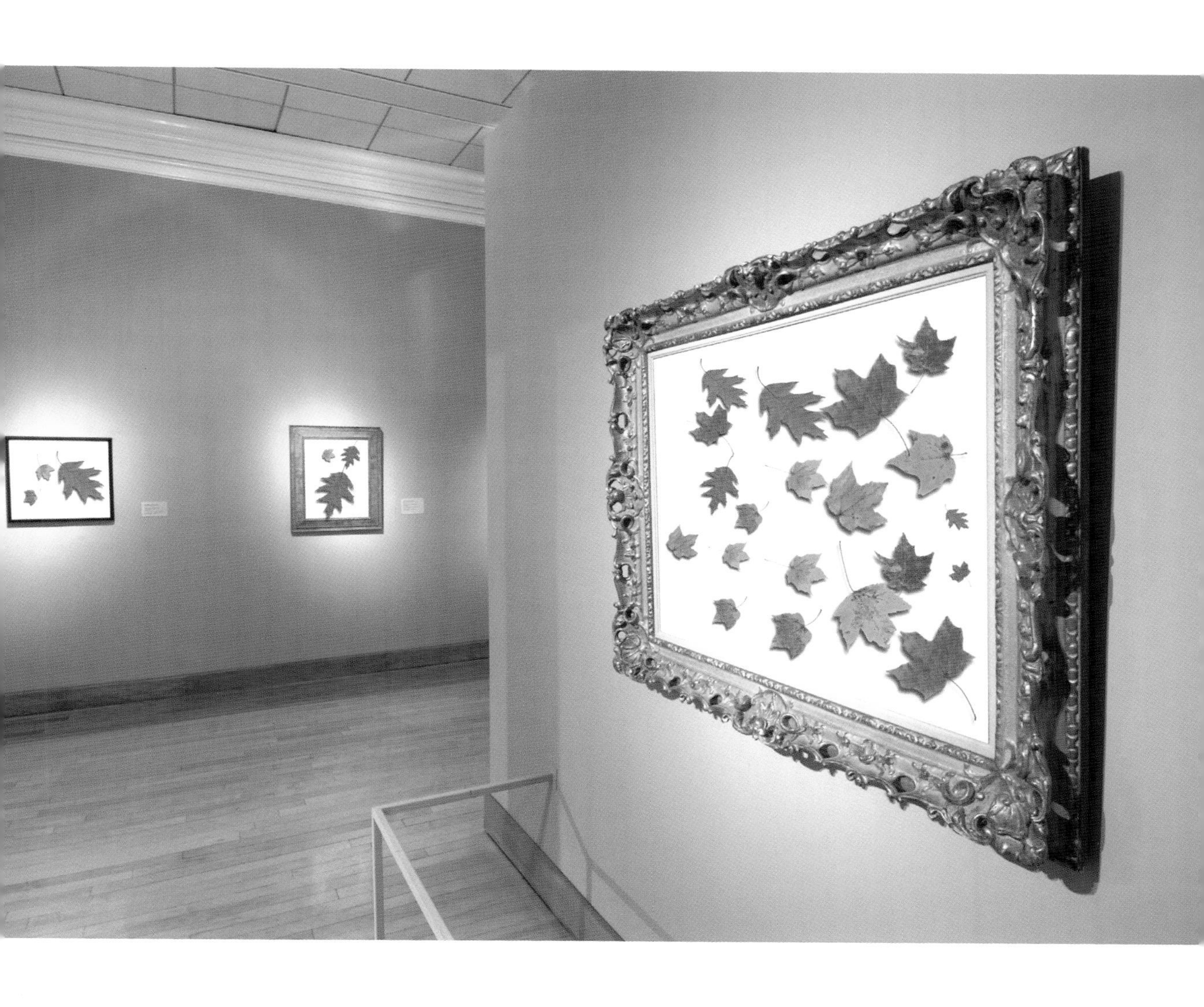

1974년

루빅스 큐브

루비크 에르뇌(Rubik Ernö, 1944년~)

루빅스 큐브(Rubik's Cube)는 헝가리 발명가인 루비크 에르뇌가 1974년에 발명해 1975년에 특허를 내고 1977년에 헝가리 시장에 출시한 퍼즐이다. 1982년에는 헝가리 내에서만 1000만 개 이상 팔렸는데, 이것은 헝가리 전체 인구를 넘어서는 수치였다. 전 세계적으로는 1억 개 이상이 팔렸다고 추정된다.

이 루빅스 큐브는 더 작은 큐브, 즉 정육면체가 3×3×3 형태로 모여 만들어진 것인데, 출시 상태에서는 작은 정육면체들이 더 큰 정육면체의 6개의 면이 6개의 색깔을 갖도록 배치되어 있다. 작은 정육면체 26개 안쪽으로 쐐기가 박혀 있어서, 6개의 면을 쪼개고 각각 회전시킬 수 있다. 이 장난감의 목표는 뒤섞인 작은 정육면체들을 원래대로, 다시 말해 큰 정육면체의 각 면이 한 가지 색으로 통일되도록 만드는 것이다. 작은 정육면체들을 다르게 배열할 수 있는 가짓수는 43,252,003,274,489,856,000이고, 이 배열들 중 단 한 가지만이 원래 출시되었을 때의 상태이다. 만약 여러분이 앞에서 이야기한 배열 가짓수 하나하나에 해당하는 루빅스 큐브들을 모두 가지고 있다면, 지구 표면 전체를 (대양까지 포함해서) 250번이나 덮을 수 있을 것이다. 이것을 한 줄로 늘어놓으면 우주 공간으로 250광년이나 뻗어 나간다. 만약 여러분이 색깔이 칠해진 스티커를 작은 정육면체에서 떼고 그것을 다시 더 작은 정육면체로 나누면 3×3×3 루빅스 큐브에서 가능한 조합은 1.0109×10^{38}가지가 된다.

무작위적인 배치에서 시작해 원래 상태로 되돌리려면 큐브를 최소 몇 번이나 돌려야 하는가는 아직 밝혀지지 않고 있다. 2008년 토마스 로키키(Tomas Rokicki)는 루빅스 큐브가 어떻게 배열되어 있든 큐브 면을 22번 이하로 돌려서 풀 수 있음을 증명했다.

장난감 가게에서 결코 볼 수 없는 변형 중 하나가 바로 루빅스 테서랙트(Rubik's Tesseract)인데, 즉 4차원 버전의 루빅스 큐브이다. 루빅스 테서랙트에서 가능한 배치 조합은 1.76×10^{120}가지이다. 따라서 루빅스 큐브나 루빅스 테서랙트가 우주 탄생 이래 매 초마다 한 번씩 위치를 바꿔 왔다고 해도 아직까지 가능한 배치를 전부 보여 주지 못했을 것이다.

관련 항목 군론(230쪽), 슬라이딩 퍼즐(264쪽), 하노이 탑(280쪽), 테서랙트(284쪽), 인스턴트 인새너티(434쪽)

왼쪽: 재커리 파슬리(Zachary Paisley)가 손으로 만든, 루빅스 큐브 모양을 한 스피커 덮개. 이 스피커의 무게는 68킬로그램이다.
오른쪽: 한스 앤더슨(Hans Andersson)은 2008년 루빅스 큐브를 풀 수 있는 로봇을 플라스틱 블록 장난감으로 만들었다. 색깔 감지기를 갖춘 이 로봇은 꼭 컴퓨터에 연결하지 않아도 계산과 큐브 조작을 할 수 있다.

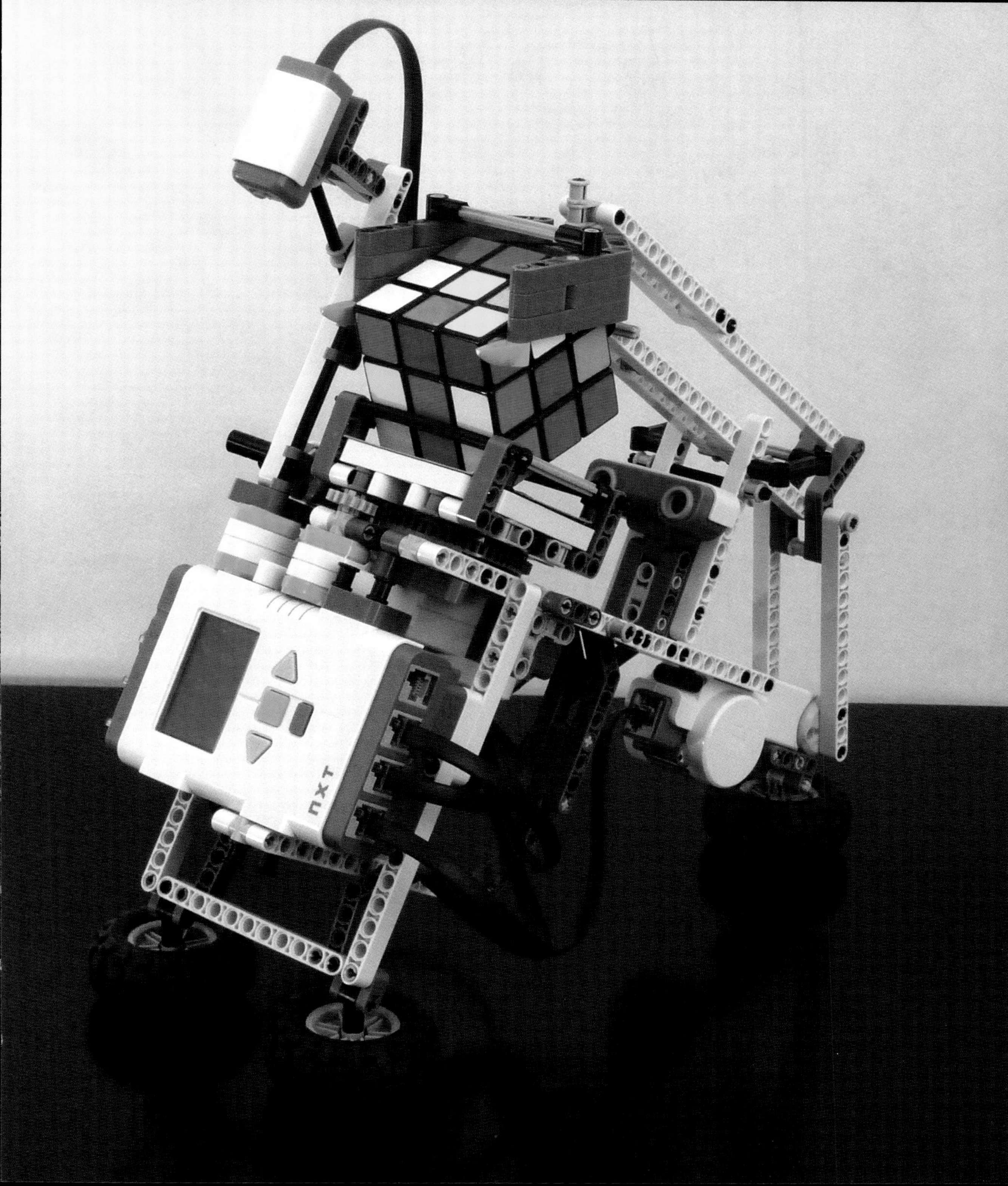
NXT

1974년

차이틴의 오메가

그레고리 존 차이틴(Gregory John Chaitin, 1947년~)

컴퓨터 프로그램은, 예를 들어 1,000번째의 소수나 원주율의 첫 수백 자리까지의 수를 계산하는 것 같은 일을 끝내면 '정지'한다. 그러나 만약 그 일이 피보나치 수를 모조리 계산하는 것처럼 끝나지 않는 작업이라면 프로그램은 정지하지 않고 영원히 돌아갈 것이다.

만약 우리가 튜링 기계의 프로그램에 비트로 된 난수열을 입력하면 어떻게 될까? (튜링 기계란 한 컴퓨터의 논리 회로를 모의 실험해 볼 수 있는 추상 기호 조작 기계이다.) 이 프로그램이 한번 가동을 시작한 다음 튜링 기계가 정지할 확률은 얼마나 될까? 그 답은 차이틴 상수(Chaitin's Constant)인 Ω(오메가)이다. 정지 확률(Halting Probability)라고도 하는 이 수의 값은 기계에 따라 다르지만, 어떤 주어진 기계에 대해서 Ω는 0과 1 사이의 명확한 무리수이다. 대다수 컴퓨터의 경우 Ω의 값은 1에 가까운데, 왜냐하면 완벽하게 무작위적인 프로그램은 컴퓨터에게 뭔가 불가능한 작업을 하도록 시킬 가능성이 높기 때문이다. 아르헨티나 출신의 미국인 수학자인 그레고리 차이틴은 Ω의 숫자열에 패턴이 없음을, Ω가 정의할 수는 있어도 계산하기는 전적으로 불가능하다는 것을, 그리고 그 자릿수가 무한하다는 것을 보여 주었다. Ω의 성질들에는 방대한 수학적 함의가 들어 있으며, 우리가 알 수 있는 범위에 대해 근본적인 한계선을 그어 놓는다.

양자 이론가인 찰스 베넷(Charles Bennett)은 이렇게 썼다. "Ω의 가장 놀라운 성질은 …… Ω의 첫 몇천 자리에 오는 수가 밝혀진다면, 그것은, 적어도 원리적으로는, 수학의 흥미로운 미해결 문제들 중 다수에 대해 답을 하기에 충분할 것이라는 사실이다." 데이비드 달링은 수학에 존재하는 해결 가능한 문제들이 "광대한 불확정성의 대양에 떠 있는 그저 조그만 군도일 뿐이라는" 사실을 Ω의 성질들이 보여 준다고 했다. 마커스 초운(Marcus Chown)은 이렇게도 말했다. "Ω는 수학이 거의 뻥 뚫린 커다란 구멍들로 이루어져 있음을 보여 준다. 무정부주의는 우주의 심장부에 있다." 《타임》은 이렇게 설명한다. "그 개념은 모든 수학 체계에는 증명할 수 없는 명제들이 늘 존재할 것이라고 말하는 괴델의 불완전성 정리, 그리고 어떤 특정한 컴퓨터 계산이 끝내 정지할 것인가를 예측하기란 불가능하다고 말하는 튜링의 정지 문제를 한층 확장해 준다."

관련 항목 괴델의 정리(364쪽), 튜링 기계(372쪽)

Ω의 성질들에는 방대한 수학적 함의가 존재하며, Ω는 우리의 지적 능력에 근본적인 한계선을 긋는다. Ω라는 수는 무리수이며 그 성질들은 해결 가능한 문제들이 '불확정성의 광대한 대양에 떠 있는 조그만 군도일 뿐임'을 보여 준다.

초현실수

존 호턴 콘웨이(John Horton Conway, 1937년~), **도널드 어빈 커누스**(Donald Ervin Knuth, 1938년~)

초현실수(Surreal Numbers)는 실수의 포함 집합(superset)으로, 수많은 수학적 성과를 내놓은 바 있는 존 콘웨이가 게임 분석을 위해 처음 고안해 낸 것이지만, 초현실수라는 이름을 지은 인물은 1974년작 단편 소설인 『초현실수(*Surreal Numbers*)』에서 그 이름을 처음 사용한 도널드 커누스였다. 이것은 아마도 중요한 수학적 발견이 소설 작품으로 처음 발표된 정말 드문 사례 중 하나일 것이다. 초현실수는 수많은 기이한 성질들을 갖고 있다. 우선 배경 지식으로, 실수란 1/2 같은 유리수와 원주율 같은 무리수를 아우르며, 무한히 긴 수들의 선 위에 자리한 점들로 시각화할 수 있다.

초현실수는 실수 말고도 훨씬 더 많은 것들을 포함한다. 초현실수는 무한과 상상할 수 있는 그 어떤 실수보다도 더 작은 수인 무한소를 포함한다. 마틴 가드너는 자신의 『수학의 마술쇼(*Mathematical Magic Show*)』에서 "초현실수는 마술 같은 속임수의 놀라운 개가이다. 표준적인 집합론의 몇 가지 공리로 만들어진, 테이블 위에 놓인 빈 모자랄까. 콘웨이는 단순한 규칙 두 가지를 허공에서 휘저은 다음 거의 아무것도 없는 빈 공간으로 손을 뻗어, 실재하는 닫힌 장(場, field)을 형성할 무한히 풍요로운 수들의 태피스트리를 끄집어낸다. 모든 실수는 다른 어떤 '실제' 값보다 더 자신과 가까이 있는 새로운 수들의 무리에 둘러싸인다. 그 체계는 진정 '초현실적'이다."

초현실수는 $\{X_L, X_R\}$의 집합들의 쌍으로, 여기서 지수 L, R는 그 쌍에 있는 집합들의 상대적 위치(좌우)를 가리킨다. 초현실수가 매혹적인 이유는 이 수들이 극도로 작고 단순한 기반 위에 구축되어 있기 때문이다. 사실 콘웨이와 커누스에 따르면 초현실수들은 다음과 같은 두 규칙을 따른다. ① 모든 수는 이전에 생성된 수들의 두 집합에 조응해, 왼쪽 집합의 원소 중에는 오른쪽 집합의 원소와 같거나 그보다 큰 것이 하나도 없다. ② 하나의 수는 다음과 같은 경우에만 다른 수보다 작거나 같다. 먼저 첫 번째 수의 왼쪽 집합에 속한 원소 중 두 번째 수보다 크거나 같은 것이 없을 때, 그리고 두 번째 수의 오른쪽 집합에 속한 원소 중 첫 번째 수보다 작거나 같은 것이 없을 때 그렇게 된다.

관련 항목 제논의 역설(48쪽), 미적분의 발견(154쪽), 초월수(236쪽), 칸토어의 초한수(266쪽)

왼쪽: 2005년 6월 캐나다 앨버타에 있는 밴프 국제 연구소에서 열린 조합 게임 이론 학회에 참석한 존 콘웨이. 오른쪽: 도널드 커누스의 소설 『초현실수』의 표지. 중요한 수학적 발견이 소설 작품을 통해 발표된 드문 사례 중 하나이다.

SURREAL NUMBERS

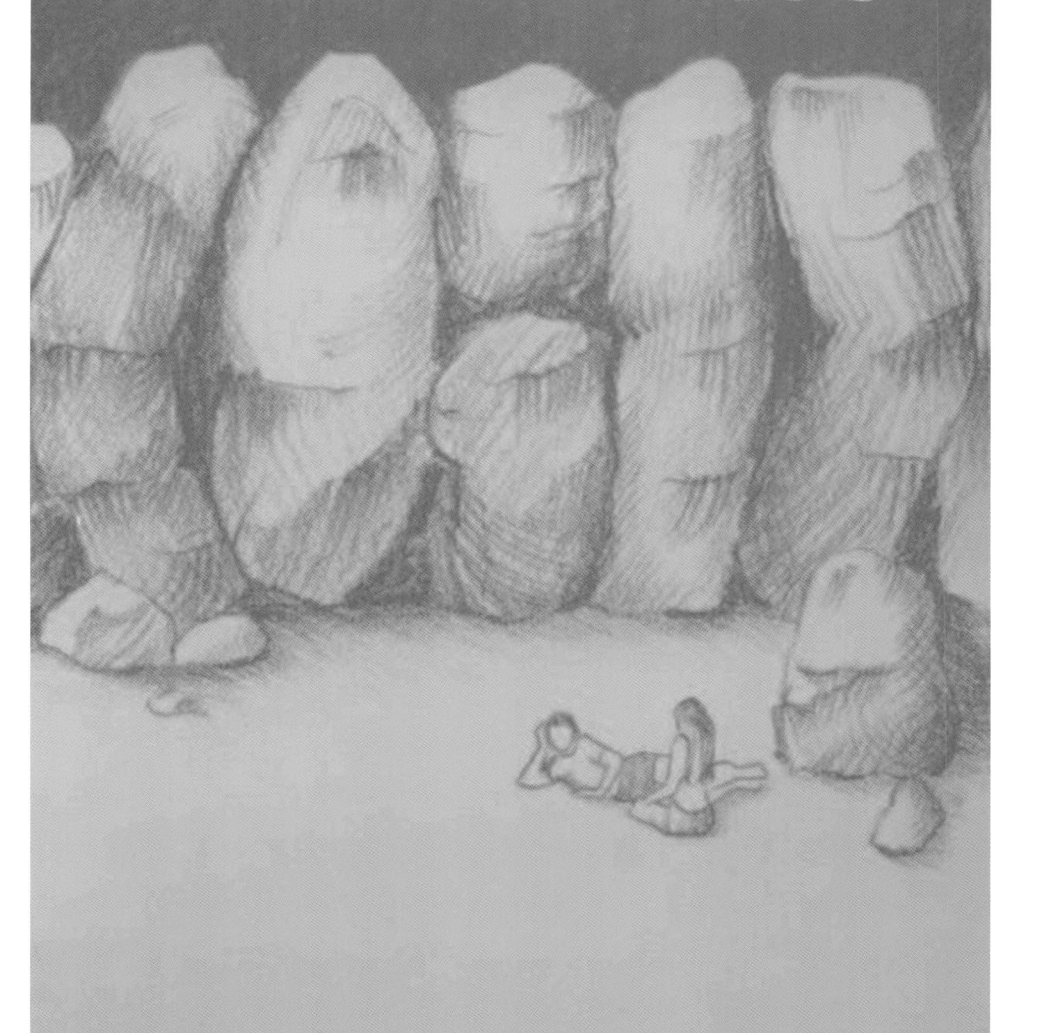

D. E. KNUTH

1974년

퍼코 매듭

케네스 퍼코, 주니어(Kenneth A Perko, Jr., 1941~2002년), **볼프강 하켄**(Wolfgang Haken, 1928년~)

수학자들은 수 세기에 걸쳐 매듭들을 구분하고 분류하는 방법을 찾으려고 애써 왔다. 오른쪽 그림의 두 가지 사례는 그중 하나일 뿐인데, 오랫동안 서로 다른 두 가지 매듭 유형으로 여겨졌던 두 매듭들을 나타낸 것이다. 그러나 1974년 수학자들은 두 매듭 중 하나를 다른 시점에서 보기만 하면 두 매듭이 동일하다는 것을 증명할 수 있음을 발견했다. 오늘날 우리는 뉴욕에서 일하는 법률가이자 파트타임 위상 수학자인 케네스 퍼코의 이름을 따서 이 매듭들을 퍼코 쌍 매듭(Perko Pair Knots)이라고 부르는데, 퍼코는 자기 집 거실 바닥에서 그 밧줄 고리들을 조작함으로써 사실 그 둘이 똑같은 매듭임을 증명했다!

만약 우리가 두 매듭 중 하나를 자르지 않고 위아래로 교차하는 매듭 위치들을 조금씩 조정해 다른 하나와 정확히 똑같이 보이도록 만들 수 있다면, 두 매듭은 동일한 것으로 여길 수 있게 된다. 매듭들은 다른 성질들도 있지만, 교차의 배열과 수, 거울상의 성질 등에 따라 분류된다. 좀 더 정확히 말하자면 매듭들은 다양한 불변성들에 의거해 분류되는데, 대칭성이 그 하나이고 교차 횟수가 다른 하나이며, 거울상의 성질들은 그 분류에 간접적인 역할을 한다. 어떤 꼬인 곡선이 매듭인지, 아니면 주어진 두 매듭이 서로 교차하는지를 결정하는 일반적이고 실용적인 알고리듬은 존재하지 않는다. 분명히 말해 평면에 투사된 매듭을 그저 눈으로 보는 것만으로는 — 위와 아래로의 교차들을 명확하게 하면서 — 어떤 고리가 매듭인지 매듭이 아닌지를 단정하기가 쉽지 않다.

1961년에 수학자인 볼프강 하켄이 평면에 투사된 매듭이 (위아래 교차를 그대로 유지하면서) 실제로 매듭인지 아닌지를 판정하는 한 가지 알고리듬을 고안했다. 그렇지만 이 절차는 너무나 복잡해서 단 한 번도 실행된 적이 없다. 《아크타 마테마티카(*Acta Mathematica*)》라는 수학 전문 학술지에 실린, 그 알고리듬을 설명하는 논문은 130쪽 분량이다.

관련 항목 매듭(26쪽), 존스 다항식(480쪽), 머피의 법칙과 매듭(492쪽)

여기 보이는 두 매듭은 75년간 서로 다른 유형이라고 생각되어 왔다. 1974년에 수학자들이 이 두 매듭이 사실은 동일한 매듭임을 밝혀냈다. 조스 레이스가 제작한 컴퓨터 그래픽 이미지이다.

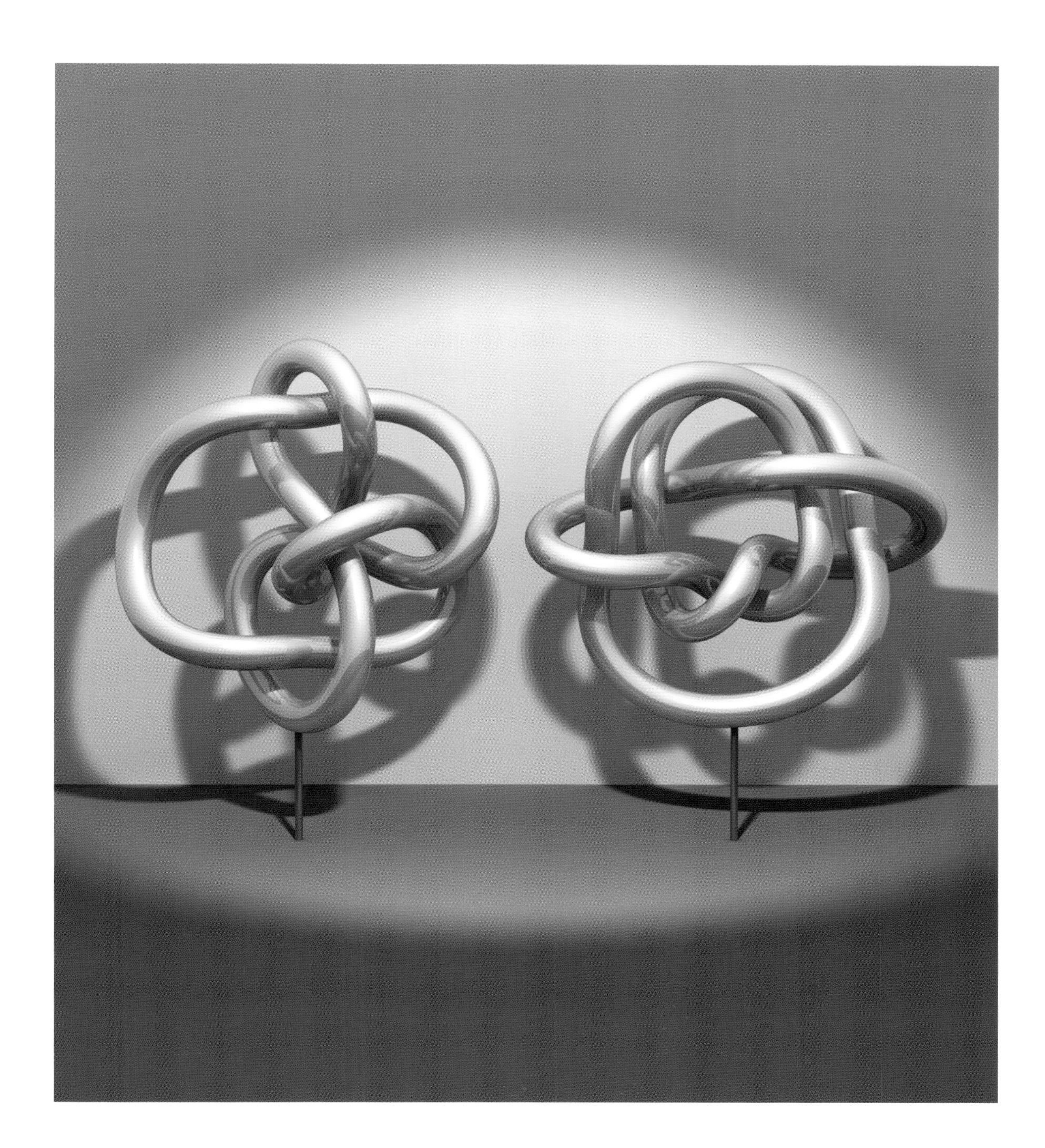

1975년

프랙털

브누아 망델브로(Benoît B. Mandelbrot, 1924~2010년)

오늘날 컴퓨터로 생성된 프랙털 패턴들은 어디서나 볼 수 있다. 컴퓨터 아트의 디자인에서 전문적인 물리학 학술지의 삽화에 이르기까지, 과학자들 사이에서, 그리고 다소 놀랍게도 예술가와 디자이너 들 사이에서도 프랙털에 대한 관심은 계속해서 자라고 있다. 프랙털(Fractal)이라는 단어는 1975년에 수학자인 브누아 망델브로가 복잡해 보이는 곡선들의 집합을 기술하기 위해 처음 만든 것인데, 그것들 중 다수는 고성능 컴퓨터가 등장하기 전에는 절대로 시각화할 수 없던 것들이다. 프랙털들은 종종 자기 닮음 성질을 보여 주는데, 이 성질은 어떤 물체를 아무리 확대해도 자기 모습이 계속 반복된다는 것이다. 인형 안에 더 작은 인형이 들어 있는 러시아 인형의 무한 버전처럼, 확대를 계속해도 세부 모양이 바뀌지 않는다. 이런 모양들 중 어떤 것은 추상적인 기하학 공간에만 존재하지만 다른 것들은 해안선이나 혈관망 같은 복잡한 자연 물체들의 모형으로도 사용할 수 있다. 컴퓨터로 생성된 어지러운 이미지들은 중독성이 있어서, 20세기의 그 어떤 수학적 발견들보다도 더 강하게 학생들과 사람들의 흥미를 끈다.

물리학자들은 프랙털에 관심이 있다. 프랙털은 더러 행성의 움직임, 유체의 흐름, 약물의 확산, 어떤 산업 내부 경제 주체들의 상호 행동, 비행기 날개의 진동 같은 현실 세계 현상들의 카오스적 행동들을 기술하는 데 도움이 되기 때문이다. (카오스적 행동은 프랙털 패턴들을 내놓는 일이 흔하다.) 물리학자들이나 수학자들은 복잡한 결과를 보면 전통적으로 복잡한 원인을 찾는 경우가 더러 있다. 그러나 환상적으로 복잡한 프랙털 모양들 중 다수는 아주 단순한 공식들의 산물인 경우가 많다.

프랙털 물체의 초기 연구자들 중에는 1872년에 모든 곳에서 연속이지만 동시에 미분도 불가능한 함수를 고안해 낸 카를 바이어슈트라스도 있고, 1904년에 코크 눈송이 같은 기하학적 도형들을 논한 헬리에 본 코크도 있다. 19세기와 20세기 초 사이 여러 수학자들이 복잡한 평면에서 프랙털을 연구했지만, 컴퓨터의 도움 없이는 이러한 물체들을 완전히 이해하거나 시각화할 수 없었다.

관련 항목 데카르트의 『기하학』(138쪽), 파스칼의 삼각형(148쪽), 바이어슈트라스 함수(258쪽), 페아노 곡선(288쪽), 코크 눈송이(312쪽), 투에-모스 수열(318쪽), 하우스도르프 차원(336쪽), 앙투안의 목걸이(342쪽), 알렉산더의 뿔난 구(350쪽), 멩거 스폰지(358쪽), 해안선 역설(404쪽), 카오스와 나비 효과(424쪽), 망델브로 집합(474쪽)

조스 레이스가 만든 프랙털 구조. 프랙털 물체에서는 여러 가지 물체들이 서로 다른 크기로 반복되는데, 이것을 자기 닮음이라고 한다.

1975년

파이겐바움 상수

미첼 제이 파이겐바움(Mitchell Jay Feigenbaum, 1944년~)

단순한 방정식들이 동물 개체군의 성장과 쇠락으로부터 몇몇 전자 회로들의 행동에 이르기까지 여러 현상들의 특징을 보여 주면서 놀라울 정도로 다양하고 카오스적인 행동들을 내놓을 수 있다. 특별한 관심이 가는 방정식 중 하나는 개체군 성장을 모형화한 로지스틱 사상(logistic map)으로, 개체군 변화의 모형을 연구한 벨기에 수학자 피에르프랑수아 베르휼(Pierre-François Verhulst, 1804~1849년)의 작업에 기반해 생물학자인 로버트 메이(Robert May)가 1976년에 대중화시켰다. 그 공식은 $x_{n+1}=rx_n(1-x_n)$으로 쓸 수 있다. 여기서 x는 n이라는 시간의 개체군을 나타낸다. 변수인 x는 생태계의 최대 개체군 크기를 기준으로 정의되고 따라서 0에서 1까지의 값을 갖는다. 성장과 굶주림의 비율을 통제하는 r의 값에 따라, 개체군은 다양한 행동들을 나타낼 수 있다. 예를 들어 r가 증가하면 개체군은 하나의 단일한 값으로 수렴하거나 아니면 두 갈래로 '분기'되어 2개의 값 사이에서 진동하고, 그다음에는 4개의 값 사이에서 진동하고, 다음은 8개의 값 사이에서, 그리고 마침내 카오스적이 되어, 초기 개체군의 미세한 변화도 처음과 무척 다르고 심지어 예측 불가능한 결과를 내놓게 된다.

연이은 분기 사이 간격의 비율은 파이겐바움 상수(Feigenbaum Constant)인 4.6692016091…에 접근한다. 이 상수는 미국인 수리 물리학자인 미첼 제이 파이겐바움이 1975년에 발견했다. 파이겐바움은 원래 로지스틱 사상과 비슷한 사상에 대해 연구할 때 이 상수를 찾아냈다고 한다. 그는 이 상수가, 카오스 계를 나타낸 사상을 포함해서, 이런 종류의 1차원 지도들에 모두 적용된다는 것을 증명했다. 이것은 카오스 계들 두 갈래로 분기할 때도 같은 속도로 나뉜다는 뜻이다. 따라서 파이겐바움 상수는 어떤 계들에서 카오스가 언제 나타날 것인가를 예측하는 데 사용될 수 있다. 수많은 물리계들이 카오스 계로 들어가기 전에 이런 종류의 분기 행동들을 보인다는 것은 여러 연구틀 통해 확인되었다.

파이겐바움은 자신의 "보편적 상수"가 중요하다는 사실을 즉각 깨달았다면서 이렇게 말해다. "그날 저녁 부모님께 전화를 걸어 내가 뭔가 진짜 대단한 걸 발견했는데, 그걸 이해할 수만 있다면 유명해질 거라고 말씀드렸지요."

관련 항목 카오스와 나비 효과(424쪽), 급변 이론(404쪽), 이케다 끌개(470쪽)

스티븐 위트니(Steven Whitney)의 분기도. 시계 방향으로 90도 돌린 것이다. 이 그림은 주어진 방정식의 r 값이 달라짐에 따라 단순한 하나의 공식이 믿을 수 없을 정도로 풍요로운 행동들을 나타낼 수 있음을 보여 준다. 작고 얇고 밝은 선으로 갈라지는 두 갈래 '쇠스랑'은 카오스가 발생하는 것을 나타내고 있다.

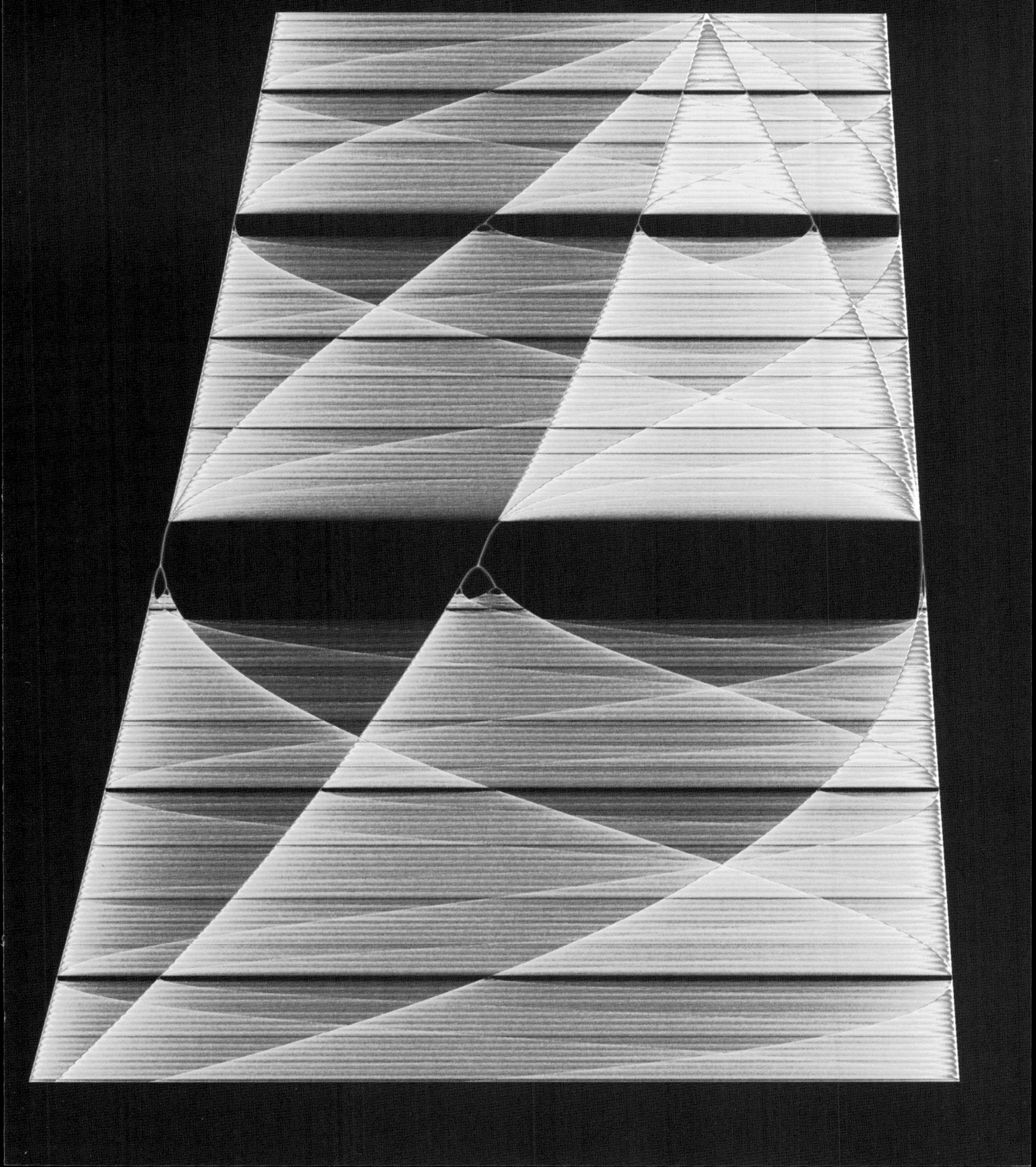

1977년

공개 키 암호

로널드 로린 리베스트(Ronald Lorin Rivest, 1947년~), **아디 샤미르**(Adi Shamir, 1952년~), **레너드 맥스 에이들먼**(Leonard Max Adleman, 1945년~), **베일리 휫필드 디피**(Bailey Whitfield Diffie, 1944년~), **마틴 에드워드 헬먼**(Martin Edward Hellman, 1945년~), **랠프 머클**(Ralph C. Merkle, 1952년~)

오랫동안 암호 연구자들은 적의 손에 쉽게 들어갈 수 있어서 번거로운 암호 책(code book)들을 쓰지 않고도 비밀 전언들을 보낼 수 있는 방법을 발명하기 위해 연구해 왔다. 암호 책에는 암호화의 방법과 해독의 열쇠가 다 들어 있어 적의 손에 들어가면 애써 만든 암호가 한순간에 쓸모없어지기 때문이다. 예를 들어 독일은 1914년과 1918년 사이에 암호 책 4권을 분실했는데, 그 책들은 모두 영국 정보국의 손에 들어갔다. 룸 포티(Room Forty)라는 영국의 암호 해독팀은 독일의 통신을 해독해서 연합군이 제1차 세계 대전에서 전략적 우위를 차지하도록 해 주었다.

1976년에 캘리포니아 주 스탠퍼드 대학교의 휫필드 디피, 마틴 에드워드 헬먼, 랠프 머클은 열쇠 관리 문제를 해결하기 위해, 공개 키와 비밀 키라는 한 쌍의 암호 열쇠를 사용해 암호화된 전언을 배포하는 수학적 방법인 공개 키 암호(Public-Key Cryptography)를 고안해 냈다. 비밀 키만 노출되지 않게 잘 관리하면 놀랍게도 공개 키는 널리 배포해도 보안에 아무런 문제가 없다. 공개 키와 비밀 키는 수학적으로 서로 연결되어 있지만, 공개 키에서 비밀 키를 알아낼 실질적인 방법은 전혀 없다. 공개 키 안에 암호화된 전언은 그것에 맞는 비밀 키로만 해독할 수 있다.

공개 키 암호는 집 현관에 있는 구멍 작은 우편함에 비유할 수 있다. 누구나 이 우편함이 어디 있는지 알고, 그 안에 뭔가를 넣을 수 있다. 공개 키는 집 주소와 같다. 하지만 비밀 키처럼 집 열쇠를 가지고 있는 사람만이 그 우편물을 꺼내어 읽을 수 있다.

1977년에 MIT의 과학자인 로널드 로린 리베스트, 아디 샤미르, 그리고 레너드 에이들먼이 전언을 암호화하는 데 매우 큰 소수들을 쓰자는 제안을 내놓았다. 컴퓨터로 큰 소수 2개를 곱하기는 쉽지만, 거꾸로 그것을 소인수 분해해 원래 소수 2개를 찾아내는 것은 무척 어렵기 때문이다. 한 가지 짚고 넘어갈 게 있다. 사실 이 비대칭 암호화 기술은 1973년 영국 정보국 GCHQ(Government Communications Headquarters, 영국 정보 통신 본부)에 고용된 컴퓨터 과학자들이 먼저 개발했다. 그렇지만 이것은 국가 기밀이라는 이유로 공개되지 않았다.

관련 항목 매미와 소수(24쪽), 에라토스테네스의 체(64쪽), 『폴리그라피아이』(116쪽), 골드바흐의 추측(180쪽), 가우스의 『산술 논고』(208쪽), 소수 정리 증명(294쪽)

현대의 암호 기술이 등장하기 전에 사용된 암호기 에니그마. 나치는 에니그마로 만든 암호를 사용했는데 에니그마는 암호 책이 적에게 넘어가면 무용지물이 된다는 약점을 가지고 있었다.

Q W E R T Z U I O
A S D F G H J K
P Y X C V B N M L

1977년

스칠라시 다면체

스칠라시 러호시(Szilassi Lajos, 1942년~)

다면체는 평평한 표면과 직선 변으로 이루어진 3차원 입체이다. 흔한 예로는 정육면체와 정사면체를 들 수 있는데, 정사면체는 정삼각형 모양의 면 4개로 이루어진 피라미드이다. 정다면체의 각 면은 같은 크기와 모양을 가지고 있다.

스칠라시 다면체(Szilassi Polyhedron)는 헝가리 수학자 스칠라시 러호시가 1977년에 발견했다. 이 다면체는 칠면체(heptahedron)로 육각형 면 7개와 꼭짓점 14개, 변 21개, 그리고 구멍 1개로 이루어져 있다. 만약 우리가 스칠라시 다각형의 표면을 부드럽게 펴서 변들이 덜 두드러지게 만든다면, 위상 수학적 측면에서, 스칠라시 다면체가 도넛(혹은 토러스)과 대등하다는 사실을 알 수 있을 것이다. 이 다면체는 180도 대칭 축을 가지고 있다. 7개의 면 중 3쌍씩은 서로 크기와 형태가 동일하다. 즉 같은 모양과 크기를 가지고 있다. 짝이 안 맞는 다른 면 하나는 대칭적인 육각형이다.

놀랍게도, 다면체들 중에서 각 면이 다른 모든 면들과 변 하나씩을 공유하는 것은 사면체와 스칠라시 다면체밖에 없다. 가드너는 이렇게 썼다. "스칠라시의 컴퓨터 프로그램이 그 구조를 찾아내기 전까지는 그런 것이 존재한다는 사실도 밝혀지지 않았다."

스칠라시 다면체는 또한 지도 색칠 문제에 대한 통찰을 제공하기도 한다. 전통적인 지도에서 인접한 두 지역이 같은 색으로 칠해지지 않으려면 최소한 색깔 4개가 필요하다. 토러스 표면에 그려진 지도의 경우에 필요한 색은 7개이다. 이것은 스칠라시 다면체의 경우에도 마찬가지이다. 사면체는 위성 수학적으로 구와 동일한데, 그 면 위에 그려진 지도를 칠하려면 색깔이 최소한 4개가 필요하다. 그 두 다면체의 성질을 요약하면 아래와 같다.

사면체	면 4	꼭짓점 4	변 6	구멍 0
스칠라시 다면체	면 7	꼭짓점 14	변 21	구멍 1

관련 항목 플라톤의 입체(52쪽), 아르키메데스의 준정다면체(66쪽), 오일러의 다면체 공식(184쪽), 4색 정리(242쪽), 아이코시안 게임(246쪽), 픽의 정리(296쪽), 지오데식 돔(348쪽), 차사르 다면체(400쪽), 스피드론(472쪽), 구멍 다면체 풀기(504쪽)

한스 스케프커(Hans Schepker)가 만든 이 전등은 스칠라시 다면체를 기본 틀로 삼고 있다.

1979년

이케다 끌개

이케다 겐스케(池田研介, 1949년~)

동역학계(Dynamical System)는 일정한 규칙에 따라 시간의 경과와 함께 상태가 변화하는 계(系, system), 또는 그 계를 기술하기 위한 수학적 모형을 가리킨다. 예를 들어 태양계 행성들의 운동은 행성들이 뉴턴 법칙을 따라 움직이는 동역학계로 모형화할 수 있다. 동역학계의 상태 변화를 야기하는 요소들의 상호 관계는 '미분 방정식(Differential Equation)'이라는 수식으로 기술할 수 있다. 예를 들어 계가 미래 어떤 시점에 어떤 상태에 있을지는 지금보다 잠시 뒤의 상태를 미분 방정식으로 계산하고 이 계산을 여러 번 반복함으로써 추적할 수 있다. 제트기의 이동 경로를 그 비행기가 남기고 간 비행운의 궤적을 통해 추적할 수 있듯이, 초깃값이 주어지면 미분 방정식으로 그 계의 미래 상태를 예측할 수 있는 것이다. 컴퓨터 그래픽을 사용하면 그 예측을 시각화할 수 있다. 오른쪽 그림은 미분 방정식에 따른 계의 행동을 나타낸 것이다. 동역학계 이론은 유체의 흐름, 다리의 진동, 위성의 궤도 운동, 로봇 팔의 제어, 그리고 전기 회로 반응 등 실제 세계의 행동들을 기술하는 데 쓰이고는 한다. 이런 행동들에 대한 동역학계 이론 연구에서 연기, 소용돌이, 촛불, 그리고 바람 안개 비슷한 이미지들이 잔뜩 나온다.

오른쪽 그림은 사실 이케다 끌개(Ikeda Attractor)라는 야릇한 끌개(strange attractor)의 일종이다. 불규칙적이고 예측할 수 없는 행동을 보인다. 끌개란 어떤 동역학계가 일정한 시간이 지난 후에 그쪽으로 진화하거나 정착하는 어떤 집합을 말한다. '순한(tame)' 끌개들의 경우, 원래 인접했던 점들은 동역학계가 끌개에 접근할 때에도 인접한 상태 그대로 남아 있다. 그러나 야릇한 끌개에서는 원래 인접했던 점들이 결국은 멀찍이 갈라서는 경로를 밟는다. 사나운 물살을 타고 흘러가는 이파리들처럼 원래 위치가 어디였든, 나중에 어디까지 갈지 예측하는 것은 불가능하다. 1979년 일본의 이론 물리학자인 이케다 겐스케는 「링 캐비티 시스템에서 투과광의 다가 정상 상태와 그 불안정성(Multiple-Valude Stationary State and Its Instability of the Transmitted Light by a Ring Cavity System)」이라는 논문을 발표해 야릇한 끌개 중 하나를 소개했다. 수학 문헌에서는 이것 말고도 다른 끌개들과 그것과 관련된 수학적 사상(寫像, map)들을 종종 볼 수 있는데, 그중에는 로렌츠 끌개, 로지스틱 사상, 뢰슬러 사상 등이 유명하다.

관련 항목 하모노그래프(248쪽), 미분 해석기(360쪽), 카오스와 나비 효과(424쪽), 파이겐바움 상수(464쪽)

동역학계들은 일정한 규칙에 따라 시간의 경과와 함께 상태가 변하는 계 또는 그것을 기술하는 수학적 모형을 가리킨다. 끌개는 이 동역학계가 결국 도달하거나 정착하게 되는 상태의 집합을 말한다. 오른쪽 그림은 불규칙적이고 예측 불가능한 끌개의 일종인 이케다 끌개의 영상이다.

스피드론

1979년

에르델리 다니엘(Erdély Dániel, 1956년~)

이바스 피터슨은 스피드론(Spidron)에 대해서 이렇게 썼다. "삼각형들로 이루어진 장(field)이 구겨지고 꼬여서, 파도치는 수정 같은 바다로 들어간다. 수정 공 하나에서 미로를 이룰 것 같은 나선이 솟아난다. 작은 면들로 깎인 벽돌들이 말끔하고 빽빽한 구조로 안정감 있게 쌓여 나간다. 이 물체는 삼각형들이 줄지어 연결된, 해마의 꼬리를 닮은 나선 다각형을 형성한다."

1979년에 그래픽 아티스트인 에르델리 다니엘는 부다페스트 예술 및 디자인 대학의 예술 형식 수업에서 루비크 에르뇌의 이론에 관한 과제를 하다가 스피드론이라는 것을 만들어 냈다. 에르델리는 벌써 1975년부터 이 다각형의 초기 형태에 대한 실험과 연구를 해 오고 있었다.

스피드론을 만들려면, 먼저 정삼각형을 그린다. 그 삼각형의 세 꼭짓점으로부터 정삼각형의 중심까지 선을 그어서 똑같은 이등변삼각형 3개를 만든다. 다음으로 이 이등변삼각형 중 하나의 거울상을 그려서 원래 삼각형의 한 변에서 바깥쪽에 튀어나오게 만든다. 이 튀어나온 이등변 삼각형의 더 짧은 변 2개 중 하나를 밑변으로 사용해 더 작은 정삼각형을 새로 만든다. 이 절차를 반복하면 점점 더 작아지는 삼각형들로 이루어진 나선 구조가 만들어진다. 끝으로 처음 그린 정삼각형을 지우고 가장 큰 이등변삼각형들의 긴 변을 서로 이으면 해마 모양이 만들어진다.

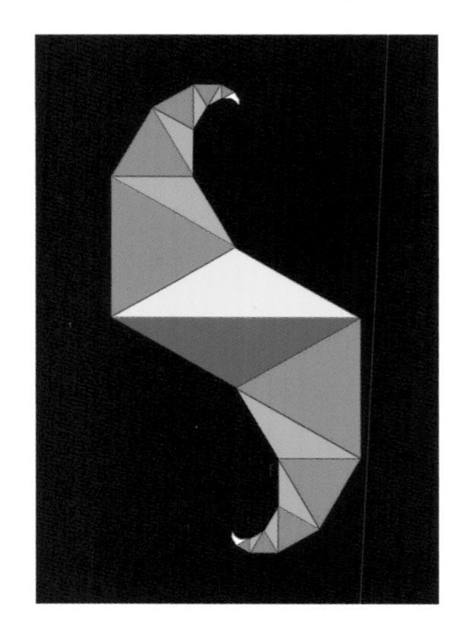

스피드론의 중요성은 그 놀라운 공간적인 성질에서 나온다. 스피드론은 다양한 공간 충전 다면체와 타일 덮기 패턴을 형성하는 능력을 가지고 있다. 만약 우리가 조그만 개미처럼 해마 꼬리 속으로 더 깊이 삼각형들을 따라 기어간다면, 모든 정삼각형들의 넓이가 더 작은 삼각형들의 넓이들을 모두 합한 것과 같음을 알게 될 것이다. 다시 말해 하나의 정삼각형 안에 무한히 많은 작은 삼각형들을 서로 겹치지 않도록 구겨넣을 수 있다는 뜻이다. 제대로 구길 수만 있다면 스피드론들은 장엄한 3차원 구조물들을 무한정 담아 놓을 수 있는 저수지가 될 것이다. 스피드론은 실제로 방음 타일이나 기계류를 위한 충격 흡수기 등에 응용되고 있다.

관련 항목 플라톤의 입체(52쪽), 아르키메데스의 준정다면체(66쪽), 아르키메데스의 나선(68쪽), 로그 나선(142쪽), 보더버그 타일 덮기(374쪽)

왼쪽: 이 스피드론에서는 양쪽 끝으로 갈수록 점점 더 작아지는 삼각형으로 이루어진 나선 구조를 볼 수 있다. 오른쪽: 에르델리의 허가를 받고 게재한 이 구조처럼 스피드론은 다양한 타일 덮기 패턴들과 공간 충전 다면체들을 형성하는 능력이 있다.

망델브로 집합

브누아 망델브로(Benoît B. Mandelbrot, 1924~2010년)

데이비드 달링은 망델브로 집합(Mandelbrot Set, 줄여서 M-집합)을 두고 "가장 유명한 프랙털이고 지금까지 알려진 가장 아름다운 수학적 물체 중 하나"라고 말했다. 『기네스북』은 망델브로 집합을 "수학에서 가장 복잡한 물체"라고 불렀다. 아서 클라크(Arthur C. Clake)는 컴퓨터가 망델브로 집합을 이해하는 데 한 기여를 이렇게 강조한다. "원론적으로 말하자면 (망델브로 집합은) 인간이 숫자 세는 법을 배우자마자 즉각 발견될 수도 있었다. 하지만 지금껏 지구상에 존재했던 모든 인간이 모두 다 힘을 합치고 밤낮을 가리지 않고 매달린다 해도, 그리고 단 한 번도 실수를 하지 않는다 해도, 그럭저럭 중간 정도의 배율을 가진 망델브로 집합을 만들어 내는 데 필요한 기초적 산수조차 다 끝내지 못했을 것이다."

망델브로 집합은 프랙털로, 그것의 변을 아무리 확대해 보아도 비슷한 세부 구조가 끝없이 반복되는 물체이다. 이 아름다운 망델브로 집합의 이미지들은 점화식이라고 하는 수학적 되먹임 고리들을 통해 만들어진다. 그 점화식은 z_n과 c가 복소수이고 $z_0=0$일 때 $z_{n+1}=z_n^2+c$로 정의되는 아주 단순한 식이다. 이 공식을 반복 계산함으로써 오른쪽 같은 환상적인 이미지가 만들어지는 것이다. 사실 망델브로 집합은 이 점화식으로 정의된 수열이 발산하지 않도록 하는 복소수 c의 집합으로 정의된다. 1978년에는 미국 수학자 로버트 브룩스(Robert Broooks)와 피터 마텔스키(Peter Matelski)가 최초로 망델브로 집합에 대한 조야한 그림을 그렸고, 뒤이어 1980년에는 망델브로가 그 집합의 프랙털적 양상을, 그리고 그 집합이 보여 주는 기하학적이고 대수적인 정보의 풍요로움을 논하는 기념비적인 논문을 내놓았다.

망델브로 집합 구조는 초박(超薄) 나선과 주글주글한 경로 들을 포함하고 있는데, 그것은 무한한 수의 섬 모양들을 연결한다. 망델브로 집합을 컴퓨터로 확대해 보면 이전에 인류가 본 적 없는 형상들을 쉽게 볼 수 있다. 망델브로 집합의 믿기 어려운 방대함 때문에 저술가인 팀 웨그너(Tim Wegner)와 마크 피터슨(Mark Peterson)은 이렇게 말하기도 했다. "여러분은 돈을 내면 별 하나에 여러분의 이름을 붙여 주고 그것을 책에 실어 주는 회사가 있다는 이야기를 들어 봤는지 모르겠다. 어쩌면 망델브로 집합에 대해서도 곧 같은 회사가 생길지도 모른다!"

관련 항목 허수(126쪽), 프랙털(462쪽)

망델브로 집합은 아무리 확대해도 계속해서 동일한 세부 구조를 보여 주는 프랙털이다. 컴퓨터로 망델브로 집합을 확대해 보면 인류가 단 한 번도 본 적 없는 형상들을 얼마든지 볼 수 있다. 조스 레이스의 그림이다.

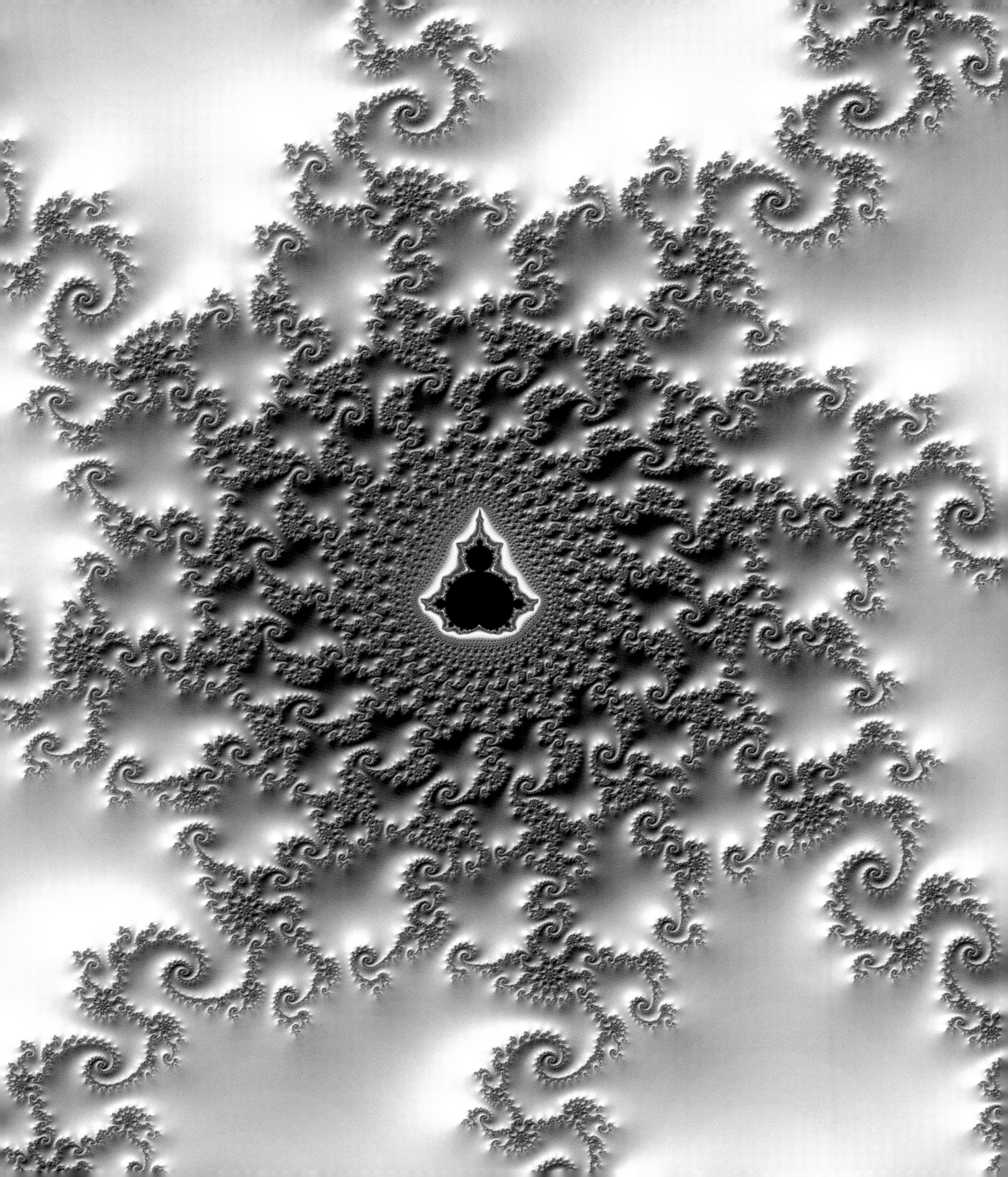

1981년

괴물 군

로버트 루이스 그리스, 주니어(Robert Louis Griess, Jr., 1945년~)

1981년 미국 수학자인 로버트 루이스 그리스 주니어는 괴물 군(Monster Group), 즉 군론 분야에서 다뤄지는 특정한 군들의 집합인, 이른바 산재군(sporadic group)들 중 가장 크고 가장 신비한 집합을 고안하는 데 성공했다. 수학자들은 이 괴물 군을 이해하려고 애쓰다가 대칭의 기본 요소들 중 일부를 이해할 수 있게 되었고, 이 요소들을 가지고 수학과 수리 물리학 분야에서 제기되는 대칭에 관련된 심오한 문제들을 해결할 수 있는지 타진할 수 있게 되었다. 괴물 군은 비유하자면, 196,884차원(!)의 공간에 존재하는, 대칭을 10^{53}개(!) 이상 가진 눈 돌아가는 눈송이라고 생각하면 된다.

1979년 그리스는 괴물 군을 만드는 데 "중독"되었다. 심지어 그해는 그리스가 결혼한 해였다. 그는 연구에 몰두하느라 고작 추수 감사절과 크리스마스 날에만 겨우 시간을 냈는데, 그의 아내는 "대단한 이해심"을 발휘해 주었다고 한다. (수학자들과 물리학자들이여, 부인들이 보여 주시는 관대함에 감사하라!) 그리고 그 결과 1982년에 괴물 군에 대한 102쪽짜리 논문을 마침내 완성해 발표했다. 수학자들은 그리스가 컴퓨터를 사용하지 않고도 이 괴물 같은 군을 구축해 냈다는 데 경이로워했다.

괴물 군의 구조는 단순한 흥밋거리를 넘어선다. 대칭과 물리학 사이의 심오한 관계들을 설명하는 것처럼 보이며, 심지어 끈 이론과도 연관되어 있을 수 있다. 끈 이론이란 우주 만물의 기본 입자들 모두가 미세하게 진동하는 에너지의 끈 또는 고리로 이루어져 있다고 생각하는 이론이다. 미국 수학자 마크 로넌(Mark Ronan)은 저서 『몬스터 대칭군을 찾아서(*Symmetry and the Monster*)』에서 괴물 군이 "너무 일찍 모습을 보인, 우연히 20세기로 떨어진 22세기적 존재"라고 썼다. 1983년에 물리학자인 프리먼 다이슨(Freeman Dyson)은 괴물 군이 "어떤 알 수 없는 방식으로 우주의 구조에 짜넣어져 있을지도 모른다."라고 썼다.

1973년에 로버트 그리스와 독일 수학자 베른트 피셔(Bernd Fischer)는 괴물 군의 존재를 예측했고 존 콘웨이는 그것에 이름을 주었다. 1998년에 남아프리카 공화국 출신의 영국 수학자 리처드 보처즈(Richard Borcherds)는 괴물 군과, 그것과 다른 수학과 물리학 분야들과의 심오한 관계를 이해하기 위한 연구에 대해서 필즈 상을 받았다.

관련 항목 군론(230쪽), 벽지 군(290쪽), 필즈 상(370쪽), 리 군 E_8(516쪽)

미국 수학자인 로버트 그리스(사진)는 1981년에 괴물 군 이론을 구축했다. 수학자들은 괴물 군을 이해하려 하다가 대칭의 기본 요소들 중 일부를 좀 더 잘 이해하게 되었다. 괴물 군은 196,884차원의 공간과 관련이 있다.

1982년

공에서 삼각형 꺼내기

글렌 리처드 홀(Glen Richard Hall, 1954년~)

1982년에 글렌 리처드 홀은 유명한 연구 논문인 「n차원 공 안의 예각 삼각형(Acute Triangles in the n-Ball)」을 발표했다. 홀은 자신의 이 첫 번째 출판 논문에서 미네소타 대학교 대학원에서 기하학적 확률 수업을 듣다가 시작한 연구를 다루었다. 원 안의 세 점을 무작위로 찍어 삼각형을 만든다고 생각해 보자. 이번에는 원이 아니라 구나 초구 같은 더 높은 차원에서 세 점을 무작위로 찍어 보자. 이 세 점을 이을 경우 '예각 삼각형'이 만들어진 확률은 얼마나 될까? 홀의 연구는 이 질문에서 시작되었다. 원을 이렇게 고차원으로 일반화한 것은 n차원 공이라고 한다. 예각 삼각형이란 세 각이 모두 90도보다 작은 삼각형이다.

아래는 삼각형의 세 점이 n차원 공 안에 각각 독립적이고 고르게 찍혔다고 할 때, n차원 공에서 예각 삼각형을 집을 확률인 P_n의 몇 가지 값을 나타낸 것이다.

$P_2=4/\pi^2-1/8\approx0.280285$ (원)

$P_3=33/70\approx0.471429$ (구)

$P_4=256/(45\pi^2)+1/32\approx0.607655$ (4차원 초구)

$P_5=1415/2002\approx0.706793$ (5차원 초구)

$P_6=2048/(315\pi^2)+31/256\approx0.779842$ (6차원 초구)

홀은 n차원 공의 차원이 증가할수록 예각 삼각형을 집을 확률 역시 증가한다는 사실을 알아차렸다. 9차원에 도달할 즈음이면 예각 삼각형을 선택할 확률이 0.905106에 이른다. 이 삼각형 연구를 주목해야 하는 이유는 수학자들이 1980년대 초까지만 해도 고차원에서의 삼각형 꺼내기를 전혀 일반화하지 못했기 때문이다. 내가 개인적으로 들은 바에 따르면, 홀은 공의 차원에 따라 확률값이 유리수와 무리수 해들 사이에서 교대로 나타날지도 모른다는 것을 발견하고 크게 놀랐다고 한다. 아마도 이 연구가 이루어지기 전까지 수학자들은 그런 차원에 따른 진동을 짐작조차 하지 못했을 것이다. 마지막으로 1996년에 홀의 적분에 대한 닫힌 형식의 수치 계산 문제에서 독일 수학자인 크리스티안 부히타(Christian Buchta)가 괄목할 만한 성과를 세웠다는 점을 짚고 넘어가자.

관련 항목 비비아니의 정리(152쪽), 뷔퐁의 바늘(196쪽), 라플라스의 「확률 분석 이론」(214쪽), 몰리의 3등분 정리(298쪽)

한 원에서 임의로 세 점을 찍어 삼각형을 만든다. 세 각 모두가 90도보다 작은 삼각형이 만들어질 확률은 얼마나 될까?

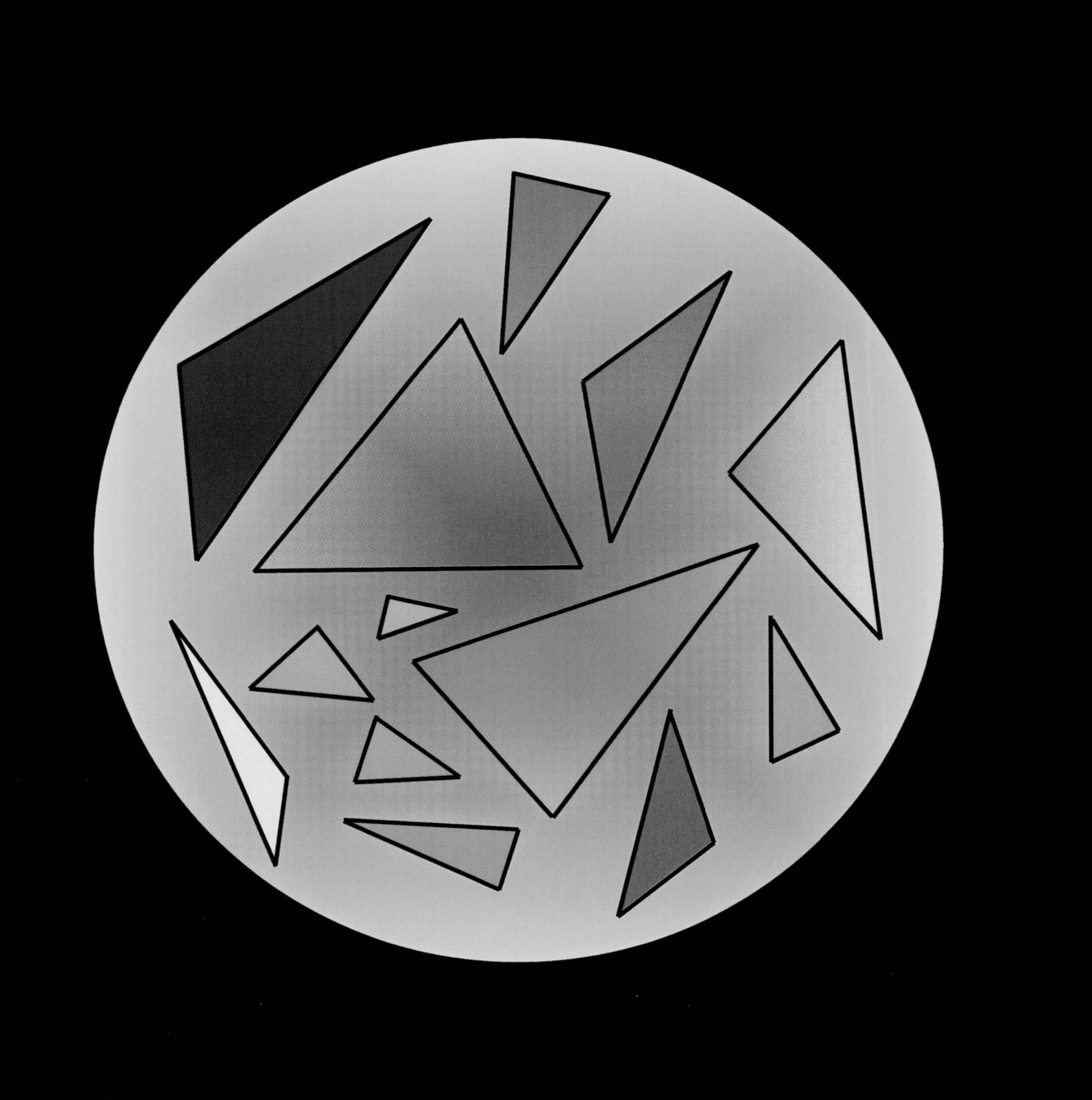

1984년

존스 다항식

본 프레데릭 랜들 존스(Vaughan Frederick Randal Jones, 1952년~)

수학에서는 아무리 꼬인 3차원 고리라도 평면 위에 사영이나 그림자의 형태로 표현할 수 있다. 매듭을 수학적으로 그릴 때에는 한 줄이 다른 줄을 위나 아래로 가로지르는 경우 끊어진 선으로 나타낼 때가 종종 있다.

매듭 이론의 목표들 중 하나는 매듭들의 불변량(invariant)을 찾는 것인데, 여기서 불변량이라는 용어는 같은 매듭들에서는 동일하기 때문에 서로 다른 두 매듭을 분간하는 기준이 되는 수학적 특성이나 값을 가리킨다. 1984년 매듭 이론가들의 세계는 뉴질랜드 수학자인 본 프레더릭 랜들 존스가 지금은 존스 다항식(Jones Polynomial)이라고 하는 한 가지 불변량을 발견한 놀라운 사건으로 인해 온통 들썩였다. 그것은 이전의 어떤 불변량보다 더 많은 매듭을 구분할 수 있게 해 주었다. 존스는 물리학 문제를 풀던 중에 이 놀라운 발견과 우연히 마주쳤다. 수학자인 키스 데블린은 이렇게 기록했다. "자신이 예상치 못한 무언가에, 어떤 숨겨진 관계에 맞닥뜨렸음을 감지하자, 존스는 매듭 이론가인 존 버먼(Joan Birman)에게 자문을 구했고, 그다음 이야기는, 흔히 하는 말로, 역사가 되었다." 존스의 연구는 "새로운 다항식 불변량 연구를 위한 길을 열어 주면서 매듭 이론 연구에 극적인 부흥을 가져다주었다. 거기에는 생물학과 물리학 양 분야에서 새로운 응용 가능성을 발견할 수 있을지도 모른다는 짜릿한 깨달음이 어느 정도 기여를 했다." DNA 가닥을 연구하는 생물학자들은 매듭과, 그것들이 세포 내 유전 물질의 기능을 해명하는 데 어떤 역할을 할 수 있는지, 그리고 심지어 세균의 공격에 저항하는 데 도움을 줄 수 있는지 등에 관심이 있다. 또 수학자들은 체계적인 절차 또는 알고리듬을 이용해 매듭이 만드는 교차 패턴 전부를 존스 다항식으로 표현할 수 있게 되었다.

매듭 이론에서 불변량이라는 개념을 사용한 역사는 길다. 대략 1928년에 제임스 알렉산더는 매듭과 관련된 최초의 다항식을 도입했다. 안타깝게도 알렉산더 다항식은 어떤 매듭과 그 거울상 사이의 차이를 추적하는 데는 사용할 수 없었다. 그러나 존스 다항식은 그것이 가능했다. 존스가 새로운 다항식을 발표하고 4년 후, 한층 일반적인 홈플라이(HOMFLY) 다항식이 발표되었다.

관련 항목 매듭(26쪽), 퍼코 매듭(460쪽), 머피의 법칙과 매듭(492쪽)

조스 레이스가 만든 10개의 교차점을 가진 매듭. 매듭 이론의 목표 중에는 두 매듭이 다르다는 것을 증명하는 데 사용할 수 있는 매듭의 수학적 특성을 찾아내는 것이 있다.

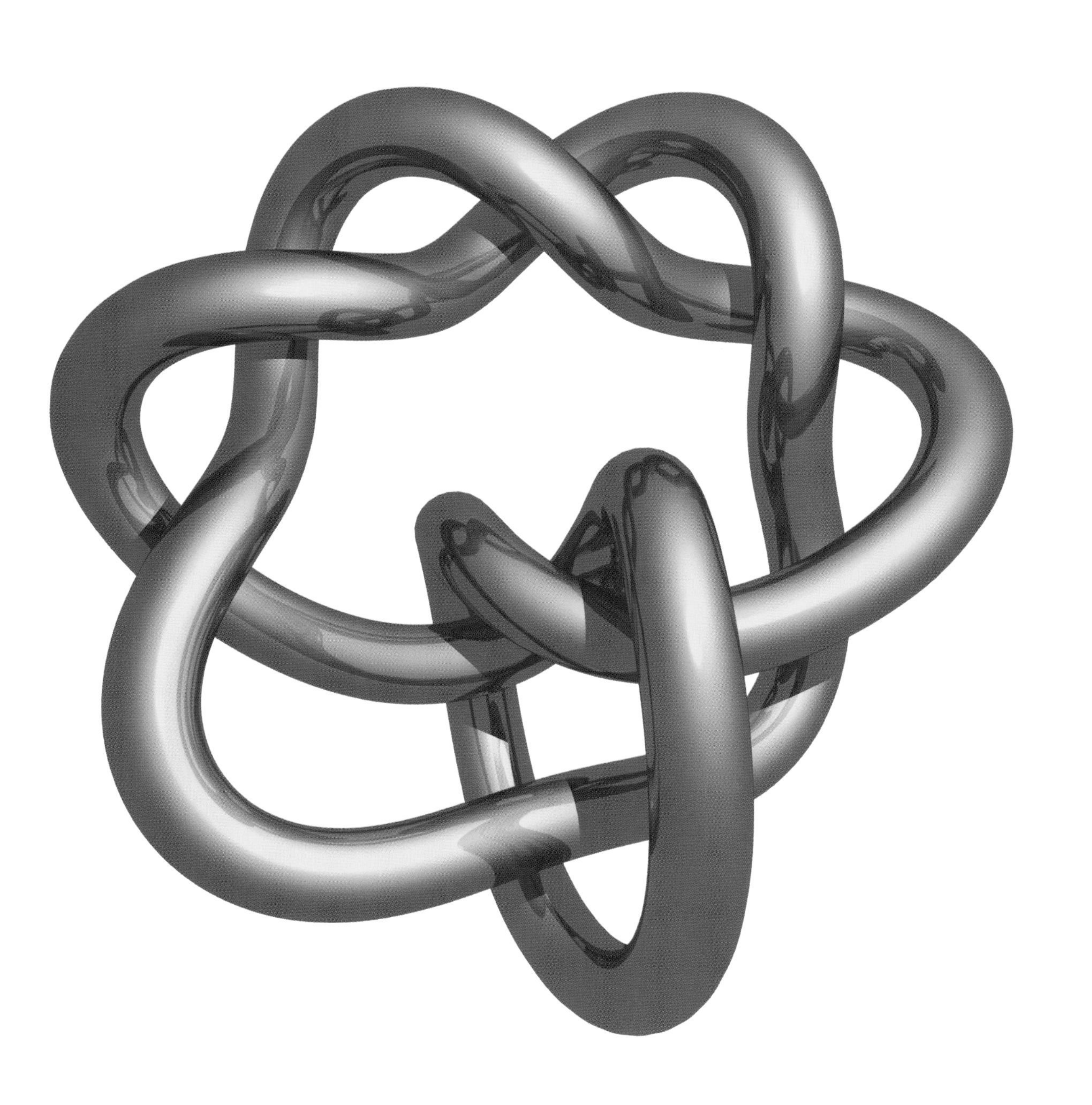

1985년

윅스 다양체

제프리 렌윅 윅스(Jeffrey Renwick Weeks, 1956년~)

쌍곡 기하학(Hyperbolic Geometry)은 유클리드 기하학의 평행선 공리가 통하지 않는 비유클리드 기하학이다. 2차원을 다루는 이 기하학에서는 어떤 선과 그 선 위에 있지 않은 어떤 점이 있을 때 그 선과 교차하지 않고 그 점을 지나가는 다른 선들이 얼마든지 있을 수 있다. 쌍곡 기하학은 가끔 삼각형의 내각의 합이 180도가 되지 않는 안장형 곡면 등으로 시각화된다. 이런 기묘한 기하학은 수학자들과, 우리 우주가 어떤 특성과 모양을 하고 있을지를 생각하는 우주론 연구자들에게 의미가 있다.

프린스턴 대학교의 데이비드 가바이(Devid Gabaui), 보스턴 칼리지의 로버트 마이어호프(Robert Meyerhoff), 오스트레일리아 멜버른 대학교의 피터 밀리(Peter Milley)는 2007년에 특정한 쌍곡 3차원 공간, 즉 3차원 다양체가 가장 작은 부피를 가진다는 사실을 증명했다. 이 도형은 그 발견자인 미국인 수학자 제프리 윅스의 이름을 따서 윅스 다양체(Weeks Manifold)라고 하는데, 이런 종류의 도형들을 분류하고 수집하는 위상 수학자들에게 큰 관심을 얻고 있다.

전통적인 유클리드 기하학에서는 3차원 공간에서 '부피의 최소 단위' 또는 '최소 단위 부피'라는 개념이 의미가 없다. 모양과 부피는 원래 어떤 크기, 어떤 스케일이든 가질 수 있다. 그렇지만 쌍곡 기하학의 공간적 곡률은 길이, 넓이, 부피의 기본 단위를 가지고 있다. 1985년에 윅스는 부피가 대략 0.94270736 정도 되는 조그만 다양체를 찾아냈다. (윅스 다양체는 화이트헤드 고리(Whitehead link)라고 알려진 서로 엉킨 고리 한 쌍 주위의 공간과 관련이 있다.) 2007년까지는 그 윅스 다양체가 가장 작은 다양체인지, 아닌지 아무도 확실히 알지 못했다.

존 D.와 캐서린 T. 맥아더 재단의 '천재 장학금'을 받은 제프리 윅스는 1985년 프린스턴 대학교에서 윌리엄 서스턴(William Thurston)의 지도하에 수학 박사 학위를 받았다. 윅스의 중요하고 열렬한 관심사 중에는 위상 수학을 이용해 기하학과 관측 우주론 사이의 틈에 다리를 놓는 것이 있다. 또한 그는 어린 학생들에게 관심이 많은데, 그들이 기하학을 처음 접하고, 유한하지만 그래도 아무런 경계가 없는 우주를 탐험하도록 해 주기 위해 인터랙티브 소프트웨어를 개발하기도 했다.

관련 항목 에우클레이데스의 『원론』(58쪽), 비유클리드 기하학(226쪽), 보이 곡면(304쪽), 푸앵카레 추측(310쪽)

윅스 다양체의 모형. 하나의 윅스 다양체 모형 안에 은하 1개가 들어 있다. 그러나 이 다양체 모형이 결정 구조 속에서 반복되면서 무한한 공간에 대한 환상을 만들어 내고 있다. 이 효과는 역시 무한한 공간에 대한 환상을 주는, 거울로 된 홀과 비슷하다.

1985년

안드리카의 추측

도린 안드리카(Dorin Andrica, 1956년~)

소수란 약수를 정확히 2개만 가진 정수로, 그 약수는 1과 자기 자신이다. 소수의 예로는 2, 3, 5, 7, 11, 13, 17, 19, 23, 29, 31, 37 등이 있다. 위대한 스위스 수학자 레온하르트 오일러는 이렇게 말했다. "수학자들은 오늘날까지 소수들의 순서에서 무언가 질서를 찾아내려고 헛수고를 해 왔고, 우리는 그것이 인간 두뇌로는 절대로 꿰뚫어 볼 수 없는 수수께끼라고 믿을 만한 이유가 있다." 수학자들은 오랫동안 소수의 수열들에서, 그리고 소수들 사이의 간격에서 무언가 패턴을 찾으려는 노력을 거듭해 왔는데, 여기서 간격이란 연속된 두 소수의 차를 말한다. 소수들 사이 간격의 평균값은 그 간격 양쪽에 있는 소수의 자연 로그값에 부응해 증가한다. 지금까지 밝혀진 커다란 간격의 예로, 277,900,416,100,927이라는 소수와 그다음 소수 사이의 간격이 있다. 이 간격 안에는 879개의 비(非)소수가 있다. 2009년에 밝혀진 가장 커다란 소수 간격은 337,446이었다.

1985년에 루마니아 수학자인 도린 안드리카는 소수들 사이의 간격을 다루는 안드리카의 추측(Andrica's Conjecture)을 발표했다. 안드리카의 추측에 따르면 n번째 소수를 p_n이라고 할 때 $\sqrt{p_{n+1}}-\sqrt{p_n}<1$이 된다. 예를 들어 23과 29라는 소수를 생각해 보자. 안드리카의 추측을 적용하면 우리는 $\sqrt{29}-\sqrt{23}<1$을 얻을 수 있다. 이것을 다르게 쓰자면 $g_n<2\sqrt{p_n}+1$이 되는데 여기서 g_n은 n번째 소수 간격이고, $g_n=p_{n+1}-p_n$이다. 2008년에 이 추측은 $n=1.3002\times10^{16}$까지에 대해서 참임이 증명되었다.

안드리카의 추측에서 왼쪽 항 $A_n=\sqrt{p_{n+1}}-\sqrt{p_n}$은 소수 사이의 간격에 비해 매우 작아 균형이 맞지 않는다. 지금까지의 연구 결과에 따르면 A_n이 가장 큰 값을 가질 때는 $n=4$일 때인데, 이 경우 A_n은 대략 0.67087라는 값을 가지게 된다. 안드리카의 추측은 컴퓨터가 상용화된 시점에 맞추어 발표되었는데, 널리 보급된 컴퓨터들은 현재 그 추측을 반박할지도 모르는 반증들을 찾아내기 위한 연구에 적극 활용되고 있다. 현재까지 안드리카의 추측은 증명되지도, 그렇다고 반박되지도 않고 있다.

관련 항목 매미와 소수(24쪽), 에라토스테네스의 체(64쪽), 골드바흐의 추측(180쪽), 가우스의 『산술 논고』(208쪽), 뫼비우스 함수(228쪽), 리만 가설(254쪽), 소수 정리 증명(294쪽), 브룬 상수(338쪽), 길브레스의 추측(412쪽), 시에르핀스키 수(412쪽), 울람 나선(426쪽), 에르되시와 극한적 협력(446쪽)

처음부터 100번째까지 소수에 대해서 A_n의 함수를 나타낸 그래프. 이 그래프에서 수직으로 가장 높은 점(그래프 왼쪽 부근에 있는 막대기)은 0.67087이다. x축의 폭은 1부터 100까지이다.

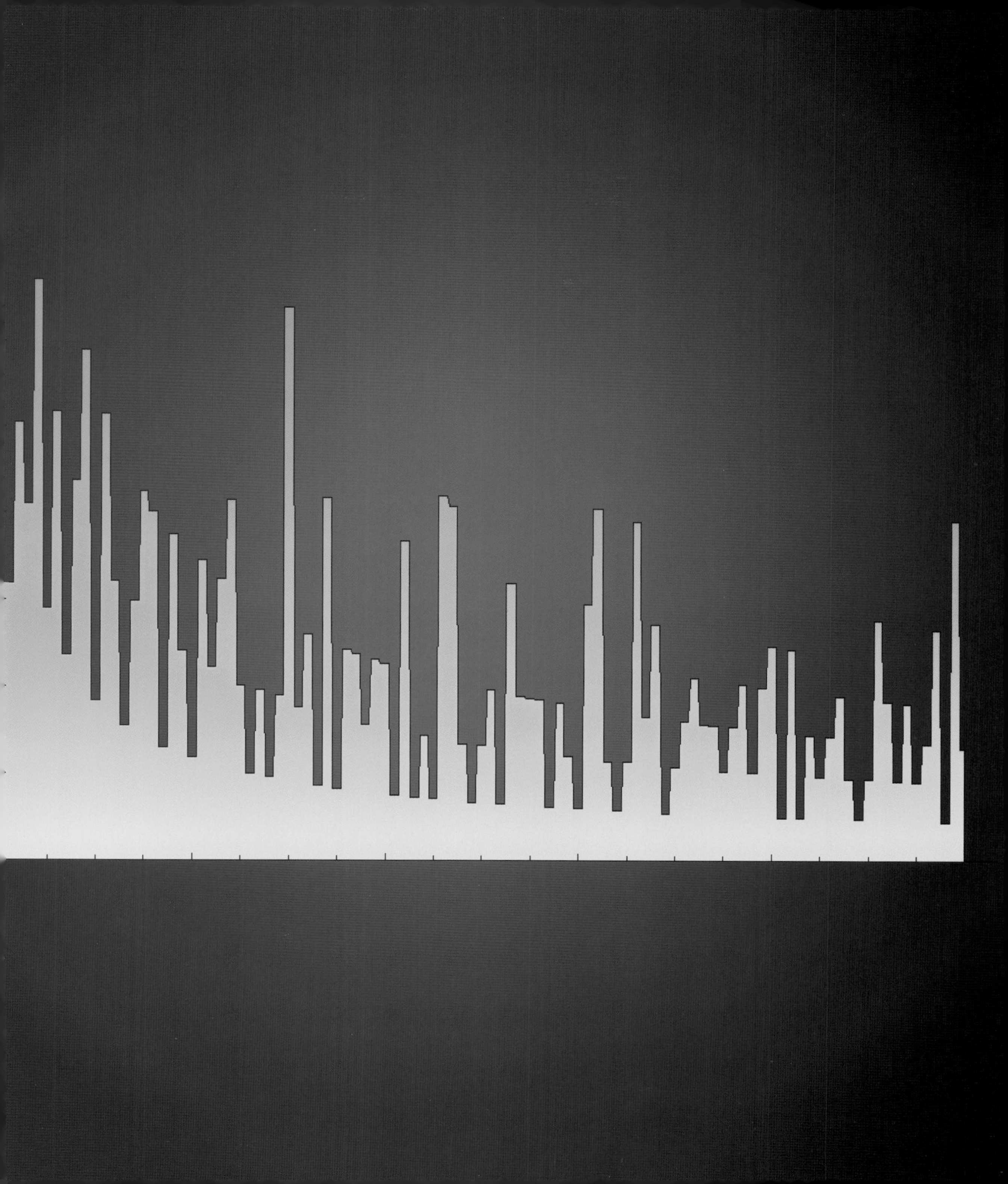

ABC 추측

데이비드 매서(David Masser, 1948년~), **조제프 외스테를레**(Joseph Oesterlé, 1954년~)

ABC 추측(*ABC* Conjecture)은 정수의 성질을 연구하는 정수론에서 아직 풀리지 않은 가장 중요한 문제들 가운데 하나로 꼽힌다. 만약 그 추측이 옳다면 수학자들은 겨우 몇 줄의 설명으로 다른 유명 정리들을 대량으로 증명할 수 있게 될 것이다.

이 추측을 처음 발표한 것은 1985년 데이비드 매서였고, 1988년 조제프 외스테를레가 이것을 발전시켰다. 이 추측을 이해하려면, 우선 '제곱 인수 없는 정수(square-free integer)'를 정의해야 한다. 일단 이것을 어떤 소수의 거듭제곱으로 표현할 수 없는 정수라고 정의하자. 예를 들어 13은 제곱 인수가 없는 정수이지만 9(3^2로 소인수 분해할 수 있다.)는 그렇지 않다. 이번에는 어떤 정수 n에 대해 sqp(n)이라는 표기를 정의해 보자. 이것은 n의 소인수들을 곱한 것들 중에서 제곱 인수 없는 가장 큰 수라는 뜻이다. 예를 들어 $n=15$일 경우 이 정수의 소인수는 5와 3이고 이것을 곱한 $3\times5=15$는 제곱 인수 없는 수이다. 따라서 sqp(15)=15이다. 또 $n=8$일 경우 소인수는 모두 2이고, sqp(8)=2이다. 마찬가지로 sqp(18)=6, 그리고 sqp(13)=13이다. (보통은 sqp(n)라는 표기 대신 rad(n)이라는 표기를 쓰고 이것을 n에 대한 '근기(radical)'라고 한다.—옮긴이)

다음으로 서로소이고 합하면 C가 되는 두 수 A와 B를 생각해 보자. 예를 들어 $A=3$, $B=7$, $C=10$이라고 하자. 세 수의 곱 ABC에서 제곱 인수가 없는 부분은 sqp(ABC)=210이다. 여기서 sqp(ABC)가 C보다 크다는 것을 눈여겨보되 이것이 늘 그렇지는 않다는 점에 유의하자. A, B, C를 어떻게 택하느냐에 따라 sqp(ABC)/C라는 비율이 임의적으로 작아질 수도 있다. 아무튼 *ABC* 추측에 따르면 n이 1보다 큰 임의의 실수일 때 $[\text{sqp}(ABC)]^n/C$는 최솟값에 도달한다.

도리언 골드펠드(Dorian Goldfeld)는 이렇게 썼다. "*ABC* 추측은 수학자들에게는 공리를 넘어선 아름다운 무언가이기도 하다. 그토록 많은 디오판토스 문제들이 뜻밖에도 한 단일한 방정식으로 포용되는 것을 보면, 수학의 모든 하위 원리들이 단일한 기저를 지닌 한 단일체의 여러 양상들이라는 느낌이 가슴 깊이 사무친다."

관련 항목 매미와 소수(24쪽), 에라토스테네스의 체(64쪽), 골드바흐의 추측(180쪽), 정십칠각형 만들기(204쪽), 가우스의 『산술 논고』(208쪽), 리만 가설(254쪽), 소수 정리 증명(294쪽), 브룬 상수(338쪽), 길브레스의 추측(412쪽), 울람 나선(426쪽), 안드리카의 추측(484쪽)

ABC 추측은 정수론에서 가장 중요한 풀리지 않은 문제들 중 하나로 꼽힌다. 이 추측은 1985년에 수학자인 데이비드 매서(사진)와 조제프 외스테를레가 처음 발전시켰다.

Q - irred
(abc)
M = 5.5157..

1986년

오디오액티브 수열

존 호턴 콘웨이(John Horton Conway, 1937년~)

다음 수열을 살펴보자. 1, 11, 21, 1211, 111221, … 이 수열의 형성 원리를 알아보려면 각 항의 숫자들을 큰소리로 읽어 보는 것이 도움이 된다. 둘째 항에 2개의 "1"이 있으므로 셋째 항은 21이 된다는 점을 주목하자. 셋째 항에는 하나의 "2" 와 "1"이 있다. 그렇다면 넷째 항은? 이 패턴을 확장하면 전체 수열이 만들어진다. 이 수열은 수학자인 존 콘웨이에 의해 폭넓게 연구되었는데, 콘웨이는 이 과정을 "오디오액티브(audioactive)"라고 불렀다.

오디오액티브 수열(Audioactive Sequence)은 좀 급격히 성장한다. 예를 들어 열여섯 번째 항은 1321132132211331121321133112111312211213211312111322211231131122211311123113321112131221123113112221131112311332111213211322211312113211이다. 이 수열을 주의 깊게 살펴보면 여러분은 1이 지배적이고 2와 3은 더 적으며 3보다 큰 수는 없다는 사실을 알 수 있을 것이다. 끝까지 333이 안 나올 수도 있을까? 열한 번째 항을 다음과 같이 표기했을 때(3을 ■로 표시했다.) 여러분은 3이 마치 무한한 바다에서 길을 잃은 배들처럼 불규칙적으로 모습을 드러낸다는 사실을 알 수 있을 것이다. -■___■__■____■■____■___■■______■_______■___■_____■______■__■____
___■____■__■■______■___■_____■____■___.

이 수열의 n번째 항의 자릿수는 $(1.303577269034269391257099112152551890730702504 6594\cdots)^n$인 콘웨이의 상수에 얼추 비례한다. 수학자들은 '기묘한' 오디오액티브 구축 과정이 어떤 다항식의 하나뿐이 양수 실근인 이 상수를 내놓는다는 사실에 놀라움을 느꼈다. 흥미롭게도 이 상수는 이 오디오액티브 수열을 22로 시작하는 경우만 뺀 '모든' 경우에 적용된다.

이 수열에는 변종이 다수 존재한다. 영국의 연구자인 로저 하그레이브(Roger Hargrave)는 이 아이디어를 확장해 한 항이 이전 항에 있는 숫자들의 개수를 한꺼번에 나타내는 수열을 만들었다. 예를 들어 123으로 시작하는 수열은 123, 111213, 411213, 14311213, … 하는 식으로 이어진다. 흥미롭게도 하그레이브는 자신의 수열이 모두 끝에 가면 23322114와 32232114 사이에서 진동한다고 믿는다. 여러분은 이것을 증명할 수 있을까? 이런 이상한 수열들의 성질은 과연 무엇일까? 특정한 한 줄에서 시작할 때, 여러분은 끝에서부터 거꾸로 시작해서 기호들의 시작 끈을 계산할 수 있을까?

관련 항목 투에-모스 수열(318쪽), 콜라츠 추측(376쪽), 온라인 정수열 백과사전(496쪽)

이 희한한 오디오액티브 수열의 구축 과정은 콘웨이의 상수 1.3035…를 내놓는데, 알고 보니 이 상수는 항이 69개인 다항식의 유일한 양수 실근이었다. 오른쪽 그림에서 노란색 구가 있는 자리가 이 근이다. 이 다항식의 다른 근들은 + 기호로 표시되어 있다.

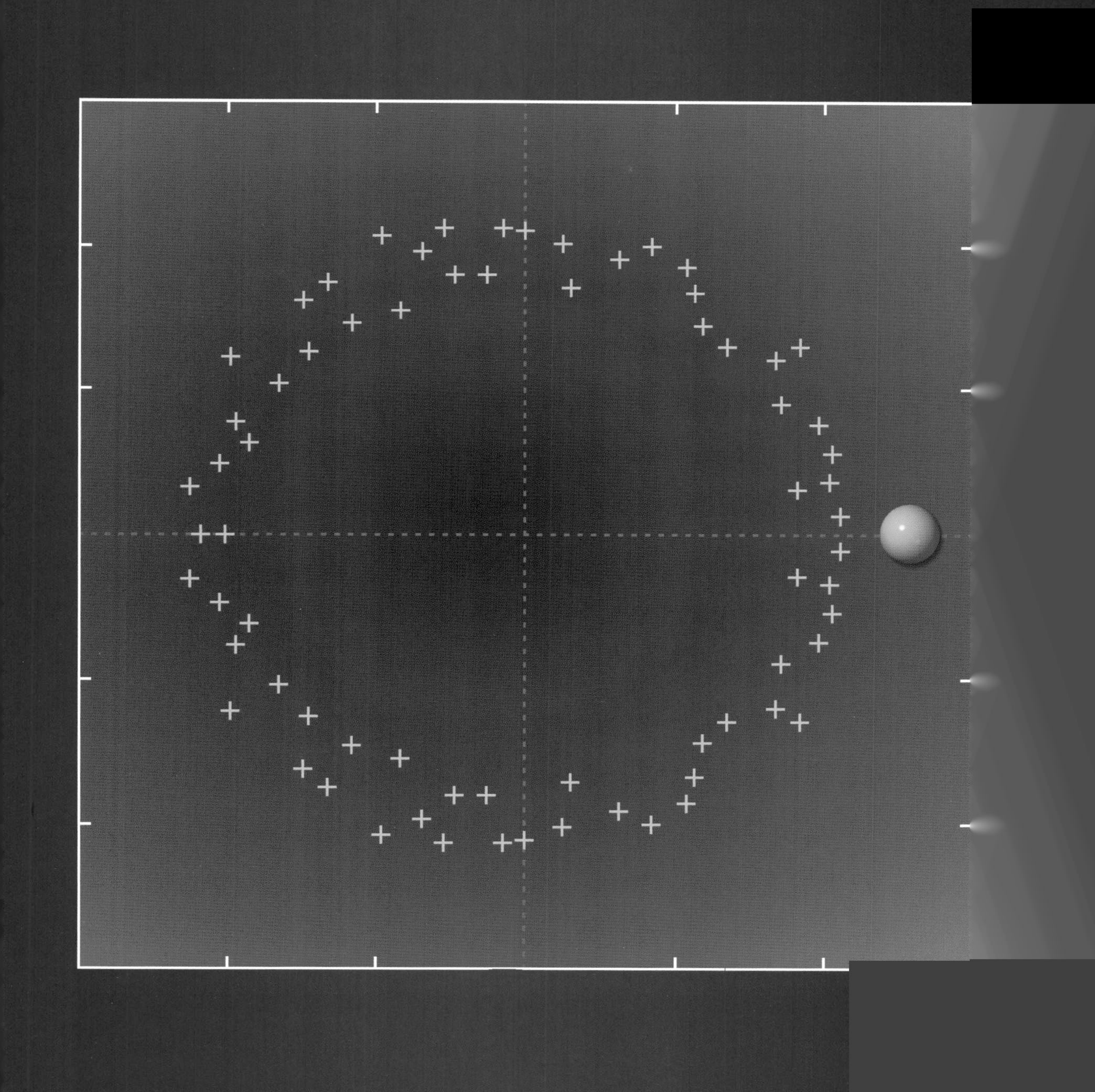

1988년

매스매티카

스티븐 울프람(Stephen Wolfram, 1959년~)

지난 20년간 수학자들이 수학을 연구해 온 방식에 한 가지 변화가 일어났다. 순수하게 이론과 증명만 파던 방식에서 컴퓨터를 사용하고 실험을 마다하지 않는 방식으로 옮겨 간 것이다. 이 변화는 일부 매스매티카(Mathematica) 같은 컴퓨터 소프트웨어 덕분인데, 이 소프트웨어는 수학자이자 이론 물리학자인 스티븐 울프람이 개발해 일리노이 주 샴페인의 울프람 연구소에서 판매했다. 1988년에 첫 번째 버전이 출시된 매스매티카는 오늘날 수많은 알고리듬을 계산하고, 수학 방정식을 시각화하고, 수학자들을 위한 종합적 유저 인터페이스를 제공하는 등 놀라운 계산 환경을 구축해 주고 있다. (2015년 현재 버전 10.0.2가 발매되어 있다.—옮긴이) 유사한 소프트웨어인 메이플, 매스캐드, 매틀랩, 맥시마 같은 수많은 프로그램 패키지들이 실험 수학에 이용된다.

1960년대 이래 특정한 수학 문제를 처리하는 데 쓰이는 소프트웨어 패키지들이 존재해 왔고, 카오스와 프랙털에 관심 많은 연구자들은 오랫동안 컴퓨터를 이용해 연구를 해 왔다. 매스매티카는 이러한 개별 소프트웨어들을 통합하고 있다. 오늘날 매스매티카는 공학, 과학, 재정, 교육, 예술, 의상 디자인을 비롯해서 시각화와 실험이 필요한 다양한 분야에 사용되고 있다.

1992년에 《실험 수학(*Experimental Mathematics*)》이라는 잡지가 발매되어, 컴퓨터가 어떻게 수학적 구조들을 조사하고 중요한 성질들과 패턴들을 밝혀내는 데 공헌할 수 있는지 보여 주었다. 교육자이자 저술가인 데이비드 벌린스키(David Berlinski)는 이렇게 말했다. "컴퓨터는 수학적 경험의 본질 자체를 바꾸면서, 수학이 아직은 물리학처럼 사물이 보이기 때문에 발견된다고 말할 수 있는 경험주의적 원리가 되려면 아직 갈 길이 멀다는 사실을 처음으로 보여 주었다."

수학자인 조너선 보르웨인(Jonathan Borwein)과 데이비드 베일리(David Bailey)는 이렇게 썼다. "아마도 여기서 나아간 가장 중요한 진보는 매스매티카와 메이플 같은 광범위한 수학적 소프트웨어가 개발된 것이리라. 오늘날 수많은 수학자들은 이런 도구들을 다루는 데 고도로 숙련되어 있으며 자기들이 매일 하는 연구에 사용한다. 그 결과로 우리는 부분적으로나 전적으로 컴퓨터에 기반한 도구들의 도움에 힘입어 새로운 수학적 결과들의 파도를 맞고 있다."

관련 항목 주판(100쪽), 계산자(132쪽), 배비지 기계식 컴퓨터(220쪽), 금전 등록기(272쪽), 미분 해석기(360쪽), 쿠르타 계산기(398쪽), HP-35(448쪽)

매스매티카는 오늘날 수많은 알고리듬을 계산하고, 수학 방정식을 시각화하고, 수학자들을 위한 종합적 유저 인터페이스를 제공하는 등 놀라운 계산 환경을 구축해 주고 있다. 매스매티카를 통해 생성된 이 3차원 그래픽은 기호 연산과 컴퓨터 그래픽 분야 전문가인 마이클 트로트(Michael Trott)의 허가를 받고 게재한 것이다.

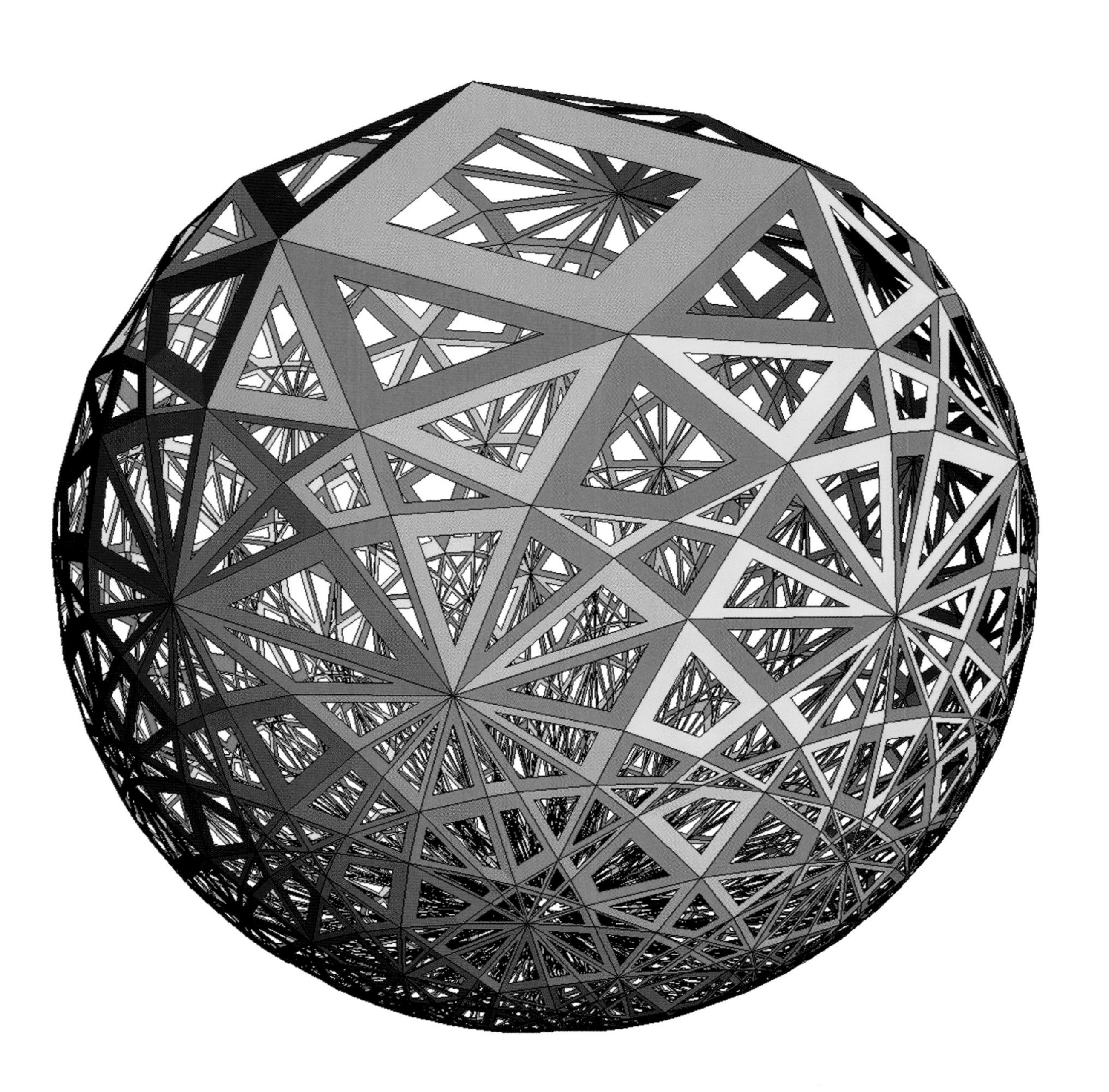

1988년

머피의 법칙과 매듭

드 위트 섬너스(De Witt L. Sumners, 1941년~), **스튜어트 휘팅턴**(Stuart G. Whittington, 1942년~)

고대로부터 항해자들과 방직공들은 유난히 잘 엉키고 매듭이 잘 생기는 밧줄과 끈의 문제로 골머리를 앓아 왔다. 이것은 무언가가 잘못될 가능성이 있으면 반드시 잘못되는 법이라는 유명한 '머피의 법칙'에 들어맞는다. 그렇지만 최근까지는 이 현상을 설명하는 어떤 엄밀한 이론도 존재하지 않았다. 그냥 실제적인 상황 한 가지를 생각해 보자. 예를 들어 등산가의 밧줄에 생긴 매듭 하나가, 그 밧줄이 끊어지지 않고 버틸 수 있는 강도를 최대 50퍼센트나 저하시킬 수 있다.

1988년 수학자인 드 위트 섬너스와 화학자인 스튜어트 휘팅턴은 밧줄과 고분자 사슬 같은 물체들을 '자기 회피(self-avoiding)' 임의 보행으로 모형화해서, 그 현상을 명쾌하게 설명했다. 개미 한 마리가 정육면체 그리드 위의 한 점에 멈춰 있다고 생각해 보자. 개미는 그 격자 위를 걸으면서 무작위적으로 여섯 방향 중 어디로도 걸을 수 있다. 동일한 공간을 동시에 점유할 수 없는 물리적 물체들을 시뮬레이션하기 위해, 개미가 공간 속 한 점을 두 번 이상 들를 수 없도록 했다. 자기 회피 임의 보행을 하는 것이다. 두 과학자는 자신들의 연구에 기반해 일반적인 결과 하나를 증명했는데, 자기 회피 임의 보행을 충분히 수행하고 나면 거의 모든 경우에 개미의 발걸음이 반드시 꼬이게 됨을, 다시 말해 매듭 하나가 반드시 맺어지게 되어 있음을 증명한 것이다.

두 사람의 연구는 왜 우리 집에 있는 정원용 호스가 길이가 길면 길수록 더 꼬이기 쉬운지, 혹은 범죄 현장에서 발견된 매듭진 밧줄이 법의학적으로 왜 아무런 의미도 없을 수 있는지 설명하는 데 도움이 될뿐더러 DNA와 단백질의 꼬임을 이해하는 데도 방대한 함의를 지닌다. 오래전 단백질 전문가들은 단백질이 온전한 매듭 하나를 형성할 능력이 없다고 믿었지만 오늘날 그런 매듭들을 숱하게 발견하고 있다. 그 매듭들 중에는 단백질 구조를 안정화하는 것도 있다. 만약 과학자들이 단백질 구조를 정확히 예측할 수 있다면, 어쩌면 병이 생기는 것을 더 정확히 예측할 수 있을뿐더러 단백질의 3차원 모양을 바탕으로 한 새로운 약물을 개발할 수도 있을 것이다.

관련 항목 매듭(26쪽), 보로메오 고리(88쪽), 초공간의 미아(346쪽), 퍼코 매듭(460쪽), 존스 다항식(480쪽)

왼쪽: 뒤엉킨 어망. 오른쪽: 단 하나의 매듭이 밧줄의 강도를 심각하게 약화시킬 수 있다.

1989년

나비 곡선

템플 페이(Temple H. Fay, 1940년~)

매개 변수화(parameterization)는 어떤 양들의 집합을 수많은 독립 변수들로 이루어진 함수들로 나타내는 것을 말한다. 우리는 이 과정에서 방정식의 집합을 얻게 된다. 예를 들어 어떤 곡선 위의 좌표 (x, y)의 집합을 t라는 변수의 함수로 나타낼 때 이 곡선은 매개 변수화되었다고 말한다. 통상적인 데카르트 좌표계에서 어떤 원의 표준적인 방정식은 $x^2+y^2=r^2$으로 주어진다. 여기서 r는 원의 반지름이다. 우리는 이 방정식을 매개 변수 방정식으로 바꿔 쓸 수 있다. 그 방정식은 $x=r \cdot cos(t), y=r \cdot sin(t)$가 되는데, 여기서 t는 $0<t\leq 360$도 혹은 $0<t\leq 2\pi$라디안이다. 컴퓨터 프로그래머들은 t의 값을 증분해 가면서, 그 결과로 나오는 (x, y) 점들을 연결해 그래프를 만든다.

수학자들과 컴퓨터 예술가들은 매개 변수화된 표현에 의존하는 경우가 많다. 왜냐하면 대부분의 기하학적 도형들을 원처럼 단일한 방정식으로 기술하기가 무척 어렵기 때문이다. 예를 들어, 원뿔 나선을 하나 그리려면, $x=a \cdot z \cdot \sin(t)$, $y=a \cdot z \cdot \cos(t)$, $z=t/(2\pi c)$ (a와 c는 상수) 같은 방정식을 사용해야 하기 때문이다. 원뿔 나선들은 오늘날 특정한 종류의 안테나들에 사용된다.

대수적이고 초월적인 곡선들 중에는 여러 가지 잎 모양이 만들어지고 이 잎 모양들이 아름다운 대칭을 이루는 것도 많다. 템플 페이가 서던 미시시피 대학교에 있을 때 개발한 나비 곡선(Butterfly Curve)은 그런 종류의 아름답고 복잡한 모양 중 하나이다. 나비 곡선의 방정식은 $\rho=e^{\cos\theta}-2\cos(4\theta)+\sin^5(\theta/12)$라는 극좌표 방정식으로 나타낼 수 있다. 이 방정식은 나비의 몸통 주위를 따라 도는 점의 궤적을 기술한 것이다. ρ라는 변수는 점과 원점 사이의 각거리이다. 나비 곡선이 중요한 이유는 이 곡선이 1989년에 처음 발표된 이래 수학에 관심 많은 학생들과 수학자들을 매료시켜 왔기 때문이고, 학생들에게 $\rho=e^{\cos\theta}-2.1\cos(6\theta)+\sin^7(\theta/30)$ 같은 방정식을 주고 반복 주기가 더 긴 그래프를 그려 오라는 식의 과제를 내주기 좋기 때문이다.

관련 항목 하모노그래프(248쪽)

대수적이고 초월적인 곡선들이 그리는 대칭성과 잎 모양의 구조, 그리고 점근적 행동 양식은 어떤 아름다움을 자아 낸다. 이 나비 곡선은 템플 페이가 개발한 것으로, $\rho=e^{\cos\theta}-2\cos(4\theta)+\sin^5(\theta/12)$라는 극좌표 방정식으로 나타낼 수 있다.

1961

온라인 정수열 백과사전

닐 제임스 알렉산더 슬론(Neil James Alexander Sloane, 1939년~)

'온라인 정수열 백과사전(On-Line Encyclopedia of Integer Sequences, OEIS)'은 수학자와 과학자는 물론이고, 게임 이론, 퍼즐, 정수론, 화학, 통신 이론, 물리학 등 다양한 분야들에서 출몰하는 수열에 관심을 가진 일반인도 이용 가능한, 극도로 방대하고 검색 가능한 정수 수열 데이터베이스이다. 다음 두 항목을 살펴보면 온라인 정수열 백과사전의 다양성이 얼마나 대단한지를 알 수 있다. 구멍이 n쌍 있는 신발의 끈 매는 방법과, 고대 보드 게임인 추카이용 솔리테어(Tchoukaillon Solitaire)에서의 필승 전략이 그것이다. 온라인 정수열 백과사전의 웹 사이트(https://oeis.org)는 15만 개 넘는 수열을 담고 있어, 같은 종류의 데이터베이스 중에서는 가장 크고 방대하다.

각 항목은 그 수열의 첫 몇 항들과 열쇳말들과 수학적 연구 동기들과 관련 문헌 들을 소개하고 있다. 영국에서 태어난 미국인 수학자인 닐 제임스 알렉산더 슬론은 코넬 대학교 대학원에 다니던 1963년에 소수 수열들을 수집하기 시작했는데, 처음에는 그것들을 구멍 뚫린 카드에 저장하다가 1973년에 2,400개의 수열을 담은 『소수 수열 핸드북(*A Handbook of Integer Sequences*)』이라는 단행본을 출간했고, 그 뒤 1995년에는 5,487개의 수열들을 담은 개정판을 펴냈다. 이 책의 인터넷판은 1996년에 접할 수 있게 되었는데, 매년 대략 1만 개의 새 항목이 계속해서 더해지고 있다. 오늘날 그것을 책으로 출간한다면 아마 1995년판 기준으로 대략 750권 분량은 될 것이다.

기념비적인 결과물인 온라인 정수열 백과사전은 수열을 새로 밝혀내거나, 기존에 알려진 어떤 수열의 현재 상태를 확인하는 데 자주 이용된다. 그렇지만 이 백과사전의 가장 심오한 용도는 새로운 추측들을 제시하는 도구로 쓰일 수 있다는 사실인지도 모른다. 예를 들어 수학자인 랠프 스테판(Ralf Stephan)은 그저 온라인 정수열 백과사전의 수열만 연구해 다양한 수학 분야에서 최근에만 100개도 넘는 추측들을 내놓았다. 앞자리 항이 동일한 수열들을 비교함으로써 수학자들은 멱급수 확장, 정수론, 조합론, 비선형 재귀, 이진법 표현 등과 관련된 새로운 추측들을 고찰해 볼 수 있게 되었다.

관련 항목 투에-모스 수열(318쪽), 콜라츠 추측(376쪽), 오디오액티브 수열(488쪽), 침대보 문제(506쪽)

OEIS에는 구멍이 n쌍 있는 신발에 각 구멍이 적어도 반대편과 하나의 직접적인 관계를 갖도록 끈을 매는 방법을 구체적으로 나타내는 수열이 포함되어 있다. 1, 2, 20, 396, 14976, 907200, … 그 경로는 반드시 구멍들의 맨 끝 쌍에서 시작하고 끝나야 한다.

1999

이터니티 퍼즐

크리스토퍼 월터 몽크턴, 3대 브랜츨리의 몽크턴 자작(Christopher Walter Monckton, 3rd Viscount Monckton of Brenchley, 1952년~)

이터니티 퍼즐(Eternity Puzzle)이라는 이름의, 극도로 어려운 지그소 퍼즐이 1999~2000년에 대단히 유행하면서 본격적인 수학적 분석과 컴퓨터 분석의 대상이 되었다. 209개의 퍼즐 조각들은 넓이는 같지만 모두 다르게 생겼는데, 정삼각형과 이 정삼각형을 절반으로 쪼갠 직각삼각형을 합친 모양으로 되어 있다. 그리고 퍼즐 조각들의 넓이는 정삼각형 6개를 합친 것과 같다. (오른쪽 그림의 노란색 영역을 참조하라.) 이 퍼즐의 목표는 조각들을 한데 맞추어 정십이각형에 가까운 커다란 다각형 하나를 만드는 것이다.

이 퍼즐을 발명한 크리스토퍼 월터 몽크턴은 1999년 6월 이 퍼즐을 장난감 회사인 에르틀 토이스(Ertl Toys) 사에서 출시하면서 퍼즐 완성에 상금 100만 파운드를 내걸었다. 컴퓨터 시뮬레이션을 실시해 본 몽크턴은 이 퍼즐을 완성하려면 몇 년 이상이 걸릴 것이라는 느낌을 받았다. 사실 모든 가능성을 탐사하는 고된 작업은 너무나 오래 걸려서, 가장 빠른 컴퓨터라고 해도 단순한 연구 방식을 사용해 해법 하나를 찾아내는 데에는 수백만 년은 걸릴 터였다.

하지만 몽크턴의 입장에서는 실망스럽게도, 알렉스 셀비(Aley Selby)와 올리버 리오단(Oliver Riordan)이라는 두 영국 수학자들이 2000년 5월 15일에 컴퓨터의 도움을 받아 퍼즐의 해법을 발견하고 상금을 요구했다. 흥미롭게도 두 사람은 이터니티 퍼즐에서 대략 70조각까지는 조각들의 수가 증가할수록 어려움이 증가한다는 사실을 밝혀냈다. 그렇지만 70조각을 넘어서면 올바른 해법으로 이어지는 경우의 수가 늘어나기 시작한다. 공식적인 이터니티 퍼즐의 해법은 적어도 10^{95}가지에 이르는 것으로 여겨지는데, 이것은 우리 은하에 존재하는 원자들의 총수를 훨씬 넘는 것이다. 하지만 이 퍼즐은 여전히 너무나도 어렵다. 해답보다 오답의 경우의 수가 훨씬 더 많기 때문이다. 해법이 다수가 될 수 있다는 사실을 깨달은 셀비와 리오단은 어쩌면 더 쉬운 해법을 찾을 수 있을지도 모른다고 생각했고, 몽크턴이 제시한 힌트들을 일부러 버리고 연구를 수행했다.

2007년 몽크턴은 정사각형 퍼즐 조각 256개를 맞추는 이터니티 퍼즐 2를 출시했는데, 그 조각들을 16×16의 그리드에 맞춰 넣어야 한다. 이 퍼즐의 가능한 배열의 가짓수는 1.115×10^{557}인 것으로 추측된다.

관련 항목 직사각형의 정사각형 해부(354쪽), 보더버그 타일 덮기(374쪽), 펜로즈 타일(450쪽)

노란색의 삼각형이 바로 이터니티 퍼즐의 한 조각이다. 각 조각은 정삼각형이나 '반'삼각형으로 만들어져 있다.

1997년

완전 4차원 마방진

존 로버트 헨드릭스(John Robert Hendricks, 1929~2007년)

전통적인 마방진은 정사각형 그리드 안 각 칸에 정수가 적혀 있고, 가로줄과 세로줄과 대각선의 수들을 각각 더하면 동일한 합이 나온다. 그 정수들이 1부터 N^2까지 연속된 수들이라면, 그 마방진은 N차 마방진이라고 하고, N을 이 마방진의 차수라고 한다.

그럼 이번에 4차원 마방진(Magic Tesseract)이라는 것을 생각해 보자. N차 4차원 마방진이다. 이 4차원 마방진에는 1에서 N^4까지의 연속된 수들이 들어갈 수 있다. 그리고 마방진의 가로, 세로, 높이, 파일(file, 4차원적 방향을 일컫는 용어), 그리고 8개 있는 쿼드라고날(quadragonal, 중심을 지나 맞은편에 있는 꼭짓점들을 연결하는 4차원적 대각선) 각각에는 N^3개의 정수가 들어간다. 가로, 세로, 높이, 파일, 쿼드라고날에 있는 정수들의 합은 마방진이므로 항상 일정한 상수 $S=N(1+N^4)/2$가 된다. 차수가 3인 3차 4차원 마방진은 총 22,272개 존재한다.

'완전' 4차원 마방진이라고 하려면 가로, 세로, 높이, 파일, 쿼드라고날의 정수들 합만이 아니라 트라이아고날(triagonal, 테서랙트를 이루는 3차원 입방체, 즉 정육면체의 꼭짓점들을 잇는 대각선)에 있는 정수들의 합도 똑같아야 한다. 완전한 4차원 마방진이 되려면 모든 입방체들이 반드시 완전해야 하며, 모든 정사각형들도 반드시 완전해야 한다. (즉 완전 방진을 이루어야 한다. 각 도형에 있는 대각선을 평행 이동한 '범대각선(pandiagonal)'들에 들어 있는 정수들을 합한 것도 모두 같아야 한다.)

고차원 마방진 연구에서 세계적인 권위자인 캐나다의 연구자 존 로버트 헨드릭스는 차수가 16 이하일 경우에는 완전 4차원 마방진을 구축하기가 불가능하며 16차일 경우에는 완전 4차원 마방진이 딱 하나 존재한다는 사실을 증명했다. 이 16차 완전 4차원 마방진의 정수들은 1, 2, 3, …, 65,536까지이고 '마법의 수'는 534,296이다. 나는 1999년에 헨드릭스와 함께 16차 완전 4차원 마방진을 최초로 계산해 냈다. 현재까지 알려진 사실을 요약하자면 이렇다. 완전 4차원 마방진 중 차수가 가장 작은 것은 16차이고, 완전 3차원 마방진 중 차수가 가장 작은 것은 8차이며, 완전 마방진 중 차수가 가장 작은 것은 4차이다. (완전 마방진을 '완전 방진', '범마방진'이라고도 한다.—옮긴이)

관련 항목 마방진(34쪽), 프랭클린의 마방진(192쪽), 테서랙트(284쪽)

완전 16차 4차원 마방진을 상상하기란 쉽지 않은 일이다. 오른쪽 그림은 존 헨드릭스가 그린 3차 4차원 마방진이다. 완전 마방진은 아니지만, 가로(노란색), 세로(빨간색), 파일(초록색), 쿼드라고날(숫자가 보라색으로 표시되어 있다.)의 정수들을 더하면 모두 123이 된다.

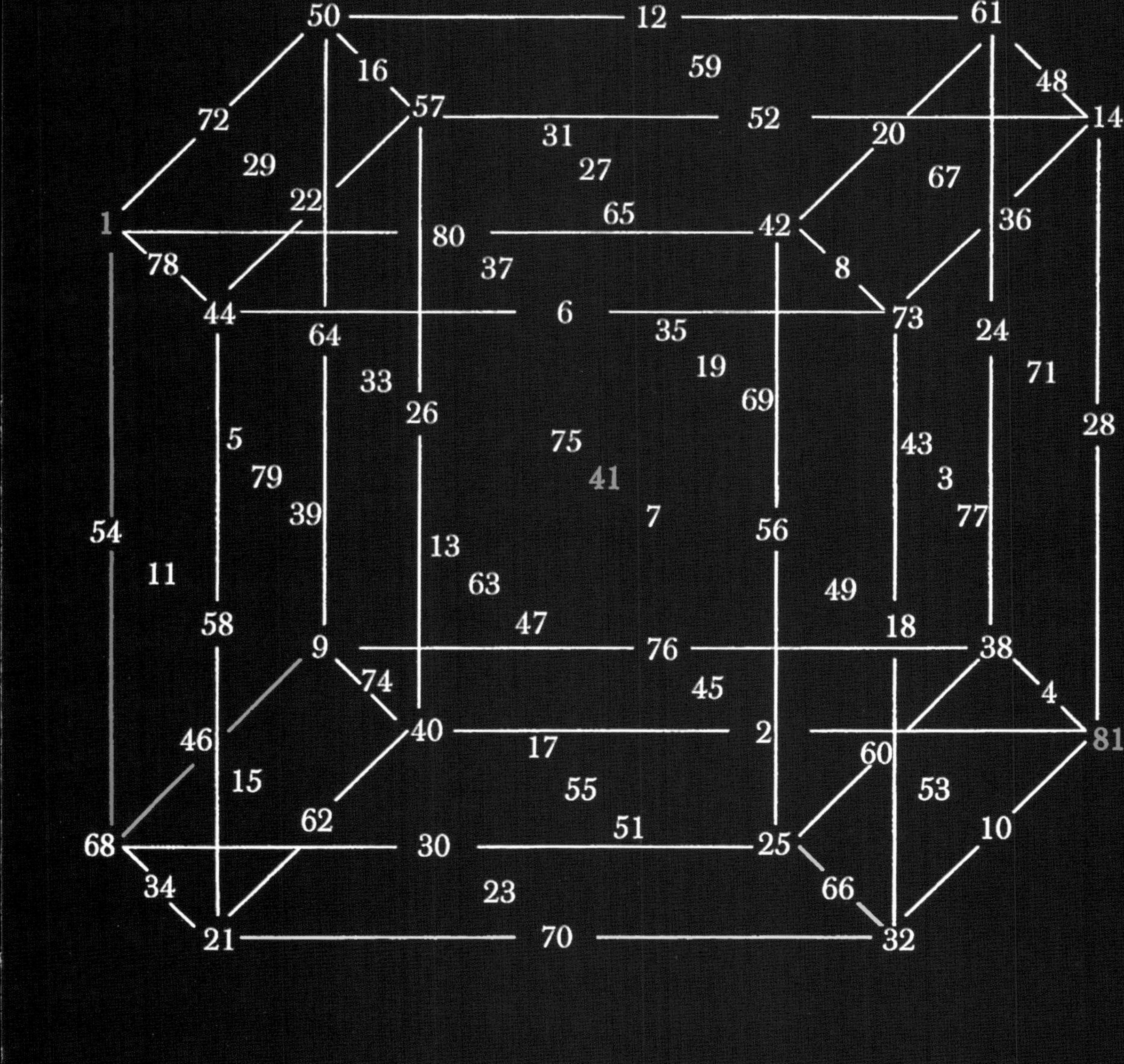
50
12
61
59
16
48
72
57
52
14
20
31
29
27
67
22
65
36
1
80
42
78
37
8
44
6
73
35
24
64
33
19
71
26
69
28
75
43
5
79
41
3
39
7
77
54
56
13
11
63
49
47
58
18
9
76
38
74
45
4
40
2
81
46
17
60
15
55
53
62
51
10
68
30
25
34
23
66
21
70
32

1999년

파론도의 역설

후안 마누엘 로드리게스 파론도(Juan Manuel Rodriguez Parrondo, 1964년~)

1990년대 후반 스페인 물리학자인 후안 마누엘 로드리게스 파론도는 도박사가 반드시 돈을 몽땅 잃게 되어 있는 두 게임을 순서를 바꿔 가면 번갈아 가면서 하면 도박사가 반드시 부자가 된다는 것을 보여 주었다. 이것을 파론도의 역설(Parrondo's Paradox)이라고 한다. 과학 저술가 샌드라 블레이크슬리(Sandra Blakeslee)는 파론도가, "원시 생명 수프에서 생명이 솟아나고, 클린턴 대통령의 인기가 섹스 스캔들이 터지고 나서 오히려 높아지고, 하락세인 주식에 투자하는 게 더 큰 자본을 획득할 수 있는 기회가 되는 세계를 설명하는 데 도움이 될지도 모를, 무언가 새로운 자연 법칙 같은 것을 발견했다."라고 썼다. 머릿속을 뒤죽박죽으로 만드는 그 역설은 개체군 동역학에서 재무 건전성 평가까지 다양한 분야에서 응용할 수 있다.

그럼, 던져서 양면이 나올 확률이 서로 다른 동전들을 사용하는 도박 게임 두 가지를 하고 있다고 생각해 보자. A 게임에서 동전을 던질 때마다 여러분이 확보할 승률을 50보다 적은 P_1이라고 하면, $P_1=0.5-x$로 나타낼 수 있다. 여러분은 이기면 1달러를 따고, 그렇지 않으면 1달러를 잃는다. B 게임을 하기 앞서 여러분은 A 게임에서의 득점이 3의 배수인가를 확인한다. 3의 배수가 아닐 경우에는 다시 승률이 $P_2=(3/4-x)$인 동전을 던진다. 3의 배수일 경우에는 승률이 겨우 $P_3=(1/10-x)$밖에 안 되는 동전을 던진다. A 게임이나 B 게임을 따로따로 했을 때, 예를 들어 $x=0.005$일 경우 여러분은 장기적으로 볼 때 반드시 잃게 되어 있다. 하지만 두 게임을 교대로 한다면(혹은 심지어 그 게임들을 무작위로 바꿔 가면서 한다면) 여러분은 결국 꿈도 꿔 보지 못한 엄청난 부자가 될 것이다! 이 게임을 교대로 할 때에도 A 게임 결과가 B 게임에 영향을 미친다는 점을 주목하자.

파론도가 이 역설적 게임을 처음 고안한 것은 1996년이었다. 오스트레일리아 애들레이드 대학교의 생물 의학 공학자인 데렉 애벗(Derek Abbott)은 '파론도의 역설'이라는 용어를 만들어 냈고, 1999년에 직관과는 어긋나는 파론도의 결론을 증명하는 연구 결과를 발표했다.

관련 항목 제논의 역설(48쪽), 아리스토텔레스의 바퀴 역설(56쪽), 큰 수의 법칙(166쪽), 상트페테르부르크 역설(178쪽), 이발사 역설(306쪽), 바나흐-타르스키 역설(352쪽), 힐베르트의 그랜드 호텔(356쪽), 생일 역설(382쪽), 해안선 역설(404쪽), 뉴컴의 역설(420쪽)

물리학자인 후안 파론도는 사진과 같은 래칫(한쪽으로만 회전하게 되어 있는 톱니바퀴—옮긴이)에서 영감을 얻었는데, 이것의 행동 방식은 특히 현미경적 도구를 사용해 고찰할 경우 반직관적 모습을 보여 준다. 파론도는 물리 기기들에서 얻은 깨달음을 게임으로 확장했다.

구멍 다면체 풀기

존 호턴 콘웨이(John Horton Conway, 1937년~), **제이드 빈슨**(Jade P. Vinson, 1976년~)

한 무리의 다각형들의 변들을 서로 잇대어 일반적인 다면체 하나를 만든다고 생각해 보자. 구멍 다면체(Holyhedron)는 각 면에 다각형 모양의 구멍이 적어도 하나씩은 있는 다면체이다. 그 구멍들의 경계선들은 서로와, 혹은 그 면의 다른 변들과 전혀 접점이 없다. 예를 들어 면이 6개인 정육면체를 생각해 보자. 다음으로 그 정육면체에 오각형 터널(예를 들어)을 만들기 위해 한 면에서 맞은편 면까지 오각형 막대기를 밀어넣어 통과시킨다. 이 중간 단계에서 우리는 면 11개(원래 면 6개와 새로 만들어진 오각형 터널의 면 5개)를 가진 물체를 얻는다. 그 11개의 면 중 구멍이 난 것은 2개의 면뿐이다. 이렇게 매번 구멍을 뚫을 때마다 더 많은 면들이 만들어진다. 구멍 다면체를 찾는 데서 어려운 도전 과제는, 구멍이 하나도 없는 면들의 수를 줄이기 위해 결국 한 번에 둘 이상의 면을 뚫고 들어가는 구멍들을 만드는 것이다.

프린스턴 수학자인 존 콘웨이는 1990년대에 처음으로 구멍 다면체 개념을 도입하면서 그런 물체를 찾아내는 사람에게 1만 달러를 주겠다고 했다. 그러면서 그 보상금을, 그 물체가 가진 면들의 수로 나누어 지급하겠다고 명기했다. 1997년에 데이비드 윌슨(David W. Wilson)이 구멍으로 채워진 다면체를 가리키기 위해 '구멍 다면체'라는 단어를 만들어 냈다.

마침내 1999년에 미국의 수학자 제이드 빈슨은 세계에서 처음으로 전체 78,585,627개의 면(확실히 빈슨이 받을 보상금은 다소 작아진 셈이다.)을 가진 구멍 다면체 표본을 발견했다! 2003년에는 컴퓨터 그래픽 전문가인 돈 해치(Don Hatch)가 492개의 면을 가진 구멍 다면체를 발견했다. 탐색은 아직 끝나지 않았다.

관련 항목 플라톤의 입체(52쪽), 아르키메데스의 준정다면체(66쪽), 오일러의 다면체 공식(184쪽), 루퍼트 대공 문제(216쪽), 아이코시안 게임(246쪽), 픽의 정리(296쪽), 지오데식 돔(348쪽), 차사르 다면체(400쪽), 스칠라시 다면체(468쪽), 스피드론(472쪽)

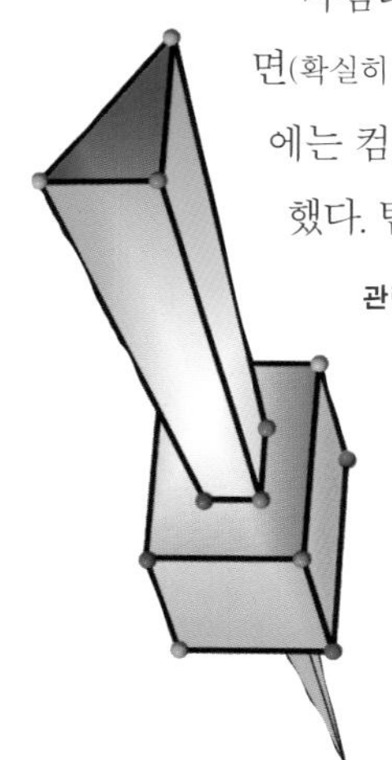

왼쪽: 정육면체에 삼각형 막대기를 밀어넣는 한 가지 방법. 오른쪽: 남극 얼음 동굴 안에 있는 이 구멍과 터널 들은 구멍이 숭숭 뚫린 구멍 다면체의 매혹적인 구조를 연상시킨다. 물론 진짜 구멍 다면체는 반드시 테두리가 다각형 모양인 터널이 있어야 하고, 구멍 다면체의 판판한 터널 벽 각각에는 반드시 다각형 모양 구멍이 적어도 하나씩은 있어야 한다.

2001년

침대보 문제

브리트니 갤리번(Britney Gallivan, 1985년~)

어느 날 밤, 도무지 잠이 오지 않아서 침대보를 벗긴다고 가정해 보자. 침대보 두께는 기껏해야 약 0.4밀리미터이다. 침대보를 한 번 접으면 두께는 0.8밀리미터가 된다. 만약 침대보 두께를 지구에서 달까지의 거리와 똑같이 만들려면 몇 번이나 접어야 할까? 놀랍게도 답은 겨우 40번만 접으면 된다는 것이다. 그러면 달 위에서 잠을 잘 수 있다! 그럼 문제를 바꿔서, 0.1밀리미터 두께의 흔한 종이 한 장을 가지고 있다고 해 보자. 그 종이를 51번 접을 수만 있다면 지구에서 태양까지의 거리를 뛰어넘는 두께가 된다!

안타깝게도 침대보나 종이 같은 물리적 물체들을 여러 번 접는 것은 물리적으로 불가능하다. 1900년대에 널리 퍼져 있던 인식에 따르면 실제 종이 한 장을 절반으로 접는 것은, 처음에 아무리 큰 종이로 시작했다고 하더라도 7~8번이 한계였다. 그렇지만 2002년에 고등학생인 브리트니 갤리번이 뜻밖에도 종이 한 장을 12번 접어서 세상을 놀라게 했다.

2001년에 갤리번은 주어진 크기의 종이 한 장을 한 방향으로 거듭 접을 수 있는 횟수의 한계를 규정하는 방정식을 내놓았다. 종이의 두께를 t라고 하고 그 종이를 n번 접는다고 할 때, 종이의 맨 처음 길이의 최솟값인 L은 다음과 같이 측정할 수 있다. $L=[(\pi t)/6]\times(2^n+4)\times(2^n-1)$. 우리는 $(2^n+4)\times(2^n-1)$의 행동을 연구할 수 있다. $n=0$으로 시작했을 때, 우리는 0, 1, 4, 14, 50, 186, 714, 2794, 11050. 43946, 175274, 700074, …의 정수열을 얻는다. 이것은 그 종이를 반으로 접는 일을 11번 했을 때, 접힌 부분에서 손실되는 분량이 처음 접었을 때에 비해 700,074배나 된다는 뜻이다.

관련 항목 제논의 역설(48쪽), 온라인 정수열 백과사전(496쪽)

2001년에 브리트니 갤리번은 주어진 크기의 침대보나 종이 한 장을 단일한 방향으로 몇 번이나 접을 수 있는가 하는 문제를 정의하는 방정식을 내놓았다.

2002년

아와리 게임

존 로메인(John W. Romein, 1970년~)**과 헨리 발**(Henri E. Bal, 1958년~)

아와리(Awari)는 그 유래가 3,500년이나 된 아프리카의 보드 게임이다. 오늘날에는 가나의 국민 게임이 되었고 서아프리카와 카리브 해 전역의 사람들도 이 게임을 한다. 카운트앤드캡처(count-and-capture) 게임으로 분류되는 아와리는 만칼라(Mancala)라는 전략 게임들의 집합에 속한다.

아와리 판에는 컵처럼 파인 홈 6개가 두 줄로 있는데, 각 홈에는 마커(콩, 씨앗, 혹은 자갈) 4개가 있다. 두 사람이 각각 6개씩 홈을 차지하고 교대로 거기 든 씨앗들을 옮긴다. 자기 차례가 된 사람은 자기 것인 홈 6개 중 하나를 택해서 그 홈에 있는 씨앗들을 전부 꺼내 이 컵에서 시계 반대 방향으로 각 홈에 씨앗 하나씩을 떨어뜨린다. 그러고 나면 다음 사람이 자기 편에 있는 홈 6개 중 한 홈에서 씨앗들을 꺼내어 똑같이 한다. 한 사람이 마지막 씨앗을 씨앗이 1~2개밖에 없는 상대편의 홈에 떨어뜨리면(그래서 씨앗이 총 2~3개가 되게 만들면) 그는 이 홈에서 씨앗을 전부 치우고 게임에서 빼 버린다. 또한 그 비워진 홈 바로 앞에 있는 홈들에 든 씨앗 역시 2개나 3개라면 그것도 모두 치울 수 있다. 이 게임 참가자들은 판에서 상대편 홈에서만 씨앗을 가져갈 수 있다. 한쪽이 더 이상 자기 홈에 씨앗이 하나도 남지 않게 되면 게임은 끝난다. 씨앗을 더 많이 차지한 사람이 이긴다.

아와리는 퍼즐을 풀거나 게임을 하기 위해 알고리듬을 개발하는 인공 지능 분야의 연구자들에게 더러 엄청난 매력을 발휘해 왔지만, 2002년까지는 아무도 그 게임이 틱택토처럼 두 사람 다 실수를 하지 않으면 늘 무승부로 끝나게 되어 있는 게임인지 아닌지 알지 못했다. 그렇지만 나중에 암스테르담 자유 대학교의 컴퓨터 과학자인 존 로메인과 헨리 발이 그 게임에서 일어날 수 있는 모든 상황, 즉 889,063,398,406가지 상태의 결과를 계산하는 컴퓨터 프로그램을 작성함으로써 참가자 모두 실수를 하지 않는다면 아와리 게임은 반드시 무승부로 끝난다는 사실을 증명했다. 이 엄청난 연산을 수행하는 데는 144개의 프로세서로 이루어진 컴퓨터 클러스터를 동원했는데도 51시간이 걸렸다.

관련 항목 틱택토(40쪽), 바둑(44쪽), 도널드 커누스와 마스터마인드(444쪽), 이터니티 퍼즐(498쪽), 체커(514쪽)

아와리 게임은 인공 지능 분야 연구자들 사이에서 막대한 매력을 발휘했다. 2002년에 컴퓨터 과학자들은 그 게임에서 일어날 수 있는 모든 상황, 즉 889,063,398,406가지 상태의 결과를 계산하는 컴퓨터 프로그램을 작성해, 실수를 하지 않으면 게임은 반드시 무승부로 끝난다는 사실을 증명했다.

2002년

테트리스는 NP-완전

에릭 드메인(Erik D. Demaine, 1981년~)**와 수잔 호헨버거**(Susan Hohenberger, 1978년~)**와 데이비드 리벤노웰**(David Liben-Nowell, 1977년~)

벽돌이 떨어지는 인기 만점 비디오 게임인 테트리스(Tetris)는 러시아 컴퓨터 공학자인 알렉세이 파지트노프(Alexey Pajitnov)가 1985년에 개발했다. 2002년에 미국인 컴퓨터 공학자들은 그 게임의 어려움을 수량화해, 그 게임이, 해법이 단순하지 않으며 최적화된 해법을 찾으려면 고된 분석을 요하는, 수학의 가장 어려운 문제들과 비슷한 점이 있다는 사실을 보여 주었다.

테트리스의 벽돌 뭉치는 게임판 꼭대기에서 시작해 아래로 움직인다. 벽돌 뭉치 하나가 떨어질 때 게이머는 벽돌 뭉치의 방향을 바꾸거나 옆으로 미끄러뜨릴 수 있다. 그 벽돌들을 테트로미노(tetromino)라고 하는데, 정사각형 4개가 한데 뭉쳐서 T자 같은 단순한 패턴들을 이룬다. 벽돌 뭉치 하나가 맨 밑줄에 닿으면 꼭대기에서는 다음번 벽돌 뭉치가 떨어진다. 맨 밑의 한 줄이 빈틈없이 채워질 때마다 그 줄은 사라지고 그 위에 있던 줄들은 한 줄씩 아래로 내려간다. 화면이 꽉 차서 더 이상 새로운 조각이 떨어질 공간이 없어지면 게임은 끝난다. 게이머의 목표는 게임을 가능한 한 오래 해서 계속 점수를 높이는 것이다.

2002년에 에릭 드메인, 수잔 호헨버거와 데이비드 리벤노웰은 그리드 게임판을 만들어 수직으로나 수평으로나 정사각형 벽돌의 수를 자유자재로 바꿔 가며 그 게임의 일반화된 형태를 연구했다. 이 연구진은, 연속해서 주어지는 벽돌들을 조작하는 동안 맞춰진 줄들의 수를 최대화하려고 노력해야 하는 이 게임이 일종의 'NP-완전(NP-complete)' 문제임을 발견했다. ('NP'는 '비결정론적으로 다항적인'의 약자이다.) 비록 이런 유형의 문제들은 어떤 해법을 놓고 그것이 옳은가 그른가를 검증하는 것은 가능하지만, 실제 그 해법을 찾아내는 데는 말도 안 될 만큼 오랜 시간이 걸릴 수도 있다. NP-완전 문제의 고전적인 예는 외판원을 다룬 문제로, 수많은 마을들을 방문해야 하는 외판원이나 우편 배달부에게 가장 효율적인 경로를 결정하는 극도로 골치 아픈 문제와 관련이 있다. 이런 종류의 문제들이 어려운 이유는, 재빠른 해법을 도출할 수 있는 지름길이나 탁월한 알고리듬이 존재하지 않기 때문이다.

관련 항목 틱택토(40쪽), 바둑(44쪽), 이터니티 퍼즐(498쪽), 아와리 게임(508쪽), 체커(514쪽)

2002년에 컴퓨터 과학자들은 테트리스의 어려움을 수량화해. 테트리스가 단순한 해법이 없고 오히려 최적 해법들을 찾아내려면 고된 분석들을 요하는, 수학에서 가장 어려운 문제들과 비슷하다는 사실을 보여 주었다.

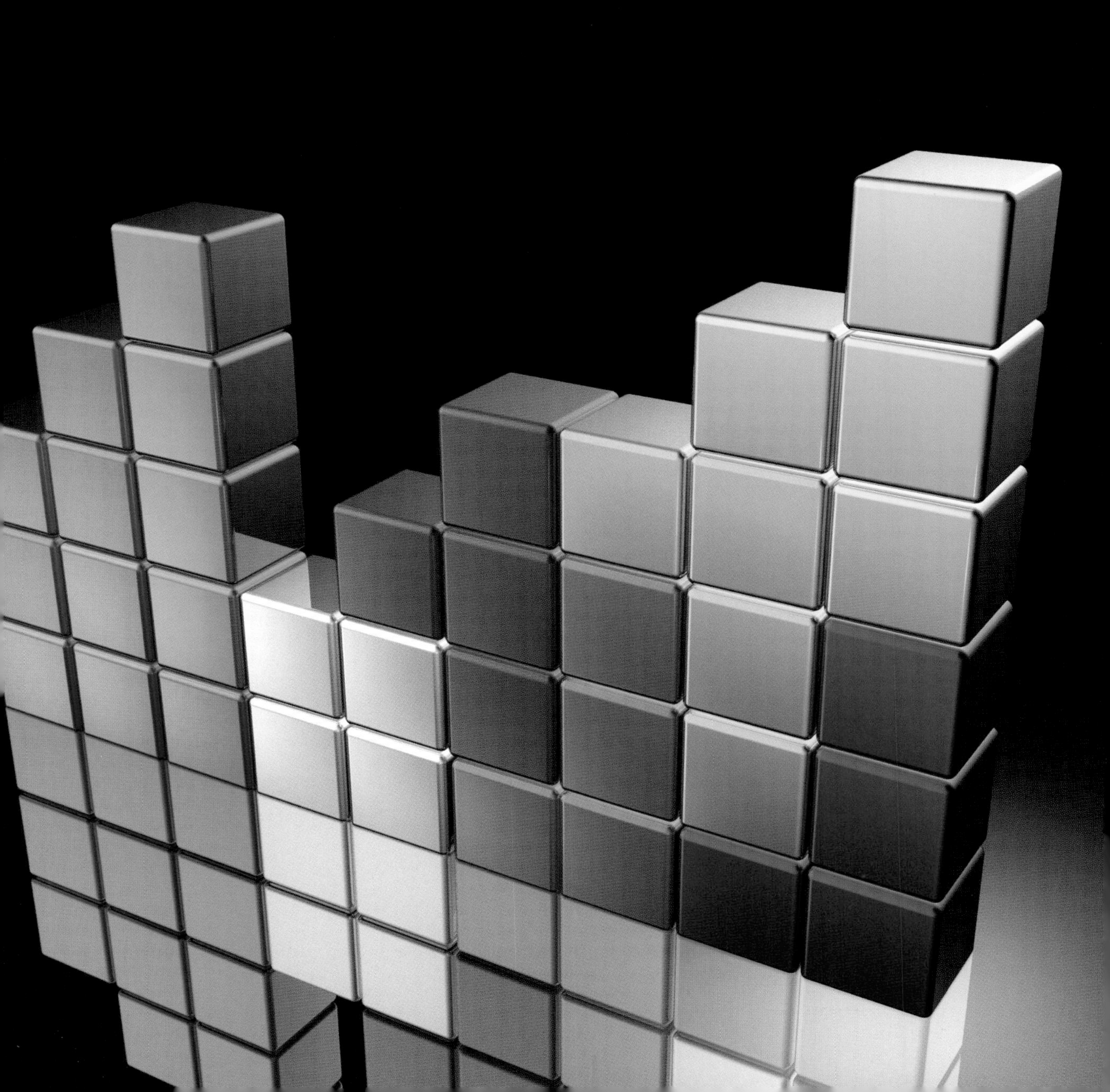

2005년

「넘버스」

니콜라스 팔라치(Nicolas Falacci), **셰릴 휴턴**(Cheryl Heuton)

미국 텔레비전 연속극인 「넘버스(Numbers)」는 니콜라스 팔라치와 셰릴 휴턴이라는 부부 작가의 손에서 태어났다. 뛰어난 수학자인 찰리 엡스가 천재적인 수학 능력을 이용해 FBI의 범죄 사건 해결을 돕는다는 내용의 범죄극이다.

이처럼 페르마의 마지막 정리나 에우클레이데스의 작업 같은 유명한 수학 개념들을 다룬 책에서 연속극 이야기를 하는 것이 좀 낯설어 보일 수도 있겠지만, 수학에 관련된 주간 연속극이 만들어져 인기를 얻은 것은 「넘버스」가 최초였고, 수학자 자문 위원단이 제작에 참여했으며 수학자들로부터도 인정을 받았던 만큼 나름의 가치가 있다고 할 수 있다. 이 연속극에 등장한 방정식들은 실제 방정식들이었고 스토리나 내용과도 관련이 있었다. 연속극에 나온 수학적 내용은 암호 해독과 확률 이론, 그리고 푸리에 분석에서 베이즈 해석과 기초 기하학까지 여러 분야를 아우른다.

「넘버스」가 중요한 또 다른 이유는 학생들에게 수많은 배움의 기회를 만들어 주었기 때문이다. 예를 들어 「넘버스」의 내용을 수업 시간에 활용한 수학 교사들이 있었는가 하면, 2007년에는 미국의 국가 과학 자문 위원회(NSB)에서 과학적이고 수학적인 이해력을 증진하는 데 공헌했다고 해서 「넘버스」와 제작자들에게 공공 서비스 부문 상을 수여하기도 했다. 이 드라마에서 이름이 언급된 유명한 수학자들 중에는 아르키메데스, 에르되시, 라플라스, 노이만, 리만, 그리고 울프람이 있는데, 이 책 곳곳에 등장하는 바로 그 인물들이다! 켄드릭 프레이지어(Kendrick Frazier)는 이렇게 썼다. "「넘버스」에서 과학과 이성, 합리적 사고가 대단히 중요한 역할을 했기 때문에, 미국 과학 진흥 협회(AAAS)에서는 2006년에 열린 연례 행사에서 오후 심포지엄 전체를 할애해 대중의 수학에 대한 인식을 바꾸는 데 그 연속극이 어떤 역할을 했는가를 논의했다."

이 연속극은 매회 수학의 중요성을 강조하는 헌사로 시작된다. "우리 모두는 온갖 곳에서 수학을 사용한다. 시간을 말할 때, 일기 예보를 할 때, 돈거래를 할 때 …… 수학은 그저 공식과 방정식이 다가 아니다. 수학은 그저 숫자가 아니다. 수학은 논리다. 합리성이다. 우리가 아는 가장 큰 수수께끼들을 풀기 위해 우리의 정신을 이용하는 것이 수학이다."

관련 항목 마틴 가드너의 수학 유희(410쪽), 에르되시와 극한적 협력(446쪽)

뛰어난 수학자가 등장해 천재적인 수학 능력을 사용해 FBI가 범죄를 해결하도록 도와주는 미국 텔레비전 연속극인 「넘버스」의 한 장면. 수학 관련 드라마로는 최초로 인기를 끈 이 주간 드라마는 수학자들이 자문 위원으로 참여했다.

체커

조너선 섀퍼(Jonathan Schaeffer, 1957년~)

2007년에 컴퓨터 과학자인 조너선 섀퍼와 동료들은 컴퓨터를 이용해 마침내 체커가 어느 쪽도 실수를 하지 않는 한 승부가 나지 않는 게임이라는 사실을 증명했다. 이것은 체커가 틱택토—이 게임 역시 양쪽 선수들이 잘못된 수를 하나도 두지 않으면 승부가 나지 않는 게임이다.—를 닮았다는 뜻이다. 두 게임 다 무승부로 끝난다.

섀퍼의 증명은 18년간 컴퓨터 수백 대를 동원한 끝에 이루어졌고, 덕분에 체커는 지금까지 그 승패가 해명된 게임 중에 가장 복잡한 게임이 되었다. 또한 이 증명은 인간에게 절대로 지지 않는 기계를 만드는 것이 이론적으로는 가능하다는 뜻이기도 하다.

8×8 판을 이용하는 체커는 16세기 유럽에서 엄청난 인기를 누렸는데, 오늘날 이라크에 있는 우르라는 고대 도시(기원전 3000년경에 번영을 누렸다.)의 폐허에서 그 게임의 초기 형태가 발견된 바 있다. 체커의 말로는 대개 검고 붉은 원반을 사용할 때가 많은데, 이 말들은 대각선 방향으로 움직인다. 두 선수가 교대로 수를 두며, 내가 상대의 말을 뛰어넘으면 그 말을 손에 넣을 수 있다. 물론 가능한 배치들이 대략 5×10^{20}가지나 존재한다는 것을 감안하면, 체커가 반드시 무승부로 끝나게 되어 있는 경기라는 사실을 증명하는 것은 틱택토가 이길 수 없는 경기임을 증명하는 것보다 훨씬 어렵다.

체커 연구 팀은 우선 판 위에 10개 이하의 말이 있는 배치 39조 가지를 살펴본 다음 붉은색이 이길지 검은색이 이길지를 판정했다. 연구 팀은 또한 게임 시작을 연구하기 위해, 그리고 이런 수들이 어떻게 10-체커 배치로 '이동되는가'를 보기 위해 특화된 연구 알고리듬을 사용했다. 체커 문제가 해결된 것은 인공 지능 분야의 기념비적 사건이라고 할 수 있는데, 인공 지능 분야는 흔히 컴퓨터를 이용한 복잡한 문제 해결 전략들을 다루고는 한다.

1994년에 치누크(Chinook)라는 이름을 가진 섀퍼의 프로그램이 체커 세계 챔피언인 마리온 틴슬리(Marion Tinsley)를 상대로 연달아 무승부를 이끌어냈다. 틴슬리는 그 8개월 후에 암으로 죽었는데, 일각에서는 틴슬리가 일찍 죽은 것이 치누크 때문에 스트레스를 받아서라며 섀퍼를 비난하기도 했다!

관련 항목 틱택토(40쪽), 바둑(44쪽), 스프라우츠(438쪽), 아와리 게임(508쪽)

프랑스 화가인 루이레오폴드 보일리(Louis-Léopold Boilly, 1761~1845년)는 1803년경에 일가족이 체커 놀이를 하는 장면을 그렸다. 2007년에 컴퓨터 과학자들은 체커가 양편 다 실수하지 않을 경우 무승부로 끝나는 게임이라는 사실을 증명했다.

2007년

리 군 E_8

마리우스 소푸스 리(Marius Sophus Lie, 1842~1899년), **빌헬름 카를 요제프 킬링**(Wilhelm Karl Joseph Killing, 1847~1923년)

한 세기가 넘도록 수학자들은 오로지 E_8이라고만 알려진 방대한 248차원의 독립체를 이해하려고 애써 왔다. 그러다 2007년에는 마침내 여러 나라의 수학자들과 컴퓨터 과학자들로 이루어진 다국적 팀이 컴퓨터를 사용해 그 복잡한 맹수를 길들이기 위해 나섰다.

먼저 대칭성에 너무나 매혹되어 정육면체와 정십이면체 같은 플라톤의 입체들을 양파처럼 층층이 겹쳐 쌓아 태양계 전체와 행성 궤도의 모형을 만들 수 있다고 생각한 요하네스 케플러의 『우주의 신비(*Mysterium Cosmographicum*)』를 생각해 보자. 케플러가 사용한 대칭은 그 범위와 수가 우주의 신비를 설명하기에는 제한적이었다. 그렇지만 실제로 케플러는 감히 상상조차 못한 대칭들이 우주를 지배하고 있을지 모른다.

19세기 후반 노르웨이의 수학자인 마리우스 소푸스 리는 우리의 통상적인 3차원 공간에서 구나 도넛처럼 부드러운 회전 대칭을 가진 물체들을 연구했다. 3차원과 그 이상 차원들에서 이런 종류의 대칭들은 리 군(Lie Group)으로 나타낼 수 있다. 독일 수학자인 빌헬름 카를 요제프 킬링은 1887년에 E_8라는 군의 존재를 제시했다. 더 단순한 리 군은 전자 오비탈의 모양과 아원자 세계의 쿼크의 대칭들을 통제한다. E_8처럼 큰 군들은 언젠가 물리학의 대통일 이론에서 핵심적인 역할을 하게 될지도 모르고, 과학자들이 끈 이론과 중력을 이해하는 데 도움을 줄지도 모른다.

네덜란드의 수학자 겸 컴퓨터 과학자인 포코 뒤 클루(Fokko du Cloux)는 E_8 연구진의 일원이었는데, 루게릭병으로 인공 호흡기를 달고 죽어 가는 동안에도 이 문제를 해결할 수 있는 슈퍼컴퓨터의 소프트웨어를 작성했으며 E_8이 미칠 영향을 생각했다. 클루는 끝내 E_8을 찾는 원정의 종결을 보지 못하고 2006년 11월에 세상을 떠났다.

2007년 1월 8일에 한 슈퍼컴퓨터가 E_8 군 목록의 마지막 항목을 계산했는데, 그 목록은 그 모양을 바꾸지 않고 248가지 방식으로 회전하는 것으로 생각될 수 있는 한 57차원 물체의 대칭을 기술하는 것이다. 이 작업은 수학적 지식의 진보이자, 심오한 수학적 문제들을 푸는 데 대규모 컴퓨터 시스템을 사용하는 방식의 진보라는 면에서 의미가 깊다.

관련 항목 플라톤의 입체(52쪽), 군론(230쪽), 벽지 군(290쪽), 괴물 군(476쪽), 수학적 우주 가설(518쪽)

E_8의 그래프. 한 세기도 더 넘는 세월 동안 수학자들은 이 방대한 248차원 독립체를 이해하려 애써 왔다. 2007년에 한 슈퍼컴퓨터가 57차원 물체의 대칭들을 기술하는 E_8 목록의 마지막 항목을 계산했다.

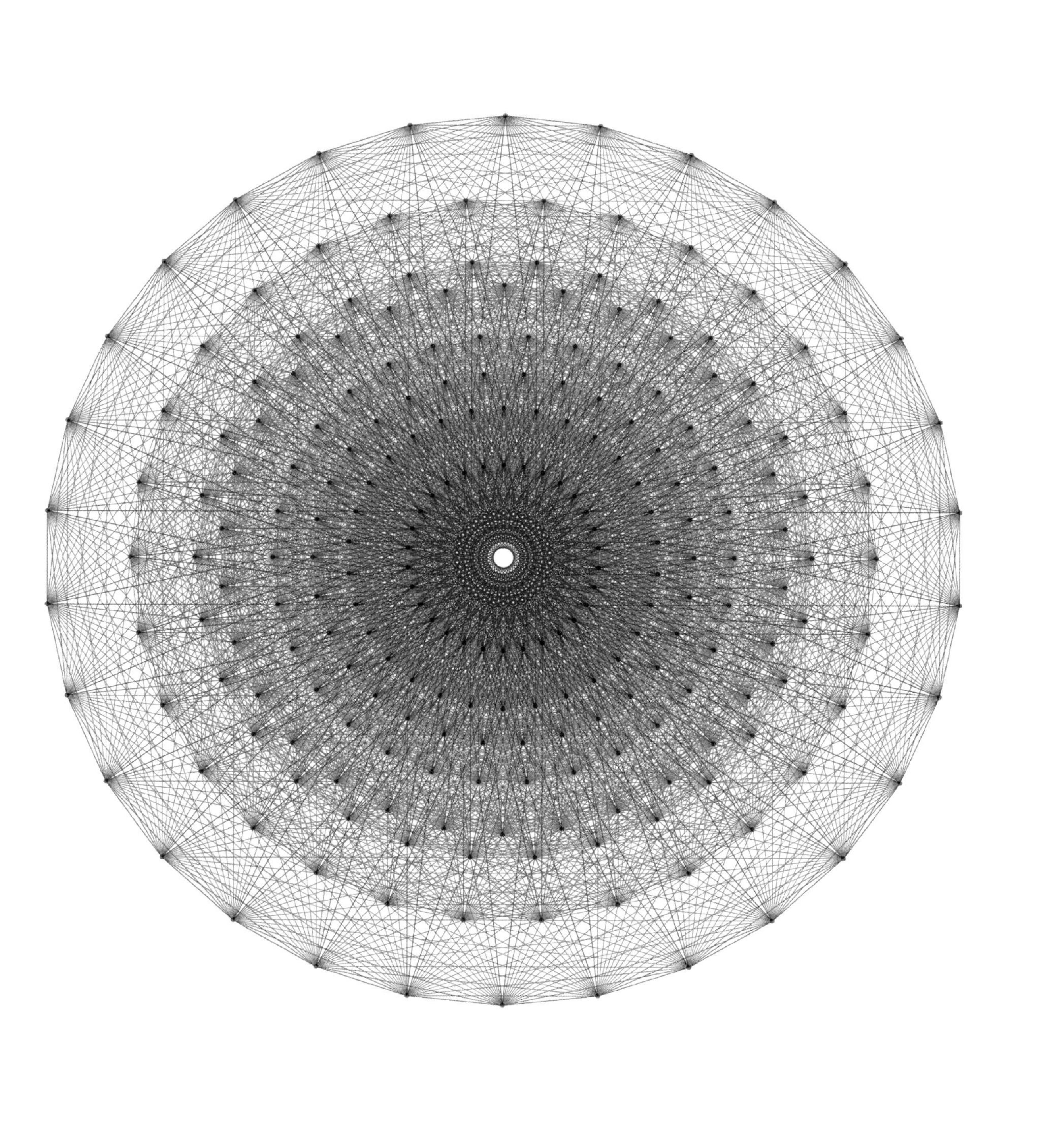

2007년

수학적 우주 가설

맥스 테그마크(Max Tegmark, 1967년~)

이 책에서 지금까지 우리는 우주의 비밀에 대한 열쇠들을 쥐고 있을지도 모르는 다양한 기하들을 만나 보았다. 요하네스 케플러는 정십이면체 같은 플라톤의 입체들을 가지고 태양계의 모형을 구축했다. E_8처럼 커다란 리 군들은 어쩌면 언젠가 우리가 물리학 대통일 이론을 만들어 낼 수 있도록 도와줄지도 모른다. 심지어 17세기의 갈릴레오조차 "자연이라는 위대한 책은 수학 기호로 적혀 있다."라고 이야기했다. 1960년대 물리학자인 유진 위그너는 "수학이 자연 과학에 미치는 불합리할 정도의 영향력"에 깊이 감탄하기도 했다.

2007년 스웨덴 출신의 미국 우주론 학자인 맥스 테그마크는 수학적 우주 가설(Mathematical Universe Hypothesis)을 주제로 과학적이고 대중적인 논문들을 발표해 우리가 살고 있는 세계의 물리적 현실(reality)은 수학적 구조로 되어 있으며 우리 우주는 그저 수학으로 설명할 수 있는 대상이 아니라 수학 그 자체라고 선언했다. 테그마크는 MIT의 물리학 교수 겸 파운데이셔널 퀘스천스 연구소(Foundational Questions Institue, FQXi)의 과학 분야 책임자이다. 테그마크는 1+1=2 같은 방정식을 예를 들어 설명하면서, 여기에서 수를 표기하는 방식은 이 방정식이 기술하고 있는 관계에 비하면 비교적 덜 중요하다고 지적한다. "우리는 수학적 구조들을 발명하는 게 아니라 발견하는 것이고, 그것들을 기술하는 표기법을 발명할 뿐이다."라는 것이 테그마크의 믿음이다.

테그마크의 가정들을 그대로 옮기자면, "우리는 모두 어떤 거대한 수학적 물체 안에 살고 있는데, 그 물체는 십이면체보다 더 정교하고, 아마도 오늘날 가장 선구적인 이론들에 등장하는 칼라비-야우 다양체, 텐서 다발, 힐베르트 공간 같은, 이름만 들어도 겁나는 물체들보다도 더 복잡하다. 우리 세계의 모든 것이 순수하게 수학적이고, 거기에는 여러분 자신도 포함된다."라는 것이다. 비록 이런 생각이 우리의 직관과는 어긋나는 것 같지만, 그렇다고 꼭 놀랍지도 않은 것이, 수많은 과학 이론들, 예를 들어 양자론이나 상대성 이론 같은 것들은 직관을 부정하기 때문이다. 수학자인 로널드 그레이엄(Ronald Graham)이 언젠가 이렇게 말했다. "우리 뇌는 우리로 하여금 비를 피하고 열매가 있는 곳을 찾아내고 살해당하지 않도록, 늘 경계를 늦추지 않기 위해 진화해 왔다. 참으로 큰 수들을 이해하거나 수십만 차원들로 사물을 보기 위해 진화한 것이 아니다."

관련 항목 존스 다항식(480쪽), 리 군 E_8(516쪽)

수학적 우주 가설에 따르면 물리적 현실은 수학적 구조로 되어 있다. 수학은 우주를 설명하는 도구가 아니라 우주 그 자체다.

참고 문헌

아래 목록은 이 책의 연구와 집필을 위해 이용한 자료 중 일부를 밝혀 놓은 것이다. 많은 독자들도 알고 있겠지만 인터넷 웹 사이트들은 변동이 잦다. 주소가 바뀌는가 하면 아예 사라지는 경우도 있다. 여기 적힌 웹 사이트 주소들은 이 책을 쓰는 동안 유용한 배경 지식을 제공해 주었다. 수학사에서 여러분이 느끼기에 제대로 인정을 받지 못한 어떤 흥미롭거나 핵심적인 순간이 이 책에도 누락되어 있다면 부디 내게 알려 주시기 바란다. 어쩌면 앞으로 이 책의 개정판에는 곰복(밀어도 쓰러지지 않고 저절로 일어나는 수학 및 기하학적 인공 물체—옮긴이), 『구장산술』(고대 중국의 수학책—옮긴이), 프로베니우스 우표 문제(독일 수학자 프로베니우스의 선형 방정식 풀이로, 봉투에 몇 개의 우표를 붙일 수 있는가 하는 문제로 제시되어 우표 문제라고 불린다.—옮긴이), 탱그램(고대 중국에서 전래된, 다각형을 이용해 다양한 모양을 만드는 게임—옮긴이), 그리고 소피 제르맹(17~18세기 프랑스의 여성 수학자. 소피 제르맹 소수는 2p+1도 소수가 되는 소수 p를 말한다.—옮긴이)에 관한 아이디어들이 추가로 포함될 것이다. 지면상의 제약 때문에 인쇄본에서는 많은 참고 문헌들이 삭제되었다. 그러나 완전한 인용문을 포함해 추가적 참고 문헌과 주석들은 pickover.com/mathbook.html에서 찾을 수 있다.

특별히 약자로 적혀 있는 출판사의 본래 이름들은 다음과 같다. AKP: A. K. Peters, Ltd., Wellesley, MA; AMS: American Mathematical Society, Providence, RI: Dover: Dover Publications, NY; CUP: Cambridge University Press, NY; Freeman: W. H. Freemanm NY; HUP: Harvard University Press, Cambridge, MA; MAA: The Mathematical Association of America, Washingtonm D.C.; MIT: MIT Press, Cambridge, Massachusetts; Norton: W. W. Norton & Companny, NY; OUP: Oxford University Press, NY; PUP: Princeton University Press, Princeton, NJ; RP; Running Press, Philadelphia, PA; S&S: Simon&Schuster, NY; TMP: Thunder's Mouth Press, NY; UBM: The Universal Book of Mathematics; UCP: University of Chicago Press, Chicago, IL; Wiley: John Wiley&Sons, Hoboken, NJ; W&N: Weidenfeld&Nicholson, London; WS: World Scientific, River Edge, NJ.

수학 전반

Anderson, M., Victor K., Wilson, R. *Sherlock Holmes in Babylon and Other Tales of Mathematical History*, MAA, 2004.
Boyer, C., Merzbach, U., *A History of Mathematics*, Wiley, 1991.
Darling, D., *The Universal Book of Mathematics*, Wiley, 2004.
Dunham, W., *Journey through Genius*, NY: Penguin, 1991.
Gardner, M., *Martin Gardner's Mathematical Games* (CD-ROM), MAA, 2005.
Gullberg, J., *Mathematics*, Norton, 1997.
Hawking, S., *God Created the Integers*, RP, 2005.
Hodgkin, L., *A History of Mathematics*, OUP, 2005.
O'Connor, J., Robertson, E., "MacTutor History of Math. Archive," *tinyurl.com/5ec5wq*.
Weisstein, E., "MathWorld Wolfram web resource," *mathworld.wolfram.com*.
Wikipedia Encyclopedia, *www.wikipedia.org*.

픽오버의 책들

Pickover, C., *Keys to Infinity*, Wiley, 1995.
Pickover, C., *Surfing through Hyperspace*, OUP, 1999.
Pickover, C., *Computers, Pattern, Chaos, and Beauty*, Dover, 2001.
Pickover, C., *Wonders of Numbers*, OUP, 2001.
Pickover, C., *The Zen of Magic Squares, Circles, and Stars*, PUP, 2001.
Pickover, C., *The Paradox of God*, NY: Palgrave, 2001.
Pickover, C., *Calculus and Pizza*, Wiley, 2003.
Pickover, C., *A Passion for Mathematics*, Wiley, 2005.
Pickover, C., *The Möbius Strip*, TMP, 2006.
Pickover, C., *From Archimedes to Hawking*, OUP, 2008.
Pickover, C., *The Loom of God*, NY: Sterling, 2009.

책을 시작하며

Devlin, K., *tinyurl.com/6kvje4* & *tinyurl.com/5k9wry*.
Dörrie, H., *100 Great Problems of Elementary Mathematics*, Dover, 1965.
Ifrah, G., *The Universal History of Numbers*, Wiley, 1999.
Kaku, M., *Hyperspace*, NY: Anchor, 1995.
Kammerer, P., *Das Gesetz der Serie*, Stuttgart: Deutsche Verlags-Anstalt, 1919.
Klarreich, E., *Sci. News*, **165**:266;2004.
Kruglinski, S., *tinyurl.com/23rosl*.

기원전 1억 5000만 년경, 개미의 보행계

Devlin, K., *tinyurl.com/64twpu*.
Wittlinger, M., Wehner, R., Wolf, H., *Science*, **312**:1965;2006.

기원전 3000만 년경, 수를 세는 영장류

Beran, M., *Animal Cognit.* **7**:86;2004.
Kalmus, H., *Nature* **202**:1156;1964.
Matsuzawa, T., *Nature* **315**:57;1985.

기원전 100만 년경, 매미와 소수

Campos, P. et al., *Phys. Review Lett.* **93**:098107-1;2004.
Goles, E., Schulz, O., Markus, M. *Nonlinear Phenom. in Complex Sys.* **3**:208;2000.
Hayes, B., *Am. Scient.* **92**:401;2004.
Peterson, I., *tinyurl.com/66h3hd*.

기원전 10만 년경, 매듭

Bouzouggar, A. et al., *Proc. Natl. Acad. Sci.* **104**:9964;2007.
Meehan, B., *The Book of Kells*, London: Thames & Hudson, 1994.
Sossinsky, A., *Knots*, HUP, 2002.

기원전 1만 8000년경, 이샹고 뼈

Bogoshi, J., Naidoo, K., Webb, J., *Math. Gazette*, **71**:294;1987.
Teresi, D., *Lost Discoveries*, S&S, 2002.

기원전 3000년경, 키푸

Ascher, M., Ascher, R., *Mathematics of the Incas*, Dover, 1997.
Mann, C., *Science* **309**:1008;2005.

기원전 3000년경, 주사위

Hayes, B., *Am. Scient.* **89**:300;2001.

기원전 2200년경, 마방진

Pickover, C., *The Zen of Magic Squares, Circles, and Stars*, PUP, 2001.

기원전 1800년경, 플림턴 322

Robson, E., *Am. Math. Monthly* **109**:105;2002.

기원전 1650년경, 린드 파피루스

Eves, H., *Great Moments in Mathematics (Before 1650)*, MAA, 1983.
Robins, G., Shute, C., *The Rhind Mathematical*

Papyrus, Dover, 1990.

기원전 1300년경, 틱택토

Zaslavasky, C. *Tic Tac Toe and Other Three-In-A-Row Games*, NY: Thomas Crowell, 1982.

기원전 600년경, 피타고라스 정리와 삼각형

Loomis, E., *Pythagorean Proposition*, Washington, D.C.: Natl. Council of Teachers of Math., 1972.

Maor, E., *The Pythagorean Theorem*, PUP, 2007.

Go, 548 B.C.

Frankel, K., *Sci. Am.* **296**:32;2007.

기원전 530년경, 피타고라스 학파

Gorman, P., *Pythagoras*, London: Routledge Kegan & Paul, 1978.

Russell, B., *A History of Western Philosophy*, S&S, 1945.

기원전 445년경, 제논의 역설

McLaughlin, W., *Sci. Am.* **271**:84;1994.

Quadrature of the Lune, c. 440 B.C.

Dunham, W., *Journey through Genius*, NY: Penguin, 1991.

기원전 350년경, 플라톤의 입체

플라톤의 입체는 기본적으로 볼록 다면체이다. 볼록 다면체는 다면체 안의 임의의 두 점을 이은 선분이 언제나 다면체 안에 포함된다. 우주론 연구자들 중에는 우리 우주의 구조를 다면체로 이해할 수 있다고 주장하는 이들도 있다.

기원전 350년경, 아리스토텔레스의 『오르가논』

SparkNotes, *tinyurl.com/5qhble.*

Euclid's Elements, 300 B.C.

Boyer, C., Merzbach, U., *A History of Mathematics*, Wiley, 1991.

기원전 250년경, 아르키메데스: 모래, 소 떼, 스토마키온

되리는 소 떼 문제를 낸 사람이 아르키메데스라고 믿지 않는 것 같다. 그래서 그는 이 문제가 아르키메데스에서 시작되지 않았다고 주장하는 4명의 학자를 인용한다. 동시에 그 반대 주장을 하는 4명의 학자도 인용한다.

Dörrie, H., *100 Great Problems of Elementary Mathematics*, Dover, 1965.

Williams, H., German, R., Zarnke, C., *Math. Comput.* **19**:671;1965.

기원전 250년경, π

A New Introduction to Mathematics (1706) by W. Jones이 책은 우리가 아주 잘 알고 있는 이 상수를 그리스 문자 π로 표기한 첫 번째 문헌이다. π라는 기호가 대중적으로 유명해진 것은 1737년 오일러가 쓰고 나서부터이다.

기원전 240년경, 아르키메데스의 준정다면체

아르키메데스의 준정다면체는 모든 면이 정다각형으로 이루어진 입체들이 포함되어 있다. 프리즘 같은 것도 아르키메데스의 입체 중 하나이다.

기원전 225년, 아르키메데스의 나선

Gardner, M., *The Unexpected Hanging and Other Mathematical Diversions*, UCP, 1991.

150년경, 프톨레마이오스의 『알마게스트』

Grasshoff, G., *The History of Ptolemy's Star Catalogue*, NY: Springer, 1990.

Gullberg, J., *Mathematics*, Norton, 1997.

250년, 디오판토스의 『산수론』

이브스는 이렇게 말한다. "새로운 기수법 체계는 유럽에 처음 들어왔는데 제대로 뿌리를 내리지 못했다. 이 기수법 체계가 정착한 것은 711년 아랍 인의 스페인 침공과 함께였을 것이다. 그리고 알콰리즈미의 책이 번역된 12세기에 되어서야 일반적으로 퍼지기 시작했다."

Eves, H., *An Introduction to the History of Mathematics*, Boston, MA: Brooks Cole, 1990.

Swift, J., *Amer. Math. Monthly* **63**:163;1956.

340년경, 파푸스의 육각형 정리

Dehn, M., *Am. Math. Monthly* **50**:357;1943.

Heath, T., *A History of Greek Mathematics*, Oxford: Clarendon, 1921.

350년경, 바크샬리 필사본

바크샬리 필사본의 연도에 대해서는 아직 논란이 많다. 많은 학자들이 400년 전후해서 만들어졌을 것이라고 주장하지만 일부 학자들은 9세기경에 만들어진 사본이라고 주장한다.

Ifrah, G., *The Universal History of Numbers*, Wiley, 1999.

Teresi, D., *Lost Discoveries*, S&S, 2002.

650년경, 0

Arsham, H., *tinyurl.com/56zmcv.*

Alcuin's Propositiones ad Acuendos Juvenes, c. 800

Atkinson, L., *College Math. J.* **36**:354;2005.

Peterson, I., *tinyurl.com/5dyyes.*

834년, 보로메오 고리

Cromwell, P. et al. *Math. Intelligencer* **20**:53;1998.

Freedman, M., Skora, R., *J. Differential Geom.* **25**:75;1987.

Lindström, B., Zetterström, H., *Am. Math. Monthly* **98**:340;1991.

850년경, 타비트의 친화수 공식

Gardner, M., *Mathematical Magic Show*, MAA, 1989.

953년경, 『인도 수학서』

Morelon, R., *Encyclopedia of the History of Arabic Science*, London: Routledge, 1996.

Saidan, A. S., *Isis*, **57**:475;1966.

Teresi, D., *Lost Discoveries*, S&S, 2002.

1070년, 오마르 카이얌의 논문

수학사 연구자들은 이항 정리의 성립에 공헌한 사람으로 오마르 카이얌만을 꼽지는 않는다. 기원전 3세기경의 인도 수학자 핑갈라(Pingala), 13세기 중국 송대의 수학자 양휘, 그리고 아이작 뉴턴이 이항 정리의 발전에 공헌했다.

1150년경, 알사마왈의 『눈부신 대수학』

O'Connor, J., Robertson, E., *tinyurl.com/5ctxvh.*

Perlmann, M., *Proc. Am. Acad. Jew. Res.* **32**:15;1964.

1200년경, 주판

주판을 뜻하는 영어 abacus는 표를 계산한다는 뜻을 가진 그리스 어 abax 또는 먼지를 뜻하는 히브리 어 abaq에서 온 것으로 보인다.

Ewalt, D., *tinyurl.com/5psj89.*

Ifrah, G., *The Universal History of Computing*, Wiley, 2002.

1202년, 피보나치의 『주판서』

오늘날 많은 저술가들이 피보나치 수열을 적을 때 0부터 시작해서 0, 1, 1, 2, 3,… 하고 쓴다.

Boyer, C., Merzbach, U., *A History of Mathematics*, Wiley, 1991.

1256년, 체스판에 밀알 올리기

Gullberg, J., *Mathematics*, Norton, 1997.

1350년경 조화 급수의 발산

Dunham, W., *College Math. J.* **18**:18;1987.

1478년 『트레비소 아리트메트릭』

Peterson, I., *tinyurl.com/6a9ngu.*

Smith, D., *Isis* **6**:311;1924.

Swetz, F., *Capitalism and Arithmetic*, Chicago: Open Court, 1986.

Swetz, F., *Sci. & Educat.* *1*:365;1992.

1500년경, π 공식의 발견

로이는 이 급수 공식이 『탄트라산그라하』에도 나온다고 지적하고 있다. 14세 인도 천문학자들의 연구 과정에서 유래한 것으로 추정된다.

Roy, R., *Math. Mag.* **63**:291;1990.

1509년, 황금률

황금률이라는 단어를 처음 쓰기 시작한 것은 12세기경으로 추정된다. 황금률에 대한 현대적 관심은 루카 파촐리(Luca Pacioli)의 1509년 저술인 『디비나 프로포르티오네(*Divina Proportione*)』의 덕이 크지만, 고대 그리스 수학자들도 건축 구조에서 빈번하게 등장하는 이 비율에 관심을 가졌던 것은 분명하다. 황금률에 따른 나선은 피보나치 수열에 따라 만든 피보나치 나선과 유사한데 이것은 황금률이 피보나치 수열이 수렴하는 피보나치 수와 아주 비슷하기 때문이다.

1518년, 『폴리그라피아이』

Peterson, I., *tinyurl.com/6gvf6k.*

1545년, 카르다노의 『아르스 마그나』

Dunham, W., *Journey through Genius*, NY: Penguin, 1991.

Gullberg, J., *Mathematics*, Norton, 1997.

O'Connor, J., Robertson, E., *tinyurl.com/5ue8kh.*

1556년, 『수마리오 콤펜디오소』

Gray, S., Sandifer, C., *Math. Teacher* **94**:98;2001.

Smith, D., *Am. Math. Monthly*, **28**:10;1921.

1569년, 메르카토르 투영법

Short, J., *The World through Maps*, Richmond Hill, Ontario: Firefly Books, 2003.
Thrower, N., *Maps and Civilization*, UCP, 1999.

1611년, 케플러 추측
Donev, A. et al. *Science*, **303**:990;2004.
Hales, T. *Ann. Math.* **162**:1065;2005.
Szpiro, G., *Kepler's Conjecture*, Wiley, 2003.

1614년, 로그
Gibson, G., "Napier and the Invention of Logarithms," in *Handbook of the Napier Tercentenary Celebration*, E. M. Horsburgh, ed., Los Angeles: Tomash Publishers, 1982.
Tallack, P., *The Science Book*, W&N, 2003.

1621년, 계산자
F. 카조리는 이렇게 기술하고 있다. "델라망(Delamain, 오트레드의 제자)는 오트레드의 발명품을 훔친 게 아닐 수 있다. 아마도 그는 독립적인 계산자의 발명자였을지도 모른다."
Cajori, F., *William Oughtred*, Chicago: Open Court, 1916.
Oughtred Society, *oughtred.org*.
Stoll, C., *Sci. Am.* **294**:81;2006.

1636년, 페르마의 나선
Mahoney, M., *The Mathematical Career of Pierre de Fermat*, PUP, 1994.
Naylor, M., *Math. Mag.* **75**:163;2002.

1637년, 페르마의 마지막 정리
Aczel, A., *Fermat's Last Theorem*, NY: Delta, 1997.
Singh, S., *Fermat's Last Theorem*, NY: Forth Estate, 2002.

1637년, 데카르트의 「기하학」
Boyer, C., Merzbach, U., *A History of Mathematics*, Wiley, 1991.
Grabiner, J., *Math. Mag.* **68**:83, 1995.
Gullberg, J., *Mathematics*, Norton, 1997.

1637년, 심장형
Vecchione, G., *Blue Ribbon Science Fair Projects*, NY: Sterling, 2005.

1638년, 로그 나선
Gardner, M., *The Unexpected Hanging and Other Mathematical Diversions*, UCP, 1991.

1639년, 사영 기하학
15세기와 16세기 초반 사영 기하학의 초기 아이디어에 관심을 가졌던 이들로는 P. 프란체스카, 레오나르도 다 빈치, 알브레히트 뒤러 등도 있다.

1641년, 토리첼리의 트럼펫
DePillis, J., *777 Mathematical Conversation Starters*, MAA, 2002.

1654년, 파스칼의 삼각형
Gordon, J. et al., *Phys. Rev. Lett.* **56**:2280;1986.

1659년, 비비아니의 정리
De Villiers, M., *Rethinking Proof with Sketchpad*, Emeryville, CA: Key Curriculum Press, 2003.

1665년경, 미적분의 발견
1671년 뉴턴은 『유율법(*On the Methods of Series and Fluxions*)』을 썼다. 이 책에서 뉴턴 미적분학에서 아주 유용한 개념인 선속 개념이 처음 등장한다. 동료 학자들은 이 책을 돌려 읽었다. 이 책이 정식으로 출판된 것은 1736년이었다.

1669년, 뉴턴의 방법
Hamming, R., *Numerical Methods for Scientists and Engineers*, Dover, 1986.

1673년, 등시 곡선 문제
Darling, D., *UBM*, Wiley, 2004.

1696년, 로피탈의 「무한소 분석」
Ball, W., *A Short Account of the History of Mathematics*, NY: Dover, 1960
Devlin, K., *tinyurl.com/6rc8ho*.
Kleiner, I., *J. Educat. Studies in Math.* **48**:137;2001.

1727년, 오일러의 수, e
Darling, D., *UBM*, Wiley, 2004.
Kasner, E., Newman, J., *Mathematics and the Imagination*, Dover, 2001.
Maor, Eli, *e: The Story of a Number*, PUP, 1998.

1730년, 스털링의 공식
Ball, K., *Strange Curves, Counting Rabbits, and Other Mathematical Explorations*, PUP, 2003.

1733년, 정규 분포 곡선
Galton, F., *Natural Inheritance*, London: Macmillan, 1889.

1735년, 오일러-마스케로니 상수
Havil, J., *Gamma*, PUP, 2003.

1736년, 쾨니히스베르크 다리
Newman, J., *Sci. Am.* **189**:66;1953.

1738년, 상트페테르부르크 역설
Martin, R., *tinyurl.com/2sbcju*.
Bernstein, P., *Against the Gods*, Wiley, 1998.

1742년, 골드바흐의 추측
Doxiadis, A., *Uncle Petros and Goldbach's Conjecture*, NY: Bloomsbury, 2000.

1748년, 아녜시의 「이탈리아 청년들을 위한 해석학」
Mazzotti, M., *The World of Maria Gaetana Agnesi*, Baltimore, MD: Johns Hopkins Univ. Press, 2007.
O'Connor, J., Robertson, E., *tinyurl.com/3h74kl*.
Struik, D., *A Source Book in Mathematics, 1200–1800*, PUP, 1986.
Truesdell, C., *Arch. for Hist. Exact Sci.* **40**:113;1989.

1751년, 오일러의 다면체 공식
Darling, D., *UBM*, Wiley, 2004.
Wells, D., *Math. Intelligencer* **12**:7;1990 and **10**:30;1988.

1751년, 오일러의 다각형 자르기
Dörrie, H., *100 Great Problems of Elementary Mathematics*, Dover, 1965.

1759년, 기사의 여행
Dudeney, H., *Amusements in Mathematics*, Dover, 1970.

1761년, 베이즈 정리
일부 역사가들은 베이즈 전에 영국의 수학자 니콜라스 손더슨(Nicholas Saunderson)이 이 정리를 증명했다고 생각하고 있다.

1769년, 프랭클린의 마방진
Patel, L., *J. Recr. Math.* 23:175;1991.

1774년, 극소 곡면
Darling, D., *UBM*, Wiley, 2004.

1779년, 36명 장교 문제
Bose, R. et al., *Canad. J. Math.* **12**:189;1960.

1789년경, 산가쿠 기하학
Boutin, C., *tinyurl.com/6nqdl5*.
Rothman, T., Fukagawa, H., *Sci. Am.* **278**:85;1998.

1797년, 대수학의 기본 정리
Dunham, W., *College Math. J.* **22**:282;1991.

1801년, 가우스의 「산술 논고」
Hawking, S., *God Created the Integers*, RP, 2005.

1801년, 삼각 각도기
Huddart, W., *Unpathed Waters*, London: Quiller Press, 1989.
U.S. Hydrographic Office, *Bay of Bengal Pilot*, Washington, D.C.: Govt. Printing Office, 1916.

1807년, 푸리에 수열
Jeans, J., *Science and Music*, Dover, 1968.
Ravetz, J., Grattan-Guiness, I., "Fourier," in *Dictionary of Scientific Biography*, Gillispie, C., ed., NY:Scribner, 1970.

1812년, 라플라스의 「확률 분석 이론」
Hawking, S., *God Created the Integers*, RP, 2005.
Richeson, A., *Natl. Math. Mag.* **17**:73;1942.

1816년, 루퍼트 대공 문제
이 문제를 문헌에서 처음으로 거론한 것은 분명 존 월리스이지만 나는 이 문제의 해법을 제시한 뉴란드의 증명 발견 연도를 항목 제목으로 골랐다. 연구자에 따라서는 1693년 월리스 책의 2판이 나왔을 때도 이 문제는 언급되어 있지 않다고 지적한다.
Guy, R., Nowakowski, R., *Am. Math. Monthly*, **104**:967;1997.

1817년, 베셀 함수
Korenev, B., *Bessel Functions and Their Applications*, Boca Raton, FL:CRC Press, 2004

1822년, 배비지 기계식 컴퓨터
Norman, J., *From Gutenberg to the Internet*, Novato, CA: Historyofscience.com, 2005.
Swade, D., *Sci. Am.* **268**:86;1993.

1823년, 코시의 「미적분학 요강」

Hawking, S., *God Created the Integers*, RP, 2005.
Waterhouse, W., *Bull. Amer. Math. Soc.* **7**:634;1982.

1827년, 무게 중심 미적분

Gray, Jeremy, "Möbius's Geometrical Mechanics," in *Möbius and His Band*, Fauvel, J. et al., eds., OUP, 1993.

1829년, 비유클리드 기하학

Tallack, P., *The Science Book*, W&N, 2003.

1831년, 뫼비우스 함수

뫼비우스가 이 함수를 본격적으로 연구하기 30년 전에 카를 가우스가 이 함수에 대한 초기 연구를 진행했다.

1832년, 군론

군론에 대한 갈루아의 이론이 마지막 밤에 모두 만들어졌다고 생각하는 것은 잘못이다. 이바스 피터슨은 갈루아가 17세 때부터 군론에 대한 아이디어를 가지고 연구를 해 오고 있었다고 지적한다. 그의 말에 따르면 "갈루아는 수많은 수학자들을 100년 넘게 연구하게 만든 새로운 학문 분야를 만드는 데 공헌했지만, 그것이 하룻밤 만에 이루어진 것은 결코 아니다!"

Gardner, M., *The Last Recreations*, NY: Springer, 1997.
Peterson, I., *tinyurl.com/6365zo*.

1843년, 사원수

해밀턴은 1844년과 1850년 사이에 사원수를 소개하는 논문들을 *Philos. Mag.* 등의 학술지에 다량 투고했다.

1844년, 초월수

Peterson, I., *tinyurl.com/6g5k8n*.

1854년, 불 대수학

O'Connor, J., Robertson, E., *tinyurl.com/5rv77h*.

1857년, 하모노그래프

리사주 곡선은 사실 1815년 N. 보디치(N. Bowditch)에 의해 연구되었고, 리사주에 의해 완전히 독립적으로 1857년에 연구된 것이다. 리사주는 주어진 진동이 붕괴해 점근적으로 하모노그래프의 패턴에 다가가는 것을 보고 리사주 곡선에 대한 아이디어를 얻었을 것이다.

1858년, 뫼비우스의 띠

Pickover, C., *The Möbius Strip*, TMP, 2006.

1858년, 홀디치의 정리

Cooker, M., *Math. Gaz.* **82**:183;1998.

1859년, 리만 가설

Derbyshire, J., *Prime Obsession*, NY: Plume, 2004.

1868년, 벨트라미의 의구

Darling, D., *UBM*, Wiley, 2004.

1872년, 그로스의 『바게노디어 이론』

1500년경, 유럽에서는 처음으로 이탈리아 수학자 루카 파촐리(Luca Pacioli)가 이 퍼즐에 대해 언급했다. 그리고 존 월리스가 1685년 그의 책에서 이 퍼즐 문제를 분석했다.

Darling, D., *UBM*, Wiley, 2004.
Gardner, M., *Knotted Doughnuts and Other Mathematical Entertainments*, Freeman, 1986.
Knuth, D., *The Art of Computer Programming*, Boston: MA, Addison-Wesley, 1998.

1874년, 슬라이딩 퍼즐

Slocum, J., Sonneveld, D., *The 15 Puzzle*, Beverley Hills, CA: Slocum Puzzle Foundation, 2006.

1874년, 칸토어의 초한수

칸토어는 초한수에 대한 연구를 1874년과 1883년 사이에 집중적으로 진행했다. 초한수에 대한 그의 사상이 응축되어 있는 것이 바로 다음 책이다.

Beiträge zur Begründung der transfiniten Mengelehre,1895.

실수 집합을 셀 수 없으며, 실수와 자연수를 일대일 대응시킬 수 있다는 놀라운 사실을 증명한 칸토어의 첫 번째 논문을 다음 학술지에서 찾아볼 수 있다.

J. Reine Angew. Math. **77**:258;1874.
Dauben, J., *Georg Cantor*, HUP, 1979.

1876년, 조화 해석기

Montgomery, H. C., *J. Acoust. Soc. Am.* **10**:87;1938.
Thomson, W., *Proc. Royal Soc. London* **27**:371;1878.

1879년, 금전 등록기

"James Ritty," *tinyurl.com/6u2so*.
Cortada, J., *Before the Computer*, PUP, 1993.

1880년, 벤 다이어그램

벤 다이어그램과 비슷한 다이어그램을 한 세기 전 오일러의 『오페라 옴니아(*Opera Omnia*)』에서 확인할 수 있다.

Edwards, A., *Cogwheels of the Mind*, Baltimore, MD: Johns Hopkins Univ. Press, 2004.
Grünbaum, B., *Math. Mag.* **48**:12-23;1975.
Hamburger, P., *tinyurl.com/6pp86o*.

1882년, 클라인 병

Stoll, C., *tinyurl.com/92rp*.

1889년, 페아노 공리

"Peano Axioms," *tinyurl.com/6ez7a7*.

1890년, 페아노 곡선

Bartholdi, J., *tinyurl.com/5dtkn4*.
Darling, D., *UBM*, Wiley, 2004.
Gardner, M., *Penrose Tiles to Trapdoor Ciphers*, MAA, 1997.
Platzman, L., Bartholdi, J., *J. Assoc. Comput. Mach.* **36**:719;1989.
Vilenkin, N., *In Search of Infinity*, NY: Springer 1995.

1891년, 벽지 군

Coxeter, H., *Introduction to Geometry*, Wiley, 1969.
Darling, D., *UBM*, Wiley, 2004.
Gardner, M., *New Mathematical Diversions*, MAA, 1995.
Grünbaum, B., *Notices Am. Math. Soc.* **56**:1;2006.

1893년, 실베스터의 선 문제

Malkevitch, J., *tinyurl.com/55ecl5*.

1896년, 소수 정리 증명

Weisstein, E. *tinyurl.com/5puyan*.
Zagier, D., *Math. Intelligencer* **0**:7;1977.

1899년, 픽의 정리

Darling, D., *UBM*, Wiley, 2004.

1899년, 몰리의 3등분 정리

최근 존 콘웨이가 몰리의 정리에 대한 단순명쾌한 증명을 하나 제시했다. S. 로버츠(S. Roberts)의 문헌을 참조하라.

Francis, R., *tinyurl.com/6hyguo*.
Morley, F., *My One Contribution to Chess*, NY: B. W. Huebsch, 1945.
Roberts, S., *King of Infinite Space*, NY: Walker, 2006.

1900년, 힐베르트의 23가지 문제

Yandell, B., *Honors Class*, AKP, 2003.

1901년, 보이 곡면

Jackson, A., *Notices Am. Math. Soc.* **49**:1246;2002.

1901년, 이발사 역설

Joyce, H., *tinyurl.com/63c5co*.
Russell, B., *Mysticism and Logic and Other Essays*, London: G. Allen & Unwin, 1917.

1904년, 푸앵카레 추측

Mackenzie, D., *Science*, **314**:1848;2006.
Nasar, S., Gruber, D., *New Yorker*, p. 44, Aug. 28, 2006.
"Poincaré Conjecture," *tinyurl.com/395gbn*.

1904년, 체르멜로 선택 공리

Darling, D., *UBM*, Wiley, 2004.
Schechter, E., *tinyurl.com/6bk6zy*.

1909년, 브라우어 부동점 정리

Beran, M. *tinyurl.com/595q4d*.
Darling, D., *UBM*, Wiley, 2004.
Davis, M., *The Engines of Logic*, Norton, 2000.

1909년, 정규수

Darling, D., *UBM*, Wiley, 2004.

1909년, 불의 『철학과 재미있는 대수학』

Peterson, I., *tinyurl.com/5bnetc*.

1910~1913년, 『수학 원리』

Irvine, A., *tinyurl.com/aothp*.
Modern Library's Top 100 Nonfiction Books, *tinyurl.com/6pghuw*.

1912년, 털북숭이 공 정리

Choi, C., *tinyurl.com/5wfk5h*.
DeVries, G., Stellacci, F., et al. *Science* **315**:358;2007.

1913년, 무한 원숭이 정리

이 항목에서 사용된 "거의 확실히"라는 표현을 수학적으로 바꾸자면 다음과 같다. 원숭이가 무한 번 시도했을 때 특정한 유한 텍스트를 칠 확률은 1이다.

Borel, É., *J. Phys.* **3**:189;1913.
Eddington, A., *The Nature of the Physical World*,

NY: Macmillan, 1928.

1916년, 비버바흐 추측

유대 인에 대한 비버바흐의 견해를 다음 글에서 확인할 수 있다.

Mehrtens, H., "Ludwig Bieberbach and Deutsche Mathematik," in *Studies in the History of Math.*, Phillips, E., ed., MAA, 1987.

Sabbagh, K., *tinyurl.com/5969je.*

1916년, 존슨의 정리

Kimberling, C., *tinyurl.com/6a7o96.*

Wells, D., *The Penguin Dictionary of Curious and Interesting Geometry*, NY: Penguin, 1992.

1919년, 브룬 상수

Gardner, M., *Sci. Am.* **210**:120;1964.

Granville, A., *Resonance* **3**:71;1998.

Peterson, I., *tinyurl.com/5db4tw.*

1920년경, 구골

학자들 중에는 구골이라는 단어의 탄생 시점을 1920년이 아니라 1938년으로 잡아야 한다고 주장하는 이들도 있다.

Kasner, E., Newman, J., *Mathematics and the Imagination*, Dover, 2001.

1920년, 앙투안의 목걸이

Brechner, B., Mayer, J., *Coll. Math. J.* **19**:306;1988.

Jackson, A., *Notices of the Am. Math. Soc.* **49**:1246;2002.

1921년, 초공간의 미아

Asimov, D., *The Sciences* **35**:20;1995.

1924년, 알렉산더의 뿔난 구

Gardner, M., *Penrose Tiles to Trapdoor Ciphers*, MAA, 1997.

1925년, 직사각형의 정사각형 해부

"Zbigniew Moroń," *tinyurl.com/5v3tqw.*

1925년, 힐베르트의 그랜드 호텔

힐베르트의 그랜드 호텔로도 수용할 수 없는 무한이 존재한다. 칸토어는 세기에 너무 큰 무한이 존재하고 이런 무한은 힐베르트의 그랜드 호텔 같은 데 세어서 집어 넣을 수 없음을 증명한 바 있다. 힐베르트의 그랜드 호텔 비유가 언제 어디서부터 사용되었는지 특정하기는 힘들지만, 1920년대 강의에서 사용된 것은 분명한 것 같다. 그리고 그의 논문 「무한에 대하여(On the Infinite)」가 발표된 것은 1925년이다.

Gamow, G., *One, Two, Three…Infinity*, NY: Viking Press, 1947.

1926년, 멩거 스폰지

"Fractal Fragments," *tinyurl.com/5sog2j.*

"The Menger Sponge," *tinyurl.com/58hy6p.*

1927년, 미분 해석기

Bush, V., Gage, F., Stewart, H., *J. Franklin Inst.* **203**:63;1927.

Bush, V., *tinyurl.com/cxzzf.*

1928년, 램지 이론

Graham, R., Spencer, J., *Sci. Am.* **263**:112;1990.

Hoffman, P., *The Man Who Loved Only Numbers*, NY: Hyperion, 1999.

1931년, 괴델의 정리

괴델은 러셀과 화이트헤드의 『수학 원리』에서 내세운 이론이 불완전하다는 것도 증명했다.

Hofstadter, D., *Gödel, Escher, Bach*, NY: Basic Books, 1979.

Wang, H., *Reflections on Kurt Gödel*, MIT, 1990.

1933년, 챔퍼나운 수

Belshaw, A., Borwein, P., *tinyurl.com/6mms3d.*

Von Baeyer, H., *Information*, HUP, 2004.

1935년, 부르바키: 비밀 결사

Aczel, A., *The Artist and the Mathematician*, TMP, 2006.

Mashaal, M., *Bourbaki*, AMS, 2006.

1936년, 보더버그 타일 덮기

Grünbaum, B., Shephard G., *Math. Teach.* **88**:50;1979.

Grünbaum, B., Shephard, G., *Tilings and Patterns*, Freeman, 1987.

Rice, M., Schattschneider D., *Math. Teach.* **93**:52;1980.

1939년, 생일 역설

Gardner, M., *Knotted Doughnuts and Other Mathematical Entertainments*, Freeman, 1986.

Peterson, I., *tinyurl.com/53w78.*

1940년경, 다각형에 외접원 그리기

Bouwkamp, C., *Indagationes Math.* **27**:40;1965.

Kasner, E., Newman, J., *Mathematics and the Imagination*, Dover, 2001.

1942년, 헥스

Gale, D., *Am. Math. Monthly* **86**:818;1979.

Gardner, M., *Hexaflexagons and Other Mathematical Diversions*, S&S, 1959.

Nasar, S., *A Beautiful Mind*, NY: Touchstone, 2001.

1945년, 피그 게임 전략

Neller, T., Presser, C., *UMAP J.* **25**:25;2004.

Neller, T., Presser, C. *tinyurl.com/6fqyht.*

Peterson, I., *tinyurl.com/5tnteq.*

Scarne, J., *Scarne on Dice*, Harrisburg, PA: Military Service Publishing Co., 1945.

1946년, 중앙 제곱 난수 생성기

Hayes, B., *Am. Scient.* **89**:300;2001,

1947년, 그레이 부호

Gardner, M., *Knotted Doughnuts and Other Mathematical Entertainments*, Freeman, 1986.

"What Are Gray Codes?" *tinyurl.com/5txwee.*

1948년, 정보 이론

Tallack, P., *The Science Book*, W&N, 2003.

1948년, 쿠르타 계산기

헤르츠슈타르크는 나치의 주장처럼 '반(半)유대 인'이었다. 아버지는 유대 인이었지만 어머니는 가톨릭이었기 때문이다.

Furr, R., *tinyurl.com/hdl3.*

Ifrah, G., *The Universal History of Computing*, Wiley, 2002.

Saville, G., *tinyurl.com/5da57m.*

Stoll, C., *Sci. Am.* **290**:92;2004.

1949년, 차사르 다면체

Császár, Á., *Acta Sci. Math. Szeged*, **13**:140;1949. 이 논문에는 그림이 없다. 왜냐하면 이 논문에서 설명하는 도형을 그리기 위해서는 1970년대까지 기다려야 했기 때문이다.

Darling, D., *UBM*, Wiley, 2004.

Gardner, M., *Time Travel and other Mathematical Bewilderments*, Freeman:1987.

1950년, 내시 평형

Nasar, S., *A Beautiful Mind*, S&S, 1998.

Tallack, P., *The Science Book*, W&N, 2003.

1950년경, 해안선 역설

Mandelbrot, B., *Science*, **156**:636;1967.

Richardson, L., *Statistics of Deadly Quarrels*, Pacific Grove, CA: Boxwood Press, 1960.

1950년, 죄수의 딜레마

Poundstone, W., *Prisoner's Dilemma*, NY: Doubleday, 1992.

1952년, 세포 자동자

Von Neumann, J., *Theory of Self-Reproducing Automata*, Urbana: IL: U. Illinois Press, 1966.

Wolfram, S., *A New Kind of Science*, Champaign, IL: Wolfram Media, 2002.

1957년, 마틴 가드너의 수학 유희

Berlekamp, E., Conway, J., Guy, T., *Winning Ways for Your Mathematical Plays*, Burlington, MA: Elsevier, 1982.

Gardner, M., *Martin Gardner's Mathematical Games* (CD-ROM), MAA, 2005.

Jackson, A., *Notices Am. Math. Soc.* **52**:602;2005.

1958년, 길브레스 추측

길브레스는 내게 이렇게 이야기했다. "에르되시는 내 추측이 아마도 맞을 거라고 했다. 다만 이것이 증명되려면 200년 걸릴 거라고도 이야기했다."

Guy, R., *Am. Math. Monthly* **95**:697;1988.

Guy, R., *Math. Mag.* **63**:3;1990.

Guy, R., "Gilbreath's Conjecture," in *Unsolved Problems in Number Theory*, NY: Springer, 1994.

Odlyzko, A., *Math. Comput.* **61**:373;1993.

1958년, 구 안팎 뒤집기

구는 안팎 뒤집기가 이론적으로 가능하지만 원은 안팎을 뒤집는 것이 아예 불가능하다.

1958년, 플라톤의 당구

Cipra, B., *Science* **275**:1070;1997.

1959년, 아우터 빌리어즈

Cipra, B., *Science*, **317**:39;2007.

Schwartz, R., *tinyurl.com/2mtqzp*.

1960년, 뉴컴의 역설

Gardner, M., *The Colossal Book of Mathematics*, Norton, 2001.

Nozick, R., "Newcomb's Problem and Two Principles of Choice," in *Essays in Honor of Carl Hempel*, Rescher, N., ed., Dordrecht: D. Reidel, 1969.

1960년, 시에르핀스키 수

Peterson, I., *tinyurl.com/674cu3*.

"Seventeen or Bust," *seventeenorbust.com*.

Zagier, D., *Math. Intelligencer*, **0**:7;1977.

1963년, 카오스와 나비 효과

Gleick, J., *Chaos*, NY: Penguin, 1988.

Lorenz, E., *J. Atmos. Sci.* **20**:130;1963.

1963년, 울람 나선

Gardner, M., *The Sixth Book of Mathematical Games from Scientific American*, UCP, 1984.

1963년, 연속체 가설 불확정성

W. 휴 우든(W. Hugh Wooden)의 최근 연구에 따르면 연속체 가설은 거짓일지도 모른다. 이 문제는 현재 진행 중인 연구들에 많은 자극을 주고 있는 뜨거운 이슈이기도 하다.

Cohen, P., *Proc. Natl. Acad. Sci.* **50**:1143;1963.

Gödel, K., *Am. Math. Monthly* **54**:515;1947.

Woodin, W., *Notices of the Am. Math. Soc.* **48**:567;2001.

1965년경, 거대 달걀

Gardner, M., *Mathematical Carnival*, NY: Vintage, 1977.

1965년, 퍼지 논리

Tanaka, K., *An Introduction to Fuzzy Logic for Practical Applications*, NY: Springer, 1996.

1966년, 인스턴트 인새니티

Armbruster, F., *tinyurl.com/65epdv*.

Peterson, I., *tinyurl.com/6pthxh*.

1967년, 랭글랜즈 프로그램

Gelbart, S., *Bull. Am. Math. Soc.* **10**:177;1984.

Gelbart, S., "Number Theory and the Langlands Program," Guangzhou, China, *Intl. Instruct. Conf.*, 2007.

Mackenzie, D., *Science* **287**:792;2000.

Mozzochi, C., *The Fermat Diary*, AMS, 2000.

1967년, 스프라우츠

Berlekamp, E., Conway, J., Guy, R., *Winning Ways for Your Mathematical Plays*, Burlington, MA: Elsevier, 1982.

Focardi, R., Luccio, F., *Discrete Appl. Math.* **144**:303;2004.

Gardner, M., *Sci. Am.* **217**:112;1967.

Lemoine, J., Viennot, S., *tinyurl.com/56bfcd, tinyurl.com/6kazbt*.

Peterson I., *tinyurl.com/6l3huh*.

1968년, 급변 이론

Darling, D., *UBM*, Wiley, 2004.

Thom, R., with response by Zeeman, E., "Catastrophe Theory," in *Dynamical Systems-Warwick 1974*, Manning, A., ed., NY: Springer, 1975.

Zahler, R., Sussman, H., *Nature* **269**:759;1977.

1969년, 토카르스키의 밝힐 수 없는 방

Darling, D., *UBM*, Wiley, 2004.

Stewart, I., *Sci. Am.* **275**:100;1996.

Stewart, I., *Math Hysteria*, OUP, 2004.

1970년, 도널드 커누스와 마스터마인드

Chen, Z. et al., "Finding a Hidden Code by Asking Questions," in *Proc. 2nd Annual Intl. Conf. Comput. Combinat.*, Hong Kong, 1996.

Knuth, D., J. *Recr. Math.* **9**:1;1976.

Koyama, K., Lai, T., J. *Recr. Math.* **25**:251;1993.

1971년, 에르되시와 극한적 협력

Hoffman, P., *The Man Who Loved Only Numbers*, NY: Hyperion, 1999.

Schechter, B., *My Brain Is Open*, S&S, 2000.

1972년, HP-35

Lewis, B., *tinyurl.com/5t37nr*.

1973년, 펜로즈 타일

R. 암만(R. Ammann)도 동시에 따로 이런 종류의 타일 덮기를 발견한 것 같다. 그륀바움과 셰퍼드는 이렇게 적었다. "1973년과 1974년 로저 펜로즈는 비주기적 타일 집합을 3개 발견했다. 처음 발견된 것을 P1라고 했는 마름모, 오각형, 오각성을 기본으로 한 6종류 타일로 이루어진 것이었다. 그리고 1974년 P2 집합을 발견했는 이것은 오로지 타일 2종류만으로 이루어진 것이었다."

Chorbachi, W., Loeb, A., "Islamic Pentagonal Seal" in *Fivefold Symmetry*, Hargittai, I., ed.,WS, 1992.

Gardner, M., *Penrose Tiles to Trapdoor Ciphers*, Freeman, 1988.

Grünbaum, B., Shephard, G., *Tilings and Patterns*, Freeman, 1987.

Lu, P., Steinhardt, P., *Science* **315**:1106;2007.

Makovicky, E., "800-Year-Old Pentagonal Tiling from Maragha, Iran, and the New Varieties of Aperiodic Tiling it Inspired," in *Fivefold Symmetry*, Hargittai, I., ed., WS, 1992.

Penrose, R., *Bull. of the Inst. Math. Applic.* **10**:266;1974.

Rehmeyer, J., *tinyurl.com/64ppgz*.

Senechal, M., "The Mysterious Mr. Ammann," *Math. Intell.* **26**:10;2004.

1973년, 미술관 정리

볼록 다각형인 경우 모든 꼭짓점에서 미술관 전체를 감시할 수 있다.

Chvátal, V., "A Combinatorial Theorem in Plane Geometry," *J. Combinat. Theory* **18**:39;1975.

Do, N., *Austral. Math. Soc. Gaz.* **31**:288;2004.

Fisk, S., *J. Combinat. Theory, Ser. B* **24**:374;1978.

O'Rourke, J., *Art Gallery Theorems & Algorithms*, OUP, 1987.

1974년, 루빅스 큐브

Longridge, M., *cubeman.org*.

Velleman, D., *Math. Mag.* **65**:27;1992.

1974년, 차이틴의 오메가

Chaitin, G., *J. ACM.* **22**:329;1975. Omega first appears in this publication. The term also was used in a 1974 IBM Research Division Technical Report.

Chaitin, G., *Meta Math?*, NY: Pantheon, 2005.

Chown, M., *New Sci.* **169**:28;2001.

Gardner, M., *Fractal Music, Hypercards and More*, Freeman, 1991. Contains the writings of C. Bennett.

Lemonick, M., *tinyurl.com/59q796*.

1974년, 초현실수

Conway, J., Guy, R., *The Book of Numbers*, NY: Copernicus, 1996.

Gardner, M., *Mathematical Magic Show*, MAA, 1989.

Knuth, D., *Surreal Numbers*, Reading, MA: Addison-Wesley, 1974.

1975년, 프랙털

여러 가지 프랙털 도형들을 G 줄리아(G. Julia)와 P. 파토(P. Fatou)가 1918년과 1920년 사이에 고안한 방법을 통해 만들어 볼 수 있다.

Mandelbrot, B., *The Fractal Geometry of Nature*, Freeman, 1982.

1975년, 파이겐바움 상수

Feigenbaum, M., "Computer Generated Physics," in *20th Century Physics*, Brown, L. et al., eds., NY: AIP Press, 1995.

May, R., *Nature* **261**:459;1976.

1977년, 공개 키 암호

Diffie, W., Hellman, M., *IEEE Trans. Info. Theory* **22**:644;1976.

Hellman, M., *Sci. Am.* **241**:146;1979.

Lerner, K., Lerner, B., eds., *Encyclopedia of Espionage Intelligence and Security*, Farmington Hills, MI, Gale Group, 2004.

Rivest, R., Shamir, A., Adleman, L., *Commun. ACM* **21**:120;1978.

1977년, 스칠라시 다면체

Gardner, M., *Fractal Music, Hypercards and More*,

Freeman, 1992.
Peterson, I., *tinyurl.com/65p8ku.*
Szilassi, L., *Struct. Topology* **13**:69;1986.

1979년, 이케다 끌개
Ikeda, K., *Optics Commun.* **30**:257;1979.
Strogatz, S., *Nonlinear Dynamics and Chaos*, NY: Perseus, 2001.

1979년, 스피드론
Erdély, D., *www.spidron.hu.*
Peterson, I., *Sci. News* **170**:266;2006.

1980년, 망델브로 집합
Clarke, A., *The Ghost from the Grand Banks*, NY: Bantam, 1990.
Darling, D., *UBM*, Wiley, 2004.
Mandelbrot, B., *The Fractal Geometry of Nature*, Freeman, 1982.
Wegner, T., Peterson, M., *Fractal Creations*, Corte Madera, CA: Waite Group Press, 1991.

1981년, 괴물 군
Conway, J., Sloane, N., "The Monster Group and its 196884-Dimensional Space" and "A Monster Lie Algebra?"
in *Sphere Packings, Lattices, and Groups*, NY: Springer, 1993.
Griess, R., *Invent. Math.* **69**:1;1982.
Griess, R., Meierfrankenfeld, U., and Segev, Y., *Ann. Math.* **130**: 567;1989.
Ronan, M., *Symmetry and the Monster*, OUP, 2006.

1982년, 공에서 삼각형 꺼내기
Buchta, C., *Ill. J. Math.* **30**:653;1986.
Hall, G., *J. Appl. Prob.* **19**:712;1982.
Weisstein, E., *tinyurl.com/5o2sap.*

1984년, 존스 다항식
홈플라이(HOMFLY) 다항식의 이름은 공동 발견자의 성에서 따온 것이다. (Hoste, Ocneanu, Millett, Freyd, Lickorish, Yetter)
Adams, C., *The Knot Book*, AMS, 2004.
Devlin, K., *The Language of Mathematics*, NY: Owl Books, 2000.
Freyd, P. et al., *Bull. AMS* **12**:239;1985.
Jones, V., *Bull. AMS* **12**:103;1985.
Przytycki, J., Traczyk, P., *Proc. AMS* **100**:744;1987.
Witten, E., *Commun. Math. Phys.* **21**:351;1989.

1985년, 윅스 다양체
Cipra, B., *Science* **317**:38;2007.
Gabai, D. et al., *tinyurl.com/6mzsso.*
Weeks, J., *Hyperbolic Structures on 3-Manifolds*, Princeton Univ. Ph.D. thesis, Princeton University, 1985.
Weeks, J., *The Shape of Space*, NY: Marcel Dekker, Inc., 2001.

1985년, 안드리카의 추측
Andrica, D., *Revista Matematică*, **2**:107;1985.
Andrica, D., *Studia Univ. Babeş-Bolyai Math* **31**:48;1986.
Guy, R., *Unsolved Problems in Number Theory*, NY: Springer, 1994.

1985년, ABC 추측
Darling, D., *UBM*, Wiley, 2004.
Goldfeld, D., *Math Horizons*, Sept:26;1996.
Goldfeld, D., *The Sciences*, March:34;1996.
Masser, D., *Proc. Am. Math. Soc.* **130**:3141;2002.
Nitaq, A., *tinyurl.com/6gaf87.*
Oesterlé, J., *Astérisque* **161**:165;1988.
Peterson, I., *tinyurl.com/5mgwvk.*

1986년, 오디오액티브 수열
Conway, J., *Eureka*, **46**:5;1986.
Conway, J., Guy, R., *The Book of Numbers*, NY: Copernicus, 1996.

1988년, 매스매티카
다음은 상표들이다. Mathematica: Wolfram Research; Maple: Waterloo Maple; Mathcad: Mathsoft; MATLAB: MathWorks.
Berlinski, D., *The Sciences*, Jul./Aug.:37;1997.
Borwein, J., Bailey, D., *Mathematics by Experiment*, AKP, 2003.
"Wolfram Research," *wolfram.com.*

1988년, 머피의 법칙과 매듭
Deibler, R., et al. *BMC Molec. Biol.* **8**:44;2007.
Matthews, R., *Math. Today* **33**:82;1997.
Peterson, I., *tinyurl.com/5r8ccu, tinyurl.com/5nlrms.*
Raymer, D., Smith, D., *Proc. Natl. Acad. Sci.* **104**:16432;2007.
Sumners, D., Whittington, S., *J. Phys. A* **21**:1689;1988.

1989년, 나비 곡선
Fay, T., *Am. Math. Monthly* **96**,442;1989.

1996년, 온라인 정수열 백과사전
Sloane, N., "My Favorite Integer Sequences," in *Sequences and their Applications*, Ding, C., Helleseth, T., Niederreiter H., eds., NY: Springer, 1999.
Sloane, N., *Notices of the AMS* **50**:912;2003.
Stephan, R., *tinyurl.com/6m84ca.*

1999년, 이터니티 퍼즐
Selby, A., *tinyurl.com/5n6dwf.*
Weisstein, E., *tinyurl.com/6lyxdl.*

1999년, 파론도의 역설
Abbott, D., *tinyurl.com/6xwg44.*
Blakeslee, S., *tinyurl.com/6yvd92.*
Harmer, G., Abbott, D., *Nature* **402**:864;1999.
Harmer, G., Abbott, D., *Stat. Sci.* **14**:206;1999.

1999년, 구멍 다면체 풀기
Hatch, D., *tinyurl.com/5rttaq.*
Vinson, J., *Discr. Comput. Geom.* **24**:85;2000.

2001년, 침대보 문제
Historic. Soc. Pomona Vall., *tinyurl.com/5cv4ce.*

2002년, 아와리 게임
Peterson, I., *tinyurl.com/65hnet.*
Romein, J., Bal, J., *IEEE Computer* **36**:26;2003.

2002년, 테트리스는 NP-완전
테트리스 게임의 점수는 떨어지는 퍼즐의 난이도에 따라 달라진다.
Breukelaar, R., Demaine, E., et al. *Intl. J. Comput. Geom. Appl.* **14**:41;2004.
Demaine, E., Hohenberger, S., Liben-Nowell, D., "Tetris Is Hard, Even to Approximate," *Comput. Combinat., 9th Ann. Intl. Conf.*, 2003.
Peterson, I., *tinyurl.com/5mqt84.*

2005년, 「넘버스」
Frazier, K., *tinyurl.com/6e2f8h.*
Weisstein, E., *tinyurl.com/5n4c99.*

2007년, 체커
Cho, A., *Science* **317**:308;2007.
Schaeffer, J., et al. *Science* **317**:1518;2007.

2007년, 리 군 E_8
2007년 물리학자 A. G. 리시(A. G. Lisi)는 E_8의 기묘하고 복잡한 대칭성을 가지고 물리학의 기본 입자가 하나가 아니라 다양하게 존재하는 이유를 설명할 수 있을 것이라고 주장했다..
Collins, G., *Sci. Am.* **298**:30;2008.
Lisi, A. G., *tinyurl.com/6ozgdh.*
Mackenzie, D., *Science*, **315**:1647;2007.
Merali, Z., *New Scientist*, **196**:8;2007.
American Institute of Math., *aimath.org/E8/.*

2007년, 수학적 우주 가설
여기서 정리한 테그마크의 이론은 그가 2005년 스탠퍼드 대학교에서 열린 '멀티버스와 끈 이론' 심포지엄에서 한 강연을 바탕으로 한 것이다. 그의 이론의 맹아는 1990년대에 심어졌고 2007년 개화한 것이다. 그리고 K. 주스(K. Zuse), E. 프레드킨(E. Fredkin), S. 울프람(S. Wolfram) 같은 다른 연구자들은 '세포 자동자'로 물리적 우주를 구동해 볼 수 있을 것이라는 견해를 표명하기도 했다.
Collins, G., *Sci. Am.* **298**:30, 2008.
Fredkin, E., *Physica D* **45**:254, 1990.
Tegmark, M., *New Scientist* **195**:39, 2007.
Tegmark, M., *tinyurl.com/6pjjxp.*
Wolfram, S., *A New Kind of Science*, Champaign, IL: Wolfram Media, 2002.
Zuse, K., *Elektronische Datenverarbeitung* **8**:336;1967.

도판 저작권

이 책에 제시된 고대의 희귀한 문서 일부는 명확하고 읽기 쉬운 형태로 구하기가 어려워서, 더러는 이미지 처리 기법을 사용해 먼지와 긁힘을 제거하고 흐려진 부분들을 명확하게 만들고, 더러는 특정 세부사항을 강조하거나 그저 좀 더 보고 싶게 만들기 위해 흑백 문서에 약간의 색채를 가미하는 등 재량을 발휘했다. 역사적 순수주의자들께서는 부디 이 사소한 예술적 손질들을 용서하시고 내 목표가 매력적인 책, 즉 미학적으로 흥미로우면서 동시에 학생들과 일반인들도 혹할 만한 책—역사와 디테일이 풍성한—을 만드는 것임을 이해해 주시기 바란다. 수학과 예술과 역사의 그 믿기 어려울 정도의 심오함과 다양성을 내가 얼마나 사랑하는지는 책 전반에 걸쳐 제시된 사진들과 그림들을 통해 명확히 볼 수 있을 것이다.

Images © Clifford A. Pickover: pages 51, 57, 77, 99, 105, 108, 114, 115, 135, 149, 150, 153, 159, 161, 171, 176, 181, 187, 191, 199, 201, 203, 205, 274 (left), 279, 293, 297, 299, 303, 323, 335, 339, 341, 347, 355, 363, 385, 387, 401, 427, 429, 439, 443, 445, 452, 471, 472, 479, 495, 499, 501, 504, 519

Images © Teja Krašek: pages 61, 67, 185, 247, 375, 410, 417

Images by Jos Leys (josleys.com): pages 127, 141, 147, 227, 379, 451, 461, 463, 475, 481

Images © Paul Nylander, bugman123.com: pages 53, 119, 157, 195, 219, 257, 259, 305, 337

Used under license from Shutterstock.com:

p. 23, Image © shaileshnanal, 2009; p. 25, Image © 2265524729, 2009; p. 33, Image © Mikael Damkier, 2009; p. 35, Image © rfx, 2009;
p. 45, Image © GJS, 2009; p. 49 and 179, Image © James Steidl, 2009; p. 63, Image © Hisom Silviu, 2009; p. 65, Image © Andreas Guskos, 2009; p. 69, Image © Ovidiu Iordachi, 2009;
p. 93, Image © Sebastian Knight, 2009; p. 95, Image © Olga Lyubkina, 2009; p. 101, Image © Tan Kian Khoon, 2009; p. 103, Image © Ella, 2009; p. 125, Image © Jiri Moucka, 2009; p. 143, Image © Geanina Bechea, 2009; p. 165, Image © Maxx-Studio, 2009; p. 169, Image © MWaits, 2009; p. 233, Image © Steve Mann, 2009; p. 245 and 353, Image © photobank.kiev.ua, 2009; p. 277, Image © Lee Torrens; p. 281,
Image © Holger Mette, 2009; p. 291, Image © Rafael Ramirez Lee, 2009; p. 295, Image © Yare Marketing p. 307, Image © Jeff Davies, 2009;
p. 309, Image © Arlene Jean Gee, 2009; p. 315, Image © Andrey Armyagov, 2009; p. 321, Image © Anyka, 2009; p. 329, Image © Vasileika Aleksei, 2009; p. 331, Image © ChipPix, 2009; p. 357, Image © Elena Elisseeva, 2009; p. 381, Image © Jeff Carpenter, 2009; p. 383, Image © Scott Maxwell/ LuMaxArt, 2009; p. 389, Image © Marcus Tuerner, 2009; p. 397, Image © Wayne Johnson, 2009; p. 403, Image © Tischenko Irina, 2009; p. 407, Image © Lou Oates, 2009; p. 414, Image © kotomiti, 2009;
p. 421, Image © Zoran Vukmanov Simokov, 2009; p. 437, Image © Jakez, 2009; p. 441, Image © Dmitrijs Mihejevs, 2009; p. 447, Image © Polina Lobanova, 2009; p. 457, Image © Fabrizio Zanier, 2009; p. 492, Image © Ronald Sumners, 2009; p. 493, Image © vladm, 2009;
p. 497, Image © Gilmanshin, 2009; p. 503, Image © Robert Kyllo, 2009; p. 505, Image © Armin Rose, 2009; p. 507, Image © Kheng Guan Toh, 2009; p. 509, Image © imageshunter, 2009; p. 511, Image © suravid, 2009

Other Images: p. 21 Image Matthias Wittlinger; p. 29 Royal Belgian Institute of Natural Sciences; p. 31 Photo by Marcia and Robert Ascher.
In the collection of the Museo National de Anthropologia y Arqueología, Lima, Peru; p. 41. Paul St. Denis and Patrick Grim developed
the Fractal Tic Tac Toe image in the Logic Lab
of the Philosophy Department at SUNY Stony Brook. An earlier version appeared in St. Denis and Grim, "Fractal Image of Formal Systems," Journal of Philosophical Logic 26 (1997), 181-222, with discussion in Ian Stewart, "A Fractal Guide to Tic-Tac-Toe," Scientific American 283, no. 2 (2000), 86-88; p. 71 © istockphoto.com/ bkindler; p. 73 © istockphoto.com/ fanelliphotography; p. 83 © istockphoto.com/ -M-I-S-H-A-; p. 97 Mike Simmons, Astronomers
Without Borders; p. 111 Photo by Rischgitz/Getty Images; p. 113 © istockphoto.com/kr7ysztof; p. 129 With permission of Salvatore Torquato; p. 131 © Science Museum/Science & Society; p. 133 © istockphoto.com/ ihoe; p. 148 By George W. Hart, http://www.georgehart.com; p. 167 Courtesy of The Swiss Post, Stamps & Philately; p. 177 Wikipedia/Matt Britt; p. 189 Courtesy of Dmitry Brant, http://dmitrybrant.com; p. 193 Library of Congress, David Martin, painted 1767; p. 207 Fractal Art by G. Fowler;
p. 213 © istockphoto.com/theasis; p. 221 Wikimedia/ Carsten Ullrich; p. 225 Brian Mansfield; p. 235 Wikimedia/ Leo Fink, using Gaston software; p. 241 Portrait is the frontispiece to Vol. 4 of The Collected Mathematical Papers
of James Joseph Sylvester, edited by H. F. Baker, Cambridge University Press 1912; p. 243 © istockphoto.com/ nicoolay; p. 249 Ivan Moscovitch; p. 251 Clifford A. Pickover and Teja Kra˘sek; p. 253 Brian C. Mansfield; p. 255 Tibor Majláth; p. 261 U.S. Patent Office; p. 265 © istockphoto.com/MattStauss; p. 269 U.S. Patent Office; p. 271 photographer Clive Streeter © Dorling Kindersley, Courtesy of the Science Museum, London; p. 273 © National Museum
of American History; p. 274 (right) and 275 Venn Diagrams created by Edit Hepp and Peter Hamburger; p. 285 Image created by Robert Webb using Stella4D software, http://www.software3d.com; p. 289 Designed and photographed by Carlo H. Sequin, University of California, Berkeley; p. 313 Robert Fathauer; p. 317 Robert Bosch, Oberlin College, DominoArtwork.com; p. 319 Mark Dow, geek art; p. 325 From the book George Boole: His Life and Work, by Desmond MacHale (Boole Press); p. 343 Rob Scharein, visit Rob's website at knotplot.com; p. 349 © istockphoto.com/ Pichunter; p. 351 Cameron Browne; p. 359 Image by Paul Bourke and Gayla Chandler, featuring Sydney Renee; p. 361 NASA Headquarters/Greatest Images of NASA; p. 365 Photographed by Oskar Morgenstern. Courtesy of the Archives of the Institute for Advanced Study, Princeton, NJ; p. 367 Peter Borwein;
p. 369 © istockphoto.com/ BernardLo; p. 371 Photographed by Stefan Zachow; p. 391 U.S. Army Photo, from K. Kempf, "Historical Monograph: Electronic Computers Within the Ordinance Corps"; p. 395 U.S. Patent Office;
p. 399 Wikimedia/Larry McElhiney; p 402 Wikimedia/Elke Wetzig; p. 405 © istockphoto.com/abzee; p. 409 Wikimedia/ © 2005 Richard Ling; p. 411 "Card Colm" Mulcahy, March 2006, Norman, Oklahoma; p. 413 Norman Gilbreath at Cambridge University, England;
p. 415 Designed and photographed by Carlo H. Séquin, University of California, Berkeley; p. 419 Richard Evan Schwartz; p. 423 © 2002–2008 Louie Helm; p. 425 Roger A. Johnston, Fractal image created with Apophysis (software available at www.apophysis.org); p. 431 © Philip Gould/CORBIS; p. 433 © istockphoto.com/ CaceresFAmaru; p. 435 Edward Rothschild;
p. 436 © C. J. Mozzochi, Ph.D., Princeton, NJ; p. 449 © 2008 Hewlett-Packard Development Company, L.P. Reproduced with Permission. Photo by Seth Morabito; p. 453 © istockphoto.com/ dlewis33; p. 454 Photo by Zachary Paisley. Rubik's Cube® is a registered trademark of Seven Towns, Ltd.; p. 455 Hans Andersson; p. 458 Thane Plambeck; p. 459 Front cover from Donald Knuth's book, SURREAL NUMBERS, © 1974. Reproduced by permission of Pearson Education, Inc.; p. 465 Steven Whitney at 25yearsofprogramming.com; p. 467 Robert Lord; p. 469 Hans Schepker, Mathematical Artist and Teacher; p. 473 Dániel Erdély © 2005; p. 477 Photography by Robert Griess; p. 483 Image courtesy of Jeff Weeks, www.geometrygames.org; p. 487 David Masser; p. 491 Michael Trott; p. 513 Courtesy of Photofest; p. 517 Wikimedia/John Stembridge

옮긴이 김지선

서울에서 태어나 대학 영문학과를 졸업하고 출판사 편집자로 근무했다. 현재 번역가로 활동하고 있다.
옮긴 책으로는 『세계를 바꾼 17가지 방정식』, 『나는 자연에 투자한다』, 『필립 볼의 형태학 3부작: 흐름』, 『희망의 자연』, 『돼지의 발견』, 『사상 최고의 다이어트』, 『오만과 편견』, 『반대자의 초상』, 『엠마』 등이 있다.

수학의 파노라마

1판 1쇄 펴냄 2015년 2월 25일
1판 6쇄 펴냄 2021년 10월 15일

지은이 클리퍼드 픽오버
옮긴이 김지선
펴낸이 박상준
펴낸곳 (주)사이언스북스

출판등록 1997. 3. 24.(제16-1444호)
(135-887) 서울특별시 강남구 도산대로1길 62
대표전화 515-2000 팩시밀리 515-2007
편집부 517-4263 팩시밀리 514-2329
홈페이지 www.sciencebooks.co.kr

ISBN 978-89-8371-690-3 03410